Vorwort zur 16. Auflage

Der »Katechismus der Brauerei-Praxis« nach einer Idee von J. Dworsky, Wien, fortgeführt durch K. Lense, München, R. Reitmeier, Teisendorf, und H. Schmidt, Kulmbach, wurde in seiner 16. Auflage durch den Getränke-Fachverlag Hans Carl unter Mitarbeit von E. Schlecht aktualisiert und auf den heutigen Wissensstand gebracht.

Die charakteristische Form von Frage und Antwort wurde beibehalten, denn diese hat sich bewährt und gibt dem Auszubildenden eine gute Möglichkeit, sich auf Prüfung und Ausführung seiner Arbeit entsprechend vorzubereiten.

Im Rahmen der Neubearbeitung wurde Rücksicht genommen, verschiedene Arbeitsweisen und Methoden aus der handwerklichen Bierherstellung nicht vollkommen zu übergehen, sondern in kurzen Abschnitten der heutigen technisierten und automatisierten Bierproduktion gegenüberzustellen.

Nürnberg 1996

Erich Schlecht

Inhaltsverzeichnis

Inhaltsverzeichnis

Einleitung

1. Was versteht man unter »Praxis« im allgemeinen?
Praxis ist die Ausübung und Anwendung eines Gewerbes.

2. Was versteht man unter »Theorie«
Theorie ist die Lehre von den wissenschaftlichen Grundlagen eines Vorganges.

3. Was ist »Empirie«?
Empirie ist das ausschließlich aus praktischer Erfahrung geschöpfte Wissen.

4. Was versteht man unter einem »Techniker«?
Der Techniker ist mit der Anwendung der in seinem Fach einschlägigen Naturgesetze vertraut und wird an Fach- oder Hochschulen ausgebildet. Der »Brauereitechniker« kennt die Maschinen und Einrichtungen der Mälzerei und Brauerei und ihre Arbeitsweise, die verschiedenen Verfahren zur Herstellung von Malz, Bier und alkoholfreier Getränke, sowie ihre wirtschaftliche Berechnung.

5. Wen nennt man einen »Theoretiker«?
Wer ein Spezialgebiet wissenschaftlich bis ins einzelne durchstudiert, ist Theoretiker auf diesem Gebiet; die praktischen Handgriffe sind ihm fremd, er weiß aber, warum diese Handlungen geschehen.

Die Fragen 4 und 5, einschließlich der Antworten wurden der 14. Auflage des Katechismus aus dem Jahre 1970 entnommen. Sie sollen dem Leser zeigen, daß heute in unserer modernen, sich ständig und stetig entwickelnden Industriegesellschaft und im besonderen in unserem Mälzerei- und Brauereigewerbe weder »reine Theoretiker«, noch »reine Praktiker« den Anforderungen gerecht werden können.

6. Welche Anforderungen werden heute an die Mitarbeiter im Mälzerei- und Brauereigewerbe gestellt?
Kurz gefaßt: keine Praxis ohne Theorie und umgekehrt! Diese Kurzfassung gilt für alle Betriebsgrößen, auf allen Betriebsebenen, d. h. für die Basis genauso, wie für die Führungsspitze. Qualifizierte Mitarbeiter müssen sowohl über umfassende Kenntnisse, als auch Fertigkeiten verfügen, die Technik und die Technologie beherrschen. Der wirtschaftliche Aspekt und die Kenntnis vielfältiger Gesetze, Vorschriften und Verordnungen runden die Anforderungen ab.

7. Wer veranlaßt den Katalog der Anforderungen?
Der Bund und die Länder (aufgrund der verfassungsmäßigen Länderhoheit bei der Gesetzgebung) erlassen Gesetze, Verordnungen, Vorschriften und Pläne. Vor ihrer Verabschiedung und Veröffentlichung und ihrem Inkrafttreten werden die betroffenen bzw. zuständigen Organisationen und Verbände gehört und um Stellungnahmen gebeten.

8. Wer überwacht die Gesetze, Verordnungen, Vorschriften und Pläne?
Die Überwachung obliegt den Behörden des Bundes, der Länder, der Bezirke und den Kommunen, den Industrie- und Handelskammern, den Handwerkskammern und ihren untergeordneten Organen.

9. Welche Verordnung für die berufliche Grundausbildung gibt es in der Bundesrepublik Deutschland?
Auf Grund des § 25 des Berufsbildungsgesetzes vom 14. August 1969 (BGBl. I, S. 1112) der zuletzt durch § 24 Nr. 1 des Gesetzes vom 24. August 1976 (BGBl. I, S. 2525) geändert worden ist, und des § 25 der Handwerksordnung in der Fassung der Bekanntmachung vom 28. Dezember 1965 (BGBl. 1966 I, S. 1), der zuletzt durch § 25 Nr. 1 des Gesetzes vom 24. August (BGBl. I, S. 2525) geändert worden ist, wird im Einvernehmen mit dem Bundesminister für Bildung und Wissenschaft verordnet:
§ 1: Der Ausbildungsberuf Brauer und Mälzer / Brauerin und Mälzerin wird staatlich anerkannt.
§ 3: Die Ausbildung dauert 3 Jahre.
Hinweis: diese Verordnung vom 17. September 1981 (BGBl. Teil I, S. 1025 vom 30. September 1981) ist unter der Bestell-Nr. 61 02 181 62 beim Bertelsmann Verlag Bielefeld zu beziehen.

10. Welches Ausbildungssystem liegt diesem Beruf in der Bundesrepublik zugrunde?
Es gilt das duale Ausbildungssystem, d. h. Ausbildung in Betrieb und Schule. Für unseren Splitterberuf war es notwendig, die Blockbeschulung (d. h. mehrtägiger Unterricht) einzuführen.
Zur Bildung aufsteigender Fachklassen wurden die Auszubildenden auf Bezirks- bzw. Landesebene zusammengefaßt.
Der zeitliche Rhythmus zwischen betrieblicher- und schulischer Ausbildung ist regional unterschiedlich.

11. Worin liegen die Vorteile dieser Maßnahmen?
Beide Maßnahmen erforderten zunächst eine internatsmäßige Unterbringung. Die Abwesenheit vom Elternhaus fördert die Selbständigkeit, die Selbstverantwortung und die Kameradschaft. Die zuständigen Sachaufwandsträger können gezielt finanzielle Mittel für die Ausstattung der Blockschulen vornehmen. Der Unterricht ist effektiver, anschaulicher und erfolgreicher. Dies kommt dem Nachwuchs zugute und somit unserem Beruf.

12. Welche Lehrpläne liegen dem Unterricht zugrunde?
Der schulischen Ausbildung liegt der Rahmenlehrplan für den Ausbildungsberuf Brauer und Mälzer / Brauerin und Mälzerin (Beschluß der Kultusministerkonferenz vom 21. Dezember 1981) zugrunde. Er ist mit der Verordnung über die Berufsausbildung abgestimmt.

13. Welche allgemeine schulische Vorbildung ist für einen erfolgreichen Berufsabschluß notwendig?

Die Fragestellung zeigt, daß es hier keine Vorschriften gibt. Die Ausbildungs- und Lehrplaninhalte zeigen aber eindeutig, daß man für die Anforderungen dieses Ausbildungsberufes mindestens von einem qualifizierendem Hauptschulabschluß ausgehen muß.

14. Welche Fortbildungsmöglichkeit hat ein Geselle bzw. Facharbeiter?

Zur Fortbildung sind Fachbücher und Fachzeitschriften und deren Beilagen zu empfehlen. Namhafte Meisterschulen führen fortlaufend Fortbildungsmaßnahmen durch. Die Termine sind bei den betreffenden Schulen zu erfahren oder den Fachzeitschriften zu entnehmen.

15. Welche Weiterbildungsmöglichkeiten gibt es?

Abhängig von der schulischen Vorbildung und der praktischen Tätigkeit (Zeit), ergibt sich die Möglichkeit der Ausbildung bzw. des Studiums zum Brau- und Malzmeister, zum Getränketechniker, zum Diplombraumeister oder Dipl.-Ing. für Brauwesen an Meister-, Fach- und Hochschulen, deren guter Ruf weltweit bekannt ist. (Auskünfte über die Zulassungsvoraussetzungen sind auch dort jeweils zu erfahren).

16. Was versteht man unter Naturwissenschaften?

Sie sind die Gesamtheit der Wissenschaften, die sich mit den in der belebten und unbelebten Natur beobachtbaren und nicht durch den menschlichen Geist bedingten Gegebenheiten und Vorgängen beschäftigen.

17. In welche Teilbereiche werden die Naturwissenschaften eingeteilt?

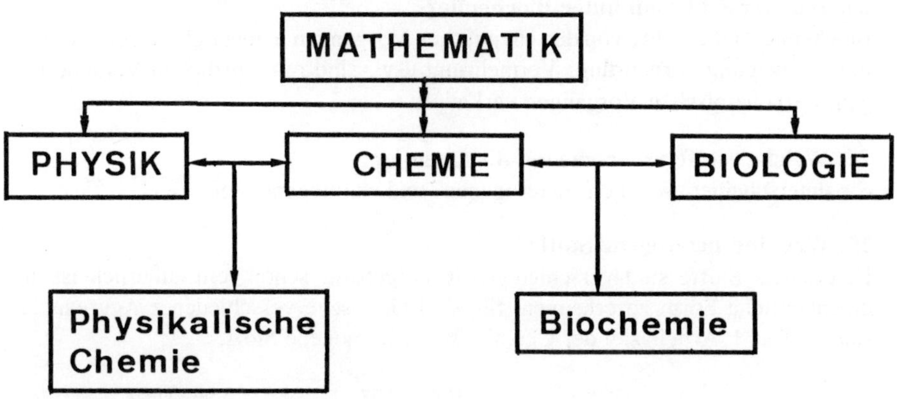

18. Was versteht man unter Mathematik?

Mathematik, eine der ältesten Wissenschaften, hervorgegangen aus den praktischen Aufgaben des Zählens, Rechnens und Messens. Angeregt und beeinflußt durch die in den unterschiedlichsten Bereichen menschlicher Betätigung auftretenden, durch Zahl und »geometrische« Figur faßbaren Problemstellungen, hat sie sich einerseits in eine Vielzahl von Spezialgebieten aufgefächert und andererseits, aus einer inneren Gesetzlichkeit heraus, zu einer Wissenschaft von den formalen Systemen entwickelt. Sie ist Grundlage für alle Teilbereiche (siehe Übersicht).

19. Was versteht man unter Physik?
Die Physik befaßt sich mit der Erforschung aller experimentell und messend erfaßbaren sowie mathematisch beschreibbaren Erscheinungen und Vorgängen in der Natur. Sie erforscht sämtliche Erscheinungs- und Zustandsformen der Materie und alle dafür verantwortlichen, zwischen den Materialbausteinen und -aggregaten bestehenden Kräften und Wechselwirkungen.

20. Was versteht man unter Chemie?
Chemie ist die Lehre von den Stoffen, von ihrem Aufbau, ihren Eigenschaften und ihren Veränderungen. Sie befaßt sich mit den chemischen Elementen in freiem und gebundenem Zustand, den Reaktionen, Umsetzungen, Umwandlungen und Wechselwirkungen der chemischen Elemente und ihrer Verbindungen, sowie mit der Bestimmung, Steuerung und Voraussage, Deutung, Auswertung und Anwendung und den Mechanismen der Reaktionen.

21. Was versteht man unter Biologie?
Die Biologie befaßt sich mit den Erscheinungsformen lebender Systeme, ihren Beziehungen zueinander und zu ihrer Umwelt.
Die Mikrobiologie ist ein Schwerpunkt der Brauereibetriebskontrolle.

22. Was versteht man unter Physikalischer Chemie?
Sie hat als Grenzgebiet zwischen Physik und Chemie die Aufgabe, physikalische Gesetze und Methoden auf Probleme der Chemie anzuwenden.

23. Was versteht man unter Biochemie?
Biochemie ist die Lehre von den chemischen Vorgängen in den Lebewesen. Wachstum, Bewegung, Ernährung, Vermehrung usw. sind mit stofflichen Veränderungen, also chemischen Vorgängen verknüpft.

24. Welche Stoffe unterscheidet die Chemie?
Sie unterscheidet zwischen »heterogenen« und »homogenen« Stoffen.

25. Was sind heterogene Stoffe?
Heterogene Stoffe sind verschiedenartig aufgebaut; schon rein äußerlich ist die uneinheitliche Form zu erkennen. Sie sind Gemische verschiedener Aggregatzustände. Das 1. Arbeitsziel der Chemie ist der homogene Stoff.

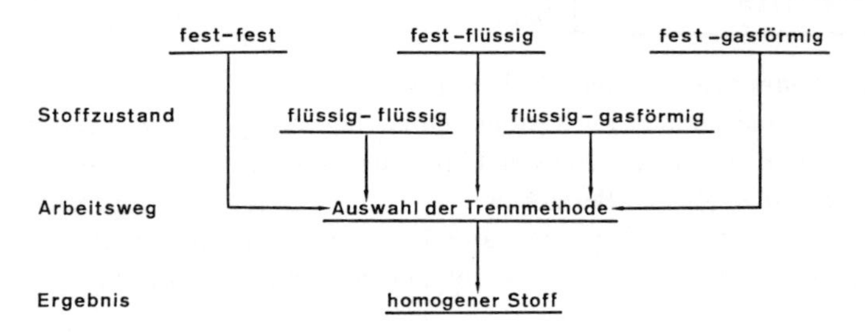

26. Welche Methoden bzw. Verfahren dienen dem 1. Arbeitsziel?

1 Stoffe absetzen lassen = Sedimentieren
2 dann Flüssigkeit abgießen = Dekantieren
3 Stoffe über ein Filter gießen = Filtrieren
4 Stoffe durch Schleudern trennen = Zentrifugieren
5 Stoffe durch Erhitzen trennen:
Dampfphase primär = Destillation
Rückstand primär = Abdampfen

27. Was ist ein homogener Stoff?

Er kann sowohl ein reiner Stoff sein, als auch aus einer Kombination reiner Stoffe bestehen (homogenes Gemisch).

28. Welches 2. Arbeitsziel hat die Chemie?

Das 2. Arbeitsziel ist die Zerlegung (Analyse) des Stoffes.

29. Welche Verfahren werden angewandt?

1 fester Stoff, ggf. schmelzen – verdampfen – erstarren lassen = Sublimieren
2 flüssiger Stoff, ggf. mit genaueren Methoden stufenweise destillieren = fraktionierte Destillation
3 flüssiger Stoff, ggf. erstarren lassen = Auskristallisieren
4 gasförmiger Stoff, ggf. durch Trocken- und Trennstoffe leiten = Absorption u. Adsorption

30. Was versteht man unter einer Synthese?

Der Aufbau einer neuen chemischen Verbindung ist eine Synthese.

31. Wie unterteilt sich die Chemie?

Man unterscheidet zwischen anorganischer und organischer Chemie, auch Kohlenstoffchemie genannt.

32. Wie werden demnach die Stoffe eingeteilt?

Die außerordentlich vielfältigen Formen, in denen sich die Materie darbietet, ist der nachfolgenden Übersicht zu entnehmen.

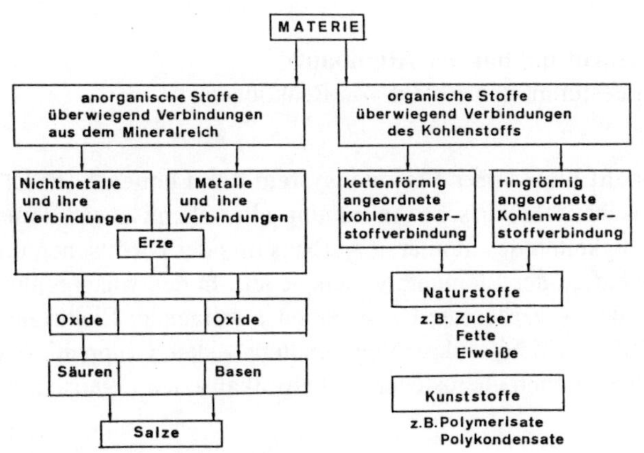

33. Was ist ein reiner Stoff? (Vergleiche Frage 27)
Unveränderliche physikalische und chemische Eigenschaften (Stoffkonstanten) kennzeichnen den reinen Stoff. Unterwirft man den reinen Stoff weiteren physikalischen und chemischen Untersuchungen, so sind zwei Ergebnisse denkbar:

a) reagiert der Stoff völlig einheitlich, dann handelt es sich um einen Grundstoff, um ein *Element*.
b) ist der Stoff weiter zerlegbar in einheitlich reagierende Bestandteile, dann spricht man von einer Verbindung.

34. Was ist eine Verbindung?
Eine Verbindung ist ein reiner Stoff, der sich aus Elementen aufbaut.

35. Was ist ein Atom?
Ein Atom ist der kleinste Bestandteil eines Elementes, das noch alle Eigenschaften des betreffenden Elementes besitzt.

36. Was versteht man unter einem Molekül?
Ein Molekül ist der kleinste einheitliche Bestandteil einer Verbindung, der noch die Eigenschaften der betreffenden Verbindung besitzt.

37. Zusammenfassende Übersicht der Fragen 33–36

Atom	+	Atom	→	Molekül
|		|		|
Element	+	Element	→	Verbindung

38. Wie nennt man die Bausteine eines Atoms?
Im Atomkern befinden sich die Protonen mit positiver Ladung und die Neutronen, in der Atomhülle sind die Elektronen mit negativer Ladung. Da der Anzahl der Protonen im Kern die gleiche Anzahl an Elektronen in der Atomhülle gegenüberstehen, sind die Atome elektrisch neutral.

39. Welche Bedeutung hat der Atombau?
Der Atombau bestimmt den Ablauf von Reaktionen.

40. Was versteht man unter Periodensystem der Elemente (PSE)?
Die systematische, tabellarische Anordnung aller chemischen Elemente, welche die Gesetzmäßigkeiten des atomaren Aufbaus und der chemischen und physikalischen Eigenschaften der Elemente widerspiegelt. In den waagrechten Reihen der PSE den Perioden – werden die Elemente nach steigender Elektronen- bzw. Ordnungszahl (OZ), in den senkrechten Spalten – den Gruppen- oder Elementfamilien, nach ähnlichen chemischen und physikalischen Eigenschaften eingeordnet.

41. Welche Bedeutung kommt den Außenelektronen zu?
Die Anzahl der Außenelektronen bestimmt das chemische Verhalten der Elemente. Nachfolgende Beispiele der Elemente der 1. und 2. Periode sollen dafür Hinweise geben.

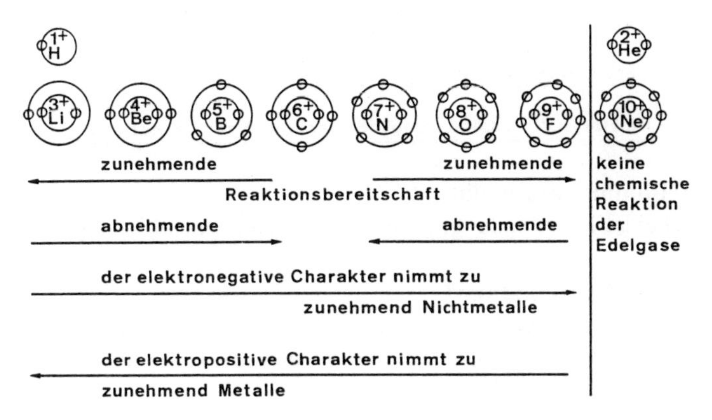

42. Was versteht man unter Edelgaskonfiguration?
Die Edelgase zeigen voll besetzte Außenschalen. Die Atome aller Elemente haben das Bestreben diesen Zustand zu erreichen, mit dem geringsten Energieaufwand.

43. Wie nennt man die chemischen Vorgänge, um diesen Zustand zu erreichen?
Die chemischen Vorgänge nennt man Oxidation und Reduktion.

44. Was versteht man unter Oxidation?
Im engeren Sinn ist Oxidation eine Reaktion chemischer Elemente oder Verbindungen mit Sauerstoff (beispielsweise Verbrennungsvorgang). Im weiteren Sinn bedeutet Oxidation auch die Abspaltung von Wasserstoff aus chemischen Verbindungen. Nach der Elektronentheorie gedeutet, ist die Oxidation ein Vorgang, bei dem chemische Elemente oder Verbindungen Elektronen abgeben, die von einer anderen Substanz dem Oxidationsmittel – das damit reduziert wird – aufgenommen werden.

45. Was versteht man unter Reduktion?
Als Reduktion ist die Abgabe von Sauerstoff und die Aufnahme von Wasserstoff zu bezeichnen. Also ein der Oxidation entgegengerichteter Vorgang, bei dem ein chemisches Element oder eine Verbindung Elektronen aufnimmt, die von einer anderen Substanz – dem Reduktionsmittel, das damit oxidiert wird – abgegeben werden.

46. Was versteht man unter Redox-Reaktion?
Oxidation und Reduktion verlaufen gleichzeitig, d. h. für die abgegebenen Elektronen eines Atoms muß ein anderes Atom zu ihrer Aufnahme bereit sein. Nachfolgende Beispiele sollen dies verdeutlichen:

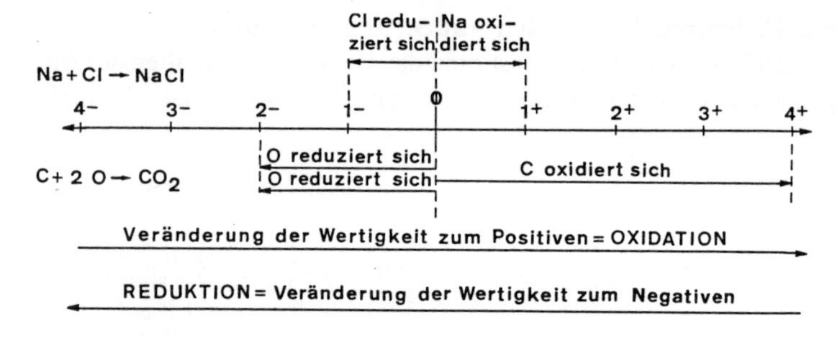

47. Welche Bindungsarten gibt es?
Man unterscheidet Ionenbindung, Atombindung und Metallbindung.

48. Was ist eine Ionenbindung?
Die Ionenbindung ist eine polare Bindung, die aufgrund der elektrostatischen Anziehung zwischen zwei entgegengesetzt geladenen Ionen erfolgt.

49. Was ist eine Atombindung?
Die Atombindung ist eine unpolare Bindung. Die beteiligten Atome bilden ein oder mehrere gemeinsame Elektronenpaare.
Gleichnamige Atome bilden Gase (z. B. H_2,O_2,Cl_2), ungleichnamige bilden dabei Flüssigkeiten (z. B. H_2O, NH_3 = Ammoniak = Salmiakgeist).

50. Was versteht man unter einer Metallbindung?
Metalle besitzen freibewegliche Außenelektronen; die Metallionen bilden ein Gitter. Die freibeweglichen Elektronen sind an keinen festen Platz gebunden, sondern gehören als Elektronengas oder Elektronenwolke dem ganzen Kristallverband an. Sie bewirken die Leitung des elektrischen Stomes ohne Veränderung des Leiters.

51. Welche Begriffe umfaßt die chemische Formelsprache?
Zum Verständnis der chemischen Formelsprache ist die Kenntnis der Begriffe Elementsymbol, Vorzahl (Koeffizient) und Index notwendig.

52. Was versteht man unter Elementsymbol?
In der chemischen Formelsprache werden die Abkürzungen der Elemente (teils lateinischer Herkunft) verwendet.
Zum Beispiel: Wasserstoff (Hydrogenium) = H; Sauerstoff (Oxigenium) = O; Natrium = Na; Calcium = Ca; Magnesium = Mg; Phosphor = P.

53. Welche Aussage hat die Vorzahl?
Die Vorzahl (Koeffizient) vor einer Formel gibt an, wie oft die chemische Formel am Ablauf einer Reaktion beteiligt ist oder innerhalb einer größeren Verbindung vorkommt. die Vorzahl nimmt Bezug auf jedes in einer Verbindung vorkommende Elementsymbol.

54. Was bedeutet der Begriff Index?
Der Index hinter einem Symbol in einer chemischen Formel gibt an, wieviel Atome des jeweiligen Elements am Aufbau der Formel beteiligt sind. Der Index hinter einem Symbol läßt die Wertigkeit des anderen Partners erkennen.
Zum Beispiel: Al_2O_3 = eine Verbindung aus 2 Atomen Aluminium und 3 Atomen Sauerstoff, wobei Al dreiwertig und O zweiwertig ist.

55. Zusammenfassende Übersicht der Fragen 51–54

Wasser	H_2O	(gelesen: H – zwei – O)
Kalkstein	$CaCO_3$	(gelesen: Ca – C – O – drei)
Schwefelsäure	H_2SO_4	(gelesen: H – zwei – S – O – vier).

Unsere drei Beispiele enthalten neben den Elementsymbolen zum Teil Kennzahlen. Sie unterscheiden gleichartige Größen in ihrem Zahlenwert, d. h. sie verkürzen eine mengenmäßige Aussage. In Formelbeispielen kommt den Kennzahlen oder Index(zahlen) folgende Bedeutung zu:

> Der Index hinter einem Symbol in einer chemischen Formel gibt an, wieviel Atome des jeweiligen Elements am Aufbau der Formel beteiligt sind.

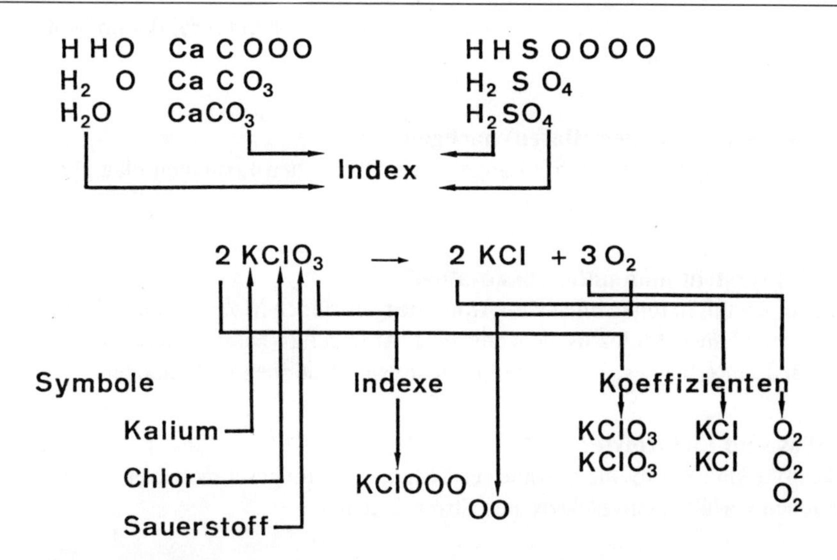

56. Was sind Säuren?
Säuren sind organische oder anorganische Verbindungen. Anorganische Säuren entstehen nach folgender Grundregel:

Nichtmetalloxid	+ Wasser	→	Säure
SO_2	+ H_2O	→ H_2SO_3	Schweflige Säure
SO_3	+ H_2O	→ H_2SO_4	Schwefelsäure
N_2O_5	+ H_2O	→ 2 HNO_3	Salpetersäure
P_2O_5	+ 3 H_2O	→ 2 H_3PO_4	Phosphorsäure

Darüber hinaus kennen wir Säuren, die aus Nichtmetallwasserstoffverbindungen in wäßrigen Lösungen bestehen. Beispielhaft seien erwähnt:
HCl in wäßriger Lösung = Salzsäure,
H_2S in wäßriger Lösung = Schwefelwasserstoffsäure.
Zusammenfassend: alle Säuren enthalten abspaltbare Wasserstoffatome, diese sind an Nichtmetallatome oder Nichtmetallsauerstoffeinheiten (-komplexe) gebunden.

57. Wie werden Säuren nachgewiesen?
Säuren oder saure Lösungen röten blaues Lackmuspapier.
pH-Messung: $< 7{,}0$

58. Was sind Basen (Laugen)?
Basen oder Laugen sind chemische Verbindungen, die nach folgender Grundregel entstehen:

Metalloxid	+ Wasser	→		Base
K_2O	$+ H_2O$	→	$2\,KOH$	Kalilauge
Na_2O	$+ H_2O$	→	$2\,NaOH$	Natronlauge
CaO	$+ H_2O$	→	$Ca(OH)_2$	Kalkwasser

Basen oder Laugen enthalten abspaltbare Hydroxidgruppen (OH), die im Molekül an Metallatome gebunden sind.

59. Wie werden Laugen (Basen) nachgewiesen?
Rotes Lackmuspapier wird von Laugen oder alkalischen Lösungen blau gefärbt.
pH-Messung: $> 7{,}0$

60. Was versteht man unter Dissoziation?
Vor dem Zerfall in Ionen bilden die Atome des jeweiligen Moleküls einen Verband. Der Zerfall eines Moleküls bedeutet eine Auflösung (Dissoziation) des vorher bestehendes Verbandes. Die Zerfallprodukte sind Kationen und Anionen.

61. Was sind Elektrolyte?
Elektrolyte sind Stoffe, die in wäßriger Lösung oder im geschmolzenen Zustand in ihre Ionen zerfallen den elektrischen Strom leiten.

62. Was versteht man unter Elektrolyse?
Man versteht darunter die Auflösung einer chemischen Verbindung durch Gleichstrom und somit die dauernde Zerlegung eines Elektrolyten. Für die nachfolgenden Säurebeispiele gelten diesbezügliche Aussagen:

Salzsäure HCl	→	H^+	$+ Cl^-$
Schwefelsäure H_2SO_4	→	$2\,H^+$	$+ SO_4^{2-}$
Salpetersäure HNO_3	→	H^+	$+ NO_3^-$
Phosphorsäure H_3PO_4	→	$3\,H^+$	$+ PO_4^{3-}$

63. Welche Ionen entstehen bei der Dissoziation von Basenmolekülen?

Kalilauge KOH	$\rightarrow K^+$	$+ OH^-$
Natronlauge NaOH	$\rightarrow Na^+$	$+ OH^-$
Kalkwasser Ca $(OH)_2$	$\rightarrow Ca^{2+}$	$+ 2\ OH^-$

Die Metallionen sind die Kationen, die Hydroxidionen sind die Anionen. Die Anzahl der OH-Gruppen weist auf die Wertigkeit des Metalls in der Verbindung hin und ist zugleich die Wertigkeit der Base einer Säure gegenüber.

64. Was sind Indikatoren?

Indikatoren sind Farbstoffe, die bei wechselnder Wasserstoffionenkonzentration ihre Farbe ändern. Saugfähiges Papier mit großer Kapillarwirkung wird mit dem jeweiligen Farbstoff getränkt. Bei der praktischen mengenmäßigen Bestimmung von Säuren und Laugen, bei der man das Ende einer Reaktion erkennen will, setzt man Indikatorlösungen ein.

Indikator	Umschlagbereich
Methylorange	pH 4–5
Lackmus	pH 6–8
Phenolphtalein	pH 8–10

(pH-Wert siehe Frage Nr. 73)

65. Wie entstehen Salze?

Aus den vielen Möglichkeiten von Reaktionen zur Salzbildung sei folgende erwähnt:

Base	+	Säure	→ Salz	+	Wasser
Beispiel:					
NaOH	+	HCl	→ NaCl	+	H_2O
Natronlauge	und	Salzsäure	→ Natriumchlorid	und	Wasser

Das Salz NaCl ist ein Reaktionsprodukt einer Base und einer Säure; anders formuliert, die H-Ionen der Säure wurden durch die Metall-Ionen der Base ersetzt.

66. Welche Bestandteile hat ein Salz?

Ein Salz besteht aus Metall und Säurerest, d. h. das Kation der Base und das Anion der Säure haben sich miteinander verbunden.

67. Welche Regel liegt bei der Namensgebung für die Salze zugrunde?
(Vergleich Frage 62)

Bei der Dissoziation von Säuren erhält man positive Wasserstoffionen und negative Säurerestionen. An der Anzahl der in einer Säure enthaltenen Wasserstoffatomen (-ionen) erkennt man die Wertigkeit des Säurerestes (-ionen). Die Säurereste unterscheiden sich nicht nur durch ihre chemische Zusammensetzung sondern auch durch ihre verschiedenen Namen. Zum Verständnis des nachfolgenden Kapitels »Wasser« seien erwähnt:

Säurenamen	Säureformel	Säurerestformel	Säurerestnamen
Salzsäure	HCl	Cl^-	-chlorid
Schwefelsäure	H_2SO_4	SO_4^{2-}	-sulfat
Salpetersäure	HNO_3	NO_3^-	-nitrat
Phosphorsäure	H_3PO_4	PO_4^{3-}	phosphat
Kohlensäure	H_2CO_3	CO_3^{2-}	-carbonat

$ZnCl_2$ Zink**chlorid,** ein Salz der **Salzsäure,**
$CuSO_4$ Kupfer**sulfat,** ein Salz der **Schwefelsäure,**
$AgNO_3$ Silber**nitrat,** ein Salz der **Salpetersäure,**
$Ca_3(PO_4)_2$ Calcium**phosphat,** ein Salz der **Phosphorsäure,**
Na_2CO_3 Natrium**carbonat,** ein Salz der **Kohlensäure.**

68. Was versteht man unter Dissoziationsgrad?

Eine Säure oder Lauge oder ein Salz kann vollständig oder unvollständig in Kationen und Anionen gespalten sein. Vom Zerfallsgrad (Dissoziationsgrad) hängt ihre Stärke, ihre chemische Wirksamkeit ab. Als Meßgrundlage für den Dissoziationsgrad dient eine lmolare Lösung (Normallösung) (siehe Frage 69). Als Abkürzung für den Dissoziationsgrad setzt man den griechischen Buchstaben »Alpha« α.

Beispiele:

HNO_3	$\alpha = 82\,\%$	KOH	$\alpha = 77\,\%$
HCL	$\alpha = 78\,\%$	NaOH	$\alpha = 73\,\%$
H_2SO_4	$\alpha = 51\,\%$	$Ca(OH)_2$	$\alpha = 55\,\%$
H_2CO_3	$\alpha = 0{,}12\,\%$		

Je größer α einer Säure, desto mehr freie Wasserstoffionen sind vorhanden, desto stärker ist die Säure. Je größer α einer Base, desto mehr freie Hydroxylionen sind vorhanden desto stärker ist eine Base.

69. Was ist eine Normallösung?

Man versteht darunter die Molekularmasse einer Säure (bzw. Lauge) in Gramm ausgedrückt, in Wasser gelöst und auf 1 Liter Gesamtvolumen mit Wasser aufgefüllt.

70. Was versteht man unter Hydrolyse?

Hydrolyse ist die Aufspaltung des Wassers in H-Ionen und OH-Ionen, die durch den Lösungsvorgang eines Salzes verursacht wird.

71. Welche Bedeutung hat der Dissoziationsgrad von Säuren und Laugen bei der Salzbildung?

Besteht ein Salz aus einer starken Säure und einer starken Lauge, z. B. NaCl, dann reagiert die wäßrige Lösung neutral, besteht ein Salz aus einer schwachen Säure und einer starken Lauge, z. B. Na_2CO_3, dann reagiert die wäßrige Lösung basisch, besteht ein Salz aus einer starken Säure und einer schwachen Lauge, z. B. $Al_2(SO_4)_3$, dann reagiert die wäßrige Lösung sauer.

Die Namen »neutrales Salz« und »saures Salz« und »basisches Salz« geben keinen Hinweis auf den pH-Wert der wäßrigen Salzlösungen. Sie kennzeichnen lediglich die Zusammensetzung des Moleküls: Zu einer abschließenden Übersicht fassen wir die Salzarten zusammen:

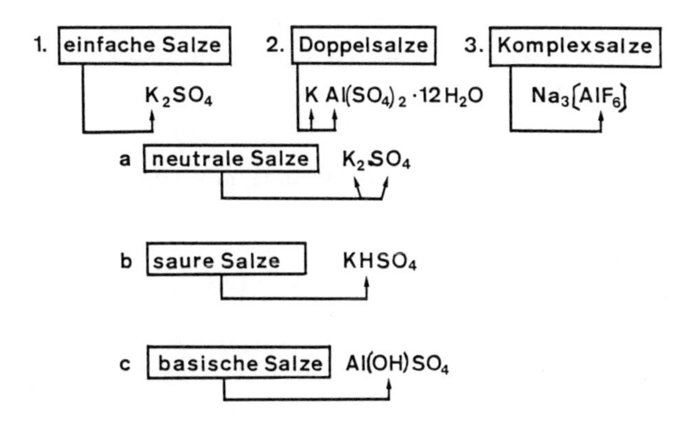

72. Was ist ein neutraler Stoff?

Neutral ist ein Stoff, der weder sauer noch alkalisch (= basisch) reagiert (z.B. Wasser).

73. Was versteht man unter pH-Wert (bzw. Wasserstoffionenkonzentration)?

Zum Verständnis sei noch einmal darauf hingewiesen, daß die Ursache für die saure Reaktion einer Säure die Wasserstoffionen (H^+), für die alkalische Reaktion einer Lauge die Hydroxylionen (OH^-) sind. Es liegt daher nahe, daß beide Ionen zusammengefaßt eine Neutralreaktion ergeben:

$$H^+ + OH^- \rightarrow H_2O$$

sauer und alkalisch = neutral

Da die Anzahl der Ionen für eine Berechnung unpraktisch groß ist, legt man das Gewicht (Pond = p) der Wasserstoffionen (H^+) oder der Hydroxydionen (OH^-) den Aussagen über sauren oder alkalischen Charakter zugrunde. Nachfolgende Übersichten sollen dies zusammenfassend verdeutlichen:

In 10^7 Liter Wasser sind 18 g H_2O in 1 g $[H]^+$ und 17 g $[OH]^-$ zerfallen.

Praktisch anwendbare Aussagen für die Arbeiten in einem Laboratorium verlangen die Umrechnung der Größen von 10000000 l H_2O auf 1 l H_2O. In 1 l H_2O ist der 10000000ste Teil eines Mol Wassers in Ionen zerfallen.

$$\frac{1 \text{ Mol } H_2O}{10000000} = \frac{18}{10^7} \text{ g } H_2O = 18 \cdot 10^{-7} \text{ g } H_2O$$

Aus diesem Zahlenbeispiel läßt sich ablesen, daß 1 l H_2O neutral reagiert, wenn sich $\frac{1}{10000000}$ Grammion[1]) H^+ und $\frac{1}{10000000}$ Grammion OH^- gegenüberstehen.

Reagiert nun eine wäßrige Lösung sauer, dann sind in 1 l dieser Lösung mehr als $\frac{1}{10000000}$ g $[H]^+$ vorhanden. Anders ausgedrückt heißt das, daß die Masse der Wasserstoffionen zugenommen hat.

Der pH-Wert drückt das »Gewicht« der Wasserstoffionenkonzentration in einem Liter Lösung aus.

Um die Aussage über den pH-Wert zu vereinfachen, gibt man ihn in einfachen Zahlen an.

$$\frac{1}{10000000}\ \text{g}\ [\text{H}]^+ = 10^{-7}\ \text{g}\ [\text{H}]^+ \text{ in 1 l Lösung} = \text{pH 7}$$

$$\frac{1}{1000000}\ \text{g}\ [\text{H}]^+ = 10^{-6}\ \text{g}\ [\text{H}]^+ \text{ in 1 l Lösung} = \text{pH 6}$$

$$\frac{1}{100000}\ \text{g}\ [\text{H}]^+ = 10^{-5}\ \text{g}\ [\text{H}]^+ \text{ in 1 l Lösung} = \text{pH 5}$$

$$\frac{1}{10000}\ \text{g}\ [\text{H}]^+ = 10^{-4}\ \text{g}\ [\text{H}]^+ \text{ in 1 l Lösung} = \text{pH 4}$$

$$\frac{1}{1000}\ \text{g}\ [\text{H}]^+ = 10^{-3}\ \text{g}\ [\text{H}]^+ \text{ in 1 l Lösung} = \text{pH 3}$$

$$\frac{1}{100}\ \text{g}\ [\text{H}]^+ = 10^{-2}\ \text{g}\ [\text{H}]^+ \text{ in 1 l Lösung} = \text{pH 2}$$

$$\frac{1}{10}\ \text{g}\ [\text{H}]^+ = 10^{-1}\ \text{g}\ [\text{H}]^+ \text{ in 1 l Lösung} = \text{pH 1}$$

$$\frac{1}{1}\ \text{g}\ [\text{H}]^+ = 10^{-0}\ \text{g}\ [\text{H}]^+ \text{ in 1 l Lösung} = \text{pH 0}$$

Aus dieser Aufstellung entnehmen wir, daß mit abnehmender »pH-Zahl«, besser gesagt mit abnehmendem **pH-Wert** die Wasserstoffionenkonzentration zunimmt.

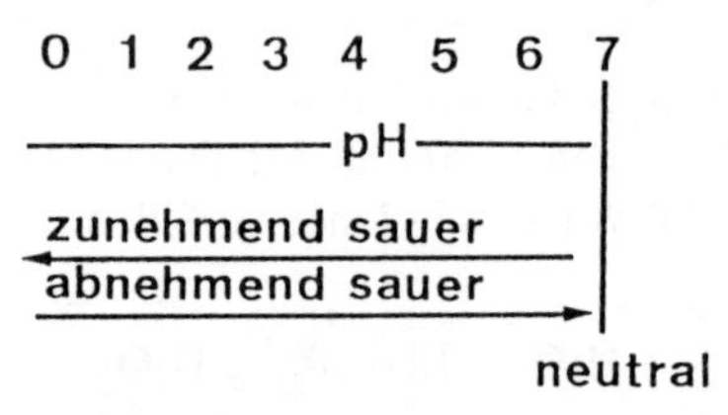

Mit zunehmender pH-Zahl nimmt der $[\text{H}]^+$-Anteil in der Lösung ab. Der Anteil $[\text{OH}]^-$ nimmt dementsprechend zu. Die pH-Skala erfährt infolgedessen eine Erweiterung über pH 7 hinaus bis pH 14.

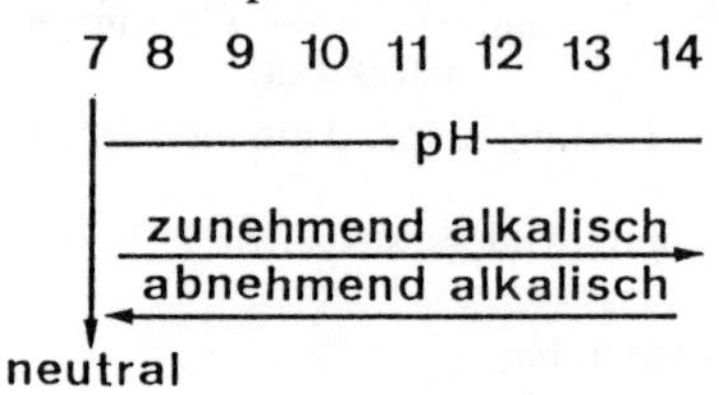

Mit Hilfe der pH-Skala können wir uns die eingangs gestellte Frage beantworten »wie sauer ist denn nun eine Säure?« oder »wie alkalisch reagiert denn nun eine Lauge?«. Wenn wir die pH-Werte von 0 bis 14 zu einer Skala der pH-Werte vereinigen, dann ergibt sich folgendes Bild:

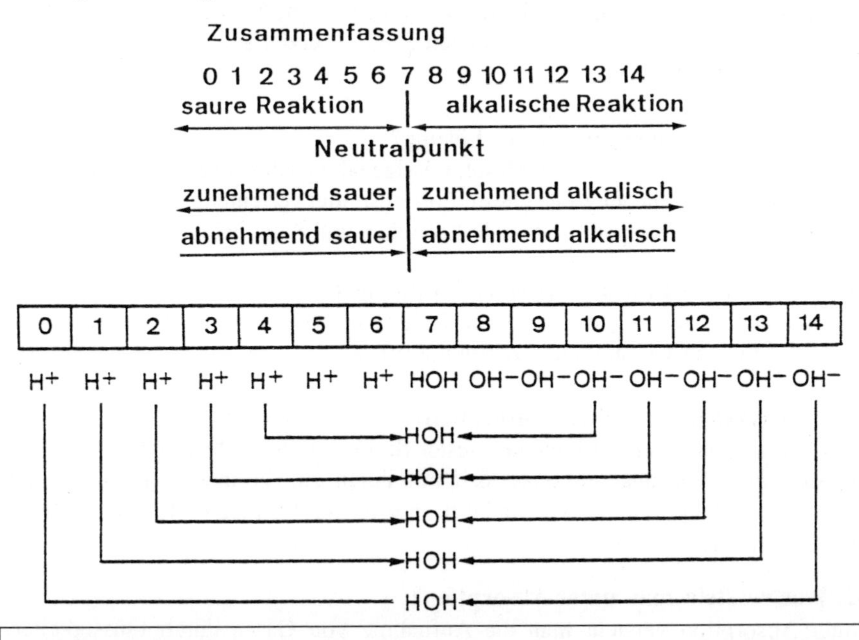

Neutralisation bedeutet die Veränderung des pH-Wertes einer Lösung zum »Neutralbereich« hin.

74. Was versteht man unter Titration (bzw. Titrieren)?
Man versteht darunter eine maßanalytische Bestimmung, bei der man eine Reagenzlösung mit bekanntem Gehalt (Titerlösung, z. B. eine Säure) in die zu bestimmende Flüssigkeit einleitet (z. B. eine Lauge), bis die Reaktion beendet ist (≙ Farbumschlag des zugesetzten Indikators). Aus dem Verbrauch der bekannten Lösung läßt sich der Gehalt der untersuchten Lösung an bestimmten Stoffen berechnen. (Durchführung der Titration sowie der erforderlichen Meßgeräte siehe Kapitel »Brauwasser«).

75. Was sind Kolloide?
Kolloide sind leimartige Substanzen, sie können amorph (formlos) oder kristallinisch sein. Eine andere Unterscheidung wird nach dem Zusammenhalt der Teilchen vorgenommen: sind sie frei beweglich spricht man von Sole; sind sie fest, bis zähelastisch in unregelmäßigen Gerüsten angeordnet, spricht man von Gelen.

76. Was nennt man eine Koagulation?
Der Übergang vom Sole- in den Gelzustand nennt man Ausflockung, Gerinnung oder Koagulation. Mit Ausscheidung aus einer kolloiden Lösung werden die Begriffe ebenfalls definiert.

77. Was ist eine Suspension?
Eine grobe Aufschlämmung von schwerlöslichen Teilchen.

78. Was versteht man unter Opaleszenz?
Opaleszenz nennt man eine Trübung, die, je nach dem das Licht auffallend oder durchfallend ist, verschiedene Färbungen zeigt. Würzen aus frischem Malz sind meist opalisierend.

79. Was versteht man unter einer Lösung?
Lösung ist eine Flüssigkeit, in der feste, flüssige oder gasförmige Stoffe fein verteilt sind. Je nach der Teilchengröße des im Lösungsmittel verteilten Stoffes unterscheidet man »echte« Lösungen, kolloidale Lösungen und Suspensionen.

80. Was sagt der Prozentwert einer Lösung aus?
Grundsätzlich gilt: bei einer x-%-igen Lösung befinden sich in 100 g Gesamtgewicht der Lösung x Gramm des gelösten Stoffes.

81. Was versteht man unter Adsorption?
Man versteht darunter die Fähigkeit fester Stoffe, an ihrer Oberfläche Gase oder gelöste Stoffe festzuhalten, ohne sich mit ihnen zu verbinden. (Hinweise auf Adsorptionsmittel, ihren Einsatz und ihre spezifische Wirkung finden sich im technologischen Teil.)

82. Was versteht man unter Absorption?
Unter Absorption versteht man die Aufnahme von Gasen durch Flüssigkeiten oder feste Körper. Letztere müssen in der Regel porös sein, um Gase zu absorbieren. Bei der Bierbereitung tritt die A. von Luftsauerstoff vom Einmaischen des Malzschrotes bis zum Abfüllen des Bieres auf. (Einzelheiten dieses immer wieder aktuellen Themas finden sich im technologischen Teil). Die Bindung der Kohlensäure (CO_2 = Kohlenstoffdioxid) während der Haupt- und Nachgärung als Absorptionsvorgang, sei im Hinblick auf das Qualitätsmerkmal Haltbarkeit, bereits hier angesprochen.

83. Was besagen die Begriffe »rH« und »ITT«?
Das Redoxpotential (Reduktions-Oxidations-Potential) ist ein Begriff aus der physikalischen Chemie zur Kennzeichnung von Oxidationsvorgängen. Es wird zahlenmäßig als »rH« ausgedrückt. Es steigt mit der Oxidationskraft einer Substanz.
Der Begriff ITT (Indicator-Time-Test) ist ein Begriff aus der Laborpraxis. Er gibt die Anzahl der Sekunden an, die für den Farbumschlag bei der rH-Untersuchung von Würze oder Bier gebraucht werden. (Näheres siehe Kapitel »Bier«)

84. Was sind Reduktone?
Reduktone sind reduzierende Substanzen, welche die Ausfällung sauerstoffempfindlicher Substanzen verhindern oder verzögern. Sie bilden die sog. »Würzebeschwerung«, von deren Konzentration die chemisch-physikalische oder auch kolloidale Stabilität der Biere abhängt. Die Melanoidine (Farb- und Aromastoffe) des Malzes gehören z.B. zu den Reduktonen.

85. Welche Stoffe nennt man »quellbar«?
Quellbar sind feste Stoffe, wenn sie die Fähigkeit besitzen, durch Aufnahme einer Flüssigkeit den halbfesten Zustand einer Gallerte anzunehmen (Gelatine, Stärke). Gallerten können als sehr konzentrierte kolloide Lösungen aufgefaßt werden.

86. Was bedeutet der Begriff Mikroben (Mikroorganismen)?
Mikroben ist der Sammelbegriff für alle Kleinstlebewesen, wie Bakterien, Schimmelpilze und Hefen. Da sie sich unserem makroskopischen Blick entziehen, bedient man sich der Mikroskopie. Diese mehrfache Vergrößerung erlaubt uns einen Einblick in ihren Bau. Die Kenntnis des Baues erst vermittelt uns ihr Verhalten und damit ihre Bedeutung für die Bierbereitung, im positiven wie im negativen Sinn. (Hinweise auf die biologische Betriebskontrolle, Nährboden, Bebrütung, Mikroskopie usw. in technologischen Teil.)

87. Die mit der Frage 86 in Zusammenhang stehenden Begriffe Reinigung, Infektion, Desinfektion, Kaltsterilisation und Pasteurisation werden im technologischen Teil behandelt.

88. Welche Stoffeigenschaften unterscheidet man?
Für die stofflichen Eigenschaften chemischer Verbindungen sind die chemischen und physikalischen Eigenschaften maßgeblich. Denn nur die genaue Kenntnis der Stoffe verhindern Fehleinschätzungen, verhindern Unfallgefahren beim Arbeiten mit Chemikalien und sichern die Arbeitsergebnisse.

1. Stoffe besitzen gefährliche Eigenschaften: sie sind ätzend, giftig, brennbar und explosiv. Das Gefahrenmoment dieser Stoffe liegt in ihren chemischen und physikalischen Eigenschaften begründet, die jeweils verschieden auslösende Ursachen haben können. (Siehe Frage 87 und Unfallverhütungsvorschriften im technologischen Teil)
2. Chemische Eigenschaften sind
   Affinität (Kraft durch die sich Stoffe verbinden)
   Lösungsvermögen (Verhalten eines Lösungsmittels gegenüber dem zu lösenden Stoff und umgekehrt)
   Chemische Energie (Auf- und Abbau energiereicher Verbindungen)
   Oxidations- und *Reduktionsfähigkeit*
3. Physikalische Eigenschaften sind:
   Dichte (Masse der Volumeneinheit z.B. g/cm^3)
   Schmelzpunkt (Temperatur, bei der der feste Aggregatzustand überwunden wird)
   Siedepunkt (Temperatur, bei der der flüssige Aggregatzustand überwunden wird)
   Viskosität (Maß der inneren Reibung einer Flüssigkeit = Zähflüssigkeit)
   Lichtbrechung (Verhalten von Einfall- und Ausfallwinkel des Lichtes)

Zusammenfassend sei noch auf die nachfolgende Übersicht hingewiesen:

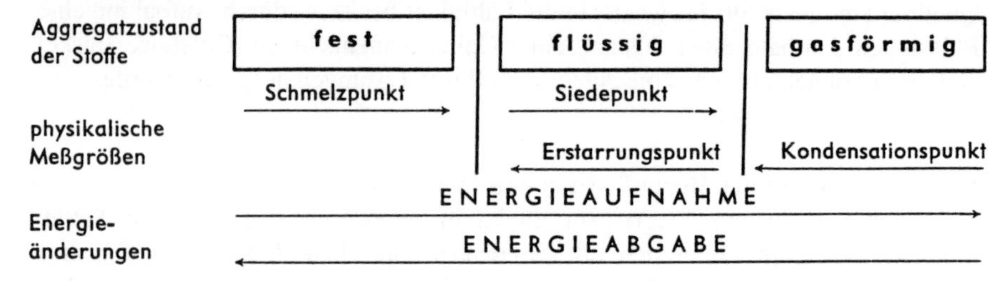

89. Was versteht man unter Stoffwechsel?

Man versteht darunter die Gesamtheit der biochemischen Vorgänge, die im pflanzlichen, tierischen und menschlichen Organismus oder in Teilen davon ablaufen. Sie dienen dem Aufbau, Umbau und der Erhaltung der Körpersubstanz, sowie der Aufrechterhaltung der Körperfunktionen.

90. Welche Elemente sind am Stoffwechsel beteiligt?

Sämtliche Körpersubstanzen werden im Stoffwechsel aus den Elementen Kohlenstoff (C), Sauerstoff (O), Wasserstoff (H), Stickstoff (N), Schwefel (S), Natrium (Na), Kalium (K), Calcium (Ca), Magnesium (Mg), Chlor (Cl), Eisen (Fe), Kupfer (Cu), Mangan (Mn), Zink (Zn), Kobalt (Co), Jod (J) und Phosphor (P) synthetisiert.

91. Was versteht man unter Photosynthese?

Es ist die *fundamentale* Stoffwechselreaktion der grünen Pflanzen. Bei der Photosynthese wird Lichtenergie in chemische Energie umgewandelt, mit deren Hilfe das in der Luft und im Wasser vorhandene CO_2 organisch in Glucose gebunden wird.

Bruttogleichung:

$$6\,CO_2 + 6\,H_2O \xrightarrow[\text{Blattgrün}]{\text{Sonnenenergie}} C_6H_{12}O_6 + 6\,O_2$$

92. Was versteht man unter Assimilation?

Assimilation ist der Aufbau von körpereigenen Substanzen (Assimilaten) aus körperfremden Nahrungsstoffen unter Verbrauch von Energie. Aus CO_2 wird unter Reduktion durch einen Wasserstoffspender (H_2O) Kohlenhydrat aufgebaut. Die dazu notwendige Energie liefert das Licht.

93. Was versteht man unter Dissimilation?

Dissimilation ist der energieliefernde Abbau körpereigener Substanz in lebenden Zellen der Organismen, durch stufenweise Zerlegung hochmolekularer organischer Stoffe, wie Kohlenhydrate und Fette zu niedermolekularen Endprodukten (auf oxidativem Weg z. B. zu CO_2 und H_2O). Die dabei freiwerdende Energie wird zu verschiedenen Lebensprozessen benötigt. Verläuft der Vorgang unter Anwesenheit von Sauerstoff, dann spricht man von einem *aeroben* Vorgang und bezeichnet dies als *Atmung*, nach der Gleichung:

$$C_6H_{12}O_6 + 6\,O_2 \rightarrow 6\,CO_2 + 6\,H_2O + \text{Wärmeenergie}$$

Verläuft der Vorgang unter Abwesenheit von Sauerstoff, dann spricht man von einem *anaeroben* Vorgang und bezeichnet dies als *Gärung*, nach der Gleichung:

$$C_6H_{12}O_6 \rightarrow 2\ C_2H_5OH + 2\ CO_2 + \text{Wärmeenergie}$$

94. Welcher Vorgang liegt der Diffusion zugrunde?

Diffusion ist ein physikalischer Ausgleichsprozeß, in dessen Verlauf Teilchen (Atome, Moleküle, Kolloidteilchen) infolge ihrer Wärmebewegung auf unregelmäßigen Zickzackwegen von Orten höherer Konzentration zu solchen niederer Konzentration gelangen, so daß Konzentrationsausgleich erfolgt. Bei vielen Lebensvorgängen spielt die Diffusion eine entscheidende Rolle (Stoffaufnahme – oder -abgabe in der Lunge O_2 / CO_2).

95. Was bewirkt die Osmose?

Osmose ist eine einseitig verlaufende Diffusion, die immer dann auftritt, wenn zwei gleichartige Lösungen unterschiedlicher Konzentration durch eine semipermeable (halbdurchlässige) Membran getrennt sind.

Durch diese Membran können nur die kleinsten Moleküle bzw. Ionen des gelösten Lösungsmittels hindurch, nicht aber die größeren Moleküle bzw. Ionen des gelösten Stoffes. Dabei diffundieren mehr Mol. in die stärker konzentrierte Lösung als umgekehrt. Die höher konzentrierte Lösung wird so lange verdünnt, bis gleich viele Lösungsmittelmol. in beide Richtungen diffundieren. Der auf der Seite eines sich verdünnenden, weiterhin aber stärker konzentrierten Lösung, herrschendem hydrostatischem Uberdruck wird als osmotischer Druck bezeichnet. Er ist um so höher, je größer die Konzentrationunterschiede sind.

96. Was versteht man unter »Enzymen« oder »Fermenten«?

Beide bedeuten dasselbe. Enzyme sind hochmolekulare Eiweißverbindungen, welche biochemische Vorgänge (als Biokatalysatoren) beschleunigen oder erst ermöglichen und im allgemeinen nur von lebenden Zellen gebildet werden.

Sämtliche in Lebewesen (z. B. Gerste, Weichgut, Keimgut, Hefe, Mensch) ablaufenden Stoffwechselvorgänge sind allein durch das Wirken von Enzymen möglich. Jedes Enzym beeinflußt nur einen ganz bestimmten Vorgang (Wirkungsspezifität) und die Reaktion nur eines spezifischen Stoffes (Substratspezifität). Feuchtigkeit (Verdünnungsgrad), Temperatur und der pH-Wert sind entscheidende Parameter. Die nachfolgende Übersicht soll nur als allgemeiner Hinweis über die Einteilung der Enzyme in Gruppen dienen. Genaue Hinweise werden in den Kapiteln über die Malz- und Bierbereitung gegeben.

Einteilung:

1. *Hydrolasen* spalten Stoffe durch Reaktion mit Wasser (Maltase, Invertase und Saccharase).
2. *Transferasen* übertragen Atomgruppen von einem Molekül auf ein anderes (Hexokinase → Alkoholische Gärung)
3. *Oxireduktasen* übertragen Wasserstoff oder Elektronen von einem Substrat auf ein anderes.
4. *Lyasen* spalten chemische Bindungen (C-C) ohne Anlagerung von Wasser.

5. *Isomerasen* katalysieren eine intramolekulare Umstellung von Atomen im Molekül. Diese kann eine intramolekulare Oxidoreduktion einschließen, z.B. Umwandlung von Glucose zu Fruktose.
6. *Ligasen (Syntheasen)* ermöglichen die Bindung zwischen zwei Molekülen. Der Vorgang erfordert Energie; es enstehen C-N, C-S, C-O und C-C-Verbindungen.

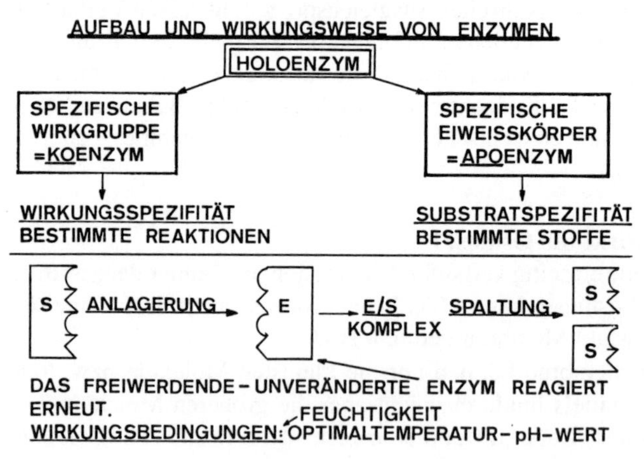

97. Was bedeutet der Begriff Einheiten (einschließlich geschichtlicher Rückblick)?

Eine Größe zu messen heißt, sie zu vergleichen mit einer vereinbarten Einheit. Grundlegende Bedingungen sind:

1. Jede Einheit sollte *praktisch* sein, d.h. sie muß sowohl für den täglichen Gebrauch, als auch in der Wissenschaft verwendbar sein.
2. Sie sollte allen Interessenten zugänglich, also reproduzierbar sein.
3. Sie soll möglichst unveränderlich sein.

Diese Forderungen standen bei jeder Festlegung von Einheiten Pate. Ihre ausdrückliche Betonung erfolgte bei den ersten Versuchen, ein homogenes und allgemeinverbindliches Einheitensystem zu schaffen. Daß ein solches Vorhaben keine rein wissenschaftliche Aufgabe darstellt, zeigt schon die Tatsache, daß unter den Vorkämpfern für ein internationales System immer wieder die Namen von Politikern auftauchen.

Die französische Revolution (1789) gab den entscheidenden Anstoß zur Entwicklung eines Systems, dessen direkte Nachfolgerin das heutige Einheitensystem »SI« darstellt. Die erste Kommission der Acadèmie des Sciences kam am 17.10.1790 zu dem Ergebnis, daß nur das Dezimalsystem Grundlage für die Teilung und Vervielfachung aller Einheiten sein sollte. Am 10.12.1799 wurde mit dem »mètre und dem kilogramme des archives« das metrische System vollendet. Am 20.05.1875 erst kam es zum Abschluß der Meterkonvention, von 17 Staaten unterzeichnet.

Heute werden die metrischen Maße bereits in über 140 Staaten verwendet. Die internationale Generalkonferenz für Maß und Gewicht überprüft bei ihren Sitzungen (von 1889 bis 1975 waren es 15 Sitzungen) den jeweiligen Entwicklungsstand und beschließt gegebenenfalls Veränderungen. Einer dieser Beschlüsse legte 1960 in der Resolution 12 das internationale Einheitensystem fest. Nach dem französischen Titel »Le *S*ystème *I*nternationale d'Unitès« wird es international, durch die Bezeichnung »SI« abgekürzt.

98. Welche Basisgrößen und Basiseinheiten umfaßt das SI-System?
Das SI ist eine verbesserte Form des metrischen Systems. Folgende SI-Einheiten sind verbindlich:

für die Länge	das Meter (m);
für die Zeit	die Sekunde (s);
für die Masse	das Kilogramm (kg);
für die Stromstärke	das Ampere (A);
für die Temperatur	das Kelvin (K);
für die Stoffmenge	das Mol (mol);
für die Lichtstärke	die Candela (cd);

Mit der Entwicklung, Wahrung, Realisierung und Weitergabe der Basiseinheiten und der daraus abgeleiteten Einheiten sind in allen Signatarstaaten besondere Staatsinstitute beauftragt. In der Bundesrepublik ist es die Physikalisch-Technische Bundesanstalt (PTB) in Braunschweig und Berlin.
(Hinweis: eine Übersicht der SI-Einheiten im Kapitel Tabellen.

99. Was nennt man pneumatisch?
Pneumatisch sind Anlagen, die mit Saug- oder Druckluft betrieben werden (siehe Transportanlagen Mälzerei).

100. Was versteht man unter isobarometrischer Abfüllung?
Unter isobarometrisch versteht man das Abfüllen unter Gegendruck, d. h. zum Zeitpunkt des Befüllens herrscht im aufnehmenden Gebinde der gleiche Gegendruck wie in dem Gefäß, aus dem das Bier entnommen wird.

101. Was haben die Fragen und ihre Antworten aus der Chemie, Physik, Biologie und der anderen naturwissenschaftlichen Unterabteilungen mit der Malz- und Bierbereitung zu tun?
Dieser verständlichen Frage gelten folgende Antworten:
1. Es entspricht zunächst der Tradition der bisherigen Auflagen dieses Buches.
2. Ohne Kenntnis dieser naturwissenschaftlichen Grundbegriffe sind technische und technologische Vorgänge kaum verständlich.
3. Der erweiterte Katalog von Grundbegriffen gegenüber den bisherigen Auflagen begründet sich durch den heutigen Stand der modernen Technik- bzw. Technologie.
4. Die ausgewählten Grundbegriffe erheben keinen Anspruch auf Vollständigkeit.
5. Eine umfassende Darstellung der naturwissenschaftlichen Fächer würde den Rahmen dieses Fachbuches sprengen.
6. Notwendige chemisch-physikalische und chemisch-biologische (enzymatische) Erläuterungen finden sich selbstverständlich in den nachfolgenden Kapiteln.

Gliederung der Bierbrauerei und der Arbeitsvorgänge

102. In welche Teile gliedert sich die Bierbrauerei?
Sie gliedert sich in zwei Hauptteile, nämlich die Technologie der Malzbereitung in der Mälzerei und die Bierbereitung in der Brauerei. Die Malzbereitung unterteilt sich in:

1. Die Annahme und Vorbereitung der Rohgerste zum Vermälzen.
2. Die Herstellung des Grünmalzes durch das Weichen und Keimen.
3. Die Herstellung des Darrmalzes und seine Nachbehandlung bis zum Versand.

Die Bierbereitung unterteilt sich in:

1. Das Schroten des Malzes.
2. Die Herstellung der Würze.
3. Die Gewinnung der Würze.
4. Das Kochen und Hopfen der Würze.
5. Das Abkühlen der Würze und die Trubausscheidung.
6. Die Hauptgärung.
7. Die Nachgärung und Lagerung.
8. Die Filtration (künstliche Klärung) des Bieres.
9. Das Abfüllen des Bieres.

103. Welche Vorgänge laufen in den einzelnen Abteilungen der Mälzerei und Brauerei ab? (Grobe technisch-technologische Übersicht)

In der Mälzerei

1. Das Anliefern, Annehmen und der Transport, das Vorreinigen, das eventuell notwendige Trocknen und das Lagern der Gerste auf Böden, in Boxen oder Silos.
   Frisch geerntete Rohgerste läßt sich nicht vermälzen. Sie enthält unvermälzbare Verunreinigungen und fremde Beimengungen. Die Anlieferung erfolgt überwiegend lose.
   Durch Handbonitierung (zur Feststellung der Farbe, des Geruches oder von Schädlingsbefall) und durch das Ziehen eines Durchschnittsmusters mit dem Probenehmer (zur Schnellbestimmung des Wassergehaltes und der Keimfähigkeit im Labor) fällt die Entscheidung über die Annahme. Die Annahme erfolgt über eine Annahmegosse. Die nachfolgenden Transportanlagen sollten in ihrer Stundenleistung einer Transporteinheit entsprechen. Über eine automatische Waage gelangt die Rohgerste zur Vorreinigung, in der die unvermälzbaren Verunreinigungen entfernt werden, welche zurückgewogen dem Anlieferer zurückgegeben werden. Der festgestellte Wassergehalt entscheidet, ob vor der Lagerung eine Trocknung erforderlich ist.

Eine Hauptreinigung einschließlich der Sortierung in Malzgerste und Futtergerste bei der Annahme entfällt heutzutage in den meisten Mälzereien. Bedingt durch moderne Erntemethoden (Mähdrusch) ist die Leistungskapazität der Hauptreinigung zu gering; eine Anpassung der Leistungskapazität an die Annahmekapazität für die wenigen Wochen der Ernte wäre zudem unwirtschaftlich. Die Lagerung der vorgereinigten Gerste erfolgt auf Lagerböden, in Boxen oder Silos. Eine Umlagerung der Gerste während der Keimruhe (Keimreife) zur Entfernung der Atmungsprodukte (CO_2, Feuchtigkeit und Wärme) ist eine technologische Notwendigkeit. Die Maßnahmen dazu nennt man Rieseln, Umbechern und Belüften. Dabei wird im allgemeinen die Braugerste auf niedrige Temperaturen abgekühlt (Temperatur im gelagerten Korn ca. ± 0°C). Eine zweite Vorreinigung während der Umlagerung entfernt weitere unmälzbare Verunreinigungen.

2. Das Putzen und Sortieren der Gerste.
   Diese Hauptreinigung erfolgt mittels geeigneter Putz- (Reinigungs-) und Sortiermaschinen. Staub, Spreu, Grannen, Unkrautsamen, Halbkörner und Futtergerste werden von den Maschinen ausgesondert. Die geputzte Gerste wird anschließend nach Korngrößen sortiert.

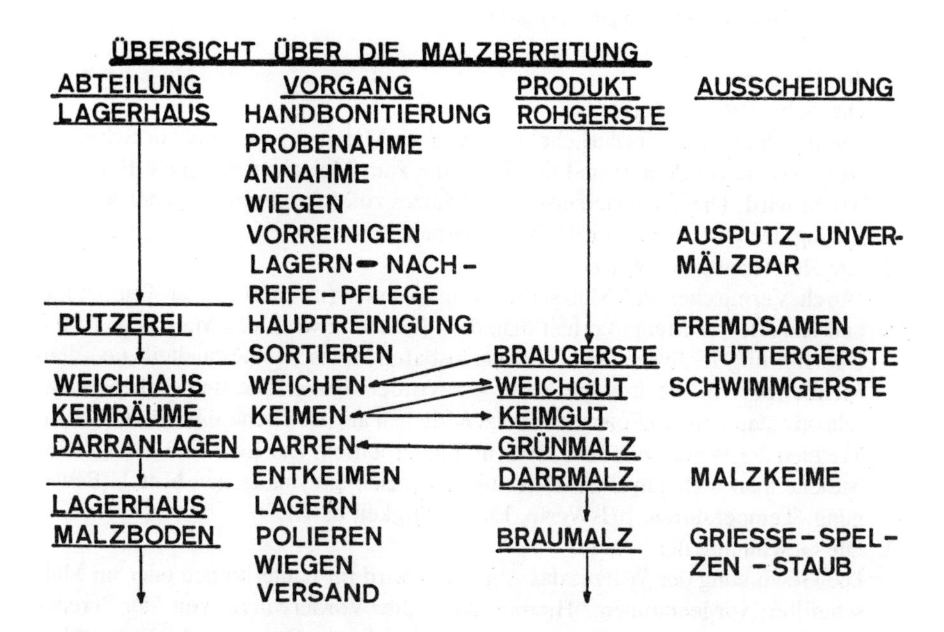

3. Das Weichen der Braugerste
   Die Braugerste wird in entsprechenden Weichgefäßen (Bottichen) geweicht. Das in der Gerste enthaltene Eigenwasser (Konstitutionswasser) reicht nicht. Das zur Keimung notwendige Vegetationswasser muß zugeführt werden. Das ursprünglich harte Korn wird zunehmend elastisch. Gleichzeitig wird die Gerste gewaschen, belüftet und umgepumpt, um anhaftenden Schmutz und Staub zu entfernen.

4. Das Keimen.
   Das Weichgut kommt zum Keimen in entsprechende Keimanlagen. Während der Keimung entwickeln sich die Keimlinge (Blatt- und Wurzelkeime). Der Mehlkörper verliert seine Elastizität und wird zunehmend zerreiblich. Durch die »Haufenführung« werden Temperaturen, Wachstum, Stoffveränderungen und Stoffverbrauch, sowie die Keimdauer geregelt.
5. Das Darren des Grünmalzes.
   Die Keimung wird durch das Darren des Grünmalzes gestoppt. Dieser Entwässerungsprozeß, unterteilt sich in das »Schwelken« und den eigentlichen Trocknungsprozeß, bringt physikalische Veränderungen (Wassergehalt, Volumen, Gewicht) und chemische Veränderungen (Farbe und Aroma usw.) mit sich.
6. Das Entkeimen des Darrmalzes.
   Mit Hilfe von Entkeimungsmaschinen werden die Wurzelkeime abgerieben und abgesondert. Die Entnahme eines Durchschnittsmusters für Malzanalysen im Labor und das Abkühlen erfolgen vor der Einlagerung des Malzes in Silos. Nach entsprechender Lagerung des frischen, entkeimten Darrmalzes muß das Malz noch geputzt, poliert, verschnitten und gewogen werden, sowohl für die Weiterverarbeitung im eigenen Brauereibetrieb, als auch für den Versand durch Handelsmälzereien an ihre Brauereikunden.

In der Brauerei

1. Das Schroten des Malzes.
   Die für einen Sud erforderliche, abgewogene Malzmenge kommt zur Schrotanlage, wo sie zerkleinert und damit in eine zum Maischen geeignete Form gebracht wird. Diese Zerkleinerung des Malzes zu Malzschrot, dient der Vergrößerung der Oberfläche für die Maischarbeit.
2. Die Herstellung der Würze.
   Durch Vermischen des Malzschrotes mit Wasser (mit bestimmter Temperatur und festgelegter Menge) erhält man die Maische. Zweck des Maischens ist die Überführung der festen, löslichen und lösbaren Malzschrotbestandteile (aus dem Mehlkörper) in die flüssige Form (= Vorderwürze). Die unlöslichen Malzschrotbestandteile in Form der Spelzen, dienen als natürliche Filterschicht beim Trennen der Würze von der Treber im Läuterbottich. Zur Erreichung des Zieles bedient man sich physikalischer und chemisch-enzymatischer Mittel (Bewegung, Temperaturen, pH-Werte, Enzymtätigkeit usw.).
3. Die Gewinnung der Würze.
   Die Gewinnung der Würze, das Abläutern wird im Läuterbottich oder im Maischefilter vorgenommen. Hierbei wird die Vorderwürze von der Treber getrennt. Die Vorderwürze läuft in die Würzepfanne. Der in der Treber verbliebene Extrakt wird mit Hilfe temperierten Wassers ausgelaugt.
4. Das Kochen und Hopfen der Würze.
   Die durch den Läuterprozeß gewonnene Würze wird gekocht und ihr dabei in irgendeiner Form Hopfen zugegeben. Dabei verdampft überschüssiges Wasser, zur Erzielung der gewünschten Würzekonzentration. Enzyme werden zerstört, die Würze wird sterilisiert, gerinnbare Eiweißstoffe in Form des Bruches werden ausgefällt (möglichst vollkommen), Hopfenwertbestandteile, vor al-

lem Bitterstoffe werden gelöst. Als Nebenwirkungen verdampfen flüchtige Stoffe, bilden sich reduzierende Substanzen, nimmt die Farbe zu, die Acidität geringfügig ab.

5. Das Abkühlen der Würze und die Trubausscheidung.
Die Ausschlagwürze wird einem Ausschlaggefäß zugeführt (Kühlschiff, Ausschlaggefäß, Setzbottich, Whirlpool). Die nachfolgende technologische Würzebehandlung dient folgenden Zwecken:
1. Abkühlen der Würze auf Anstelltemperatur.
2. Vollständige Ausscheidung des Heißtrubes und gezielte Entfernung des Kühltrubes.
3. Ausreichende Aufnahme von Sauerstoff (Luft) durch die Würze.
Nach der jeweiligen Einrichtung spricht man von einem offenen bzw. geschlossenen Würzeweg.

ÜBERSICHT ÜBER DIE BIERBEREITUNG

ABTEILUNG	VORGANG	STOFF	AUSSCHEIDUNG
SCHROTEREI	SCHROTEN	BRAUMALZ	
SUDHAUS	MAISCHEN	MALZSCHROT+ WASSER	
		MAISCHE	
	ABLÄUTERN	VORDERWÜRZE+	
	ANSCHWÄNZEN	WASSER	GLATTWASSER
	WÜRZEKOCHEN	PFANNENVOLL-WÜRZE+HOPFEN	TREBER
	AUSSCHLAGEN	AUSSCHLAG-	
KÜHLHAUS	ABKÜHLEN	WÜRZE	HEISSTRUB
GÄRKELLER	ANSTELLEN	ANSTELLWÜRZE+	KÜHLTRUB
	GÄREN	HEFE	
	SCHLAUCHEN	JUNGBIER	BRANDHEFE GÄRDECKE
LAGERKELLER	LAGERN-NACH-GÄREN-KLÄREN		GELÄGER
FILTERKELLER	REIFEN	AUSSTOSSBIER	HEFE-EIWEISS
DRUCKTANK	FILTRIEREN	VERSANDBIER	

6. Die Hauptgärung.
Sie beginnt mit der Zugabe der Hefe zur Anstellwürze. Diesen Vorgang nennt man »Anstellen« oder »Zeuggeben«. Die dafür verwendete Hefe bezeichnet man als »Anstellhefe«, »Zeug«, oder »Satz«. Die Hauptgärung endet mit dem »Fassen«, oder »Schlauchen« des Jungbieres in dafür im Lagerkeller vorbereitete Lagergefäße. Die Hauptgärung kann in offenen oder geschlossenen Gefäßen erfolgen. Die Gärdauer bei der Untergärung hängt von der Gärführung ab (sie dauert zwischen 6 und 10 Tagen).
Während der Hauptgärung finden äußere und innere Veränderungen statt. In einem Gärdiagramm werden u. a. die beim »Gradieren« festgestellten Temperaturen und die durch »Schwimmsaccharometer« oder durch das »Spindeln« mit

dem Saccharometer festgestellte Extraktabnahme festgehalten. Am Ende der Hauptgärung setzt sich die untergärige Hefe am Boden des Gärgefäßes ab. Sie wird »geerntet«, gereinigt und in kühlbaren Hefewannen im Hefekeller bis zur Wiederverwendung aufbewahrt.

7. Die Nachgärung und Lagerung.
   Mit dem »Einschlauchen« des Jungbieres (je nach der Anzahl der Sude) in einzelne Gefäße oder durch »Verschneiden« und »Drauflassen« in mehrere Gefäße und dem »Spunden« (Verbinden mit einem Spundapparat) beginnt die Nachgärung und Lagerung des Bieres. Der Spundapparat und »Zwickelproben« dienen der Kontrolle der Nachgärung.
   Der Zweck der Nachgärung im Lagerkeller (und damit Kontrollpunkte) sind:
   a) Die weitgehende oder vollständige Vergärung des im Jungbieres verbliebenen Extraktes.
   b) Die Anreicherung bzw. Sättigung des Bieres mit CO_2.
   c) Die natürliche Klärung des Bieres durch das Absetzen der Hefe und anderer trübender Bestandteile als »Geläger« am Tankboden oder an der Tankwand.
   d) Die Reifung des Bieres und damit verbunden Veredelung und Abrundung des Geschmackes.

   Alle Vorgänge sind zeit- und temperaturabhängig.
8. Die Filtration und das Abfüllen des Bieres.
   Um den Anforderungen an die Qualitätsmerkmale Geschmack, Glanzfeinheit und Haltbarkeit gerecht zu werden, muß das gelagerte, natürlich vorgeklärte Bier künstlich geklärt, d.h. filtriert oder zentrifugiert werden. (Methoden, Filtermaterialien und Systeme finden sich in den entsprechenden Kapiteln.)
   Der Filtrationsweg beginnt beim Lagergefäß und endet beim Drucktank. Das Bier läuft aus dem unter Luft- oder CO_2-Überdruck gesetzten Lagergefäßen durch Leitungen zum Verschneidbock, durch Leitungen zu einer Pumpe (Druckregler), durch Leitungen über die Filteranlage (Dosiergerät, Filtersystem), durch Leitungen meist in Vorratstanks (Drucktanks), oder es wird unmittelbar unter Zwischenschaltung eines Puffertanks dem Faßfüller (Isobarometer) oder der Flaschenfüllerei zugeleitet, wo es unter Gegendruck auf Transportfässer oder Flaschen abgefüllt wird.
   Die abgefüllten und verschlossenen Gebinde werden markiert bzw. ettiketiert, Flaschen in Flaschenkasten verpackt, in gekühlten Räumen gestapelt oder palettiert und bis zum Versand aufbewahrt.

Das Wasser

104. Welche Arten natürlich vorkommender Wässer gibt es?
Von Regen- und Schneeschmelzwasser abgesehen, gibt es Quell-, Brunnen-, Fluß-, See- und Meerwasser.

105. Woher stammt das natürliche Wasser?
Aus Quellen, Brunnen und Wasserläufen, Seen und Meeren. Aus diesen verdunstet fortwährend Wasser, es steigt in die Luft, kühlt in den höheren Luftschichten ab, wodurch Tropfen gebildet werden, die als Regen, Schnee und Hagel wieder auf die Erde fallen. Bei diesem Niederschlag werden verschiedene Bestandteile aus der Luft aufgenommen.
Das Wasser versickert in der Erde, löst dabei mineralische und organische Bestandteile der durchfließenden Erdschichten und sammelt sich als Grundwasser in verschiedenen Tiefen. Als Quelle tritt das Wasser wieder zu Tage oder wird durch Brunnenanlagen an die Oberfläche gefördert. Das Wasser vollführt also einen ständigen Kreislauf, wie es die nachfolgende Abbildung noch einmal verdeutlicht.

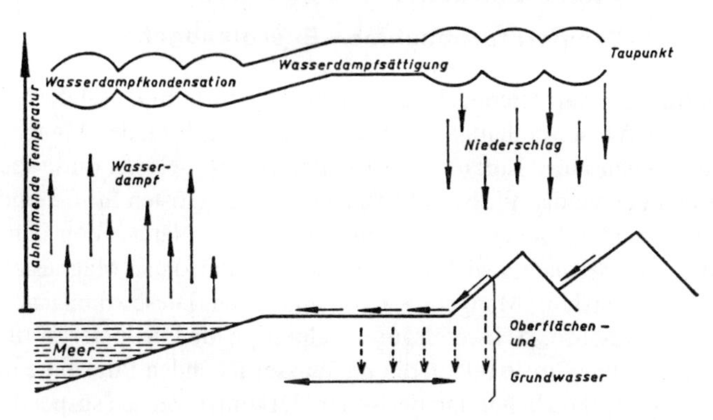

Wasserkreislauf in der Natur

106. Was ist zum Grundwasser zu sagen?
Man spricht von einem Grundwasserstrom, weil sich das Grundwasser in Bewegung befindet. Der Grundwasserstand (Grundwasserspiegel) ist durch Bodenformation, Regenmengen und Jahreszeit bedingt. Hoher Grundwasserspiegel erschwert und verteuert die Anlage von Gebäuden. Unterirdische Räume müssen gegen Grundwasser isoliert werden.

107. Ist Regenwasser in der Mälzerei und Brauerei zu gebrauchen?
Die Antwort lautet eindeutig nein.

108. Was ist chemisch reines Wasser?
Ein Wasser, das nur aus Wasserstoff und Sauerstoff besteht, ist chemisch rein; es darf beim Verdampfen oder Verdunsten keinen Rückstand hinterlassen. In der

Labortechnik verwendet man destilliertes Wasser. Seine Gewinnung erfolgt durch Verdampfen von Wasser mit nachfolgender Konzentration. Die im Wasser gelösten Salze bleiben in der Vorlage zurück, Gaseinschlüsse werden freigesetzt und entweichen.

109. Bei welcher Temperatur ist Wasser am dichtesten?

Das Wasser ist bei 4 °C am dichtesten; bei Temperaturen, die darüber und darunter liegen, ist es weniger dicht und daher auch leichter. Die nachfolgende Übersicht faßt die physikalische Eigenschaften noch einmal zusammen.

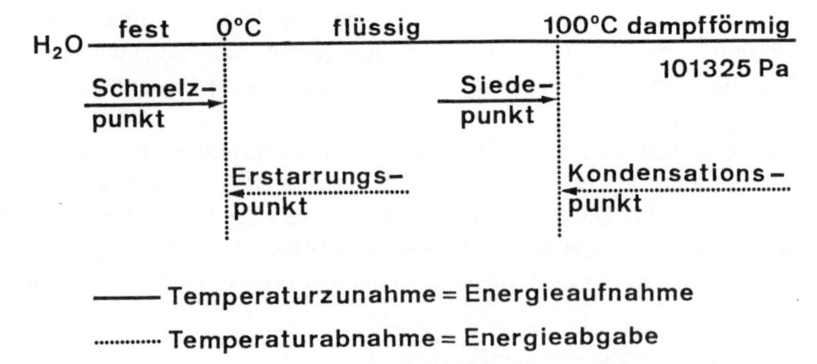

110. Enthalten die natürlichen Wässer fremde Stoffe und welche?

Die natürlichen Wässer enthalten fremde Stoffe in wechselnder Menge, und zwar gasförmige (Kohlensäure, Luft usw.), suspendierte und gelöste, diese stammen von Gesteinsarten her, die das Wasser durchsickert. Die gelösten Stoffe sind zum Teil anorganischer (mineralischer), zum Teil organischer Natur. Von den anorganischen Stoffen sind besonders wichtig die Kalk-(Kalzium-) und Magnesiaverbindungen; ferner noch Natrium, Mangan, Kalium und Eisen. Diese können an die Säuren Kohlensäure, Salzsäure, Schwefelsäure, salpetrige und Salpetersäure gebunden sein. Die organischen Stoffe bilden die im Wasser lebenden Pilzkeime und organischen Substanzen (pflanzlicher und tierischer Herkunft). Zu den suspendierten Stoffen zählt Lehm oder Ton.

111. Wie unterscheiden sich hinsichtlich ihrer Besonderheiten die verschiedenen Arten von Wässern?

Quell- und Brunnenwasser sind sehr verschieden in ihrer Zusammensetzung; Quellwasser fließt oft auf weiten Strecken in Gesteinsschichten und in größerer Tiefe und ist meist ärmer an mineralischen und namentlich organischen Stoffen. Das Brunnenwasser geht aus dem Grundwasser hervor, das die oberen Erdschichten durchsickert hat. Sein Gehalt an Mineralsubstanzen ist oft sehr hoch. Dagegen können Bachwasser und Flußwasser hinsichtlich ihrer Härte dem Quellwasser gleichgestellt werden. Die offenen Gerinne haben ein Verflüchtigen der Kohlensäure des Wassers im Gefolge, wodurch die doppeltkohlensauren Salze des Kalks und der Magnesia teilweise abgeschieden werden. Das See- und Teichwasser ist ärmer an festen Bestandteilen als Flußwasser. Unter der Einwirkung des Sonnenlichtes ist es auch wärmer, durch Verdunsten der Kohlensäure weicher. Der Gehalt an mineralischen Substanzen hängt von der Zusammensetzung der Wasserläufe ab, welche die Seen und Teiche speisen; solches Wasser enthält oft größere Mengen pflanzlicher und tierischer Überreste.

112. Durch welches Gas wird die lösende Wirkung des Wassers gesteigert?

Die lösende Kraft wird dadurch gesteigert, daß Wasser *Kohlensäure* aufnimmt; mit Hilfe dieses Gases reichert sich das Wasser mit verschiedenen Salzen an. So wird aus dem unlöslichen kohlensauren Kalk der wasserlösliche doppeltkohlensaure Kalk.

113. Von welchen Bedingungen sind Menge und Art der im Wasser gelösten Stoffe abhängig?

Von der Beschaffenheit des Bodens, welchen das Wasser durchsickerte, hängt die Menge und Art der gelösten Stoffe im Wasser ab; je weniger der Boden an löslichen Stoffen enthält, um so geringer wird der Gehalt an Bestandteilen des Wassers sein, weshalb es in Gneis, Granit, Porphyr, buntem Sandstein, infolge deren schwerer Löslichkeit, nur wenig mineralische Bestandteile aufnehmen kann. Wenn aber das Wasser erst eine Bodenschicht durchdrungen hat, die durch Verwesungs- und Fäulnisprodukte organischer Stoffe reich an Kohlensäure ist, und danach mit Kalk oder dolomithaltigem Boden in Berührung kommt, wird es reich an mineralischen Bestandteilen sein; das Wasser wird sich in diesem Falle mit kohlensaurem Kalk und kohlensaurer Magnesia anreichern, indem die Kohlensäure des Wassers diese Verbindungen in doppeltkohlensaure Salze, die man *Bikarbonate* nennt, überführt und aufnimmt. Verbindungen, die sonst im Wasser schwer löslich sind, wie kieselsaure und phosphorsaure Salze, gehen durch Vermittlung der Kohlensäure in Lösung. Das Wasser ist somit als eine dünne Lösung von Salzen anzusehen, die neben diesen noch verschiedene Gase sowie organische Stoffe enthalten kann.

114. Macht der Brauer hinsichtlich der Verwendung des Wassers Unterschiede?

Ja, er unterscheidet 1. das Brauwasser, das nur im Sudhaus verwendet wird. Es muß geschmacklich einwandfrei, geruchlos und klar und frei von bierschädlichen Organismen sein, es darf Salze nur in bestimmter Menge und Art gelöst enthalten. 2. Reinigungswasser zum Reinigen von Fässern, Flaschen, Leitungen usw., es muß biologisch einwandfrei, geschmacklos und geruchlos sein. 3. Kesselspeisewasser zum Betrieb der Dampfkessel, es soll zur Verhütung der Kesselsteinbildung möglichst wenig Salze enthalten und wird dazu meist besonders aufbereitet. 4. Kühlwasser, es soll möglichst kühl aus der Erde kommen und ebenfalls wenig wassersteinbildende Salze enthalten.

115. Welche Bestandteile kommen im Brauwasser hauptsächlich vor?

Im Brauwasser kommen hauptsächlich vor: Kalk, Magnesia, Natron; manchmal Kali, Eisen, Ammoniak. Ferner die Säuren: Kohlensäure, Schwefelsäure, Chlorkohlenwasserstoffsäure (Salzsäure), Kieselsäure; seltener Salpetersäure, salpetrige Säure, Phosphorsäure und deren Salze: salpetersaurer Kalk, phosphorsaurer Kalk, salpetersaure Magnesia, salpetersaures Natrium, salpetrigsaures und salpetersaures Ammoniak. (Bis auf die Säuren, sind alle anderen Bestandteile in ihren Namen keine direkt chemischen, sondern landläufige Begriffe.)

116. Was sind Karbonate?
Man versteht darunter Salze, die an Kohlensäure gebunden sind. Solche sind der einfach- und doppeltkohlensaure Kalk (Calciumcarbonat und Calciumbicarbonat $CaCO_3$ und $Ca(HCO_3)_2$), einfach- und doppeltkohlensaure Magnesia (Magnesiumcarbonat und Magnesiumbicarbonat $MgCO_3$ und $Mg(HCO_3)_2$) und kohlensaures Natrium (Natriumcarbonat Na_2CO_3).

117. Was sind Chloride?
Man versteht darunter Salze, die an Salzsäure gebunden sind. Solche sind Calciumchlorid, Magnesiumchlorid und Natriumchlorid (analog $CaCl_2$, $MgCl_2$ und $NaCl$).

118. Was sind Sulfate?
Man versteht darunter Salze, die an Schwefelsäure gebunden sind. Solche sind schwefelsaurer Kalk (Gips $CaSO_4$), schwefelsaure Magnesia (Bittersalz $MgSO_4$) und schwefelsaures Natrium (Glaubersalz Na_2SO_4).

119. Was sind Nitrate?
Man versteht darunter Salze, die an Salpetersäure gebunden sind. Die Nitrate spielen bei der Hefe eine bedeutende Rolle. Die Hefezelle wandelt Nitrate in Nitrite (Salze der salpetrigen Säure) um. Diese stellen ein Zellgift dar. Die physiologischen Eigenschaften (Gärung, Vermehrung, Stoffwechsel usw.) gehen verloren.

120. Welche Wassersalze trifft man am häufigsten?
Die Calcium- und Magnesiumsalze.

121. Welche Bestandteile des Wassers kommen seltener vor?
Natriumchlorid (Kochsalz), im Meerwasser, in vielen sog. Mineralbrunnen, aber auch in Brunnen, die durch die Nähe von Düngestätten verunreinigt sind.
Ammoniak, das bei der Fäulnis organischer Stoffe entsteht.
Salpetrige Säure, durch grobe Verunreinigungen (z. B. durch Abwässer) bedingt.
Salpetersäure, meist als salpetersaurer Kalk auftretend.
Eisen, in Spuren in fast jedem Wasser, meist an Kohlensäure gebunden.
Natriumcarbonat (Soda), wegen seines laugenhaften Charakters schädlich. Außerdem finden sich in manchen Wässern auch Kieselsäure, Mangan, Kalisalz und Schwefelwasserstoff.
Von organischen Substanzen sind Humussäure; Pflanzenreste und Mikroorganismen zu nennen.
Der Salzgehalt des gleichen Wassers ist oft bedeutenden Schwankungen unterworfen, die mit der Jahreszeit, der Niederschlagsmenge, aber auch mit Richtungsänderungen im Grundwasserstrom zusammenhängen.

122. Was besagt die Härte des Wassers?
Sie stellt zunächst einen zahlenmäßigen Ausdruck über die chemisch wirksamen Salze des Wassers dar und wird in Härtegraden ausgedrückt.

123. Was versteht man unter einem »deutschen Härtegrad«?
Ein deutscher Härtegrad entspricht 10 mg CaO/1000 ml Wasser. Andere Länder beziehen die Härte auf das Calciumcarbonat $CaCO_3$. Für die Umrechnung gelten folgende Faktoren:

1 °dH ≙ 1,25 englischen Härtegraden
1 °dH ≙ 1,79 französischen Härtegraden
1 °dH ≙ 17,9 amerikanischen Härtegraden

124. Welche Einteilung nach Härtegraden (H°) ist üblich?

0 – 4	sehr weich
4 – 8	weich
8 – 12	mittelhart
12 – 18	ziemlich hart
18 – 30	hart
über 30	sehr hart

125. Was sagt uns die Angabe der Härtegrade?
Sie nennt uns die »Gesamthärte« eines Wassers, d.h. also die Gesamtsumme der Calcium- und Magnesiumsalze, die der Kohlensäure, der Schwefelsäure oder einem anderen Säurerest zugehören.

126. Genügt uns die Angabe der Härtegrade?
Diese Darstellung genügt zur technologischen Kennzeichnung eines Wassers nicht. Der Härtegrad ist kein genauer Ausdruck für den Salzgehalt des Wassers, weil sich die Härte nur auf bestimmte, an Säuren gebundene Salze und nicht auf den gesamten Salzgehalt bezieht.

127. Bestimmt die Gesamthärte allein den Charakter des Wassers?
Nein, sie sagt nicht, ob die Härte von den Karbonaten oder von den Sulfaten, Chloriden und Nitraten oder von einem Gemisch dieser herstammt. Es ist daher notwendig, eine genaue Unterscheidung nach folgender Übersicht vorzunehmen. Nach Dr. Ing. H. M. Eßlinger lassen sich die Wasserhärten wie folgt darstellen:

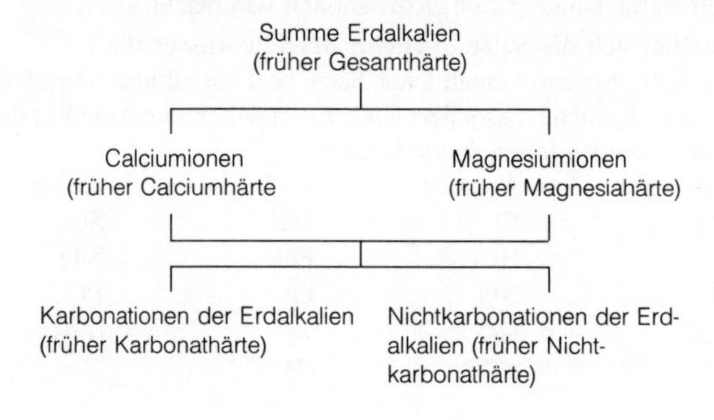

Außer den im Wasser gelösten Erdalkalien, die man allgemein als Härtebildner bezeichnet, enthalten fast alle Rohwässer auch Alkalisalze, so daß sich der Salzgehalt des Wassers wie folgt darstellt:

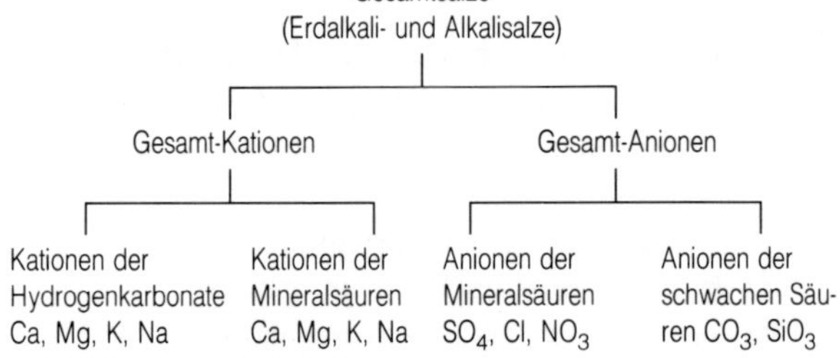

128. Wie entsteht die Karbonathärte?

Die Karbonathärte, welche durch die Bikarbonate bzw. Hydrogenkarbonate des Calciums und des Magnesiums bedingt ist, wurde in früheren Jahren auch als vorübergehende Härte bezeichnet, da beim Kochen des Wassers lösliche Erdalkali-Hydrogenkarbonate unter Abspaltung von CO_2 in mehr oder weniger lösliche Karbonate umgewandelt werden, das Wasser also weicher wird.

129. Welche Kohlensäurearten des Wassers unterscheidet man?

1. die gebundene Kohlensäure
2. die halbgebundene Kohlensäure
3. die zugehörige Kohlensäure
4. die aggressive Kohlensäure

130. Welche Bedeutung haben die unterschiedlichen Kohlensäurenarten?

1. Die gebundene Kohlensäure ist stets chemisch gebunden, sie ist im $CaCO_3$ enthalten, auch beim Erwärmen bzw. Verdampfen des Wassers.
2. Die halbgebundene Kohlensäure entweicht zum Teil schon beim Erwärmen und fast vollständig beim Kochen des Wassers, sie steckt im Calciumbicarbonat.
3. Die zugehörige Kohlensäure ist ein Teil der freien Kohlensäure, sie hält die Karbonathärte in Lösung. Entspricht die freie Kohlensäure der Menge der zugehörigen Kohlensäure, befindet sich das Wasser in einem *Kalk-Kohlensäure-Gleichgewicht.* In kaltem Zustand neigt das Wasser weder zur Wassersteinbildung, noch zu Kohlensäurekorrosionen. Ist die freie Kohlensäure kleiner als die zugehörige Kohlensäure, dann spricht man von einem labilen Wasser, mit der Folge von Wassersteinbildung.
4. Von aggressiver Kohlensäure spricht man, wenn die freie Kohlensäure größer ist als die nötige zugehörige Kohlensäure. Das Wasser ist aggressiv, Rohrleitungen aus Eisen werden angegriffen, Korrosionen verursacht.

131. Wie stellen sich die Salze in einem Betriebswasser dar?

Die in einem Betriebswasser entahltenen Salze sind verhältnismäßig stark verdünnt, so daß sie fast weitgehend dissoziiert sind. Es ist daher zweckmäßig, die den Brauprozeß beeinflussenden Ionen darzustellen.

Kationen	Anionen	Kationen	Anionen
Na^+	Cl^-	Mn^{2+}	SO_4^{2-}
K^+	HCO_3^-	Fe^{2+}	SiO_3^{2-}
NH_4^+	NO_2^-	Fe^{3+}	PO_4^{3-}
Ca^{2+}	NO_3^-	Al^{3+}	(OH^-)
Mg^{2+}	CO_3^{2-}	(H^+)	

132. Was sind »Karbonatwässer«, was »Sulfatwässer«?

Karbonatwässer sind jene, die der Hauptsache nach Karbonate – Sulfatwässer sind jene, die hauptsächlich Sulfate enthalten. Beispiele:
Das Münchener Wasser ist ein Karbonatwasser, weil es eine große Karbonathärte und eine geringe Nichtkarbonathärte besitzt.
Das Dortmunder Wasser hat bei einer sehr großen Gesamthärte einen hohen Anteil an Nichtkarbonathärte. Da diese vorwiegend aus Sulfaten besteht, ist das Dortmunder Wasser als ein ausgesprochenes Sulfatwasser anzusprechen.
Das Pilsener Wasser ist ein typisch weiches Wasser mit einer sehr geringen Karbonathärte und einer noch geringeren Nichtkarbonathärte.

Zusammensetzung einiger Rohwässer

	Pilsen		München		Dortmund		Wien	
	mmol/l	°dH	mmol/l	°dH	mmol/l	°dH	mmol/l	°dH
Summe Erdalkalien	0,28	1,6	2,63	14,8	7,35	41,3	6,87	38,6
Karbonationen der Erdalkalien	0,23	1,3	2,53	14,2	2,99	16,8	5,50	30,9
Nichtkarbonationen der Erdalkalien	0,05	0,3	0,10	0,6	4,36	24,5	1,37	7,7
Calciumionen	0,18	1,0	1,89	10,6	6,53	36,7	4,06	22,8
Magnesiumionen	0,10	0,6	0,75	4,2	0,82	4,6	2,81	15,8
Restalkalität	0,16	0,9	1,89	10,6	1,01	5,7	3,93	22,1
Abdampfrückstand mg / l	51		284		1110		948	

133. Wie wirken sich die Wassersalze bzw. ihre Ionen beim Brauprozeß aus?

Die Salze des Brauwassers, insbesondere die alkalischen Karbonate, setzen den Säuregrad (die Acidität) der Maische so stark herunter, daß sie dadurch die Verzuckerung beeinträchtigen und die Extraktausbeute vermindern, das Abläutern erschweren, den Glanz und den Bruch der Würze schädigen.
Karbonhaltige Wässer färben die Würze zu, haben Einfluß auf die Menge des zu gebenden Hopfens und verursachen einen rauhen, kratzigen und unangenehm bitteren Geschmack des Bieres. Man schreibt den Karbonaten auch einen unerwünschten Einfluß auf die Vergärung, die Gärdauer, den Bruch und die Klärung des Bieres zu. Die genannten Folgen stellen sich nur bei der Herstellung heller Biere ein; sie äußern ihre Wirkung weniger störend bei dunklen Bieren, bei deren Bereitung ein mäßiger Karbonatgehalt erwünscht ist.
Bei all diesen Reaktionen handelt es sich um Reaktionen der Ionen des Wassers mit den Inhaltsstoffen des Malzes und des Hopfens. Sie beeinflussen die Acidität (Säuregrad) in Maische, Würze und Bier.

134. Was versteht man unter Acidität?

Man versteht darunter die gesamten vorhandenen Säurebildner. Sie umfassen die dissoziierten (welche leicht durch den pH-Wert ausgedrückt werden) und die nicht dissoziierten Anteile. Die Acidität, d.h. also der Anteil an »aktuellen« und »potentiellen« Säuren, kann durch eine Säuretitration erfaßt werden. Im Brauwasser finden sich neben aciditätsneutralen Ionen auch die aciditätsfördernden Calcium- und Magnesiumionen und die aciditätsvernichtenden Hydrogenkarbonationen.

135. Welche Reaktionen bewirken die aciditätsvernichtenden Ionen?
Die Hydrogenkarbonationen bewirken mit den aus dem Malz stammenden, sauer wirkenden primären Phosphaten unter Freisetzung von CO_2 die Bildung von schwach alkalisch wirkenden sekundären Phosphaten. Als Fortsetzung dieser Reaktion können weitere Hydrogenkarbonate mit sekundären Phosphaten zu stark alkalisch wirkenden tertiären Phosphaten weiterreagieren. Wegen des Löslichkeitsverhaltens der entstehenden Phosphate beeinflussen die einzelnen Hydrogenkarbonate die Acidität der Maische und Würze verschieden stark. Calciumhydrogenkarbonat hat dabei die geringste, Magnesiumhydrogenkarbonat eine stärkere und Natriumhydrogenkarbonat die höchste acidiätsvernichtende Wirkung.

136. Welche Reaktion bewirken die aciditätsfördernden Ionen?
Die aciditätsfördernde Wirkung der Erdalkalienmetallionen beruht darauf, daß sie sekundäre Phosphate in saure primäre Phosphate überführen können.

137. Was versteht man unter Alkalität eines Wassers?
Die Alkalität eines Wassers ist allgemein gleichbedeutend mit der Konzentration der darin enthaltenen Bicarbonat-Ionen (HCO_3^-). Fehlen Alkalikarbonate (Na_2CO_3 = Soda und K_2CO_3 = Pottasche) ist die Konzentration der Bicarbonat-Ionen gleichzeitig ein Gradmesser für die Karbonathärte des Wassers.

138. Was versteht man unter Restalkalität?
Man versteht darunter die Gegenüberstellung der aciditätsvernichtenden Hydrogenkarbonationen und der aciditätsfördernden Erdalkalimetallionen. Die Restalkalität ist ein Maßstab für die Eignung eines Wassers für bestimmte Biersorten. Man legt zunächst die Karbonathärte als Gesamtalkalität zugrunde. Unter praktischen Bedingungen Bedingungen werden 3,5 mol Calcium benötigt um die schädliche Wirkung von 1 mol Hydrogenkarbonat auszugleichen. Magnesium hat nur eine halb so stark acititätsfördernde Wirkung, deshalb müssen 7 Mg-Ionen zur Freisetzung eines H^+-Ions aufgewendet werden. Für die Berechnung der Restalkalität ergeben sich folgende Möglichkeiten:

$$\text{Restalkalität} = \text{Gesamtalkalität} - \left(\frac{\text{Ca-Ionen}}{3{,}5} + \frac{\text{Mg-Ionen}}{7}\right)$$

Der Minuend (Klammerwert) wird als »ausgeglichene Alkalität« bezeichnet, so daß sich die Restalkalität auch nach der Formel berechnet:

$$\text{Restalkalität} = \text{Gesamtalkalität} - \text{ausgeglichene Alkalität}$$

Setzt man den Kalkwert (= Ca − Härte + 1/2 Mg − Härte), so errechnet sich

$$\text{Restalkalität} = \text{Gesamtalkalität} - \frac{\text{Kalkwert}}{3{,}5}$$

Die Restalkalität wird fast ausschließlich in °dH angegeben, sie sollte für helle Pilsener Biere unter 2 °dH und für Lagerbiere um 5 °dH betragen. Nur bei dunklen Bieren ist aus Gründen eines kräftigeren Gesamtcharakters eine höhere Restalkalität erwünscht.

139. Welchen Einfluß haben die Aciditätsverhältnisse?

Die Erhöhung des Maische- und Würze-pH durch eine hohe Restalkalität hat nachteilige Folgen:

1. Die Enzyme wirken weniger intensiv, was sich beim Stärkeabbau durch eine ungünstige Beeinflussung des Endvergärungsgrades, beim Eiweißabbau durch Verringerung der Eiweißlösung äußert; die Ausbeute erniedrigt sich.
2. Die Ausfällung von Phosphaten beim Maischen führt zu einer Veränderung der Pufferverhältnisse.
3. Die Eiweißkoagulation und die Trubausscheidung verschlechtern sich.
4. Farbe und Geschmack des Bieres werden durch die verstärkte Auslaugung der Spelzen negativ beeinflußt.
5. Die vermehrte Lösung und damit bessere Ausnützung der Hopfenbitterstoffe bei höheren pH-Werten geht jedoch mit einem qualitativ schlechteren Bittergeschmack einher.

140. Welche Einflüsse haben andere Wasserinhaltsstoffe?

Folgende Wirkungen können auftreten:

1. Calcium schützt die α-Amylase beim Maischen vor vorzeitiger Inaktivierung und reagiert mit der unerwünschten Oxalsäure zu schwer löslichem Calciumoxalat (Verhinderung von Gushing);
2. Natrium führt zusammen mit Chloriden in Mengen über 150 mg NaCl/l zu einem salzigen Geschmack;
3. Kalium kann ebenfalls salzig schmeckende Biere erzeugen;
4. Eisen und Mangan führen ab 0,2 mg/l zu farblichen und geschmacklichen Unzulänglichkeiten;
5. Kupfer, Zink, Blei und Zinn sind in höheren Konzentrationen toxisch für die Hefe;
6. Zink stimuliert in Mengen über 0,12 mg/l die Hefevermehrung und damit die Gärung;
7. Sulfate können einen trockenen und harten Trunk verursachen, sie begünstigen jedoch die Ausbildung einer »Hopfenblume«;
8. Chloride vermitteln einen vollen, weichen Biergeschmack. Bei einem zu hohen Anteil besteht bei V_2A Stahl Korrosionsgefahr.
9. Nitrate führen zu einer Hemmung des Hefewachstums und zu einer Verlangsamung der Gärung;
10. Silikate sind in Anbetracht der vom Malz eingebrachten hohen Kieselsäuremengen praktisch ohne Bedeutung;
11. Phosphate deuten auf organische Verunreinigungen hin. Falls sie vom Wasserwerk zur Härtestabilisierung verwendet werden; behindern sie die Effizienz einer Kalkentkarbonisierung;
12. Freies Chlorgas, das zur Betriebswasserentkeimung eingesetzt wird, kann beim Vorhandensein von Phenolen zu einem unangenehmen Chlorphenolflavour führen.

141. Was besagt der Begriff Säurekapazität (Positiver p- und m-Wert)?
(siehe auch Frage 74 Titration)

In der neuen Nomenklatur spricht man bei dem durch Säureverbrauch ermittelten p-Wert von der Säurekapazität pH = 8,2 und beim m-Wert von der Säurekapazität pH = 4,3. Bei der Ermittlung der Alkalität einer Lösung gibt man dieser so lange Säure von bekanntem Gehalt (Normallösung) zu, bis alle alkalischen Verbindungen mit der Säure reagiert haben. Zur Erkennung des Endpunktes der Zugabe verwendet man Farbstoffe (Indikatoren), welche bei Erreichung eines bestimmten pH-Wertes ihre Farbe ändern. Die bekanntesten Indikatoren sind Phenolphtalein (p) und Methylorange (m). Die bei Verwendung von 100 ml Wasser bis zum Umschlag des Phenolphtaleins von rot nach farblos verbrauchten ml 0,1n HCl nennt man den p-Wert, die bis zum Umschlag von Methylorange von Orange nach rötlich verbrauchten ml nennt man den m-Wert. Beide Werte sollen in mval/kg angegeben werden.

142. Welche Möglichkeiten treten in der Praxis am häufigsten auf?

Im Falle p=0 und m>0 können die Hydrogenkarbonate $NaHCO_3$, $Ca(HCO_3)_2$ und $Mg\,(HCO_3)_2$ anwesend sein. Bei Anwesenheit von Härte errechnet sich aus dem m-Wert die Karbonathärte zu:

KH (°dH) = m x 2,8

Bei Abwesenheit von Härte errechnet sich das $NaHCO_3$ zu:

$NaHCO_3$ (mg/kg) = m x 84

Sind beide nebeneinander anwesend, so ist eine einwandfreie Bestimmung über den m-Wert nicht möglich. $NaHCO_3$ ist immer vorhanden, wenn m x 2,8 größer als die Gesamthärte ist.

Im Falle p > 0 und m > 0 und der Abwesenheit von Härte ergeben sich folgende Fälle: 2p < m, dann sind p x 106 mg Na_2CO_3/kg und (m − 2p) x 84 mg $NaHCO_3$/kg vorhanden. Entspricht 2p = m, dann sind p x 106 mg Na_2CO_3/kg vorhanden (alternativ m x 53 mg Na_2CO_3/kg).

Ist 2p > m, dann sind (m − p) x 106 mg Na_2CO_3/kg und (2p − m) x 40 mg NaOH/kg vorhanden.

Ist p = m, dann sind p x 40 mg NaOH/kg vorhanden.

In der Praxis wird oft auf die Errechnung der einzelnen Salze verzichtet. Man benutzt den p-Wert und m-Wert und deren Verhältnis untereinander zur Beurteilung der Alkalität.

Ermittlung der Alkalität eines Wassers bei postivem p- und m-Wert

Titration	Wasserzusammensetzung		
	Hydroxid	Karbonat	Hydrogenkarbonat
p=0	0	0	m
2p<m	0	2p	m−2p
2p=m	0	2p	0
2p>m	2p−m	2(m−p)	0
p=m	p	0	0

143. Wozu benötigt man die Basekapazität (Negativer p-Wert und m-Wert)?
Für die Berechnung der Beladung und damit für die Auslegung von Kationen- und Anionenaustauschern ist die Kenntnis der Negativwerte erforderlich. Die Titration erfolgt analog mit 0,1 n Natronlauge als Maßlösung. Bei der Titration von 100 ml Wasser bis zum Umschlag des m-Indikators werden nur freie Mineralsäuren, bis zum Umschlag des p-Wertes die freien Mineralsäuren und die freie Kohlensäure ermittelt.

Mineralsäure = m_{neg}-Wert (mval / kg)
Kohlensäure = $(p_{neg} - m_{neg}) \times 2$ (mval CO_2 / kg)
$(p_{neg} - m_{neg}) \times 44$ (mg CO_2 / kg)

144. Welche Anforderungen werden an das Brauwasser gestellt?
Neben den bisher besprochenen Anforderungen hinsichtlich seines Gehaltes an Calcium-, Magnesium- und Hydrogenkarbonaten, muß das Brauwasser Trinkwasserqualität besitzen, wie es die Trinkwasserverordnung vorschreibt.
Das Brauwasser muß sämtliche Anforderungen hinsichtlich der Trinkwasserqualität, des Korrosionsverhaltens und der Mikrobiologie erfüllen.

145. Welche Bestimmungen enthält die Trinkwasserverordnung (TVO)?
Bezüglich Trinkwasser und Wasser für Lebensmittelbetriebe bezieht sich das Lebensmittel- und Bedarfsgegenständegesetz ausdrücklich auf das Bundesseuchengesetz. Die auf diesen Bestimmungen beruhende novellierte Fassung der TVO wurde dem EG-Recht angeglichen.
1. Sensorische Kenngrößen bestimmen, daß das Trinkwasser farblos, trübungsfrei und geruchsneutral sein.
2. Es enthält physikalisch-chemische Kenngrößen, wie einen pH-Wert von 6,5 – 9,5, wie über seine Leitfähigkeit und seine Oxidierbarkeit und
3. Angaben über das Korrosionsverhalten.

Grenzwerte für chemische Stoffe enthält die Übersicht auf Seite 38.

146. Was geschieht mit natürlichen Wässern, die den gestellten Anforderungen eines Trinkwassers bzw. Brauwassers nicht entsprechen?
Diese Wässer müssen aufbereitet werden. Alle nachfolgenden Maßnahmen der Aufbereitung müssen der Trinkwasser-Aufbereitungsverordnung entsprechen, die sich auf das Lebensmittel- und Bedarfsgegenständegesetz stützen.

147. Was regelt die Trinkwasser-Aufbereitungsverordnung (TAVO) im einzelnen?
In der TAVO sind alle gesetzlich zugelassenen Zusatzstoffe oder die durch Anwendung von Austauschverfahren erhaltenen Ionen dieser Zusatzstoffe aufgeführt. Es handelt sich um Zusatzstoffe zur Bindung der kohlensauren Salze, zur Einstellung der Härte und eines bestimmten pH-Wertes, sowie zur mikrobiologischen Wasseraufbereitung. Bei den Aufbereitungsverfahren werden brautechnologische und gesetzliche Richtwerte zugrunde gelegt, die in der nachfolgenden Tabelle (nach Dr. Reicheneder, Weihenstephan) zusammengefaßt sind:

Analysenmerkmal	Richtwert	Begründung
pH	7–8	zu sauer: Korrosion / zu alkalisch: Enzymhemmung
p-Wert	0,05–0,2 ml	Wasser enthält keine aggressive CO_2
m-Wert	0,7–1,2 ml	nur geringe Reste von aciditätsvernichtenden HCO_3^-
Karbonathärte	2–3 °dH	nur geringe Reste von aciditätsvernichtenden HCO_3^-
Nichtkarbonathärte	mindest. 2 x KH, besser 3,5 x KH	
Calciumhärte	bis 35 °dH	
	unschädlich Ca^{++}	aciditätsfördernd
Magnesiumhärte	unter 5 °dH	sonst unedle Bittere
Sulfat*	unter 240 mg / l	wegen Trinkwasserverordnung
Chlorid	unter 150 mg / l	sonst salziger Geschmack / Korrosionswirkung beachten!
Nitrat	unter 50 mg / l	wegen Trinkwasserverordnung
	unter 30 mg / l	Gefahr von Gärstörungen
SiO_2	unter 20 mg / l	sonst Gefahr von Gushing
Fe	unter 0,1 mg / l	sonst Geschmacksfehler, Gefahr von Gushing
Aggressive Co_2	0	Korrosion

* gilt nicht bei Wässern aus calciumsulfathaltigem Untergrund und bei Zugabe von Braugips ins Wasser (siehe Trinkwasseraufbereitungsverordnung)

Grenzwerte für chemische Stoffe

	Grenzwert		entsprechend etwa		berechnet als
Arsen	0,05	$mmol/m^3$	0,04	mg/l	As
Blei	0,2	$mmol/m^3$	0,04	mg/l	Pb
Cadmium	0,05	$mmol/m^3$	0,005	mg/l	Cd
Chrom	1	$mmol/m^3$	0,05	mg/l	Cr
Cyanid	2	$mmol/m^3$	0,05	mg/l	CN^-
Fluorixd	80	$mmol/m^3$	1,5	mg/l	F^-
Nickel	0,8	$mmol/m^3$	0,05	mg/l	Ni
Nitrat	800	$mmol/m^3$	50	mg/l	NO^-
Nitrit	2,2	$mmol/m^3$	0,1	mg/l	NO_2^{3-}
Quecksilber	0,005	$mmol/m^3$	0,001	mg/l	Hg
Polycyclische aromatische Kohlenwasserstoffe	0,02	$mmol/m^3$	0,0002	mg/l	C
organische Chlorverbindungen*)		—	0,025	mg/l	—
Tetrachlorkohlenstoff	20		0,003		CCl_4

*) Die organischen Chlorverbindungen (1,1,1 — Trichlorethan, Trichlorethylen und Dichlorethan) werden als Summe gemessen.
Ab Oktober 1989 sind zusätzlich noch die chemischen „Pflanzenbehandlungs- und Schädlingsbekämpfungsmittel" einschließlich ihrer toxischen Hauptabbauprodukte sowie die polychlorierten und polybromierten Biphenyle und Terphenyle zu bestimmen. Diese terminliche Besonderheit ergibt sich aus dem Umstand, daß die Analytik dieser Substanzgruppen im geforderten Grenzwertbereich noch nicht genügend empfindlich ist.

148. Welche Verfahren zur Aufbereitung des Brauwassers finden in der Praxis ihre Anwendung?

1. Enthärtung durch Erhitzen.
2. Enthärten mit gesättigtem Kalkwasser ($Ca(OH)_2$).
3. Kalkfällenthärtungsanlagen mit gesättigtem Kalkwasser oder Kalkmilch.
   a) Einstufige Entkarbonisierung.
   b) Zweistufige Entkarbonisierung.
   c) Schnell- oder Druckentkarbonisierung.
4. Ionenaustauscher als variable Entmineralisierung bis zur Vollentsalzung.
5. Entsalzung durch Elektrodiarese.
6. Entsalzung durch Umkehrosmose.

149. Wie erfolgt die Enthärtung durch Erhitzen?

Lösliche Bikarbonate → unlösliche Karbonate. Dabei verschiedenes Verhalten von Ca und Mg. Ca-Salze scheiden fast völlig aus. Mg-Salze scheiden schwer, langsam und unvollkommen aus.
Entkarbonisierungseffekt E_E = Differenz beider Härten in %: 12 °dH → 3 °dH → $E_E = 75\,\%$
E_E ist von der Kochdauer abhängig.

Die Umkehrarbeit der Salze verhindert man durch rühren ($CO_2\uparrow$).
Natriumhydrogenkarbonat, Soda oder gar Nichtkarbonate bleiben in Lösung.

150. Wie erfolgt die Enthärtung mit gesättigtem Kalkwasser?

Herstellung von $Ca(OH)_2$: 170 g/hl – absitzen lassen, klares gesättigtes Kalkwasser: 0,8 l/H°/hl
Beispiel: von 16 → 5 dH°: 50 x 11 x 0,8 = 440 l (klares gesättigtes Kalkwasser)

Chemische Umsetzungen beim Enthärten des Wassers mit gesättigtem Kalkwasser.

1. Kalkwasserherstellung:

$$CaO + H_2O \rightarrow Ca(OH)_2$$

2. Enthärtung:

2.1 Reaktion mit freier Kohlensäure

$$CO_2 + Ca(OH)_2 \rightarrow CaCO_3 + H_2O$$

2.2 Reaktion mit Calciumbikarbonat

$$Ca(HCO_3)_2 + Ca(OH)_2 \rightarrow 2CaCO_3 + 2H_2O$$

Die Umsetzungen finden bereits bei normaler Wassertemperatur von 10–12 °C statt. Höhere Temperaturen beschleunigen die Umsetzungen. Überprüfung des E_E durch Titration.

151. Wie arbeiten Kalkfällenthärtungsanlagen?

Beim einstufigen Verfahren wird die gesamte Rohwassermenge mit dem erforderlichen $Ca(OH)_2$ vermischt und zur Reaktion gebracht. Es kann vorteilhaft nur dann angewandt werden, wenn die Magnesiumhärte weniger als 3 °dH über der Nichtkarbonathärte liegt.

Offene Kalkentkarbonisierung einstufig:

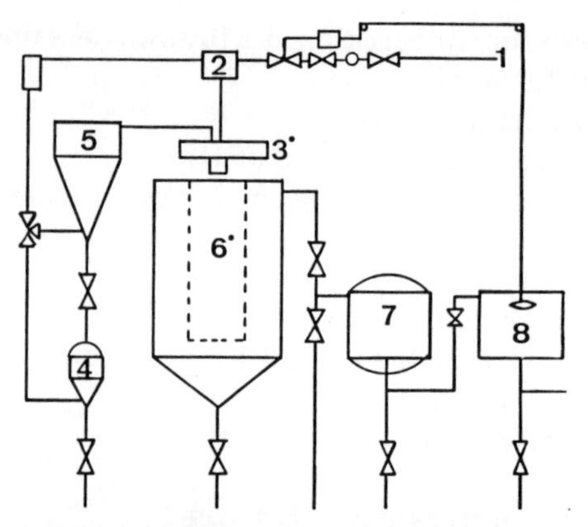

1 ROHWASSERZULAUF MIT REGLER
2 WASSERVERTEILER
3 MISCHRINNE 4 KALKVORLAGE
5 KALKSÄTTIGER 6 REAKTOR
7 KIESFILTER 8 VORRATSBEHÄLTER

Übersteigt die Magnesiahärte die erwähnte Grenze, so wird ein Teilstrom von 60−65 % des Rohwassers mit der für die Entkarbonisierung und Magnesiaentfernung dieses Teilstroms nötige Menge Kalkwasser versetzt und in einem 2. Reaktor (Überkalkungsreaktor) zur Reaktion gebracht. Die Reaktionsprodukte Calciumkarbonat, Magnesiumhydroxid und bei deren Sedimentation mitgerissenes Magnesiumkarbonat setzen sich als Schlamm im konischen Unterteil des Überkalkungsreaktors ab und wird periodisch einer Schlammfiltration zugeführt, wie nachfolgendes Schema zeigt.

Schlammfiltration mit Klarwasserrückführung:

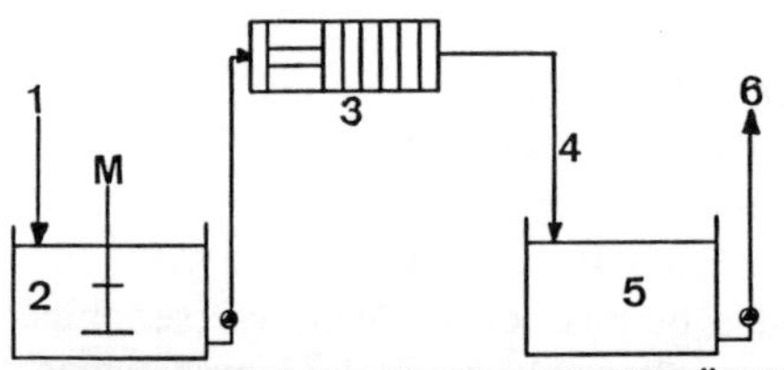

1 ABSCHLAMM REAKTOR − FILTERRÜCKSPÜLWASSER − ABWASSER AUS KALKSÄTTIGER UND KALKVORLAGE 2 VORLAGEBECKEN
3 SCHLAMMFILTER 4 KLARWASSER 5 KLARWASSERBECKEN 6 ZUM REAKTOR
M=MISCHER

Mit dieser offenen, zweistufigen Entkarbonisierung, auch »Split-Verfahren« genannt, werden die Magnesiumkarbonate um die Hälfte vermindert. Die Schnell-

oder Druckentkarbonisierung kann nur dann angewendet werden, wenn die Magnesiahärte kleiner als die Nichtkarbonathärte und kleiner als 5 °dH ist.

Aufbau einer Schnellentkarbonisierungsanlage:

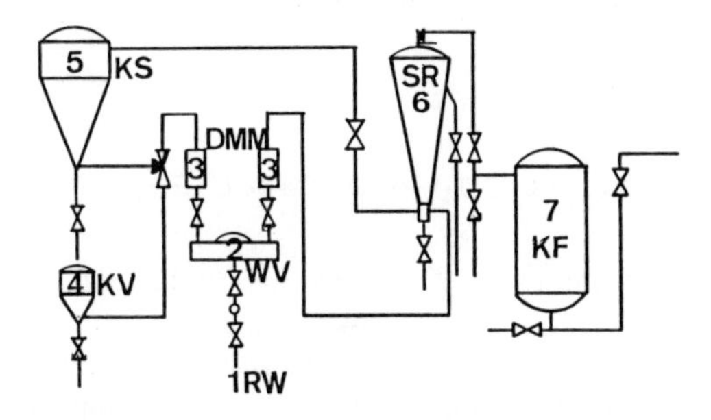

1 = Rohwasser 2 = Wasservorlage 3 = Durchflußmengenmesser
4 = Kalkvorlage 5 = Kalksättiger 6 = Schnellreaktor 7 = Kiesfilter

152. Was versteht man unter Ionenaustauschern?

1. Begriff: Es sind feste Stoffe, meist Kunstharze, die aus einer Lösung Kationen$^+$ oder Anionen$^-$ aufnehmen und im Austausch dafür eine äquivalente = gleiche Menge anderer Kationen oder Anionen an sie abgeben.

2. Arten:

2.1. Kationen-Austauscher. Polymerisationsharze auf Acryl- oder Styrol-Basis.
Schwachsauer: Ca^{2+} und Mg^{2+} der Bikarbonate gegen H^+-Ionen = einfache Entkarbonisierung.
Starksauer: Austausch von Ca^{2+} Mg^{2+} und Na^+ der Bikarbonate, Sulfate, Chloride und Nitrate gegen H^+-Ionen.

2.2. Anionen-Austauscher
schwachbasisch: Austausch von Anionen starker Säuren: SO_4^{2-}, Cl^- und NO_3^- gegen Hydroxylionen = OH^-
starkbasisch: Bindung von sehr schwachen Säureanionen CO_3^{2-}, SiO_3^{2-}.

153. Wie sind Ionenaustauscher aufgebaut?

Variable Entmineralisierung durch Ionenaustausch mit Beseitigung der Kohlensäure und Kalkbehandlung.

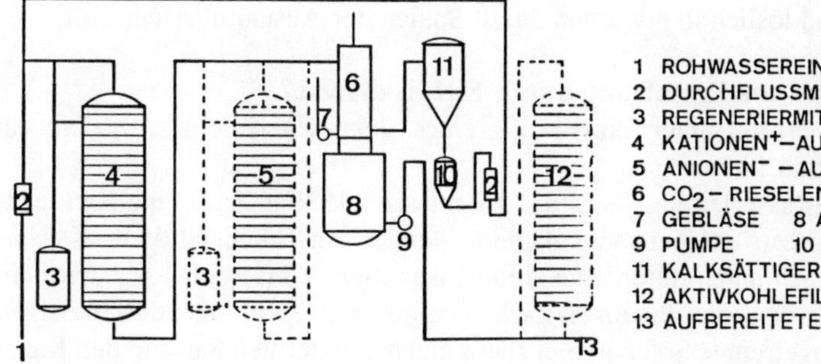

154. Wie verläuft der Austausch der Ionen (am Beispiel der Kationen)?
Schwachsaurer Austausch:

$$A\langle^{H}_{H} + Ca(HCO_3)_2 \rightarrow A{<}Ca + 2CO_2 + 2H_2O$$

Starksaurer Austausch:

$$A\langle^{H}_{H} + CaSO_4 \rightarrow A{<}Ca + H_2SO_4$$

Ebenso reagieren die Chloride und Nitrate. Als Produkt des Austausches entstehen freie Mineralsäuren.
Neutralisation: bei NKH unter 5 °dH Rohwasser bei NKH 12–15 °dH $Ca(OH)_2$ → alle Nichtkarbonate → Ca-Salze, NKH bleibt voll erhalten.
Anionen-Austausch:

$$A\langle^{OH}_{OH} + H_2SO_4 \longrightarrow A{<}SO_4 + 2\,H_2O$$

Das vollentsalzte Wasser wird durch Rohwasserverschnitt auf die gewünschte Härte gebracht.
Ein erschöpfter Ionenaustauscher muß regeneriert werden, der Austauschvorgang ist reversibel.

155. Wie verläuft die Regeneration?
Wirkungsprinzip der Regeneration
Es laufen die umgekehrten Vorgänge wie beim Betrieb ab:
K-Austauscher, 2–5 %ige Salzsäure

$$A{<}Ca + 2HCl \longrightarrow A\langle^{H}_{H} + \boxed{CaCl_2}$$

A-Austauscher, 2–5 %ige NaOH oder NaCl

$$A{<}SO_4 + 2NaOH \longrightarrow A\langle^{OH}_{OH} + \boxed{Na_2SO_4}$$

Die Regeneration kann im Gegen- oder Gleichstromverfahren erfolgen. Die anfallenden Salze sind löslich und werden durch Spülen der Austauscher entfernt.

156. Wie verläuft die Entsalzung durch Elektrodiarese?
Die Entsalzung erfolgt unter Einwirkung eines elektrischen Feldes, in dem ein Ionentransport stattfindet.
Durch eine Rohwasserleitung fließt das zu entsalzende Wasser in eine Kationenkammer und durchströmt diese von oben nach unten. Anschließend fließt es ebenfalls von oben nach unten durch eine Anionenkammer. Vom Reinwasser wird ein Teilstrom abgezweigt, der von unten nach oben durch eine mit ionendurchlässigen Diaphragmen abgetrennte Solekammer fließt und die entfernten Salze in den Kanal

ableitet. Zwischen den Elektroden sind die Ionen gezwungen, in die zentral angeordnete Solekammer zu wandern. Durch Variation der Stromstärke kann der Entsalzungsgrad eingestellt werden.

157. Wie verläuft die Entsalzung durch Umkehrosmose?

Kehrt man den Vorgang der Osmose (siehe Frage 95) um, indem man auf die Seite der höher konzentrierten Lösung einen Druck ausübt, der größer ist als der osmotische Druck der Lösung. Dadurch diffundiert das Lösungsmittel (Wasser) durch die semipermeable Membran auf die andere Seite des Systems. Das erzeugte Reinwasser nennt man Permeat, die verbleibende Lösung bezeichnet man als Konzentrat. Bei 28 bar Betriebsdruck diffundiert das Wasser durch die aus Polyamid hergestellten Hohlfasermembranen, die sich in sog. Modulen befinden.

158. Welche Zusatzstoffe zur Einstellung der Härte von Trinkwasser sind nach der Trinkw.V. erlaubt?

Der Einsatz von $Ca(OH)_2$, $CaSO_4$ (Gips) und $CaCl_2$ dient zum Ausgleich der aciditätsvernichtenden Eigenschaften der Bicarbonate.

159. Welche Zusatzstoffe zur Einstellung des pH-Wertes sind nach der Trinkw.V. erlaubt?

Schwefelsäure, saure Salze des Schwefels und Salzsäure.
Es sei hier aber ausdrücklich darauf hingewiesen, daß diese für die Bierbereitung in der BR Deutschland verboten sind.

160. Welche Verfahren dienen der mikrobiologischen Trinkwasseraufbereitung?

Trinkwasser kann durch chemische Verfahren, wie Chlorierung, Ozonung, Silberung, durch mechanische Verfahren (Entkeimungsfiltration mit Oberflächen- und Tiefenfilter), oder durch UV-Bestrahlung mikrobiologisch aufbereitet werden.

Der Hopfen

161. Wie wird der Hopfen botanisch eingeordnet?
Der Hopfen (Humulus lupulus) ist eine rechtswindende Kletterpflanze aus der Familie der hanfartigen Gewächse.

162. Unter welchen Umweltbedingungen ist der Hopfenanbau möglich?
Der Hopfenanbau verlangt hinsichtlich Boden und Klima besondere Bedingungen. Er braucht während des Aufwuchses, der Blüte und der Ausdoldung viel Wärme, im Winter hingegen muß das Wurzelwerk Frost bekommen. Niederschläge sind für den Ertrag förderlich. Der Lichtbedarf des Hopfens wird durch das schräge Aufleiten und den entsprechenden Abstand der Reihen gedeckt. Tiefgründige, lehmige bis sandige Böden sind ideal für den Hopfenbau.

163. Welchen Einfluß hat die Düngung zum Ertrag?
Entsprechend dem Ausnutzungsgrad der einzelnen Substanzen und dem Nährstoffentzug, entsprechend dem Ernteertrag, ergibt sich pro ha ein Nährstoffbedarf von ca. 220 kg N, 220 kg P_2O_5, 270 kg K_2O und 670 kg CaO.
Bezogen auf das Hallertauer Anbaugebiet kann bei 1000 Stöcken ein Ertrag von 6–8 Zentner erwartet werden. Bei einer durchschnittlichen Bestockung von 4500 Pflanzen pro ha entspricht dies also einer Erntemenge von 27–36 Zentner.
Hinweis: Obwohl sich der Verfasser darüber im klaren ist, daß die Angabe des Ernteertrages Ztr. / ha einen groben Verstoß gegen die SI-Einheiten darstellt, wird die Angabe aus folgendem Grund dennoch verwendet:
Weltweit wird im Hopfenhandel die Erntemenge noch immer mit der alten Einheit angegeben; der Preis versteht sich als DM / Ztr.

164. Wie erfolgt der Anbau und die Vermehrung der Hopfenpflanze?
Die Hopfenpflanze wird in Hopfengärten gezogen, die Vermehrung erfolgt durch Stecklinge – bzw. Fechser – von gesunden, reichtragenden Stöcken. Ein neu angelegter Hopfenstock ist im 3. Jahr voll ertragsfähig. Das Hochziehen der Pflanze erfolgt heute mit Drahtanlagen, in früheren Jahren auch an Stangen. Nach dem Austreiben der Schößlinge im März/April werden diese auf 2 bis 4 Einzeltriebe ausgedünnt.
Der Hopfen braucht fleißige Pflege und Wartung wie Düngung, Unkrautjäten und Schädlingsbekämpfung durch Spritzen. Nachlässigkeit in der Schädlingsbekämpfung mindern den Ertrag und den Handelswert des Hopfens.

165. Welchen Vegetationsverlauf nimmt die Hopfenpflanze?
Die 2–4 Triebe werden an den Drahtgerüsten aufgeleitet. Die Triebe sind sechskantig; mit ihren zahlreichen Klimmhaaren ranken sie rechtswindend bis zu 6 m empor. Die gezahnten und wie die Stengel stark behaarten Blätter können ein-, drei- oder fünflappig ausgeführt sein. Ab Mitte Juni bilden sich die für den Ertrag sehr wichtigen Seitentriebe und Anfang Juli beginnt der Hopfen mit Erreichen der vollen Gerüsthöhe zu blühen. Nach 20–30 Tagen (bei Späthopfen 40 Tage) hat sich aus der Blüte

die Dolde gebildet und nach weiteren 2–3 Wochen ist der Hopfen pflückreif. Die Dolde ist dann an der Spitze geschlossen und die brautechnologisch wertvollen Lupulinkörner können nicht mehr verlorengehen. Das Wachstum, die Blüte und die Doldenausbildung sind witterungsbedingt und damit jahreszeitlich unterschiedlich.

166. Welche Kriterien gelten für den Hopfenpflanzer beim Hopfenanbau?

1. Brautechnologische Kriterien: gutes Aroma und hoher Bitterstoffgehalt
2. Wirtschaftliche Kriterien: hoher Ertrag und eine gute Resistenz gegen Krankheiten und tierische Schädliche.

167. Welche Hopfenkrankheiten können auftreten?

1. Peronospora (Rotrost): Befall durch Schimmelpilz Pseudoperonospora Humuli
2. Echter Mehltau (Pilz)
3. Botrytis (Schlauchpilz, der hauptsächlich an verletzten Pflanzen auftritt)
4. Welke (durch Pilze verursacht)
5. Fusariumwelke (Nebenfruchtformen einiger Schlauchpilze, die Pflanzenkrankheiten hervorrufen)
6. Kräuselkrankheit (bei Zinkmangel)
7. Doldensterben (physiologische Störung)
8. Tierische Schädlinge, wie Hopfenblattlaus und Hopfenspinnmilbe (Rote Spinne)

168. Welche Maßnahmen ergreifen die Hopfenpflanzer, um den Gefahren, die dem Hopfen durch Pilzbefall und Insekten drohen, zu begegnen?

1. Züchtung weitgehend resistenter Sorten.
2. Einrichtung eines »Frühwarndienstes«.
3. Sachgemäßes Spritzen von Pflanzenschutzmitteln.

169. Welche Pflanzenschutzmittel werden gespritzt?

1. Peronospora wird mit Kupferoxid oder Dithiocarbamaten als Wirkungskomponente bekämpft.
2. Echter Mehltau wird mit schwefelhaltigen Mitteln bekämpft.
3. Tierische Schädlinge bekämpft man mit Insektiziden.

170. Wie wirkt sich der Einsatz von Pflanzenschutzmitteln auf den geernteten Hopfen aus?

Eine mehrwöchige Zeitspanne zwischen letzter Spritzung und der Ernte bringt eine drastische Absenkung der Pflanzenschutzmittelrückstandsgehalte mit sich. (Werte < 5 ppm Dithiocarbamate; ppm = Abkürzung für parts per million, Bezeichnung zur Angabe des Anteils einer Substanz in 10^6 Teilen der Grund- oder Gesamtsubstanz.) Bei den verschiedenen Hopfenextraktionsverfahren tritt eine weitere Verringerung ($> 95\,\%$) der vom Rohhopfen stammenden Dithiocarbamaten ein.

171. Wann wird der Hopfen geerntet?

Der Erntebeginn von Mitte bis Ende August richtet sich nach dem Reifegrad der Dolde, welcher von den Witterungsbedingungen und der Sorte (Sortennamen weisen teilweise darauf hin) bestimmt wird.

172. Wie wird die Hopfenernte durchgeführt?

Vor der Einführung der Hopfenpflückmaschine wurde ausschließlich mit der Hand gepflückt, wozu Tausende von Hopfenpflückern notwendig war. Heute erfolgt die Hopfenernte durchweg maschinell mit Pflückmaschinen. Es gibt stationäre Pflückmaschinen, die in geschlossenen Hallen fest montiert sind und denen die abgeschnittenen Reben aus den Gärten zugefahren werden müssen. Die selbstfahrenden Pflückmaschinen erledigen das Pflücken im Hopfengarten. Eine Pflückmaschine mittlerer Größe leistet 80–100 Stöcke pro Stunde. Die Laufgeschwindigkeit der Maschine bestimmt den Reinheitsgrad der Pflücke.
Aufgabe der Pflückmaschine ist es, die Blätter, Stengel und Rebenteile von den Dolden zu trennen.

173. Was versteht der Brauer unter Hopfen?

Unter Hopfen versteht der Brauer die Dolde der Hopfenrebe, auch Zapfen genannt. Die Hopfenpflanze ist eine perennierende (mehrjährige) Pflanze, d.h. die Triebe derselben sterben im Herbst ab und treiben im Frühjahr wieder aus dem Stocke. Sie ist ein rankendes Gewächs und wird an den Drähten eines Stangengerüstes in die Höhe geführt. Sie gedeiht auch wild; für die Brauerei wird nur die Kulturpflanze verwendet. Der Hopfen ist ein Windblütler und zweihäusig oder zweigeschlechtlich, männliche und weibliche Blüten sind auf zwei verschiedenen Pflanzen. In den Hopfengärten wird ausschließlich die weibliche Hopfenpflanze gezogen; die männlichen Pflanzen wären hier nur von Schaden, weil sie die weiblichen Pflanzen befruchten würden, was für Brauzwecke unerwünscht ist.

174. Aus welchen Teilen besteht die Hopfendolde?

Die Dolde besteht aus den oben zugespitzten Deckblättern und den oben abgerundeten Vorblättern, bei letzteren ist der untere Seitenrand einwärtsgebogen; Vorblätter sind grün und löffelartig vertieft. Auf der Innenseite sitzen zahlreiche gelblichgrüne, klebrige Kügelchen (Becherdrüsen), das Hopfenmehl, auch Lupulin genannt. Das Lupulin ist das eigentlich Wertvolle am Hopfen, es ist Träger des Aromas und der Hopfenharze.
Ein weiterer Bestandteil ist die Spindel, welche acht- bis zehnmal knieförmig oder zickzackförmig abgebogen und behaart ist. An jedem Knie der Spindel befinden

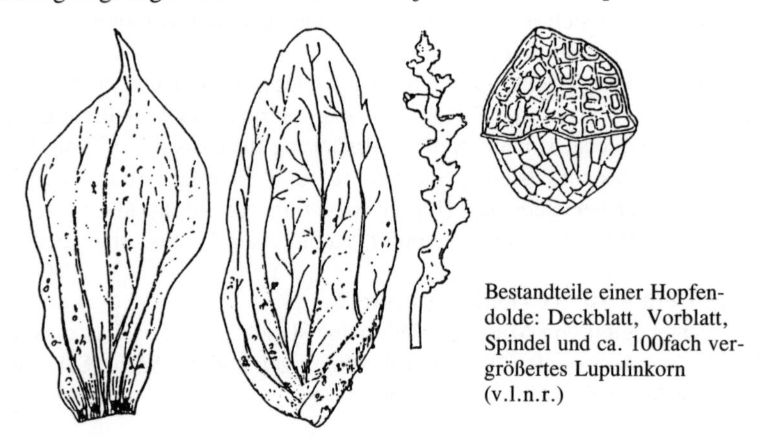

Bestandteile einer Hopfendolde: Deckblatt, Vorblatt, Spindel und ca. 100fach vergrößertes Lupulinkorn (v.l.n.r.)

sich Fortsätze, auf denen die Doldenblätter aufsitzen. Die Spindel verrät die Art und Abstammung des Hopfens, feiner Hopfen hat eine kürzere und feiner gegliederte Spindel. Ein weiterer Bestandteil ist schließlich der Fruchtknoten oder die Samenanlage, die bei gutem Hopfen weder befruchtet noch verkümmert oder vertrocknet sein darf. Die Abbildung zeigt Einzelheiten der Hopfendolde

175. Wo wird in der Bundesrepublik Deutschland Hopfen angebaut?
Die wichtigsten deutschen Anbaugebiete liegen in Bayern (Hallertau, Spalt, Hersbruck), in Württemberg (Tettnang, Rottenburg) und in Baden (Schwetzingen-Herrenberg, Sandhausen).

176. In welchen Ländern wird noch Hopfen angebaut?
Bedeutende ausländische Anbaugebiete sind in folgenden Ländern: Tschechoslowakei (Saaz), Jugoslawien, Österreich (Steiermark), Polen, Belgien (Asse-Alost), Poperinghe), Frankreich (Elsaß, Burgund und im Norden), England (Kent, Sussex und Worcestershire), USA (in den Bundesstaaten Oregon, Idaho, Washington und Kalifornien), DDR, UdSSR, Australien, Japan und Neuseeland.

177. Wie groß ist die Anbaufläche in der Bundesrepublik Deutschland?
Im Jahre 1994 betrug die Anbaufläche nach offiziellen Angaben 21930 ha.

178. Wie verteilen sich die Anbauflächen und Erträge in der Bundesrepublik?

Gebiet	1994 Fläche ha	 Ø-Ertrag t/ha	 Ernte t	1993 Fläche ha	 Ø-Ertrag t/ha	 Ernte t
Hallertau	17 858	1,35	24 118,0	18 740	1,94	36 327,4
Tettnang	1 595	1,36	2 170,4	1 580	1,36	2 144,2
Elbe-Saale	1 649	0,84	1 386,3	1 781	1,52	2 715,7
Spalt	699	1,34	933,5	776	1,41	1 093,0
Hersbruck	106	1,11	117,3	117	1,35	158,3
Baden/Rheinpf /Bitb.	23	1,26	29,0	23	1,28	29,6
Gesamt	**21 930**	**1,31**	**28 754,5**	**23 017**	**1,85**	**42 468,2**

179. Wie sieht der Abschlußbericht für die Hopfenernte 1994 aus?
Nach Ablauf der Frist für die Bezeichnung und Abwaage von Hopfen der Ernte 1994 am 31. März 1995 kamen lt. Abschlußbericht des Verbandes deutscher Hopfenpflanzer insgesamt 575 089 Ztr. in der BR Deutschland zur Waage gegenüber 849 962 Ztr. im Jahr 1993. Die Abwaage für das Jahr 1995 betrug zum Zeitpunkt 30.01.1996 681 400 Ztr. (Der Abschlußbericht für das Jahr 1995 – 31.03.96 lag zum Zeitpunkt der Drucklegung noch nicht vor.)

Gesamtabwaage Deutschland 1994 nach Anbaugebieten und Sorten (in Zentner):

Anbaugebiete	Hallertau	Spalt	Tettnang	Hersbruck	Elbe-Saale	Übrige	Gesamt
Sorten:							
Hallertauer	3 114	5 206	18 346	482	0	58	27 206
Hersbrucker	157 429	4 393	105	989	0	3	162 919
Hüller	6 633	0	0	0	0	49	6 682
Perle	83 248	861	0	185	451	137	84 882
Spalter	130	4 025	0	0	0	0	4 155
Tettnanger	6	0	24 957	0	0	150	25 113
Spalter Select	25 569	3 778	0	370	56	0	29 773
Hallertauer Tradition	17 625	172	0	94	13	0	17 904
Hersbrucker Pure	162	0	0	11	53	0	226
Golding	117	0	0	0	0	0	117
Saazer	0	0	0	0	153	0	153
Summe Aroma	**294 033**	**18 435**	**43 408**	**2 131**	**726**	**397**	**359 130**
Northern Brewer	76 967	25	0	46	20 953	10	98 001
Brewers Gold	55 369	172	0	170	66	134	55 911
Nugget	14 379	0	0	0	1 242	0	15 621
Target	3 647	38	0	0	40	0	3 725
Orion	3 117	0	0	0	0	0	3 117
Hallertauer Magnum	32 434	0	0	0	2 514	38	34 986
Bullion	0	0	0	0	2 184	0	2 184
Summe Alpha	**185 913**	**235**	**0**	**216**	**26 999**	**182**	**213 545**
Record	2 072	0	0	0	0	0	2 072
Sonstige	342	0	0	0	0	0	342
Summe Andere	**2 414**	**0**	**0**	**0**	**0**	**0**	**2 414**
Gesamtsumme	**482 360**	**18 670**	**43 408**	**2 347**	**27 725**	**579**	**575 089**

Um die Bedeutung des Hopfenanbaus in der Bundesrepublik und die erzielten Erntemengen verständlicher zu machen, sei der Zahlenspiegel der Welthopfenernte festgehalten.

Gebiet	1994 Fläche ha	1994 ø-Ertrag t/ha	1994 Ernte t	1993 Fläche ha	1993 ø-Ertrag t/ha	1993 Ernte t
Deutschland	21 930	1,31	28 754,5	23 017	1,85	42 468,2
Belgien	384	1,46	561,4	410	1,43	585,3
England	3 136	1,41	4 412,5	3 300	1,65	5 448,0
Frankreich	670	1,65	1 104,9	673	1,59	1 072,5
Irland	12	1,38	16,5	13	1,46	19,0
Österreich [2]	231	1,35	312,6	–	–	–
Portugal	117	0,83	97,0	93	2,15	200,0
Spanien	1 115	1,86	2 071,3	1 194	1,77	2 108,6
Europäische Union	**27 595**	**1,35**	**37 330 7**	**28 700**	**1 81**	**51 901,6**
Bulgarien	645	0,81	521,5	695	0,86	595,3
Jugoslawien (Serbien und Montenegro)	576	1,22	704,4	560	1,36	760,0
Österreich [2]	–	–	–	221	1,54	340,8
Polen	2 341	1,03	2 400,0	2 391	1,20	2 871,6
Rumänien	2 169	0,80	1 727,0	2 302	1,10	2 534,0
Russische Föderation [1]	3 510	0,45	1 570,0	3 574	1,02	3 646,0
Schweiz	21	1,84	38,6	21	2,37	49,7
Slowakische Rep.	1 050	0,86	900,0	1 200	0,90	1 080,0
Slowenien	2 419	1,46	3 541,0	2 454	1,51	3 698,0
Tschechische Rep.						
– Saaz	7 306	0,90	6 549,3	7 672	0,90	6 904,0
– Auscha	1 784	0,90	1 599,2	1 884	0,98	1 848,0
– Tirschitz	1 110	0,97	1 071,7	1 130	0,78	885,0
– Gesamt	10 200	0,90	9 220,2	10 686	0,90	9 637,0
Türkei	323	0,73	237,0	310	0,80	247,7
Ukraine	5 903	0,61	3 592,5	6 560	0,53	3 464,3
Ungarn	23	1,74	40,0	141	1,31	184,8
Restliches Europa	**29 180**	**0,84**	**24 492,2**	**31 115**	**0,94**	**29 109,2**
Europa	**57 775**	**1,09**	**61 822,9**	**59 815**	**1,35**	**81 010,8**
USA						
– Washington	12 302	2,02	24 800,2	12 652	2,11	26 693,0
– Oregon	3 239	1,92	6 223,4	3 200	1,68	5 375,0
– Idaho	1 635	1,71	2 796,2	1 604	1,54	2 470,0
– Gesamt	17 176	1,97	33 819,8	17 456	1,98	34 538,0
Argentinien	461	0,92	425,0	350	1,46	510,0
Kanada	328	0,78	256,6	328	0,83	271,7
Amerika	**17 965**	**1,92**	**34 501,4**	**18 134**	**1,95**	**35 319,7**
Simbabwe	148	1,64	242,5	156	1,35	211,0
Südafrika	720	1,83	1 321,0	732	1,78	1 300,0
Afrika	**868**	**1,80**	**1 563,5**	**888**	**1,70**	**1 511,1**
China	6 920*	2,53	17 500,0*	8 000*	1,69	13 500,0*
Indien	200	0,66	131,0	125	0,36	45,5
Japan	565	1,95	1 104,0	614	1,73	1 065,0
Nord-Korea	2 000*	0,60	1 200,0*	2 000*	0,60	1 200,0*
Süd-Korea	17	1,64	27,8	100	0,51	51,0
Asien	**9 702**	**2,06**	**19 962,8**	**10 839**	**1,46**	**15 861,5**
Australien	1 131	2,40	2 707,0	1 178	2,50	2 941,0
Neuseeland	345	2,22	765,5	270	2,33	630,0
Australien/Ozeanien	**1 476**	**2,35**	**3 472,5**	**1 448**	**2,47**	**3 571,0**
Welt	**86 786**	**1,40**	**121 323,0**	**91 121**	**1,51**	**137 274,5**

1 einschließlich Streuhopfenanbau
2 ab 1. Januar 1995 Mitglied der Europäischen Union, wird für Ernte 1994 bereits als zur EU gehörend behandelt
* geschätzt

180. Welche allgemeine Bedeutung hat der Rohstoff Hopfen für die Bierbereitung?
Der Hopfen wird als Zutat zum Bier erstmals im 12. Jahrhundert erwähnt. Als ideales Würzemittel verleihen seine Inhaltsstoffe dem Bier einen milden, typisch »hopfenblumigen« Geruch, einen herb-bitteren Geschmack und ein antiseptisches Potential (in gehopftem Bier können keine pathogenen = krankheitserregenden Keime auftreten und es weist eine bessere Haltbarkeit auf).

181. Welche brautechnologische Wirkung haben die Hopfenwertbestandteile?
Das Hopfenöl verleiht dem Bier Aroma. Die Gerbstoffe fällen Eiweiß und haben eine klärende Wirkung. Die Bitterstoffe geben dem Bier die Bittere, sie erhöhen die Haltbarkeit durch ihre keimtötende Wirkung; außerdem tragen sie durch Verringerung der Oberflächenspannung zur Schaumbildung bei.

182. Wie wird der Hopfen eingeteilt?
Die Einteilung des Hopfens erfolgt gewöhnlich nach Herkunft und Sorte. Bei ähnlichen Sorten dominiert der Einfluß des Anbaugebietes und bestimmt die Qualität. Sie unterscheidet sich in Größe und Form der Dolden, ihrer Teile (Spindel und Hochblätter), hinsichtlich des Aromas (bestimmt durch Menge und Art der Hopfenöle) und ihren Bitterstoffgehalt.

183. Welche Hopfensorten unterscheidet man?
Es sollen hier nur die in der Bundesrepublik angebauten Sorten wie folgt erwähnt werden:

1. Kultursorten: sie sind durch Formenkreistrennung gewonnen worden. Bei ihnen sind Sortenname und Name des Anbaugebietes identisch. Sie zeichnen sich durch ein sehr feines bis feines Aroma aus, besitzen jedoch nur einen geringen bis mittleren Bitterstoffgehalt. Zu den Kultursorten zählen Hallertauer Tradition sowie der Saazer Formenkreis: Spalter, Spalter Select, Tettnanger, Hersbrucker Spät.
2. Neue Zuchtsorten: diese haben im allgemeinen einen höheren Bitterstoffgehalt als die Kultursorten, z.B. Magnum, Nugget, Target
3. Ausländische Sorten: mit normalerweise weniger feinem Aroma, dafür höheren Bitterstoffmengen und wesentlich höheren Doldenerträgen werden der Nordbrauer (Northern Brewer), der Goldbrauer (Brewers Gold), der Star und der Record angebaut.

184. Welche morphologischen Unterschiede zeigen die einzelnen Hopfensorten?
Die wesentlichen morphologischen Unterschiede der einzelnen Hopfensorten zeigt die umseitige Übersicht der Firma Barth und Sohn, Nürnberg.

Morphologische Unterschiede der Hopfensorten

Sorte	Hallertauer	Spalter	Hersbrucker	Perle	Hüller	Brewers Gold	Northern Brewer	Record
Rebfarbe	grün, zur Spitze rötlich, an der Basis weinrot	grün	rötlich bis dunkelrotbraun	grün	hell- bis mittelgrün	hellgrün, an der Basis weinrot	rötlich, zur Spitze dunkelrot	bräunlich, zur Spitze dunkel-rotbraun
Blattfarbe	mittelgrün	normal bis dunkel-grün, leicht bräunlich bei Kälte	bis dunkelgrün	hellgrün	hellgrün	hellgrün bis leicht gelblich	dunkelgrün, bei Kälte typische Gelbfärbung	hell- bis mittel-grün, bei Kälte leicht rötlich
Blatt-ausbildung	3. Blattpaar entfaltet, gespreiztes Blatt lange Blattlappen	3. Blattpaar entfaltet, großes Blatt	3. Blattpaar entfaltet, langer Mittellappen	mittlere Größe mit feiner bis mittlerer Struktur, geneigte Blatthaltung, mittlere bis dichte Belaubung	geschlossene Blätter, erst das 5. bis 6. Blattpaar beginnt sich zu entfalten	2.—3. Blattpaar bereits entfaltet, zeigt viel Blatt-masse	4. Blattpaar entfaltet, schon nach unten gebogenes Blatt	3. Blattpaar entfaltet, etwas gespreizt
Neben-blätter	mittelgroß, geschlossen, Farbe rotbräunlich	gespreizt, grün, zur Spitze bräunlich	klein, geschlossen, in der Mitte gespalten		groß, geschlossen, dunkelgrün bis bräunlich	sehr groß und breit, geschlossen, grünlich	sehr spitzig, blaßgrün	groß, gespreizt, bräunlich
Austrieb und Wuchs	lebhaft und kräftig, gleichmäßig um den Stock konzen-triert, mäßiger Wurzelausläufer-trieb	mittel bis kräftig, gleichmäßig um den Stock konzen-triert, wenig Wurzelausläufer-trieb	sehr kräftig und gleichmäßig, mäßiger bis starker Wurzel-ausläufertrieb	Zahl der Triebe, wenig bis mittel Anfangsentwicklung bis 2 m: schwach bis mittel Entwicklung ab 2 m und Seiten-rebenbildung gut	sehr kräftig, lange, starker Wurzel-ausläufertrieb	kräftig, jedoch etwas ungleich-mäßig, starker Wurzelausläufer-trieb, deshalb sehr breitflächig	mittel bis kräftig, sehr gleichmäßig am Stock konzen-triert, wenig Wurzelausläufer-trieb	sehr ungleich-mäßig, mittelstark, wenig um den Stock konzentriert, häufiger Wurzel-ausläufertrieb
Dolde	oval-vierkantig mittelgroß nußförmig mittelgrün feine Spindel mit enger Wellung	oval große Dolden helles Grün feine Spindel mit enger Windung	länglich-nußförmig mittelgroß bis groß grün rundliche Deck-blätter mittelgrobe Spindel	Größe: mittel bis groß Form: rund, oval Deckblatt: mittel bis groß rundlich mit gering ausgeprägter Deckblattspitze Spindelstruktur: mittel	längliche Dolden-form, mittelgroß dunkleres Grün längliche Deck-blätter, mittel-grobe Spindel	oval-länglich spitze Deckblätter vorne etwas abstehend mittelgroß gelblich grün feine bis mittel-grobe Spindel	nußförmig groß grün breite Deckblätter grobe Spindel weite Wellung	rundlich-oval mittelgroß grün rundliche Deck-blätter feine Spindel enge Wellung
Sonstiges	gut zum Anleiten, Peronosporafrüh-infektion	starker Besatz von Klimmhaaren, fühlt sich rauh an	Schwierigkeiten beim Anleiten, da sich die Triebe ineinander verwinden	Wuchsform pyramidenförmig bis zylindrisch Seitenrebenstellung ausladend, Enden herabhängend Doldenanordnung lockertraubig bis quirlig	läßt sich gut anleiten	Peronosporafrüh-infektion	sehr frost-empfindlich, Triebe brechen beim Anleiten leicht ab	bereitet etwas Schwierigkeiten beim Anleiten, es werden oft Triebe von Wurzelaus-läufern angeleitet

185. Wie verteilen sich die einzelnen Hopfensorten auf die Erntemengen in der Hallertau?

Von der Gesamtabwaage 1994 in der Hallertau entfallen auf die Sorten folgende Mengen (in Zentnern):

Sorte	Schätzung 1995	Ernte 1994	Ernte 1993
Hersbrucker	157 100	157 591	247 132
Perle	125 500	83 248	146 662
Northern Brewer	90 500	76 967	151 217
Hallertauer Magnum	50 500	32 434	14 526
Brewers Gold	48 700	55 369	78 630
Hallertauer Tradition	38 100	17 625	14 586
Spalter Select	36 100	25 569	26 530
Nugget	23 100	14 379	14 133
Hüller	4900	6633	13 701
Hallertauer+ Spalter	4900	3250	5098
Target	4300	3647	2803

186. Wie verteilen sich die Anbauflächen der einzelnen Hopfensorten im Bundesgebiet (in ha)?

Sorte	1994 ha	1993 ha	1992 ha	1991 ha	1990 ha
Hallertauer	926	1053	1079	1143	1321
Hallertauer Tradition	859	551	267	*	*
Hersbrucker	5485	6509	7049	7297	7404
Perle	3591	3397	3237	2966	2580
Spalter Select	1253	963	583	*	*
Spalter	183	210	224	234	241
Tettnanger	1057	1021	1050	1040	1037
Summe wichtigste Aroma	13354	13704	13489	12680	12583
Brewers Gold	1316	1556	1656	1740	1731
Bullion	57	99	134	169	*
Northern Brewer	4821	5670	6323	6586	4868
Summe wichtigste Bitter	6194	7325	8113	8495	6599
Hallertauer Magnum	1317	918	341	*	*
Nugget	503	365	221	104	*
Target	91	92	77	57	*
Summe wichtigste Hochalpha	1911	1375	639	161	0

* Bullion, Nugget und Target sind erst ab 1991 erfaßt, Spalter Select, Hallertauer Tradition und Hallertauer Magnum ab 1992.

187. Welche Möglichkeiten zur Beurteilung von Hopfen gibt es?

Zur Beurteilung von Hopfen dienen die Handbonitierung und die chemische Analyse.

188. Welche äußeren Merkmale werden durch die Handbonitierung festgestellt?

Die Beurteilung wird nach den Bonitierungsrichtlinien der Wissenschaftlichen Kommission des Europäischen Hopfenbaubüros nach einer Punktbewertung vorgenommen. Dabei werden die verschiedenen Qualitätskriterien durch Pluspunkte gewertet, fehlerhafte Behandlung, Vorhandensein von Samen oder Schädlingsbefall durch Minuspunkte gekennzeichnet. Die durch die Handbonitierung festzustellenden Merkmale und die dafür zugrundegelegte Eigenschaftsdefinition sind in der nachfolgenden Übersicht zusammengestellt:

Handbonierung (gemäß Richtlinien des Europäischen Hopfenbaubüros):
Pflücke: saubere / einzelne kleine Rankenteile / einz. große Rankenteile / einz. Blätter / enth. krümelartige Pflanzenteile / enth. einz. Ranken- und Blatteile.
Trockenheitszustand: zu trocken / sehr gut / gut / normal / zu feucht / erheblich zu feucht.
Farbe: grasgrün / dunkelgrün / hellgrün / braungrün / grün bis hellbraun / bräunlich / gelblich grün / olivgrün / einzelne welke Zapfen enthaltend / welke Zapfen / viele welke Zapfen / etwas Windschlag / Winschlag / einzelne Zapfen mit Schwärze / erheblicher Anteil an Zapfen mit Schwärze / einzelne Zapfen mit Spritzflecken / teilweise Zapfen mit Spritzflecken.
Glanz: matt / schwach glänzend / seidiger Glanz / perlmuttartiger Schimmer.
Zapfenwuchs: kleiner Zapfenwuchs / kleiner bis mittlerer Zapfenwuchs / mittlerer bis großer Zapfenwuchs.
Geschlossenheit: gut / teilweise zerblättert / zerblättert / lockere Zapfen / unbefriedigend.
*Gleichmäßigkeit:*gleichmäßig / nicht ganz gleichmäßig / nicht gleichmäßig / Zapfengröße unterschiedlich.
Spindelbeschaffenheit: sehr fein / fein / mittelfein / relativ grob / unterschiedlich in Struktur und Härte / einz. weiche Spindeln / trocken / sehr trocken.
Beschaffenheit: gelb / goldgelb / zitronengelb / hellgelb / glänzend.
Aroma:
a) Reinheit: rein / blumig / etwas strohig / lackartig / etwas muffig / würzig.
b) Intensität: sehr mild / schwach / mild / mittl. Intensität / kräftig.
Bemerkungen: sehr gute Qualität / gute Qualität / gute Durchschnittsqualität / Durchschnittsqualität / die Qualität liegt etwas unter dem Durchschnitt / knappe Durchschnittsqualität / die Qualität liegt unter dem Jahresdurchschnitt

Die Hopfenbonitierung hat heute vornehmlich nur noch für den Hopfeneinkauf Bedeutung.

189. Welches Punktsystem liegt der Bewertung zugrunde?
Für die einzelnen visuell bzw. sensorisch wahrnehmbaren Merkmale sind, wie folgt, Punkte zu vergeben:

Merkmal	Punkte
	Pluspunkte
Pflücke	1 bis 5
Trockenheitszustand	1 bis 5
Farbe und Glanz	1 bis 15
Zapfenwuchs	1 bis 15
Lupulinbeschaffenheit	1 bis 15
Lupulinmenge	1 bis 15
Aroma	1 bis 30
	Minuspunkte
Schädlinge Früchte (Samen) Fehlerhafte Behandlung	0 bis 15

Die Gesamtpunktzahl gestattet abschließend eine Beurteilung nach folgendem Schema:

unter	60 Punkte	=	schlecht
60 bis	75 Punkte	=	mittel
über	75 Punkte	=	gut

Zur objektiven Gestaltung der Bonitur werden oft der analytisch festgestellte Wassergehalt anstelle des Trockenheitszustandes für die Punktvergabe herangezogen.

190. Wie werden die frisch geernteten Dolden aufbereitet?

Frisch gepflückte Dolden enthalten 75–80 % Wasser. Unter Einsatz von künstlicher Wärme (Temperaturen von 30–50 °C) und starkem Luftzug wird der Hopfen auf eigenen Hopfendarren auf einen Wassergehalt von 10–12 % heruntergetrocknet. Die niedrigen Temperaturen und der starke Luftzug verhindern eine Schädigung des Hopfens. Der getrocknete Hopfen wird zunächst auf Hopfenböden gelagert, bevor er lose gesackt wird.

Vor der Einlagerung erfolgt seine Konservierung durch Schwefeln (auf 50 kg Hopfen 0,3–0,6 kg Schwefel). Das Verpacken erfolgt in Ballen oder in weniger oder mehr gepreßte Ballots in nachstehenden Handelsformen:

Normalballen	ca.	150 kg
Schwerballen		250 kg
Ballots		125 kg
Schwerballots		250 kg

Bei zu starkem Pressen besteht die Gefahr, daß die Lupulindrüsen platzen, die Öle und Harze austreten und oxidiert werden können. Für eine längere Lagerung kann das Verpacken der Ballots in zylindrische, luftdicht verschließbare Büchsen aus verzinktem Blech erforderlich sein.

191. Wie werden Ballen bzw. Ballots aufbewahrt?

Die Aufbewahrung soll in kühlen, trockenen und dunklen Räumen erfolgen. Die Räume sollen gut isoliert sein. Eine stille Kühlung durch Kühlrohre an der Decke oder an den Seitenwänden sorgt für eine Raumtemperatur von 0 °C. Für einen eiwandfreien Ablauf des Schwitzwassers beim Abtauen ist zu sorgen. Die Lagerung der Ballen bzw. Ballots erfolgt auf Holzrosten.

192. Welche Folgen hat eine unsachgemäße Aufbewahrung für den Hopfen?

Bei Anwesenheit von Wärme, Sauerstoff, Feuchtigkeit und Licht finden Veränderungen statt. Oxidation, Enzymwirkung und Mikroorganismen verändern das Hopfenöl als Träger des Aromas, die Hopfenbittersäuren verharzen und verlieren an Bitterkraft, die Polyphenole gehen in höher polymerisierte Produkte über. Der Hopfen nimmt einen käsigen Geruch an.

Nachlassende Bitterkraft erfordert für eine gleichmäßige Bierbittere eine neue Festlegung der Hopfengabe. Gravierende Veränderungen führen zum Verlust des Brauwertes und verbieten damit von selbst seinen Einsatz. Eine Qualitätserhaltung über längere Zeiträume erreicht man durch die Weiterverarbeitung des Hopfens zu Hopfenprodukten (siehe Frage 242 und folgende).

193. Welche chemische Zusammensetzung hat der Hopfen?

Chemische Bestandteile nach Narziß in Prozent:

Wassergehalt	10–11%	Polyphenole	4–14%
Gesamtharze	10–25%	Kohlenhydrate	2–4%
Hopfenöle	0,4–2,0 %	Mineralstoffe	7–10%
Lipide und Wachse	3 %	Cellulose	10–17%
Eiweiß	12–22 %		

194. Welche Werte erfaßt die chemische Analyse?

Die chemische Analyse des Hopfens dient der Bestimmung des Wassergehaltes, der Prüfung der Schwefelung, der Zusammensetzung der Bitterstoffe und der Errechnung des Bitterwertes. Für die Bestimmung der Hopfengerbstoffe sowie der Menge und Art der Hopfenöle sind empfindliche Analysenmethoden (Gaschromatographie) erforderlich.

195. Welche Maßnahmen müssen für die Erstellung einer »richtigen Analyse« vorangehen?

Bekanntlich stellt Doldenhopfen naturgemäß ein sehr heterogenes Produkt dar. Erhebliche Qualitätsdifferenzen bestehen innerhalb eines einzelnen bzw. innerhalb verschiedener Ballen einer Partie. Weitaus homogener sind Hopfenpulverpellets, zu deren Bereitung ein Mischvorgang vorausgeht.

Eine vorschriftsmäßige Probenahme ist erste Voraussetzung für die Erstellung einer Analyse. Die Mitteleuropäische Brautechnische Analysenkommission (MEBAK) gibt daher folgende Empfehlung: Bei präpariertem Doldenhopfen soll die Probenzahl der Quadratwurzel aus der Gesamtzahl der Verpackungseinheiten entsprechen, wobei jedes Einzelmuster 100 – 200 g wiegen soll. Die Proben sind aus den Ecken der jeweils durch Zufall bestimmten Ballen oder Ballots zu entnehmen. Bei Hopfenpulverprodukten sind je nach Umfang der Partie Proben aus ein bis drei wahllos herausgegriffenen Verpackungseinheiten zu entnehmen. Die Muster sind sofort in mit Inertgas (Stickstoff, Kohlenstoffdioxid) vorgespülte, luftdichte, antistatische Behältnisse zu bringen und bis zur Untersuchung bei 0°C aufzubewahren.

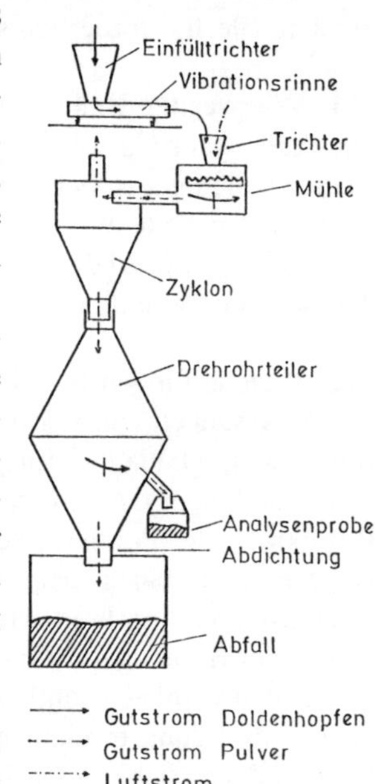

Die Einzelmuster werden zu einer Gesamtprobe vereinigt und in einer geeigneten halbtechnischen Mühle zerkleinert. Das Mahlgut wird mittels eines Probenteilers in repräsentative homogene Muster aufgeteilt. Die MEBAK empfiehlt hierfür eine Condux-Hammermühle, dazu den MEBAK-Probenteiler, der das Mahlgut in acht homogene Proben aufteilt, und als Alternative die Geräteeinheit zur Probenaufbereitung der Firma Retsch vorschlägt, wie die Abbildung zeigt. Bei diesem System ist ein Zyklon mit einem Drehrohrleiter verbunden. Es bietet den Vorteil, daß die Vermahlung und Gewinnung einer repräsentativen Analysenprobe gekoppelt sind und somit kein Umschütten notwendig ist. Die Verwendung eines Probenteilers empfiehlt sich auch zur Probenvorbereitung von kommerziellen pulverförmigen Hopfenprodukten. Zur Homogenisierung von Hopfenextrakt schlägt die MEBAK den Laborintensivmischer der Fa. Roth vor, dessen Einsatz auch bei totaler Entmischung der Produktkomponenten den Inhalt von Extraktdosen aller gängigen Größen, ohne diese vorher zu erwärmen, binnen 10 Minuten zu einer vollständigen Homogenisierung führt. Mit der Erstellung eines repräsentativen Durchschnittsmusters steht oder fällt jede analytische Bitterharzbestimmung.

196. Welche Verfahren für die brautechnische Betriebskontrolle des Hopfens finden ihre Anwendung?

In Europa werden vornehmlich die Harzfraktionierung nach MEBAK sowie die direkte Alpha-Säurebestimmung mittels Leitfähigkeitsmessung (Konduktometrie) nach EBC oder MEBAK angewandt. In den USA ist die UV-Spektroskopie weit verbreitet.

197. Welche Zusammensetzung haben die Bitterstoffe?

Die Bitterstoffe (13–23 %) unterteilen sich in die Hopfenbittersäuren: α-Säuren (Humulone – die Humulone bestehen aus mehreren Homologen; neben den Humulonen kommen noch Co-, Ad-, Prä- und Posthumulon vor). Ihre Menge beträgt 4–12 %; die β-Säuren (Lupulone) die 4–6 % ausmachen. Die Harze, als Oxidationsprodukte der Bittersäuren unterscheiden sich in Weich- und Hartharze.

198. Wie verläuft die Analyse nach Wöllmer?

Beim Wöllmerverfahren erfolgt eine Extraktion aller Bitterharze mit Diäthyläther, bei der außerdem Hopfenöle und Hopfenwachse in die Ätherphase übergehen. Zur Herstellung der sogenannten »Stammlösung« wird der Ätherextrakt eingedampft und der Rückstand mit kaltem Methanol aufgenommen. Die dabei nicht in Lösung gehenden Hopfenwachse können abfiltriert werden. Aus der Stammlösung werden durch Eindampfen eines aliquoten (ohne Rest teilend) Teils des Methanolextraktes die Gesamtbitterharze bestimmt. Es folgt deren Fraktionierung in Gesamtweichharze und Hartharze durch Ausschütteln eines bestimmten Teils der Methanollösung

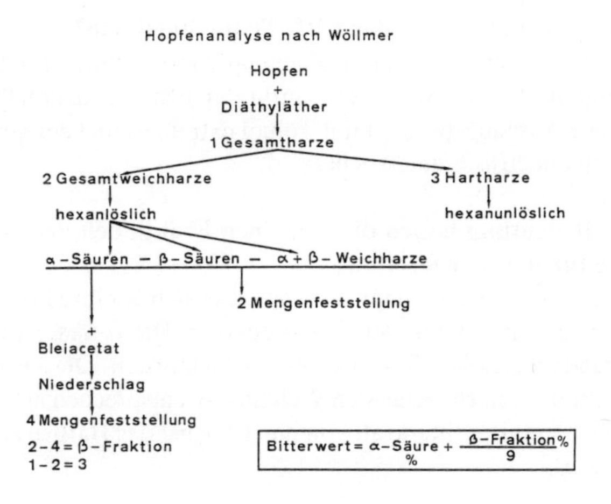

mit Hexan. Die Hartharze (ohne Bitterkraft) sind in Hexan unlöslich. Die Ermittlung des Alpha-Säurengehaltes geschieht konduktometrisch aus einem weiteren Teil des Methanolextraktes mittels methanolischer Bleiacetatlösung. Das umseitige Schema faßt die Durchführung der Wöllmeranalyse zusammen.
Aus der Durchführung der Wöllmeranalyse ergibt sich die Berechnung des Bitterwertes, wie es die Formel am Ende des Schemas zeigt.
Bis vor wenigen Jahren fand die Wöllmeranalyse in den verschiedensten Modifikationen Anwendung. Bei Ringanalysen ergaben sich große Streubreiten der Ergebnisse einzelner Untersuchungen. Erst durch die Einführung der von Ganzlin ausgearbeiteten Varianten der Wöllmeranalyse erzielte man wesentlich besser vergleichbare Daten.

199. Wie verläuft die Analyse nach Ganzlin?

Zur Extraktion der Hopfenharze wird als ideale Lösungsmittelkombination ein Gemisch aus Diäthyläther und Methanol im Verhältnis 5 : 1 verwendet. Durch Zusatz von 0,1 N Salzsäure gelingt es ohne Schwierigkeiten, die organische Phase von Trubstoffen und wasserlöslichen Inhaltsstoffen zu trennen. Als vorteilhafteste Kombination stellte sich ein Volumenverhältnis Äther : Methanol : 0,1 n HC1 von 5 : 1 : 2 heraus.
Bei der Bereitung der methanolischen Stammlösung führte Ganzlin eine weitere Verbesserung ein. Bei den früher üblichen Methoden gelang es nur schwer, die in der organischen Phase befindlichen Wasserspuren durch Abdampfen zu entfernen. Durch Zugabe von Methylenchlorid, das mit Wasser ein »azeotropes Gemisch« bildet, erhält man nach dem Abdampfen einen völlig wasserfreien Rückstand. Besonders problematisch war bisher die Fraktionierung der Gesamtbitterharze in Gesamtweichharze und in Hartharze mittels Hexan. Sehr häufig traten Emulsionsbildungen auf, wobei ein Teil der hexanlöslichen Bitterharze unerfaßt blieb, woraus ein zu hoher Hartharzanteil resultierte. Die aufgezeigten Probleme wurden durch den Einsatz eines Lösungsmittels weitgehend ausgeschaltet, dessen Mischungsverhältnis aus 40 Volumenteilen Hexan, 15 Volumenteilen methanolischer Stammlösung und 10 Volumenteilen 0,1 n Salzsäure besteht.

200. Was versteht man unter der EBC-Schnellmethode?

Um den Gehalt an Alpha-Säuren in Doldenhopfen bzw. Pulverprodukten möglichst rasch zu ermitteln, bedient man sich häufig der EBC-Schnellmethode, wobei das fein vermahlene Ausgangsprodukt mit Toluol extrahiert und der gewonnene Toluolextrakt konduktometrisch untersucht wird.

201. Welche Bedeutung haben die einzelnen Fraktionen der chemischen Analyse für die Bierbereitung?

Ihr Brauwert ist unterschiedlich hoch. Er gründet sich auf ihre Löslichkeit in Würze und Bier sowie auf ihre bitternden Eigenschaften. Die α-Säure ist von den Bitterstoffen aufgrund ihres hohen Bitterwertes am wichtigsten. Die aus ihr durch Oxidation und Polymerisation entstehenden Weichharze entsprechen nur 33 % der Humulonbittere. Die geringste Bitterkraft von nur 12 % hat das Hartharz. Die β-Säure hat keinen Bitterwert.

202. Welche durchschnittlichen Alphasäurewerte bringen die verschiedenen Hopfensorten?

Sorten	1994	1993	1992
Hallertau Hallertauer	2,9	4,2	3,9
Hallertau Hersbrucker	1,3	3,8	2,3
Hallertau Hüller	3,7	5,6	4,8
Hallertau Perle	3,7	7,3	5,0
Hallertau Spalter Select	2,2	5,0	3,8
Hallertau Hallertauer Tradition	4,0	5,6	4,1
Hallertau Northern Brewer	5,6	8,6	7,4
Hallertau Brewers Gold	3,9	6,5	5,9
Hallertau Orion	4,7	7,5	5,8
Hallertau Hallertauer Magnum	10,0	11,9	11,3
Hallertau Nugget	8,9	10,0	9,1
Hallertau Target	9,1	11,0	–
Spalt Aroma	2,8	4,1	3,5
Tettnang Aroma	3,0	4,1	3,6
Elbe-Saale Northern Brewer	4,8	8,0	5,9

203. Was versteht man unter Hopfenprodukten?

Da die Lagerhaltung des aufbereiteten Doldenhopfens über einen längeren Zeitraum nicht nur kostenintensiv ist, sondern auch brautechnologische Probleme mit sich bringt, wird der Doldenhopfen zur Verbesserung seiner Werterhaltung zu Produkten verarbeitet. Genaueres über Produkte und deren Herstellung findet sich in den nachfolgenden Fragen und deren Antworten.

204. Welche Hopfenprodukte unterscheidet man?

Man unterscheidet zunächst grob zwischen Pulver und Hopfenextrakten.

205. Welche Gründe gibt es für die Herstellung von Hopfenprodukten?

1. Konservierung der wertbestimmenden Hopfenbestandteile.
2. Bessere Ausnutzung der wertgebenden Hopfeninhaltsstoffe.

206. Welche Vorteile gegenüber der Verwendung von Naturhopfen begründen ihren Einsatz?

1. Hopfeneinsparung.
2. Bessere Haltbarkeit der Bitterstoffe.
3. Weniger Frachtkosten.
4. Weniger Lagerraum.
5. Weniger Raumkühlung.
6. Hopfenseiher entfällt, das Hopfenpulver sedimentiert mit dem Trub.
7. Abwiegen entfällt.
8. Gleichmäßige Bitterwerte.
9. Bei Extraktverwendung: keine Würzeverluste, beliebige Gerbstoffdosierung.

207. Wie sieht der weltweite Verbrauch an Hopfenveredelungsprodukten aus?

Aus der Welthopfenernte 1993 wurden ca. 66% zu Hopfenprodukten verarbeitet. Diese Zahl nennt die Fa. Simon H. Steiner, Hopfen GmbH in ihrem Bericht »Aktuelle Entwicklungen des internationalen Bier- und Hopfenmarktes 1994. Dabei wird aber auch darauf hingewiesen, daß sowohl die insgesamt verarbeitete

Menge als auch der effektive Verbrauch an diesen Hopfenveredelungsprodukten nur sehr schwer zu schätzen ist. Nach heutiger Kenntnis dürfen die für die Vergangenheit genannten Zahlen möglicherweise zu hoch gewesen sein. Von der jeweiligen Welternte wurden nach diesem Bericht folgende Anteile an Rohhopfen zu Hopfenprodukten verarbeitet (Schätzung):

Weltverbrauch an Hopfenveredelungsprodukten 1986–1993 (Schätzung):

	Hopfenerzeugung gesamt	Pellets			Extrakt		
	Ztr.	Ztr.	% Total	± %	Ztr.	% Total	± %
1986	2 343 802	830 000	35,4	+ 8,3	600 000	25,6	+ 8,9
1987	2 355 206	830 000	35,2	– 0,0	520 000	22,1	– 13,3
1988	2 416 624	916 000	37,9	+ 10,4	495 000	20,5	– 4,8
1989	2 321 899	895 000	38,5	– 2,3	490 000	21,1	– 1,0
1990	2 281 821	930 000	40,8	+ 3,9	510 000	22,3	+ 4,1
1991	2 606 325	1 070 000	41,1	+ 15,1	590 000	22,6	+ 15,7
1992	2 437 413	1 020 000	41,8	– 4,7	565 000	23,2	– 4,2
1993	2 762 995	1 150 000	41,6	+ 12,7	685 000	24,8	+ 21,2

Der durchschnittliche Alphasäurengehalt der Hopfen aus der Ernte 1993 wurde mit 6,73% errechnet. Er lag sehr deutlich über dem Vorjahreswert (6,22%). Darauf basierend war das Alphasäurenangebot 9 297 000 kg; eine Steigerung um 1,72 Mio. kg oder 22,6%. Diese Alphasäuren-Mehrmenge entspricht fast 510 000 Ztr. Rohhopfen. Den größten Anteil am Alphasäurenangebot hatten mit 3,13 Mio. kg wie in den vorhergehenden Jahren auch 1993 wieder die USA. Der Anteil von Bittersorten am Gesamtanbau beträgt in den USA fast 74%. Die USA produzierten 1993 mit einem Flächenanteil von nur 18,8% und einem Mengenanteil von 25% an der Welternte etwa 33,6% des Welt-Alphasäuren-Angebots. Im Vergleich dazu die Zahlen der Bundesrepublik Deutschland: Flächenanteil 24,8%, Hopfenmengenanteil 30,7%, Alphaanteil 27,3%. Aus diesen Vergleichen wird deutlich, daß die Alphasäuren-Produktion in den USA über Jahre hinweg relativ konstant bleibt – ausgenommen bei bedeutenden Veränderungen von Flächen und Sorten – während in Deutschland witterungsbedingt gravierende Schwankungen auftreten. Für 1994 schätzt man die Welternte auf nur 2,5 Mio. Zentner bei gleichzeitig starkem Rückgang des durchschnittlichen Alphawerts. Geht man von einem Durchschnittswert im Hopfen von 6% aus, errechnet sich ein Alphasäurenangebot von nur noch 7,5 Mio. kg. Dies entspricht einem Rückgang von 19,4%.

208. Welche Hopfenpulver unterscheidet man und wie erfolgt ihre Herstellung?

1. Normale Hopfenpulver (zerkleinerter Hopfen): je nach Fabrikat enthalten sie durch die unterschiedliche Trocknung einen Wassergehalt von 3–8%. Der Gesamtharz- und -Säuregehalt entspricht nahezu dem des Naturhopfens, der Gehalt an wertlosen Bestandteilen ist der gleiche wie beim Naturhopfen. Sinn und Zweck der Zerkleinerung ist die Vergrößerung der Oberfläche. Die Dolden werden zu unterschiedlich dimensionierten Teilchengrößen vermahlen und pelletiert, mit Inertgas imprägniert und in Kunststoffbeuteln in den Handel gebracht. Ersparnis gegenüber Doldenhopfen von 10–15 % des α-Säuregehaltes.

2. Angereichertes Hopfenpulver (konzentrierter Hopfen): die getrockneten Dolden werden auf –35 bis –36°C tiefgekühlt und gemahlen. Unter Beibehaltung der Temperatur wird mit Hilfe von Sieben das Lupulin von den Spindeln und einem Teil der Blätter getrennt. Je nach Konzentrationsverhältnis verringert die Behandlung auch den Polyphenolgehalt des Hopfens. Die Pellets werden mit Inertgas (Stickstoff oder CO_2) in Folien verpackt. Der Gesamtharzgehalt beträgt bis zu 30%, der α-Säurewert bis zu 10%, bei Bitterhopfen bis zu 14%. Die Einsparung an α-Säure gegenüber Naturhopfen beträgt rund 15%.

209. Was versteht man unter den Pelletstypen 45 bzw. 90?

Typ 45 besagt, daß aus 100 kg Naturhopfen durch Absonderung von wertlosen Bestandteilen 45 kg Pellets vom Typ 45 gewonnen wurden. Die Aussagen gelten analog für den Typ 90.

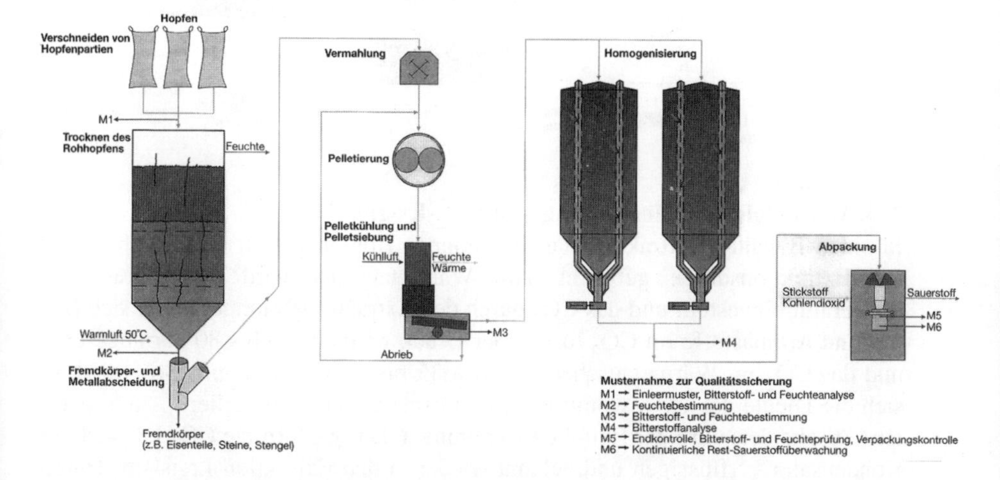

210. Was versteht man allgemein unter Extraktion?

Der Begriff Extraktion bedeutet Auslaugung bzw. Auswaschung. Man versteht darunter Trennverfahren, bei denen durch geeignete Lösungsmittel aus festen oder flüssigen Stoffgemischen selektiv bestimmte Bestandteile herausgelöst werden. Auf die Bierbereitung bezogen, kennen wir die Extraktion bei der Sudhausarbeit (siehe Kapitel Sudhaus). Bei der Extraktion des zerkleinerten Hopfens trennt man mit Hilfe von Lösungsmitteln die wertvollen Bestandteile von den wertlosen und unlöslichen.

211. Mit welchen Lösungsmitteln werden die Bitterstoffe extrahiert?

Zur Lösung der Bitterstoffe wird heute nur noch Kohlensäure oder Ethanol verwendet. In den vergangenen Jahren kam vor allem Methylenchlorid aber auch Methanol und Methanolhexan zum Einsatz.

212. Wie erfolgt die Herstellung von Ethanolextrakt?

Hopfen wird mit 90prozentigem Ethanol extrahiert. Der Alkohol wird in einer mehrstufigen Vakuumverdampfungsanlage mit Hochkonzentrator abgedampft und der Rohextrakt in den Harz- und Heißwasserextrakt getrennt. Da die Gerbstoffe durch die thermischen Einwirkungen polymerisieren, werden meist nur Reinharzextrakte eingesetzt.

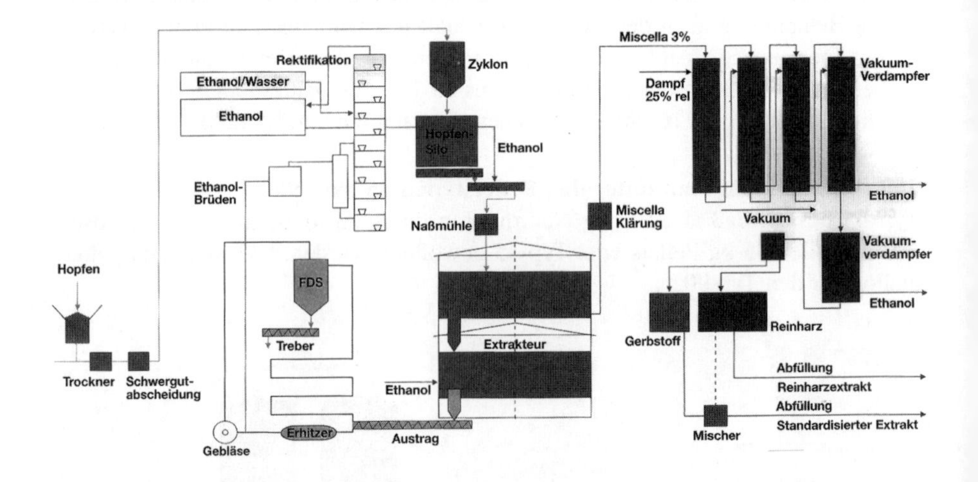

213. Wie erfolgt die Herstellung von CO_2-Extrakt?

In einen Behälter (Extraktor) wird pelletierter Hopfen gefüllt und anschließend auf Extraktionsdruck gebracht. Am Wärmetauscher wird die Extraktionstemperatur eingestellt und das CO_2 durch den Extraktor gepumpt, wobei sich Bitter- und Aromastoffe im CO_2 lösen. Der Druck wird auf 60 bis 80 bar abgesenkt und das CO_2 im Wärmetauscher bei etwa 35 bis 40°C verdampft. So erniedrigt sich die Dichte des CO_2, womit es seine Löseeigenschaften verliert. Am Separator (Abscheider) wird der Extrakt abgenommen. Das gasförmige CO_2 läßt sich im Kondensator verflüssigen und gelangt wieder in den Extraktionskreislauf. Durch den Einsatz mehrerer Extraktoren, die parallel oder hintereinander zu schalten sind, läßt sich ein semikontinuierlicher Betrieb darstellen.

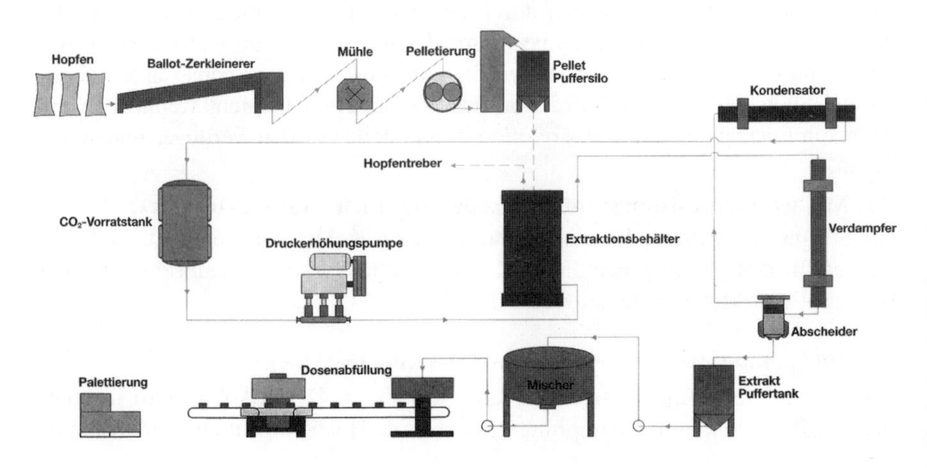

214. Wie gewinnt man die Gerbstoffe?

Die von den Bitterstoffen befreite Hopfentreber wird mit Heißwasser behandelt. Die durch Heißwasser gewonnenen Gerbstoffe bezeichnet man als Gerbstoff- oder Heißwasserextrakt.

215. Was versteht man unter Hopfenextrakt?

Bei Hopfenextrakt handelt es sich größtenteils um Reinharzextrakt oder um Mischungen mit Gerbstoffextrakt oder Glucose, deren Verwendung allerdings nicht reinheitsgebotsmäßig ist.
Es gibt bei den Mischungen meist folgende Standardisierungen:
15% α, 20% α, 25% α, 30% α oder reinen Bitterstoffextrakt, der auch als Reinharzextrakt bezeichnet wird.

Standardisierung (α)	15%	20%	25%	30%	reiner Bitterstoff
Gesamtharze	35–40	48–54	57–63	71–79	> 85
Gesamtweichharze	28–35	41–47	52–58	62–70	74–83
Alpha-Säuren (Konduktometerwert)	15	20	25	30	26–55
Beta-Fraktion	15–20	20–28	25–35	37–40	34–44
Hartharze	4–9	5–11	6–12	6–12	7–15

Die Tabelle gibt nur grobe Richtwerte an, da die Daten sehr stark sortenabhängig sind.

216. Welche Vorschriften enthält die europäische Hopfenmarktordnung?

Im Rahmen der europäischen Hopfenmarktordnung wurde das deutsche Hopfenherkunftsgesetz im Jahre 1978 auf die Länder der EG ausgedehnt. Das Zertifizierungssystem nach der EG-Hopfenmarktordnung ist im folgenden Schema dargestellt.

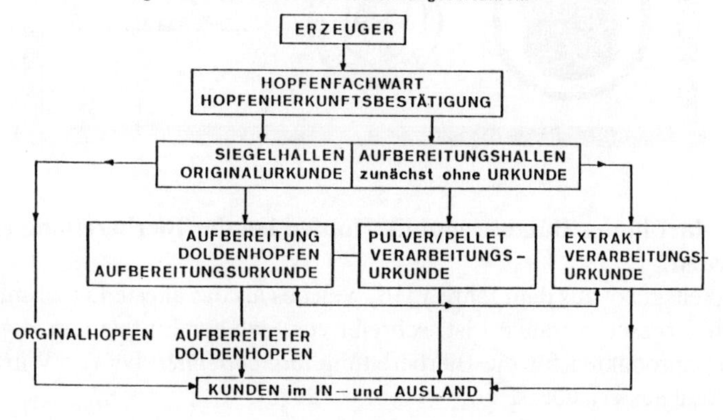

Neben der Hopfensorte werden das Anbaugebiet und der Jahrgang auf der Hopfenherkunftsbestätigung und auf der Verarbeitungsurkunde die Aufbereitungsverfahren festgehalten.

217. Wie sieht eine Begleiturkunde für deutschen Siegelhopfen aus?

BEGLEITURKUNDE

Ausgestellt auf Grund der Verordnung (EWG) Nr. 1696/71 vom 26. 7. 1971, geändert durch Verordnung (EWG) Nr. 1170/77 vom 17. 5. 1977.

DEUTSCHER SIEGELHOPFEN

(ohne Samen)

Zertifiziertes Erzeugnis - Verordnung (EWG) Nr. 890/78

LAND: BAYERN

ANBAUGEBIET: HALLERTAU

JAHRGANG: 1995

SORTE: NORTHERN BREWER

GRUPPE: Bitter

NR. BALLEN/~~BALLOT~~: 22 60081 — 60102

GEWICHT IN KG (BRUTTO): 1695,5

Nicht aufbereitet

MAINBURG, DEN 04.09. 1995

Siegelmeister/Aufsicht

Braun

NR.: 18D / 469163 *

218. Wo darf in der Bundesrepublik Hopfen bei der Bierbereitung eingesetzt werden?

Das Reinheitsgebot aus dem Jahre 1516, welches als das älteste Lebensmittelgesetz im Biersteuergesetz verankert ist, schreibt vor, daß der Einsatz von Hopfen bzw. von Hopfenprodukten für die Bierbereitung *ausschließlich* bei der Würzeherstellung im Sudhaus erlaubt ist.

219. Welche Hopfenveredelungsprodukte werden außer den bereits erwähnten noch angeboten?

1. Hopfenextraktpulver: eine Mischung aus:
   1.1 Hopfenpulver und Hopfenextrakt.
   1.2 Angereichertes Hopfenpulver und Hopfenextrakt.
   1.3 Kieselsäurepräparate und Hopfenextrakt.
2. Pellets versetzt mit Bentoniten (Stabilisierungsmittel).

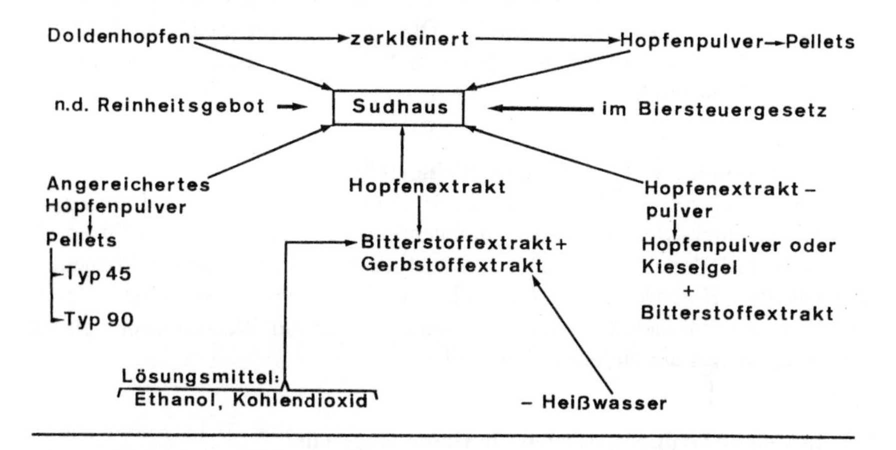

Der Einsatz von isomerisiertem Hopfenextrakt ist nach dem Reinheitsgebot verboten!

220. Was sind isomerisierte Hopfenextrakte?

Zum Verständnis sei im voraus bemerkt, daß die für die Bittere des Bieres verantwortlichen Alpha-Säuren zunächst wasser- und würzeunlöslich sind. Ihre Löslichkeit bzw. Überführung erfolgt beim Würzekochen (siehe Kapitel Sudhaus). Da auf dem Wege der Bierbereitung (siehe Kapitel Gärung usw.) Bitterstoffverluste auftreten, muß in der Bundesrepublik der Bitterwert des fertigen Bieres durch die Hopfengabe im Sudhaus festgelegt werden, was zu höheren Hopfengaben und damit zu höheren Kosten führt. Die Länder, die dem Reinheitsgebot nicht unterliegen, sparen im Sudhaus an Bitterstoffgaben; sie stellen aus wirtschaftlichen Gründen den Bitterwert ihres Bieres frühestens nach der Hauptgärung, meist vor oder nach der Filtration des Bieres durch Kalthopfung ein. Durch chemische Verfahren in ein oder zwei Fraktionen werden die Alpha-Säuren isomerisiert und damit löslich.
Die Iso-α-Säurenfraktion kann als Emulsion freier Iso-α-Säuren vorliegen, als feste Emulsion von Magnesium-Iso-α-Säuren, als wasserlösliches Pulver von Magnesium-, Natrium-Iso-α-Säuren. Außerdem ist eine Alkalimetallsalzlösung von reduzierten Iso-α-Säuren bekannt. Die zweite Fraktion kann in Form des »Base-Extraktes« verwendet werden, der β-Säuren, Hulupone, Hopfenöle, unspezifische Harze und Polyphenole enthält.

Die Hefe

Vorbemerkung: Der besonderen Bedeutung der Hefe für die Bierbereitung Rechnung tragend, ist die Darstellung dieses Rohstoffes in einem eigenen Kapitel bearbeitet. Es ist umfassender als jemals zuvor, es enthält Fragen der Mikrobiologie und der biologischen Betriebskontrolle. Dies gerade auch im Hinblick auf die Einführung des Haltbarkeitsdatums, bei dem die biologische Haltbarkeit eine entscheidende Rolle spielt.

221. Wie werden die Hefen botanisch eingeteilt?
In der botanischen Systematik bilden die Hefen keine sehr gut definierte Gruppe. Sie sind einzellige Kleinstlebewesen und gehören zu einer Gruppe von Pilzen, die gemeinsame Merkmale haben, aber zu verschiedenen Klassen gehören können. So bilden gewisse Hefen Mycelien (Gesamtheit der Pilzfäden) wie die Schimmelpilze, und gewisse Schimmelpilze können bei anaerober Kultur Wachstumsphasen aufweisen, die denen der Hefen ähnlich sind.

222. In welche Gruppen werden die Hefen eingeteilt?
Die Hefen werden in 2 große Gruppen eingeteilt. Je nachdem, ob sie Sporen bilden können oder nicht, gibt es Sporogene und Asporogene. Die Gruppe der »asporogenen« Hefen ist für die Bierbereitung von Bedeutung.

223. Wo kommen Hefen in der Natur vor?
Sie kommen im Erdboden, in der Luft, im Süß- und Salzwasser, in Blüten und auf Früchten vor.

224. Welches sind die morphologischen Bestandteile der Hefe?
Die Hefen besitzen eine Zellwand, die das Protoplasma umschließt, welches sich in den Zellkern und das Cytoplasma unterteilt. Der Zellkern unterteilt sich in die Grundsubstanz und die Chromosomen, welche die Gene, die Träger der Erbmerkmale enthalten.
Das Cytoplasma besteht ebenfalls aus einem Grundplasma, das sich überwiegend aus Eiweiß, wechselnden Mengen des Reservekohlenhydrates Glycogen, einigen Fetttröpfchen und Vakuolen aufbaut. Das Cytoplasma enthält ferner »Organellen« für lebensnotwendige Funktionen. (Organellen ≙ den Organen höherer Lebewesen). So stellt das endoplasmatische Retikulum (ER) das Membransystem (Transportsystem) dar. Die Mitochondrien enthalten zahlreiche Vitamine, sie sind außerdem Träger einer Reihe von Enzymen des Atmungsstoffwechsels. Die Lysosomen enthalten ebenfalls Enzyme, während die Ribosomen (reichlich Ribonucleinsäure enthaltend) für die Eiweißsynthese verantwortlich sind. Die folgende Übersicht faßt die morphologischen Bestandteile und ihre Aufgaben noch einmal zusammen.

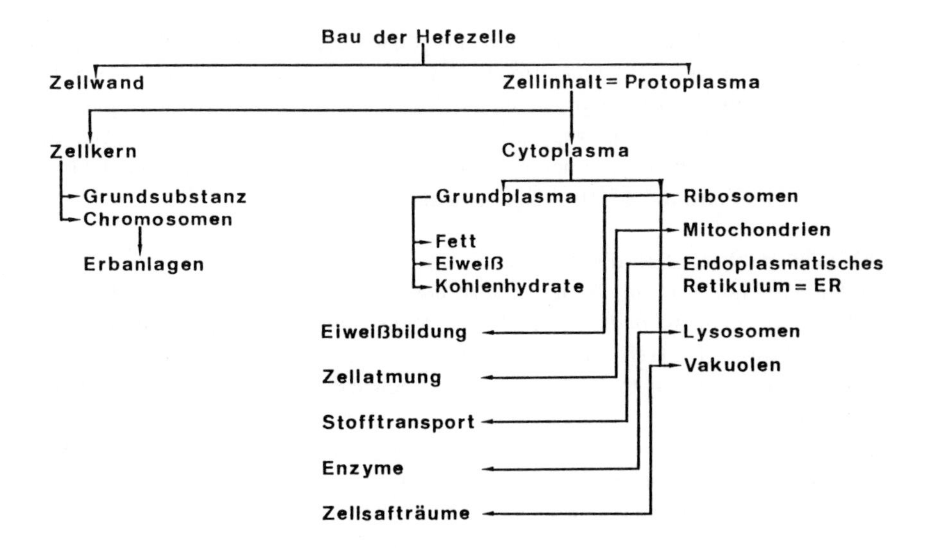

225. Welche chemische Zusammensetzung hat die Hefe in abgepreßtem Zustand?

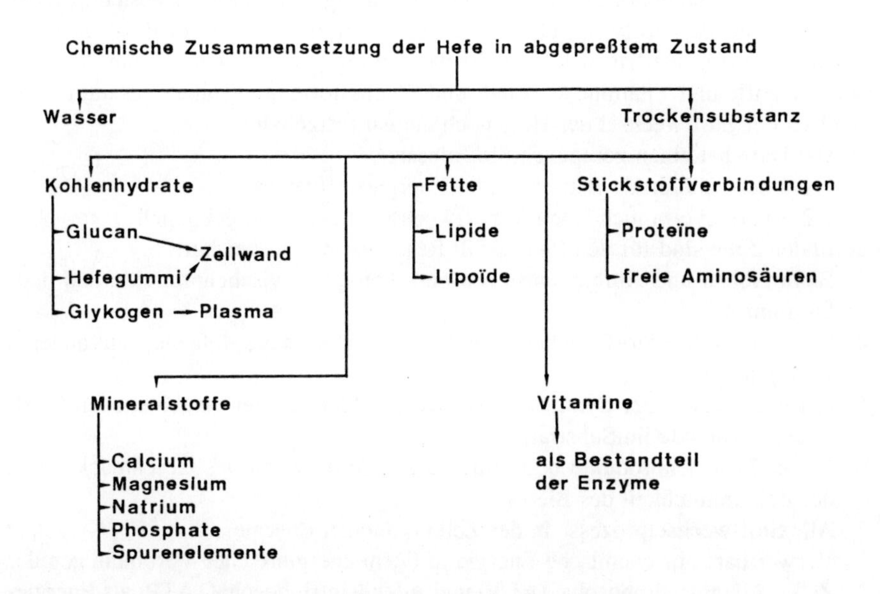

226. Welche Form und welche Größe hat die Hefezelle?

Die Hefe ist einzellig, von runder oder elliptisch-ovaler Form; ihre Größe beträgt 3,5 bis 8,0 x 5,0 bis 17,5 µm (1 Mikrometer = 1 tausendstel mm). 1 cm³ dickflüssiger Hefesuspension enthält etwa eine Milliarde Hefezellen. Die geringe Größe der Zellen bedingt eine im Verhältnis zu ihrem Gesamtvolumen relativ große Oberfläche. Daraus resultiert die für Mikroorganismen im Vergleich zu anderen Lebewesen große Stoffwechselaktivität. Hefen können sich innerhalb kurzer Zeit um ein

Vielfaches ihres Gewichtes vermehren. Folgendes Beispiel nach Prof. Dr. Narziß soll dies verdeutlichen: 0,5 l dickbreiige Hefe / hl Anstellwürze ergeben ca. 1,5 Billionen Hefezellen, dies entspricht einer Oberfläche von 225 m^2. Geht man von einer 4fachen Vermehrung aus, so beträgt die aktive Oberfläche während der Gärung 900 m^2/hl, d. h. bei einer Würzemenge von 100 hl beträgt die aktive Oberfläche vor der Gärung 22500 m^2 und nach der Gärung 90000 m^2.

227. Wie ernähren sich die Hefen?

Die Hefen gehören in der Systematik zu den Pflanzen. Diese besitzen Blattgrün (Chlorophyll) und sind dadurch zur Photosynthese fähig (autotrophe d. h. selbständige Ernährung). Da Hefen kein Blattgrün besitzen, sind sie wie die Tiere und die Menschen auf Nahrungszufuhr von außen angewiesen, sie ernähren sich deshalb heterotroph.

Beim Abbau der durch die Zellwand aufgenommenen Nähr- und Vitalstoffe und beim Aufbau der zelleigenen Substanzen, die für das Wachstum und die Vermehrung notwendig sind, ist eine große Zahl von Enzymen beteiligt (siehe Frage Nr. 96).

Diese Biokatalysatoren regeln den Stoffwechsel, der bei den Hefen bevorzugt in dem oxidativen Abbau, auch Veratmung oder Assimilation genannt, sowie bei eingeschränktem Sauerstoffangebot in der Vergärung von Zuckern besteht. Neben dem Kohlenhydratstoffwechsel, bei der vor allem die Energie für das Wachstum gewonnen wird, werden auch Eiweißstoffe benötigt und abgebaut. Außerdem sind Mineralstoffe und Vitamine als Vital- und Wuchsstoffe notwendig. Zusammenfassend sei der Stoffwechsel der Hefe noch einmal festgehalten:

1. Die Hefe hat einen geregelten Stoffumsatz.
   1.1 Energieliefernde Betriebs- oder Energiestoffwechsel.
   1.2 Energieverbrauchende Baustoffwechsel. Beide sind gekoppelt.
2. In der Zelle sind für den Bedarfsfall Reservestoffe gespeichert.
3. Beim Abbau und Aufbau entstehen verschiedene Zwischenprodukte und neue Substanzen.
4. Sind notwendige Stoffe nicht vorhanden, synthetisiert die Hefe diese aus anderen Verbindungen.
5. Art und Anzahl der Synthesen ergeben die Mengen der verschiedenen Stoffwechselprodukte im Substrat.
6. Diese Gärnebenprodukte bestimmen die Eigenschaften des Geschmackes und der Bekömmlichkeit des Bieres.
7. Alle Stoffwechselprozesse in der Zelle brauchen Energie.
   Verwertbar: nur chemische Energie in Form energiereicher Verbindungen der Zelle: Adenosindiphosphat (ADP) und Adenosintriphosphat (ATP) als Energiespeicher und -Überträger.

228. Wie vermehren sich die Hefen?

Ein Teil der Hefen, dazu gehören auch die Bierhefen, vermehren sich durch Sprossung. Dabei bildet eine Ausgangszelle eine knospenartige Verdickung, die zu einer neuen Tochterzelle heranwächst. Diese wird allmählich so groß wie die Mutterzelle. Bei der Sprossung (vegetative Vermehrung) teilt sich der Chromosomensatz und

ergänzt sich wieder zu 2 Kernen. Die Tochterzelle ist diploid und enthält die Erbanlagen der Mutterzelle. Die Tochterzelle, die wiederum durch Sprossung neue Tochterzellen bildet, trennt sich von der Mutterzelle oder bleibt in einem Sproßverband mit ihr zusammen.
Hefen haben aber auch die Fähigkeit der sexuellen Vermehrung. Bei mangelhaften Lebensbedingungen bilden sie zur Erhaltung ihrer Art nach einer sexuellen Kernteilung (Reduktionsteilung) Sporen. Dabei wird die Hefezelle zu einem Schlauch (lat. ascus) umgebildet, der meistens 4 runde Ascosporen enthält, die kleiner als die Zellen und etwas widerstandsfähiger gegen Umweltbedingungen sind. Die Sporen vereinigen sich paarweise durch Kopulation zu einer Zygote. Dieses biologische Merkmal ist zwar für die Brauereipraxis bedeutungslos, da es bei der Bierherstellung nicht auftritt.
Im Laboratorium wird sie nach besonderen Kulturmaßnahmen beobachtet. Die Ascosporen verschiedener Bierhefestämme können miteinander gekreuzt werden, so daß es gelungen ist, neue Bierhefen mit besonders erwünschten technologischen Eigenschaften zu züchten.

229. Welche Arten von Hefen unterscheidet der Brauer?
Man unterscheidet Kulturhefen und Fremdhefen (wilde Hefen).

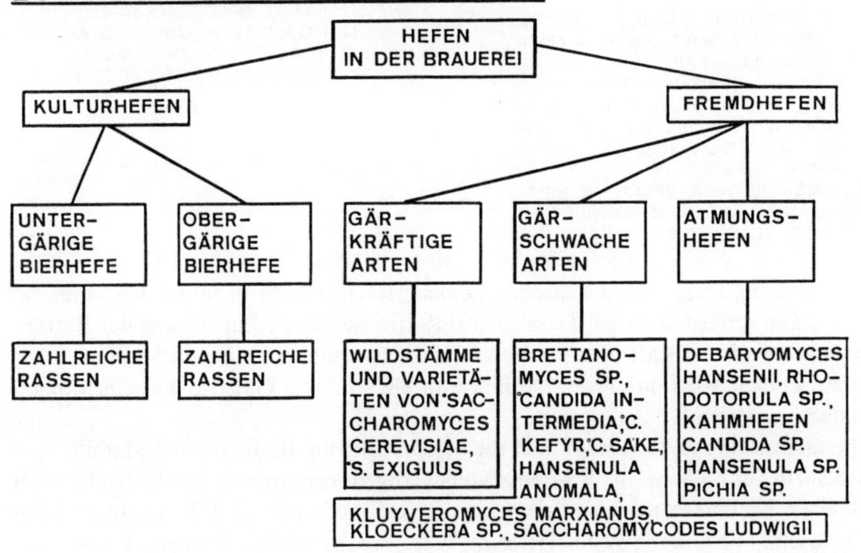

230. Welche Möglichkeiten der Unterscheidung gibt es noch?
Die Hefen unterscheiden sich in ihren Gär- und Assimilationseigenschaften. Es gibt Hefearten, die überhaupt nicht gären, andere, die nur bestimmte Zucker (z. B. nur Glucose) und andere, die sehr viele verschiedene Zucker (z. B. Glucose, Maltose, Galactose, Saccharose und Raffinose) assimilieren und vergären können.

231. Was versteht der Brauer unter Kulturhefe?

Kulturhefe nennt man die in der Brautechnik verwendete Hefe. Die Bierhefen heißen *Saccharomyces* (Zuckerpilze). Sie werden in 2 große Gruppen unterteilt:

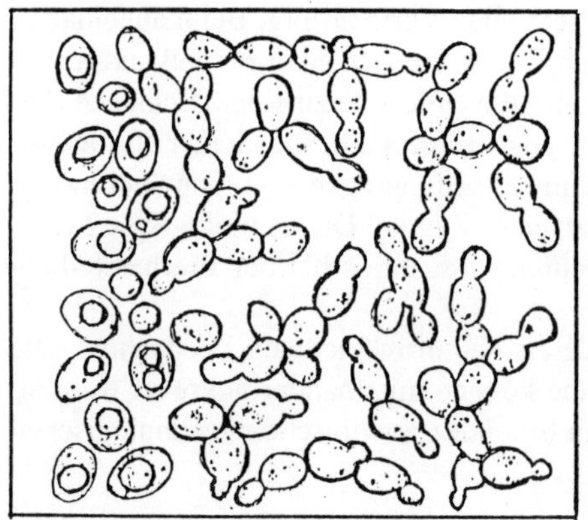

Saccharomyces carlsbergensis

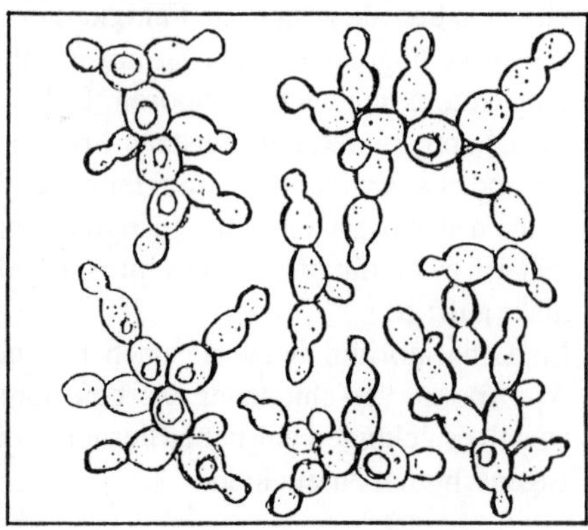

Saccharomyces cerevisiae

1. UNTERGÄRIGE HEFE
SACCHAROMYCES CARLSBERGENSIS
GÄRTEMPERATUREN:
5 – 10°C IN 8 TAGEN HAUPTGÄRUNG
2°C 4 WOCHEN NACHGÄRUNG

NACH DER HAUPTGÄRUNG SETZT SICH DIE HEFE AM BOTTICHBODEN ODER IM KONISCHEN TEIL VON ZKG's AB. SIE BILDET KEINE SPROSSVERBÄNDE.

1.1. BRUCHHEFE: AGGLUTINIERT → SIE BILDET MIT EIWEISS EINEN SCHLEIM UND BALLT SICH ZUSAMMEN → BRUCH.

1.2. STAUBHEFE: KEIN BRUCH – BLEIBT DESHALB LÄNGER IN SCHWEBE → HÖHER VERGÄREND.

2. OBERGÄRIGE HEFE
SACCHAROMYCES CEREVISIAE
GÄRTEMPERATUREN: 15 – 20°C
NACH DER HAUPTGÄRUNG BILDUNG EINER DECKE AN DER BIEROBERFLÄCHE. SIE BILDET SPROSSVERBÄNDE. DAS HAUPTUNTERSCHEIDUNGSMERKMAL IST DURCH DEN VERSCHIEDENARTIGEN BIERGESCHMACK GEGEBEN.

Ein weiterer Unterschied zwischen beiden Hefen besteht in ihrem Verhalten bei einem Gärversuch mit dem Trisaccharid Raffinose. Unter Einwirkung der Raffinase entsteht aus der Raffinose ein Molekül Fructose und ein Molekül Melibiose. Der letzte Zucker wird durch die Melibiase in ein Molekül Glucose und ein Molekül Galactose zerlegt.

Die untergärige Hefe verfügt über die beiden Enzyme Raffinase und Melibiase, so daß sie in der Lage ist, die Raffinose vollständig zu vergären. Da es der obergärigen Hefe an Melibiase mangelt, kann sie die Raffinose nur zu 1/3 vergären. Diese Eigenschaft ist nur von systematischem Wert, sie spielt in der Brauerei keine Rolle. Neuere biologische Untersuchungen haben zu einer Namensänderung der untergärigen Bierhefe in *Saccharomyces uvarum* Anlaß gegeben. In einer 1970 bearbeiteten systematischen Gliederung des Genus *Saccharomyces* wird *Saccharomyces carlsbergensis* nicht mehr als eigene Art geführt, sondern den Species *Saccharomyces uvarum* zugeordnet. Nach Prof. Dr. *Narziß* scheint dies aber anhand der Abweichung einer Reihe von Faktoren nicht haltbar.

232. Welche technologische Bedeutung hat die Bierhefe?

Neben Brauwasser, Hopfen und Malz ist die Bierhefe der vierte Rohstoff für die Bierbereitung. Als Anstellhefe wird sie der Anstellwürze zugegeben, in der sie den Malzzucker in Alkohol und Kohlendioxid umwandelt und Aromastoffe bildet. Sie vermehrt sich während der Hauptgärung um das etwa 3 bis 4fache. Der beste Teil der Hefeernte, die sog. Kernhefe, wird zum Anstellen weiterer Sude verwendet. Nach 5–8 Führungen kann die Leistung der Hefe nachlassen. Häufig ist sie auch durch Fremdorganismen wie Bakterien und unerwünschten Hefen kontaminiert (verschmutzt). Es ist dann notwendig, sie durch Reinzuchthefe zu ersetzen.

233. Was versteht man unter Reinzucht?

Vor ca. 100 Jahren hat sich E. Ch. Hansen eingehend mit der Bierhefe beschäftigt. Ihm ist vor allen Dingen die Reinzucht zu verdanken.

234. Welche Möglichkeiten der Reinzucht eines neuen Hefestammes gibt es?

1. Die Tröpfchenmethode: aus einer stark verdünnten Hefesuspension in steriler Würze überträgt man mit einer sterilen Zeichenfeder fünf Reihen mit je fünf Tröpfchen auf ein abflambiertes Deckglas. Dieses legt man mit den Würzetröpfchen nach unten auf einen abflambierten Hohlschliffobjektträger. Die Ränder werden sofort mit Vaseline abgedichtet, damit die Tröpfchen bei der Bebrütung nicht austrocknen. Anschließend werden alle 25 Tröpfchen mit dem Mikroskop untersucht und diejenigen gekennzeichnet, welche nur eine Hefezelle enthalten. Zur richtigen Auswahl sollten mindestens 10 solcher Tröpfchen zur Verfügung stehen. Nach einer Bebrütungszeit von 2 bis 3 Tagen bei 25 °C hat sich die einzelne Zelle in dem Würzetröpfchen vermehrt. Mit Hilfe eines zugespritzten Streifens Filterpapier saugt man jeden markierten Tropfen einzeln von dem Deckglas ab und gibt ihn jeweils in kleine Fläschchen mit je 5 ml steriler Würze. Die Fläschchen werden wiederum bei 25 °C bebrütet. Nach vollständiger Abgärung impft man den gesamten Hefebodensatz zur weiteren Vermehrung in 50 ml sterile Würze.
   Von jeder Einzellkultur wird nun die abgegorene Würze verkostet und festgestellt, ob grobe Abweichungen in Geruch und Geschmack vorhanden sind. Anschließend sind von dem Hefebodensatz das Flockenvermögen zu beurteilen. Nach der Auswertung der Einzellkulturen wird die beste ausgewählt und durch eine Analyse auf ihre Reinheit untersucht. Die Reinkultur kann man für kurze Zeit in steriler Würze bei etwa 10 °C aufbewahren. Ein Ausstrich auf Würzeagar in einem Reagenzglas eignet sich besser zur längeren Aufbewahrung bei gleichen Bedingungen.
2. Die Plattenmethode: dazu wird Hefe in 50 ml steriler Würze 3 Tage bei 25 °C vorgezüchtet. Es befinden sich nun in 1 ml Würze ca. 100 000 000 Hefezellen. Man verdünnt nun die Suspension mit sterilem Wasser so weit, bis nur noch ca. 1 000 Zellen in 1 ml enthalten sind. Mit einer sterilen Pipette werden davon 0,1 ml mit etwa 100 Zellen auf eine Würzeagarplatte gebracht und mit einem abflambierten Glasspatel auf der Nährbodenoberfläche sorgfältig verteilt. Dadurch kommen die meisten Hefezellen einzeln auf dem Nährboden zu liegen. Nach einigen Tagen der Bebrütung bei 25 °C haben sich die Zellen zu sichtbaren

Kolonien entwickelt. Etwa 10 der größten und in einem genügenden Abstand von den anderen aufgewachsenen Kolonien, von denen anzunehmen ist, daß sie aus einer Zelle entstanden sind, werden in einzelne Fläschchen mit 50 ml steriler Würze geimpft. Die anschließende Beurteilung, Kontrollanalyse und Aufbewahrung der Reinkultur erfolgt wie bei 1. beschrieben.

235. Wie erfolgt die weitere Herführung der Reinkultur?
Das Schema zeigt übersichtlich eine Möglichkeit.

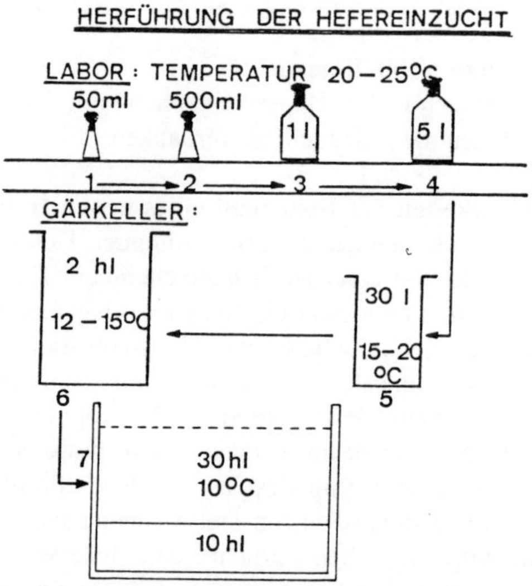

HERFÜHRUNG DER HEFEREINZUCHT
LABOR: TEMPERATUR 20–25°C
50ml
500ml
1 l
5 l
1 → 2 → 3 → 4
GÄRKELLER:
2 hl
12 – 15°C
30 l
15–20 °C
6
5
7
30 hl
10°C
10 hl

Eine weitere Möglichkeit der geschlossenen Herführung praktiziert man mit dem Reinzuchtapparat. Dieser besteht meistens aus einem geschlossenen Würzezylinder und einem dazugehörigen Gärzylinder. Jedes Gefäß hat ein Fassungsvermögen von etwa 2–3 hl. Im Würzebehälter wird die Würze sterilisiert und anschließend abgekühlt. Etwa 40 l davon werden durch eine Rohrleitung in den Gärzylinder gedrückt und mit dem Inhalt (5 l) der Reinzucht beimpft. Nach kräftiger Angärung wird die restliche Würze aus dem Würzezylinder dazugedrückt. Hat sich die Hefe gut vermehrt, so wird der größere Teil der gärenden Würze über Leitungen in einen Gärbottich umgedrückt und arbeitet so weiter, wie im obigen Schema dargestellt. Der im Gärzylinder zurückgebliebene Rest Hefe wird wiederum mit steriler Würze weitergeführt. Dadurch steht über längerer Zeit reine Anstellhefe zur Verfügung. Die Gefäßgrößen für die Hefereinzucht sind natürlich nicht auf die oben angegebenen Dimensionen beschränkt. In den vergangenen Jahren vergrößerten sich Propagator und Würzesterilisatorbehälter auf 100 hl und mehr. Innerhalb von 10 bis 14 Tagen kann damit die notwendige Hefemenge hergeführt werden, welche zum Anstellen von elnem Sud notwendig ist. Auf die im Propagator verbliebene Restmenge Hefe wird wieder sterilisierte kalte Würze gedrückt und unter ständiger rythmischer Belüftung (steril) die Hefe wieder vermehrt. Diese ständige Beanspruchung der Hefe erfordert allerdings eine Erneuerung der Reinzuchthefe in einem Zeitabstand von drei Monaten.

236. Welche biologischen Eigenschaften der Bierhefe sind für die Bierbereitung von Bedeutung?

Beim Arbeiten mit der Bierhefe muß man sich stets bewußt sein, daß sie als ein lebender Organismus bestimmte Eigenschaften besitzt und Anforderungen an ihre Umwelt stellt. Diese Besonderheiten stimmen nicht immer mit den Anforderungen überein, die der Brauer an die Bierhefe stellt. Oft stehen die erwünschten technologischen Eigenschaften sogar im Gegensatz zu den biologischen Erfordernissen. So hat z. B. die Bierhefe ein Temperaturoptimum für ihr Wachstum bei etwa 30 °C. Die Hauptgärung bei untergärigen Bieren verläuft bei etwa 8 °C, da sich diese Temperatur für Geschmack, Schaum und Bitterstoffe am besten erwiesen hat.

237. Wie verläuft die Vermehrung der Hefe bei der Gärung?

Beim Anstellen der Würze durchläuft die Hefe mehrere Wachstumsphasen. In der sogenannten Anpassungsphase (latente-Phase) werden Speichersubstanzen und Enzyme, die für die Verarbeitung der zur Verfügung stehenden Nährstoffe wichtig sind, gebildet. In gut belüfteter Würze geht die Hefe in die logarithmische Phase über, in der sich die Zellen mit konstanter Geschwindigkeit teilen. Hier liegt das Stadium der größten Vermehrung vor. Aufgrund der Anhäufung saurer Substanzen läßt sich ein Absinken des pH-Wertes feststellen. Gleichzeitig mit der Abnahme des in der Würze gelösten Sauerstoffes geht die Hefe vom oxidativen Substratabbau zur Gärung über, die Zellzahl bleibt konstant. Sobald die Zuckerkonzentration unter einen bestimmten Wert fällt, flockt die Hefe aus. Das Flockungsvermögen der einzelnen Stämme ist sehr unterschiedlich und genetisch fixiert. Als Ursache der Flockung werden Veränderungen in der Zellwandzusammensetzung angesehen. Außerdem beeinflussen Würzezusammensetzung und Gärtemperatur das Flockungsverhalten.

Nach Runkel schließt sich eine sog. Aufbewahrungsphase an, sie dient der Aufrechterhaltung der Lebensfähigkeit der Hefe bis zur nächsten Führung.

238. Welche Parameter beschleunigen oder hemmen die Vermehrung der Hefe?

Der Sauerstoff beschleunigt die Vermehrung, während CO_2, ein Alkoholgehalt von über 6 %, höhere Alkohole, größere Mengen an Schwermetallen, Nitrite als Reduktionsprodukte der Nitrate (ab 40 mg/l Brauwasser) und Desinfektionsmittel hemmend wirken.

239. Was versteht man unter Generationsdauer?

Generationsdauer ist die Zeit, die bis zu einer Verdoppelung der Zellzahl erforderlich ist. Sie beträgt während der Periode des stärksten Wachstums zwischen 6 und 9 Stunden.

240. Welche physiologischen Eigenschaften verlangt der Brauer von einer Hefe

1. Gesund sein,
2. ein natürliches, intaktes Abwehrsystem gegen Fremdorganismen besitzen
3. gute Vermehrung zeigen,
4. gärtüchtig sein,
5. lang in Schwebe bleiben,
6. frei von bierverderbenden Organismen,
7. Bruchbildung zeigen.

241. Welche technologischen Eigenschaften gelten nach R. S. W. Thorne als wichtig?

1. Flockungsvermögen,
2. Wachstumsgeschwindigkeit,
3. Vermehrungsrate,
4. Gärkraft,
5. Gärgeschwindigkeit
6. Aromabildung.

Der Bruch- und Staubcharakter einer Bierhefe spielt sowohl bei der untergärigen Hefe, die sich am Boden des Gärgefäßes, als auch bei der obergärigen Hefe, die sich an der Oberfläche der vergorenen Würze absetzt, eine Rolle. Je besser das Flockungsvermögen ausgeprägt ist, um so schneller tritt die Sedimentation ein, die Jungbiere sind klarer, und die Hefeernte ist leichter. Oft wird aber bei Verwendung von Bruchhefen ein niedriger Vergärungsgrad beobachtet. Daher ist je nach dem herzustellenden Biertyp die Entscheidung zu treffen, ob eine Bruch- oder Staubhefe zu verwenden ist. Wachstumsgeschwindigkeit und Vermehrungsrate haben einen Einfluß auf den Vergärungsgrad. Je höher die Wachstumsgeschwindigkeit ist, desto schneller beginnt die Gärung, und ein höherer Vergärungsgrad wird bereits vor dem Einsetzen der Bruchbildung erreicht. Eine starke Vermehrungsrate hat eine zum Anstellen oft erwünschte große Hefeernte zur Folge. Gärkraft und Gärgeschwindigkeit schwanken bei den verschiedenen Hefestämmen in weiten Grenzen. Obwohl in der Würze durch den Gehalt an vergärbaren Zuckern die Höhe des Endvergärungsgrades festgelegt ist, sind die erreichten Vergärungsgrade unterschiedlich. Die Bestimmung des Gärvermögens einer Bierhefe kann also von entscheidender Bedeutung für die Qualität des Bieres sein. Die Aromabildung und der Geschmack des Bieres können realistisch nur durch Verkostung ermittelt werden. Aber Anhaltspunkte für die analytische Beurteilung sind durch die Bestimmung an höheren Alkoholen, Estern, niederen freien Fettsäuren, Schwefelverbindungen und Diacetyl gegeben. Die Vielfalt der in der Bundesrepublik gebrauten Biere beruht auch auf der Vielfalt der Hefestämme.

242. Welche Möglichkeiten bietet die Brauereipraxis, die bedeutungsvollen Merkmale zu beschreiben und zu untersuchen?

1. Einsatz des Mikroskopes für die biologische Kontrolle.
2. Einsatz der Gaschromatographie zur Bestimmung der Geschmackskomponenten (Untersuchungsanstalten, Hochschulen und namhafte Großbrauereien verfügen über diese Einrichtung).
3. Verkostung in Form von Bierproben.
4. Gärversuche im Labor in genau analysierten Ausgangswürzen und unter genormten Bedingungen (O_2-Gehalt, Temperaturen, Gefäßabmessung u. a.).

Damit sind Voraussetzungen gegeben, die Leistungsfähigkeit einer Bierhefe zu bestimmen oder – umgekehrt – die Anforderungen, die an sie gestellt werden, zu definieren.

243. Was bedeutet Autolyse einer Hefe?

Unter Autolyse versteht man die Selbstauflösung toter Hefezellen. Hefeenzyme bauen zelleigene Kohlenhydrate und Stickstoffsubstanzen ab, zerstören den Zellaufbau, die Vakuolen vergrößeren sich, das Cytoplasma nimmt ab. Das Bier reichert sich mit Aminosäuren und anderen Eiweißabbauprodukten an, der pH-Wert steigt. Das Bier weist einen stark althefigen, gelägerigen, teilweise auch kreosotartigen Geschmack auf.

244. Welche Faktoren verursachen die Autolyse?

1. Ungenügendes Waschen der Hefe und damit ungenügende Entfernung von toten Hefezellen. Die Hefe erfährt dadurch keine »physiologische« Verbesserung.
2. Unzweckmäßige Aufbewahrung, d.h. zu lange Aufbewahrung unter Wasser.
3. Eine zu hohe Hefegabe führt zu einer ungenügenden Vermehrung und Verjüngung der Hefe und damit zur Überalterung und Verminderung der Gärkraft – die Zahl der toten Hefezellen nimmt zu – ihre Autolyseprodukte verursachen einen Hefegeschmack im Bier.
4. Hohe Gärtemperaturen forcieren zwar den Gärverlauf, die Hefe arbeitet sich aber rascher ab, was zu einer Verringerung der Gärleistung führt, die toten Hefezellen werden früher autolysiert.
5. Warme Lagerung begünstigt die proteolytischen Enzyme der Hefe, was zur Folge hat, daß bei abklingender Nachgärung die Hefe leichter autolysiert.
6. Hefeautolysate erhöhen die Anfälligkeit des Bieres für die Entwicklung von bierverderbenden Bakterien.
7. Selbst völlig klare Biere können einen ausgesprochenen Hefegeschmack besitzen, weil Autolyseprodukte auch nach der Filtration im Bier verbleiben.

245. Was versteht man unter Entartung oder Degeneration einer Hefe?

Man versteht darunter die Veränderung bzw. den Verlust der physiologischen Eigenschaften (siehe Frage 240 bzw. 241).

246. Welche Ursachen führen zur Degeneration der Hefe?

1. Brauwasser: Überkalkung beim Enthärten oder eine zu hohe Restalkalität oder ein zu hoher Nitratgehalt.
2. Zu knapp oder ungleich gelöste Malze.
3. Ungenügender Eiweiß- und Stärkeabbau beim Maischen.
4. Zusammensetzung der Würze als Folge von 3.
5. Fehler beim Würzekochen.
6. Fehler bei der Trubausscheidung und der Sauerstoffversorgung.
7. Zu hohe Gärtemperaturen haben ein rasches Abarbeiten der Hefe zur Folge.
8. Zu langes Aufbewahren bei zu hohen Temperaturen.
9. Hefegifte in Form von Schwermetallen (Cu, Fe).
10. Stoffwechselprodukte anderer Mikroorganismen.
11. Zu geringer Zinkgehalt der Würze (unter 0,12 mg/l).

247. Welche Folgen ergeben sich durch die Degeneration für die Bierbereitung?

1. Die Gärung ist träge.
2. Die Gärbilder sind unbefriedigend.
3. Die Gärkellervergärungsgrade sind niedrig.
4. Die Säurebildung ist zu gering.

5. Die Entfärbung ist ungenügend.
6. Die Hefeernte ist gering.
7. Die Flockungseigenschaften haben sich verändert und führen zu einem suppigen Absetzen.

248. Welche Bedeutung hat die Mikrobiologie für die Bierbereitung?
Die Kenntnisse der Brauerei-Mikrobiologie sind für die Bierherstellung von großer Wichtigkeit. Durch die richtige Auswahl geeigneter Kulturheferassen können die Gärung und der Charakter des fertigen Bieres beeinflußt werden. Eine sorgfältige Herstellung und Herführung der Reinzuchthefe sind mit Voraussetzungen für einen reibungslosen Gärprozeß.

249. Womit beschäftigt sich die Mikrobiologie?
Die Mikrobiologie beschäftigt sich mit den Kleinstlebewesen, vorwiegend mit Hefen, Bakterien und Schimmelpilzen. Sie kommen in großer Zahl in unserer Umwelt vor und sind aufgrund ihrer geringen Größe von etwa 0,5 – 15 μm für das bloße Auge nicht sichtbar.

250. Welche Rolle spielen die Mikroorganismen im Kreislauf der Natur?
Mikroorganismen besitzen die Fähigkeit, organische Substanzen (Eiweiße, Kohlenhydrate und Fette) abzubauen, bis nur noch einfache anorganische Stoffe übrig bleiben. Dieser Abbau, als Verwesung oder Fäulnis bezeichnet, vollzieht sich, unter Mitwirkung verschiedener Arten, stufenweise.
Alle grünen Pflanzen brauchen die anorganischen Grundstoffe zur Photosynthese.

251. Welche Bedeutung haben die Mikroorganismen für den Menschen?
1. Mikroorganismen sind häufig Ursache für das Verderben von Lebensmitteln. Ihre Kenntnis ermöglichte die Entwicklung von Gegenmaßnahmen, Lebensmittel haltbarer zu machen.
2. Mikroorganismen sind bei der Erzeugung von Nahrungs- und Genußmitteln notwendig.
3. Mikroorganismen sind für die Herstellung von Antibiotika notwendig.
4. Bestimmte Mikroorganismen stellen eine Gefahr für den Menschen dar, sie sind Erreger verschiedener Infektionskrankheiten.

252. Welche Bedeutung haben die Mikroorganismen für die Bierbereitung?
Einerseits sind sie für die Bierbereitung unverzichtbar (Hefen – Gärung), andererseits bedeutet ihre Anwesenheit Gefahren bei der Bierbereitung, indem sie das Bier geruchlich oder geschmacklich beeinträchtigen oder bierverderbenden Charakter zeigen.

253. Welches ist das wichtigste Hilfsmittel zur Erkennung und Unterscheidung der verschiedenen Mikroorganismen?
Das wichtigste Hilfsmittel ist das Mikroskop. Durch Linsensysteme wird der zu betrachtende Gegenstand so weit vergrößert, bis er für das Auge gut sichtbar wird.

Durch die Auswahl geeigneter Linsensysteme kann die Vergrößerung variiert werden. Die jeweilige Vergrößerung richtet sich nach Art und Größe des zu betrachtenden Objektes (z. B. Schimmelpilze 100–250fach, Hefen etwa 400–600fach, Bakterien etwa 1000fach). Einzelheiten über Arten von Mikroskopen, ihren Aufbau und ihre Handhabung können im Rahmen dieses Buches nicht behandelt werden.

254. Welche Möglichkeiten der näheren Identifizierung gibt es?

Die äußeren Merkmale (Aussehen und Gestalt) allein reichen nicht aus. Zusätzliche Kenntnisse der Lebensgewohnheiten und Stoffwechselvorgänge sind notwendig. Voraussetzung hierfür ist die Herstellung von »Kulturen«, d. h. die Vermehrung der Mikroorganismen auf geeigneten Nährsubstraten unter annähernder Einhaltung ihrer natürlichen Lebensbedingungen. Allgemein kann man sagen, daß Mikroorganismen auf fast dieselben Grundnährstoffe angewiesen sind, wie der Mensch: Kohlenhydrate, Eiweiß bzw. Aminosäuren, Vitamine und Mineralstoffe. Zum Leben benötigen sie Wasser, da die Nährstoffe nur in gelöster Form aufgenommen werden können.

Die Herstellung eines Nahrungssubstrates erfolgt entweder in flüssiger Form als Nährlösung oder in fester Form als Nährboden, wobei die Nährlösung mit Gelatine oder Agar-Agar verfestigt wird. Auf festem Nährboden wachsen die Mikroorganismen meist als sog. »Kolonien«, welche für das bloße Auge sichtbar sind. Einen Universalnährboden, auf dem alle Mikroorganismen wachsen können, gibt es nicht, da sie unterschiedliche Ansprüche stellen. So bevorzugen z. B. Bakterien überwiegend eiweißreiche, neutrale Nährböden (z. B. Bouillon oder Bouillonagar), Hefen und Schimmelpilze dagegen kohlenhydratreiche, saure Nährböden (z. B. Würze oder Würzeagar). Bei der Vermehrung verschiedener Mikroorganismen auf Nährböden ist außerdem auf die Temperatur und das Sauerstoffbedürfnis zu achten. Günstige Temperaturen für Bakterien sind 37°C, für Schimmelpilze und Hefen zwischen 25 und 30°C. Nach ihrem Sauerstoffbedürfnis unterscheidet man 3 Gruppen:

1. Aerobier, die nur mit O_2 leben können.
2. Anaerobier, die nur ohne O_2 leben können.
3. Fakultativ aerobe Mikroorganismen, die beides können.

255. Welche Biere werden mit der untergärigen Hefe Saccharomyces carlsbergensis hergestellt?

Es werden damit untergärige Biere wie Vollbier, Export-, Pils-, Märzen- und Bockbiere hergestellt (siehe Kapitel Bier).

256. Welche Biere werden mit der obergärigen Hefe Saccharomyces cerevisiae hergestellt?

Es werden damit Weizenbiere (Weißbiere), Altbiere, Kölschbiere, Malzbiere und die englischen Biere Ale, Stout und Porter hergestellt.

257. Was sind wilde Hefen?

Alle nicht zu den Bier- und Kulturhefen gehörenden fremden Hefen werden als wilde Hefen bezeichnet. Sie rufen teilweise im Bier Trübungen und Geschmacksveränderungen hervor.

258. Welche Wildhefen unterscheidet man?

1. Wildhefen der Gattung *Saccharomyces:*

   Die gefährlichsten bierschädlichen Hefen gehören zu verschiedenen Arten der Gattung *Saccharomyces.* Es sind dies besonders: *Saccharomyces cerevisiae, Saccharomyces carlsbergensis* und *Saccharomyces diastaticus.* Wie aus den Namen hervorgeht, gehören sie zum Teil zu denselben Arten wie die Kulturhefe. Durch diese enge Verwandtschaft ist es sehr schwierig, die Wildhefen von den Kulturhefen zu unterscheiden und es bedarf hierzu großer Erfahrung. Rein äußerlich gesehen haben die Zellen große Ähnlichkeit, meist ist jedoch die Gestalt langgestreckter.

   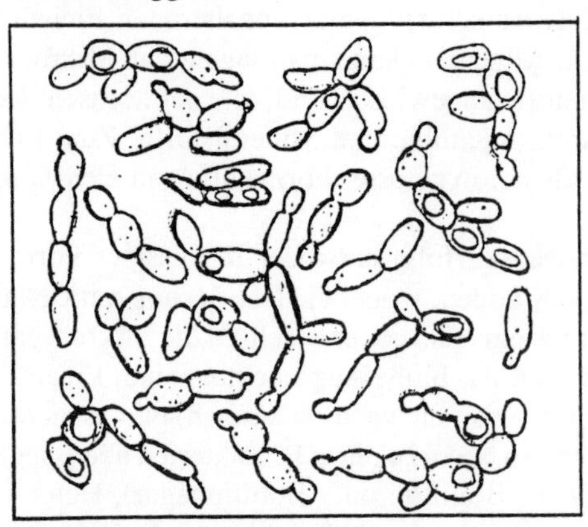

   Wildhefen der Gattung *Saccharomyces*

   Sie können gut gären und wachsen auf Würzeagar als gelblich-weiße-mattglänzende Kolonie. Besonders auf Acetatagar bilden sie runde Sporen, meistens 4 pro Askus. Sie können im gesamten Bereich der Brauerei gefunden werden, angefangen bei der Würze bis hin zum abgefüllten Bier, da sie ähnliche Ernährungsansprüche stellen wie die Kulturhefen. Im filtrierten Bier verursachen sie schnell Trübung (Bodensatz) und unangenehme Geschmacksveränderungen. Einige dieser Wildhefen haben die Eigenschaft Dextrine zu vergären, so daß sie sich auch in gut vergorenen Bieren entwickeln können und zu einer Übervergärung führen.

2. Wildhefen, die nicht zur Gattung Saccharomyces gehören:

   a) Kahmhefen

   Die am häufigsten in der Brauerei vorkommenden Kahmhefen gehören den Gattungen Hansenula und Pichia an. Ihre Zellform ist rund, oval bis sehr langgestreckt. Sie können mehr oder weniger gären und wachsen auf Würzeagar mit weißlichen, matten und gekräuselten Kolonien. Bei Wachstum in nährstoffhaltigen Flüssigkeiten bilden sie auf der Oberfläche eine charakteristische Kahmhaut. Es werden 1 bis 4 Sporen pro Askus gebildet, welche oft hutförmiges Aussehen haben. Einige Kahmhefen, besonders die der Gattung Hansenula, fallen durch intensive Esterbildung auf. Sie können überall in der Brauerei als Bierschädlinge auftreten und verursachen erhebliche Geschmacksveränderungen. Ihre Entwicklung wird durch Vorhandensein von Sauerstoff gefördert.

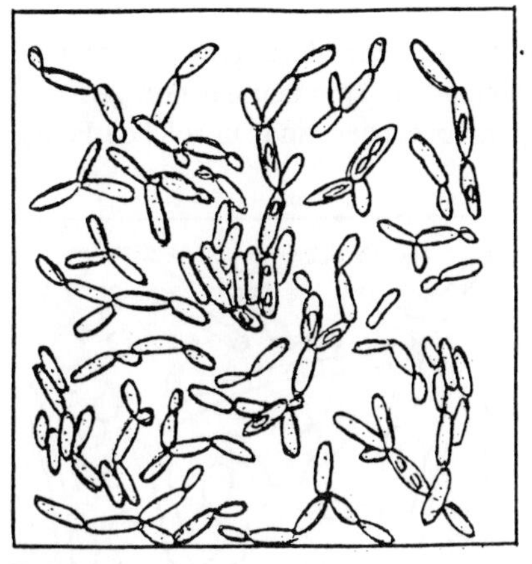

Hefen der Gattung *Pichia*

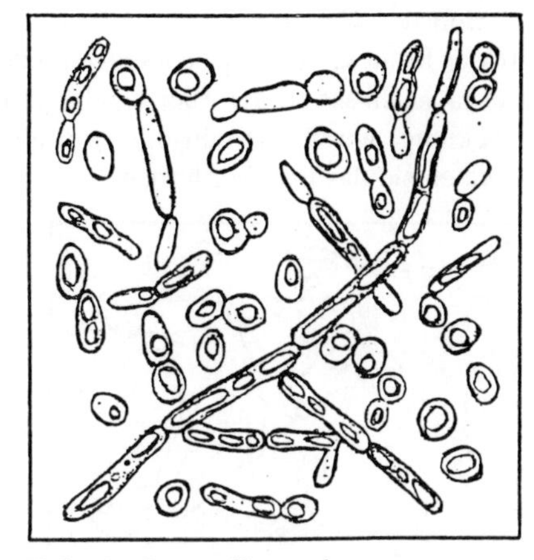

Hefen der Gattung *Hansenula*

b) *Torulopsis*-Hefen

Die Hefen der Gattung *Torulopsis* haben kleine, runde bis ovale Zellen. Sie können nur schwach gären und wachsen auf Würzeagar als weißlichgelbe, glänzende Kolonien. Sporen werden nicht gebildet. Die Bedeutung der *Torulopsis*-Hefen als Bierschädlinge ist sehr gering. Sie werden häufig in Würze und gelegentlich im Gär- und Lagerkeller gefunden, ohne jedoch als gefährliche Schädlinge in Erscheinung zu treten. Selten sind sie die Ursache von Biertrübungen.

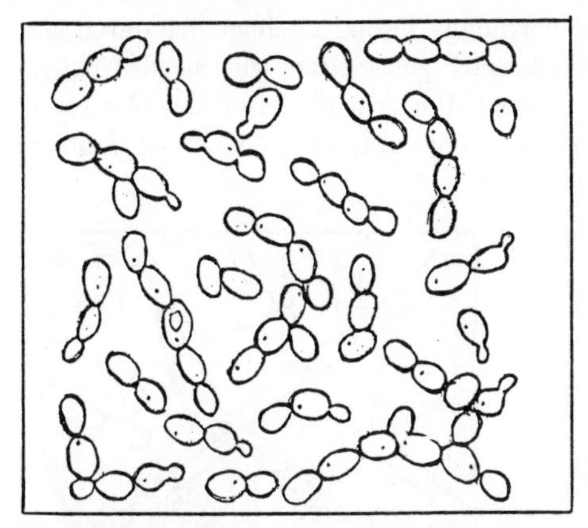

Torulopsis-Hefen

c) Candida-Hefen

Die Zellform der Hefen der Gattung *Candida* ist ebenso wie das Aussehen der Kolonien auf Würzeagar sehr unterschiedlich. Hefen der Gattung *Candida* gären wenig oder gar nicht. Einige Arten zeigen in Würze eine schwache Hautbildung. Es wird häufig Pseudomycel (falsches Mycel) gebildet, aber keine Sporen. Die Candida-Hefen sind keine ausgesprochenen Bierschädlinge, trotzdem findet man sie öfter in der Würze sowie im Gär- und Lagerkeller. In einem abgefüllten Bier, in dem noch Restsauerstoffmengen vorhanden sind, können sie als Trübungserreger in Erscheinung treten.

d) Sonstige Hefen

In der Brauerei treten gelegentlich noch verschiedene andere Hefen auf, obwohl sie nicht direkt zu den Bierschädlingen zählen. Sie kommen nur dort zur Entwicklung, wo für sie günstige Bedingungen vorhanden sind. In solchen Fällen können sie das Bier verderben.

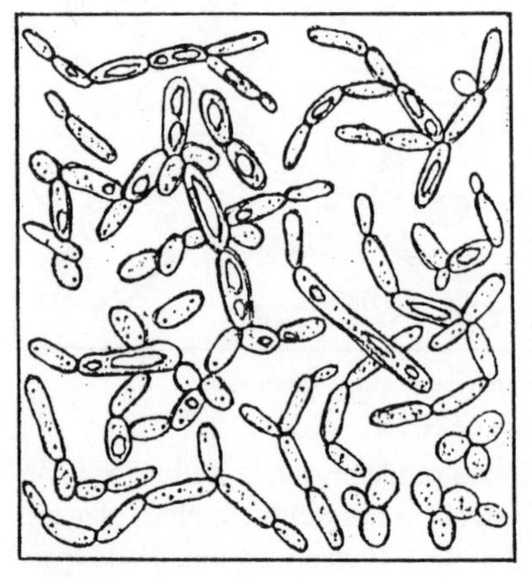

Hefen der Gattung *Candida*

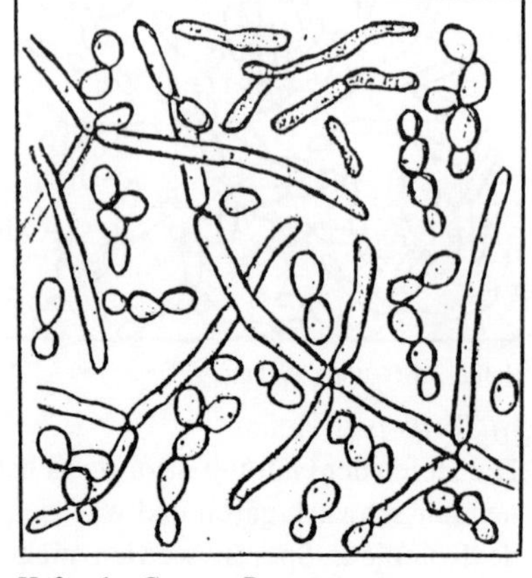

Hefen der Gattung *Bretanomyces*

Hefen der Gattung *Brettanomyces* haben ovale bis langgestreckte Zellen, die leicht gebogen sein können. Sporen werden normalerweise nicht gebildet, dafür aber gelegentlich Pseudomycel. Sie gärt langsam und zeichnet sich durch eine starke Aromabildung aus. Auf Grund dieser Eigenschaften wird sie als Nachgärungshefe für einige Spezialbiere wie Stout, Porter usw. verwendet. Als Infektion findet man diese Hefe gelegentlich in abgefüllten Bieren, wo sie Trübung und Geschmacksveränderungen verursacht.

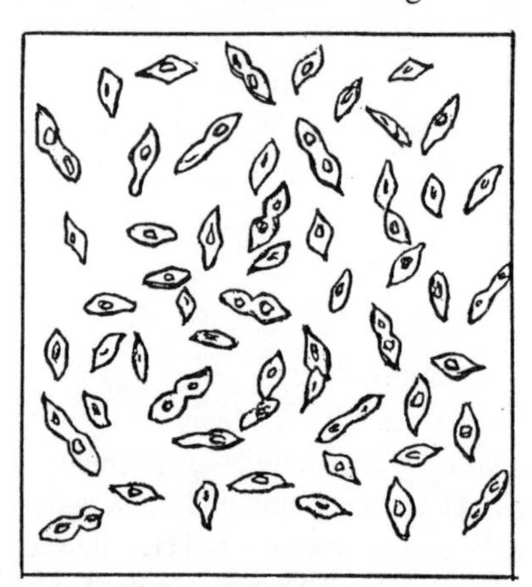

Hefen der Gattung *Klöckera*

Milchschimmel *Endomyces lactis*

Die Zellen der Hefen der Gattung *Klöckera* haben ein zitronenförmiges Aussehen. Sporen werden nicht gebildet. Sie vergären verschiedene Zucker und kommen nur selten als Infektion in schwachprozentigen Bieren vor. Häufiger treten

sie dagegen als Schädlinge in Fruchtsaftgetränken auf. Der Milchschimmel, *Endomyces lactis*, ist ein hefeähnlicher Pilz.
Endomyces lactis bildet Hyphen, welche in Gliedsporen zerfallen und dann mit Hefezellen verwechselt werden können. *Endomyces lactis* kommt häufig in Brauereien vor und ist sehr widerstandsfähig. Man kann ihn jedoch nicht als bierschädlich bezeichnen.
Als Infektionsquellen der genannten Wildhefen gelten Wasser, Luft, Staub, schlecht gereinigte Fässer und Flaschen sowie ungenügende Reinigung und Desinfizierung von Leitungen, Bottichen, Tanks und Geräten. Durch eine laufende biologische Kontrolle des Betriebes müssen diese hefeartigen Infektionen verhindert werden. Dazu entnimmt man in den verschiedenen Stationen der Brauerei regelmäßig Proben und untersucht sie im Laboratorium unter anderem auf Vorhandensein von Wildhefen. An erster Stelle der Untersuchung steht die direkte mikroskopische Kontrolle, welche viel Erfahrung verlangt. Da der Infektionsgrad meistens sehr gering ist, reicht das Mikroskopieren nicht aus. Es muß versucht werden, durch entsprechende Analysenmethoden die Wildhefen von den Kulturhefen zu trennen und anzureichern. Ein solches Anreicherungsverfahren ist die »Erhitzungsmethode«, deren Wirkung darauf beruht, daß alle Wildhefen, die der Gattung *Saccharomyces* angehören, temperaturbeständiger als die untergärigen Bierhefen sind.

259. Welche Bakterien unterscheidet man?

Bakterien sind viel kleiner als Hefezellen. Sie gehören zur Gruppe der Spaltpilze. Sie besitzen keinen echten Zellkern. Ihre Vermehrung erfolgt durch Querteilung. Unter günstigen Lebensbedingungen ist ihre Vermehrungsgeschwindigkeit außerordentlich groß. Man unterscheidet 3 Grundformen:

1. Kugelförmige Bakterien: Kokken
2. Stäbchenförmige Bakterien: Stäbchen
3. Schraubenförmige Bakterien: Spirillen

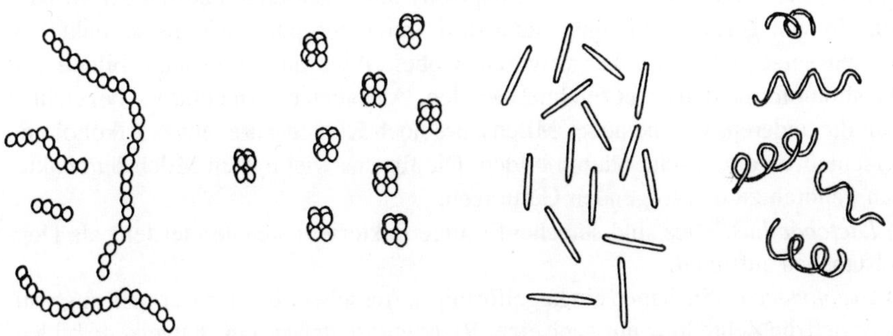

Bakterien, links Kokken, rechts der Mitte Stäbchen, rechts außen Spirillen

260. Welche Möglichkeiten der näheren Identifzierung von Bakterien gibt es?

Zur Unterscheidung der Bakterien reichen die Merkmale von der Gestalt, der Sporenbildung und der Eigenbewegung, welche man mikroskopisch feststellen kann, nicht aus. Es werden zusätzlich noch Kenntnisse über die Stoffwechselprodukte (z. B. Milchsäure, Essigsäure und Buttersäure), das Sauerstoffbedürfnis (aerob oder anaerob), sowie über die Anfärbung der Bakterienzellen benötigt.

261. Wozu dient die Anfärbemethode nach Gram?
Sie ist wichtig zur Diffenzierung der Keime.

262. Wie wird die Anfärbemethode nach Gram durchgeführt?
Zur Durchführung der Gram-Färbung wird auf einem Objektträger etwas von der Bakteriensuspension ausgestrichen und angetrocknet. Nun gibt man nacheinander zwei Lösungen dazu:
1. Karbolgentianaviolett
2. Jod-Jodkaliumlösung
Beide müssen jeweils 1,5 Minuten einwirken. Anschließend wird die Probe mit 96 %igem Alkohol entfärbt und mit Wasser abgespült. Anschließend trägt man Karbolfuchsin-Lösung auf. Nach wiederum 1,5 Minuten Einwirkung und nochmaligem Abspülen mit Wasser, wird der Anstrich mikroskopiert. Die tiefblauviolett gefärbten Bakterien bezeichnet man als grampositiv (sie besitzen die Fähigkeit, den Farbstoff Karbolgentianviolett festzuhalten). Die gramnegativen Bakterien geben nach der Behandlung mit Alkohol den Farbstoff wieder ab. Durch die Gegenfärbung mit Karbolfuchsin sind sie rot gefärbt.

263. Welche Bakterien bedeuten für die Bierbereitung eine große Gefahr?
In der Brauerei finden nur wenige Bakterienstämme günstige Lebensbedingungen vor, um das Bier verderben zu können. Dies sind besonders Milchsäure-, Würze- und Essigsäurebakterien.

264. Was sind Milchsäurebakterien und welche Wirkung zeigen sie?
Hierbei handelt es sich um stäbchen- oder kugelförmige, nicht sporenbildende, unbewegliche Bakterien. Sie sind grampositiv und wachsen am besten bei Vorhandensein von geringen Mengen Sauerstoff (mikroaerophil). Milchsäurebakterien können verschiedene Zucker vergären, wobei einige nur Milchsäure bilden und als »homofermentativ« bezeichnet werden. Als »heterofermentativ« bezeichnet man die anderen, welche außer Milchsäure noch Kohlensäure, etwas Alkohol und verschiedene organische Säuren bilden. Die für uns wichtigsten Milchsäurebakterien gehören zu den folgenden Gattungen:
a) *Lactobacillus.* Dies sind stäbchenförmige Bakterien, welche meistens als Doppelstäbchen auftreten.
b) *Streptococcus.* Sie haben ein kugelförmiges Aussehen. Bei der Vermehrung vollzieht sich die Zellteilung nur nach einer Richtung, so daß sie eine Kugelkette bilden. Im Bier kommen sie nur selten vor, öfter dafür in Fruchtsaftgetränken.
c) *Pediococcus.* Sie gehören ebenfalls zu den kugelförmigen Bakterien. Durch ihre Zellteilung in zwei Richtungen entstehen die für sie charakteristischen Tetraden. Einige Arten dieser Gattungen finden auf Grund ihrer spezifischen Eigenschaften Verwendung als Kulturmilchsäurebakterien in verschiedenen Industriezweigen,

wie z.B. in der Milchwirtschaft. In der Brauerei ist es erlaubt, bei untergärigen Bieren die Würze mit homofermentativen Kulturmilchsäurebakterien zu säuern. Dazu wird meistens der Stamm »Lactobacillus delbrückii« verwendet. Die in Würze bei etwa 46–47°C vorgezüchteten Kulturmilchsäurebakterien gibt man der Maische und der Würze zu, so daß sie beim Würzekochen wieder abgetötet werden. Ein Gemisch von obergäriger Kulturhefe und stäbchenförmigen homofermentativen Weißbier-Milchsäurebakterien wird z.B. zur Herstellung der obergärigen Berliner Weisse genommen.
Andere Arten dieser Gattungen stellen dagegen die gefährlichsten Infektionen in der Brauerei dar. Zu den bierschädlichsten Milchsäurebakterien gehören besonders die Arten *Lactobacillus brevis, Lactobacillus plantarum* und *Pediococcus cerevisiae* (Bierpediokokken). Sie sind gärbeständig und widerstandsfähig gegen Hopfenbitterstoffe sowie Alkoholkonzentrationen des Bieres. Im Bier verursachen sie Trübungen und starke Geschmacksveränderungen, wobei insbesondere die Diacetylbildung der Pediokokken unangenehm hervortritt. Alle bierschädlichen Milchsäurebakterien sind heterofermentativ und können von der Würze bis zum abgefüllten Bier auftreten.

265. Was sind Würzebakterien und welche Wirkung zeigen sie?

Dieses sind gramnegative, kurze, stäbchenförmige, meist bewegliche Bakterien. Sie bilden keine Sporen und wachsen fakultativ anaerob. Die Würzebakterien gehören vorwiegend zu verschiedenen Arten der Gattungen *Escherichia* und *Aerobacter*. Am besten entwickeln sich diese Bakterien bei einer Temperatur von 37 °C. Es werden Säure und gasförmige Stoffwechselprodukte aus Zuckern gebildet. Ihr Vorkommen ist hauptsächlich auf die Würze beschränkt, da sie nicht gärbeständig sind und empfindlich gegen die Alkoholkonzentrationen der Biere reagieren. In der Würze vermehren sie sich schnell und können diese, durch die Bildung eines unangenehmen sellerieartigen Aromas, für die weitere Bierherstellung unbrauchbar machen. Außerdem kann bei starker Infektion die Hauptgärung verzögert werden.

266. Was sind Essigsäurebakterien und welche Wirkung zeigen sie?

Bei diesen Bakterien handelt es sich um sehr kurze, nicht bewegliche Stäbchen. Sie sind nicht sporenbildend, gramnegativ bis grampositiv und wachsen nur unter aeroben Bedingungen. Die Essigsäurebakterien werden in die Gattungen *Acetobacter* und *Acetomonas* eingereiht. Sie oxydieren Alkohol zu Essigsäure und haben dadurch eine große Bedeutung für die Essigindustrie. In der Brauerei finden wir sie selten als Bierschädlinge, da im allgemeinen der Sauerstoffgehalt von Würze und Bier zu ihrer Entwicklung nicht ausreicht. Als Infektionsquelle für die unter 264 bis 266 genannten Bakterien sind u.a. das Wasser, Luft, Staub, ungenügende Reinigungs- und Desinfektionsmaßnahmen im Betrieb, zu schwach gereinigte Fässer und Flaschen, falsch behandeltes Rückbier und teilweise allerdings auch aus anderen Brauereien bezogene, infizierte Anstellhefe anzuführen.

Sonstige Bakterien

Gelgentlich kommen noch verschiedene andere, nicht bierschädliche Bakterien in der Brauerei vor. Dazu gehört *Escherichia coli*, das echte Fäkal-Coli-Bakterium, welches in der brauereibiologischen Betriebsanalyse gesondert betrachtet werden muß.

Escherichia coli. Das Bakterium *Coli* gehört zur Gattung *Escherichia.* Es ist ein kurzes, bewegliches, gramnegatives Stäbchen, welches unter fakultativ aeroben Verhältnissen wächst und keine Sporen bildet. Sein Temperaturoptimum liegt bei 37 °C; meist findet auch noch bei 45 °C eine Vermehrung statt. Dieses Bakterium kann verschiedene Zucker unter Bildung von Gas und Säure vergären. *Escherichia coli* kommt stets im Darm vor und wird in allen Fäkalien gefunden. Sind Colibakterien in einem Wasser vorhanden, so zeigen sie eine fäkalische Verunreinigung an. Als Bierschädlinge haben sie in der Brauerie keine Bedeutung, jedoch bei der biologischen Beurteilung des Betriebswassers. Ein Wasser im Nahrungsmittelbetrieb muß der gesetzlichen Trinkwasserverordnung entsprechen, worin unter anderem festgelegt ist, daß keine Colibakterien nachweisbar sein dürfen.
Es gibt noch eine Reihe anderer Bakterien, welche dem echten Fäkal-Coli-Bakterium sehr ähnlich sind und zu Verwechslungen führen. Diese bezeichnet man als coliforme Keime. Durch bestimmte Kulturverfahren auf Spezial-Nährböden können sie aber unterschieden werden.
Es ist von großer Wichtigkeit, diese bakteriellen Infektionen zu verhindern und ihren Nachweis in die laufende biologische Betriebskontrolle einzubeziehen. So müssen die Proben aus den verschiedenen Stationen der Brauerei nicht nur auf Vorhandensein von Wildhefen, sondern auch auf bierschädliche Bakterien untersucht werden.

267. Welche Bakterien sind als Bierschädlinge einzuordnen?

Nach Prof. Dr.-Ing. W. Back, (Weihenstephan) ist die wichtigste Voraussetzung für ein schnelles Erkennen von Infektionen eine gezielte und systematische Arbeits-

Zuordnung der Bierschädlichkeit

	Säurebildung (Gelbfärbung)	Katalase	Gramverhalten (KOH-Test)	Bierschädlichkeit
Milchsäurebakterien Lactobazillen und Pediokokken	+	–	+	obligat
Milchsäurebakterien Streptococcus und Leuconostoc	+	–	+	potentiell
Pectinatus, Megasphaera	s/-	–	–	obligat
Enterobacteriaceen (Enterobacter, Hafnia, Obesumbacterium, Zymomonas)	s/-	+	–	potentiell
Micrococcus kristinae	s	+	+	potentiell
Indikatorkeime für Verunreinigungen	–	+	–	latent (nicht schädlich)

weise bezüglich der Probennahme und Probenverarbeitung. Eine gewisse Grundkenntnis der wesentlichen Bierschädlinge ist Voraussetzung bei der Auswertung der Proben. Durch den Einsatz entsprechender Nährmedien (NBB-System nach Back) lassen sich die Merkmale (Morphologie, Säurebildung, Katalase-Test und Gramverhalten) relativ unproblematisch feststellen. Bei den als Bierschädlinge in Frage kommenden Bakterien handelt es sich nach Back um *Laktobazillen, Pectinatus, Enterobacteriaceen* bei den Stäbchen sowie um *Pediokokken*, gelegentlich auch um *Megasphaera, Streptococcus, Leuconostoc* und *Micrococcus* bei den kokkenförmigen Arten, wie nebenstehende Tabelle zeigt.

Dabei unterscheidet man:
1. Obligate Bierschädlinge
2. Potentielle Bierschädlinge
3. Indikatorkeime, die sich zwar im Bier nicht vermehren können, aber Hinweise auf sich eventuell anbahnende Infektionen geben.

268. Was sind obligate Bierschädlinge?
Als obligate Bierschädlinge bezeichnet man Keime, die im Bier ohne größere Anpassungszeiten wachsen und das Bier verderben.

269. Was sind potentielle Bierschädlinge?
Potentielle Bierschädlinge können sich in den typischen Bieren nicht vermehren. Gefahr besteht allerdings bei sehr schwach gehopften Bieren, höheren pH-Werten, hohen O_2-Gehalten, einer großen Differenz zwischen Ausstoß- und Endvergärungsgrad (großer Anteil an vergärbaren Zuckern) oder niedriger Alkoholkonzentration. Keime potentieller Bierschädlinge findet man in erster Linie im Unfiltratbereich und in der Hefe.

270. Wo werden Proben genommen und mit welchen Verfahren werden Bierschädlinge und ihre Keime nachgewiesen?
Nachfolgende Übersicht (nach Back, veröffentlicht in »Brautechnik aktuell«) zeigt umfassende Maßnahmen einer biologischen Betriebskontrolle. Die Übersicht zeigt sehr deutlich, daß einzelne Arten oft bevorzugt in bestimmten Bereichen des Betriebes auftreten, so daß für den Nachweis auch eine Zuordnung der Infektionsquelle möglich ist.

271. Welche Kriterien sind für eine aussagefähige Beurteilung der Untersuchungsergebnisse notwendig?
Nachfolgende Tabelle zeigt einen Vorschlag für ein Laborjournal nach Back. Die vorgenommene Einteilung beruht auf dem NBB-System. Dabei werden die Untersuchungen probenspezifisch durchgeführt, d.h. klare Bierproben werden membranfiltriert und auf Agar kultiviert, Hefeproben werden mit Bouillon angereichert und hefehaltige Jungbierproben mit Konzentrat angereichert. Auf Membranfiltern und auf anderen Agarkulturen gewachsene Kolonien können zusätzlich mit dem Katalase-Test und in Zweifelsfällen mit dem KOH-Test überprüft werden.

Probetypen in der Brauerei und spezifisches Vorkommen der Bierschädlinge

Probetyp	Nachweisverfahren	Nachweisspezifität	Keimarten
Wasserproben	Membranfiltration	obligate Bierschädlinge	(Lactobacillus brevis) (L. casei)
		potentielle Bierschädlinge	L. plantarum **Streptococcus lactis** Leuconostoc mesenteroides **Micrococcus kristinae** (Pediococcus inopinatus) **Enterobacter** Hafnia Obesumbacterium
Würzeproben	Flüssiganreicherung mit Bierzusatz	obligate Bierschädlinge	(L. brevis (L. casei) (P. damnosus) } nur durch Verschleppung
		potentielle Bierschädlinge	(L. plantarum) **S. lactis** (L. mesenteroides) M. kristinae **Enterobacter** Hafnia Obesumbacterium
Hefeproben	Flüssiganreicherung	obligate Bierschädlinge	**P. damnosus** (P. inopinatus) **L. lindneri** (L. frigidus) L. casei L. coryniformis
		potentielle Bierschädlinge	S. lactis (L. mesenteroides) M. kristinae **Enterobacter** **Hafnia** **Obesumbacterium**
		latente Keime	Verunreinigungsindikatoren: Essigsäurebakterien versch. Enterobacteriaceen grampositive Kokken
Unfiltrat (Jungbier, Zwickelproben)	Flüssiganreicherung	obligate Bierschädlinge	**P. damnosus** (P. inopinatus) **L. lindneri** (L. casei) (L. coryniformis)
		potentielle Bierschädlinge	**S. lactis** L. mesenteroides M. kristinae **Enterobacter** **Hafnia** **Obesumbacterium**
Filtriertes Bier	Membranfiltration	obligate Bierschädlinge	**L. brevis** P. damnosus L. lindneri (L. frigidus) } Verschleppung
		potentielle Bierschädlinge	**S. lactis** L. mesenteroides M. kristinae (Enterobacter) (Hafnia) (Obesumbacterium)
Sekundärinfektionen			
Luftkeimsammler Wischproben Flaschenkeller: Waschmaschine Flaschenabgabe Bottle-inspector Füller Verschließer Faßbierfüller	Agarkulturen (Luftkeimindikatoren) Flüssiganreicherung	obligate Bierschädlinge	**L. brevis** L. brevisimilis **L. casei** L. coryniformis P. inopinatus **Pectinatus** **Megasphaera**
		potentielle Bierschädlinge	**L. plantarum** **S. lactis** L. mesenteroides M. kristinae (Enterobacter) (Hafnia) (Obesumbacterium)

Laborjournal

Proben	NBB-Methoden			Sekundärinfektionen		Auswertung						Bier-passage	Morphologie	mögliche taxonomische Zuordnung
	A (MF)	B	C	LKI	Wisch-proben	obligat	potentiell	latent	Säure	Katalase	Gram (KOH-Test)			
Wasser	X					X	X		X	X	(X)	(X)	X	(X)
Würze			X *			X	X					(X)	X	(X)
Hefe		X				X	X	X	X			(X)	X	X
Unfiltrat			X			X	(X)						X	X
Bier	X					X	(X)		X	X	X	X	X	X
Abfüllbereich				X	X	X	(X)		X	X		(X)	(X)	(X)

A (MF) = Agarkultur (Membranfiltration)
B = Bouillon
C = Konzentrat
LKI = Luftkeimindikator

X = entsprechende Beurteilung der Probe
(X) = Beurteilung nicht unbedingt erforderlich

* Zum Nachweis von Bierschädlingen muß hier Bier zugesetzt werden (z. B. 50 ml Würzeprobe + 5—10 ml NBB-C + ca. 100 ml pasteurisiertes Bier).

Zusammenfassende Übersichten der Fragen 260–270

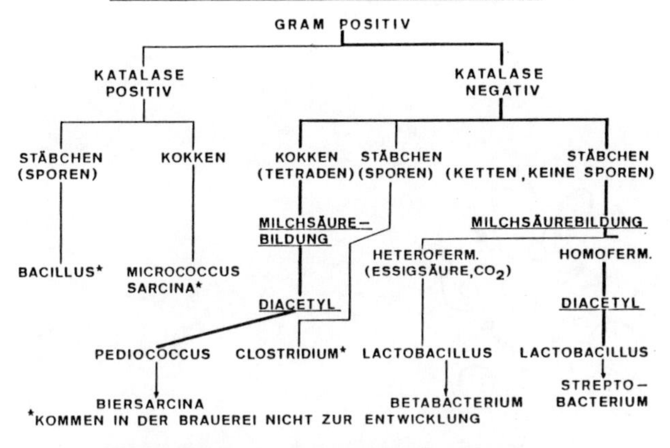

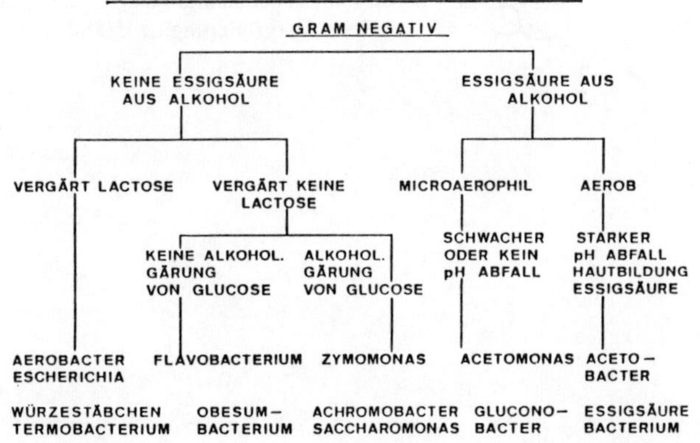

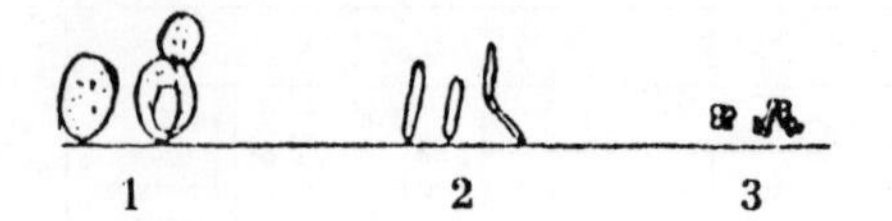

Schematische Übersicht einiger Bakterien im Vergleich mit der Kulturhefe bei ca. 500facher Vergrößerung. 1 Kulturhefe, 2 Milchsäurestäbchen (Langstäbchen), 3 Pediokokken

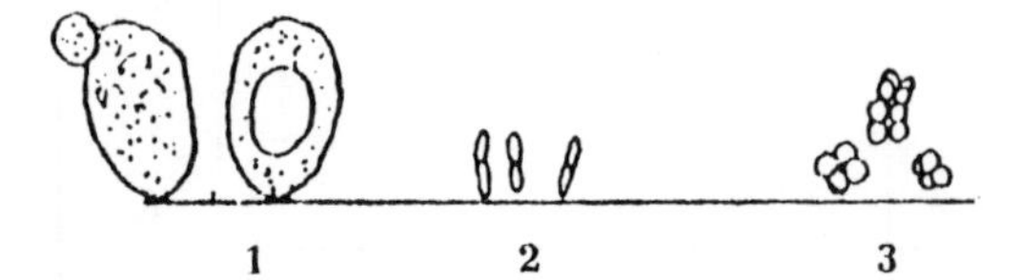

Schematische Übersicht einiger Bakterien im Vergleich mit der Kulturhefe bei ca. 1000facher Vergrößerung. 1 Kulturhefe, 2 Termobakterien, 3 Pediokokken

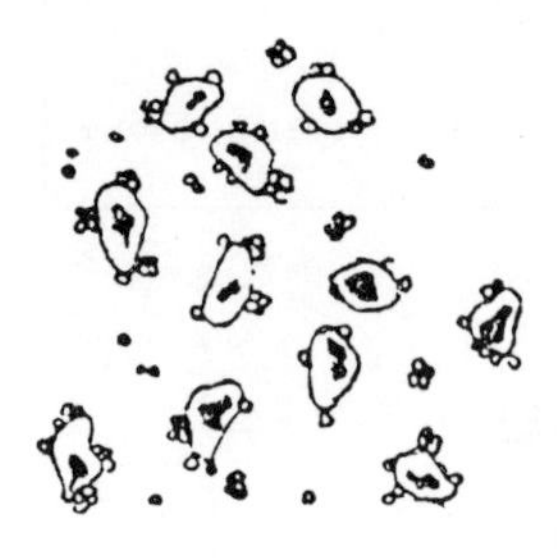

Autolysierte Bierhefe mit Pediokokken. Vergrößerung ca. 500fach

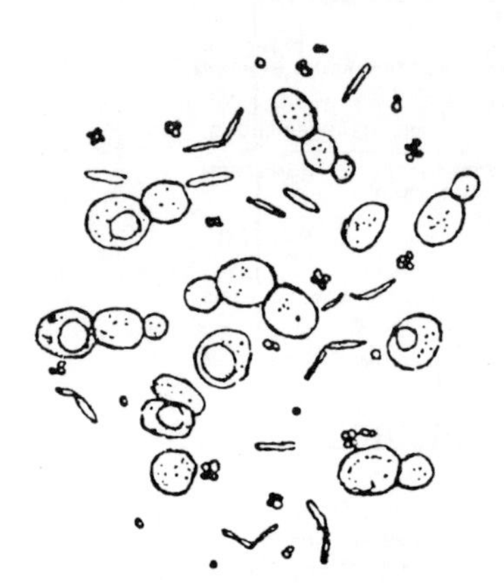

Mit Langstäbchen und Pediokokken infizierte Hefe. Vergrößerung ca. 500fach

Die Gerste (Braugerste)

272. Zu welcher Familie gehört die Gerste?
Die Gerste gehört zur Familie der Gräser.

273. In welchen Zonen gedeiht die Gerste?
Gerste gedeiht am besten in der nördlich gemäßigten Zone Europas.

274. Welche Bestandteile lassen sich während der Blüte unterscheiden?
An der Blüte werden u. a. folgende um die Spindel gruppierte Teile unterschieden:
1. Der Fruchtknoten: zwei federförmige Narben, die den Blütenstaub zur Befruchtung aufnehmen; in jeder Gerstenblüte befinden sich 3 Staubgefäße, die Blütenstaub oder Pollen erzeugen.
2. Zwei kleine Schüppchen an der Basis des Fruchtknotens.
3. Zwei Hochblätter (Spelzen), die ursprünglich lose um den Fruchtknoten liegen, mit ihm aber verwachsen, sobald er sich durch die (Selbst)-Befruchtung vergrößert. Sie unterteilen sich in die innere und äußere Spelze, die auch die Granne trägt.
4. Die rückgebildeten Hüllenspelzen: zwei kleine, schmale spitzige Blättchen, von borstenartiger Beschaffenheit an der Basis der äußeren Spelze. Sie bleiben an der inneren Spindel und sind daher am gedroschenen Korn nicht mehr sichtbar.
5. Die Basalborste, ein kleiner Teil der Ährenspindel, die sich an der Basis der Frucht findet.

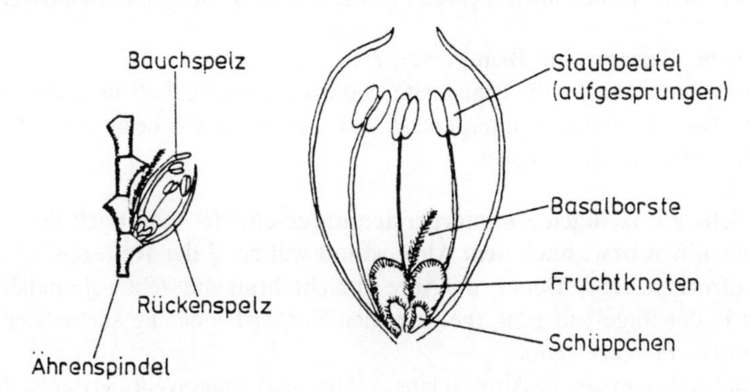

Bestandteile während der Blüte der Gerste

275. Woher stammt die Urform aller Gersten und welche Merkmale hatte sie?
Die ursprüngliche Form der wilden Gerste stammt aus Asien. Sie besitzt auf jedem Ährchenabsatz drei Blüten, so daß man die Ährenspindel 6 Blüten angeordnet sind. Die Ähre erscheint daher rund und zeigt 6 Körnerreihen um die Achse.

276. Welche Unterscheidungsmerkmale zeigt diese mehrzeilige Gerste?
Die mehrzeilige Gerste läßt sich nach der Länge des Spindelgliedes unterscheiden. Je nach der Länge gibt es:

1. Den dichtährigen Typ mit einer Spindelgliedlänge von unter 2,1 mm, bei dem die Körner des Drillings gleichmäßig ausgebildet sind und die Ähre einem regelmäßig gebauten 6strahligen Stern gleicht = 6zeilige Gerste.
2. Den lockerährigen Typ mit einer Spindelgliedlänge über 2,8 mm, dessen Mittelkörner eng an der Spindel anliegen. Die Seitenkörner stehen etwas von der Ährenspindel ab. Aufgrund seiner bevorzugten Stellung erhält das Mittelkorn eine symmetrische Ausbildung, so daß die Seitenkörner als »Krummschnäbel« wachsen.

277. Welche Bedeutung haben diese mehrzeiligen Gersten für die Bierbereitung?
Für die Bierbereitung haben sie in der BR Deutschland keine Bedeutung. Diese Gersten haben ein niedriges hl-Gewicht und nehmen beim Weichen rascher Wasser auf als die Mittelkörner. Ungleiches Weichen ergibt ungleiches Keimgut und dadurch auch ungleiches Darrmalz mit den sich daraus ergebenden unvermeidlichen technologischen Folgen. In der Landwirtschaft waren sie Grundlage aller Züchtungen.

278. Was versteht man unter zweizeiliger Gerste?
Die zweizeilige Gerste ist aus der mehrzeiligen hervorgegangen. Von den 3 auf einer Seite der Ährenspindel gelegenen Blüten kommt nur eine, und zwar die mittlere zur Entwicklung. Es sind daher längs der Spindel nur 2 Körnerreihen vorhanden, die der zweizeiligen Gerste ihren Namen gaben.

279. Welche Gersten unterscheidet man nach dem Anbau?
Nach dem Anbau unterscheidet man Winter- und Sommergersten. Neben den zweizeiligen Gersten werden auch mehrzeilige (4zeilige) Wintergersten kultiviert.

280. Welche Gersten sind Braugersten?
Die zweizeilige Gerste ist die Braugerste. Sie wird hauptsächlich als Sommergerste angebaut. Die zweizeilige Wintergerste hat sich für Brauzwecke noch nicht in gleichem Maße durchsetzen können.

281. Welche zweizeiligen Sommergersten unterscheidet man nach der Ährenform bzw. nach dem Ährenstand während der Reifezeit?

1. Die aufrechtstehende Gerste: die Ähre ist dicht, breit und steht während der Reifezeit in der Regel aufrecht, die einzelnen Körner liegen eng aneinander *(Hordeum distichum erectum).*
2. Die nickende Gerste: die Ähre ist lang, schmal und hängt während der Reife. Die einzelnen Körner liegen locker aneinander *(Hordeum distichum nutans).* Siehe auch Verbindung zur Frage 276.

282. Welche der zweizeiligen Sommergersten ist die eigentliche Braugerste?
Im Bereich der EG wird ausschließlich die nickende, lockerährige zweizeilige Sommergerste angebaut. Die aufrechtstehende, dichtährige zweizeilige Sommergerste

hat infolge ihrer ungünstigen landwirtschaftlichen Eignung ihre Bedeutung als Braugerste so gut wie verloren.

283. Welche Unterscheidungsmerkmale der beiden Gersten lassen sich am einzelnen Korn feststellen?

1. Unterschiede zeigt zunächst die Form der Kornbasis. Die typische Form der aufrechtstehenden Gersten zeigt eine Einkerbung, während die nickenden Gersten abgeschrägt sind.

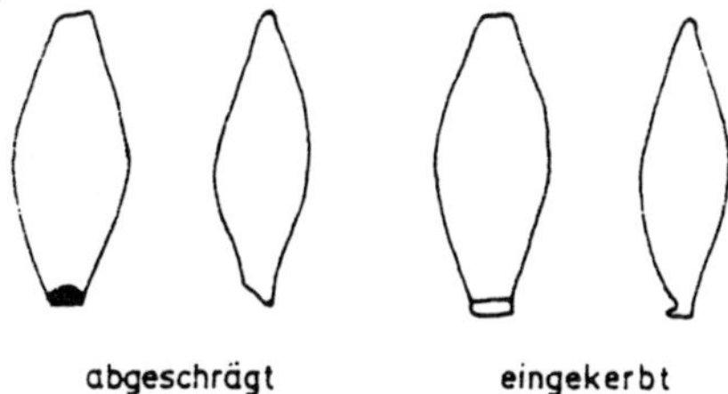

Unterscheidungsmerkmale der Gerste nach der Form der Kornbasis

2. Die Behaarung und Form der Basalborste: zur weiteren Unterscheidung der nickenden Gersten dient die Behaarung der Basalborste mit langen und geraden (Typ A) oder mit kurzen, gekräuselten Haaren (Typ C). In Europa dominiert der Anbau des Types A.

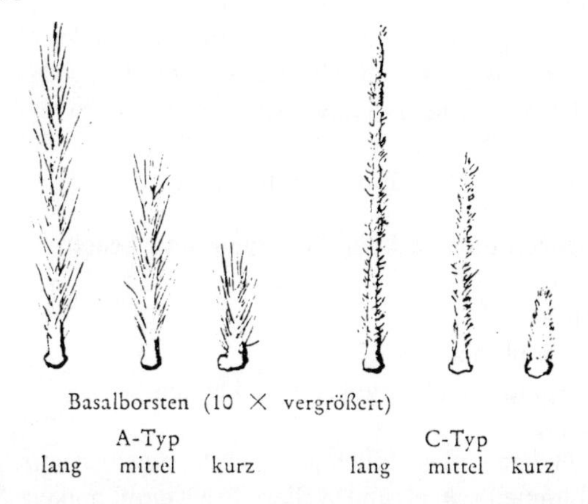

Unterscheidungsmerkmale der Gerste nach der Form der Basalborste

284. Welche Kriterien galten in früheren Jahren für den Einkauf von Gersten?
Zur Unterscheidung und Kennzeichnung der Gersten beim Einkauf wurde ihre Herkunft herangezogen. Gerade die aus einem milden Klima stammenden und unter günstigen Witterungsverhältnissen aufgewachsenen und geernteten Gersten erwiesen sich als gut geeignet für Brauzwecke. Für diese Gegenden waren auch jeweils bestimmte »Landgersten« typisch. Letztlich stellten sie aber Gemische biologisch sehr verschiedener Form dar, welche Unterschiede im Vegetationsverlauf bis zur Ernte zeigten. Sie wurden im Laufe der Jahrzehnte durch neugezüchtete Gerstensorten ersetzt, die heute den Anbau und den Markt bestimmen.

285. Welche Bedeutung kommt der Sorte zu?
Unter den Gersten gibt es eine große Anzahl von Sorten mit sehr beständigen erblichen Kennzeichen, sowohl in Bezug auf die Morphologie als auch auf die chemische Zusammensetzung.

286. Wann begann man mit der gezielten Züchtung?
Nach De Clerck begann vor etwa 50 Jahren das landwirtschaftliche Institut in Svalöf (Schweden) mit der Selektionierung von Gerstensorten in großem Maßstabe. Es wurden reine Stämme ausgesondert, die sich durch ihre guten anbau- und brautechnischen Eigenschaften auszeichneten. Durch Kreuzung dieser reinen Stämme erhielt man noch bessere Sorten. Diese Arbeit wurde in vielen Versuchsanstalten und von privaten Züchtern fortgesetzt. Die besten Stämme wurden in Kultur genommen, so daß heute die Braugersten sortenrein sind.

287. Wann wird eine Züchtung als Braugerste anerkannt und als Sorte bezeichnet?
Bevor eine Braugerste als solche anerkannt und als »Sorte« bezeichnet wird, läuft sie beim Züchter unter einer Stammnummer. Die Züchtung dauert Jahre und hängt von der konstanten Qualität und dem Ertrag ab. Die Sorten werden beim Bundessortenamt angemeldet, mit einem »Namen« versehen und registriert.

288. Welche Vorteile bringt die Sortenreinheit?
Die Anwendung reiner Sorten hat gezeigt, daß die Qualität des Malzes und des Bieres stark von der Gerstensorte beeinflußt wird. Chemische Analysen haben darüberhinaus ergeben, daß viele Eigenschaften der Gerste, wie Eiweißstoffe, Enzymgehalt, Extraktausbeute, sehr sortenabhängig sind. Die Gleichmäßigkeit des Rohstoffes Gerste-Malz ist ein Garant für die Bierbereitung.

289. Welche Faktoren müssen beim Gerstenanbau beachtet werden?

1. Klima
2. Boden
3. Vegetationsdauer
4. Widerstandsfähigkeit gegen Krankheiten
5. Düngung

Außerdem spielt die Ernte hinsichtlich der Qualität eine beachtliche Rolle. Eine zu feuchte Gerste schimmelt schnell und verliert ihre Keimfähigkeit. Sie sollte deshalb unbedingt trocken geerntet werden. Dieses Problem ist seit dem Einsatz des Mähdreschers noch größer geworden, so daß das Korn nicht mehr die Möglichkeit hat, auf dem Felde zu trocknen.Selbst an regenfreien Tagen variiert der Wassergehalt im Laufe des Tages um 3 %. Da die Mähdrescher nicht stillstehen dürfen, wenn es regnet, ist man oft gezwungen, sehr feuchte Gerste zu ernten. Aus diesen Gründen ist in unseren Breiten die Gerstentrocknung eine unerläßliche Ergänzung des Mähdreschers.

290. Welche Reifestadien während der Vegetation unterscheidet man?

1. Die Grün- oder Milchreife Mitte bis Ende Juni: das Korn hat seinen größten Umfang erreicht, da bereits alle Zellen gebildet sind. Der Inhalt ist noch dick-

flüssig und milchartig. Die Spelzen und der Bestand sind noch grün. Die Eiweißeinlagerung ist in den Monaten Mai und Juni am stärksten, es nimmt jedoch bei fortschreitender Stärkeeinlagerung der relative Kohlenhydratanteil zu.
2. Die Gelbreife: trotz weiterer Stoffeinlagerungen schrumpft das Korn etwas; es ist zäh und knetbar. Die gelbe Reifefarbe stellt sich ein, die Spelzen werden strohfarbig.
3. Die Vollreife Ende Juli bis Anfang August: in den letzten Wochen bilden sich noch Stärke und etwas Eiweiß. Das Korn schrumpft weiter, es wird hart und zäh. Der Halm beginnt abzusterben, in diesem Stadium kann die Gerste geerntet werden.
4. Die Totreife: der Inhalt ist vollkommen hart, aber bruchempfindlich. Stoffliche Umwandlungen erfolgen nicht mehr. Es besteht die Gefahr, daß die Ähren knicken. Trotzdem ist dieser Zeitpunkt für den Mähdrusch am günstigsten.

291. Welche Korntypen unterscheidet man bei den in Deutschland angebauten Gersten?

1. Kurzkorntyp: Korn mittelgroß bis klein, vollkörnig, große Anpassungsfähigkeit, relativ hoher Extraktgehalt.
2. Mittelkorntyp: Korn mittelgroß, aber vollkörnig und feinspelzig.
3. Langkorntyp: Korn lang, hohes Tausendkorngewicht, Neigung zur Grobspelzigkeit.

292. Welche Typen eignen sich besser zum Vermälzen?

Die ober beschriebenen Typen 1 und 2 eignen sich besser zum Vermälzen, da die Enzyme bei der Auflösung den Mehlkörper rascher und gleichmäßiger durchdringen. Auch die Extraktausbeute ist im allgemeinen besser.

293. Woran liegt es, daß die Gerste schon immer als Rohstoff den anderen Getreidearten gegenüber bevorzugt wurde?

Ein Grund liegt darin, daß das Gerstenkorn bespelzt ist, d.h. die Spelzen sind auch nach dem Dreschen noch vorhanden. Die Spelze schützt den Keimling während der Keimung und im Sudhaus dient sie als Filterschicht bei der Trennung der Würze von der Treber.

294. Wo werden in Europa Braugersten angebaut?

In der BR Deutschland, in Frankreich, Großbritannien und Dänemark, in den Niederlanden, in Polen, in der Tschechowlowakei, in Österreich und Schweden, in Spanien und Portugal.

295. Wo werden in Übersee Braugersten angebaut?

In den USA und in Australien werden Braugersten angebaut, welche besonders in Jahren mit geringem Braugerstenaufkommen in Europa als zusätzliche Importware benötigt werden.

296. In welchen Bundesländern werden in der Bundesrepublik Braugersten angebaut?

In der Bundesrepublik bauen alle Länder Braugerste an, wobei Bayern an der

Spitze steht, gefolgt von Baden-Württemberg, Niedersachsen, Rheinland-Pfalz, Thüringen, Sachsen, Hessen, Sachsen-Anhalt, Nordrhein-Westfalen, Brandenburg, Mecklenburg-Vorpommern und Schleswig-Holstein.

297. Welche Anbauflächen, ha-Erträge, Qualitätskriterien und Erntemengen ergaben sich für die Ernte 1995 im Vergleich zu 1994 für das Bundesgebiet (Vorjahresdaten in Klammern)?

Baden-Württemberg
Wichtigste Braugerstensorten: Alexis, Krona, Sissy. Anbaufläche: 105 783 ha (110 500 ha). Ertrag/Durchschnitt: 3,9 t/ha (4,29 t/ha). Eiweiß i. Tr.: 9,0–11,5% (10,5–11,0%). Sortierung (+ 2,5 mm): 60–90% (60–90%). Erntemenge: 412 500 t (472 000 t).

Bayern
Wichtigste Braugerstensorten: Krona, Steffi, Sissy, Alexis, Maresi. Anbaufläche: 169 720 ha (197 000 ha). Ertrag/Durchschnitt: 4,0 t/ha (4,1 t/ha). Eiweiß i. Tr./Durchschnitt: 10,8% (12,2%). Sortierung (+ 2,5 mm): 30–95% (75–80%). Erntemenge: 675 000 t (807 000 t).

Brandenburg
Wichtigste Braugerstensorten: Krona, Marina, Maresi. Anbaufläche: 14 570 ha (18 000 ha). Ertrag: 3,8 t/ha (3,11 t/ha). Eiweiß i. Tr./Durchschnitt: 11,0% (11,4%). Sortierung (+ 2,5 mm): 70–90% (70–80%). Erntemenge: 55 000 t (56 000 t).

Hessen
Wichtigste Braugerstensorten: Krona, Alexis. Anbaufläche: 27 412 ha (32 500 ha). Ertrag/Durchschnitt: 4,3 t/ha (4,38 t/ha). Eiweiß i. Tr./Durchschnitt: 10,9% (10,5–11,5%). Sortierung (+ 2,5 mm): 60–92% (65–90%). Erntemenge: 120 000 t (140 000 t).

Mecklenburg-Vorpommern
Wichtigste Braugerstensorten: Alexis, Maresi, Marina. Anbaufläche: 18 148 ha (19 800 ha). Ertrag/Durchschnitt: 4,6 t/ha (3,81 t/ha). Eiweiß i. Tr.: 9,5–11,8% (10,5–11,5%). Sortierung (+ 2,5 mm): 60–90% (50–90%). Erntemenge: 83 000 t (80 000 t).

Niedersachsen
Wichtigste Braugerstensorten: Alexis, Krona. Anbaufläche: 90 082 ha (118 000 ha). Ertrag/Durchschnitt: 4,4 t/ha (3,76 t/ha). Eiweiß i. Tr.: 9,5–11,5% (9,0–11,5%). Sortierung (+ 2,5 mm): 60–90% (50–90%). Erntemenge: 400 000 t (445 000 t).

Nordrhein-Westfalen
Anbaufläche: 20 820 ha (28 500 ha). Ertrag: 4,7 t/ha (4,59 t/ha). Erntemenge: 97 500 t. Braugerste nur in Voreifel, wichtigste Braugerstensorte: Alexis. Anbaufläche: 6 500 ha (7 000 ha). Ertrag/Durchschnitt: 4,2 t/ha (4,5 t/ha). Eiweiß i. Tr./Durchschnitt: 10,5% (10,7%). Sortierung (+ 2,5 mm): 70–90%. Erntemenge: 27 000 t (30 000 t).

Rheinland-Pfalz
Wichtigste Braugerstensorten: Alexis. Anbaufläche: 82 289 ha (89 500 ha). Ertrag/Durchschnitt: 4,3 t/ha (4,31 t/ha). Eiweiß i. Tr.: 8,5–11,5% (9,0–12,5%). Sortierung (+ 2,5 mm): 40–94% (45–92%). Erntemenge: 350 000 t (392 000 t).

Sachsen
Wichtigste Braugerstensorten: Krona, Marina, Maresi. Anbaufläche: 46 546 ha (53 000 ha). Ertrag/Durchschnitt: 4,5 t/ha (4,19 t/ha). Eiweiß i. Tr./Durchschnitt: 11,0% (10,9%). Sortierung (+ 2,5 mm): 70–92% (82–90%). Erntemenge: 210 000 t (222 000 t).

Sachsen-Anhalt
Wichtigste Braugerstensorten: Krona, Marina, Maresi. Anbaufläche: 20 083 ha (27 400 ha). Ertrag/Durchschnitt: 5,15 t/ha (4,39 t/ha). Eiweiß i. Tr.: 9,8–12,0% (10,5–11,5%). Sortierung (+ 2,5 mm): 80–93% (80–85%). Erntemenge: 103 000 t (123 000 t).

Schleswig-Holstein
Wichtigste Braugerstensorten: Alexis, Marina. Anbaufläche: 9 126 ha (10 818 ha). Ertrag/Durchschnitt: 5,1 t/ha (4,73 t/ha). Eiweiß i. Tr.: 8,5–12,5% (9,5–11,0%). Sortierung (+ 2,5 mm): 85–95% (65–75%). Erntemenge: 46 500 t (52 000 t).

Thüringen
Wichtigste Braugerstensorten: Krona, Alexis, Maresi, Marina. Anbaufläche: 57 170 ha (69 000 ha). Ertrag/Durchschnitt: 4,9 t/ha (5,01 t/ha). Eiweiß i. Tr.: 9,8–13,0% (9,0–13,0%). Sortierung (+ 2,5 mm): 60–95% (70–85%). Erntemenge: 280 000 t (346 000 t).

298. Welche Braugerstensorten, Anbauflächen, ca.-Erträge, Qualitätskriterien und Erntemengen ergaben sich für die Ernte 1995 im Vergleich zu 1994 für Europa (Vorjahresdatum in Klammern)?

Dänemark
Wichtigste Braugerstensorten: Alexis, Maud, Maresi, Krona, Canut, Nevada, Blenheim, Texane, Goldie. Anbaufläche: 550–580 000 ha (502 000 ha). Ertrag/Durchschnitt: 5,7 t/ha (4,8 t/ha). Eiweiß i. Tr.: 9,0–12,5% (10,5–11,5%). Sortierung (+ 2,5 mm): 75–92% (70–90%). Erntemenge: 3 250 000 t (2 410 000 t).

Deutschland
Wichtigste Braugerstensorten: Alexis, Maresi, Krona, Steffi, Sissy: neu: Scarlett, Halla, Thuringia. Anbaufläche: 666 680 ha (780 000 ha). Ertrag/Durchschnitt: 4,2 t/ha (4,21 t/ha). Eiweiß i. Tr.: 8,0–15,0% (11,0–11,5%). Sortierung (+ 2,5 mm): 30–95% (75–80%). Erntemenge: 2 850 000 t (3 281 000 t).

England, Nordirland, Wales
Wichtigste Braugerstensorten: Alexis, Chariot, Derkado, Cooper. Anbaufläche: 275 000 ha (263 800 ha). Ertrag/Durchschnitt: 5,0 t/ha (4,5 t/ha). Eiweiß i. Tr.: 9,0–12,0% (9,0–11,5%). Sortierung (+ 2,5 mm): 60–90% (75–85%). Erntemenge: 1 375 000 t (1 180 000 t).

Schottland

Wichtigste Braugerstensorten: Prisma, Charlot, Dercado, Camargue, Cooper. Anbaufläche: 240 000 ha (215 600 ha). Ertrag/Durchschnitt: 5,25 t/ha (4,5 t/ha). Eiweiß i. Tr.: 8,7–12,0% (11,0–12,0%). Sortierung (+ 2,5 mm): 70–95% (90–95%). Erntemenge: 1 250 000 t (975 000 t).

Frankreich

Wichtigste Braugerstensorten: Prisma, Nevada, Trémois, Alexis, Vodka, Volga. Anbaufläche: 435 000 ha (471 000 ha). Ertrag/Durchschnitt: 4,75 t/ha (4,97 t/ha). Eiweiß i. Tr.: 9,6–12,0% (9,0–11,6%). Sortierung (+ 2,5 mm): 50–90%. Erntemenge: 2 060 000 t (2 340 000 t).

– 6-zeilige Wintergerste

Anbaufläche: 497 000 ha (499 000 ha). Ertrag: 6,25 t/ha (6,17 t/ha). Erntemenge: 3 108 000 t (3 078 000 t). Anteil Plaisant: 230 000 ha (245 000 ha). Ertrag Plaisant: 6,25 t/ha (6,0 t/ha). Eiweiß i. Tr.: 9,5–11,0% (9,0–11,5%). Sortierung (+ 2,5 mm): 70% (75%). Erntemenge Plaisant: 1 438 000 t (1 470 000 t).

– 2-zweilige Wintergerste

Aussaatfläche: 446 400 ha (435 000 ha). Ertrag: 5,3 t/ha (5,2 t/ha). Erntemenge: 2 370 000 t (2 262 000 t).

Finnland

Wichtigste Braugerstensorten: Kustaa, Kymppi. Anbaufläche: 543 700 ha (506 000 ha). Ertrag/Durchschnitt: 3,1 t/ha. Eiweiß i. Tr.: 9,1–14,5%. Erntemenge: 1 685 000 t. Menge und Qualität etwas besser als im Vorjahr.

Irland

Wichtigste Braugerstensorten: Blenheim, Alexis, Cooper, Chariot. Anbaufläche: 135 000 ha (135 000 ha). Ertrag: 5,4 t/ha (5,0 t/ha). Eiweiß i. Tr.: 10,0–13,0% (10,5–11,5%). Sortierung (+ 2,5 mm): 70–90% (85–90%). Erntemenge: 730 000 t (675 000 t).

Niederlande

Wichtigste Braugerstensorten: Prisma, Reggae. Anbaufläche: 28 000 ha (41 000 ha). Ertrag: 6,0 t/ha (5,2 t/ha). Eiweiß i. Tr./Durchschnitt: 10,5% (10,4%). Sortierung (+ 2,5 mm): 70–90% (80–85%). Erntemenge: 168 000 t (213 000 t).

Österreich

Wichtigste Braugerstensorten: Viva, Maresi. Anbaufläche: 125 000 ha (147 000 ha). Ertrag: 4,5 t/ha (4,3 t/ha). Eiweiß i. Tr.: 11,5%. Sortierung (+ 2,5 mm): 75%. Erntemenge: 560 000 t (632 000 t).

Polen

Wichtigste Braugerstensorten: Rudzik, Grosseo, Polo. Anbaufläche: 960 000 ha (1 025 000 ha). Ertrag: 2,9 t/ha (2,5 t/ha). Eiweiß i. Tr.: 10,5–13,0% (10,5–13,0%). Sortierung (+ 2,5 mm): 55–85% (50–70%). Erntemenge: 2 785 000 t (2 600 000 t).

Schweden

Wichtigste Braugerstensorten: Golf, Meltan, Baronesse, Blenheim, Alexis. Anbaufläche: 405 000 ha (425 000 ha). Ertrag/Durchschnitt: 4,0 t/ha (3,6 t/ha). Eiweiß i. Tr.: 9,0–12,5% (10,5–13,0%). Sortierung (+ 2,5 mm): 80–85% (65–75%). Erntemenge: 1 620 000 t (1 530 000 t).

Spanien

Wichtigste Braugerstensorten: Beka, Trait d'Union, Kym. Anbaufläche: 2 275 000 ha (2 197 000 ha). Ertrag: 1,58 t/ha (2,37 t/ha). Eiweiß i. Tr.: 12,0–15,0% (9–15,0%). Sortierung (+ 2,5 mm): 40–70% (40–85%). Erntemenge: 3 585 000 t (5 200 000 t).

Tschechien

Wichtigste Braugerstensorten: Akcent, Rubin, Forum, Jubilant, Sladko. Anbaufläche: 370 259 ha (456 246 ha). Ertrag: 4,08 t/ha (3,54 t/ha). Eiweiß i. Tr.: 10,5–12,0% (10,5–12,0%). Sortierung (+ 2,5 mm): 75–90% (70–85%). Erntemenge: 1 510 000 t (1 613 000 t).

299. Welche Braugerstensorten werden in den einzelnen Bundesländern angebaut?

Verbreitung der Hauptsorten in den einzelnen Bundesländern 1995:

Baden-Württemberg	Alexis (45 %), Krona (30 %), Sissy (15 %)
Bayern	Krona, Steffi, Sissy, Alexis, Maresi
Brandenburg	Krona, Marina, Maresi
Hessen	Alexis, Krona, (Thuringia, Scarlett)
Mecklenburg-Vorpommern	Alexis, Maresi, Marina
Niedersachsen	Alexis Krona
Nordrhein-Westfalen (Voreifel)	Alexis
Rheinland-Pfalz	Alexis
Sachsen	Krona, Marina, Maresi
Sachsen-Anhalt	Krona, Marina, Maresi
Schleswig-Holstein	Alexis
Thüringen	Krona, Alexis, Marina, Maresi, Marina

Wesentliche Veränderungen haben sich bei den Hauptsorten gegenüber dem Vorjahr nicht ergeben. Am weitesten verbreitet sind Alexis und Krona, wobei Krona in den neuen Bundesländern meist vor Alexis liegt.

300. Welche Verbreitung haben die einzelnen Gerstensorten im Bundesgebiet?

Verbreitung der Gerstensorten nach der Saatgutvermehrungsfläche 1994:

	Sorte	%		Sorte	%
1	Alexis	23	7	Sissy	5
2	Krona	22	8	Marina	4
3	Baronesse	12	9	Meltan	3
4	Maresi	10	10	Claudine	1
5	Apex	8	11	Ditta	1
6	Steffi	6			

Alexis und Krona liegen deutlich an der Spitze, Maresi und Marina sind rückläufig.

301. Welche Braugerstensorten werden in den anderen europäischen Ländern angebaut?

Land	Braugersten	sonstige Sorten
Dänemark	Alexis, Maud, Maresi, Krona, Canut	Ariel
Deutschland	Alexis, Maresi, Krona, Steffi, Sissy	
Finnland	Kustaa, Kymppi, Pokko, Kilta (sechszeilig)	
Frankreich	Prisma, Nevada, Alexis, Vodka, Volga	Tremois
Großbritannien	Alexis, Chariot, Derkado, Cooper (Schottland: Chariot, Derkado, Camargue, Cooper) Wintergersten: Puffin, Halcyon, Pipkin	
Irland	Blenheim, Alexis, Cooper, Chariot	
Niederlande	Prisma, Reggae	
Österreich	Viva, Maresi	
Polen	Rudzik, Grosso, Polo	
Schweden	Baronesse, Blenheim, Alexis	Golf, Meltan
Spanien	Beka, Trait d'Union, Kym	
Tschechien	Akzent, Rubin, Forum, Jubilant, Sladko	

302. In welche Qualitätsstufen werden die einzelnen Braugerstensorten eingeteilt?

In den einzelnen Bundesländern (Bayerische Landesanstalt für Bodenkultur und Pflanzenbau und Landesbraugerstenstellen der anderen Länder) wurden entsprechende Gerstenuntersuchungen und Kleinmälzungen durchgeführt. Die Gersten wurden in 3 Qualitätsstufen eingeteilt:

Stufe 1: hervorragende Braueigenschaften (über 7,5 Qualitätspunkte)
Stufe 2: gute bis mittlere Qualität (6,5 – 7,5 Punkte)
Stufe 3: bereits mit Mängeln (unter 6,5 Punkte)

Bayern: 17 Sorten, 4 Anbauorte mit je 2 Behandlungen
1 Alexis, Krona, Cheri, Sissy, Otis, Alondra, Kombi 93
2 Katharina, Minna, Steffi, Maresi, Marina, Diamalta, Polygena, Ditta
3 Bessi, Baronesse

Baden-Württemberg: 11 Sorten, 3 Anbauorte
1 Alexis, Otis, Minna, Sissy, Krona, Alondra, Maresi
2 Marina, Katharina, Ditta, Diamalt

Rheinland-Pfalz: 10 Sorten, 4 Anbauorte
1 Alexis, Krona, Chariot, Alondra, Maresi, Marina, Otis
2 Diamalta, Katharina, Ditta

Hessen: 11 Sorten, 2 Anbauorte
1 Alexis, Alondra, Chariot, Krona, Maresi, Marina, Minna, Katharina
2 Otis, Ditta, Diamalta

Nordrhein-Westfalen: 8 Sorten, 2 Anbauorte (Voreifel)
1 Alexis, Krona, Otis, Alondra
2 Marina, Diamalta, Chariot
3 Ditta

Niedersachsen: 11 Sorten, 2 Anbauorte
1 Alexis, Katharina, Minna, Otis, Maresi, Bitrana
2 Marina, Krona, Ditta, Alondra, Diamalta

Thüringen: 13 Sorten, 2 Anbauorte
1 Alexis, Maresi, Katharina, Otis, Minna, Alondra, Bitrana, Derkado, Hamina
2 Krona, Ditta, Marina, Diamalta

Sachsen: 13 Sorten, 2 Anbauorte
1 Alexis, Otis, Derkado
2 Hamina, Maresi, Marina, Krona, Katharina, Minna, Ditta
3 Diamalta

Sachsen-Anhalt: 17 Sorten, 1 Anbauort
1 Alexis, Krona, Otis, Minna, Cheri, Derkado
2 Maresi, Katharina, Alondra, Diamalta, Bitrana, Hamina
3 Marina, Baronesse, Sissy, Steffi

Brandenburg: 13 Sorten, 1 Anbauort
3 wegen besonders ungünstiger Wachstumsbedingungen kamen alle Sorten in diese Gruppe, eine Auswertung ist daher nicht möglich

Mecklenburg-Vorpommern: 10 Sorten, 1 Anbauort
1 Alexis, Maresi, Krona, Alondra, Marina
2 Katharina, Otis, Ditta, Diamalta, Hamina

303. Welche Bedeutung haben Wintergersten für die Bierbereitung?
Wintergersten sind mehrzeilig, es gibt aber auch zweizeilige Sorten. Bei den Untersuchungen konnten zwar deutliche Qualitätsfortschritte festgestellt werden, die Qualitätsmerkmale einer guten Sommergerste werden jedoch nicht erreicht. Die Analysendaten bei Kleinmälzungsversuchen und Kleinbrauversuchen der Wintergersten lagen im Vergleich zur Sommergerste ungünstiger. Ihre Verwendung als Braugersten konnte sich bisher wenig durchsetzen. Wintergersten sind z.B. Igri, Sonja, Kaskade, Angora und Astrid.

304. Wie sieht ein Gerstenkorn aus?
Das Gerstenkorn ist von strohgelber Farbe, von elliptischer Form, das obere Ende ist die Grannenspitze, das untere Ende ist die Basis, am Rücken mehr flach (Rückenseite), auf der Bauchseite gewölbt und mit einer Längsfurche versehen. Auf der Bauchseite an der Basis befindet sich die Basalborste.

305. Welche Bestandteile hat ein Gerstenkorn?
Das Gerstenkorn besteht aus der Umhüllung = Spelze, dem Korninhalt = Mehlkörper und dem Keimling = Embryo.

306. Aus welchen Teilen besteht die Umhüllung?
Die Umhüllung besteht aus den beiden Spelzen, der inneren Spelze = Bauchspelze und der sie überlagernden äußeren Spelze = Rückenspelze, welche in die Granne mündet, die beim Dreschen abgeschlagen wurde. Unter der Spelze liegt zunächst das äußere Hüllblatt = Fruchtschale, danach das innere Hüllblatt = Samenschale.

307. An welcher Seite des Korns liegt der Keimling?
Auf der Rückenseite an der Basis unterhalb der Spelze liegt der Keimling.

308. Aus welchen Teilen besteht der Keimling?
Der Keimling besteht aus der Blattkeim- und Wurzelkeimanlage, dem Schildchen und dem Aufsaugeepithel.

309. Aus welchen Teilen besteht der Korninhalt?
Der Mehlkörper besteht aus fettführenden und stärkeführenden Zellen, die in ein Gerüst aus Eiweiß- und Gummistoffen eingelagert und von der Aleuron- oder Kleberschicht umgeben sind. In der Nähe der Keimanlage findet man eine aufgelöste Schicht.

310. Welche Rolle spielt die Umhüllung?
Sie umschließt den Keimling und den Korninhalt und schützt beide vor schädlichen Einflüssen.

311. Aus welchen Stoffen baut sich die Umhüllung auf?
Die Spelzen bestehen aus einer Reihe von Stoffen, die größtenteils wasserunlöslich sind und die chemisch und mechanisch nicht leicht angegriffen werden. Der Hauptbestandteil, die Cellulose bleibt auch während der Mälzungs- und Brauprozesse unverändert. In den Spelzen eingelagerte Kieselsäure, Polyphenole (Gerbstoffe), Lipide und bestimmte Eiweißverbindungen allerdings bringen für den Geschmack und die Stabilität des Bieres Nachteile mit sich.

312. Welche Rolle spielt der Keimling im Korn?
Der Keimling stellt den lebenden Teil des Gerstenkorns dar, in ihm ist die künftige Pflanze vorgebildet.

313. Welche Rolle spielt der Mehlkörper?
Der Korninhalt ist die Vorratskammer des Keimlings, aus welcher er die zu seiner Entwicklung nötigen Stoffe entnimmt. Im Mehlkörper spielen sich alle biologischen und chemischen Veränderungen ab. Solange der Keimling lebt, werden die Reservestoffe abgebaut und umgewandelt, die teilweise vom Keimling veratmet oder zum Aufbau neuer Zellen verwendet werden. Aus wirtschaftlichen Gründen soll der Mehlkörper beim Mälzen sowenig wie möglich verbraucht werden, denn er stellt beim Brauen den Extraktbildner dar.

314. Die Fragen 304–313 sollen bildlich und übersichtlich noch einmal zusammengefaßt werden:
1. Übersicht über die Morphologie der Gerste:

Keimling	Mehlkörper	Umhüllung
Blattkeimanlage Wurzelkeimanlage Schildchen mit Aufsaugeepithel	fettführende und stärkeführende Zellen in ein Gerüst aus Eiweiß- und Gummistoffen eingelagert und von der Aleuron- oder Kleberschicht umgeben. Aufgelöste Schicht bei der Keimanlage	innere Spelze auf der Bauchseite – äußere Spelze auf der Rückenseite – darunter äußeres Hüllblatt → Fruchtschale – inneres Hüllblatt → Samenschale

2. Schnitt durch den Keimling:

1. Aleuronschicht
2. Zellen des Endosperms
3. leere Zellen
4. Epithel
5. Schildchen
6. Blattkeimscheide
7. Blattkeim
8. Stammanlage
9. Wurzelkeim
10. Haube des Wurzelkeims
11. Hüllen des Kornes

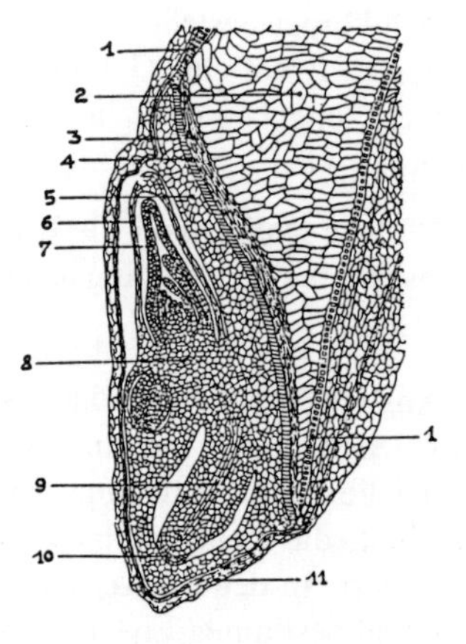

3. Längsschnitt durch ein Gerstenkorn:

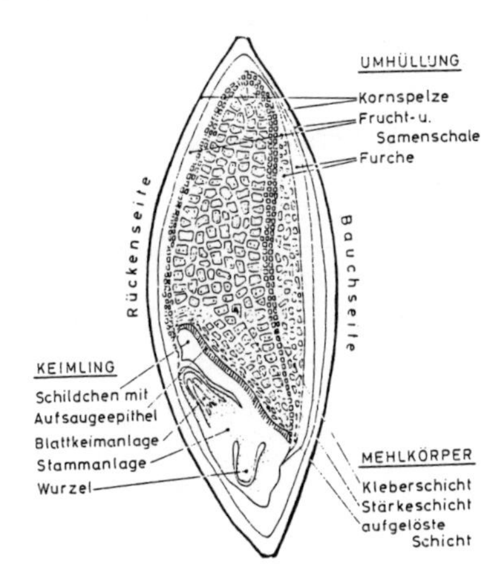

315. Welche chemische Zusammensetzung hat die Gerste?

Die Gerste besteht aus 12–20 % Wasser und entsprechend zu 88–80 % aus der Trockensubstanz. Nachfolgende Übersicht zeigt die stickstofffreien und die stickstoffhaltigen organischen Bestandteile der Trockensubstanz. Nähere Betrachtungen dieser Bestandteile finden sich in den nachfolgenden Kapiteln.

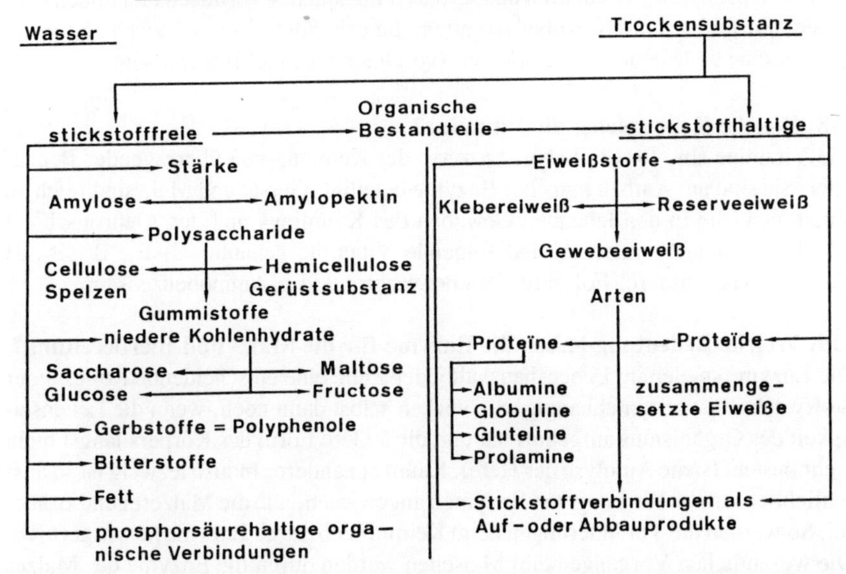

Die Trockensubstanz enthält noch Mineralstoffe. Ihre Gesamtmenge beträgt 2,5–3,5 %. Diese Substanzen werden zwar in der Asche des Gerstenkornes bestimmt, entstammen aber etwa zu 80 % organischen Verbindungen (phosphorsäurehaltig).

Bei der Keimung und beim Maischprozeß findet eine Spaltung der mit anorganischen Stoffgruppen vereinigten organischen Verbindungen in ihre Bestandteile statt.

316. Aus welchen prozentuellen Anteilen setzt sich die Trockensubstanz zusammen?

	lufttrocken	wasserfrei
Wasser	14,5	–
Stärke	54,0	63,2
sonstige stickstofffreie Extraktstoffe	12,0	14,0
Eiweiß	9,5	11,1
Rohfaser	5,0	5,9
Fett	2,5	2,9
Mineralsubstanzen	2,5	2,9

317. Aus welchen Substanzen setzt sich die Asche (Mineralstoffe) zusammen?

P_2O_5	35,0 %	} 56 %	Na_2O	2,5 %	SO_3	2,0 %
K_2O	21,0 %		MgO	8,0 %	Fe_2O_3	1,5 %
SiO_2	26,0 %		CaO	3,0 %	Cl	1,0 %

Die Hauptmenge der Mineralstoffe besteht aus Kaliumphosphaten. Diese können in Form von primären, sekundären und tertiären Phosphaten vorliegen und bilden chemische Puffersubstanzen, wobei vor allem die primären, sauren Phosphate für die Acitität eine bedeutende Rolle spielen. (vergleiche Kapitel Brauwasser).

318. Welche Rolle spielen die Vitamine?

Die Vitamine sind für die Lebensprozesse der Keimung von überragender Bedeutung. Sie sind am Aufbau mancher Enzyme beteiligt. Gerste und Malz sind reich an Vitaminen, die in den lebenden Geweben des Keimlings und der Aleuronschicht lokalisiert sind. Namentlich sind folgende Vitamine genannt: C, B_1, B_2, B_6, H (Biotin), Nikotinsäure, Folsäure, Panthotensäure und α-Aminobenzeosäure.

319. Welche Bedeutung haben die Enzyme für die Malz- und Bierbereitung?

Die Enzyme spielen im Lebenshaushalt jeder Zelle eine entscheidende Rolle. Jeder Stoffwechsel ist enzymabhängig. Sie wirken selbst dann noch, wenn die Lebenstätigkeit des Organismus aufgehört hat und die äußere Form des Körpers längst nicht mehr besteht (siehe Autolyse der Hefe). Kaum ein anderer Industriezweig ist so ausschließlich auf die Wirkung von Enzymen angewiesen, wie die Mälzerei und Brauerei. So werden die Veränderungen beim Keimprozeß durch Enzyme hervorgerufen. Die wesentlichen Vorgänge beim Maischen werden durch die Enzyme des Malzes bewirkt. Mit der Hefe tritt ein neuer Enzymkomplex in Tätigkeit, um die Würze zu vergären. (Zur Einteilung der Enzyme sei auf die Frage 96 hingewiesen). Genauere Einzelheiten über Enzymwirkungen werden in den jeweiligen Kapiteln der Malz- und Bierbereitung besprochen.

320. Warum ist es wichtig, die Eigenschaften der Braugerste zu beurteilen?

Eine Gerste ist nur dann zum Vermälzen geeignet, wenn sie bestimmte, für eine Braugerste charakterisierte Eigenschaften besitzt. Es ist daher notwendig, sich ein Bild über die Güte der Gerste zu machen, um aufgrund dieser Beurteilung eine Entscheidung über die Annahme zu treffen. Moderne Erntemethoden und das damit verbundene pausenlose Anliefern in den Mälzereien, machen es unmöglich, eine vollständige Analyse durchzuführen.

321. Welche Möglichkeiten gibt es, eine schnelle Entscheidung über die Annahme einer Gerste zu treffen?

Für eine schnelle Entscheidung ist es erforderlich, eine Handbonitierung vorzunehmen. Folgende äußere Merkmale werden dabei festgestellt:

1. Das Aussehen und die Farbe
2. Der Geruch
3. Die Mustertreue = Einheitlichkeit – Sortenreinheit
4. Fremde Beimengungen
5. Schädlingsbefall
6. Spelzenbeschaffenheit
7. Kornausbildung

322. Welches Aussehen und welche Farbe soll die Gerste haben?

Die Gerste soll ein glänzendes Aussehen und eine reine, hellgelbe Farbe zeigen. Dies ist ein Hinweis auf eine trockene Witterung während der Reife- und Erntezeit und auf einen geringen Wassergehalt. Nicht ganz reife Körner zeigen grünliche Farbtöne. Gersten, die kurz oder während der Ernte beregnet wurden, können mißfarbig sein, was sich vielfach in Braunspitzigkeit zeigt. Eine mattgraue Färbung weist auf Schimmelpilzbefall hin. Sehr helle Gersten sind oft notreif und zeigen dann bei harter, glasiger Beschaffenheit des Mehlkörpers geringe Enzymtätigkeit. Auch eine Schwefelung kann vorliegen.

323. Wie soll der Geruch der Gerste sein?

Er ist frisch und strohig. Durch Anhauchen bei der Prüfung verstärkt sich durch Erwärmen der Geruch. Dumpfer, muffiger Geruch weist auf einen hohen Wassergehalt hin und daß die Gerste durch Schimmelpilzbefall gelitten hat. Die Keimfähigkeit kann gelitten haben. Außerdem sollte diese Gerste auf Auswuchs geprüft werden.

324. Wie prüft man die Einheitlichkeit der Gerste?

Die Einheitlichkeit oder Reinheit läßt sich anhand morphologischer Merkmale (Basisform, Basalborste) feststellen. Durch »Greifen« erhält der Praktiker Hinweise auf den Feuchtigkeitsgehalt. Optisch kann die Kornform Hinweise auf Reinheit geben. Analytisch ergibt eine elektrophoretische Auftrennung der Prolaminfraktion eine gute Aussage über die Sortenreinheit.

325. Was versteht man unter fremden Beimengungen?

Fremde Beimengungen sind andere Getreidearten (Hafer, Roggen, Weizen), Unkrautsamen, verletzte, zerschlagene, gekoppte und ausgewachsene Körner. Sie belasten die Gerstenputzerei und erhöhen den Preis für den Gersten- bzw. Malzextrakt. Verletzte Körner neigen zur Schimmelbildung, wachsen durch vermehrte Wasseraufnahme ungleich (Husaren). Ist die Keimanlage beschädigt, ist ein Keimen ausgeschlossen. Diese Körner durchlaufen sämtliche Abteilungen der Mälzerei und gelangen als sog. Graupen in das fertige Malz; sie verleihen dem Malz und den daraus hergestellten Würzen und Bieren einen fehlerhaften Geschmack.

326. Was versteht man unter Schädlingsbefall?

Der gefährlichste Schädling der Gerste ist der Kornkäfer (Calandra granaria), weil er sich sehr schnell vermehrt und damit großen Schaden anrichtet.
Bei der für die Vermehrung des Kornkäfers günstigsten Temperatur von ca. 20°C kann ein Paar 2000 Nachkommen im Jahr haben. Der Kornkäfer sieht rotbraun aus und hat eine Länge von 3 bis 4mm. Das Weibchen durchbohrt die Hülle des Korns, legt dort ein Ei ab und schließt die Öffnung mit einer Flüssigkeit, die es ausscheidet. Nach einigen Tagen ist aus dem Ei eine Larve geworden, die das ganze Innere des Korns abnagt. Wenn der Käfer sich vollkommen entwickelt hat, verläßt er das Korn. An den runden Öffnungen, die so in der Wand der Körner entstehen, erkennt man die vom Käfer befallene Gerste. Sind angelieferte Gersten davon befallen, sollen sie zurückgewiesen werden.

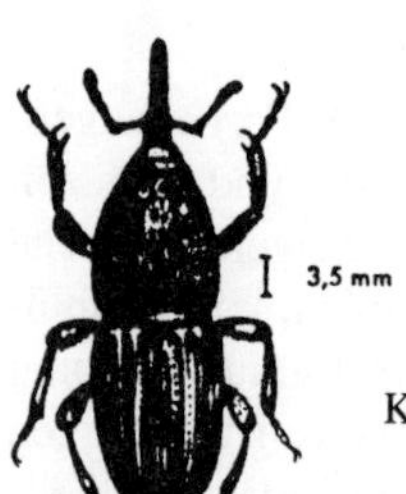

Kornkäfer: *Calandra (sitophilus) granaria*

327. Welche Anhaltspunkte liefert die Spelzenbeschaffenheit?

Die Feinheit der Spelzen spielt bei der Braugerste eine große Rolle. Feine Braugersten sind dünnschalig und zeigen feine Querrunzeln auf der Rückenseite. Gersten mit glatter Spelze, die nur grobe, undeutliche, nicht anliegende Falten aufweisen, haben eine dicke Spelze. Die Kräuselung gibt meist Anhaltspunkte über Sorte, Provenienz, Erntebedingungen und Wassergehalt der Gerste. Grobe Spelzen verdrängen Extrakt, sie bringen mehr unedle Bestandteile in die Würze. Für helle Qualitätsbiere werden dünnschalige Gersten bevorzugt. Für dunkle Biere sind stärkere Spelzen durchaus erwünscht, da sie die Vollmundigkeit und Kernigkeit dieser Biere kräftigen.

328. Wie soll die Kornausbildung sein?

Die Körner sollen vollbauchig sein. Ein kurzes dickes Korn liefert gewöhnlich mehr Extrakt, weil es im Verhältnis weniger Spelzen hat als ein längliches flaches.

329. Welche Schnellmethoden gibt es, die Entscheidung über eine Annahme zu treffen?

Bei großen Partien ist es erforderlich, neben der Handbonitierung mit Schnellme-

thoden Kenntnis über die wichtigsten Merkmale wie Wassergehalt, Eiweißgehalt und Keimfähigkeit zu erhalten. Die Bestimmung des Wassergehaltes entscheidet über die Lagerfähigkeit der Gerste, oder ob der Einlagerung eine Trocknung vorausgehen muß.
Der Eiweißgehalt entscheidet über die Vermälzbarkeit. Die wichtigste Eigenschaft einer Gerste ist die Keimfähigkeit. Entspricht sie nicht den Normen (95 %), ist ein Vermälzen nicht möglich. Die Gerste ist abzulehnen.

330. Welche weiteren Untersuchungsmethoden vervollständigen eine Analyse zur Beurteilung der Eigenschaften der Braugerste?

Weitere Methoden sind die mechanische und die chemisch-technische Untersuchung. Voraussetzung dafür ist zunächst das Ziehen eines Durchschnittsmusters. Dies geschieht mit Hilfe des Barthschen Probenehmers. Das Durchschnittsmuster kommt zur Untersuchung ins Labor.
Hinweis: die Beschreibung der Durchführung der mechanischen und chemisch-technischen Untersuchungsmethoden würde den Rahmen dieses Buches sprengen. Die Beschreibung der Untersuchungsmethoden findet man in entsprechenden Fachbüchern, die über den Getränke-Fachverlag Hans Carl zu beziehen sind.

331. Welche Eigenschaften werden durch die mechanische Untersuchung festgestellt?

1. Das hl-Gewicht
2. Das Tausenkorngewicht
3. Die Gleichmäßigkeit
4. Die Beschaffenheit des Mehlkörpers
5. Die Keimfähigkeit
6. Die Keimenergie
7. Die Wasserempfindlichkeit
8. Das Quellvermögen

332. Welche Zahlenwerte und Feststellungen kennzeichnen eine gute Braugerste?

Das hl-Gewicht gibt Hinweise auf den Extraktgehalt der Gerste. Es liegt zwischen 68–72 kg. Zur Bestimmung wird die Reichsgetreidewaage benützt. Das Tausendkorngewicht ist als Ausdruck des absoluten Korngewichts ein zuverlässiger Maßstab zur Beurteilung der Gerste als das Hektolitergewicht. Es steht in Beziehung zur Sortierung und zum Extraktgehalt der Gerste: Wird doch mit steigendem Tausendkorngewicht der prozentuale Anteil an erster Sorte und damit der Extraktgehalt der Gerste höher. Lufttrockene Gersten mit 37–40 g gelten als leicht, mit 40–44 g als mittelschwer, ab 45 g als schwer.
Die Gleichmäßigkeit der Gerste im Hinblick auf die Kornstärke ist für einen gleichmäßigen Weich- und Keimprozeß von großer Bedeutung. Die Korngrößen werden mit dem Sortiersieb von Vogel bestimmt. Dieses hat drei Siebe mit 2,8, 2,5 und 2,2 mm Schlitzweite. Die Anteile der Siebe mit 2,8 und 2,5 mm Schlitzweite ergeben zusammen die Malzgerste Sorte I (Vollgerste), das Sieb 2,2 mm ergibt die II. Sorte mit Kornstärken von 2,2–2,5 mm, während sich die flache Gerste und der Abfall am Boden sammeln und die Futtergerste bilden. Die Gleichmäßigkeit ist gegeben, wenn der Anteil der beiden ersten Siebe über 85 % beträgt.
Die Beschaffenheit des Mehlkörpers ist für den Wert und für die voraussichtliche Vermälzbarkeit von Bedeutung. Durch Längs- oder Querschnitt mit einem Korn-

schneider läßt sich der Mehlkörper beurteilen. Es gibt mehlige und glasige Körner mit allen möglichen Zwischenstufen.
Bei der Glasigkeit unterscheidet man die gutartige, d.h. die vorübergehende oder die bleibende, d.h. schädliche. Die gutartige Glasigkeit läßt sich schon dadurch eleminieren, daß die Gerste 24 Stunden geweicht und anschließend vorsichtig getrocknet wird. Sie beeinflußt den Wert der Gerste nicht. Sie ist witterungsbedingt (trockenes, heißes Wetter während der Reife und Ernte). Bleibende Glasigkeit weist auf einen hohen Eiweißgehalt hin. Die Gersten lassen sich bei der Keimung schwer lösen und ergeben Malze mit ungünstigen Verarbeitungsmerkmalen.
Frisch geerntete Gerste keimt schlecht. Erst nach dem Überwinden der Keimruhe erreicht sie die notwendige Keimreife. Da die Gerste unmittelbar nach der Ernte in den Mälzereien angeliefert wird, muß bereits zu diesem Zeitpunkt eine Feststellung getroffen werden, ob die Gerste keimt. Die Feststellung umfaßt die Anzahl der lebensfähigen Körner. Mit Hilfe des Vitascopes wird die Keimfähigkeit bestimmt. Die Feststellung der Keimenergie zeigt die Keimreife der Gerste. Man versteht darunter die Anzahl der Körner, die unter bestimmten Bedingungen nach 3 bzw. 5 Tagen keimen. Die Keimenergie muß bereits nach 3 Tagen der Keimfähigkeit nahe kommen. Die Bestimmung wird nach der Methode von Aubry oder Schönfeld vorgenommen.
Die Wasserempfindlichkeit hängt vom jeweiligen Stadium der Keimreife ab. Sie vermittelt eine Aussage über die Empfindlichkeit einer Gerste gegenüber einer zu reichlichen Wasserzufuhr beim Mälzen.
Das Quellvermögen nach Hartong-Kretschmer gibt an, welcher Wassergehalt nach 72 Stunden mittels des definierten Weichschemas in einer Gerstenprobe vorliegt. Dieses ist über 50 % sehr gut, zwischen 47,5 und 50 % gut, bei 45 – 47,5 % befriedigend und unter 45 % unzulänglich. Je höher das Quellvermögen der Gerste, um so mürber und enzymreicher wird das Malz.

333. Welche Eigenschaften werden durch die chemisch-technische Untersuchung festgestellt?

Es handelt sich hier nicht um eine eingehende „chemische“ Untersuchung der Gerste, sondern um eine Reihe von analytischen Feststellungen, die leicht durchführbar sind und wichtige Aufschlüsse über die Qualität der Gerste ergeben.

1. Der Wassergehalt: Er dient zur Bestimmung der Trockensubstanz. Er muß bereits bei der Annahme festgestellt werden. Neben der Bestimmung mit Hilfe der Trockenschrankmethode finden bei der Ermittlung Schnellmethoden Anwendung, die auf der Messung der Dielektrizitätskonstante beruhen.
2. Der Eiweißgehalt: Ein hoher Eiweißgehalt verringert die Extraktausbeute, erschwert die Verarbeitung und läßt die gewünschte Auflösung nur mit höhere Mälzungsverlusten erreichen. Die Untersuchung auf Eiweiß erfolgt mit der Kjeldahl-Methode (zeitraubend). Für Schnellbestimmungen gibt es entsprechende Apparate.
3. Der Extraktgehalt: Nachdem zur Bestimmung des Stärkegehaltes (58 – 65 %) ein Polarisationsapparat erforderlich ist und andererseits der Stärkegehalt keine Aussage über die Gesamtheit der Extraktstoffe liefert, hat man die Analyse des Gerstenextraktes eingeführt. Er liegt ca. 14,7 % über dem Stärkegehalt. Einen

genaueren Anhaltspunkt über die Extraktverhältnisse liefert ein Kleinmälzungsversuch (zwischen 100 g und 1 kg) unter betrieblichen Bedingungen mit anschließender Kongreßanalyse = Malzanalyse (siehe Kapitel fertiges Malz).

334. Welche handelsüblichen Garantien werden Kaufverträgen zugrunde gelegt?

Die für Braugerste handelsüblichen Garantien sind je nach der Marktlage unterschiedlich. Bei Rekordernten und hoher Qualität steigen die an die Braugerste gestellten Ansprüche, während sie in Jahren mit geringen Ernten und minderer Qualität absinken. Grundsätzlich gilt, daß die Handelsware Braugerste gesund und handelsüblich trocken sein muß. Folgende Durchschnittswerte sind üblich:

Reinheit	98 %	Keimfähigkeit nach Schönfeld	95 %
Vollgerstenanteil	90 %	Eiweißgehalt	11,5 %
Ausputz	2 %	Wassergehalt	16 %

Für Mehreiweiß und Überfeuchte gibt es Vereinbarungen zu ihrer Regelung. Bei schlechten Jahrgängen müssen zwischen Erzeuger, Handel und Verarbeiter entsprechende Durchschnittsnormen vereinbart werden.

335. Wie sieht ein Bewertungsschema und das entsprechende Punktsystem bei einem Gerstenwettbewerb aus?

Nachfolgendes Schema zeigt eine beim Braugerstenwettbewerb in Oberfranken 1986 ausgezeichnete Braugerste der Sorte »Steina«:

Qualitätsbewertung von Braugerste 19 86

Untersuchungsergebnis: Eiweißgehalt % 10,2

Auswuchs % -

Abputz und Verunreinigungen % -

Schlechter Geruch und Eiweißwerte über 12 % schließen Verwendung als Braugerste aus.

Muster-Nr. 1334 Sorte: Steina Menge:

Aussteller:

Ostbayer. Mittelgebirge

Landkreis: Wunsiedel

Gesamt-Punktzahl 24

Merkmale	A 1 4 Punkte	A 2 3 Punkte	B 2 Punkte	C 1 Punkt	D 0 Punkte	Punkte
Eiweiß %	bis 10,0	10,1–10,7	10,8–11,4	11,5–12,0	über 12,0	3
Kornausbildung	voll	bauchig	mittel	flach	sehr flach	4
Spelzenfeinheit	sehr fein	fein	mittel	rauh	sehr rauh	4
Sorte	gute Braugerste (2 Punkte)			Braugerste	keine Braugerste	2
Auswuchs %	bis 0,4 (3 Punkte)		0,5–1,7	1,8–3,0	über 3,0	3
Abputz und Verunreinigung %	bis 1,2 (3 Punkte)		1,3–2,5	2,6–4,0	über 4,0	3
Verletzungen	sehr gering (3 Punkte)		gering	stark	sehr stark	3
Geruch	gesund (2 Punkte)			noch gesund	schlecht	2

Eine weitere Möglichkeit den Wert einer Braugerste festzustellen zeigt das folgende Schema. Man bedient sich der Handbonitierung und schließt die chemisch-technische Analyse mit ein. Die festgestellten Eigenschaften werden nach Punkten beurteilt. Die vergebenen Plus- und Minuspunkte werden für sich addiert und dann voneinander abgezogen, um so die Gesamtpunktzahl zu erhalten. Die Höchstpunktzahl (Pluspunkte) beträgt 32 (ohne Minuspunkte). Die Endpunktzahl einer guter Braugerste kann 28 Punkte betragen. 32 Punkte wäre schon eine »Spitzengerste«.

Schema der Punktebeurteilung

Pluspunkte		Minuspunkte	
Farbe	0 bis 4	Geruch	0 bis 6
Spelzenfeinheit	0 bis 6	Auswuchs	0 bis 4
Kornausbildung	0 bis 6	Druschverletzungen	0 bis 6
		Verunreinigungen	0 bis 4

Chemisch-technische Analyse

Pluspunkte		Minuspunkte	
Vollgerste	0 bis 4	Wassergehalt	0 bis 4
Eiweißgehalt	0 bis 12	Ausputz	0 bis 3

Der Weizen

336. Woraus besteht das Weizenkorn?
Der Weizen besitzt keine Spelze, er ist nackt. Das Weizenkorn besteht aus der Frucht- und Samenschale, der Kleberschicht, dem Mehlkörper und dem Keimling. Die Frucht- und Samenschale sind miteinander und mit dem Mehlkörper verwachsen.

337. Wie soll guter Brauweizen beschaffen sein?
Er soll gewisse Voraussetzungen erfüllen, wenn ein helles, farbstabiles Weizenmalz von guter Auflösung hergestellt werden soll. Guter Brauweizen soll gelbe oder braungelbe Farbe und frischen Geruch haben. Die Körner sollen gleichmäßig, voll und mittelgroß sein, frei von Unkrautsamen und fremden Getreidekörnern. Das hl-Gewicht soll ca. 78 kg, das Tausendkorngewicht ca. 40 g betragen. Die Keimfähigkeit soll nicht unter 95 % liegen. Der Wassergehalt liegt etwa auf dem Niveau wie bei der Braugerste.

338. Wie steht es mit dem Eiweißgehalt beim Weizen?
Der Eiweißgehalt ist auch beim Weizen von ausschlaggebender Bedeutung, weil eine ähnliche Abhängigkeit zum Extraktgehalt des späteren Malzes besteht wie bei der Gerste. Leider gibt es keinen speziell gezüchteten Brauweizen, sondern nur Weizen, der für Brauzwecke vermälzt wird. Der Weizenanbau orientiert sich nach den Erfordernissen der Backindustrie. Diese bevorzugt einen hohen Eiweißgehalt und dieser entspricht einem hohen Klebergehalt (Produkt zweier spezifischer Eiweiße). Ein hoher Klebergehalt ist für den Bäcker die Gewähr für eine gleichmäßige gute Porung seiner Backwaren. Brauweizen sollte Eiweißgehalte unter 11 % haben, weil dadurch das Vermälzen leichter ist und gut gelöste und extraktreiche Malze entstehen. Um aber den Bedarf an Brauweizen zu decken, müssen häufig Weizen mit 12 % und darüber vermälzt werden.

339. Was kann außerdem noch zur Bierbereitung verwendet werden?
Alle stärkehaltigen Pflanzenfrüchte können zur Bierbereitung verwendet werden. Man unterscheidet dabei mälzungsfähige wie Gerste, Weizen, Roggen, Dinkel und Rohfrucht wie Mais und Reis. Darüber hinaus werden auch verschiedene Zuckerarten verwendet.

340. Warum kann Rohfrucht nicht für sich allein verbraut werden?
Weil sie nur geringe Mengen von Enzymen besitzt, ist der Eiweiß- und Stärkeabbau unvollkommen. Erst die Verwendung von enzymreichem Gerstenmalz gewährleistet optimale Sudhausarbeit. Aber auch aus Gründen der Gärung, der Hefeernährung und nicht zuletzt aus Erwägungen des Biergeschmackes, kann eine bestimmte Menge an Rohfrucht nicht überschritten werden.

341. Warum werden überhaupt Malzersatzstoffe für die Bierbereitung verwendet?
Um den Mälzungsschwand zu umgehen und dadurch Extrakt und Produktionsko-

sten zu sparen. Durch Zugabe von Enzympräparaten zur unvermälzten Gerste wurde der Malzbedarf verringert.

342. Ist die Rohfruchtverarbeitung überall erlaubt?

Nein, das Reinheitsgebot aus dem Jahre 1516, das im Biersteuergesetz verankert ist, verbietet die Verwendung von Rohfrucht in der Bundesrepublik Deutschland. Gewisse Ausnahmen gelten für Ausfuhrbiere, hier aber wiederum nicht für Bayern.

343. Welche Bedeutung hat das Reinheitsgebot für die Bierbereitung in der Bundesrepublik Deutschland

Es begründete bisher den guten Ruf des deutschen Bieres in aller Welt und so soll es auch bleiben. Auch nach dem Urteil durch den Europäischen Gerichtshof, für ausländische Biere das RHG aufzuheben, um so ein Handelshemmnis (nach den Verträgen von Rom) zu beseitigen, wird es an den deutschen Brauern liegen, durch gezielte Werbung die Reinheit ihrer Qualitätsbiere besonders hervorzuheben – (siehe Kapitel Bier).

Die Malzbereitung

344. Was versteht man unter Malzbereitung oder Mälzen?

Man versteht darunter die Umwandlung der Braugerste und des Weizens zu Malz. Unter künstlich geschaffenen bzw. gesteuerten Umweltbedingungen bringt man die Getreidearten zum Keimen. In erster Linie wird Braugerste, in zweiter Weizen vermälzt. Daneben kommen auch kleinere Mengen Roggen und Dinkel zur Verarbeitung.

345. Warum wird die Gerste vermälzt?

1. Um den Korninhalt zu lockern und aufzulösen.
2. Dazu müssen verschiedene Enzyme aktiviert und gebildet werden, welche die im Mehlkörper gespeicherten Reservestoffe bei der Keimung und später im Sudhaus beim Maischen umwandeln.

346. In welche Abschnitte unterteilt sich die Malzbereitung?

1. Die Annahme, das Vorreinigen, das eventuell notwendige Trocknen und Lagern der Gerste.
2. Das Putzen und Sortieren der Gerste.
3. Das Weichen.
4. Das Keimen.
5. Das Darren des Grünmalzes.
6. Das Entkeimen und Lagern des Darrmalzes.

347. Worauf erstreckt sich die Vorbereitung der Rohgerste zum Vermälzen?

1.1 Die Beseitigung von unvermälzbaren Verunreinigungen (Staub, Grannen, Spelzen, Sand, Metallteile).

1.2 Die Beseitigung von fremden Beimengungen (Fremdsamen, Fremdgetreide, Bruchgerste).

2. Das Sortieren der vermälzbaren Körner nach Korngröße (1. und 2. Sorte).
3. Die künstliche Trocknung bis zur Lagerfähigkeit (unter 15 % Wassergehalt).
4. Die Lagerung der Gerste.

1.2 und 2. werden heute vorwiegend erst nach der Lagerung durchgeführt.

348. Warum ist eine Aufbereitung und Lagerung der angelieferten Gerste erforderlich?

Da die angelieferten Gerstenmengen im Herbst größer sind als die Verarbeitungskapazitäten, ist eine Aufbereitung und Lagerung der angelieferten Gerste, trotz hoher Kosten, unbedingt erforderlich.

349. Warum kann die angelieferte Gerste nicht sofort vermälzt werden?

Die Gerste kommt heute aufgrund der veränderten Erntemethoden (Mähdrusch) jahreszeitlich früher in die Mälzereien als in der Vergangenheit. Das Nachtrocknen des geschnittenen Getreides auf dem Feld (Garben) und das Schwitzen in der Scheune fallen weg, so daß sich die Körner noch im Stadium der Keimruhe befinden.

350. Warum kommt der künstlichen Trocknung heute wesentlich mehr Bedeutung zu als früher?

Wie schon in Frage 349 angesprochen, ließ man das Getreide nach dem Schnitt schwitzen und damit trocknen, ehe man die Körner mit Hilfe von Dreschmaschinen ausdrosch. Der Mähdrescher hat erhöhte Wassergehalte zur Folge, was eine künstliche Trocknung erforderlich macht. Durch die künstliche Trocknung wird die Gerste nicht nur lagerfest, auch eine Steigerung der Keimenergie stellt sich ein.

351. Welche Voraussetzungen müssen für eine künstliche Trocknung gegeben sein?

Die Gerste muß gut ausgereift und vorgereinigt sein.
Nachfolgendes Schema zeigt eine Vorreinigungsanlage:

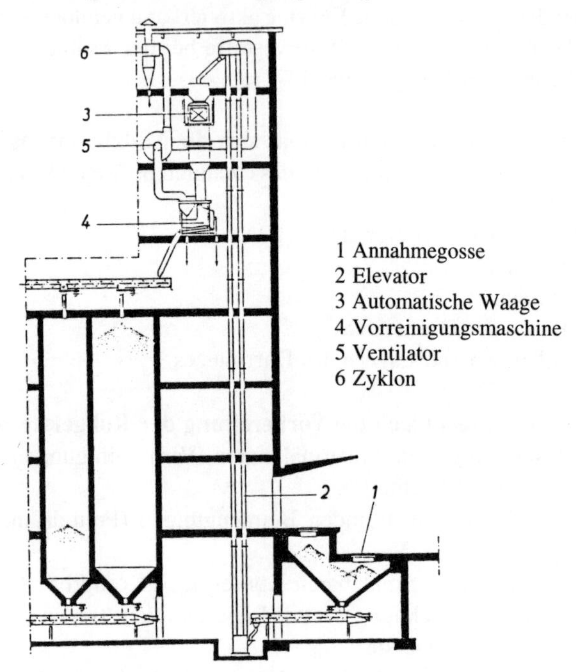

352. Warum muß feuchte Gerste künstlich getrocknet werden?

Die Gerste wird getrocknet, um sie lagerfähig zu machen.

353. Welche Möglichkeiten der Gerstentrocknung gibt es?

1. Häufiges Wenden (»Gerstenstechen«) auf dem Gerstenboden. Heutzutage sehr selten.
2. »Umbechern« der Silos, wobei der Trocknungseffekt von der Luftfeuchtigkeit und der Temperatur abhängig ist. Diese Maßnahme findet vor allen Dingen während der Lagerung statt.
3. Belüften der Böden und Silos mit konditionierter Luft.
4. Trocknen auf Malzdarren.
5. Trocknen mit Durchlauftrocknern.

354. Welcher Wassergehalt ist durch die künstliche Trocknung anzustreben?
Ein Wassergehalt von 12 % gewährleistet eine risikolose Lagerung. Weiter herunterzutrocknen ist einerseits unwirtschaftlich und andererseits besteht die Gefahr einer Schädigung der Keimfähigkeit.

355. Wie erfolgt die künstliche Trocknung durch Wärme?
Durch Erwärmen wird der Wasserdampfdruck im Korn so erhöht, daß er höher ist als der der Trocknungsluft. Je größer dieser Unterschied, um so rascher und weitgehender ist die Entwässerung.

356. Welche Faktoren müssen bei der künstlichen Trocknung beachtet werden?
1. Die Trocknungstemperatur hängt vom Feuchtigkeitsgehalt der Gerste ab, d. h. je höher der Feuchtigkeitsgehalt der Gerste, um so niedriger die Trocknungstemperatur (z. B. bei 22 % Feuchte 34°C; bei 16 % Feuchte 49°C).
2. Bei feuchten Gersten ist es deshalb ratsam, in 2 Stufen zu trocknen, um Schädigungen des Kornes zu vermeiden.
3. Als günstige Temperatur hat sich 45 °C erwiesen.
4. Außer der Trocknungstemperatur sind große Luftmengen erforderlich.
5. Als Faustregel gilt: pro Stunde 1 %.

357. Welche Leistungen bringen Malzdarren bei der künstlichen Trocknung?
Einhordenhochleistungsdarren eignen sich sehr gut für die künstliche Trocknung. Bei einer Belegung von 400 kg Gerste pro m² Hordenfläche kann bei einer von 35 auf 45°C steigenden Temperatur in 6 Stunden von 20 % auf 14 % Feuchtigkeit getrocknet werden.
Für die Trocknung von 1 t Gerste benötigt man 60000 kcal und 7 – 8 kWh. Pro Tag kann die Darre dreimal beladen werden. Legt man 50 m² Hordenfläche zugrunde, beträgt die Beladungsmenge 20 t/Charge = einer Tagesleistung von 60 t, was der Kapazität eines Durchlauftrockners von 2,5 t/h entspricht.

358. Wie arbeiten Durchlauftrockner?
Das Prinzip steckt schon im Namen. Der Durchlauftrockner besteht aus mehreren Abteilungen, einer Vorwärmeabteilung, zwei Trockenzonen und einer mit Außenluft beschickten Kühlabteilung. Der Wärme- und Kraftaufwand liegt bei 1500 m³ Luft/t/h bzw. 70000 kcal bzw. 2,5 kWh/t. Die Durchlaufzeit beträgt 90 Minuten bei Lufttemperaturen von bis zu 65 – 85°C.

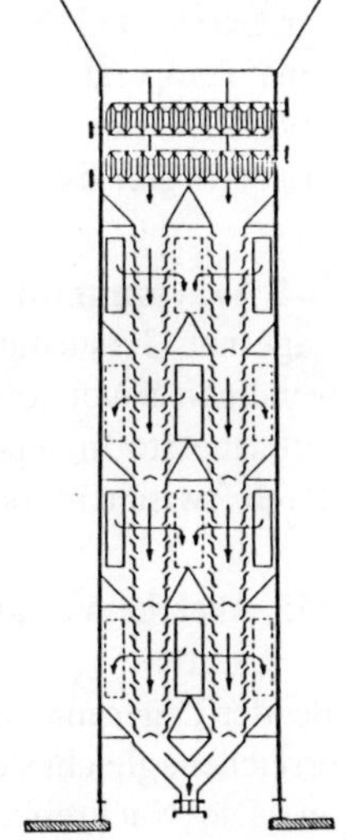
Durchlauftrockner

359. Welche Behandlung erfordert die künstlich getrocknete, warme Gerste?
Die nach dem Trocknen warme Gerste muß vor der Einlagerung in Silos mittels entfeuchteter Luft auf 6–8 °C abgekühlt werden. Nach Prof. Dr. Narziß wird neuerdings vorgeschlagen, die auf 12 % Wassergehalt getrocknete Gerste mit 35–40 °C in den Silos einzulagern und erst nach 3–14 Tagen durch Umlagern eine Abkühlung vorzunehmen. Durch die Warmlagerung wird die Keimruhe weitgehend abgebaut.

360. Welche Bedeutung hat die Kaltlufttrocknung?
Sie hat sich aus wirtschaftlichen Gründen wenig eingeführt.

361. Warum wird die Gerste gelagert?
Frisch geerntete Gerste muß bis zur Überwindung der Keimruhe gelagert werden. Dadurch erhält sie die Keimreife (wertsteigernde Lagerung). Aber auch bereits mälzungsreife Gerste wird bis zu ihrer Verarbeitung gelagert (wertehaltene Lagerung). Beide Maßnahmen sind aus wirtschaftlichen und technologischen Gründen notwendig.

362. Warum muß die lagernde Gerste trocken sein?
Das lagernde Korn ist ein lebender, pflanzlicher Organismus, dessen Atmungsprodukte Wasserdampf und Wärme die Atmung immer wieder anregen und verstärken. Das CO_2 stellt ein Atmungsgift dar. Mit steigendem Wassergehalt und steigender Temperatur nimmt die Atmung stark zu. Feuchte Gerste atmet folglich schneller als trockene. Sie erwärmt sich durch die damit verbundene Energieentwicklung, was eine weitere Atmungsbeschleunigung zur Folge hat, die mit erheblichen Substanzverlusten verbunden ist.

363. Von welchen Faktoren hängt die Atmung ab?
Maßgebend für die Stärke der Atmung sind der Wassergehalt und die Temperatur der Gerste. Folgendes Zahlenbeispiel soll dies verdeutlichen:
Eine Temperaturerhöhung um 12 °C hat eine 5fache Steigerung der Atmung zur Folge. Ein um 2–3 % höherer Wassergehalt bewirkt einen 80fachen Substanzverlust. Als günstige Grenzwerte gelten 14–15 % Feuchtigkeit und 15 °C.

364. Warum muß die Gerste umgelagert oder belüftet werden?
Lagernde Gerste muß umgelagert oder belüftet werden, um ihr den zur Atmung notwendigen Sauerstoff zuzuführen und das Atmungsprodukt CO_2 zu entfernen. Bei Luftsauerstoffmangel kommt es zum anaeroben Stoffwechsel, d. h. zur Gärung, deren Zwischenprodukte das Korn vergiften und die Keimfähigkeit schädigen.

365. Welche Veränderungen finden bei der Gerste während der Lagerung statt?
Bei der Lagerung der Gerste zur Überwindung der Keimruhe, um die Keimreife zu erreichen, gleicht sich die Keimenergie der absoluten Keimfähigkeit mehr und mehr an. Die Nachreife ist mit einer Verringerung des Wassergehaltes und durch

CO_2-Abscheidung verbunden. Im Korninneren werden Gerüststoffe enzymatisch abgebaut und in lösliche Substanzen übergeführt, die vom Keimling verwertbar sind. Durch das Herauslösen der Gerüststoffe entstehen feine Hohlräume, die das Quellvermögen beeinflussen.

366. Wie lange dauert die Keimruhe?
Sie kann wenige Tage bis zu einigen Wochen dauern. Sie hängt von den Witterungsbedingungen während der Reife und Ernte ab, sie kann auch sortenbedingt sein.

367. Welche Möglichkeiten der Lagerung gibt es?
1. Bodenlagerung
2. Silolagerung

368. Was ist bei der Einlagerung auf Gerstenböden zu beachten?
Trockene Gerste soll möglichst nicht höher als 1,5 m aufgeschüttet werden. Um eine Erwärmung der Gerste zu unterbinden und ihren Wassergehalt zu erniedrigen, wird sie von Zeit zu Zeit umgeschaufelt, wobei auch das Atmungsprodukt der Gerste, die Kohlensäure, abgeführt wird. Während des Umschaufelns bei geöffnetem Fenster soll kalte Außentemperatur und Zugluft herrschen. Dagegen müssen die Fenster bei feuchtem, warmem Wetter geschlossen bleiben, weil sich sonst Feuchtigkeit auf dem kalten Getreide niederschlägt.
Der Gerstenboden muß kühl und trocken sein; das Eindringen von Ratten, Mäusen, Vögeln usw. ist zu unterbinden.

369. Was versteht man unter einem Silo?
Unter einem Silo versteht man ein Bauwerk zur Aufnahme von Getreide und sonstigen Gütern. Die einzelnen Silozellen haben meist einen quadratischen oder runden Grundriß, sie sind wabenartig aneinander gefügt und oft bis zu 40 m hoch. Sie sind größtenteils in Eisenbetonbauweise errichtet, können aber auch aus Ziegelsteinen, armiertem Beton oder Betonplatten, aus Eisen oder Aluminium hergestellt werden. Holz verwendet man heute nicht mehr zum Silobau. Das Silo muß über Einrichtungen verfügen, die das Umschichten der Gerste von einer in die anderen Zellen ermöglicht, was wenigstens alle 3–4 Wochen erfolgen soll. Die Außenwand muß isoliert sein.
Um die hohen Herstellungskosten von Betonsilos zu erniedrigen, werden diese für kleinere Anlagen aus sog. Silobausteinen gefertigt. Silos ohne Kellerraum lassen sich billiger erstellen. Die Außen- und Quermauern werden auf Streifenfundamente gesetzt, der Zellenboden mit 39° Neigung in eine Kiesfüllung gelegt. Silos aus Stahlblech haben gegenüber Betonsilos Vorteile: Die Konstruktion aus verschraubbaren Stahlringen oder Profilblechen ist leichter, billiger, rascher zu errichten und sofort betriebsbereit.
Da die gute Wärmeleitfähigkeit des Stahlbleches die Kondenswasserbildung begünstigt, darf nur getrocknete Gerste eingelagert werden. Eine Umlagerung ist ebenfalls erforderlich.

370. Was versteht man unter einem Belüftungssilo?
Einen aus Längszellen von meist quadratischem Querschnitt bestehenden Getreidesilo mit Luftzufuhr mittels eines Ventilators. Die Zuführung der frischen Luft erfolgt aus einem Hauptluftkanal unter den Silotrichtern, in denen ein Ventilator mit geringem Überdruck arbeitet. An diesen Hauptluftkanal sind die einzelnen Zellen mittels Drosselklappe angeschlossen, wobei die Luft unter einem größeren Sattel oberhalb der Siloausläufe in die Zelle tritt. Die Durchführung der Luft durch das Getreide erfolgt in einzelnen Höhenabschnitten in waagerechter Richtung. Ein senkrechter Luftschacht in jeder Zelle führt Frischluft nach den oberen Ringkanälen, ein senkrechter Abluftschacht entläßt die verbrauchte Luft ins Freie.

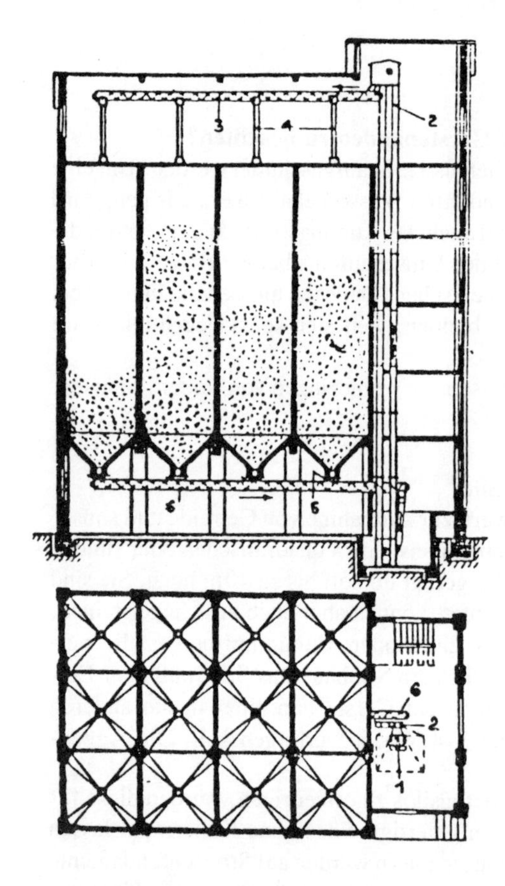

Längs- und Querschnitt von Silos;
1. Gosse
2. Becherwerk
3. obere Transportschnecke
4. Füllrohre der Silos
5. Entleerungsventil der Silos
6. untere Transportschnecke

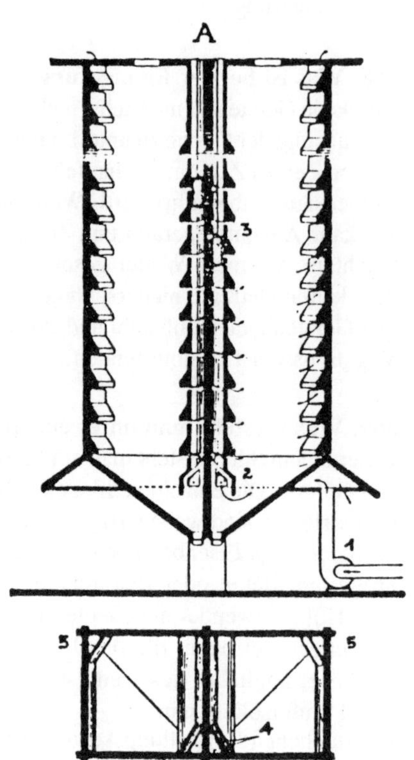

Lüftungssilo
A. Längsschnitt:
1. Ventilator
2. Belüftungskanal
3. verschiebbares Ventil
B. Querschnitt:
4. Belüftungskanäle
5. Entlüftungskanäle

371. Welche Voraussetzungen muß die Luft erfüllen, mit der im Lüftungssilo gearbeitet wird?

Die Luft muß kälter und trockener als die eingelagerte Gerste sein, sonst gibt sie Wärme und Wasserdampf an diese ab, was unter allen Umständen vermieden werden soll. Bei Nebel und Regenwetter darf daher die Siloüftung auf keinen Fall in Betrieb genommen werden. Die laufende Überwachung von Temperatur und Wassergehalt der Gerste sowie von Temperatur und relativem Feuchtigkeitsgehalt der Außenluft (d. h. Feuchtigkeitsgehalt in Prozenten bei der jeweiligen Lufttemperatur) ist für eine einwandfreie Silolagerung unerläßlich.

372. Wie erfolgt die Belüftung der Silos?

Die hochliegende Getreidesäule erschwert die Belüftung. Bei kleinen Anlagen kann die Luft von unten durchgedrückt werden. Einer Höhe von 25 m erfordert eine Luftmenge von 80 m³/t/h und einen Druck von ca. 500 mm WS. Größere Anlagen werden waagrecht belüftet (siehe Ranksilo).

373. Wie werden die Temperaturen kontrolliert?

Bei großen Siloanlagen werden Temperaturen mit Hilfe von Meßsonden zentral in einer Schalt- und Kontrollwarte registriert.

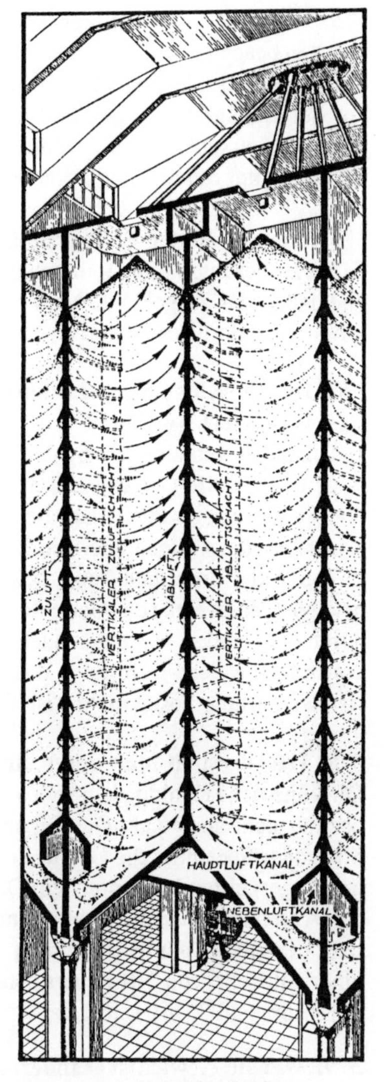

Ranksilo mit Zellendurchlüftung

374. Welche Vorteile bietet ein Silo mit Zellenlüftung gegenüber einem Lagerboden?

1. Fortfall der Handarbeit.
2. Die Möglichkeit, frisch gedroschene Gerste einzulagern.
3. Schutz gegen schädliche äußere Einflüsse.
4. Bessere Raumausnützung.
5. Niedrige Temperatur der Gerste, daher geringerer Atmungsverlust.
6. Bei Verwendung künstlich gekühlter Ventilationsluft Übersommern der Gerste ohne Minderung ihrer Keimfähigkeit.

375. Was ist bei der Einlagerung von Getreide in Silos zu beachten?
Es ist zu beachten, daß 1. das Silo an sich vollkommen trocken sein muß, 2. daß nur trockenes Getreide eingelagert werden darf, 3. daß künstlich getrocknete Getreide vor der Einlagerung auskühlen muß, 4. daß auch das ruhende keimfähige Korn atmet und ersticken muß, wenn nicht seine Atmungsprodukte Kohlensäure und Wasserdampf durch Ventilation oder Umschichten rechtzeitig entfernt werden.

376. Was ist bei der Einlagerung von Malz in Silos zu beachten?
Es ist zu beachten, daß 1. frisches Darrmalz vor der Einlagerung auskühlen muß und daß 2. das ausgekühlte Malz bis zu seiner Verwendung unter völligem Luftabschluß im Silo lagern kann.

377. Durch welche Einrichtungen kann die Bodenlagerung von Getreide verbessert werden?
1. Durch Anwendung des Schüttschen Rieselsystems, wobei das auf den obersten Boden geförderte Getreide durch zahlreiche, reihenweise angeordnete Öffnungen von Stockwerk zu Stockwerk bei geöffneten Fenstern rieselt. Es wird dann nach Bedarf wieder auf den obersten Boden gebechert.
2. Durch die Bodenbelüftung, bei welcher der Speicherboden mit Lüftungsrohren belegt ist, auf welche das Getreide aufgeschüttet wird. Die Lüftung erfolgt entweder durch ein Gebläse von unten nach oben durch das Lagergut oder durch sog. Windkraftlüfter, welche Luft durch das Getreide von oben nach unten saugen. Letztere Art der Lüftung kostet nichts, ist aber von der herrschenden Windstärke abhängig.

378. Was versteht man unter künstlicher Kühlung der Gerste?
Die künstliche Kühlung kann notwendig werden, wenn die vorhandene Trocknerkapazität nicht ausreicht. Die Technik der Gerstenkühlung sieht vor, in belüfteten Silos oder Speichern die Gerste auf Temperaturen abzukühlen, die dem vorgesehenen Lagerzeitraum entsprechen. Dazu eignen sich fahrbare Kühlaggregate, die mit den Anschlüssen der Belüftungseinrichtungen verbunden werden. Bei einer Abkühlung der Gerste um je 10°C sinkt auch der Wassergehalt um 0,5 %. Die Kühlung einer Silozelle von 50 t dauert rund 24 h. Leistung: 280 kcal/t/h bei einem Luftdurchsatz von 25 m^3/t/h.

379. Welche Gewichtsveränderungen erfährt die Gerste während der Lagerung?
Durch Wasserverdunstung und Atmung ergeben sich Gewichtsverluste zwischen 0,8–1,3 %. Die Höhe hängt vom Wassergehalt der Gerste ab.

380. Welche Förderrichtungen unterscheidet man beim Transport der Gerste?
1. Natürliches Gefälle
2. Horizontale Förderrichtung
3. Vertikale Förderrichtung

381. Welche Förderanlagen unterscheidet man?
1. Mechanische Förderanlagen
2. Pneumatische Förderanlagen

382. Welche mechanischen Förderanlagen gibt es?
1. Förderschnecken
2. Trogkettenförderer
3. Gurtförderer (Förderbänder)
4. Becherwerke oder Elevatoren

Die Schwingförderer oder Förderrinnen werden heute kaum noch eingesetzt.

383. Welche pneumatischen Förderanlagen unterscheidet man?
1. Saugluftanlagen
2. Druckluftanlagen

384. Welche mechanischen Förderanlagen werden beim horizontalen Transport eingesetzt?
1. Förderschnecken
2. Gurtförderer
3. Trogkettenförderer

385. Welche mechanischen Förderanlagen werden für den vertikalen Transport eingesetzt?
Für den vertikalen Transport werden Becherwerke oder Elevatoren eingesetzt.

386. Aus welchen Teilen besteht eine Förderschnecke?
Das Schema gibt Aufschluß über die Bestandteile einer Förderschnecke:

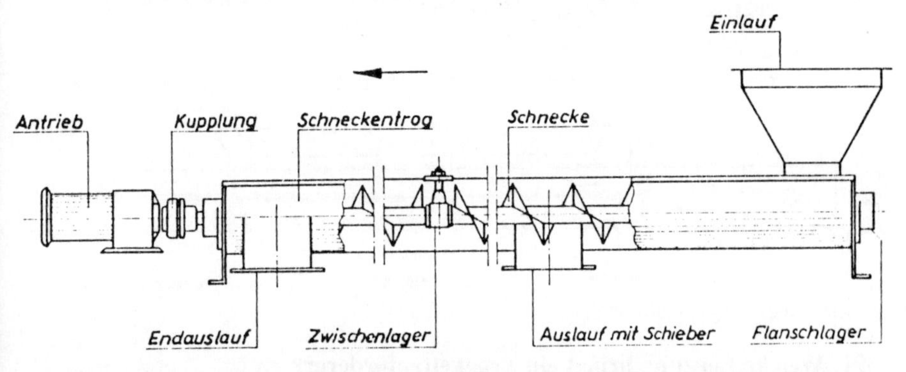

Durch Drehen der Schneckenwindungen wird das Fördergut in einer Richtung bewegt. Die Schneckenwelle ist an beiden Enden des Troges gelagert. Bei längeren Förderschnecken sind Zwischenlager im Abstand von 3m notwendig, um ein Durchbiegen der Schneckenwelle zu verhindern.

387. Welche Leistungen bringen Förderschnecken?
Der Durchmesser von Schnecken liegt zwischen 100–600mm, die stündliche Leistung beträgt bis zu 100t. Die Länge ist begrenzt, sie soll 40m nicht überschreiten. Bei längeren Transportwegen muß man mehrere Schnecken nacheinander anordnen. Der Füllungsgrad beträgt 20–30 %. Die Leistung hängt außerdem von der Art der Schnecken ab. Vollschnecken haben eine höhere Leistung als Bandschnecken.

388. Welche Vorteile haben Förderschnecken?

Sie sind einfach im Bau, billig in der Anschaffung und Wartung, ihr Raumbedarf ist gering. Das Fördergut kann durch Schieber an beliebiger Stelle zugeführt und entnommen werden.

389. Welche Nachteile haben Förderschnecken?

Durch die starke Reibung kann das Fördergut an den Trogwänden beschädigt werden. Da zwischen dem Trog und der Schnecke ein notwendiger Zwischenraum von 3–5 mm besteht, bleibt zwangsläufig Fördergut zurück, so daß nur der Transport einer Getreideart möglich ist, will man Vermischungen vermeiden (besonders bei Gerste und Malz!). Außerdem ist der Transport nur in einer Richtung möglich.

390. Aus welchen Teilen besteht ein Trogkettenförderer?

Der Trogkettenförderer ist die Weiterentwicklung des ursprünglichen Kratzerförderers. In einem allseitig geschlossenen, rechteckigen Trog bewegt sich eine oder zwei mit Querstegen versehene Laschenkette. Der Antrieb erfolgt über Kettenräder, wobei das Umlenkrad eine Spannvorrichtung besitzt. Der Transportstrang gleitet auf dem Boden des Troges, während sich der Leerstrang auf Gleitschienen zurückbewegt. Die Förderkette nimmt sowohl die zwischen ihren Gliedern und Querstäben befindliche Menge als auch das auf dieser Schicht liegende Fördergut mit.

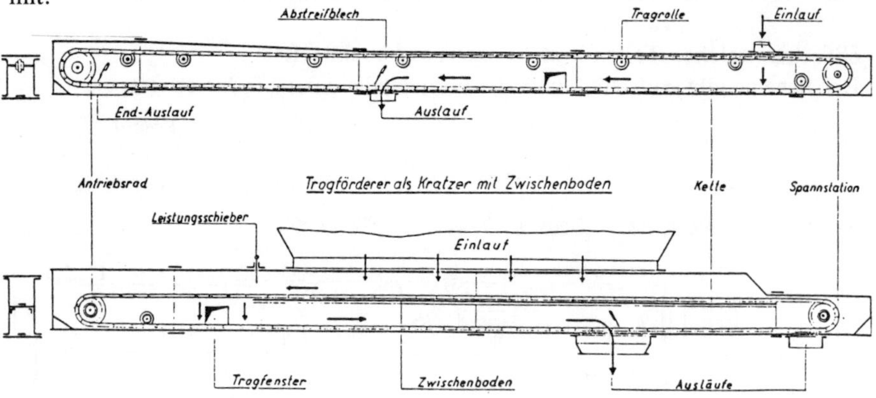

Schema eines Trogkettenförderers

391. Welche Leistung bringt ein Trogkettenförderer?

Die Kettengeschwindigkeit beträgt 0,1–0,4 m/s. Die Fördermenge hängt von den Abmessungen des Troges ab, sie kann 3–200 t/h betragen.

392. Welche Vorteile haben Trogkettenförderer gegenüber den Transportschnecken?

Die Länge eines Trogkettenförderers kann bis zu 120 m betragen. Bei geringem Kraftaufwand bringt er hohe Leistungen. Die Förderrichtung ist beliebig, d. h. Links- als auch Rechtslauf. Die Aufgabe des Gutes erfolgt durch einfaches Einschütten in den Trog, die Abgabe ist durch Schieber überall möglich. Er fördert rückstandslos, weil sich in gewissen Abständen sog. Abstreifer an den Kettengliedern befinden und damit eine vielseitige Verwendung möglich ist.

393. Aus welchen Teilen besteht ein Band- oder Gurtförderer?
Er besteht aus einem endlosen Band aus Gummi oder Kunststoff, welches mehrere Gewebe- oder Drahtseileinlagen besitzt. Die Gewebeeinlagen können aus Baumwolle, Zellwolle oder synthetischen Fasern bestehen. An beiden Enden läuft das Band über Umleitrollen, zur Zwischenstützung dienen Tagrollen, die transportseits in einem Abstand von 2–4 m und rücklaufseits in einem Abstand von 6–8 m angeordnet sind. Selbsttätige Vorrichtungen, wie Schraubenfedern oder gewichtsbelastete Spannwagen, halten das Band immer gleichmäßig gespannt.

394. Welche Bandförderer unterscheidet man?
Nach der Anordnung der Tragrollen unterscheidet man Flach- und Muldenbänder.

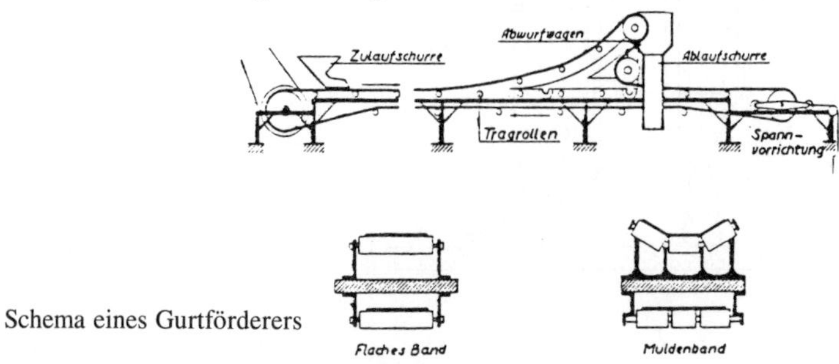

Schema eines Gurtförderers

395. Welche Leistungen bringen Bandförderer?
Muldenbänder bringen die doppelte Leistung als gleich breite Flachbänder. Die Bandgeschwindigkeit beträgt 2,5–3,5 m/s. Bei einer nach DIN 22102 genormten Bandbreite von 300–2800 mm und einer Schütthöhe von 1/10 der Bandbreite ergeben sich Leistungen von 15–40 t/h. Förderlängen bis zu und über 300 m sind keine Seltenheit.

396. Aus welchen Teilen besteht ein Becherwerk oder Elevator?
In einem allseits geschlossenen Gehäuse aus Stahlblech befindet sich ein Gurt aus Hanf, Baumwollgewebe oder synthetischer Faser mit oder ohne Gummieinlage. Der Gurt läuft unten und oben über eine Scheibe. Der Antrieb befindet sich an der oberen Scheibe, wo sich auch die Spannvorrichtung befindet. In entsprechenden Abständen sind Becher aus Stahlblech oder Kunststoff angebracht. Aus einem Schöpftrog, der sich im Elevatorfuß befindet schöpfen die Becher das Getreide, das über einen Regelschieber zufließt. Die Abgabe des Fördergutes erfolgt an der oberen Umlenkscheibe in eine Auslaufrinne, in eine Transportschnecke, einen Trogkettenförderer zum Weitertransport.

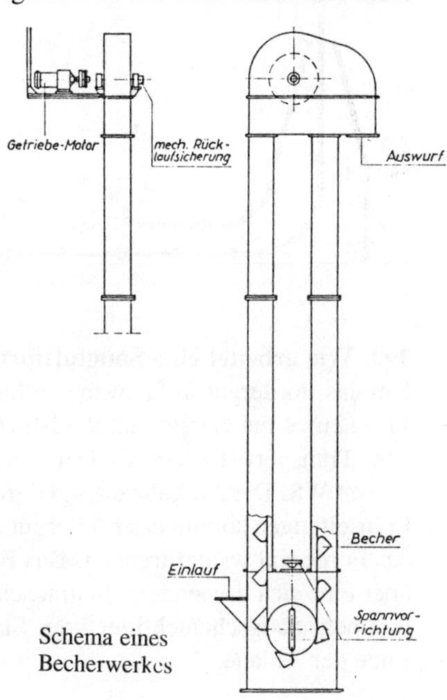

Schema eines Becherwerkes

397. Welche Leistungen bringen Elevatoren?

Bei einem Becherabstand von 30–40 cm, einem Becherinhalt von 2–15 l, wobei der Befüllungsgrad 60–75 % beträgt und einer Gurtgeschwindigkeit von 2–3 m/s werden Leistungen von 100 t/h und mehr erzielt. Die Förderhöhe kann bis zu 100 m betragen. Die Elevatoren stellen heute, mit Ausnahme von pneumatischen Förderanlagen, das vertikale Haupttransportmittel dar.

398. Aus welchen Teilen besteht eine Saugluftanlage?

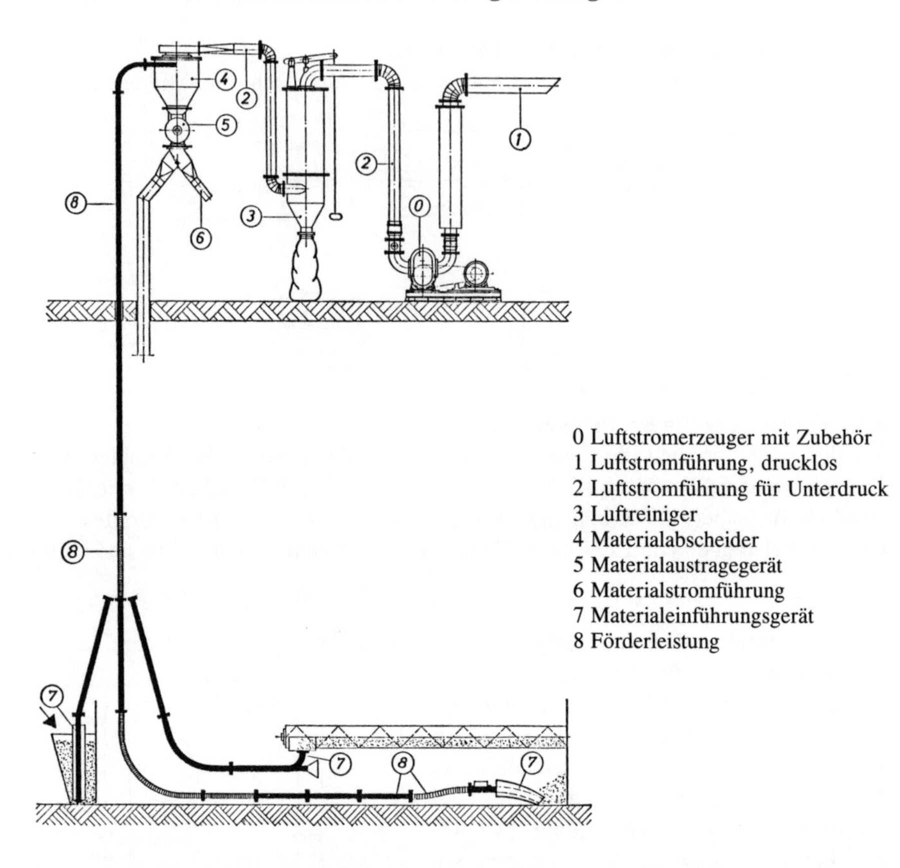

399. Wie arbeitet eine Saugluftförderanlage?

Um das Fördergut in Schwebe zu halten bedarf es einer Luftgeschwindigkeit von 11–12 m/s bei Gerste und 9–10 m/s bei Darrmalz. Erst der Wert darüber dient dem Transport (8–9 m/s). Der Luftstromerzeuger schafft einen Unterdruck von 1–6 m WS. Die Aufgabe erfolgt durch Ansaugen mittels eines Saugrüssels. Durch Rohrleitungen kommt das Fördergut zum Abscheider, in welchem sich die Luft und das Fördergut wieder trennen. Das Fördergut fällt im Verteiler zu Boden und wird über eine sich drehende Zellenradschleuse ausgetragen. Die austretende Luft wird in einem Saugschlauchfilter vom Staub befreit. Der Luftstromerzeuger steht am Ende der Anlage.

400. Wann werden Saugluftförderanlagen eingesetzt?
Sie werden eingesetzt, wenn das Fördergut von verschiedenen Punkten an einen Zentralpunkt befördert wird (z. B. Putzerei).

401. Aus welchen Teilen besteht eine Druckluftförderanlage?

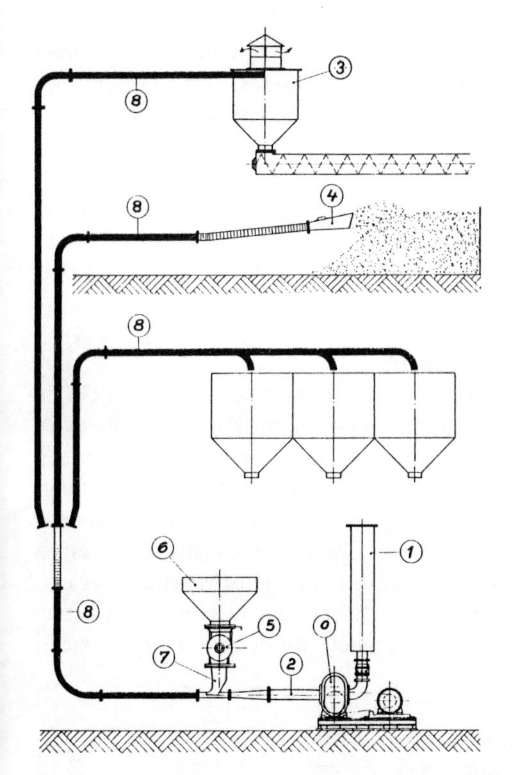

Schema einer Druckluft-Anlage
0 Luftstromerzeuger
1 Ansaugschalldämpfer
2 Druckluftleitung
3 Ausblasegefäß
4 Ausblasetrichter
5 Druckschleuse
6 Einschütt-Trichter
7 Druckdüse
8 Druckförderleitung

402. Wie arbeitet eine Druckluftförderanlage?
Die Luftgeschwindigkeitswerte sind die gleichen wie bei der Saugluftförderanlage. Der Luftstromerzeuger erzeugt einen Überdruck von 1 – 4 m WS. Das Gebläse (0) saugt über einen Schalldämpfer (1) die Luft an und drückt sie in die Druckleitung (2). Das Fördergut gelangt über einen Einschütt-Trichter (6) zur Druckschleuse und über die Druckdüse (7) in die Druckförderleistung (8). Die Abnahme am Bestimmungsort erfolgt entweder über einen Ausblasetrichter (4) oder über ein Entspannungsgefäß (3), das zur Verhinderung einer zu starken Staubentwicklung an einen Druckschlauchfilter oder einen Zyklon angeschlossen werden kann. Der Luftstromerzeuger steht am Anfang der Anlage.

403. Wann werden Druckluftförderanlagen eingesetzt?
Sie dienen der Förderung von einer Zentralstelle nach verschiedenen Abgabeplätzen. Durch flexible Leitungsteile oder Umstellhähne läßt sich die Förderleitung bequem verzweigen, um verschiedene Abgabestellen zu erreichen.

404. Welche Leistungen bringen pneumatische Förderanlagen?

Je nach dem Rohrleitungsdurchmesser (60–250 mm) kann die Fördermenge pro Saugrohr bis zu 100 t/h betragen, bei einem Förderweg bis zu 500 m. Bei Druckluftförderanlagen (Leitungsdurchmesser 50–350 mm) beträgt die Fördermenge bis zu 300 t/h, der Förderweg bis zu 1500 m, die Höhe bis zu 100 m. Beide Systeme können kombiniert eingesetzt werden.

Ihre Anschaffung ist kostengünstig, die Wartung und Steuerung einfach. Die großen Luftmengen bewirken eine kräftige Belüftung des Fördergutes. Der hohe Kraftbedarf, der das 4–14fache des mechanischen Transports beträgt, ist sehr nachteilig.

405. Warum muß die Gerste geputzt werden?

Die angelieferte Gerste ist »Rohgerste«, zur Vermälzung braucht man aber die »Malzgerste«. Deshalb müssen vor der Vermälzung mit Hilfe von entsprechenden Apparaten und Maschinen die unvermälzbaren Verunreinigungen und fremden Beimengungen entfernt werden.

406. Warum muß die Gerste sortiert werden?

Um gleichmäßiges Weichen und Keimen zu erzielen. Körner von ungleicher Größe weichen ungleich, weil schwache Körner rascher Wasser aufnehmen als große, volle Körner. Diese früher als Hauptgrund erhobene Forderung ist durch die modernen Weichverfahren (lange Luftrasten) nicht mehr von ausschlaggebender Bedeutung. Wenn heute die Handelsmälzereien Gerste sortieren und getrennt vermälzen, hat das folgenden Grund: die Malzkontrakte mit den Brauereien enthalten u.a. einen garantierten Extraktgehalt (Extraktausbeute), der durch gezielte Mischung der einzelnen Sortieranteile aus den Silos erreicht wird. Da aber die angelieferten Gersten einen verschiedenen hohen Anteil an II. Sorte enthalten, werden sie vor der Vermälzung aussortiert.

407. Welche Apparate und Maschinen sind Bestandteile einer Gerstenputzerei bei der Hauptreinigung?

1. Entgranner
2. Magnetapparat
3. Aspirateur
4. Trieur
5. Sortieranlage
6. Entstaubungsanlage

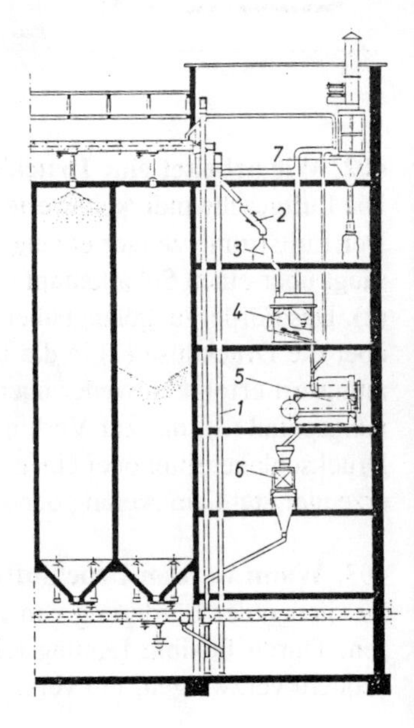

Schema einer Hauptreinigungsanlage
1 Elevator
2 Magnet
3 Entgranner
4 Aspirateur
5 Trieur, Nachtrieur und Sortieranlage
6 Waage
7 Saugschlauchfilter

408. Welchen Zweck hat der Entgranner?
Er dient zur Entfernung der Grannen, gleichzeitig beseitigt er durch kräftige Reibung der Körner aneinander die anhaftenden Schmutzteile. Der Entgranner ist mit einem Lüfter verbunden, der die gelösten Grannen und Schmutzteilchen absaugt.

409. Welchen Zweck hat der Magnetapparat?
Er dient zum Ausscheiden der im Getreide enthaltenen Eisenteile, wie Nägel, Schrauben, Muttern und Bindedraht.

410. Welchen Zweck hat der Aspirateur?
Er dient zur Entfernung von Staub und sonstigen leichten Teilen wie gelöste Spelzen Grannen usw. aus der Gerste.

411. Nach welchem Prinzip arbeitet ein Aspirateur?
Siebsätze, die sich in rüttelnder Bewegung befinden entfernen durch ihre Schlitzweiten alles, was größer und kleiner ist, als die Gerste. Dem natürlichen Gefälle des Getreides entgegengesetzte Luftströme transportieren alle leichten Teile zu einer Entstaubungsanlage.

412. Wozu dient der Trieur?
Er dient zum Auslesen solcher fremder Beimengungen, welche annähernd kugelige Form haben, wie Halbkörner und Unkrautsamen.

413. Wie bewirkt der Trieur die Auslesearbeit?
Die Gerstenkörner und die kugeligen Beimengungen durchgleiten den sich langsam mit einer Umfanggeschwindigkeit von etwa 0,85 – 1,1 m/s drehenden zylinderförmigen Trieurmantel. Dabei werden kugelige Beimengungen von den taschenförmig gefrästen Zellen der Innenwand aufgenommen, mitgenommen und dann in eine Mulde abgeworfen, die mitten durch die Längsachse des Trieurzylinders geht. Die möglichst scharfkantigen Zellen haben eine Lochung von 6 mm. Ganze Körner, die die Zellen belegen, fallen im Laufe der Drehung durch ihr eigenes Gewicht wieder heraus. Ein verstellbarer Abstreifer fördert diesen Vorgang. Die von den Halbkörnern und Kugeln befreite Gerste bewegt sich aufgrund eines Gefälles von etwa 6 % vorwärts und gelangt von da in einen Nachlesetrieur oder in eine Sortiervorrichtung.
Die Leistung beträgt 200 kg/m²/h.

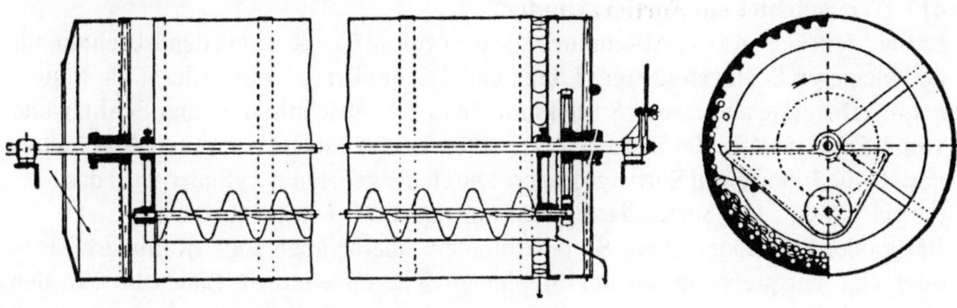

Trieur

414. Was versteht man unter einem Hochleistungstrieur?
Durch eine wesentlich höhere Umfanggeschwindigkeit, wobei die Schwerkraft die am Umfang wirkende Fliehkraft gerade noch überwiegt, fallen die in den Zellen aufgenommenen Halbkörner und Kugeln noch mit Sicherheit in die sehr hoch liegende Auffangmulde. Durch die Zentrifugalkraft steigen auch die intakten Gerstenkörner höher an, was die normale Auslesefläche von 20–25 %, auf 30 % erhöht. Die Leistung steigt dadurch auf 400 kg/m²/h.

415. Was versteht man unter einem Ultratrieur?
Er besitzt als wesentliches Merkmal eine Schlägerwalze, die in die oberen Schichten der Getreideniere (siehe nachfolgende Abb.) eingreift und diese auf den freien Teil des Trieurmantels am Fuße der Niere zurückschleudert. Durch eine drallförmige Anordnung der Schläger wird das Getreide schräg dem Trieursauslauf zugeworfen. Dieser Effekt erübrigt ein Gefälle. Durch die bessere Ausnützung der Sortierfläche, kann trotz Reduzierung der Umlaufgeschwindigkeit und kleiner Abmessungen, die Leistung auf 800 kg/m²/h erhöht werden.

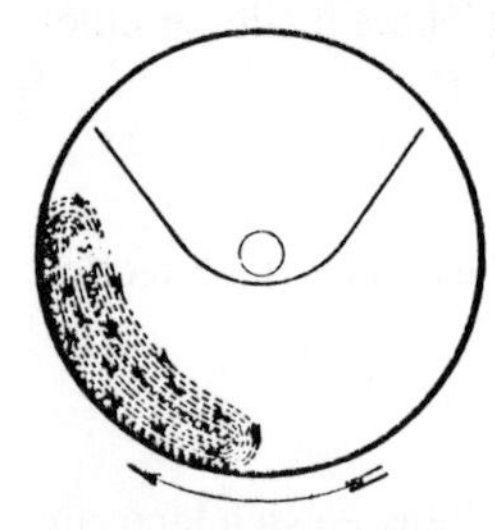
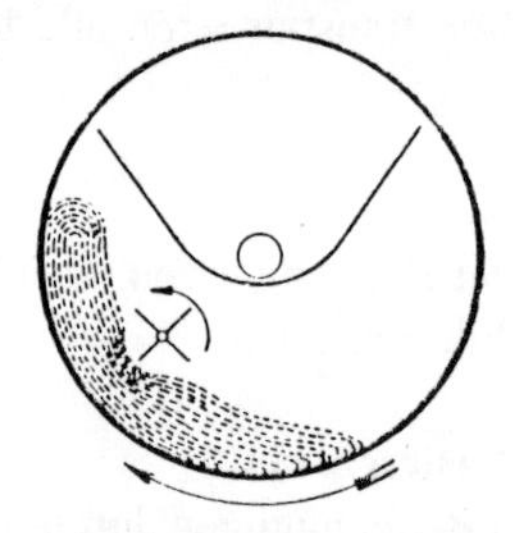

Ultratrieur

Bildung kreisender Schichten und Wirkung eines Schlägerwerks

416. Wie erfolgt die Sortierung der Gerste?
Sie erfolgt mit Hilfe von geschlitzten Blechen, die in unterschiedlicher Weise angeordnet sind:
1. Die Sortierbleche werden zu Zylindern gebogen, die sich um ihre Achse drehen, während die zu sortierende Gerste durch den Zylinder gleitet (Sortierzylinder).
2. Die quadratischen Sortierbleche werden flach übereinander angeordnet und durch exzentrische Gewichte in schwingende Bewegung gesetzt (Plansichter).
3. Die runden bzw. achteckigen Sortierbleche werden flach übereinander angeordnet. Die Auslese erfolgt durch eine exzentrische Bewegung und durch entsprechend angeordnete Pralleisten (Plansichter).

417. Wie arbeitet ein Sortierzylinder?
Er unterteilt sich in zwei Abschnitte. Die unsortierte Gerste tritt in den Abschnitt mit den kleineren Schlitzen (25 mm Länge und 2,2 mm Breite) und entfernt die Futtergerste. Die erste und zweite Sorte kommen in den Abschnitt mit einer Schlitzweite von 2,5 mm, in dem die II. Sorte entfernt wird. Am Ende des zweiten Abschnittes verläßt die I. Sorte den Sortierzylinder. Durch die geneigten Zylinder wird das Sortiergut bewegt. Die Sortierfläche wird nur zu ca. 25 % ausgenützt.
Bei modernen, waagrechten Sortiertrommeln übernehmen sog. »Kammerleisten« oder eine entsprechend auf der Siebinnenfläche angeordnete Bandschnecke den Vorschub.

418. Wie arbeitet ein Plansichter?

Er besteht aus 3 Abschnitten, wobei der 1. Abschnitt aus 4, die Abschnitte 2 und 3 aus je 2 Sortiereinheiten bestehen. Eine Sortiereinheit besteht aus einem Siebblech mit Kreuzschlitzung, einem Kugelsiebrahmen und dem Sammelblech. Im ersten Abschnitt werden grobe Teile und die I. Sorte von der II. Sorte und der Futtergerste getrennt. Die groben Teile und die I. Sorte werden im 3. Abschnitt voneinander getrennt, während im 2. Abschnitt die II. Sorte von der Futtergerste getrennt wird. Alle voneinander getrennten Bestandteile verlassen getrennt den Plansichter.
Die Anordnung der Siebe ermöglicht eine gleichmäßige Beschickung und eine damit verbundene höhere Leistung, die bei 10 t/h liegt.

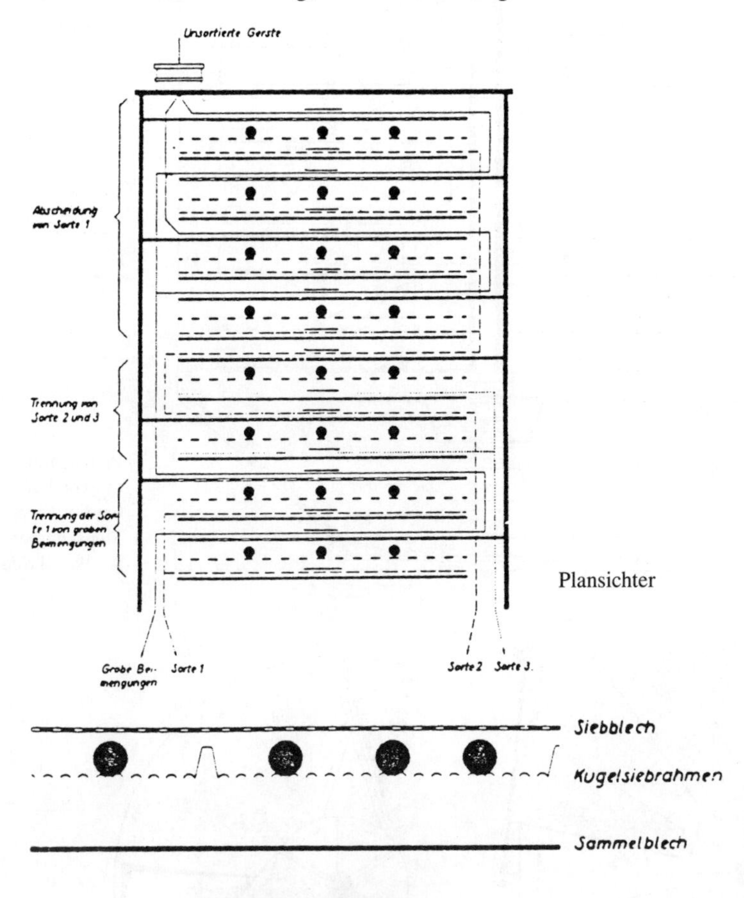

Plansichter

Kreuzschlitzung

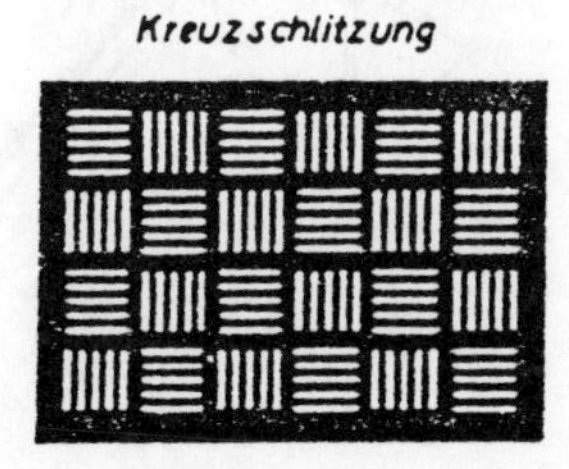

419. Wie sieht ein Plansichter mit runden bzw. mehreckigen Siebscheiben aus und welche Vorteile hat er gegen den im Frage 418 beschriebenen Plansichter?

Er besteht aus 2 oder 4 um eine Mittelachse horizontal gelagerte Siebscheiben. Diese sind in jeweils 8 auswechselbare Siebelemente unterteilt, die zentral von der Mittelachse beschickt werden. Trotz eines geringeren Energiebedarfs von ca. 2 kWh (gegenüber 3 kWh des rechteckigen Plansichters) bringt er eine Leistung von 12 t/h.

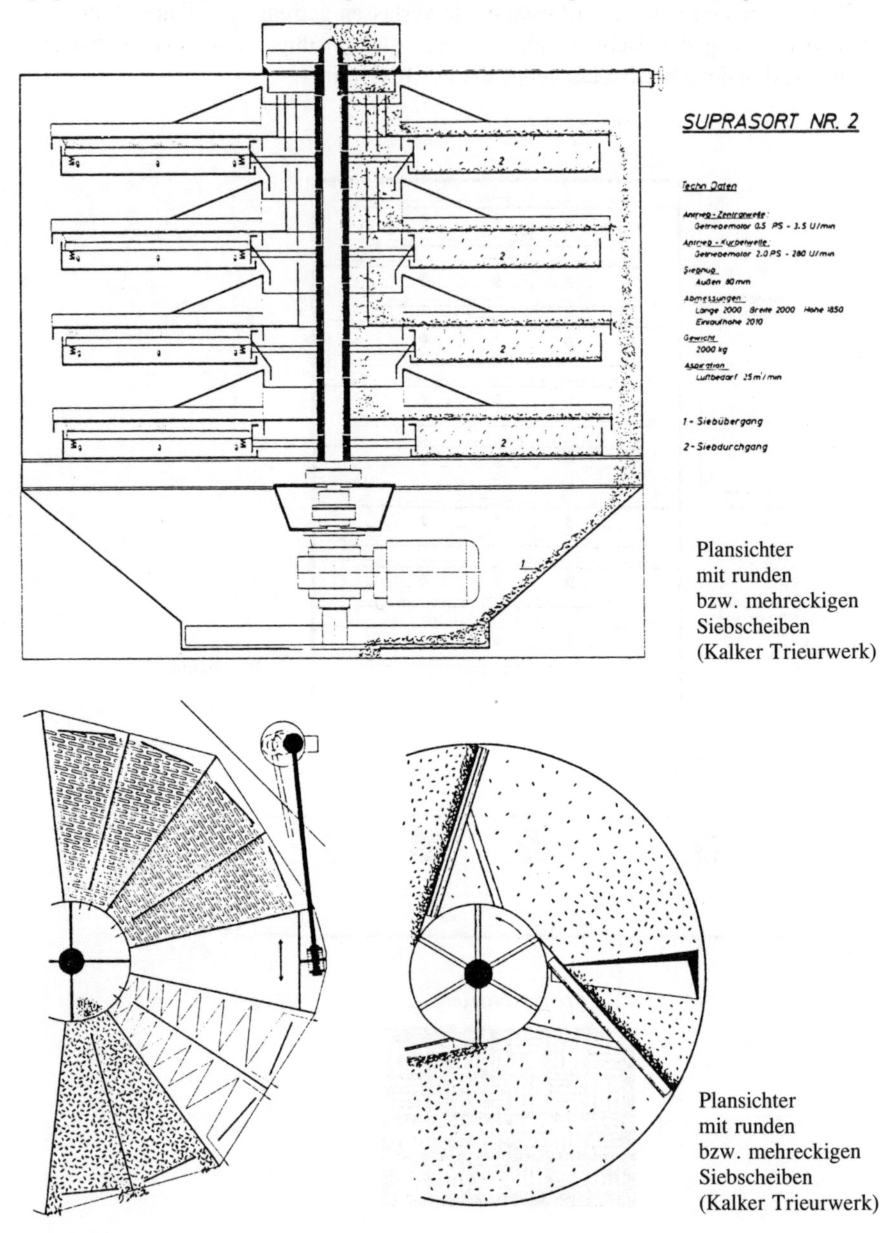

Plansichter mit runden bzw. mehreckigen Siebscheiben (Kalker Trieurwerk)

Plansichter mit runden bzw. mehreckigen Siebscheiben (Kalker Trieurwerk)

420. Warum ist die Entstaubung bei der Reinigung und Sortierung der Gerste wichtig?

Aus folgenden Gründen ist eine Entstaubung des Gutes, der Transportanlagen und der Apparate und Maschinen notwendig:

1. Reinhaltung der Außenluft.
2. Vermeidung von Staubexplosionen.
3. Verringerung der Abnützung von Maschinen und anderer Einrichtungen.

Der sich entwickelnde Staub muß an seinem Entstehungsort beseitigt werden. Um den Staub zu sammeln, werden Transportanlagen, Maschinen, Silozellen u.a. an ein Rohrleitungsnetz angeschlossen, in dem ein Lüfter einen Unterdruck erzeugt. Vor dem Ventilator ist ein Staubsammler angeordnet, der die Entfernung des Staubes bewirkt.

421. Welche Einrichtungen zur Entstaubung gibt es?

1. Staubkammern (veraltet und selten)
2. Fliehkraftabscheider (Zyklon)
3. Schlauchfilter

422. Wie arbeitet ein Zyklon?

In die aus verzinktem Blech gefertigten oben zylindrisch und unten konischen Behälter strömt die Luft tangential ein, wird gegen den Deckel gepreßt, nach abwärts gerichtet und in drehende Bewegung gebracht. Die Zentrifugalkraft preßt die Verunreinigungen an die Wand, sie fallen nach unten und werden über eine Zellenradschleuse entfernt. Die entstaubte Luft verläßt den Zyklon durch eine oben angebrachte Öffnung. Für eine gute Leistung muß der Durchmesser des Zyklons der Höhe des zylindrischen Teils entsprechen.

423. Wie arbeiten Schlauchfilter?

Je nachdem, ob die staubige Luft mittels Druck- oder Saugwirkung durch die Schläuche befördert wird, unterscheidet man Druck- und Saugschlauchfilter. Die Schläuche sind aus Stoff, durch dessen Poren staubfreie Luft entweicht, während der Staub teils sofort in eine Absackvorrichtung fällt, teils sich an der Innenseite der Schläuche ansetzt, von wo er mittels einer Abstreifvorrichtung zum Abfallen gebracht wird.

424. Was ist beim Betrieb einer Gerstenputzerei zu beachten?

Es ist zu beachten, daß

1. die angegebenen Drehzahlen eingehalten werden müssen,
2. die Beschickung den Leistungsangaben der Lieferfirma zu entsprechen hat,
3. die Güte der Putzleistung in erster, die Größe derselben in zweiter Linie kommt,
4. die Schlitze des Steinsiebs wie des Sortierzylinders nicht verlegt sein dürfen,
5. die Schlitzweiten manchmal nachzuprüfen sind, weil sie infolge Abnützung durch die kieselsäurehaltigen Spelzen weiter werden können,
6. die Saugluft weder zu schwach noch zu stark sein soll,
7. die Taschen des Trieurzylinders sich allmählich an den Rändern abnützen.

425. Wie wird die Arbeit einer Gerstenputzerei kontrolliert?
Indem man die erste und zweite Sorte laufend auf Korngröße und Beimengungen, die Abfälle auf ihre Zusammensetzung hin überprüft. Unerläßlich für die Beurteilung einer Gerste ist die Feststellung des Gewichts der ersten und zweiten Sorte (mittels einer automatischen Waage) und der einzelnen Abfälle. Diese Zahlen geben uns außerdem die Unterlagen für eine Überprüfung der mengenmäßigen Leistung einer Putzerei. Auch eine Gegenüberstellung der hl-Gewichte geputzter und ungeputzter Gerste ergibt Hinweise auf die Güte der Gerste und der Putzarbeit.

426. Wie soll die erste Sorte zusammengesetzt sein?
Sie soll möglichst nur Körner über 2,5 mm enthalten. Eine größere Beimengung von schmalen Körnern kann von zu raschem Gang der Putzerei oder von verlegten Sortiersieben kommen; das Vorhandensein von Kugeln und Halbkörnern beweist zu starke Beschickung des Trieurs oder Abnützung der Trieurtaschen.

427. Wie soll die zweite Sorte zusammengesetzt sein?
Die zweite Sorte soll frei sein von Körnern der ersten Sorte, andernfalls ist auf zu große Abnützung oder Beschädigung des Sortiersiebes für die zweite Sorte zu schließen. Das gleiche gilt für die Ausputzgerste.

428. Wie soll der Abfall des Trieurs beschaffen sein?
Er soll nur Halbkörner und Kugeln, aber keine ganzen Gerstenkörner enthalten, andernfalls ist auf zu schnellen Gang des Trieurzylinders zu schließen. Wenn der Trieur zu viele kurze, dickbauchige Gerstenkörner herausholt, so können sie mittels eines Nachlesetrieurs wiedergewonnen werden. Ein deffekter Abstreifer kann ebenfalls die Ursache sein.

429. Wie soll der Abfall der Entstaubungsanlage beschaffen sein?
Er soll aus Staub, Spelzenteilen, Grannen bestehen. Das Vorhandensein von Gerstenkörnern deutet auf übermäßige Saugwirkung des Aspirators.

430. Wozu dienen automatische Waagen?
Sie dienen der Gewichtskontrolle bei:
1. Der im Betrieb aufgenommenen Gerste.
2. Der Ermittlung der sortierten Mengen (I. und II. Sorte).
3. Der Ermittlung der feuchten und getrockneten Gerste.
4. Der Ermittlung der eingeweichten Gerstenmengen und des entkeimten Darrmalzes zur innerbetrieblichen Schwandberechnung.
5. Den Versandmalzmengen.

431. Welche Bedeutung hat der Kornkäfer, woran erkannt man den Befall und welche Möglichkeiten gibt es zu seiner Bekämpfung?
Der gefährlichste Schädling der lagernden Gerste ist der Kornkäfer (Calandra Granaria), weil er sich sehr schnell vermehrt.
An den runden Öffnungen, die bei Verlassen der entwickelten Larve in der Wand der Körner entstehen, erkennt man die käferbefallene Gerste. Ist eine Gerste vom Kornkäfer befallen, nützt nur noch Begasung im geschlossenen Raum. Silos mit

Belüftung eignen sich hierfür recht gut, denn man kann das Gas durch die Luftzufuhrkanäle einblasen.
Schädlingsbekämpfungsmittel (Insektizide) müssen folgenden Bedingungen entsprechen:

1. Sie müssen giftig für die Insekten, aber nicht für den Menschen sein, keine giftigen Rückstände hinterlassen, die sich evt. auf das Bier übertragen.
2. Sie dürfen die Lebenskraft des Keimlings nicht schädigen.
3. Sie dürfen das Aussehen und den Geruch der Gerste nicht beeinträchtigen.

Außer dem Kornkäfer können noch andere Insekten vorkommen, z.B. die Kornmotte, welche an der Oberfläche der Gerstenhaufen Fäden zieht, die wie Spinweben aussehen. Dieser Schädling ist aber nicht so gefährlich und läßt sich durch Verstäuben von Insektenpulver (Kontaktinsektizide) vernichten.

432. Was versteht man unter lufttrockener Gerste?
Unter lufttrockener Gerste versteht man die Gerste mit ihrem jeweiligen Wassergehalt.

433. Was versteht man unter Trockensubstanz?
Man versteht darunter nur die enthaltenen Festbestandteile in einem Rohstoff oder:
lufttrockener Rohstoff − Wassergehalt = Trockensubstanz
In der Mälzerei unterscheidet man die Gerstentrockensubstanz (GTr.S) und die Malztrockensubstanz (MTr.S). Beide Werte benötigt man zur Berechnung des wasserfreien Malzschwandes.

434. Nachfolgendes Schema zeigt noch einmal übersichtlich und zusammenfassend das besprochene Kapitel:

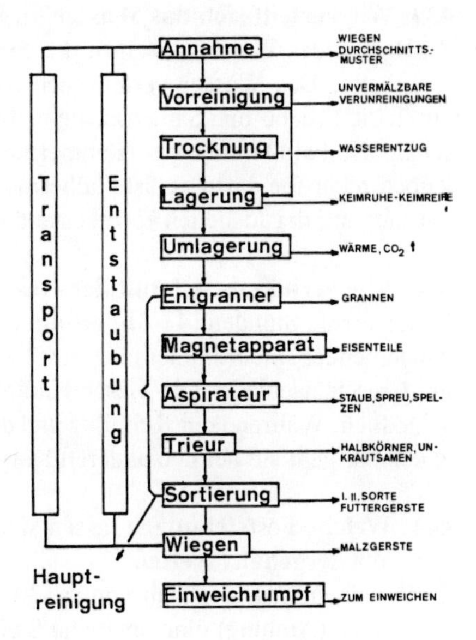

Die Annahme und Vorbereitung der Rohgerste zum Vermälzen. Schema des Arbeitsablaufes.

Das Weichen

435. Warum wird die Gerste geweicht?
Der Wassergehalt der lagernden Gerste beträgt durchschnittlich 12–14 % (Mindestwassergehalt = Konstitutionswasser). Um die angestrebten biologischen und biochemischen Reaktionen, die mit der Keimung verbunden sind, einzuleiten, muß der Gerste das notwendige Vegetationswasser zugeführt werden.

436. Wieviel Wasser soll die Gerste aufnehmen?
Allgemein ausgedrückt, soll die Gerste soviel Wasser aufnehmen, daß es für die Keimung ausreicht. Als Faustregel gilt: das Gewicht der eingeweichten Gerste soll sich durch die Wasseraufnahme etwa um die Hälfte vergrößern.

437. Wo wird das benötigte Vegetationswasser zugeführt?
Die Hauptmenge wird beim Weichen zugeführt. Das Erreichen der Maximalfeuchte erfolgt zweckmäßig bei der Keimung.

438. Wo erfolgt die Wasseraufnahme beim Gerstenkorn?
Die Wasseraufnahme erfolgt im wesentlichen an der Kornbasis, also an der Abbruchstelle des Gerstenkorns vom Halm. In geringem Maße erfolgt der Wassereintritt an der Kornspitze (Grannenspitze).

439. Wie verteilt sich das Wasser im Korninnern?
Zu Beginn des Weichens zeigen die einzelnen Kornpartien unterschiedliche Wassergehalte. Das Wasser verteilt sich zunächst unter der Spelze und dringt dann durch die Frucht- und Samenschale in das Korninnere ein. Die Frucht- und Samenschale ist halbdurchlässig (semipermeabel), d. h. durchlässig für das Wasser, jedoch nicht für darin gelöste höhermolekulare Substanzen. Dies verhindert eine Auslaugung der löslichen Kornbestandteile.

440. Wie verhält es sich mit der Geschwindigkeit der Wasseraufnahme?
In den ersten Stunden (4–8 h) erfolgt eine sehr schnelle Wasseraufnahme, die mit zunehmender Dauer immer langsamer wird und mit Annäherung an den Sättigungsgrad rasch nachläßt. Die Geschwindigkeit innerhalb des Kornes ist sehr unterschiedlich. Während der Keimling und das Schildchen eine schnelle Aufnahme verzeichnen, geht sie bei den anderen Kornpartien deutlich zurück.

441. Welche Feststellungen lassen sich am Korn, in Abhängigkeit vom Wassergehalt, treffen?
1. Bei einem Wassergehalt von ca. 30 % zeigt das Korn in seinen Lebenserscheinungen (Atmung) eine deutliche Steigerung.
2. Bei einem Wassergehalt von ca. 38 % erfolgt das Ankeimen am raschesten und gleichmäßigsten.
3. Bei einem Wassergehalt von 44–48 %, z. T. höher, findet die Entwicklung, Aktivierung und Tätigkeit der Enzyme zur Auflösung des Mehlkörpers statt.

442. Was versteht man unter Weichgrad?

Unter Weichgrad (W°) versteht man den gewünschten Gesamtwassergehalt (Maximalfeuchte) der geweichten Gerste (Weichgut), ausgedrückt in Prozent.

443. Nach welchen praktischen Gesichtspunkten läßt sich der Weichgrad beurteilen?

1. Das Korn soll aufgequollen und elastisch sein.
2. Das Korn soll sich über den Fingernagel biegen lassen.
3. Das Korn soll sich zwischen Daumen und Zeigefinger an beiden Enden ohne stechenden Widerstand zusammendrücken lassen.
4. Mit der gleichen Maßnahme führt man die »Knackprobe« am Ohr durch.

444. Wie läßt sich der Weichgrad rechnerisch ermitteln?

Durch das Wiegen einer bestimmten Gerstenmenge vor und nach dem Weichen, bzw. bei jedem Schritt des Verfahrens, läßt sich der Weichgrad leicht bestimmen. Z.B. werden in einem Leinwandsäckchen 500g Gerste (mit einem bekannten Wassergehalt von z.B. 15%) in das Weich- und Keimgut eingegraben, wo es den gesamten Prozeß durchläuft und zur Bestimmung des W° jeweils gewogen wird. Berechnung: Gewicht der Gerste 500g, Wassergehalt 15% = 75g Wasser, Gewicht des Weichgutes beim Wiegen 750g, die Wasseraufnahme beträgt 250g. Der Weichgrad in Prozent

$$W°\,\% = \frac{(\text{Konstitutionswasser} + \text{Vegetationswasser}) \times 100}{\text{Weichgutmenge}}$$

$$W°\,\% = \frac{(75 + 250) \times 100}{750}\quad 43{,}3\,\%$$

445. Welche Anforderungen werden an das Weichwasser gestellt?

Das Weichwasser soll Trinkwasserqualität besitzen und frei sein von Verunreinigungen physikalischer, chemischer und biologischer Art.

446. Welche Parameter beeinflussen die Wasseraufnahme?

1. Korngröße: I. und II. Sorte (vollbauchige Körner brauchen länger als schwache).
2. Kornstruktur.
3. Mälzungsreife (geringe M. – ausgeprägte Wasserempfindlichkeit).
4. Gerstensorte (einheitlich nach Herkunft und Sorte).
5. Eiweißgehalt der Gerste.
6. Temperatur des Weichwassers.
7. Weichraumtemperatur.
8. Weichverfahren (Weichdauer).

447. Welche Parameter beschleunigen die Wasseraufnahme?

1. Mehlige und dünnspelzige Gerste.
2. Weiches und warmes Wasser (Temp. von 10–13°C); je wärmer das Wasser, desto rascher die Wasseraufnahme: z.b. 9°C 78h für einen W° von 43%, der gleiche Weichegrad wird bei 13°C in 54h erreicht.
3. Ein hoher Anteil an Luftrasten: bei einer Gesamtweichzeit von 52h, davon 12h Wasserweiche und 40h Luftrast erreicht man einen W° von 43%.

448. Welche Parameter verlängern die Wasseraufnahme?
1. Glasige und dickspelzige Körner.
2. Hartes und kaltes Wasser.
3. Lange Wasserweiche.

449. Welche Aufgaben hat der Weichvorgang außerdem zu erfüllen?
1. Die Reinigung der eingeweichten Gerste.
2. Die Sauerstoffversorgung des Weichgutes.

450. Welche Vorgänge spielen sich bei der Reinigung ab?
Durch gründliches Waschen unter gleichzeitiger Durchmischung werden anhaftender Staub und Schmutz gelöst und beim Überlaufen des Wassers abgeschwemmt. Die Ionen des Wassers reagieren mit den Stoffen der Spelze. Sie bewirken deren Auslaugung und Reinigung, wobei sich ein hoher Anteil an Bicarbonaten im Wasser den Vorgang verstärken.

451. Welche Möglichkeiten zur Erhöhung des Reinigungseffektes gibt es?
Durch Zusatz von Alkalien bewirkt man eine Auslaugung von Gerbstoffen, Bitterstoffen und Eiweißsubstanzen der Spelze. Folgende Alkalien werden verwendet:
1. 1,3 kg CaO – Kalk (technologisch problematisch und daher selten).
2. 0,35 kg $NaOH$ – Natriumhydroxid = Natronlauge.
3. 0,9 kg Na_2CO_3 – kaustische Soda.
4. 1,6 kg $Na_2CO_3 \times 10\ H_2O$ – Kristallsoda.

Die Zahlenwerte verstehen sich als Dosage/m^3 Weichwasser. Eine 0,1%ige Konzentration hat sich als wirksam erwiesen. Höhere Konzentrationen wirken merklich negativ auf die Malzqualität. Saure Zusätze sind wirkungslos.

452. Welche Bedeutung hat die Sauerstoffversorgung des Weichgutes?
Mit der Erhöhung des Wassergehaltes verstärkt sich die Atmung. Die Stoffwechselvorgänge ergeben sich aus der Atmungsformel:
$C_6H_{12}O_6 + 6\ O_2 \rightarrow 6\ CO_2 + 6\ H_2O + 2822\,kJ$ (= 674 kcal), d. h. die Gerste benötigt Zucker und für jedes verbrauchte Molekül Sauerstoff entsteht ein Molekül Kohlenstoffdioxid. Als Nebenprodukte fallen Wasser und Wärme an. Der Atmungskoeffizient $CO_2 : O_2 = 1$.
Je mehr Wasser das Korn aufnimmt und je höher die Weichtemperatur, um so intensiver laufen die Stoffwechselvorgänge ab und um so mehr O_2 wird benötigt. Ist der Atmungskoeffizient < 1, herrscht Sauerstoffmangel, der Stoffwechsel wird anaerob und das bedeutet Gärung (Energiegewinn ohne Sauerstoff). Dies lenkt die angestrebten Auflösungsvorgänge in die entgegengesetzte Richtung, wie die Gärungsformel zeigt:

$$C_2H_{12}O_6 \rightarrow 2\ C_2H_5OH + 2\ CO_2 + 92\,kJ \ (= 22\,kcal)$$

Außer den Gärungshauptprodukten Alkohol und CO_2 entstehen als Nebenprodukte Ester, Aldehyde und Säuren, welche je nach Konzentration den Keimling schädigen oder vergiften können. Der Schritt, von Atmung und Gärung umzuschalten, ist umkehrbar. Sobald wieder Sauerstoff für den Stoffwechsel zur Verfügung steht, beginnt wieder die Atmung.

453. Welche Folgerungen ergeben sich daraus für die Weicharbeit?
1. Es muß genügend Sauerstoff zugeführt werden.
2. Kohlenstoffdioxid und Wärme müssen abgeführt werden.

454. Welche Maßnahmen stehen dem Mälzer dafür zur Verfügung?
1. Wasserwechsel.
2. Belüftung.
3. CO_2-Absaugung.

455. Wie wird das Weichgut mit Luft und damit Sauerstoff versorgt?
1. Umpumpen des Weichgutes mit Verteilung über den Schmutzwasserabscheider.
2. Zufuhr von Druckluft während der Naßweiche, die aber vornehmlich der Reinigung dient, oder während der Luftrast aus ringförmigen oder kreuzartigen Verteilerrohren im unteren Teil der Weiche.
3. Ablassen und Zulassen oder ständiges Berieseln von Wasser.
4. Absaugen der Kohlensäure vom unteren Teil der Weiche durch Saugventilatoren. Zur Absaugung von CO_2 (pro h 10–15 min) genügt eine Vertilatorleistung von 15 m³/t/h. Bei längeren Luftrasten sind für die Absaugung, Belüftung und Kühlung Ventilatorleistungen von 50 m³/t/h am 1. Weichtag und von 100–200 m³/t/h an den folgenden Tagen erforderlich.

456. Welche Gersten haben einen besonders hohen Sauerstoffbedarf?
Unzulänglich gelagerte Gersten mit gerade überwundener Keimruhe, wasserempfindliche Gersten haben einen großen Sauerstoffbedarf. Reichliche Sauerstoffzufuhr und lange Luftrasten bauen außerdem die Wasserempfindlichkeit ab.

457. Was versteht man unter einer Weiche?
Man versteht darunter den Behälter, in dem die Gerste geweicht wird.

458. Wie sind herkömmliche Weichbehälter gebaut?
Sie werden aus Stahlblech oder Stahlbeton gefertigt. Sie haben einen runden oder quadratischen Querschnitt. Um das Entleeren zu erleichtern, ist der untere Teil konisch mit einem Neigungswinkel von 45°. Bei großen Einweichmengen (bis 150 t) verwendet man längliche, rechteckige Weichen. Für eine intensive Bearbeitung sind diese in einzelne quadratische Abschnitte mit eigenem Konus notwendig.

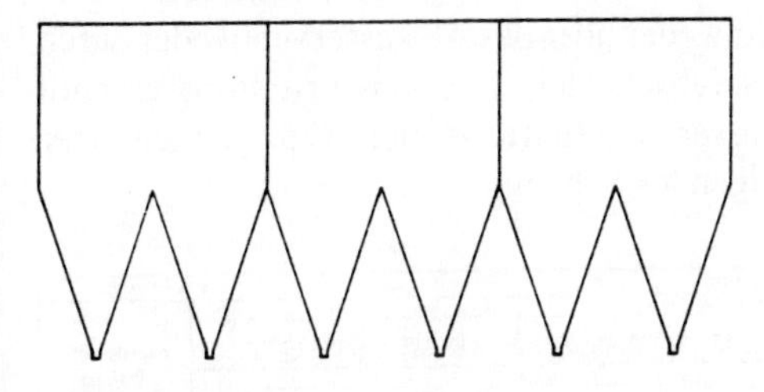

Unterteilung einer rechteckigen Weiche, Fassungsvermögen 150 t (Seeger).

459. Welche Einrichtungsteile gehören zu einer Weiche?

Die Anordnung zeigt eine herkömmliche Weichanlage:

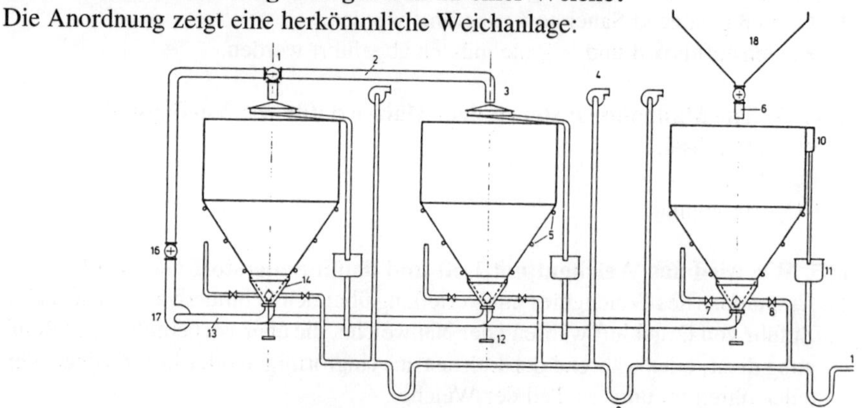

460. Welche neueren Weichkonstruktionen gibt es?

1. Sie sind flach und rund gebaut und mit einem flachen, geschlitzten Hordenboden ausgelegt. Das Weichgut liegt niedrig und erleichtert damit die Bearbeitung. Zum Beladen, Einebnen und Ausräumen ist ein höhenverstellbarer und mit speziellen Leitschaufeln ausgestatteter Rotor angebracht. Diese Weiche ist auch für die Durchführung der Wiederweiche (siehe Weichverfahren) geeignet.
2. Der »Optimälzer« (siehe Mälzungssysteme) wird ebenfalls den Anforderungen eines gesteuerten Weichbetriebes gerecht.

461. Welches Fassungsvermögen müssen Weichen haben?

Für 1 t Gerste ist ein Weichraum von 2,4 m³ erforderlich. Der Wert errechnet sich aus der zu weichenden Gerstenmenge, der Volumenzunahme beim Weichen und aus einem erforderlichen Raum als Bewegungszuschlag.

462. Wo sollen die Weichen aufgestellt werden?

Zweckmäßig werden sie zwischen der Putzerei mit den Vorratsrümpfen für die einzuweichende Malzgerste und den Keimanlagen aufgestellt. Eine gute Isolierung gegen Außentemperaturen, Möglichkeiten, im Winter durch Heizen und im Sommer durch Kühlen, die Raumluft zu temperieren (12 – 15 °C), sind Voraussetzungen für gleiches und gleichmäßiges Weichen in einer Kampagne.

463. Welche technologische Entwicklung erfuhren die Weichverfahren?

Frühere Verfahren bestanden aus reiner Wasserweiche. Der 1. Wasserwechsel fand nach 6 h statt, weil nach dieser Zeit die Stoffwechselvorgänge nachließen. Technisch vollzog sich der Wasserwechsel entweder über das Abwasserventil oder durch das Umpumpen über den Schmutzwasserabscheider. Über das Frischwasserventil wurde dem Weichgut wieder Frischwasser zugeführt. Weitere Einzelheiten einer Naßweiche ohne Lüftung zeigt nachfolgendes Schema:

A. Naßweiche ohne Lüftung

Tage	1. Weichtag			2. Weichtag		3. Weichtag		4. Weichtag
Weichstunden	· 4 · 8 · 12 · 16 · 20 · 24 · 28 · 32 · 36 · 40 · 44 · 48 · 52 · 56 · 60 · 64 · 68 · 72 · 74 78							
Wasser zu								
Weichart	6h naß	12h naß	12h naß	12h naß	12h naß	12h naß	12h naß	Weichdauer 78h {78h naß, 0h trocken}
Wasser ab								
Lüftung	keine							
Umpumpen	Vorweiche	Weiche I 24h		Weiche II 24h		Weiche III 24h		

Die Gesamtzeit betrug 78h. Durch die Maßnahme, das Weichgut zwischen den Wasserwechseln ohne Wasser zu belassen, um eine bessere Belüftung des Weichgutes zu ermöglichen, entwickelte sich die Naß-Trockenweiche mit 5 Minuten Belüftung/h, wie folgendes Schema zeigt:

B. Naß-Trockenweiche mit stündl. Lüftung

Tage	1. Weichtag	2. Weichtag	3. Weichtag	
Weichstunden	· 4 · 8 · 12 · 16 · 20 · 24	· 28 · 32 · 36 · 40 · 44 · 48	· 52 · 56 · 60	
Wasser zu				
Weichart	6h trocken · 6h tr. · 6h tr.	6h tr. · 6h tr. · 6h tr.	6h tr.	Weichdauer 60h {16h naß, 44h trocken}
Wasser ab				
stdl. 5 min lüften —naß— ·· trocken				
Umpumpen	Vorweiche · Weiche I 16h	Weiche II 24h	Weiche III 10h	

Die Gesamtweichzeit verringerte sich auf 60h, bei 16h Naßweiche und 44h Luftrast. Die während der Naßweiche angegebene Belüftung (ca. 5 min/h) benötigt Druckluft mit 3 bis 6 bar und einer Menge von ca. 15 m^3/t und Stunde.

464. Wie sieht heutzutage ein Weichverfahren aus?

Ein normales Weichverfahren, wie es je nach betrieblichen Bedingungen und nach den Forderungen an das herzustellende Malz heute zur Anwendung kommt, sieht eine Weichzeit von 36–52h vor, um einen Weichgrad von 45–48 % zu erreichen. Im einzelnen gliedert sich die Gesamtweichzeit wie folgt:

4 bis 6 Stunden Naßweiche bei 12°C Wassertemperatur bis zu einem Weichgrad von 30 %;
14 bis 20 Stunden Luftrast;
2 bis 4 Stunden Naßweiche bis 38 % Weichgrad;
14 bis 20 Stunden Luftrast;
1 bis 4 Stunden Naßweiche, bis ein Weichgrad von etwa 45 % erreicht ist.

Ein gleichmäßiges Ankeimen des Weichgutes soll bei einem Wassergehalt von 37 bis 38 % während der zweiten Luftrast erfolgen. Der Wurzelkeim durchbricht die Frucht- und Samenschale sowie den Spelz, das Korn »spitzt«. Von dem Zeitpunkt an, wo der Wurzelkeim Kontakt zur Außenluft hat, wird auch der anfangs durch Gärung in geringeren Mengen gebildete Alkohol rasch wieder abgebaut.

Erst nach dem gleichmäßigen Ankeimen aller Körner, gegen Ende der zweiten Luftrast, sollte der Endwassergehalt durch eine letzte Naßweiche eingestellt werden. Der angestrebte Weichgrad ist außer vom gewünschten Auflösungsgrad des Malzes und der apparativen Ausstattung des Betriebes abhängig von der Art des Ausweichens. Man unterscheidet nasses und trockenes Ausweichen. Das nasse Ausweichen hat eine anschließende Weichgraderhöhung von etwa 2 % zur Folge, weshalb man bei trockenem Ausweichen von vornherein einen höheren Weichgrad einstellen muß. Der fehlende Wassergehalt bis zum angestrebten Weichgrad kann im Anschluß an das Weichen im Keimkasten durch Aufspitzen erreicht werden.

465. Welche Weichverfahren finden heute in der Praxis ihre Anwendung?

Aus den vielfältigen Variationsmöglichkeiten für das Weichen, haben sich verschiedene Verfahren entwickelt, die in jeder Hinsicht auf Wirtschaftlichkeit ausgerichtet sind. Die Luft-Wasser-Weiche ist das in der Praxis am häufigsten angewandte Verfahren, weil es eine große Anpassung an die Rohstoffeigenschaften und die Betriebsverhältnisse erlaubt. Naßweichen und Luftrasten mit Belüftung und CO_2-Absaugung wechseln sich so lange ab, bis der gewünschte W° erreicht ist.

Ein übermäßiges langes Verweilen des Weichgutes in der Weiche ist nicht nur aus wirtschaftlichen Gründen zu vermeiden, auch der Transport des Gutes bei fortgeschrittenem Wurzelwachstum wird immer schwieriger, weil die Beschädigung der Wurzelkeime nicht auszuschließen ist.

Als Verfahren seien folgende genannt:

1. Das pneumatische Weichverfahren nach Narziß.
2. Das Flutweichverfahren nach Macey, Stowell.
3. Das Wiederweich – oder Resteepingverfahren nach Pollock.
4. Das Sprühweichverfahren.

466. Wie verläuft das pneumatische Weichverfahren?

Das Verfahren besteht aus drei Naßweichen von 2 bis 4 Stunden Dauer mit zwei ausgedehnten Luftrasten und abschließendem nassen Ausweichen. Die gesamte Weichzeit beträgt 50 Stunden (10 Stunden Naßweiche, 40 Stunden Luftrast).

Pneumatisches Weichverfahren

Arbeitsablauf		Dauer Std.	Weichgrad %	Temperatur °C
Naßweiche ↓	Belüften nach 2 Std. und 3 Std. Weichzeit	4	32	12
Luftrast ↓	CO_2-Absaugen nach 0, 2, 4, 5, 6 und 7 Std., dann dauernd bis zum Ende der Luftrast	20	34	17
Naßweiche ↓	Belüften nach 1 und 3 Std. Weichzeit	4	38	12
Luftrast ↓	CO_2-Absaugen nach 0, 1 und 2 Std., dann dauernd bis zum Ende der Luftrast	20	40	21
Naßweiche	Belüften nach 1 Std. Weichzeit	2	43	15

467. Wie verläuft das Flutweichverfahren?

Diese Methode wurde entwickelt im Hinblick auf eine raschere Ankeimung und damit verbundene kürzere Weichzeit. Sie dient außerdem dem Abbau der Wasserempfindlichkeit einer Gerste bzw. der rascheren Überwindung der Keimruhe.

Naß geweicht wird nur am Anfang und Ende der Weichzeit. Die lange Luftrast wird nur durch mehrmaliges Fluten unterbrochen, um die Wasserversorgung zu sichern, Kohlendioxid zu entfernen und die ansteigende Temperatur in Grenzen zu halten. Auf Belüftung und CO_2-Absaugung wird dabei vollständig verzichtet. Die gesamte Weichzeit beträgt 52 Stunden Naßweiche, 40 Stunden Luftrast und zweimal Fluten.

Flutweichverfahren

Arbeitsablauf		Dauer Std.	Weichgrad %	Temperatur °C
Naßweiche ↓		6	30	10
Luftrast ↓		12	32	13
	Fluten, 5 Minuten			
	Fluten, 5 Minuten	22	36	18–19
		6	39	22–24
Naßweiche		6	43	16–18

468. Wie verläuft das Wiederweich- oder Resteepingverfahren?

Das Wiederweichverfahren ist dadurch gekennzeichnet, daß nach zwei Keimtagen das gesamte Keimgut noch einmal für 10 bis 20 Stunden (je nach Wassertemperatur) geflutet wird. Dies ist aus verfahrenstechnischen Gründen natürlich nur in besonders dafür ausgerüsteten Keimkästen oder in ganz bestimmten Mälzungssystemen möglich. Es wird nach einem herkömmlichen, wie bereits beschriebenen Verfahren bis zu einem Weichgrad von 38 % und dem gleichmäßigen Ankeimen der Körner geweicht. Nach zwei Tagen Keimung, bei schwachem Wurzelwachstum, wird noch einmal für 10 bis 20 Stunden bei Temperaturen von 16 bis 18°C geweicht. Dabei wird der Wurzelkeim abgetötet und ein Wassergehalt von 50 bis 52 % erreicht. In der anschließenden Lösungsphase wird der Haufen kalt geführt und nach etwa drei weiteren Tagen Keimung gedarrt. Durch das Abtöten der Wurzelkeime kommt es zu einer Schwandersparnis, ohne daß die Auflösungsvorgänge beeinträchtigt werden. Das folgende Schema umfaßt die gesamte Keimzeit:

Wiederweichverfahren

Arbeitsablauf	Dauer Std.	Weichgrad %	Temperatur °C
Naßweiche	4	30	12
↓			
Luftrast	20	32	17
↓			
Naßweiche	4	38	12
↓			
Luftrast (Keimung)	48	39	18
↓			
Wiederweiche (Abtötung der Wurzelkeime)	16	50	18
↓			
Keimung (Lösungsphase)	60	49	14

Ein abgewandeltes Schema zu diesem Verfahren sieht eine Keimzeitverkürzung um zwei weitere Tage vor, durch Verkürzung der zweiten Naßweiche auf 30 min, der zweiten Luftrast auf 22 Stunden und der Wiederweiche auf 1 1/4 Stunden.

469. Wie verläuft das Sprühweichverfahren?

Dieses Weichverfahren dient vorwiegend der Wasserersparnis und verzichtet vollständig auf separate Weichanlagen. Das Wasser wird dem Weichgut durch Sprühen in der Keimanlage zugeführt. Die Spritzdrüsen am Wenderwagen übernehmen die-

Sprühweichverfahren

Arbeitsablauf	Wenderlauf	Dauer Std.	Weichgrad %	Temperatur °C
Sprühen ↓	4 × langsam	6	30	18
Luftrast ↓	–	18	30	18
Sprühen ↓	4 × langsam	6	38	18
Luftrast ↓	–	18	38	18
Sprühen	1 × normal	0,5	42	18

se Aufgabe. Um eine gute Durchmischung von Wasser und Weichgut zu erreichen, sollen der Wenderwagen langsam und die Wenderschnecken schnell laufen.
Das weitere Wasser bis zum angestrebten Endwassergehalt wird, wie üblich, durch Spritzen zugeführt.

470. Wie steht es mit dem Wasserverbrauch beim Weichen?
Der Wasserverbrauch schwankt je nach dem verwendeten Verfahren sowie durch die angedeuteten Variationsmöglichkeiten auch innerhalb der verschiedenen Methoden. Das Überlaufen beim Einweichen, die Anzahl der Naßweichen und Wasserwechsel und die Art des Ausweichens sind maßgeblich verantwortlich für die benötigte Wassermenge.
Bei herkömmlichen Weichverfahren mit 72 Stunden Weichzeit, zwei Wasserwechseln pro Tag und nassem Ausweichen liegt der Wasserverbrauch mit etwa $9 m^3/t$ Gerste ziemlich hoch. Das pneumatische Weichverfahren mit drei Naßweichen benötigt im günstigeren Fall immer noch $5{,}4 m^3/t$ Gerste. Die Sprühweiche erweist sich in diesem Zusammenhang als bestes Verfahren mit nur $0{,}9 m^3$ Weichwasser/t Gerste.
Im Hinblick auf steigende Wasser- und auch Abwasserkosten wendet man heute zunehmend Methoden zur Wasserersparnis an. Die Möglichkeit der Wiederverwendung des Weichwassers besteht darin, das Wasser der zweiten Naßweiche zum Einweichen der nächsten Charge zu benutzen. Weiterhin kann man durch Anordnung der Weichen über den Keimanlagen trocken ausweichen. Eine Senkung des Wasserverbrauchs kann außerdem durch Verkürzung der Weichzeit und anschließendes Aufspritzen von Wasser während der Keimung erreicht werden.
Daß der Wasserverbrauch ein nicht zu unterschätzender Kostenfaktor in der Mälzerei, speziell beim Weichen, ist, sollte man auf jeden Fall bedenken und die Möglichkeiten der Einsparung nützen.

471. Wie vermeidet man das Stauben der Gerste beim Einweichen?
Indem man die Weiche mit Wasser so weit befüllt, daß das von Einweichrumpf in die Weiche führende Rohr nahe an den Wasserspiegel reicht oder die herabfallende Gerste über einen Gerstenverteilteller gleiten läßt.

472. Was versteht man unter Schwimmgerste?
Sie besteht meist aus schwachen Gerstenkörnern, Unkrautsamen und leichten Teilen wie Hülsen und Grannen. Die wird abgeschwemmt, gesammelt und getrocknet. Sie ist leicht zu gewinnen, wenn das Einweichen über den Gerstenverteilerteller erfolgt. Da sie wieder verkauft wird, zählt sie nicht zum Schwand.

473. Welche Verluste ergeben sich beim Weichen?
1. Staub und Verunreinigungen ca. 0,1 %.
2. Auslaugung der Spelzen ca. 0,8 %.
3. Atmung der Gerste während des Weichens; die Verluste bewegen sich, je nach Verfahren zwischen 0,5 und 1,5 %.

474. Was versteht man unter Ausweichen?
Man versteht darunter den Transport des Weichgutes zu den Keimanlagen.

Das Keimen

475. Was versteht man unter Keimung?
Die Keimung ist ein Lebensvorgang, bei dem sich die im Keimling angelegten Organe, der Wurzelkeim und der Blattkeim entwickeln.

476. Unter welchen Bedingungen verläuft die Keimung?
1. Ausreichende Feuchtigkeit: in der modernen Mälzungstechnik wird die Keimgutfeuchte für das rasche und gleichmäßige Ankeimen nur auf 36 – 38 % erhöht. Die für die Lösungsphase erforderliche Maximalfeuchte von 44 - 48 %, manchmal 50 % wird durch nasses Ausweichen, Spritzen oder Fluten erreicht. Die Aufrechterhaltung der Maximalfeuchte während der gesamten Keimzeit ist sehr wichtig und deshalb Aufgabe der Haufenführung.
2. Wärme = Haufentemperatur; sie liegt zwischen 14–22°C (weitere Hinweise siehe Arten der Haufenführung in der pneumatischen Mälzerei).
3. Luft bzw. Sauerstoff, denn die bei der Keimung benötigte Energie wird durch die Atmung gedeckt, das entstehende CO_2 muß abgeführt werden. In der Lösungsphase ist ein CO_2-Gehalt von 4–8 % wachstumshemmend und dadurch schwandmindernd.

477. Welche Vorgänge unterscheidet man bei der Keimung?
Man unterscheidet äußere, sichtbare und innere, feststellbare Vorgänge. Eine andere Möglichkeit, die Vorgänge zu unterscheiden, sieht wie folgt aus:
1. Wachstumserscheinungen.
2. Stoffveränderungen.
3. Stoffverbrauch.

478. Welche Wachstumserscheinungen unterscheidet man?
Erscheinungen am einzelnen Korn:
1. Die Wurzelkeime entwickeln sich an der Basis, durchbrechen dort die Spelze und kennzeichnen damit den Beginn der Keimung.

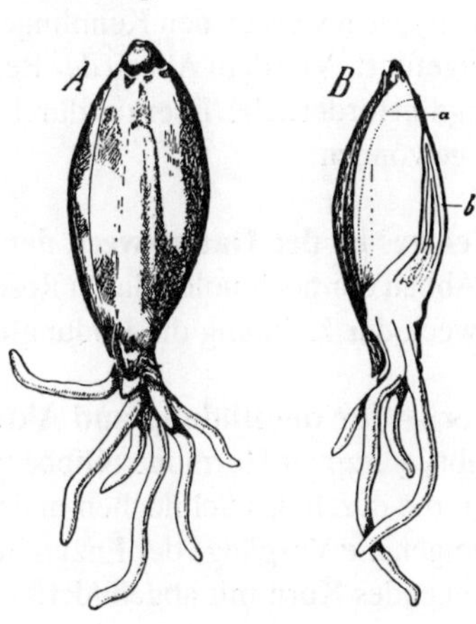

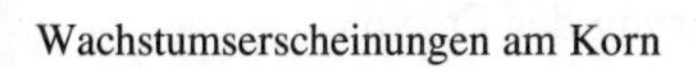
Wachstumserscheinungen am Korn

A Korn von der Rückseite, B Korn längs der Furche durchschnitten. Die Blattkeimscheibe b mit den darunter nachschiebenden Wurzeln hat bereits 3 / 4 der Kornlänge erreicht, a Linie der fortschreitenden Auflösung.

2. Der Blattkeim entwickelt sich ebenfalls und wächst von der Basis unterhalb der Spelze auf der Rückseite in Richtung Grannenspitze.

Erscheinungen im Haufen:
Die Wachstumserscheinungen sind durch die Atmungsprodukte Wasserdampf, CO_2 und Wärme begleitet.

479. Wie wird die Wurzelkeimentwicklung beurteilt?
Ihre Beurteilung erfolgt auf Grund ihrer Länge. Erreichen sie die Kornlänge, nennt man sie kurz. Bei 2–2,5 facher Kornlänge gelten sie als lang. Entscheidend ist ihre Gleichmäßigkeit. Sie läßt Rückschlüsse auf eine sach- und fachgerechte Haufenführung und gleichmäßige Auflösung zu. Auch die Wurzelkeimstärke und ihre Form geben Aufschluß über die Haufenführung. Starke Wurzelkeime weisen auf einen vermehrten Eiweißabbau hin.

480. Welche Blattkeimlängen unterscheidet man?
Zu Beginn des Darrens soll die Blattkeimlänge bei hellen Malzen (Pilsener Typ) etwa 3/4 der Kornlänge, bei dunklen Malzen (Münchener Typ) 3/4 bis 1/1 der Kornlänge betragen. Durchbricht der Blattkeim die Kornspitze und wächst über diese hinaus, spricht man von »Husaren«. Diese sind Hinweise auf überhöhten Atmungsverlust und überlöste Malze. Der Blattkeim ist auch beim Braumalz noch sichtbar.

481. Welche Keimphasen unterscheidet man?
1. Die Ankeimphase.
2. Die Lösungsphase. (siehe auch Frage 441)

482. Warum finden im Korn Stoffumwandlungen statt?
Die Stoffumwandlungen sind durch das Nahrungsbedürfnis des Keimlings bedingt.

483. Welche Nährstoffe sind für die Keimlinge verwertbar?
Die Verwertung der zum Wachstum erforderlichen Nährstoffe ist nur in wasserlöslicher Form ihrer Grundbausteine möglich. Einfachzucker, Aminosäuren, Fettsäuren und Glycerin werden den Keimlingen über das Schildchen mit dem Aufsaugeepithel zugeführt. Vor dem Abbau der Reservestoffe wird die zur Lebenstätigkeit der Keimlinge erforderliche Energie durch die Veratmung von bereits vorhandenem Zucker gewonnen.

484. Welches ist der Hauptzweck der Keimung?
Da der Abbau der hochmolekularen Reservestoffe durch die Enzyme erfolgt, ist der Hauptzweck der Keimung die Bildung und Aktivierung der Enzyme.

485. Wer ist für die Bildung und Aktivierung der Enzyme verantwortlich?
Der Embryo erzeugt Hormone (Gibberellinsäure = GiS und Gis – ähnliche Substanzen), die durch das Schildchen in den Mehlkörper diffundieren. Nachfolgende Bilder zeigen die Vorgänge der Enzymbildung im keimenden Korn. Zum Vergleich ist ein ruhendes Korn mit abgebildet:

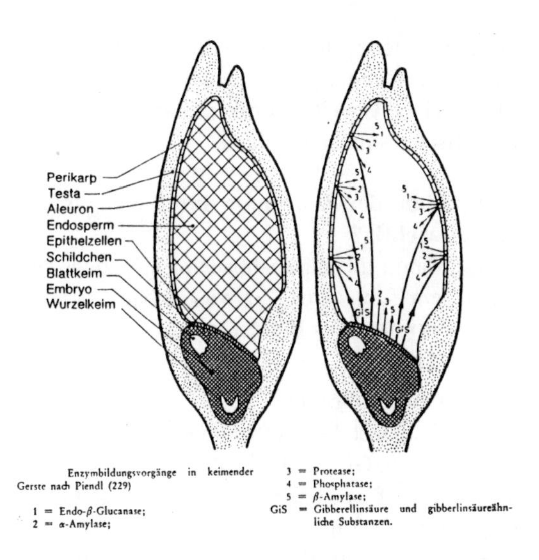

Bestandteile eines ruhenden Kornes

Bildung und Aktivierung der Enzyme bei einem keimenden Korn

486. Welche in der Gerste vorhandenen und im Malz vorhandenen (durch die Keimung gebildeten) Enzyme oder Enzymkomplexe sind für die Malz- und Bierbereitung von Interesse?

1. Stärkeabbauende Enzyme als α- und β-Amylase.
2. Zellwandabbauende Enzyme (zytolytische Enzyme) als Hemicellulasen, hauptsächlich als β-Glucanasen.
3. Eiweißabbauende Enzyme (proteolytische Enzyme) als Proteasen.
4. Fettabbauende Enzyme als Lipasen.
5. Phosphorsäureesterspaltende Enzyme als Phosphatasen.

487. In welcher Reihenfolge findet die Enzymbildung statt?

Zuerst bilden sich zytolytische Enzyme, vornehmlich β-Glucanasen, Hemicellulasen. Durch einen weitgehenden Abbau der Gummistoffe werden die Zellwände durchlässig gemacht. Darauf folgt die Bildung der α-Amylase und der Proteasen. Die β-Amylase ist bereits in der Gerste enthalten. Die Lipasen lassen sich bereits in der Gerste in einer relativ hohen Aktivität nachweisen, die sich im Verlauf der Keimung um 50 – 80 % erhöht.

Die Phosphatasen kommen bereits in der Gerste in einer Menge von 1/4 – 1/6 der maximal im Grünmalz gebildeten Aktivität vor.

488. In welcher Reihenfolge finden die Stoffumwandlungen statt?

Die Stärke liegt in Form von Stärkekörnern verschiedener Größe vor, als Amylose (ca. 25 %, sie besteht aus unverzweigten, spiralförmig gewundenen Ketten in α-1-4-Bindung) und als Amylopektin (ca. 75 %, sie besteht aus verzweigten Molekülketten, die vorwiegend aus α-1-4-Bindungen, aber auch α-1-6-Bindungen bestehen).

Die Stärkekörner sind von Hemicellulose – Gummistoff – Membranen umgeben. Die Membranen sind untereinander durch Eiweiß verfestigt. Auch die Stärkekörner enthalten an ihrer Oberfläche Eiweiß. Vor dem Stärkeabbau muß deshalb ein zytolytischer und proteolytischer Abbau erfolgen.

489. Warum ist der Abbau der Zellwände durch die zytolytischen Enzyme brautechnisch so wichtig?

Der Abbau ist wichtig, damit die stärkeabbauenden Enzyme optimal wirken können. Außerdem führt ein schlechter Zellwandabbau zu Schwierigkeiten beim Abläutern und bei der Filtration des Bieres.

490. Wie verläuft der Eiweißabbau?

Die stickstoffhaltigen Substanzen liegen in der Gerste größtenteils als hochmolekulare Eiweißkörper (Albumine, Globuline, Prolamine, Gluteline) vor. Sie bilden das Reserveeiweiß, Gewebeeiweiß und das Klebereiweiß. Der Abbau durch die proteolytischen Enzyme verläuft wie folgt:

1. Das Reserveeiweiß wird abgebaut und dient als Nahrung für die Keimlinge.
2. Das Gewebeeiweiß wird dem Malztyp entsprechend abgebaut, im Sudhaus fortgesetzt oder unterlassen.
3. Das Klebereiweiß findet sich unverändert in der Treber.

Der Eiweißabbau erstreckt sich teilweise bis zu den Eiweißbausteinen, den Aminosäuren, die der Keimling z. T. zu Eiweiß seiner Gewebe wieder aufbaut. Die Keimlinge benötigen außerdem Mineralstoffe und Kohlenhydratabbauprodukte.

491. Wie verläuft der Stärkeabbau?

Die α- und β-Amylase sind bei der Keimung nur beschränkt tätig. Die β-Amylase, ein Exo-Enzym, greift das Amylose- oder Amylopektinmolekül (Amylose = verzuckernde Stärke, Amylopektin = verkleisternde Stärke) von außen her an und baut einzelne Maltoseeinheiten (Doppelzucker = Malzzucker, bestehend aus 2 Glucoseeinheiten) ab. Die α-Amylase greift die Amylose und das Amylopektin von innen heraus an und bildet zunächst Bruchstücke von ca. 6 Glucoseeinheiten, die Dextrine, an deren Enden dann wieder die β-Amylase wirkt.

Da der hauptsächliche Stärkeabbau beim Maischen im Sudhaus erfolgt, finden sich weitere Einzelheiten im entsprechenden Kapitel.

492. Was ist zum Fettabbau wissenswert?

Der geringe Anteil an Fett wird durch die Lipasen abgebaut, wobei ein Teil oxidiert und veratmet wird, der andere Teil dem Wachstum des Keimlings dient.

493. Welche Bedeutung hat der Phosphatabbau?

In der Gerste liegen ca. 20 % der Phosphate in anorganischer Form vor, beim Malz sind des ca. 40 %. Durch den Mälzungsprozeß werden organische Phosphate der stärkeführenden Zellen durch die Phosphatasen zu anorganischen Phosphaten und deren Restkörper abgebaut. Phosphate spielen beim Hefestoffwechsel eine große Rolle.

494. Was versteht der Mälzer unter Auflösung?

Blickt man technologisch noch einmal zurück, so wurde das harte Gerstenkorn durch das Weichen elastisch. Durch die Wirkung der zellwandlösenden Enzyme schreitet mit zunehmender Keimdauer die Zerreiblichkeit des Mehlkörpers fort. Die Auflösung ist empirisch und analytisch feststellbar.

495. Wie soll die Auflösung sein?

1. Sie soll gut und gleichmäßig sein.
2. Sie ist abhängig von dem herzustellenden Malztyp.
3. Helle Malze sind mit Rücksicht auf helle Farben knapper gelöst.
4. Dunkle Malze sind mit Rücksicht auf die Bildung von Farb- und Aromastoffen weitgehender gelöst.

496. Wann spricht man von Unterlösung?

Wenn das Malz für seinen Typ nicht genügend gelöst ist.

497. Wann spricht man von Überlösung?

Wenn das Malz zu weit gelöst ist (Husarenbildung).

498. Welche Feststellungen lassen sich bei Unterlösung treffen und welche technologischen Folgen ergeben sich daraus?

Die Unterlösung zeigt eine schwere Zerreiblichkeit, das Gewächs ist meist kurz, die Enzymkraft gering. Diese Malze verzögern die Verzuckerung, die Vorderwürzen läutern schlecht ab, die Ausbeuten sind niedrig, ebenso der Endvergärungsgrad. Ein Mangel an Aminosäuren ergeben einen unbefriedigenden Gärverlauf.

499. Welche Feststellungen lassen sich bei Überlösung treffen und welche technologischen Folgen ergeben sich daraus?

Der Mehlkörper ist voll zerreiblich, der Eiweißabbau ist sehr weitgehend erfolgt, die Enzymkraft ist groß. Die Verarbeitung solcher Malze verläuft zunächst reibungslos. Die daraus hergestellten Biere allerdings zeigen eine schlechte Schaumhaltigkeit und einen leeren und harten Geschmack. Eine ganze Reihe von Untersuchungsmethoden liefern Hinweise über die Auflösung (siehe Braumalzuntersuchungen).

500. Was versteht man unter Stoffverbrauch?

Das keimende Korn deckt seinen Energiebedarf durch Veratmung von Stärke und Fett zu CO_2 und Wasser. Die dabei entstehende Wärme bewirkt eine Temperaturerhöhung des Keimgutes (bei den heutigen modernen Verfahren auch des Weichgutes).

501. In welchen Bereichen liegt der Stoffverbrauch?

Legt man z. B. einen wasserfreien Malzschwand (bezogen auf die Trockensubstanz) von 8 % zugrunde, werden rund 4,5 % der Kornsubstanz veratmet. Davon entfallen 4,2 % auf die Stärke und 0,3 % auf das Fett. Bei 17333,4 kJ/kg Stärke und 39356 kJ/kg Fett liefert 1 t Gerste bei der Keimung rund 846 153 kJ, sowie 68 kg CO_2 und 28 kg Wasser.

502. Welche Bedeutung hat der Stoffverbrauch?

1. Der Stoffverbrauch soll möglichst niedrig gehalten werden, denn ein geringer Malzschwand ergibt eine hohe Extraktausbeute.
2. Die entstehenden Wärmemengen dienen als Grundlage für die Berechnung der erforderlichen Kühleinrichtung bzw. Kühlflächen.

503. Was versteht man unter Haufenführung?

Die Wachstumserscheinungen, die Stoffveränderungen und der Stoffverbrauch werden durch die Keimbedingungen reguliert. Die Beeinflussung der Keimbedingungen durch Temperatur-, Luft- und Feuchtigkeitsregulierung nennt man Haufenführung. (Arten der Haufenführung werden im Abschnitt der pneumatischen Mälzerei besprochen).

504. Welche Mälzungssysteme unterscheidet man?

1. Die Tennenmälzerei.
2. Die pneumatische Mälzerei.

505. Welche Bedeutung hat die Tennenmälzerei?

Obwohl das Mälzen auf der Tenne die natürlichste Art des Mälzens darstellt, hat sie, mit wenigen Ausnahmen in kleinen Brauerei-Mälzereien, heute keine Bedeutung mehr.

506. Welche Gründe kennzeichnen diesen Tatbestand?

1. Der allgemeine technische Fortschritt hat auch die Mälzerei erfaßt.
2. Betrachtet man die Entwicklung der modernen Weichhaustechnik und die daraus hervorgegangenen Weichverfahren, so versteht es sich von selbst, daß moderne Keimanlagen und Darranlagen notwendig sind, die den heutigen Anforderungen entsprechen.
3. Die geringe Leistungsfähigkeit der Tennenmälzerei, verbunden mit den hohen Betriebskosten, fehlenden qualifizierten Arbeitskräften für die Bearbeitung der Tennenhaufen (den staatlich anerkannten Ausbildungsberuf des Mälzers gibt es nicht mehr) und die teilweise witterungsbedingte Abhängigkeit, zwangen die Handelsmälzereien aus Konkurrenzgründen, sich ausschließlich mit pneumatischen Mälzungssystemen auszustatten.
   Im folgenden wird sich die Fragestelung deshalb mit der pneumatischen Mälzerei befassen.

507. Welche Merkmale kennzeichneten die Tennenmälzerei?

Um die gute, alte Tennenmälzerei nicht völlig in Vergessenhcit geraten zu lassen, sei sie in einer kurzen Betrachtung, für die Generation, die sich heute in der Ausbildung befindet, noch einmal beschrieben.

Die Mälzungsräume, die Tennen befanden sich unterirdisch, Die Böden waren mit Solnhofener Platten fugenlos ausgelegt. Das leichte Gefälle diente dem Wasserablauf in ein Senkloch mit Geruchsverschluß. Manche Tennen hatten Einrichtungen für künstliche Kühlung.

Der Feuchtigkeitsgehalt der Tennenluft lag bei 95 %, um das Austrocknen der breit angelegten Haufen zu vermeiden. Die wenigen kleinen Fenster waren mit einer

lichtundurchlässigen Farbe gestrichen, die Tennen deshalb mit künstlicher Beleuchtung ausgestattet.
Folgende Arbeitsschritte zur Führung eines Tennenhaufens waren erforderlich:

1. Trockenes Ausweichen mit fahrbaren Kippkarren – Anlegen des Naßhaufens in einer Höhe von 30–40 cm. Von der Höhe des Naßhaufens war die Geschwindigkeit des Abtrocknens und der Beginn des Ankeimens abhängig (Spitz- oder Brechhaufen). Der Maßstab für die Wahl der Haufenhöhe war die Haufentemperatur (12–13 °C). Die Regelung der Haufenführung erfolgte durch das Wenden (2–3 × täglich), die Hauptarbeit eines Mälzers.
2. Das nächste Keim- oder Haufenstadium, der Jung- oder Gabelhaufen (3./4. Tag – Temperaturen 15–16 °C – Haufenhöhe 9–10 cm) wurde alle 8 Stunden gewendet. Während die untere Schicht auf den Tennenplatten den sog. »Schweiß« (kondensiertes Atmungswasser) bildet, begegnet man der Gefahr der Austrocknung der oberen Schicht mit der Gießkannenbrause kurz vor dem Wenden (4./5. Tag, wobei die Wassertemperatur der Haufentemperatur entsprach).
3. Der Greifhaufen (24 h ohne Wenden): bei Temperaturen von 18–22 °C verwachsen die Wurzeln ineinander. Diese Maßnahme erfolgt wegen der Lösungsphase. Das im Haufen verbleibende CO_2 hemmt die Atmung (= Kohlensäurerastverfahren). Vor dem Wenden wurden durch »Schütteln« mit entsprechenden Geräten die zusammengewachsenen Körner wieder voneinander getrennt.
4. Der Althaufen (8. Tag) wurde kaum noch gewendet. Der Transport des Grünmalzes zur Darre erfolgte entweder mit pneumatischen Saugluftanlagen, Grünmalzschnecken für den horizontalen und Grünmalzelevatoren für den vertikalen Transport, oder Kippkarren in entsprechenden Aufzügen. Für die Bearbeitung der Haufen standen dem Mälzer außer der eigenen Wendschaufel, den Kippkarren, Gießkannen und Haufenthermometern, noch »Fasser« für das Grünmalz (Schaufeln mit größerer Fläche), »Schlitzer« (links und rechts abgesägte Wendschaufeln), Durchzieher für Naßhaufen, mechanische und motorgetriebene Schüttler und Wender zur Verfügung.

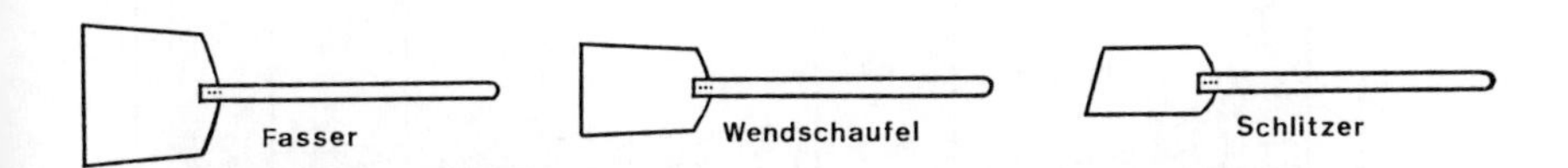

Der nostalgische Rückblick soll mit einer Frage und deren Antwort aus der 14. Auflage des Katechismus der Brauerei-Praxis abgeschlossen werden:
Welche Leistungen im Haufenwidern können von einem geübten Mälzer *verlangt* werden?
Ein geübter Mälzer *muß* entweder

50 dt Naßhaufen oder
40 dt Brechhaufen oder
35 dt Junghaufen oder
25 dt Greifhaufen, einschließlich Schütteln oder
40 dt Althaufen in einer Stunde tadellos widern können.

Dem Einhalten einer sauberen »Gasse« (= der Weg, den der Mälzer beim Wenden geht und der zwischen dem gewendeten und noch zu wendenen Teil des Haufens liegt), sowie das Anlegen eines Haufenrandes (= Aufstechen, der Stolz des Mälzers), galten als Hauptaugenmerk. Beide Kriterien waren u. a. auch Bewertungsmaßstab bei der Gesellenprüfung.

Methoden der Haufenführung (nach Prof. Dr. L. Narziß) im Vergleich

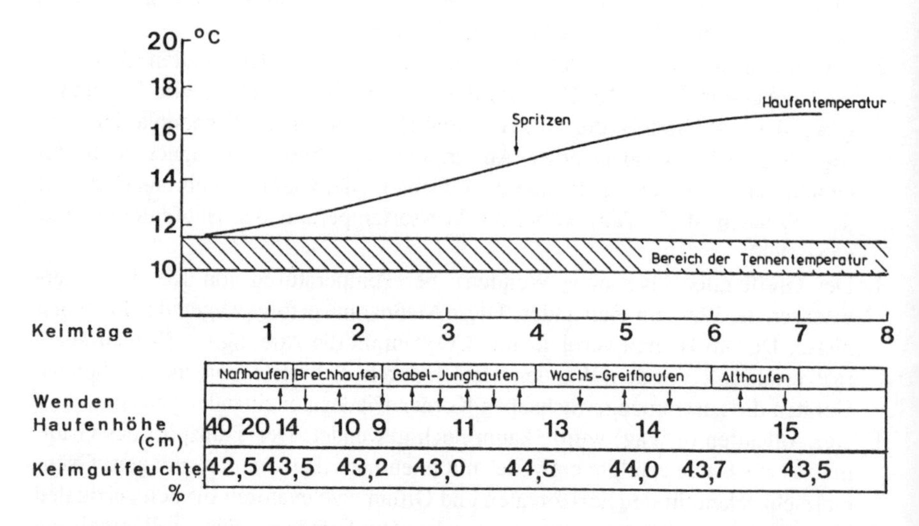

Führung eines Tennenhaufens für helles Malz (konventionelle Weiche und ausschließliches Haufenwenden).

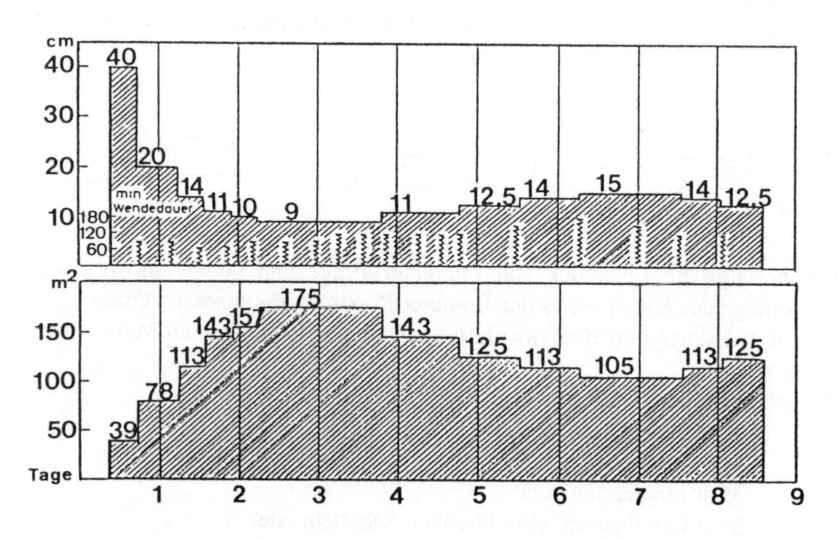

Haufenhöhe, Wenden, Wendedauer und Flächenbedarf für Grünmalz aus 50 dt Gerste.

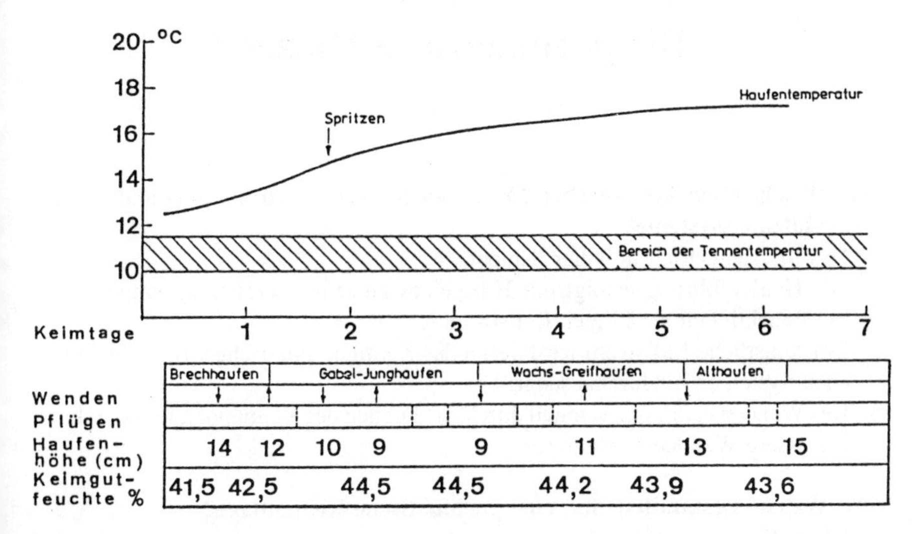

Führung eines Tennenhaufens für helles Malz (pneumatische Weiche, Wenden und Pflügen des Haufens).

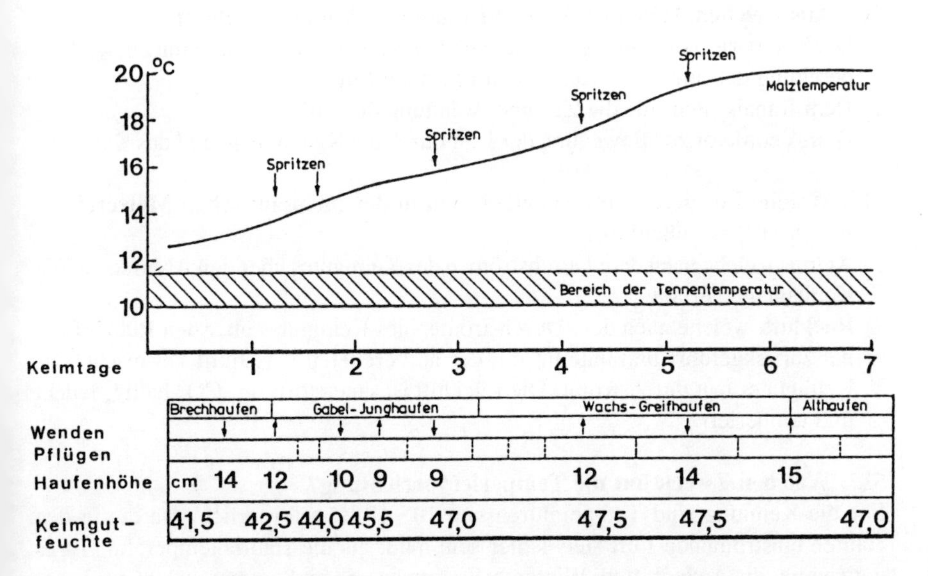

Führung eines Tennenhaufens für dunkles Malz (pneumatische Weiche, Wenden und Pflügen des Haufens.)

Die pneumatische Mälzerei

508. Welche charakteristischen Merkmale kennzeichnen die pneumatischen Mälzungssysteme?

1. Das Mälzen erfolgt in hoher Schicht.
2. Die Haufenführung erfolgt mit Hilfe eines künstlich erzeugten, temperierten, mit Feuchtigkeit gesättigten Luftstromes.
3. Der künstliche Luftstrom wird durch das Keimgut hindurchgedrückt (bei manchen Systemen hindurchgesaugt).
4. Das Wenden erfolgt maschinell durch das Drehen des Keimapparates oder durch besondere Wendeeinrichtungen.

509. Welche Bestandteile hat eine pneumatische Keimanlage?

1. Die Belüftungseinrichtung.
2. Die eigentliche Keimanlage.

510. Aus welchen Teilen ist die Belüftungseinrichtung aufgebaut?

1. Der Temperiervorrichtung und Befeuchtungsanlage zur Vorbereitung bzw. Aufbereitung der durch das Keimgut strömenden Luft.
2. Dem Kanalsystem für die Zu- und Ableitung der Luft.
3. Dem Ventilator zur Bewegung der Luft durch die Keimanlage und das Keimgut.

511. Welche Luftarten unterscheidet man in der pneumatischen Mälzerei?

1. Frischluft (= Außenluft).
2. Abluft, welche nach dem Durchströmen des Keimgutes über den Abluftkanal die Keimanlage verläßt.
3. Rückluft, welche nach dem Durchströmen des Keimgutes über den Rückluftkanal zurückgeführt und anteilig mit der aufbereiteten Frischluft vermischt, das Keimgut erneut durchströmt. Die Rückluft ist sauerstoffarm, CO_2-haltig, feucht und temperiert.

512. Welchen Zweck hat die Temperiervorrichtung?

Für die Keimung sind Temperaturen von 10–18 °C erforderlich. Da die in den Haufen einströmende Luft stets kälter sein muß, als die Haufentemperatur, ist es notwendig, die Außenluft im Winter zu erwärmen und im Sommer zu kühlen. Möglichkeiten dazu ergeben sich bei der Befeuchtung der Luft.

513. Warum muß der künstliche Luftstrom mit Feuchtigkeit gesättigt werden?

Der Luftstrom, der die Atmungskohlensäure entfernen soll, führt zu einer Verdunstung der Oberflächenfeuchte, erwärmt sich im Haufen und entzieht im Feuchtigkeit. Hinzu kommt, daß im Haufen keine Schweißbildung stattfindet. Die Aufrechterhaltung der gewünschten Keimgutfeuchte und die damit verbundene Keimguttemperatur durch Kühlung sind Hauptaufgabe der Haufenführung.

514. Welche Möglichkeiten der Erwärmung der Einströmluft gibt es?
Die Erwärmung der Einströmluft, bei gleichzeitiger Befeuchtung erfolgt durch Zerstäuberdüsen, denen erwärmtes Wasser zugeführt wird.

515. Welche Möglichkeiten zur Abkühlung der Einströmluft gibt es?
1. Die Abkühlung durch Verdunstung des Wassers. Sie bewirkt gleichzeitig eine Sättigung der Luft mit Feuchtigkeit.
2. Die Kontaktkühlung durch direkte Übertragung der Wassertemperatur auf die Luft.
3. Die direkte Kühlung der Luft durch Kühlsysteme mittels eines direkt verdampfenden Kältemittels
4. Die Beschickung des Kühlsystems mit Eiswasser, welches mit Nachtstrom – Eisansatz im Kühlwasserbehälter – hergestellt wird.

516. Welche Möglichkeiten der künstlichen Befeuchtung der Luft gibt es?
Die Befeuchtung der Luft erfolgt mit Hilfe von Sprühdüsen. In älteren Anlagen geschah dies in eigenen Befeuchtungstürmen. Bei neueren Anlagen, die mit eigenen Kühlanlagen ausgestattet sind, findet die Befeuchtung im Lufteintrittskanal vor der Keimanlage statt. Die Wirksamkeit der Befeuchtung hängt von folgenden Faktoren ab:
1. Art der Spritzdüsen (Querschnitt der Schlitze).
2. Anzahl der Spritzdüsen.
3. Wasserdruck.
4. Kontaktzeit zwischen Spritzwasser und Luft.

Das überschüssige Wasser kann man in mehrteiligen Auffanggruben sammeln. Nach Absonderung, Sedimentation von Verunreinigungen und Aufbereitung kann man es erneut den Spritzdüsen zuführen, um den Wasserverbrauch herabzusetzen. In der Praxis (persönliche Erfahrungen) hat es sich aber gezeigt, daß es sinnvoller ist, das Wasser zu Reinigungszwecken zu verwenden, als es den Spritzdüsen, auch bei Verschnitt mit Frischwasser, erneut zuzuführen.

517. Welche Möglichkeiten gibt es außerdem, die Keimgutfeuchte aufrechtzuerhalten?
Eine weitere Möglichkeit, die Keimgutfeuchte zu regulieren, ergibt sich durch Befeuchtungsdüsen am Wenderwagen.

518. Welche Bestandteile hat das Kanalsystem?
1. Den Frischluftkanal für die Aufnahme der Außenluft.
2. Den Rückluftkanal für die Rückführung der aus dem Keimgut strömenden Luft zum Ventilator. Im Rückluftkanal eingebaute Spritzdüsen oder Rückluftkühler sorgen zusätzlich für eine Abkühlung der Rückluft.
3. Den Abluftkanal für die Entfernung der aus den Keimgut strömenden Luft ins Freie.

Alle Luftkanäle sollten kurz und gerade geführt werden, gleichbleibenden Querschnitt mit möglichst kleiner Oberfläche haben, innen glatt sein und die Möglichkeit einer leichten Reinigung bieten.

4. Für die Dosierung der einzelnen Luftmengen sind entsprechende Frischluft-Rückluft- und Abluftklappen oder Jalousien als Regelorgane vorhanden.

519. Nach welchem Prinzip erfolgt die Fortbewegung der Luft?
Die Fortbewegung der Luft durch die Schaffung von Druckunterschieden. Bei modernen Keimanlagen werden heute ausschließlich Druckventilatoren eingesetzt. Bei den meisten Systemen kommt die kontinuierliche Belüftung zur Anwendung. Der Luftdurchsatz erfolgt von unten nach oben. Um die Gleichmäßigkeit der Belüftung zu erhöhen, wird durch das Drosseln der Abluftklappe ein geringer Gegendruck aufgebaut. Je nach Haufenstadium sind Luftmengen von 300–700 $m^3/t/h$ erforderlich.

520. Wie erfolgt die Temperaturkontrolle des Keimgutes?
1. Durch verschieden lange Thermometer, die sich im Keimgut befinden und die Temperatur der Einströmluft und die Haufentemperatur in der Mitte registrieren.
2. Durch die Einführung der künstlichen Kühlung ist es möglich, die Haufenführung thermostatisch zu steuern. Das vorgegebene Verhältnis zwischen der temperierten Einströmluft und der Rückluft steuert die Ventilatordrehzahl.

521. Welche Keimanlagen der pneumatischen Mälzerei unterscheidet man?
1. Die Trommelmälzerei.
2. Die Kastenmälzerei.

Die pneumatische Mälzerei zeigt eine derartige Vielfalt an Systemen, daß es den Rahmen dieses Buches sprengen würde, wollte man alle Systeme einer eingehenden Betrachtung unterziehen. Es wird deshalb um Verständnis gebeten, wenn einige nur namentlich genannt werden und in das entsprechende System eingeordnet werden. Die Kastenmälzerei hat sich in den letzten Jahrzehnten derartig durchgesetzt, daß die folgenden Betrachtungen, nach ihrem Erfinder Saladin – Mälzerei genannt, stellvertretend für alle, näher besprochen werden. Alle neueren Entwicklungen (siehe Frage 525) bauen alle auf dem Prinzip der Kastenmälzerei auf. Ausführliche Informationen aller gängigen Systeme bietet das Standardwerk »Die Technologie der Malzbereitung« von Prof. Dr. L. Narziß (zu beziehen über Fachbuchhandlung Hans Carl, Andernacherstr. 33a, 90411 Nürnberg).

522. Welche Systeme unterscheidet man bei der Trommelmälzerei?
1. Die Gallandtrommel.
2. Die Kastenkeimtrommel.

523. Welches sind die Hauptbestandteile einer Trommelmälzerei?
1. Die Trommel.
2. Die Befeuchtungsanlage.
3. Der Ventilator.

524. Mit welchen Mitteln wird der Trommelhaufen geführt?
1. Das Wenden durch langsames Drehen der Trommel um ihre Achse.
2. Die Belüftung des Trommelhaufens mittels künstlich befeuchteter, nach Bedarf gekühlter oder erwärmter Luft.

525. Welche Systeme unterscheidet man bei der Kastenmälzerei?

1. Den Saladinkasten.
2. Die Wanderhaufenmälzerei.
3. Den Umsetzkasten (System Lausmann).
4. Den Keimturm (Optimälzer).
5. Besondere Mälzungssysteme wie das Popp-System, statische Kästen für Weichen-Keimen und Darren, Keimdarrkästen in rechteckiger Form, rechteckige Weich-, Keim- und Darrkästen, die statische Turmmälzerei, die statische Rundmälzerei (System Durst) und den Unimälzer.

526. Wie ist ein Saladinkasten gebaut und welche Einrichtungsteile hat er?

Der Saladinkasten ist ein offener, gemauerter, rechteckiger Keimkasten. Die Seitenwände haben über der Horde eine Höhe von 1,20 – 1,80 m, ihre Stärke beträgt ca. 20 cm, sie müssen glatt sein, Auf ihrer oberen Kante befinden sich die Laufschienen für den Wenderwagen. Unterhalb der Laufschiene auf der Innenseite befinden sich sog. Nocken für den Parallellauf des Wenderwagens. Der Wenderwagen wird mittels Rollen auf der Laufschiene geführt, die Fortbewegung erfolgt über ein Zahnrad (Laufstern) und eine Nockenwelle. Die beiden Stirnwände, eine davon starr, die andere beweglich zum Ausfahren beim Haufenziehen, enthalten halbkreisförmige Ausbuchtungen, die dem Durchmesser der Wenderspiralen entsprechen. Die das Keimgut tragenden Hordenbleche sind perforiert, die freie Durchgangsfläche (Summe aller Schlitze) für die Luft beträgt ca. 20 %. Zwischen dem Hordenboden und dem eigentlichen Kastenboden beträgt der Abstand 0,4 – 2,00 m. Bei geringem Abstand, wo die Reinigung von oben erfolgt, ist die Horde in aufklappbare Teilstücke unterteilt. Ein Abstand von bis zu 2,00 m erlaubt die Reinigung von unten. Am Wenderwagen befinden sich 2 Elektromotoren zum Antrieb des Wenderwagens selbst und zum Antrieb der paarweise gegeneinander laufenden Schnecken. Die Wenderwirkung wird dadurch erhöht, daß die Schnecken im unteren Teil aus Vollspiralen, im oberen Teil aus Bandspiralen bestehen. Am unteren Ende der Schnecken befinden sich sog. »Abstreifer« zur Freihaltung der Hordenschlitze. Am oberen Ende sind sog. »Einebner« als U-förmige Rundeisen angebracht. Das Stromkabel wird durch eine Kabelrolle gestrafft, um ein Durchhängen zu verhindern. Am Wenderwagen befindet sich ein Wasserleitungsrohr mit angebrachten Düsen, dem mittels eines beweglichen Schlauches Wasser für die Befeuchtung beim Wenden zugeführt wird.

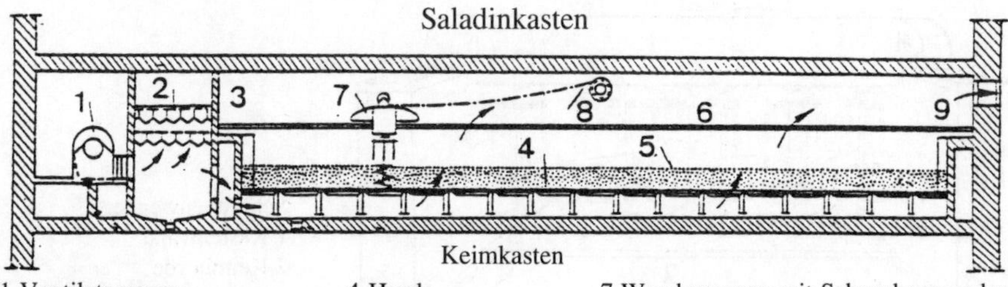

1 Ventilatorraum
2 Befeuchtungskammer
3 Heimkastenraum
4 Horde
5 Wenderschiene
7 Wenderwagen mit Schraubenwender
8 Kabeltrommel
9 Abluftkanal

Betriebstellung Wenden

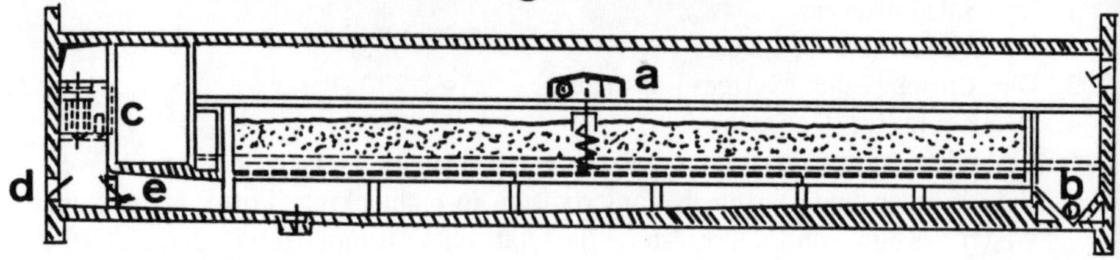

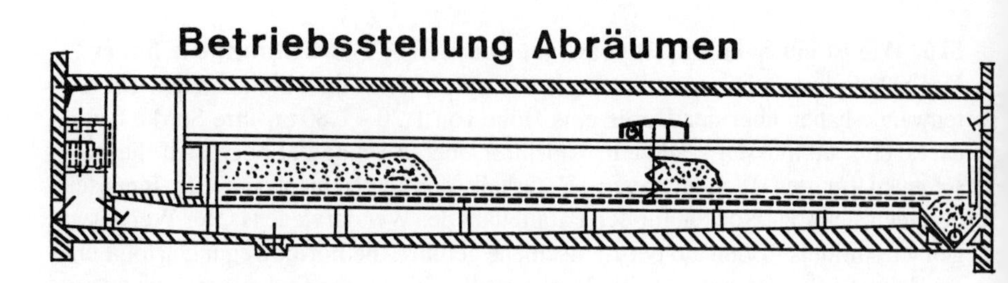

Keimkastenanlage mit Abräumwender.
a Abräumwender, b Ausräumschnecke, c Axialventilator, d Frischluftklappe, e Rückluftklappe, f Abluftklappe (Steinecker)

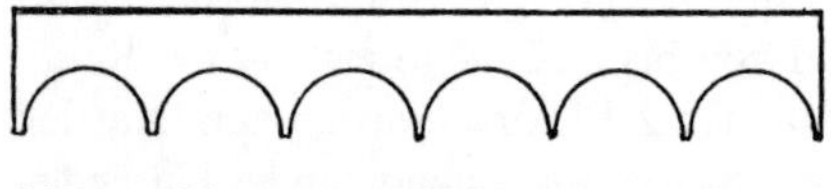

Stirnwand in der Draufsicht

Laufschiene mit Zähnen für den Laufstern

Laufstern

Einrichtungsteile eines Saladinkastens

Die pneumatische Mälzerei – Keimkasten nach Saladin (Schemen, Querschnitte)

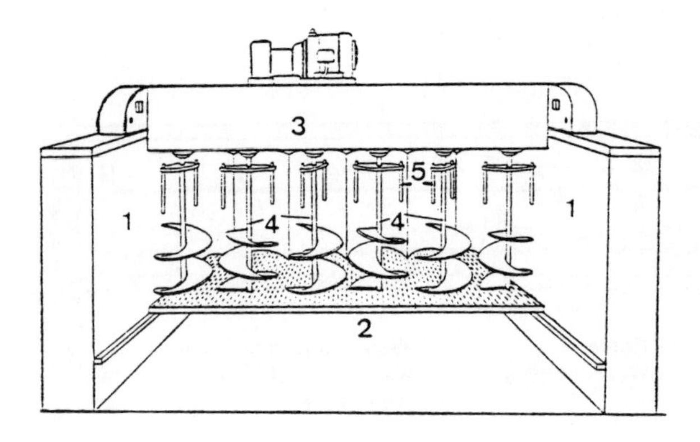

Schraubenwender
1 Kastenwand
2 Keimhorde
3 Wenderwagen mit Motor
4 Schraubenwender
5 Ausgleichstäbe

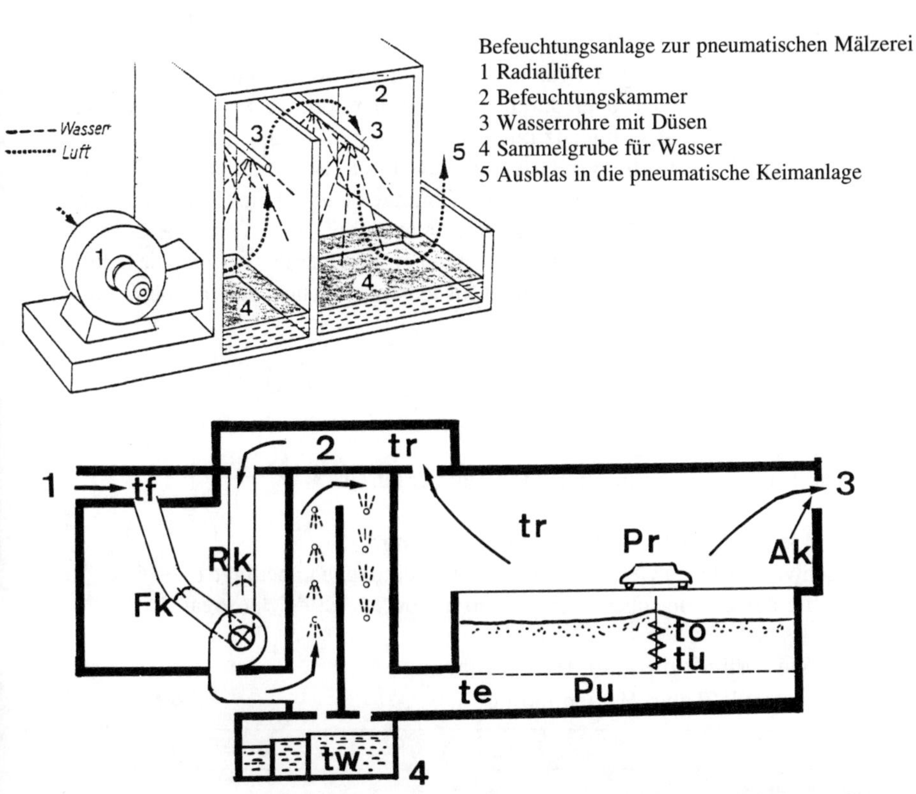

1 Frischluft, 2 Rückluft, 3 Abluft, 4 Wassergrube, tf Temperatur Frischluft, te Temperatur Einströmluft, tu Haufentemperatur unten, to Haufentemperatur oben, tr Temperatur Rückluft, tw Temperatur Wasser, Rk Rückluftkanal, Ak Abluftkanal, Fk Frischluftkanal, Pu Druck unter der Horde, Pr Druck über der Horde

527. Mit welcher Geschwindigkeit bewegt sich der Wenderwagen?
Der Vorschub des Wenderwagens durch das Zahnradgetriebe erfolgt mit einer Geschwindigkeit von 0,4–0,6 m/min.

528. Welche Drehzahl haben die Wenderschnecken?
Die Wenderschnecken bewegen sich mit 8 U/min.

529. Wie wird ein Saladinkasten beladen?
Die Befüllung des Kastens erfolgt entweder durch eine festverlegte Rohrleitung in der Längsrichtung des Kastens mit eingebauten Dreiwegschiebern und Gabelabläufen oder mittels einer lose verlegten Leitung, wobei man mit dem Füllen an einem Ende beginnt und mittels eines Spiralschlauches ein Stück des Kastens in der Längsrichtung anfüllt, danach ein weiteres Rohrstück anschraubt, den Spiralschlauch wieder befestigt und so wieder ein zweites Längsstück anfüllt. Das Weichgut wird in den meisten Fällen mittels Wasser angeschwemmt, das Weichwasser läuft durch das geschlitzte Bodenblech in den darunter befindlichen Lüftungskanal und durch ein Gully ab.

530. Wie wird ein Saladinkasten entleert?
Das Entleeren des fertigen Grünmalzes erfolgt entweder mittels einer pneumatischen Saugförderanlage oder durch unterhalb der Keimkästen angelegte Förderschnecken, denen das Grünmalz mit Hilfe von sog. „Schrappern" zugeführt wird. Der Weitertransport erfolgt in Grünmalzelevatoren. Bei neueren Anlagen sind die Wender mit automatischen Abräumvorrichtungen ausgestattet, die keine Handarbeit mehr erfordern, oder es sind Spezialabräumwender vorhanden. Muß der Kasten zur Vornahme bestimmter Arbeiten betreten werden, so sind die seitlich an der Wand oder an der Decke über dem Kasten angebrachten elektrischen Leitungen stromlos zu machen.

531. Welche Möglichkeiten der Haufenführung gibt es?
1. Die warme Haufenführung.
2. Die kalte Haufenführung.
3. Die Haufenführung mit fallenden Temperaturen.

532. Wie verläuft die warme Haufenführung?
Bei schwer löslichen Gersten in den ersten Keimtagen unbedingt 12–16 °C. In der 2. Hälfte der Lösungsphase Temperaturen von 18–20 °C, ja sogar 22 °C.

533. Wie verläuft die kalte Haufenführung?
Konventionelle (kalte) Haufenführung

Keimtage	1	2	3	4	5	6	7
Temperatur °C							
Keimgut oben	12	13,5	14	15	16	17	18
unten	12	12	12	13	14	15	16,5
Einströmluft	—	11,5	11,5	12,5	13,5	14,5	16
Frischluft %	15	75	75	60	50	40	30
Rückluft %	75	25	25	40	50	60	70
Grünmalzfeuchte %	42,5	45,0	44,5	44,0/46,0	46,0	45,5	45,0
Ventilatorleistung							
m^3/t und h	300	350	450	500	500	430	370
Wendeintervall h	12	12	8	12	16	20	24

534. Wie verläuft die Haufenführung mit fallenden Temperaturen?
Haufenführung mit fallenden Temperaturen

Keimtage	1	2	3	4	5	6
Temperatur °C						
Keimgut oben	18	18	18	13	13	13
unten	16,5	16,5	16	11	11	11
Einströmluft	16	16	15,5	10	10,5	10,5
Frischluft %	80	70	70	30	20	20
Rückluft %	20	30	30	70	80	80
Keimgutfeuchte %	42,5	42,5/45,0	45,0/48,0	48,0	47,7	47,5
Ventilatorleistung						
m^3/t und h	350	500	500	400	350	350

Andere Möglichkeiten, die kalte Haufenführung und die Haufenführung mit fallenden Temperaturen darzustellen, ergeben sich durch nachfolgende Schemen:

Methoden der Haufenführung (nach Prof. Dr. L. Narziß) im Vergleich

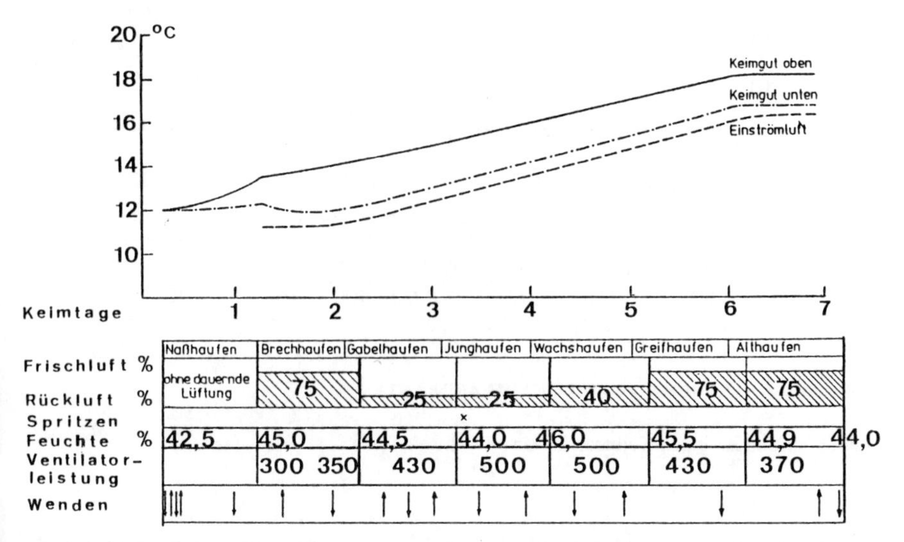

Führung eines Haufens im Keimkasten (konventionelle Weiche, Keimung bei steigenden Temperaturen, Kühlung durch Versprühen von Wasser, Einzelkastenaufstellung).

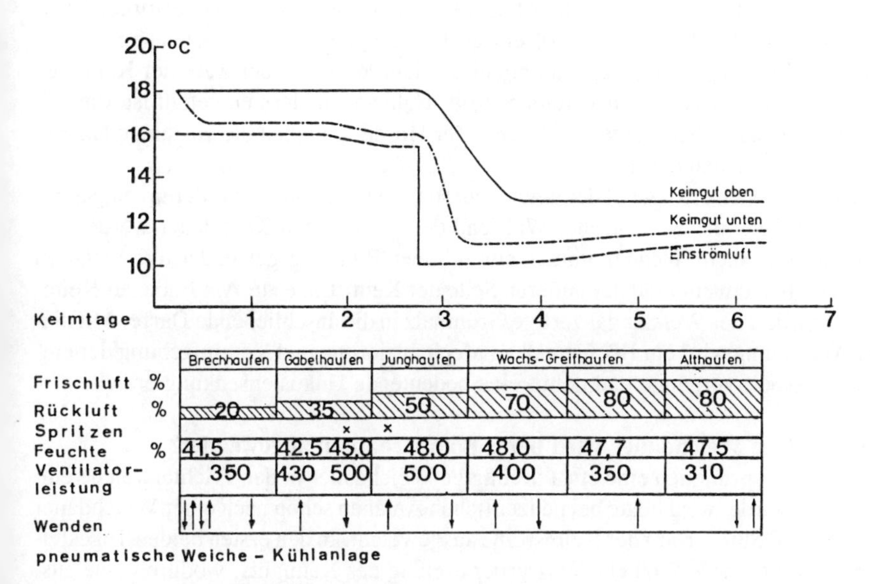

Führung eines Haufens im Keimkasten (pneumatische Weiche, Keimung bei fallenden Temperaturen, Kühlanlage, Einzelkastenaufstellung).

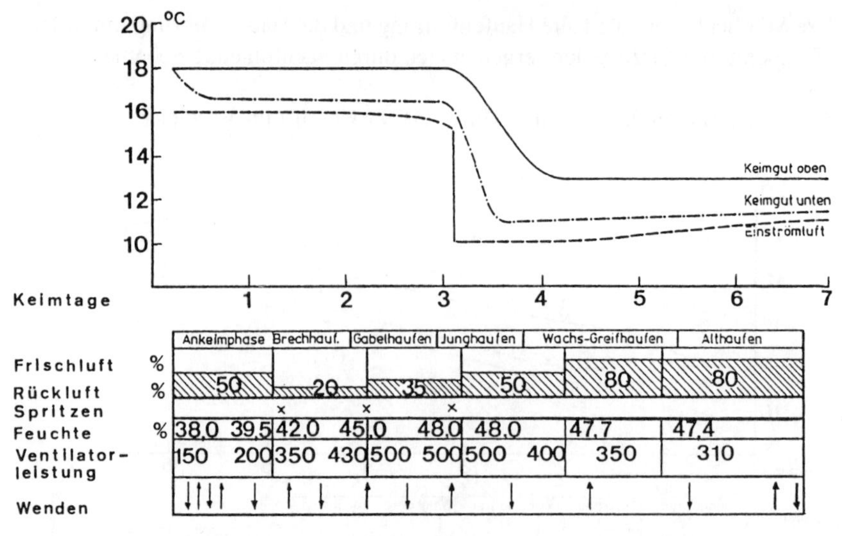

Haufenführung für einen Keimdarrkasten

535. Wodurch ist das System der pneumatisch-mechanischen Wanderhäufenmälzerei gekennzeichnet?

Die pneumatische Wanderhaufenmälzerei stellt die Übertragung des Wanderhaufensystems auf die pneumatische Mälzerei dar. An Stelle der sonst erforderlichen Keimkästen oder Trommeln wird ein großer, langgestreckter Kasten, eine sogenannte »Keimstraße« angelegt, die unter der Horde in eine der Zahl der Keimtage entsprechende Zahl von Tagesfeldern bzw. Halbtagesfeldern eingeteilt ist, die wie ein Saladinkasten belüftet werden. Über der Horde schließen die einzelnen Haufen unmittelbar aneinander an.

Das Ausweichen erfolgt auf der einen, das Haufenziehen auf der anderen, entgegengesetzten Seite der Keimstraße. Während der neuntägigen Keimdauer werden die Haufen mit einem Wender immer nur in einer Richtung gewendet und wandern dabei täglich um ein Feld der anderen Seite der Keimstraße zu. Am Ende der Keimstraße fördert der Wender das fertige Grünmalz in die anschließende Darre. Mit dieser Anordnung wird ein Höchstmaß an Mechanisierung und Vereinfachung der einzelnen Arbeitsvorgänge und damit eine bedeutende Unkostensenkung erzielt.

536. Welche Weichdauer wird beim Wanderhaufen angewendet?

Während ursprünglich eine etwa dreitägige Weichdauer in der Trichterweiche eingehalten wurde, wird heute bei neuzeitlichen Anlagen schon nach einer Weichdauer von 15–20 Stunden auf der Keimstraße ausgeweicht. In den ersten beiden Tagesfeldern erfolgt eine zusätzliche Wasserberieselung des Keimguts, wodurch eine ausreichende Gesamtweichdauer mit genügendem Weichgrad von 45–46 % erzielt wird.

537. Wie werden die Keimbedingungen beim Wanderhaufen geregelt?
Die Regelung der Keimbedingungen erfolgt ähnlich wie beim Saladinkasten durch Lüftung mit einem befeuchteten, kühlen Luftstrom und durch wiederholtes Wenden des Keimguts mit einem Wender. Die unter der Horde abgemauerten Tagesfelder bzw. Halbtagesfelder bilden Luftkammern, die mit den Lüftungskanälen durch Schieber verbunden sind. Es kann also jedes einzelne Tagesfeld mit dem darüberliegenden Haufen für sich allein belüftet werden. Entsprechend dem Fortschritt der Keimung wird durch Mischung der Frisch- und Rückluft die Temperatur des Luftstroms für jedes Tagesfeld individuell geregelt, so daß die Temperatur eines jeden Haufens während der Keimdauer von ca. 12 °C beim Ausweichen allmählich auf 17 °C beim Haufenziehen ansteigt. In manchen Betrieben wird in zeitlichen Abständen stundenweise, in anderen kontinuierlich belüftet.
Während im Saladinkasten ein Schraubenwender eingebaut ist, wird im Wanderhaufen mit einem Becherwerkswender gearbeitet. Dieser Wender hat den Vorteil, daß er das Keimgut vollkommen locker wendet, ähnlich wie dies beim Wenden mit der Schaufel auf der Tenne der Fall ist. Bei den neuesten Konstruktionen kann der Wender den Haufen wahlweise um ein Halbtagesfeld oder um ein Ganztagesfeld vorwärts bewegen. Dadurch kann je nach Wunsch der Junghaufen zweimal täglich, der Althaufen einmal täglich gewendet werden. Es ist also möglich, die Haufenführung weitestgehend dem Verhalten der Gerste während der Keimung anzupassen.

537a. Welche Keimsysteme haben sich in der Praxis neben der Kastenmälzerei noch durchgesetzt?

1. Rundmälzerei: Bei der Rundmälzerei wird die Horde mit dem Keimgut gedreht, welches somit durch die fest installierten Schneckenwender geführt wird. Die Schnecken besitzen verschiedene Umdrehungsgeschwindigkeiten, je nach radialer Entfernung vom Hordendrehpunkt.
2. Umsetzkasten: Beim Umsetzkasten, System Lausmann, verfügen die in einer Zeile direkt nebeneinanderliegenden Keimkästen (quadratisch oder rechteckig) über ein heb- und senkbares Hordensystem. Die Bewegung derselben erfolgt mit synchron angetriebenen Schraubenspindeln. Durch das Anheben der Horden ragt das Keimgut über die Trennwand zu den angrenzenden Keimkästen hinaus und wird mittels eines Wenders in die nächste Kasteneinheit bzw. auf die Darre befördert.
3. Optimälzer: Der Keimturm »Optimälzer« stellt eine Anordnung von 12 Weich- und Keimeinheiten übereinander dar. Die Ausführung derselben ist völlig identisch, nur die Leistung der Lüfter und Kühler ist den Bedürfnissen der jeweiligen Weich- und Keimetage angepaßt. Die Bewegung des Gutes von den oberen Weichetagen zu den Keimeinheiten geschieht durch das Kippen der Hordenelemente. Neuartig ist hier der Weg der Belüftung von oben nach unten, der sich aus den zur Verfügung stehenden Querschnitten ableitet. Jedes kippbare Hordenelement weist einen wasserdichten Boden mit Ablauf für Weich- oder Wiederweichwasser auf.

Das Darren des Grünmalzes

538. Was versteht man unter Darren und wo wird es durchgeführt?
Darren heißt so viel wie »dürr machen«, »trocknen«. Das fertige Grünmalz wird nach der Keimung durch das »Haufenziehen« aus den pneumatischen Mälzungsanlagen auf die Darre gebracht (Darre beladen) und dort unter Einsatz von Hitze (warme, trockene Luft) zuerst geschwelkt (»welk machen«) und dann getrocknet (gedarrt).

539. Warum muß das Grünmalz gedarrt werden?
1. Das verderbliche Grünmalz muß durch Wasserentzug in eine lagerfeste Dauerware umgewandelt werden.
2. Der Wasserentzug bewirkt einen Wachstumsstop, die biologisch-chemischen Umsetzungen werden beendet.
3. Der Grünmalzgeruch (gurkenartig) verschwindet und malztypisches Aroma stellt sich ein, es kommt zur Bildung von Farb- und Aromastoffen.
4. Die für die Bierbereitung ungeeigneten Wurzelkeime werden entfernt.

540. Welche Vorgänge unterscheidet man beim Darren?
1. Das Schwelken durch Entwässerung des Darrgutes bei niedrigen Temperaturen bis zu einem Wassergehalt von 10 %. Das Schwelken ist bis zum sog. »Hygroskopizitätspunkt« bei 18 – 20 % Feuchte leicht durchführbar. Das Heruntertrocknen auf 10 % verläuft zögernder und ist am sprunghaften Ansteigen der Ablufttemperatur, dem »Durchbruch« erkennbar.
2. Das eigentliche Trocknen, das Darren, wobei die Temperaturen zwischen 80 und 105 °C die Entwässerung bis auf 1,5 – 4 %, je nach Malztyp, erfolgt.

541. Welche Veränderungen finden am Korn während des Darrens statt?
1. Physikalische Veränderungen.
2. Chemisch-biologische Veränderungen.

542. Welche physikalischen Veränderungen finden statt?
1. Der Wassergehalt sinkt. Mit Hilfe großer Luftmengen und niedriger Temperaturen muß die Entwässerung vorsichtig und stufenweise erfolgen (von ca. 48 % auf 1,5 – 4 %).
   Das Korn wird durch die Wasseraufnahme prall. Durch die Auflösung der Gerüstsubstanz sind im Mehlkörper Hohlräume entstanden, die es zu erhalten gilt, denn sie ergeben die Mürbigkeit des Malzes. Daraus ergibt sich eine scheinbare Volumenvergrößerung des Malzes gegenüber der Gerste von 16 – 23 %. Ein zu rascher Wasserentzug, hohe Temperaturen (und schlecht gelöste Malze) zeigen vermehrtes Schrumpfen, sie lassen sich schlechter schroten, die Extraktgewinnung ist unvollkommen. Die Bestimmung des hl-Gewichtes gibt Aufschluß darüber.
2. Das Gewicht verändert sich wie folgt: 100 kg Malzgerste ergeben ca. 160 kg Grünmalz; durch das Darren erhält man ca. 80 kg Darrmalz.

3. Es finden Farbveränderungen statt. Bei 2,0–2,5 EBC – Einheiten (siehe Tabelle Anhang) erhöht sie sich auf 2,5–4,0 (helles Malz), 5,0–8,0 (Wiener Malz) und 9,5–21 (dunkles Malz). Geruch und Geschmack verlaufen parallel zur Farbbildung, was auf chemische Veränderungen beruht.

542. Welche chemischen Veränderungen finden statt?

1. Fortsetzung des natürlichen Wachstums bei einer Feuchtigkeit nicht unter 20 % und einer Temperatur nicht über 40 °C.
2. Durch die Amylasen, Peptidasen, Glucanasen und Phosphatasen finden weitere enzymatische Vorgänge statt. Die Auflösung schreitet fort. Der Anteil an löslichem Stickstoff und niedermolekularen Stärkeabbauprodukten erhöht sich, wenn bei bestimmten Feuchtigkeitsgehalten Grenztemperaturen überschritten werden; z. B.:

43 %	23–25 °C
34 %	26–30 °C
24 %	40–50 °C

3. Bei Temperaturen über 100 °C und einem Wassergehalt von ca. 5 % Feuchte werden Farb- und Aromastoffe gebildet. Diese sind Verbindungen aus Zuckern und Eiweißabbauprodukten, die man Melanoidine nennt. Die Melanoidinbildung hat eine Verringerung der Invertzucker, Aminosäuren und niederer Peptide zur Folge.

544. Welche Heizmittel bzw. wärmeübertragenden Medien gibt es für das Darren?

1. Koks.
2. Anthrazit
3. Öl
4. Gas

} Frage 545/2.

5. Heißwasser oder Dampf Frage 545/1.

Vom Brennstoff ist die Art der Beheizung abhängig.

545. Wie unterscheidet man die Darren nach ihrer Beheizungsart?

1. Indirekte = mittelbare Beheizung.
2. Direkte = unmittelbare Beheizung, jeweils mit Heißluft oder durch Heizgasgemische.

546. Welche Darrkonstruktionen unterscheidet man?

Nach der Anordnung der Horden und der Beladungshöhe unterscheidet man:

1. Horizontaldarren oder Plandarren mit 1,2 oder 3 Horden.
2. Vertikaldarren mit mehreren Horden.
3. Einhordenhochleistungsdarren.
4. Kombinierte Anlagen, wie sie sich aus der pneumatischen Mälzerei ergeben (Frage 508).

Da die Einhordenhochleistungsdarre heute überwiegend anzutreffen ist, wird nachfolgend die Darrarbeit dieses Systems in den nachfolgenden Fragen beantwortet.

547. Welche Vorteile bieten Hochleistungsdarren?

1. Vollkommene Unabhängigkeit von der Witterung.
2. Geringen Platzbedarf.
3. Niedrige Bau- und Einrichtungskosten.
4. Hohe Leistung pro m^2 Hordenfläche.
5. Geringen Wärmebedarf pro dt Malz.
6. Einfache Bedienung durch vollautomatische Darrführung mittels elektronischer Schalt- und Regelanlagen.

548. Welche Merkmale bzw. Bauteile kennzeichnen eine Einhordenhochleistungsdarre (EHD)?

1. Die EHD sind durch eine hohe Malzschicht von 0,6 – 1,0 m und durch eine hohe Beladung von 250 – 400 kg / m^2 gekennzeichnet.
2. Der Hordenraum ist in seiner Höhe durch die Darrfläche und den Raumbedarf der Kipphorde bestimmt. Eine gute Isolierung, einschließlich des Druckraumes vermindert den Wärmebedarf. An der Decke sind Vorrichtungen (Schnecken oder Trogkettenförderer) mit anschließenden Schwenkrohren angebracht. Das Begehen wird durch ein Gitterrost ermöglicht, das sich in Höhe der Seitenwände der Kipphorde befindet. Auf dem Gitterrost befinden sich Schienen und ein fahrbares Schleuderband zum Beladen der Darre. In einer der Seitenwände befindet sich, bündig mit der Oberkante der Decke, die Luftaustrittsöffnung.
3. Die Horde, aus tragfähigem Profildraht, mit einer freien Durchgangsfläche von 30 – 40 %.

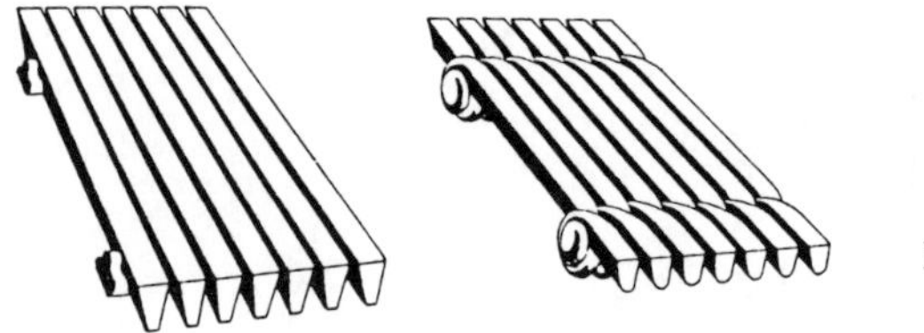

Profildrahthorden

   Ein Unterstützungsrost aus Netzeisen und darunter sich befindliche Profileisen, gewährleisten eine glatte, ebene Oberfläche der nebeneinander liegenden Hordenfelder. Die Horden sind als ein- oder zweiteilige Kipphorden gebaut. Das Abräumen erfolgt durch mechanisch, elektrisch oder hydraulisch betriebene Hubelemente. Während die einteilige Kipphorde eine Malzgosse an der Wand ermöglicht, erfordert die zweiteilige Kipphorde eine Gosse in der Mitte des Druckraumes.
4. Der Druckraum befindet sich unter der Horde. Er dient der Entspannung der vom Ventilator geförderten Luftmenge und ihrer Verteilung mit Hilfe eines Verteilerschirmes unter dem Malz.
5. Die Belüftungseinrichtung besteht aus dem Ventilator, aus den Schächten für Frischluft, Rückluft und Abluft, sowie den entsprechenden Schiebern. Der Abluftkanal und der Rückluftkanal bilden einen gemeinsamen Schacht. Mit Hilfe einer Klappe kann die aus dem Darrgut kommende Luft in den Abluftkanal oder in den Rückluftkanal geleitet werden. Der Ventilator, als Hochleistungsventila-

tor, leistet 2500–3000 m³ Luft/kWh. Der unterschiedliche Luftbedarf beim Schwelken und Darren wird mit 2 Motoren von unterschiedlicher Drehzahl erreicht.

6. Im Schürraum befindet sich der Heizofen = direkte Beheizung (Düsenbrenner-Flächenbrenner) oder das Heizsystem = indirekte Beheizung. Bei der direkten Beheizung saugt der Ventilator Frischluft oder Rückluft über das Feuerbett zur Vermischung mit den Feuergasen an und drückt das Gemisch mit Überdruck in den Druckraum. Ein Thermostat im Druckraum reguliert die Heizleistung. Die indirekte Beheizung erfolgt mit entsprechenden Heizöfen mit sehr großen Wärmeaustauschflächen.

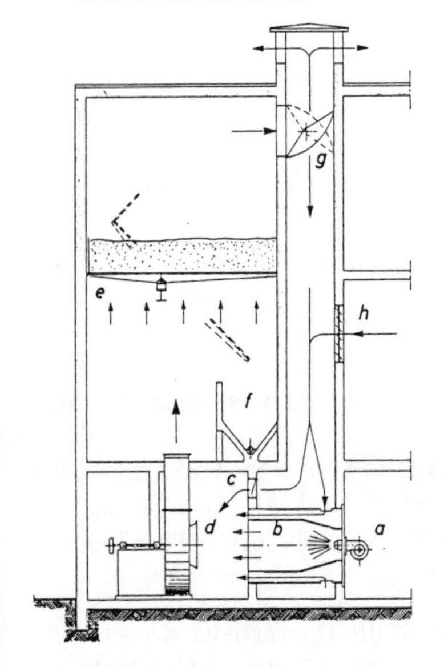

Hochleistungsdarre mit direkter Ölfeuerung (Steinecker)

a Ölbrenner,
b Ölofen,
c Regulierklappe,
d Ventilator,
e Kipphorde,
f Malzgosse,
g Um- und Abluftklappe,
h Frischluftjalousie.

549. Was sind Nitrosamine?

Nitrosamine (NO_X) werden durch das Malz in das Bier eingebracht. Sie entstehen durch Reaktionen zwischen Eiweißabbauverbindungen (Amine) des Malzes und Stickoxid (NO) der Trocknungsluft.

Das bekannteste ist das Nitrosodimethylamin $(CH_3)_2N\text{-}NO$. Sie entstehen in der Schwelkphase beim Darren. Die Stickoxidbildung in der Darrfeuerung ist von der Flammkerntemperatur und überhaupt den Verbrennungsverhältnissen abhängig. In erster Linie sind direkte Darrbeheizungen betroffen, vor allem direkte Gasfeuerungen. Zusatzuntersuchungen lassen außerdem den Schluß zu, daß durch einen hohen Wassergehalt im Schwelkgut die Nitrosaminbildung gefördert wird.

Durch eine Absenkung der Flammkerntemperatur in Bereiche unter 1300 bzw. 1200 °C wird die Stickoxidbildung drastisch gedrosselt bzw. gänzlich eingestellt, ohne daß der Verbrennungsablauf leidet. Die Malzindustrie hat als weitere Maßnahme die Umstellung auf indirekte Heizung vorgenommen oder Glaswollfilter in den Heizgasstrom installiert.

Der Gehalt an Nitrosaminen im Malz soll unter 2,5 ppm und 0,5 ppm im Bier nicht übersteigen (ppm = part per million = 1 Millionstel Gramm/kg).

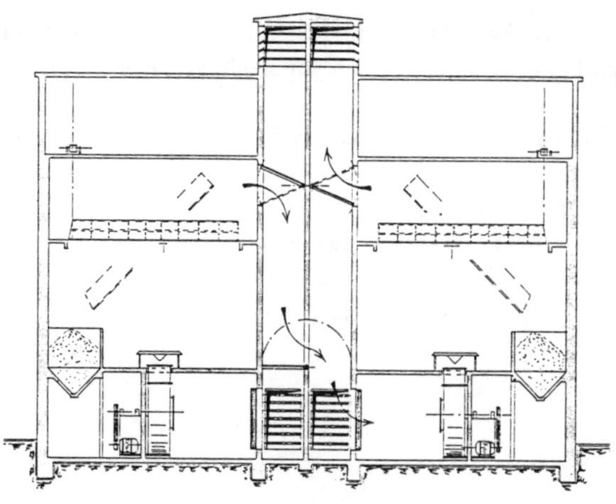

Doppel-Hochleistungs-Darre mit Dampf- oder Heißwasserbeheizung (Steinecker)
a Frischluftjalousie,
b Heizregister,
c Ventilator,
d Kipphorde,
e Malzgosse,
f Um- und Abluftklappe,
g Mittelklappe.

550. Welche Daten einer Einhordenhochleistungsdarre sind von besonderem Interesse?

1. Die Schwelk- und Darrzeit beträgt (bei hellem, wie bei dunklem Malz) 18–20 Stunden
2. Die spezifische Beladung pro m^2 beträgt 250–400 kg.
3. Die Ventilatorleistung liegt zwischen 4000–5500 m^3/t/h.
4. Der Energieverbrauch beträgt 25–40 kWh/t bei der direkten Beheizung und 33–48 kWh/t bei der indirekten Beheizung.
5. An Wärme werden bei der direkten 3,43–4,5 Mio. kJ/t (0,8–1,05 kcal/t), bei der indirekten Beheizung 4,5–5,15 Mio. kJ/t (1,05–1,2 Mio. kcal/t) benötigt. Bei Wärmerückgewinnung reduziert sich der Wärmeverbrauch bei der indirekten Beheizung auf 3 Mio. kJ/t (0,7 Mio. kcal/t).

551. Welche praktischen Gesichtspunkte umfaßt die Darrarbeit?

1. Die Art und Weise der Temperatursteigerungen in der Darre und im Malz.
2. Die Regulierung der durch die Darre geführten Luftmenge und deren Trocknungswirkung durch Variation der Ventilatorleistung oder durch Verschnitt von Frischluft und Rückluft.

552. Welche Grundsätze gelten bei der Darrarbeit für helles Malz?

Für die Herstellung eines hellen Malzes wird ein schneller Wasserentzug bei starker Belüftung und Temperaturen von 45–65 °C angestrebt. Dies verhindert weiteres Wachstum und stoppt die Tätigkeit der Enzyme.

553. Welche Grundsätze gelten bei der Darrarbeit für dunkles Malz?

Bei der Herstellung eines dunklen Malzes handelt es sich nicht nur um einen Trocknungsprozeß. Für weiteres Wachstum und weitere chemisch-biologische Umsetzungen durch die Enzyme müssen günstige Temperatur- und Feuchtigkeitsverhältnisse geschaffen werden. Die weitere Auflösung bringt niedermolekulare Stickstoffverbindungen und Zucker, welche beim Ausdarren die Melanoidinbildung bewirken. Bei reduzierter Ventilatorleistung (70 %) unter Verwendung von 20 % Rückluft, schafft man im Darrgut Temperaturen von 35–40 °C und 20–25 % Feuchte die Voraussetzungen für weiteres Wachstum und weitere Auflösung.

554. Welche Möglichkeiten zur Einsparung von Energie gibt es?
Der Energieverbrauch macht einen enormen Anteil an den Produktionskosten aus. Für eine Verringerung bieten sich folgende Möglichkeiten an:
1. Einsparung durch Vorwärmen der Einströmluft.
2. Kreuzstromaustauscher (aus Glasplatten oder Glasröhren) im Abluftschacht.
3. Wärmetauscher mit Wärmeträger (z. B. Glycol) an den Lufteintritts- bzw. austrittsöffnungen.
4. Verwendung von Mischluft (auch in Kombination mit Kreuzstromtauschern).
5. Gute Isolierung der Darre.

555. Wie sieht ein Darrschema für helles Malz aus?

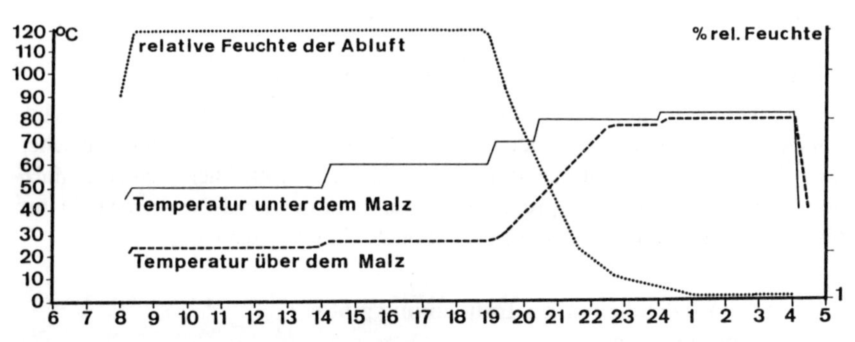

Darrdiagramm für helles Malz (Einhordendarre)

556. Wie sieht ein Darrdiagramm für dunkles Malz aus?

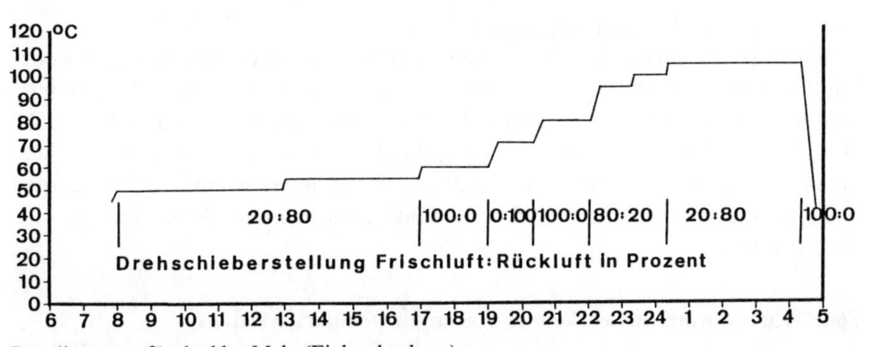

Darrdiagramm für dunkles Malz (Einhordendarre)

557. Wie verläuft die Darrarbeit für mittelfarbige Malze? (»Wiener Typ«)?
Zunächst gelten die gleichen Schritte wie bei der Darrarbeit für helles Malz. Bei einer Ablufttemperatur von 35 °C und 75 % relativer Feuchte wird pro Stunde um 5 °C auf Abdarrtemperatur aufgeheizt, bei gleichzeitiger Verringerung der Ventilatorleistung (schrittweise). Bei einer Ablufttemperatur von ca. 54 °C wird 20 % Rückluft zugeführt, die innerhalb von ca. 5 Stunden auf 80 % gesteigert wird. Die Abdarrtemperatur beträgt 90–95 °C bei 3–4 Stunden Dauer.

558. Welche Behandlung erfährt das Darrmalz nach dem Darrprozeß?

1. Das Abkühlen des Malzes.
2. Das Entkeimen des Malzes.
3. Die Lagerung und Aufbewahrung des Malzes.

559. Warum muß das Malz abgekühlt werden?

Um eine Zufärbung des Malzes und Schädigungen der Enzyme (Verlust der Verzuckerungsfähigkeit) zu verhindern.

560. Welche Möglichkeiten der Abkühlung gibt es?

1. Abkühlung in der Gosse und den nachfolgenden Entkeimungsvorgang.
2. Abkühlung im Kühlrumpf bei größeren Darren.

561. Warum muß das fertig gedarrte Malz entkeimt werden?

Es muß entkeimt werden, weil die Malzkeime für die Bierbereitung wegen ihres bitteren Geschmacks untauglich sind, und weil Malz mit Keimen viel Wasser anziehen würde. Es ist auch nötig, sofort nach dem Abdarren zu entkeimen, denn die Malzkeime sind außerordentlich hygroskopisch (wasseraufnehmend), verlieren bald ihre ursprünglich Sprödigkeit und lassen sich von Tag zu Tag schwerer abreiben.

562. Welche Möglichkeiten der Entkeimung gibt es?

1. Entkeimungsmaschinen.
2. Entkeimungsschnecken.
3. Pneumatische Malzreiniger.

563. Wie geschieht das Entkeimen?

In den Malzentkeimungsmaschinen. Dieselben bestehen in der Hauptsache aus dem schlitzgelochten Zylinder, in welchem eine mit Schlägern besetze Welle rotiert. Durch die rasche und heftige Reibung der Körper aneinander brechen die Keime ab. Das Malz wird dann über Siebe geleitet, durch deren Maschen Wurzelkeime und Staub durchfallen. Die alten Malzentkeimungsmaschinen haben vielfach modernen Anlagen mit Malzentkeimungsschnecken und pneumatischen Malzreinigern weichen müssen.

564. Warum muß das entkeimte Darrmalz gelagert werden?

Nicht, oder zu kurz gelagerte Malze lassen sich schlecht verarbeiten, da ein Teil der für die Sudhausarbeit notwendigen Enzyme ihre Wärmestarre noch nicht überwunden haben. Spelzen und Melkörper sind spröde, woraus sich Schwierigkeiten beim Schroten ergeben. Die Würzen sind trübe oder opalisierend, Schwierigkeiten beim Abläutern und bei der Gärung beeinflussen Aussehen, Geschmack und Schaum des Bieres.

565. Wie lange soll das Malz lagern?

Das Malz soll mindestens vier Wochen lagern, bevor es verarbeitet wird.

566. Welche Möglichkeiten der Lagerung gibt es?
1. Lagerung in Malzkästen oder Boxen.
2. Silolagerung.

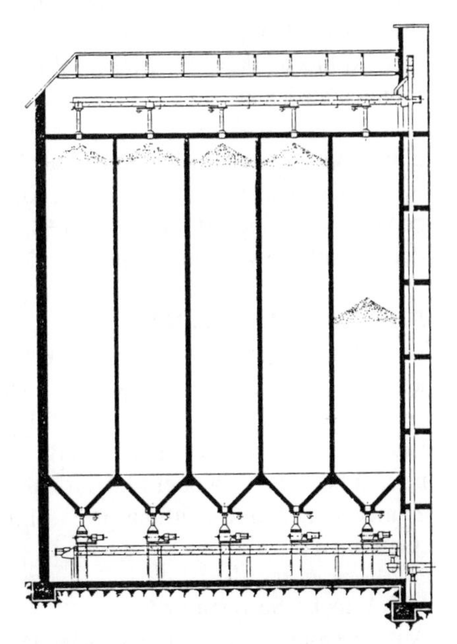

Malz-Siloanlage mit Meß- und Mischeinrichtung

567. Welche Behandlung erfährt das gelagerte Malz vor dem Versand?
1. Verschneiden: an den Silozellen angebrachte Meß- und Mischapparate erlauben eine prozentuale Mischung der verschiedenen Zellen, um den Wünschen bzw. den Vereinbarungen (hinsichtlich Farbe, Ausbeute usw. – siehe Braumalzanalyse) des Kunden, bzw., mit dem Kunden, gerecht zu werden.
2. Putzen und Polieren auf einer entsprechenden Putz- und Poliermaschine zur Entfernung von Malzstaub, Grießen und Spelzenabrieb.
3. Wiegen mit Hilfe einer automatischen Waage und Transport in ein Verladesilo für den losen Versand oder Absacken in Säcke zu 62,5 kg oder 75 kg.

568. Was sind Sonder- und Spezialmalze?
1. Sondermalz ist das Weizenmalz. Es wird für die Herstellung von obergärigen Bieren (z. B. bayerisches Weizenbier, Berliner Weisse) verwendet.
2. Spezialmalze, wie Spitzmalz, Brühmalz, Sauermalz, Farbmalz und Caramelmalze werden in einem bestimmten Prozentsatz der Schüttung zugesetzt, um die Farbe, den Geschmack, die Vollmundigkeit, das Schäumungsvermögen, die Säureverhältnisse und die Stabilität des Bieres zu beeinflussen.

569. Was ist bei der Vermälzung von Weizen zu beachten?
Da der Weizen spelzenlos ist, erfolgt beim Weichen eine raschere Wasseraufnahme, so daß sich die Weichzeit verkürzt. Die Keimzeit liegt zwischen 4 und 6 Tagen. Die Haufenführung ist kälter, als beim Gerstenmalz, die Haufenhöhe niedriger. Sie kann sowohl bei steigenden Temperaturen (12 – 18 °C) als auch bei fallenden Temperaturen 17 / 18 °C bis 12 / 13 °C) erfolgen.

Beim Darren wird bei Temp. von 50–55–60–65 °C geschwelkt. Vor einer weiteren Temperatursteigung muß der Durchbruch (= Zeitpunkt beim Darren, bei dem die Feuchtigkeit der Abluft sinkt und deren Temp. steigt) abgewartet werden. Nach dem Aufheizen auf 75 °C innerhalb von 2 Stunden wird dann bei 78–80 °C 2–3 Stunden ausgedarrt.

570. Was ist Spitz- oder Kurzmalz?

Spitzmalz wird nach 2 Weichtagen, Kurzmalz nach 3–4 Tagen abgedarrt. Die Malze werden in einer Menge von 10–15 % zur Schüttung gegeben. Ihr Einsatz dient dem Ausgleich weitgehend gelöster Malze, oder der Verbesserung des Schaumes.

571. Was ist Brühmalz?

Der Althaufen (Grünmalz für dunkles Malz) wird 24 »gebrüht«, d. h. kein Wenden, keine Belüftung, evtl. abgedeckt. Die Haufentemperatur steigt durch Selbsterwärmung auf 40–50 °C. Dabei bilden sich reichlich Invertzucker und niedere Eiweißabbauprodukte, Ester und organische Säuren. Die Abdarrtemperatur beträgt 80–90 °C, wobei Malzfarben von 15–30 EBC-Einheiten erreicht werden. Zumischung zur Schüttung 15 %. Ihr Einsatz erfolgt für charaktervolle Biere (Geschmack).

572. Was ist Sauermalz?

Ausgangspunkt ist Grünmalz oder Darrmalz, das in Vorderwürze, die mit einer Milchsäurebakterienkultur beimpft wurde, geweicht oder damit besprüht wird. Das gesäuerte Malz wird vorsichtig getrocknet und hoch gedarrt, um die Milchsäurebakterien abzutöten.
Eine andere Möglichkeit Sauermalz herzustellen ist folgende: Braumalz wird eingeweicht (Wassertemperatur 47–48°C) und 24 Stunden gehalten. Durch die auf dem Malz vorkommenden Milchsäurebakterien kommt es zu einer kräftigen Säuerung. Das gesäuerte Malz wird vorsichtig getrocknet und hoch abgedarrt, um die Milchsäurebakterien abzutöten. Bei einem Milchsäuregehalt von 2–4 % weist der wässrige Auszug ein pH von 3,8 auf. Die abgelaufene »Mutterlösung« kann zum Einweichen weiterer Partien herangezogen werden.
Sauermalz, mit 2 – 5 % Zusatz zur Schüttung, dient der Verbesserung der Adiditätsverhältnisse (Verringerung des pH-Wertes) für helle Biere, die auch im Geschmack milder sind.

573. Was ist Farbmalz?

Angefeuchtetes helles Malz mit ca. 8 % Feuchte wird in Rösttrommeln bei 60–80 °C, 30–60 Minuten verzuckert. Die Temperatur wird anschließend in 30 Minuten auf 160–175 °C gesteigert und dann anschließend, unter ständiger Drehung der Trommel, vorsichtig auf über 200 °C erhitzt und geröstet, bis die gewünschte Farbe des Korninnern erreicht ist. Die Zugabe von Wasserdampf dient der Entbitterung. Die Abkühlung erfolgt in einem Sieb mit einem Rührwerk. Die Enzyme werden vollständig abgetötet. Die Zugabe von 1–2 % zur Schüttung dient der Festlegung einer bestimmten Farbtiefe. Je nach Herstellungsweise liegt die Farbtiefe zwischen 1300–1600 EBC-Einheiten.

574. Was sind Caramalze?
Ausgangspunkt ist Darrmalz, welches durch Wiederweiche auf 40–44 % Feuchte gebracht wird. In der Rösttrommel erfolgt bei 60–75 °C innerhalb von 3 Stunden eine Verflüssigung und Verzuckerung des Korninhaltes, der Gehalt an löslichem Stickstoff erhöht sich, der Säuregrad nimmt zu. Unter Abzug des Wasserdampfes wird auf 150–180 °C erhitzt. Es kommt zur Bildung der typischen Caramelsubstanzen, die Enzyme gehen zugrunde. Je nach der Intensität des Röstvorganges ergeben sich die unterschiedlichen Farbtiefen der Caramelmalze.
Cara Pils 5,0–8,0 EBC
Cara hell 20,0–70,0 EBC
Cara dunkel 100–120 EBC
Ihr Zusatz von 3–10 % bei hellen Bieren und 10–12 % bei dunklen Bieren dient der Verbesserung des Schaumes, der Vollmundigkeit und der Betonung des malzigen Geschmackes bei hopfenarmen Bieren.

575. Frage und Antwort wurden gestrichen.

576. Was versteht man unter Malzschwand?
Bei der Malzbereitung (Weichen, Keimen und Darren) finden von der eingeweichten Malzgerste, über das Weichgut, Keimgut, Grünmalz und Darrmalz Gewichts- und Volumenveränderungen statt, wie sie aus nachfolgender Tabelle zu entnehmen sind:

	I. aus 100 hl Gerste		II. aus 100 kg Gerste
Eingeweichte Gerste	100 hl	(16% Wasser)	100 kg
Ausgeweichte Gerste	145 hl	(45% Wasser)	155 kg
Grünmalz	220 hl	(48% Wasser)	147 kg
Darrmalz	118 hl	(3,5% Wasser)	78 kg
Gelagertes Malz	120 hl	(4,5% Wasser)	79 kg

Außer der Berechnung der erforderlichen Leistungsfähigkeit der technischen Anlagen, gilt das Hauptinteresse der Ermittlung der Gewichtsmenge Malz, die aus 100 Gewichtseinheiten eingeweichter Malzgerste gewonnen werden.

577. Aus welchen Faktoren setzt sich der Malzschwand zusammen?
1. Weichschwand.
2. Atmungs- und Keimschwand.

578. Was versteht man unter lufttrockenem (lftr.) Schwand?
Man versteht darunter den Gewichtsunterschied (Verlust) zwischen der eingeweichten Malzgerste und dem geputztem Darrmalz. Er ist schwankend und allgemein von den wechselnden Wassergehalten der Gerste und des Malzes abhängig. Er schwankt zwischen 16 und 25 %.

579. Was versteht man unter wasserfreiem (wfr.) Malzschwand?
Der wfr. Malzschwand errechnet sich aus der erhaltenen Malztrockensubstanz (MTr.S.), die sich durch die Vermälzung aus 100 Gewichtseinheiten Gerstensubstanz (GTr.S.) ergibt. Der wfr. Schwand liegt zwischen 5 und 12 %.

580. Wie läßt sich der Malzschwand berechnen?

1. Die Berechnung des lftr. Schwandes ergibt sich aus der Formel:

$$\text{lftr. Schwand} = \frac{\text{lftr. Gerste} - \text{lftr. Malz}}{\text{lftr. Gerste}} \times 100$$

2. Die Berechnung des wfr. Schwandes ergibt sich aus der Formel:

$$\text{wfr. Schwand} = \frac{\text{MTr.S.} \times 100}{\text{GTr.S.}}$$

wobei sich die GTr.S. aus lftr.G. x (100 − Wassergehalt) und die MTr.S. aus lftr. M. x (100 − Wassergehalt) errechnet.

581. Welche Eigenschaften des Malzes sind für den Brauer von besonderem Interesse

1. Die Verarbeitung im Sudhaus. 2. Die Extraktausbeute. 3. Die Eigenschaften der daraus gewonnenen Würze bzw. des daraus entstandenen Bieres.

582. Welche Möglichkeiten, die Eigenschaften des Malzes festzustellen, gibt es?

1. Äußere Merkmale. 2. Die mechanische Analyse. 3. Die chemische Analyse.

583. Welche äußeren Merkmale werden festgestellt?

1. Reinheitsgrad. 2. Farbe. 3. Geruch und Geschmack. 4. Mürbigkeit (Beißprobe).

584. Welche Eigenschaften untersucht die mechanische Analyse?

1. Das hl-Gewicht. 2. Das Tausendkorngewicht. 3. Die Mehligkeit (Kornschneider). 4. Die Mürbigkeit (Sinkerprobe, Mürbimeter von Chapon, Friabilimeter). 5. Die Blattkeimentwicklung.

Der Friabilimeter wurde entwickelt, um eine schnelle und zuverlässige Bestimmung der physikalischen Lösung einer Malzprobe durchführen zu können. Auch gibt das Ergebnis Aufschluß darüber, wie viel Körner nur teilweise oder überhaupt nicht gelöst sind.

Beim Friabilimeter wird mit einer Malzmenge von 50 g gearbeitet. Diese Malzkörner verlieren durch mechanischen Abrieb (Zeiteinheit 8 min.) in einer rotierenden und standardisierten Drahtgeflechtstrommel ihren leicht angreifbaren Anteil, der gewichtsmäßig erfaßt wird. Durch eine Trennung wird der harte Rückstand in Teil- und Ganzglasigkeit differenziert.

585. Welche Eigenschaften werden bei der chemischen Analyse untersucht?

1. *Der Wassergehalt.* Er sollte möglichst unter 5 % liegen, im Mittel liegt er bei 4,5 %. Wasser ist ein absolut wertloser Bestandteil des Malzes, der aber mitbezahlt werden muß. Ein niedriger Wassergehalt ist darum immer anzustreben.
2. *Der Feinschrotextraktgehalt* liegt in der Trs. zwischen 76 und 82 %, der Mittelwert beträgt etwa 80 %. Der Feinschrotausbeute gebührt besondere Beachtung; mit ihr ist die zu erreichende Sudhausausbeute zu schätzen. Die Sudhausausbeute kann in sehr günstigen Fällen die Feinschrotausbeute in ihrer Höhe erreichen, im Normalfall liegt sie aber 1 – 1,5 % unter dem im Labor ermittelten Extraktge-

halt. Dieser Umstand resultiert aus der Tatsache, daß die Feinschrotanalyse von einem Schrot mit 90 % Mehlanteil gefertigt wird, im Gegensatz zum gröberen Brauereischrot.

3. *Der Grobschrotextrakt* wird hergestellt aus einem Schrot mit 25 % Feinmehlanteil. Die Ausbeute liegt etwa 2 % unter dem Feinschrotextraktgehalt. Die Grobschrotanalyse ist eigentlich nur wichtig für die Feststellung der Extraktdifferenz, weiterhin benötigt wird sie aber zur Berechnung der Ausbeutezahl.
4. *Die Extraktdifferenz* ist der wichtigste Bestandteil der Malzanalyse. Sie wird berechnet aus der Differenz der Feinschrot- und Grobschrotausbeute in der Trockensubstanz. Im Mittel beträgt diese Differenz 2,0 %, sie sollte für ein gutes Malz besser noch bei 1,8 % liegen. Ein Malz wird mit steigender Lösung nun nicht unendlich besser. Bei einer Differenz von 1,4 % ist schon ein Optimum an Qualität erreicht. Darunter sind die Malze zum größten Teil überlöst. Biere, die aus überlösten Malzen hergestellt sind, besitzen meistens eine zu dunkle Farbe und einen Schaum von geringer Qualität.
5. *Die Ausbeutezahl* gestattet eine ungefähre Voraussage der Sudhausausbeute aus den beiden Komponenten Fein- und Grobschrotausbeute und dem konstanten Faktor 38,7. Die Formel der Ausbeutezahl lautet:

$$\frac{\text{Feinschrotausbeute lfttr.} + \text{Grobschrotausbeute lfttr.}}{4} + 38{,}7$$

Eine durchschnittliche Ausbeutezahl liegt bei 76 %. Die Aussagekraft dieser Zahl kann verbessert werden, wenn man sich einen eigenen Faktor für seinen Betrieb aus Erfahrungswerten errechnet.

6. *Der Eiweißgehalt* steht im engen Zusammenhang mit der Ausbeute. 1 % mehr Eiweiß kann den Extraktgehalt um bis zu 1 % erniedrigen. Im Mittel der Handelsmalze lag der Eiweißgehalt in den letzten Jahren bei 11,5 %. Ein möglichst niedriger Eiweißgehalt ist anzustreben.
7. *Das lösliche Eiweiß* wird meistens als Stickstoff (N) angegeben (N = Eiweiß : 6,25). Durchschnittliche Malze enthalten 680–720 mg lösliches Eiweiß in 100 g Malz-Trockensubstanz. Das lösliche Eiweiß ist wichtig für die Hefeernährung, ungünstig dagegen, wegen der Gefahr der Zufärbung, ist ein hoher Gehalt bei der Herstellung heller Biere.
8. *Die Kolbachzahl* gibt das Verhältnis von Eiweiß im Malz und dem gelösten Eiweiß in der Würze an. Diese auch Eiweißlösungsgrad genannte Zahl, die im Mittel bei 39 liegt, ist ein wichtiges Lösungsmerkmal. Eine niedrige Kolbachzahl zeigt die gleichen negativen Malzmerkmale an wie die zu große Extraktdifferenz. Ein zu hoher Eiweißlösungsgrad kann zu schlechten Schaumverhältnissen sowie zu dunklen Bieren führen.
9. *Die Viskosität* ist neben der Extraktdifferenz das wesentlichste Lösungsmerkmal des Malzes. Durchschnittlich beträgt die Viskosität eines Malzes 1,60 mPas bei 8,6 %. Besser ist eine Viskosität zwischen 1,50 und 1,55 Pas. Hohe Viskositätswerte haben einen negativen Einfluß auf die Filtrierbarkeit des Bieres und können auch zu Abläuterungsschwierigkeiten führen.
10. *Die Kochfarbe* der Kongreßwürze erlaubt eine Aussage über die spätere Farbe des Bieres. Der Mittelwert der Kochfarbe beträgt 5,4 EBC-Einheiten. Vorteilhaft für Pilsener Biere wäre eine Kochfarbe von unter 5,0 Einheiten.

11. *Der pH-Wert* für Würzen beträgt im Normalfall 5,77. Ein niedriger pH-Wert ist positiv anzusehen, da die meisten Enzyme während des Maischprozesses bei einem saureren pH besser arbeiten als bei einem im Vergleich alkalischeren pH.
12. *Der Endvergärungsgrad* sollte für Pilsener Biere möglichst hoch liegen. Im Durchschnitt beträgt er 80 %, anzustreben wären 81 % oder höher.
13. *Die Verzuckerungszeit* liegt meistens bei 10 bis 15 Minuten. Ihre Aussagekraft ist gering, wichtig ist, daß das Malz überhaupt verzuckert.
14. *Die Diastatische Kraft* nach Windisch-Kolbach gibt zum größten Teil die Aktivität der ß-Analyse an. Der Mittelwert von 280 Einheiten ist für eine Brauerei, die keine Rohfrucht verwendet, immer ausreichend.
15. Das gleiche gilt für die *α-Amylase-Aktivität*, die, wie schon der Name sagt, ein Maß für die Aktivität der α-Amylase ist. Im Durchschnitt liegt der Wert dieser Enzymtätigkeit bei 50 Einheiten.

586. Wie wird eine Analyse durch das sog. Kongreßmaischverfahren durchgeführt?

Ausgangspunkt ist die Herstellung von Grob- und Feinschrot mit entsprechenden Laborschrotmühlen. Von beiden Schroten werden Laborwürzen wie folgt hergestellt:
50 g Malzschrot in einen austarierten Maischbecher einwiegen,
unter Rühren 200 ml destilliertes Wasser von 45 bis 46 °C zugeben,
Maischbecher in ein vorgewärmtes Maischbad (45 bis 46 °C) stellen,
unter Rühren (90 Umdrehungen / min) 30 Minuten bei 45 bis 46 °C maischen,
Maischtemperatur in 25 min auf 70 °C erhöhen (Steigerungsrate: 1 °C / min),
100 ml destilliertes Wasser von 70 °C hinzufügen,
1 Stunde bei 70 °C maischen,
Maischbadtemperatur innerhalb von 10 Minuten auf etwa 20 °C abkühlen,
Maischbecher aus dem Bad nehmen, außerdem abtrocknen und den Becherinhalt mit destilliertem Wasser auf 450 g aufwiegen,
Becherinhalt gut durchmischen und über ein Faltenfilter filtrieren.
Von der auf diese Weise gewonnenen Grobschrotwürze wird lediglich der Extraktgehalt zur Berechnung der Grobschrotausbeute und der Ausbeutezahl bestimmt. Die weiteren Untersuchungen (Feinschrotausbeute, Viskosität, Kochfarbe, lösliches Eiweiß, pH-Wert) werden aus der Feinschrotwürze vorgenommen.
Ferner werden aus dem fein vermahlenen Malz der Wassergehalt und die Menge an Gesamtstickstoff zur Berechnung des Gesamteiweißgehaltes (Rohprotein) ermittelt.
Der Wassergehalt stellt im Normalbereich (4,1 % bis 5,1 %) nur insofern ein Qualitätsmerkmal dar, als eine Brauerei „Extrakt" und kein Wasser einzukaufen beabsichtigt. Um Analysenwerte besser vergleichen zu können, werden die Fein- und Grobschrotausbeute sowie der Gehalt an Rohprotein und an löslichen Eiweiß auf Malz-Trockensubstanz umgerechnet.
Die Feinschrotausbeute ist das wichtigste Qualitätskriterium des Malzes. Sie soll bei Malzen aus zweizeiligen Sommergersten mindestens 80 % in der Trockensubstanz betragen. Man errechnet sie aus dem Extraktgehalt der Laboratoriumswürze nach der Formel:

$$\% \text{ Feinschrotausbeute, lufttrocken} = \frac{\% \text{ Laborwürze-Extrakt x } (\% \text{ Wasser des Malzes} + 800)}{100 - \% \text{ Laborwürze-Extrakt}}$$

$$\% \text{ Feinschrotausbeute i. Trs.} = \frac{\% \text{ Feinschrotausbeute, lufttrocken x } 100}{100 - \% \text{ Wasser des Malzes}}$$

Mit derselben Gleichung berechnet man auch die Grobschrotausbeute.

587. Welche durchschnittlichen Zahlenwerte ergeben sich bei der Malzanalyse?

A. Mechanische Analyse

Bezeichnung:	Norm:		Bedeutung:
Hektolitergewicht (hl-Gewicht)	48–55 kg		Volumenverhältnis – Aussage über Mürbigkeit und Auflösung
Tausendkorngewicht wfr. (TKG)	25–35 g		umso geringer, je besser das Malz gelöst
Spezifisches Gewicht	<1,10	sehr gut	zuverlässiges Bild über das Volumen und damit die Mürbigkeit
	1,11–1,13	gut	
	1,14–1,18	befriedigend	
	<1,19	unzulänglich	
Sinkertest	<10 %	sehr gut	je geringer, desto bessere Lösung des Mehlkörpers
	11–25 %	gut	
	26–50 %	befriedigend	
	>51 %	unzulänglich	
Schnittprobe (mit Längsschneider)	0–2,5 %	sehr gut	aus den mehligen, ganzglasigen, halbglasigen und spitzenglasigen Körnern wird die durchschnittliche Glasigkeit errechnet – objektiver Einblick in die Mehlkörperbeschaffenheit
	2,6–5,0%	gut	
	5,1–7,5%	befriedigend	
	>7,6%	unzulänglich	
Blattkeimentwicklung	0–1/4		Mittlere Keimlänge: 3/4 – 1 Aufschluß über Gleichmäßigkeit der Keimung
	1/4–1/2		
	1/2–3/4		
	3/4–1		
	>1		
Friabilimeter	Mürbigkeit	Ganzglasigkeit	
	>80%	<1,0%	sehr gut
	71–79%	<2,0%	gut
	65–70%	<4,0%	befriedigend
	>80%	<2,5%	normal

B. Chemisch-technische Analyse

Bezeichnung:	Norm:		Bedeutung:
Wassergehalt %	4–5		
Extrakt FM lftr. % Extrakt FM wfr. %	76–78 79,5–82		Extraktergiebigkeit abhängig von Gerstensorte, Eiweißgehalt, Sortierung
Mehl-Schrot-Differenz EBC % wfr.	<1,5	sehr gut	Auflösung des Malzes Enzymkapazität
	1,6–2,2	gut	
	2,3–2,7	befriedigend	
	2,8–3,2	mangelhaft	
Viskosität mPas	<1,53	sehr gut	Aufschluß über Abbau von Hemizellulose und Gummikörper
	1,54–1,61	gut	
	1,62–1,67	mäßig	
	>1,68	schlecht	
Eiweißgehalt %	<10,5	sehr gut	
	10,6–11,5	normal	
Eiweißlösungsgrad %	>41	sehr gut	Anteil löslicher Stickstoff in % des Gesamtstickstoffes Beispiel: Eiweißgehalt lösl. N. ELG 9,5% 580 40 11,5% 750 40
	38–40	gut	
	35–37	befriedigend	
	<36	mäßig	
löslicher Stickstoff mg/100 g TrS.	680–720	normal	
Formol N mg/100 g TrS	<220	sehr gut	Anteil an Aminosäuren und Peptiden
	200–219	gut	
	180–199	befriedigend	
	<179	unzulänglich	
F.A.N. mg/100 g TrS α-Amino-N – EBC Ninhydrinmethode	>150	sehr gut	notwendig für gute Haupt- und Nachgärung (Hefenahrung)
	135–149	gut	
	120–134	befriedigend	
	<119	unzulänglich	
VZ 45°C %	>36,0		Aussagen für vorhandene lösliche Extraktstoffe, Enzymkraft und Mürbigkeit
Verzuckerungszeit min.	<10	sehr gut	
	10–15	normal	
Farbe EBC	2,5– 3,5	helle Malze	
	5 – 8	Wiener Typ	
	9,5–21	dunkles Malz	
Kochfarbe EBC	<4,5	Pilsner Malz	
pH-Wert	5,9	normal (helles Malz)	
	5,7	normal (dunkles Malz)	

Die Bierbereitung

588. In welche Abschnitte zerfällt die Bierbereitung?

1. Das Schroten des Malzes.
2. Die Herstellung einer Extraktlösung.
3. Die Gewinnung der Extraktlösung (Vorderwürze) durch einen Filtrationsprozeß (Abläutern).
4. Das Kochen der abgeläuterten Würze mit Hopfen.
5. Das Abkühlen der gekochten Würze mit weitgehender Ausscheidung des Trubes und Anreicherung der Würze mit Luft (Sauerstoff).
6. Das Anstellen der Würze mit Hefe und die Hauptgärung in offenen oder geschlossenen Gefäßen.
7. Die Nachgärung und Lagerung des Bieres in geschlossenen Gefäßen im Lagerkeller.
8. Die künstliche Klärung des Bieres und das Abfüllen in Gebinde, wie Flaschen, Fässer, Dosen und Container (= Primärverpackungen).

589. Was versteht man unter Polieren des Malzes?

Unter Polieren des Malzes versteht man die Behandlung mittels einer Malzpoliermaschine. Diese Maschinen, mit Vorsieb, Schlägerwellen, Bürsten und Saugwind ausgestattet, reiben etwa noch anhaftende Keime, Staub, Schimmelteile und lose haftende Spelzen ab und entfernen sie als Polierabfall. Das Malz erhält gefälligeres Aussehen, reineren Geschmack und gibt höhere Ausbeute. Häufig wird auf die Verwendung einer Poliermaschine verzichtet und dafür ein Malzsieb eingebaut.

590. Wie soll der Abfall einer Poliermaschine beschaffen sein?

Er soll nur Staub, Keime und Hülsenteile enthalten und muß frei von Malzgrießen sein. Die Anwesenheit von Grieß im Abfall deutet darauf hin, daß die Maschine Malzkörner zerschlägt, die Anwesenheit von leichten Malzkörnern zeigt an, daß der Saugwind zu heftig saugt.

591. Welchen Zweck hat das Schroten?

Man schrotet das Malz, um den Korninhalt freizulegen und der Einwirkung des Wassers leicht zugänglich zu machen. Nur geschrotetes Malz kann beim Maischprozeß rasch und gründlich verzuckert und ausgelaugt werden.

592. Wäre es nicht zweckmäßig, das Malz zu Mehl zu vermahlen?

Das Malz darf nicht zu Mehl vermahlen werden, weil sonst die Trennung der Würze von den unlöslichen Malzbestandteilen unvollkommen gelingen und zu lange dauern würde. Die Spelze oder Schale des Malzkornes muß geschont werden, weil sie das Filtermaterial beim Abläutern bildet; je größer die Spelzenteile belassen werden (Konditionierung des Malzes mit Dampf oder Wasser), umso rascher verläuft die Abläuterung. Zu grobes Schroten allerdings zieht eine schlechtere Sudhausausbeute nach sich und führt daneben zu einer ungenügenden Verzuckerung der Würze (Nachverkleisterung beim Abläutern der Nachgüsse). Bei einem zu feinen Schrot verringert sich das Trebervolumen, es wird kompakter und verzögert dadurch die Abläuterzeit. Die stärkere Auslaugung der Spelzen durch den längeren Kontakt mit den Nachgüssen kann zu negativer Geschmacksbeeinflussung des Bieres führen. Die richtige Wahl des Feinheitsgrades der Schrotzusammensetzung ist deshalb sehr wichtig.

593. Wie wird das Schrot bezüglich seines Feinheitsgrades eingeteilt?
Man spricht von Grobschrot und Feinschrot; jedoch ist zwischen beiden Schrotgattungen kein scharfer Unterschied, weil Grobschrot so zermahlen sein kann, daß man es schon für Feinschrot halten kann.

594. Bei welchem Abläutersystem benützt man Grob-, bei welchem Feinschrot?
Für den Läuterbottich benützt man Grobschrot, für den Maischefilter aber Feinschrot.

595. Inwiefern ist der Feinheitsgrad des Schrotes vom Maischverfahren abhängig?
Je kürzer das Maischverfahren ist, um so feiner soll der Schrot sein.

596. Aus welchen Teilen besteht das Schrot?
Der Schrot besteht aus Spelzen, groben und feinen Grießen, groben und feinem Mehl, letzteres auch Pudermehl genannt.

597. Welche Möglichkeiten zur Kontrolle des Schrotes gibt es?
1. Empirische Kontrolle: Zustand der Spelzen, Ausmahlungsgrad, Beschaffenheit der Grieße, Mehlanteil.
2. Genaue Schrotanalyse mit dem Pfungstädter Plansichter oder dem Bühler Sieb. Die einzelnen Schrotanteile werden mittels eines Siebsatzes mit verschiedenen Maschenweiten voreinander getrennt, die Anteile gewogen und prozentual bestimmt (siehe auch Frage 616).

598. Sind alle Schrotanteile gleich leicht löslich?
Die Schrotanteile unterscheiden sich nicht nur in ihrer Größe, sondern auch in ihrer Aufschließbarkeit beim Maischen. Die aus gut gelösten Kornpartien hervorgegangenen Mehle und Feingrieße werden beim Maischen leicht gelöst. Die Grobgrieße dagegen stammen aus harten, schlecht gelösten Körnern und Kornpartien, sie geben ihren Extrakt schwer her und finden sich mitunter in den Trebern wieder, zumal, wenn das Malz nicht fein genug geschrotet war. Eine schlechte Sudhausausbeute als Folgeerscheinung zeigt die Wichtigkeit der richtigen Schrotzusammensetzung. Ein zu großer Anteil an Pudermehl hat wiederum die schon geschilderten nachteiligen Folgen.

599. Was versteht man unter Extrakt?
Unter „Extrakt" im allgemeinen versteht man jene flüssige Substanz, die sich aus einem Körper herausziehen, lösen läßt. Unter „Malzextrakt" faßt man jene sirupar-

tige Substanz zusammen, die während des Maischprozesses aus dem Malz gelöst wird und die intensiv süß schmeckt, weil es sich hauptsächlich um gelösten Malzzucker handelt. Dieser Malzextrakt, in Wasser verdünnt, bildet die „Bierwürze" oder kurzweg „Würze" genannt, sie enthält unter anderem auch gelöste Eiweißstoffe.

600. Geben alle Schrotanteile den gleichen Extrakt?

Die Extraktergiebigkeit der einzelnen Schrotanteile ist verschieden. Der Mehlkörper ist nicht gleichmäßig gelöst, er setzt beim Schroten ungleichen Widerstand entgegen und wird daher nicht gleichmäßig zerkleinert. Harte Kornpartien finden sich besonders in der Spitze des Malzkornes, entsprechend dem Fortschreiten der Auflösung im Korn vom Keimling bis zur Spitze. Die aus den Kornspitzen stammenden Grobgrieße geben weniger und anders beschaffenen Extrakt als die mürben, zu Feingrießen und Mehl zerkleinerten Kornanteile. Die Spelzen enthalten keinen für die Bierbereitung wertvollen Extrakt. Die Gerbstoffe, Farbstoffe und Bitterstoffe der Spelzen beeinflussen Geschmack und Aussehen heller Biere ungünstig.

601. Wie soll ein gutes Schrot beschaffen sein?

Ein gutes Schrot soll enthalten:
1. Gut erhaltene und vollkommen ausgemahlene (grießfreie) Spelzen.
2. Wenig Grobgrieß, viel Feingrieß.
3. Wenig Mehl.

602. Welche Möglichkeiten des Schrotens unterscheidet man?

1. Trockenschrotung.
2. Naßschrotung.

603. Welche konventionellen Schrotsysteme unterscheidet man bei der Trockenschrotung?

Nach der Anzahl der Walzen, von welchen je zwei einen Mahldurchgang bilden. Es gibt Schrotmühlen mit zwei, vier, fünf und sechs Walzen. Zweiwalzige Schrotmühlen, welche das unvollkommenste Schrot liefern und nur noch selten angetroffen werden, haben nur einen Mahldurchgang; vierwalzige Schrotmühlen haben zwei, fünf- und sechswalzige haben drei Mahldurchgänge. Die Zuführung des Malzes erfolgt über eine Speisewalze mit Reguliervorrichtung.

604. Welche Anforderungen werden an die Walzen gestellt?

Die Walzen bestehen aus Hartguß, sie sind geriffelt oder glatt. Ihre Länge beträgt 30–150 cm. Der Durchmesser der Walzen soll 250 mm nicht unterschreiten, um einen entsprechenden Erfassungswinkel zu gewährleisten. Bei einem Walzenpaar ist eine Walze fest gelagert und angetrieben, die zweite Walze ist federnd gelagert und wird durch das Zahnrad von der ersten Walze angetrieben. Die Walzen drehen sich mit gleicher oder differenzialer Geschwindigkeit gegeneinander.

605. Welchen Zweck haben die Schüttelsiebe in den Schrotmühlen?

Die Schüttelsiebe haben den Zweck, die Schrotanteile, welche einer weiteren Zerkleinerung nicht mehr bedürfen, auszuscheiden und in den Schrotkasten abzuleiten. Dadurch werden die folgenden Walzenpaare weniger beansprucht und die Leistung der Schrotmühle im ganzen gesteigert. Kreuzschläger werfen das vorgebrochene Malz an die geschlitzte Kammerwand, um die Wirkung der Siebe zu erhöhen. Die Siebe werden in rüttelnder Bewegung gehalten und sind mit Gummikugeln belegt, um die Siebflächen freizuhalten.

606. Welche Leistungen bringen Zweiwalzenschrotmühlen und welche Schrotzusammensetzung ergibt sich?

Das nicht geriffelte Walzenpaar bringt eine Leistung von 15–20 kg/cm/h, die Umdrehung beträgt 160–180/min.
Der Schrot setzt sich aus 30 % Spelzen, 50 % Grieße und 20 % Mehl zusammen.

607. Welche Leistungen bringen Vierwalzenschrotmühlen und welche Schrotzusammensetzung ergibt sich?

Das 1. Walzenpaar (Vorbruchwalzen, ohne Riffelung) liefert bei einer Leistung von 20 kg/cm/h und 160–180 U/min eine Schrotzusammensetzung von 45 % Spelzen, 45 % Grießen und 10 % Mehl. Da sich das Volumen vom 1. zum 2. Walzenpaar um 50 % vergrößert, wird die Umdrehung des 2. Walzenpaares auf 240–260/min erhöht.
Zur weitgehenden Zerkleinerung der Grieße läuft das 2. Walzenpaar mit einer Differenzialgeschwindigkeit von 330/165/U/min.

608. Welche Möglichkeiten der Selektierung der Schrotbestandteile durch die Schüttelsiebe gibt es?

1. Feingrieße und Mehle werden ausgesiebt, die Spelzen und Großgrieße werden vom 2. Walzenpaar vermahlen (Kreuzschläger).
2. Trennung der Feingrieße, Mehle und Spelzen von den Großgrießen, die vom 2. Walzenpaar vermahlen werden.

609. Wie arbeitet eine Sechswalzenmühle?

Mit der Sechswalzenmühle sind die besten Möglichkeiten gegeben, eine optimale Schrotzusammensetzung zu erreichen. Sie besteht aus drei Walzenpaaren, den Vorbruchwalzen, den Spelzenwalzen und den Grießwalzen. Nach dem Vorbruch durch das erste Walzenpaar wird der Schrot durch einen Siebsatz in Spelzen, Grieße und Mehl zerlegt. Das Mehl, das dabei anfällt, wandert sofort in den Schrotkasten. Die Spelzen werden dem Spelzenwalzenpaar zugeführt und dort unter möglichster Schonung von den Grobgrießen befreit. Auf dem zweiten Schüttelsieb werden die ausgemahlenen Spelzen von den Grießen getrennt und ebenfalls abgeleitet. Die übrigbleibenden Grobgrieße und die Grobgrieße, die schon nach dem Vorbruch entstanden sind, werden nun dem dritten Walzenpaar zugeführt und dort zerkleinert. Zwischen den Walzenpaaren sind Probennehmer eingebaut. Jedes einzelne Walzenpaar kann so kontrolliert werden. Außerdem ist ein Gesamtprobenehmer zur Überwachung der Schrotarbeit angebracht. Das erste Walzenpaar ist meistens geriffelt. Die Riffelung darf nicht scharf sein, damit keine Spelzen zerrissen werden. Die Spelzenwalzen dürfen nicht geriffelt sein. Die Grießwalzen drehen sich zur besseren Vermahlung mit verschiedenen Geschwindigkeiten. Moderne Sechswalzenmühlen werden mit Leistungen bis zu 10000 kg/h gebaut, sind fast wartungsfrei und mit Schutzeinrichtungen zur Verhinderung von Staubexplosionen versehen. Sie können mit Fernbedienung und elektrischer Überwachung eingerichtet werden.

Schrotmühlensysteme

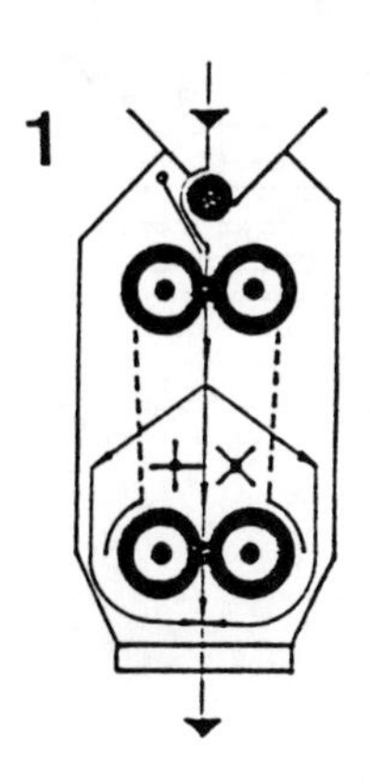

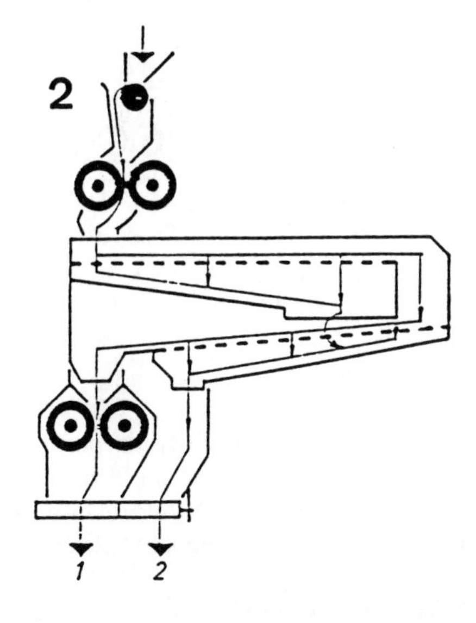

1 Vierwalzenmühle ohne Siebsätze
2 Vierwalzenschrotmühle Typ A (1 Spelzen, 2 Mehl u. Grieß)

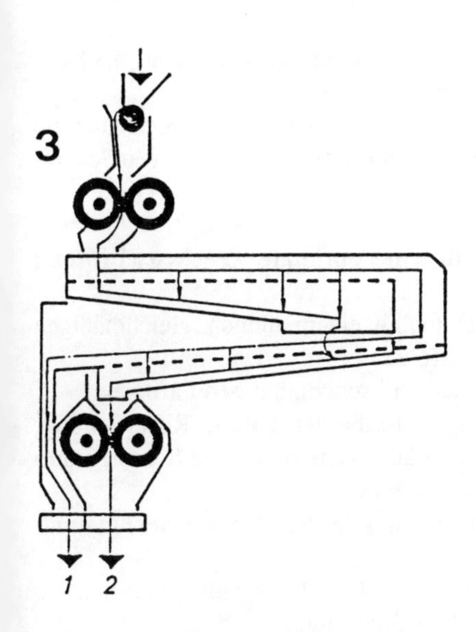

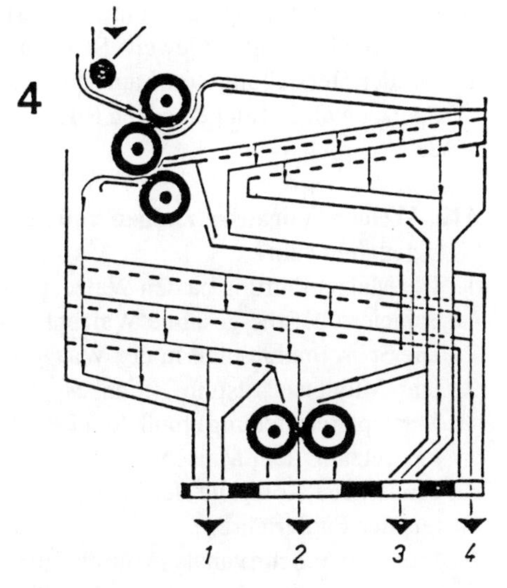

3 Vierwalzenschrotmühle Typ B (1 Spelzen, 2 Grieße)

4 Fünfwalzenmühle (1 Mehl, 2 Grieße, 3 Mehl, 4 Spelzen)

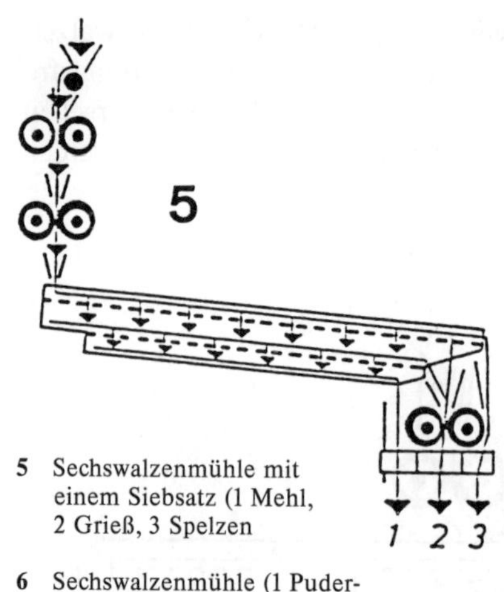

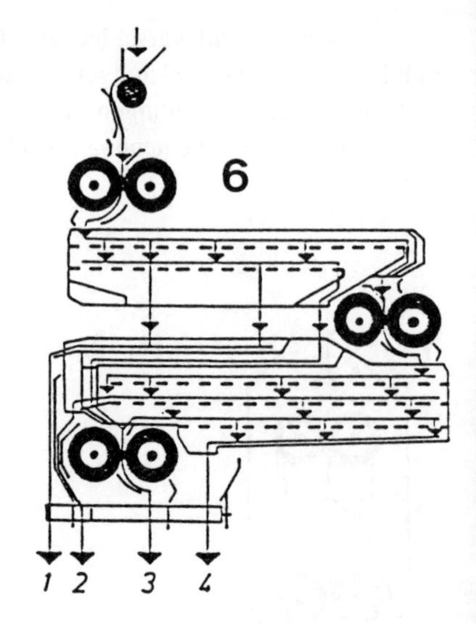

5 Sechswalzenmühle mit einem Siebsatz (1 Mehl, 2 Grieß, 3 Spelzen

6 Sechswalzenmühle (1 Pudermehl, 2 Spelzen, 3 Grieße, 4 Grießemehl)

610. Wie arbeitet eine Fünfwalzenmühle?

Die Fünfwalzenmühlen sind im Prinzip Sechswalzenmühlen. Die Walzen sind so angebracht, daß die zweite Vorbruchwalze zugleich als Spelzenwalze dient. Alles andere ist der Sechswalzenmühle gleich.

611. Wie laufen die Walzenpaare bei Hochleistungsmühlen in Bezug auf den erforderlichen Schrot?

1. Bei der Herstellung von Maischefilterfeinschrot laufen die Vorbruch-, Spelzen- und die Grießwalzen jeweils Schneide gegen Schneide.
2. Bei der Herstellung von Läuterbottichgrobschrot laufen die Vorbruch- und die Spelzenwalzen Rücken gegen Rücken, die Grießwalzen Schneide gegen Schneide.

612. Welche Voraussetzungen müssen für eine optimale Trockenschrotung gegeben sein?

1. Die Malzzuführung zu den Walzenpaaren muß in einem dünnen, gleichmäßigen Schleier über die gesamte Walzenlänge erfolgen.
2. Die Schrotmühle muß in der Waage stehen und schwingungsfrei arbeiten.
3. Die Mühlenausrüstung (Siebbespannung, Anzahl der Riffel, Riffelstellung, Mahlspalteinstellung) muß dem jeweiligen Läutersystem (wie die Schrotzusammensetzung dem Maischverfahren) angepaßt sein.
4. Monatliche Kontrolle der Walzenparallelität und der Mahlspalteinstellung mittels der Fühlerlehre.
5. Monatliche Schrotanalyse durch Sortierung mit dem Pfungstädter Plansichter.
6. Gute Malzreinigung und gleichmäßige Malzförderung.
7. Regelmäßige Wartung und Reinigung.
8. Jährliche Überholung.

613. Was versteht man unter Malzkonditionierung?

Neben der Trockenschrotung gibt es die Schrotung mit konditioniertem Malz. Dabei wird vor dem Schroten das Malz mit Dampf oder Wasser befeuchtet. Die Spelzen nehmen bis zu 2,5 % Wasser auf und werden dadurch elastischer. Die elastischen Spelzen bleibem beim Schroten besser erhalten, was sich günstig auf die Abläuterungsgeschwindigkeit und Güte des Bieres auswirkt. Außerdem steigt der Anteil der Feingrieße bei gleicher Mühleneinstellung, was die Ausbeute begünstigt. Das Schroten von konditioniertem Malz kann mit den normalen Mehrwalzenmühlen vorgenommen werden. Geräte zur Konditionierung können nachträglich eingebaut werden.

614. Welche Möglichkeiten der Konditionierung gibt es?

1. Dämpfschnecke: 2–3 m lang; Kontaktzeit ca. 30–40 s mit Niederdruckdampf (max. 0,5 bar). Der Dampf muß trocken sein, weil sonst die Spelzen schrumpfen. Verbrauch: 90 kg Dampf / h / 60 t Malz, die Malztemperatur beträgt 40 – 50 °C. Der Wassergehalt im Malz erhöht sich um 0,5 %, in den Spelzen um 1,2 %. Das sog. Dämpfschrot hat 20 % Mehrvolumen, d. h. die Belastbarkeit des Läuterbottichs erhöht sich um ca. 20 %; auch die Läuterzeit verkürzt sich um ca. 20 %. Zu beachten ist, daß die Walzenabstände verringert werden müssen (siehe Frage Nr. 617).
2. Befeuchtungsschnecke: = Sprühkonditionierung (oder Befeuchtungsapparat) Kontaktzeit 90–120 s = »Abstehzeit«; bei 2 bar und 30 °C. Der Wassergehalt nimmt um 1,0–2,5 % zu. Die Läuterzeit verkürzt sich um 10–15 %, durch die Zunahme der Läutergeschwindigkeit. Weitere Vorteile der Konditionierung: die Ausbeuten sind höher, die Bierfarbe ist heller, der Biergeschmack ist edler und reiner, da die weniger zertrümmerten Spelzen weniger unedle Geschmacksstoffe und Farbstoffe abgeben.

615. Was versteht man unter Spelzentrennung?

Man versteht darunter die Abführung der gut ausgemahlenen Spelzen aus der Schrotmühle in einen Spelzenbehälter. Ihre Zugabe erfolgt zu einem späteren Zeitpunkt zur Maische, sie werden dadurch weniger ausgelaugt, die Biere sind gerbstoffärmer, heller und milder. Nachteile ergeben sich bei unvollkommener Ausmahlung: die Würze ist nicht jodnormal, die Ausbeute ist geringer, der Endvergärungsgrad ist niedriger, die Biere haben einen Kleistergeschmack.

616. Welche durchschnittlichen Prozentanteile gelten für die einzelnen Schrotarten?

	Läuterbottichgrobschrot		Maischefilter-
	trocken	konditioniert	feinschrot
Spelzen	18–26 %	30–35 %	7–11 %
Grobgrieße	8–12 %	9–12 %	3– 6 %
Feingrieße I	30–40 %	25–30 %	28–38 %
Feingrieße II	14–20 %	20–25 %	20–30 %
Grießmehle	4– 6 %	3– 7 %	8–11 %
Pudermehl	9–11 %	14–16 %	17–22 %

617. Welche Walzenabstände gelten für die Walzenpaare, bezogen auf die Schrotarten?

	Läuterbottichgrobschrot trocken	Läuterbottichgrobschrot konditioniert	Maischefilter-feinschrot
Vorbruchwalzen	1,2–1,4 mm	1,2–1,5 mm	0,9–1,2 mm
Spelzenwalzen	0,6–0,8 mm	0,5–0,7 mm	0,5–0,6 mm
Grießwalzen	0,3–0,5 mm	0,25–0,4 mm	0,2–0,3 mm

618. Wovon hängt die quantitative Leistung einer Schrotmühle ab?
Von der Anzahl der Walzen, der Walzenlänge, dem Walzendurchmesser und der Umdrehungsgeschwindigkeit der Walzen.

619. Was versteht man unter Naßschrotung?
Die Naßschrotung ist die zweite Art des Schrotens, bei der die Spelzen erhalten bleiben. Das Malz wird durch Sprühen oder Einweichen von 4 % auf 30 bis 35 % Wassergehalt gebracht. Die Temperatur des Wassers beträgt zwischen 15 und 50 °C. Das Weichwasser wird vorteilhaft als Einmaischwasser verwendet, da 0,3 bis 1 % Extraktstoffe in Lösung gehen. Die Vorteile der Naßschrotung sind:
1. Die Spelzen bleiben erhalten.
2. Der Wassergehalt des Malzes spielt keine Rolle mehr.
3. Die Abläuterung wird beschleunigt.
4. Die Anlagen können vollautomatisch gesteuert werden.
5. Besonders bei schlecht gelösten Malzen ist eine Steigerung der Sudhausausbeute noch möglich.
6. Eine Überschüttung ist möglich.
7. Die Schrotdauer ist kürzer.

Das Schroten (Quetschen) wird mit speziellen Zweiwalzenmühlen vorgenommen. Die Walzen habenen einen relativ großen Durchmesser und laufen mit einer Drehzahldifferenz. Das von den Walzen aufgequetschte Malz gelangt in einen

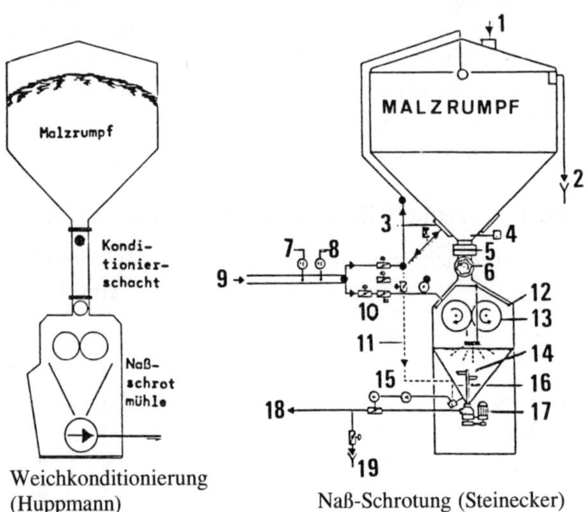

Weichkonditionierung (Huppmann)

Naß-Schrotung (Steinecker)

1 Malzzuführung
2 Überlauf
3 Weichwasserzuführung
4 Füllstandssonde
5 Absperrschieber
6 Speisewalze
7 Temperaturregelung
8 Wassermengenvorwahl
9 Wasserzuleitung
10 Drosselklappe
11 Weichwasserablauf
12 Maischwasserzuführung
13 Quetschwalzen
14 Suspendiervorrichtung
15 Füllstandsregelung
16 Füllstandsaufnahmer
17 Maischepumpe
18 Maischebottichpfanne
19 Entleerung

Mischraum. Mit einem Rührwerk wird die Maische gemischt und anschließend von einer Exzenterschneckenpumpe zum Maischgefäß gefördert. Nach dem Schrotvorgang wird der Mahlraum vollständig unter Wasser gesetzt. Durch dieses Fluten werden im Maschinengehäuse festhängende Malzreste gelöst und mit dem Spülwasser dem Maischgefäß zugeleitet.
Der Wasserverbrauch beträgt 0,75 hl/dt Malz. In der Maischmischkammer wird das Quetschgut und der Hauptguß im Verhältnis 1 : 3 gemischt, d.h. der Hauptguß läuft über die Mühle, die Maische anschließend in den Maischbottich gepumpt. Zur Verbesserung der Schrotqualität (des Quetschgutes) dient ein »Homogenisator« (horizontal rotierende Scheibe), der sich im Schrotfall befindet. Der Homogenisator oder Turborührer ergeben eine stärkere Belüftung und damit dunklere Würze- und Bierfarben. Naßschrotung in der »klassischen« Form ist heute aber nur noch in Einzelfällen anzutreffen; im allgemeinen ist die »Konditionierungsstrecke« Stand der Technik.

620. Welche Zusammenhänge bestehen zwischen der Malzqualität und der Schrotzusammensetzung?

1. Je höher der Wassergehalt, desto gröber ist der Schrot.
2. Je besser die Lösung des Malzes, desto feiner wird der Schrot.

Ausgleichend wirkt die Malzkonditionierung.

621. Welche Zusammenhänge bestehen zwischen der Schrotzusammensetzung, der Ausbeute und dem Abläutern?

1. Weitgehende Zerkleinerung bei schlecht gelösten Malzen und weniger intensiven Maischverfahren.
2. Weitgehende Zerkleinerung (Spelzen ausgenommen) begünstigen die Extraktbildung.
3. Zertrümmerte Spelzen und ein hoher Pudermehlanteil führen zu Läuterschwierigkeiten.

Schrotvolumen, Läuterbottichbelastung, Treberhöhe

	Trockenschrot	Konditionierung	Naßschrot
Schrotvolumen, m^3/100 kg	0,26	0,32	-
Läuterbottichbelastung, kg/m^2	170–190	190–220	300–350
Treberhöhe, cm	max. 32	max. 36	50–65

622. Was geschieht mit dem Trockenschrot?

Das Malzschrot fällt in einem ringsum verschlossenen Schrotkasten, der unten trichterförmig endigt und bisweilen auf einer Waage steht. Nicht selten gestattet auch eine Gleisanlage, eine beliebige Anzahl fahrbarer Schrotkästen nacheinander unter die Schrotmühle zu schieben. Diese Einrichtung hat den Vorteil, daß für Nachtsude bereits untertags geschrotet werden kann.

623. Welche Schrotkastengrößen erfordern die verschiedenen Schrotarten?

Für 1 t Malzschrot benötigt man ca. 3 m^3 Raum. Die Berechnung erfolgt nach kg Schüttgewicht/m^3 = hl-Gewicht des Schrotes x 10.

Legt man die hl-Gewichte von Feinschrot (trocken) von 43 kg, Grobschrot (trocken) von 38 kg, oder Grobschrot (konditioniert) von 31 kg zugrunde, so ergibt sich z. B. für Feinschrot ein Schüttgewicht von 430 kg / m^3. Hinzu kommt noch ein sog. Böschungswinkel von 45 – 55 °.

Das Maischen

624. Welche fachpraktischen Begriffe sind für das Verständnis der Sudhausarbeit von Bedeutung?

Für das Verständnis der folgenden Abschnitte sollen im voraus die gebräuchlichsten fachpraktischen Begriffe im Zusammenhang definiert werden.

1. Schüttung: die für einen Sud abgewogene und geschrotete Malzmenge.
2. Hauptguß: die für einen Sud nach hl abgemessene und temperierte Wassermenge zum Vermischen mit der Schüttung.
3. Guß: die Gesamtwassermenge für einen Sud. Er setzt sich aus dem Hauptguß und den Nachgüssen zusammen.
4. Nachgüsse: temperierte Wassermengen zum Auslaugen des in der Treber verbliebenen Extraktes.
5. Gußführung: Verteilung in Hauptguß und Nachgüsse, durch den herzustellenden Biertyp festgelegt.
6. Maischen: die Überführung der festen, löslichen und lösbaren Malzschrotbestandteile in die flüssige Form.
7. Maische: Schüttung und Hauptguß.
8. Einmaischen: Vermischung von Schüttung und Hauptguß.
9. Vormaischen: a) Benetzen des Malzschrotes mit Wasser im Schrotrohr, um Pudermehlverluste zu vermeiden; b) Vermischen der entmischten Rastmaische vor dem Aufmaischen.
10. Aufmaischen: Zurückpumpen der gekochten Teilmaische zur Rastmaische.
11. Nachmaischen: nach dem Aufmaischen intensives Vermischen für gleiche Temperaturen in allen Ebenen vor erneuter Trennung oder für die Nachverzuckerung vor der Läuterruhe.
12. Abmaischen: Beendigung des Maischprozesses.
13. Abläutern: Trennung der Vorderwürze von der Treber durch einen Filtrationsprozeß.
14. Treber: setzt sich aus unlöslichen und ungelösten Malzschrotbestandteilen und Wasser zusammen.
15. Vorderwürze: die aus der ursprünglichen Maische vor dem Anschwänzen durch die Abläuterung gewonnene Extraktlösung.
16. Trübwürze: befindet sich zwischen Senkboden und Läuterbottichboden, sie enthält unverzuckerte Maischeteile und wird nach dem »Vorschießenlassen« zur Nachverzuckerung mit Hilfe der Trübwürzepumpe in den Läuterbottich gepumpt.
17. Pfannenvollwürze: bei Kochbeginn; Vorderwürze und Nachgüsse.
18. Ausschlagwürze: gehopfte, auf einen bestimmten Extraktgehalt eingedampfte, sterile, gespindelte und abgestochene Würze, sie enthält koagulierte Eiweiß-Gerbstoffverbindungen.
19. Trubwürze: besteht aus Würzeanteilen, Grob- und Feintrub; Trennung durch entsprechende Geräte.

20. Anstellwürze: mehr oder weniger vom Trub befreite, auf Anstelltemperatur abgekühlte und mit Sauerstoff (Luft) gesättigte Würze.
21. Stammwürze: der nach dem Biersteuergesetz vorgeschriebene und beim Anstellen gespindelte Extraktgehalt der Würze.
22. Kongreßwürze: die nach dem Kongreßmaischverfahren im Labor gewonnene Würze.
23. Glattwasser: ist der Rest des letzten Nachgusses; enthält nur wenig Extrakt, er läuft nach Beendung der Abläuterung in den Kanal oder findet zum Einmaischen des nächsten Sudes Verwendung.
24. Viskosität: Zähflüssigkeit, je höher die Temperatur desto dünnflüssiger, je konzentrierter, desto dickflüssiger ist die Würze.
25. Treberwiderstand: Widerstand, den die Treber der durchfließenden Würze entgegensetzt. Er nimmt beim Abläutern zu.
26. Freie Durchgangsfläche: Summe der Schlitzflächen im Senkboden des Läuterbottichs.
27. Verdampfungsziffer: verdampfte Wassermenge in Prozent/h bezogen auf die Ausschlagwürze.
28. Siedeverzug: bei Kochbeginn ruhige Würzeoberfläche; in der Würze Ansammlung von Gasbläschen und plötzliches Hochgehen durch Schäumen.
29. Sudhausausbeute: die aus 100 kg Malzschrot gewonnene Extraktmenge.
30. Aufschließbarer Extrakt: durch eine Treberanalyse wird festgestellt, ob der Maischprozeß sach- und fachgerecht durchgeführt wurde.
31. Auswaschbarer Extrakt: durch eine Treberanalyse wird festgestellt, ob der Läuterprozeß sach- und fachgerecht durchgeführt wurde.

625. Welcher Mittel bedient man sich beim Maischen?

1. Physikalischer Mittel wie Schroten, Rühren, Erhitzen, Kochen von Maischeanteilen.
2. Chemisch-biologischer Mittel wie die Tätigkeit der Enzyme.

626. Welche Einmaischtemperaturen wendet man an?

Die Temperaturen sind, je nach dem Maischverfahren, verschieden. Man kann kalt, warm oder heiß einmaischen.

627. Welche Vorgänge unterscheidet man beim Maischen?

1. Den Stärkeabbau.
2. Den Eiweißabbau.
3. Abbau der Glucane und Gummistoffe.

628. Welche Arten von Malzstärke unterscheidet man? – Welche Enzyme werden aktiv? – Welcht Temperaturen und pH-Werte kennzeichnen ihr Wirkungsoptimum?

Die Malzstärke ist ein Polysaccharid, das heißt, sie ist aus einer Vielzahl von Monosacchariden (Einfachzuckern) aufgebaut. Es gibt bei der Stärke zwei Komponenten,

die sich im chemischen Aufbau und in ihren Eigenschaften voneinander unterscheiden. Sie werden bezeichnet als Amylose (lösliche Stärke), etwa 20–25 %, und Amylopektin (verkleisternde Stärke), etwa 75–80 %.
Die Amylose kann man sich als unverzweigte Ketten von Glucosemolekülen vorstellen. Bei der Amylose erfolgt die Bindung immer zwischen dem ersten und vierten Kohlenstoffatom zweier Glucosemoleküle. Daher die Bezeichnung α-1,4-Bindung.
Das Amylopektin, das aus verzweigten (strauchartigen) kettenförmigen Anordnungen von Glucosemolekülen besteht, ist nicht nur in α-1,4-, sondern aufgrund der Verzweigungen der Glucosemoleküle auch in α-1,6-Bindungen verknüpft.
Die stärkeabbauenden Enzyme des Malzes bezeichnet man als Amylasen, hierbei unterscheidet man die α- und β-Amylase. Die α-Amylase, die erst bei der Keimung der Gerste gebildet wird, hat ein Temperaturoptimum von 72–75 °C, wird bei 80 °C zerstört und wirkt optimal bei einem pH von 5,5 bis 5,8. Die β-Amylase, die bereits im Gerstenkorn vorhanden ist, hat ein Temperaturoptimum von 62–65 °C, wird bei 70 °C zerstört. Ihr pH-Optimum liegt bei 5,4.
Die Grenzdextrinase löst die α-1-6-Bindungen des Amylopektins bzw. der Grenzdextrine. Die Optimaltemperatur liegt bei 55–60 °C, über 65 °C wird sie inaktiviert. Das pH-Optimum liegt bei 5,1.
Die Maltase baut Maltose ab. Die Optimaltemperatur liegt bei 35–40 °, der pH-Wert bei 6,0. Legt man die Temperatur und die pH-Werte der gängigen Maischverfahren zugrunde, kommt das Enzym beim Maischen wenig zur Wirkung.
Die Saccharase spaltet die Saccharose bei 50 °C und einem pH-Wert von 5,5. Sie ist aber auch noch bei 62 - 67 °C wirksam.

629. Wie verläuft der Stärkeabbau?
Beim Stärkeabbau unterscheidet man drei Vorgänge.
1. Verkleisterung: Man versteht darunter ein Quellen und Zerplatzen der Stärkekörner im heißen Wasser (60 °C).
2. Verflüssigung: Die verkleisterte Stärke wird durch die Einwirkung der α-Amylase verflüssigt.
3. Verzuckerung: Sie ist der Abbau der verflüssigten Stärke zu Maltose und Dextrinen (jodnormalen Produkten) durch die α- und β-Amylase.

Um eine schnelle Verzuckerung zu erhalten, muß die Stärke zuerst verkleistern, denn die verkleisterte Stärke kann von den Amylasen besser angegriffen werden als unverkleisterte Stärke. Die Verkleisterung ist kein enzymatischer Vorgang, sondern eine Anlagerung von Wasser an die Stärkemoleküle. Bei der Verkleisterung wird die Maische viskoser (zähflüssiger). Diese Viskosität der Maische nimmt durch die Einwirkung der α-Amylase auf die verkleisterte Stärke rasch ab, so daß es zur Verflüssigung kommt. Die Wirkung der α-Amylase auf die Amylose und das Amylopektin kann man sich wie folgt darstellen.
Die α-Amylase greift die Amylose und das Amylopektin von der Mitte her an und spaltet die α-1,4-Bindungen, so daß Bruchstücke von etwa 6 bis 13 Glucosemolekülen (Dextrine) entstehen. Durch diese Vorarbeit der α-Amylase sind sowohl bei der Amylose als auch beim Amylopektin große Angriffsflächen für die β-Amylase ent-

standen. Die β-Amylase greift dann die Amylosenketten von außen her an und spaltet immer genau zwei Glucosemoleküle = Maltose (Zweifachzucker) nacheinander ab. Besteht die Amylose aus einer geraden Zahl von Glucosemolekülen, dann kann sie fast vollständig zu Maltose gespaltet werden. Bei einer ungeraden Zahl bleibt ein Rest Maltotriose (Dreifachzucker) übrig. Auch beim Amylopektin kann die β-Amylase nur von den Enden der Glucoseketten Maltose abspalten, ihre Wirkung hört allerdings vor den Verzweigungen (α-1,6-Bindungen) auf. Denn wie die αAmylase, ist auch die β-Amylase außerstande, die α-1,6-Bindungen beim Amylokpektin zu lösen, so daß sogenannte Grenzdextrine entstehen. Nur das Enzym Grenzdextrinase ist befähigt, die α-1,6-Bindungen zu spalten, so daß neue Angriffsflächen für die α- und β-Amylase entstehen. Einschränkend ist jedoch zu bemerken, daß die Grenzdextrinase beim Maischen nicht voll wirksam ist, weil ihr Optimum bei 55 °C liegt und sie bereits bei 65 °C zerstört wird.
Durch die Betonung der Rast bei 60–65 °C begünstigt man die Wirkung der β-Amylase und erhält mehr Maltose = hoher Endvergärungsgrad. Wenn man dagegen diese Temperatur überspringt und die Maische gleich auf 70–76 °C erhitzt, wird die Stärke nur noch von der α-Amylase abgebaut, und man wird viel mehr Dextrine erhalten = niedriger Endvergärungsgrad. Wie man sieht, ist man durch die Kenntnis der optimalen Wirkungstemperaturen der Enzyme in der Lage, durch Einhaltung oder Überspringen dieser Temperaturen die gewünschte Zusammensetzung von Maltose und Dextrinen in der Maische zu erhalten. Der Stärkeabbau ist beendet, wenn die Maische restlos verzuckert ist. Der Brauer kontrolliert dieses mit der Jodreaktion.
Die Maische muß jodnormal sein. Sie darf mit Jod keinerlei Färbung mehr ergeben, weil es sonst zu Ausbeuteverlusten und Trübungen im Bier führen würde.

Schemen zum Stärkeabbau

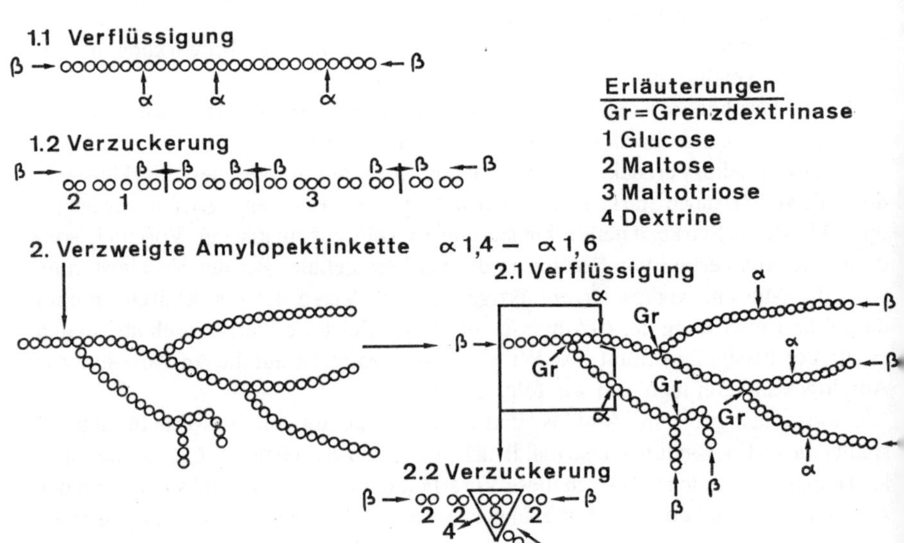

630. Wie läßt sich die Würzekonzentration beeinflussen und welche Bedeutung hat sie für die Maisch- und Läuterarbeit?

Die Würzekonzentration wird durch die Gußführung beeinflußt. Die Zusammensetzung der Vorderwürze hängt von der Hauptgußmenge ab, die Enzymwirkung von der Maischekonzentration (Verdünnungsgrad). Dünnere Maischen verzuckern schneller. Die Abläuterung wird ebenfalls beeinflußt, da große Hauptgußmengen die Konzentration der Vorderwürze verringern; durch die geringere Viskosität läutern die Würzen schneller ab. Dadurch werden die Nachgußmengen geringer, denn eine größere Vorderwürzeausbeute bedingt eine geringere Nachgußausbeute. Dies bedeutet weiterhin eine geringere Auslaugung zufärbender und unedler Spelzensubstanzen, die im besonderen die Qualität von hellen Bieren negativ beeinflussen.

631. Worin unterscheidet sich die Gußführung für helle bzw. dunkle Biere?

1. Bei der Herstellung von Vorderwürzen für helle Biere wählt man einen größeren Hauptguß (dünnere Maischen) für einen schnellen Ablauf der Enzymreaktionen, für die Gewinnung größerer Mengen an »Edelextrakt« (Vorderwürzekonzentration 16–17 %) und dadurch bedingter geringerer Nachgußmengen (Frage 630).
2. Bei der Herstellung von Vorderwürzen für dunkle Biere wählt man einen kleinen Hauptguß (dicke Maischen) und hochprozentige Vorderwürzen (18–20 %). Größere Nachgußmengen ergeben eine geringere Vorderwürzeausbeute und eine dadurch bedingte größere Nachgußausbeute, was eine intensive Spelzenauslaugung zur Folge hat, was für dunkle Biere erwünscht ist.

632. Welche Hauptgußmengen werden für die Herstellung von hellen bzw. dunklen Bieren gewählt?

1. Der Hauptguß für helle Biere beträgt 4 – 5 hl / dt Malz, was einem Verhältnis von 1 : 4 – 5 (Schüttung : Hauptguß) entspricht.
2. Der Hauptguß für dunkle Biere beträgt 3 – 3,5 hl / dt Malz, was einem Verhältnis von Schüttung : Hauptguß von 1 : 3 – 3,5 entspricht.

633. Was versteht man unter Verzuckerungspause?

Man versteht darunter das Halten der Maische auf der Verzuckerungstemperatur (63/72°C) und zwar so lange, bis die Verzuckerung beendet ist. Die Verzuckerungspause dauert bei gut gelösten Malzen 10–15 Minuten.

634. Woran erkennt man, wann die Verzuckerung beendet ist?

Äußerlich erkennt man die Beendigung der Verzuckerung daran, daß die weiße, dickflüssige Maische allmählich dünnflüssig und dunkel gefärbt aussieht; zuverlässiger ist es, wenn man die Jodprobe anstellt. Jod färbt Stärke und Kleister dunkelblau; im weiteren Verlauf wird Jod rot, und ist die Verzuckerung beendet, bleibt Jod unverändert, es bleibt gelb-bräunlich (= jodnormal).

635. Wie wird die Jodprobe durchgeführt?
Mit einem Stab holt man etwas Maische aus der Pfanne und läßt von der Spitze einen Tropfen in eine Porzellanschale fallen. Neben den Maischetropfen träufelt man einen Tropfen Jodlösung auf die Schale, wenn die Maische erkaltet ist, läßt man beide Tropfen zusammenfließen. Fast augenblicklich tritt die Färbung ein.

636. Wann ist die Durchführung der Jodprobe zu empfehlen?
Die Jodprobe soll man nicht nur beim Maischen, sondern auch beim Abläutern der Vorderwürze und der Nachgüsse vornehmen. Auch die fertige Würze vor dem Ausschlagen und die Treber soll man prüfen, ob sie jodnormal sind. Eine Würze ist jodnormal, wenn keine Blaufärbung bei der Jodprobe eintritt. Nur so sind gute Ausbeuten zu erzielen und nachträgliche unangenehme Überraschungen im Gär- und Lagerkeller zu vermeiden.

637. Welchen Nachteil haben schlecht verzuckerte Würzen zur Folge?
Mangelhaft verzuckerte Würzen haben zur Folge, daß ein Teil der Stärke als Kleister ins Bier gelangt und eine Trübung, die *Kleistertrübung*, hervorruft; solch »kranke« Biere werden sehr leicht von Bakterien befallen, von denen die gefürchtesten die Pediokokken sind; außerdem geben schlecht verzuckerte Würzen niedrige Sudhausausbeuten.

638. Wie verhält sich der Brauer, wenn sich trotz längerer Verzuckerungspausen schlecht verzuckerte Maischen ergeben?
Er führt das Maischverfahren ohne besondere Pausen in der gewöhnlichen Zeit durch. Die Verzuckerung bewirkt er durch Zusatz eines kalten Malzauszuges, den er der Maische nach dem Abmaischen zugibt.

639. Wie wird ein kalter Malzauszug hergestellt?
Aus hellem Malzschrot, das man in einem sauberen Gefäß wenigstens drei Stunden mit etwa der sechsfachen Menge kalten Wasser auszieht. Dabei geht eine große Menge an Amylase in Lösung. 25 kg Malzschrot in 160 l Wasser genügen zur Nachverzuckerung von 100 hl Maische.

640. Warum werden Teilmaischen gekocht?
Man kocht Teilmaischen, um die Zellwände der stärkeführenden Zellen, die in der Mälzerei bei der Keimung keinen enzymatischen Abbau erfuhren, zu sprengen, die Stärke freizulegen, um sie der verflüssigenden und verzuckernden Wirkung der Amylasen zugänglich zu machen.

641. Wie lange wird die Maische gekocht?
Die Kochdauer richtet sich nach dem jeweils angewendeten Maischverfahren und liegt zwischen 5 und 30 Minuten.

642. Ist verzuckerte Maische nach dem Kochen noch jodnormal?
Nein, verzuckerte Maische ist nach dem Kochen nicht jodnormal, weil durch das

Kochen noch Hartgrieße aufgeschlossen und verkleistert und dem Jod zugänglich gemacht wurden. Auch nach dem Abmaischen zeigt sich noch eine schwache Jodreaktion. Der noch vorhandene Kleisterrest wird während der Rast und während des Abläuterns verzuckert. Bei Beginn des Würzekochens darf die Würze keine Kleisterreste, die durch Jod sichtbar werden, enthalten, weil jetzt zur Nachverzuckerung keine Amylasen mehr vorhanden sind.

643. Warum sollte man beim Abmaischen die Temperatur von 78°C nicht überschreiten?

Weil man trotz vorsichtigem Maischen doch nicht alle Stärke und allen Kleister aufgeschlossen und verzuckert hat und die Verzuckerung noch im Läuterbottich weitergeht (Nachmaischen – Nachverzuckerung), muß man die geringen Reste der Amylasen erhalten. Über 78°C werden die Amylasen unwirksam und eine Nachverzuckerung findet nicht mehr statt. 78°C ist auch die Grenztemperatur für die Nachgüsse. Höhere Temperatur des Anschwänzwassers sind der Grund für kleistertrübe Würzen.

644. Welche Bedeutung hat die Verzuckerungstemperatur?

Mit der Wahl der Verzuckerungstemperatur und Verzuckerungszeit für β- und α-Amylasen legt man das Verhältnis von Zucker zu Nichtzucker (vergärbar : nicht vergärbar) in der Würze fest und damit den Endvergärungsgrad.

645. Was versteht man unter Eiweißrast?

Man versteht darunter das mehrere Minuten lange Halten der Maische bei den günstigen Enzymtemperaturen von ca. 50–52°C.

646. Welche Bedeutung hat der Eiweißabbau? – Welche Enzyme werden aktiv? – Welche Temperaturen und welche pH-Werte kennzeichnen ihr Wirkungsoptimum?

Ein weiterer Umwandlungsprozeß beim Maischen, der unter Mitwirkung von Enzymen abläuft, ist der Eiweißabbau. Für den Brauer sind zwei Eiweißstoffe von Bedeutung:

a) die echten Eiweißstoffe, die nur zum Teil in der Maische löslich sind (Albumin und Globulin),
b) die Eiweißabbauprodukte, die bei der Keimung durch die eiweißabbauenden (proteolytischen) Enzyme gebildet werden.

Beim Maischprozeß wird das echte Eiweiß durch das Enzym Endopeptidase innerhalb der Aminosäureketten angegriffen, und es werden in erster Linie Albumosen, Peptone und Polypeptide gebildet. Die Exopeptidasen greifen die Aminosäureketten von den Enden her an und spalten die kleinsten Bausteine der Eiweißstoffe, die Aminosäuren ab.

Die Optimalwirkung der Endopeptidasen liegen bei einem pH-Wert von 5,0 und einer Temperatur von 50 – 60 °C.

Die Exopeptidasen, die sehr hitzeempfindlich sind, haben ein pH-Optimum von 5,2 – 8,2 und ein Temperaturoptimum von 40 – 50 °C. Alle drei Eiweiabbauprodukte haben Einfluß auf die Qualität des Bieres. Die höheren Abbauprodukte sind

maßgebend für die Schaumhaltbarkeit, Vollmundigkeit und chemisch-physikalische Haltbarkeit. Die mittleren Abbauprodukte sind ausschlaggebend für das Kohlensäurebindevermögen und die Rezenz. Die Aminosäuren sind wichtig für die Hefevermehrung. Zuviel Eiweiß steigert die Gefahr der Trübungsbildung im Bier, zu wenig Eiweiß gibt schaumlose, leer schmeckende Biere.
Im allgemeinen kann man sagen, daß etwa ein Drittel der Eiweißstoffe der Gerste in Form von Eiweißabbauprodukten in das fertige Bier gelangt.

647. Gelangt das Eiweiß des Malzes beim Maischen in die Würze und in das Bier?

Es gelangt nicht das ganze Eiweiß des Malzes in Lösung und damit in die Würze. Während man bemüht ist, die ganze vorhandene Stärke des Malzes in Zucker überzuführen, ist die völlige Löslichmachung des Eiweißes nicht möglich und auch gar nicht erwünscht. Ein Teil des Eiweißes der Gerste bleibt schon beim Mälzen und auch beim Maischen unlöslich und findet sich unverändert in der Treber. Ein anderer Teil wird zwar beim Maischen in Lösung gebracht, gerinnt aber während des Würzekochens und scheidet im weiteren Verlauf der Bierbereitung aus. Ein weiterer Teil des Eiweißes bleibt in gelöster Form in der Würze und gelangt, soweit es nicht als Hefenahrung dient, in das Bier.

648. Welche weiteren Lösungs- und Umwandlungsprozesse finden außerdem statt?

Neben dem Stärke- und Eiweißabbau findet beim Maischen noch eine Reihe weiterer Lösungs- und Umwandlungsprozesse durch Enzyme statt, zum Beispiel der Abbau der Hemizellulosen und Gummistoffe zu weniger viskosen Produkten durch das Enzym Cytase und die Bildung von Säuren und Pufferstoffen aus organischen Phosphaten des Malzes durch die Phosphatasen. Im einzelnen:

1. Der Abbau der Hemicellulosen: Sie bestehen aus hochmolekularen β-Glucanen und Pentosanen. Die für den Abbau der β-Glucane tätigen Enzyme, die Endo-β-Glucanasen wirken bei Temperaturen von 40–45 °C und einen pH von 4,7–5,0. Die Pentosane, die aus Araboxylan bestehen, werden durch Endo- und Exoxylanasen sowie Arabinosidasen abgebaut. Die Parameter für ihre Optimalwirkung entsprechen denen der β-Glucanasen. Die Abbauprodukte sind wasserlösliche Gummistoffe.
2. Der Abbau der Gummistoffe verläuft je nach ihrer Löslichkeit in mehreren Stufen:
   a) Die im Malz freien Gummistoffe gehen in Lösung und erhöhen die Viskosität der Maische.
   b) Bei Temperaturen von 35–50 °C erfolgt ein Abbau dieser hochmolekularen Substanzen zu Glucandextrinen und niedermolekularen Gruppen, die Viskosität verringert sich.
3. Die Veränderung der Phosphate: Phosphatasen bauen die im Malz enthaltenen organischen Phosphate ab, wobei Phosphorsäure freigesetzt wird. Durch Dissoziation entstehen primäre Phosphate und Wasserstoffionen. Dies bewirkt eine Absenkung des pH-Wertes, d. h. die Azidität der Maische nimmt zu. Eine Verstärkung der Pufferung der Maische, der Würze und des Bieres sind die Folge.

649. Wie werden die Maischverfahren eingeteilt?

Grundlage aller Maischverfahren ist die Abmaischtemperatur von 78 °C. Zwischen der gewählten Einmaischtemperatur und der Abmaischtemperatur liegen die Optimaltemperaturen für die Wirkung sämtlicher Enzyme. Diese liegen bei:
47 – 53 °C für die Eiweißrast (proteolytische Enzyme).
60 – 65 °C Maltoserast (β-Amylase).
72 – 75 °C Verzuckerungsrast (α-Amylase).
Je nachdem, ob die Maische auf indirekten oder direktem Wege auf die Abmaischtemperatur von 78 °C gebracht wird, unterscheidet man:
1. Dekoktionsverfahren.
2. Infusionsverfahren.

650. Nach welchen Gesichtspunkten richtet sich die Wahl des Maischverfahrens?

1. Nach dem zu verarbeitenden Malz.
2. Nach dem herzustellenden Biertyp.
3. Nach der Einrichtung des Sudhauses, einschließlich Schroterei.
4. (Nach der eventuell zu verarbeitenden Rohfrucht).

Die Malzanalysendaten, hier insbesondere die Mehl-Schrotdifferenz und der Eiweißlösungsgrad (Kolbachzahl) sind für die Wahl des Maischverfahrens von ausschlaggebender Bedeutung. Als Anhaltspunkt gilt: je weiter die Auflösung beim Mälzen, desto kürzer die Maischverfahren und umgekehrt.

651. Wie arbeiten Dekoktionsverfahren und wie werden sie eingeleitet?

D. sind indirekte Maischverfahren, sog. Abkochverfahren (dekokere = lat. kochen). Es werden Teilmaischen gezogen, die unter Einhalten von Rasten gekocht und anschließend zur Rastmaische aufgemaischt werden. Dadurch erhöht sich stufenweise die Temperatur der Gesamtmaische bis zur Abmaischtemperatur. Nach der Anzahl der gezogenen Teilmaischen (Kochmaischen), unterscheidet man Ein-, Zwei- und Dreimaischverfahren. Da das Ziel jeweils die Abmaischtemperatur ist, wird damit gleichzeitig die Einmaischtemperatur festgelegt, d. h. je weniger Teilmaischen, desto höher die Einmaischtemperatur und damit die Dauer des Maischverfahrens.

652. Wie verläuft das Dreimaischverfahren?

Obwohl das Dreimaischverfahren heutzutage aus Kostengründen nur noch selten durchgeführt wird, sei es im nachfolgenden Schema dennoch dargestellt, weil es die Basis aller Dekoktionsverfahren darstellt, aus der sich alle anderen Verfahren ableiten.

653. Wie verläuft ein Zweimaischverfahren?

Da das Zweimaischverfahren für die Herstellung von hellen Bieren häufig zur Anwendung kommt, gibt es eine Vielfalt von Variationen. Es wäre im Rahmen dieses Buches unmöglich, auf alle Verfahren einzugehen. Einschlägige Literatur gibt darüber Auskunft. Nachfolgend seien 2 Schemata dargestellt, wobei im 2. Schema der Verlauf in einem klassischen Viergeräte-Sudwerk dargestellt ist.

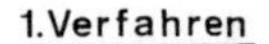

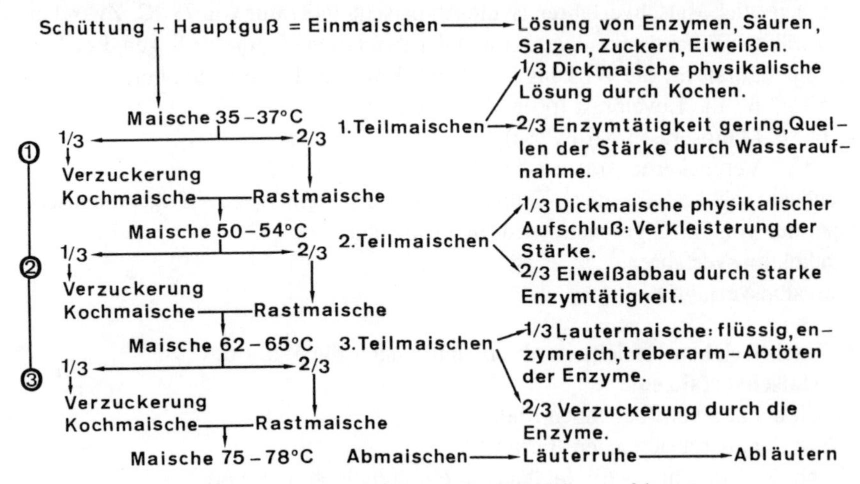

Dreimaischverfahren: Basis aller Dekoktionsverfahren

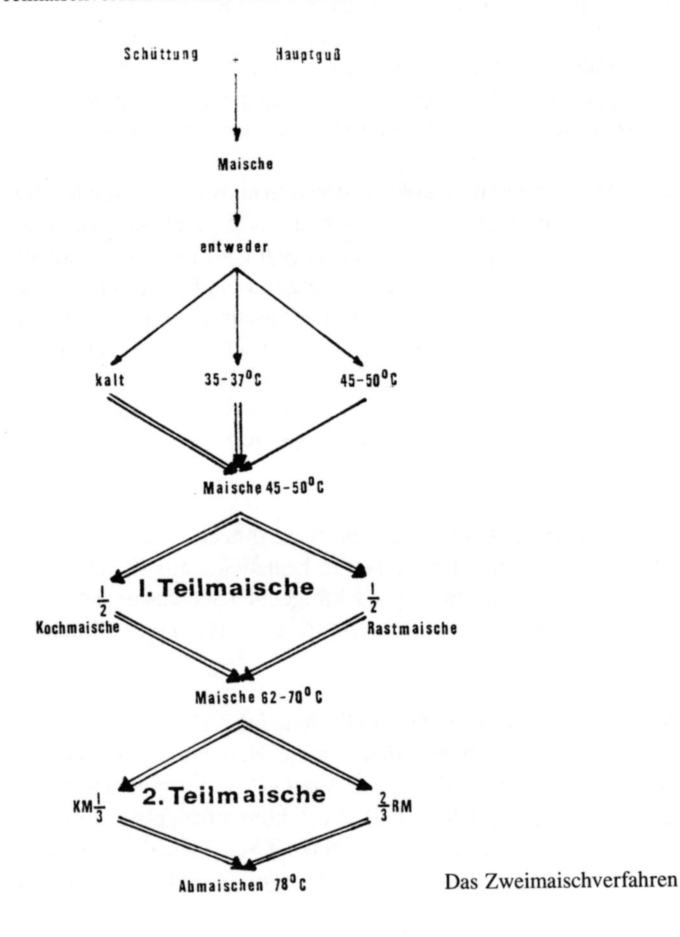

Das Zweimaischverfahren

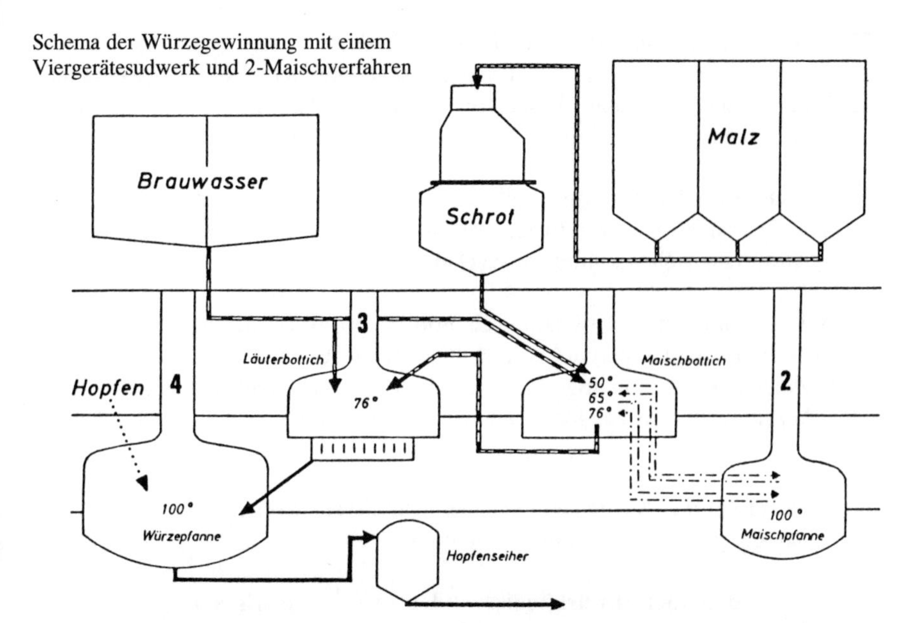

Schema der Würzegewinnung mit einem Viergerätesudwerk und 2-Maischverfahren

654. Wie wird das Einmaischverfahren durchgeführt?

Das Einmaischverfahren leitet sich ebenfalls vom Dreimaischverfahren ab; es ist ein kurzes und wenig intensives Verfahren und stellt genau genommen eine Kombination aus Dekoktionsverfahren und Infusionsverfahren dar. In der Technologie unterscheidet man:

1. Das Einmaischverfahren vor dem Ziehen der Kochmaische.
2. Das Einmaischverfahren nach dem Zubrühen der Kochmaische.

655. Wie verläuft das Einmaischverfahren vor dem Ziehen der Kochmaische?

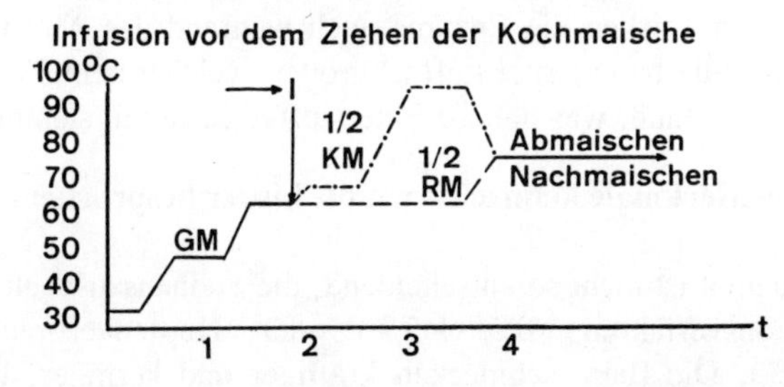

656. Wie verläuft das Einmaischverfahren nach dem Zubrühen der Kochmaische?

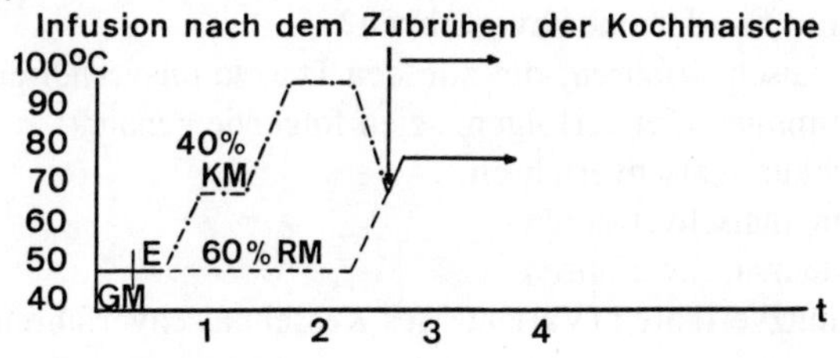

657. Was versteht man unter Infusionsverfahren?
Infusionsverfahren sind direkte, rein enzymatische Maischverfahren. Die gesamte, ungeteilte Maische wird unter Einhaltung von Rasten (Enzympausen) stufenweise auf Abmaischtemperatur gebracht. Es werden keine Maischeanteile gekocht.

658. Welche Infusionsverfahren gibt es?
1. Das aufwärtsmaischende Infusionsverfahren.
2. Das abwärtsmaischende Infusionsverfahren.

659. Wie verläuft das aufwärtsmaischende Infusionsverfahren?
Bei einer Einmaischtemperatur von 35 °C oder 50 °C wird eine Eiweißrast von ca. 30 Minuten, eine 30minütige Maltoserast bei 62 – 65 °C und dann bei 70 – 72 °C Verzuckerungspause bis zur Jodnormalität gehalten, anschließend mit 78 °C abgemaischt.

660. Wie erfolgt das Aufheizen bei allen Maischverfahren?
Als Faustregel gilt: Aufheizen pro Minute um 1 °C.

661. Wie wird bei der abwärtsmaischenden Infusion gearbeitet?
Hier läßt man das im Vormaischer mit Wasser vermischte Malzschrot in Wasser von 75 °C einspringen, wodurch die Temperatur während des Einmaischens auf ca. 65 °C abfällt. Die Verzuckerung und der Eiweißabbau beginnen von oben. Dieses Verfahren wird besonders in England (Biertyp Ale) angewandt. Das Verfahren bedarf stark gelöster Malze.

662. Welche Merkmale kennzeichnen die Infusionsverfahren?
Die I. sind wirtschaftlich, sparen Zeit und Energie. Sie neigen zu Ausbeuteverlusten, wenn die Malzqualität (sehr gut gelöst bis überlöst) und die damit verbundene Schrotzusammensetzung (sehr feines Schrot) nicht stimmen. Da keine Teilmaischen gekocht werden, wirken die Enzyme auch während des Abläuterns weiter. Der Gehalt an koagulierbarem Stickstoff ist größer, welcher beim Würzekochen ausgeschieden werden muß, was höhere Bitterstoffverluste mit sich bringt.

663. Welche Merkmale kennzeichnen die bisher besprochenen Dekoktionsverfahren?
Die Malzqualität ist nicht so entscheidend, die Sudhausausbeute ist höher, als bei den Infusionsverfahren (0,5 – 1,5 %), der Hopfenverbrauch ist geringer (ca. 5 – 10 %). Die Biere schmecken kräftiger und kerniger. Dagegen steht ein höherer Energieverbrauch, die Würzefarben sind dunkler.

664. Was sind Sondermaischverfahren?
Als Sondermaischverfahren, die alle den Dekoktionsverfahren zuzuordnen sind, und ein bestimmtes Ziel verfolgen, seien folgende genannt:
1. Das Hochkurzmaischverfahren.
2. Das Springmaischverfahren.
3. Das Kesselmaischverfahren.
4. Das Schmitzverfahren (Variante des Kesselmaischverfahrens).

665. Was ist über das Hochkurzmaischverfahren zu sagen?
Bei dem Hochkurzmaischverfahren wird sehr hoch eingemaischt (62 °C), um die eiweißabbauenden Enzyme nicht zu sehr zur Geltung kommen zu lassen. Die in die Maischpfanne abgelassene Maische wird schnell zum Kochen gebracht, fünf Minuten gekocht und in den Maischbottich aufgepumpt (Temp. 72 °C).
Dann wird eine zweite Maische in die Pfanne abgelassen, wieder fünf Minuten gekocht, in den Maischbottich gebracht und abgemaischt. Das Verfahren hat den Zweck, sehr energisch dem übermäßigen Eiweißabbau entgegenzuwirken. Es wird bei hohen Temperaturen gemaischt und dadurch eine entsprechende Wirkung auf den Abbau der Stärke und des Eiweißes erreicht. Das Maischen dauert zwischen ein und zwei Stunden. Das Verfahren setzt ein sehr gut gelöstes Malz voraus.

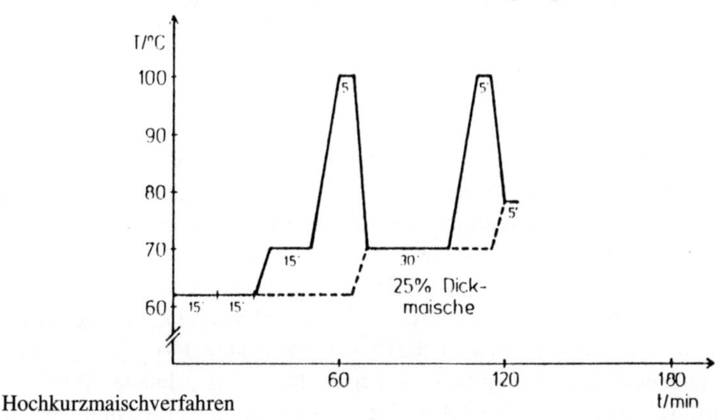

Hochkurzmaischverfahren

666. Welche Vorteile bietet das Hochkurzmaischverfahren?
Die Vorteile dieses Verfahrens sind
1. geringer Zeit-, Kraft- und Wärmeaufwand,
2. Regelung des Eiweißabbaues,
3. die Möglichkeit, hoch ausgedarrte helle Malze mit einer Farbentiefe bis zu 5,0 EBC zu vermaischen. Man erzielt dadurch den geschätzten »kernigen« Trunk, ohne daß die Bierfarbe zu sattgelb ausfällt.

667. Wodurch ist das Springmaischverfahren gekennzeichnet?
Beim Springmaischverfahren wird mit 37 °C eingemaischt, die Temperaturen bis 70/72 °C werden beim Maischen übersprungen, indem man die Maische in kochendes Wasser »einspringen« läßt und mit einmal auf 70 °C bringt. Das Verfahren ist nur bei sehr gut gelöstem, hellem Malz anwendbar, welches rasch verzuckert. Das Verbrühen eines Teiles der Amylasen ist der Zweck des Verfahrens, mit dem sich sehr niedrige Vergärungsgrade erzielen lassen.

668. Wie wird das Kesselmaischverfahren durchgeführt?
Nach dem Einmaischen bei 35 °C bleibt die Maische stehen, um eine Entmischung herbeizuführen.
Nach ca. 15 Minuten werden 10 % der Gesamtmaische als sog. Enzymauszug (=

kalter Satz) abgezogen. Unter Einhaltung von Rasten bei 50–65 °C und 70 °C wird zum Kochen aufgeheizt. Nach 30 min. Kochzeit wird die Maische auf 65–70 °C abgekühlt (eingebaute Kühlschlangen oder Zusatz von kaltem Wasser) und mit dem kalten Satz verzuckert. Die Stärke wird vollständig aufgeschlossen; daraus resultieren hohe Ausbeuten.

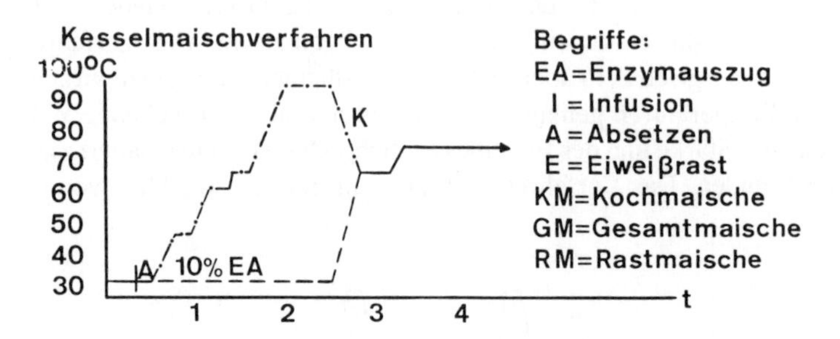

669. Worin besteht das Wesentliche beim Schmitz-Verfahren?
Das Schmitz-Verfahren ist eine Variante der Kesselmaischverfahrens. Es ist ein Abläuterverfahren, bei dem das Wesentliche darin besteht, daß kochend heiß abgeläutert wird. Eine Würze läutert um so rascher ab, je heißer sie ist. Nach dem Einmaischen wird ein Enzymauszug gezogen, mit dem nachträglich die gekochte Maische verzuckert wird. Beim Abläutern wird die Würze auf Verzuckerungstemperatur heruntergekühlt, der Enzymauszug in die Pfanne gebracht und Vorderwürze und Nachgüsse abgeläutert. Der Vorsprung, den man durch das schnelle Abläutern erzielt, geht dadurch verloren, daß mit dem Kochen abgewartet werden muß, bis die Nachgüsse vollständig abgelaufen sind.

670. Was ist bei der Verarbeitung von Rohfrucht zu beachten?
Vorbemerkung des Verfassers: die im Moment heikle Frage und ihre Beantwortung soll dem Leser ausschließlich Einblicke in die Rohfruchtverarbeitung geben, wo sie erlaubt ist. In keiner Weise soll damit das Reinheitsgebot angetastet noch in Frage gestellt werden (Rohfrucht siehe auch die Fragen Nr. 339–343).

1. Mais und Maisprodukte
Mais wird in Form von Grobgrießen, »Grits« (Feingrießen), »Flakes« (zerquetschten und durch Hitze vorverkleisterten Bruchstücken), Maisstärke (raffinierten Grits) oder als Sirup verwendet. In Europa und Afrika beträgt der Anteil an der Gesamtschüttung bis zu 30 %, in den Vereinigten Staaten bis zu 50 %.
Eine Entkeimung der Rohware ist in jedem Fall notwendig, wodurch der Fettgehalt auf Mengen unterhalb von 1 % gebracht wird. Um einer Geschmacksschädigung im Bier vorzubeugen, ist es wichtig, nur frische Chargen zu verarbeiten, da durch oxidierten, ranzigen Mais Abbau- und Umwandlungsprodukte von ungesättigten Fettsäuren in die Würze gelangen können.
Grobgrieße müssen im Sudhaus vorbehandelt werden. Dazu maischt man unter Zusatz von etwa 20 % Malz ein, hält eine Rast von 10–20 min bei 78–80 °C und kocht anschließend. »Grits« und »Flakes« werden direkt mit dem Malzschrot eingemaischt, während Maisstärke und Sirup bei Kochbeginn in die Würzepfanne gege-

ben werden. Die Ausbeute von Grießen und Flakes liegt im Bereich von 85–90 %, mit Stärke werden Ausbeuten von etwa 103 % erreicht. Durch den Zusatz von Mais weisen die Biere hellere Farben auf und sind im Geschmack etwas vollmundiger.

2. Reis

Reis wird meist als Bruchreis, seltener in Form von »Flakes« verarbeitet. Reisstärke verkleistert erst in einem Temperaturbereich von 76–90 °C. Da zu diesem Zeitpunkt die Malzamylasen bereits stark geschädigt sind, wird folgende Arbeitsweise empfohlen: Die dünne Maische (Verhältnis Reis : Wasser = 1 : 5) wird zunächst auf 90 °C erhitzt (Verkleisterung), dann abgekühlt und unter Zugabe von Malz bei 70 bis 75 °C verzuckert, anschließend wird gekocht. Bei hohen Schüttungsanteilen oder bei besonders schwer zu verarbeitenden Partien werden Amylasepräparate bakteriellen Ursprungs mit einem Temperaturoptimum von etwa 90 °C eingesetzt. Die Ausbeute von Reis liegt zwischen 93 und 95 %. Reisbiere sind sehr hell, im Geschmack etwas leer und trocken.

3. Gerste

Gerste wird auf einer besonderen Mühle gemahlen. Beträgt der Anteil mehr als 10 %, was jedoch recht selten der Fall ist, muß mit Enzympräparaten gearbeitet werden. Meist wird Gerste in einem Rohfruchtkocher unter Druckanwendung aufgeschlossen und dann mit der Malzmaische normal verarbeitet. Durch den erhöhten Gehalt an Gummistoffen steigt die Viskosität an, wodurch zwar der Schaum des Bieres verbessert wird, jedoch erhebliche Filtrationsschwierigkeiten auftreten können. Die nichtbiologische Stabilität der Biere ist geringer, der Geschmack wird oft als »kratzig« beschrieben.

4. Zucker bzw. Sirupe (aus Maisstärke)

Sie werden beim Würzekochen zugesetzt, um den Anteil an vergärbarem Extrakt zu erhöhen.

Die Gewinnung der Würze – Das Abläutern

671. In welchen Stufen vollzieht sich das Abläutern?
Beim Abläuterprozeß handelt es sich, im Gegensatz zum Maischprozeß, hauptsächlich um physikalische Vorgänge.
1. Das Abziehen der gewonnenen Würze durch einen Filtrationsprozeß, das Abläutern.
2. Das Auswaschen der nach dem Abläutern in der Treber verbleibenden Würze durch heißes Wasser, das Aussüßen, Auslaugen oder Anschwänzen der Treber.

672. Welche Läutersysteme gibt es?
1. Konventionelle Systeme
   a) Läuterbottich
   b) Maischefilter
   c) Strainmaster
2. Kontinuierliche Systeme
   a) APV – Drehfilter
   b) Vakuum – Trommel – oder Bandfilter
   c) Das Pablosystem

Im Rahmen dieses Buches kann nur auf die konventionellen Systeme eingegangen werden.

673. Wie sind Läuterbottiche gebaut?
Die Läuterbottiche sind rund, über dem eigentlichen Bottichboden befindet sich ein zweiter, in mehrere Segmente unterteilter, einlegbarer, perforierter Boden, der Senkboden. Er liegt auf kleinen Füßen und Leisten, der Abstand zum eigentlichen Bottichboden beträgt ca. 1 cm.
Auf dem Senkboden setzen sich die unlöslichen Maischebestandteile, die Treber ab, um für die abzuläuternde Vorderwürze die natürliche Filterschicht zu bilden. Der Läuterbottich verfügt über die zum Abläutern notwendigen Einrichtungsteile, wie sie in den nachfolgenden übersichtlichen Schemen dargestellt sind.

674. Welche Öffnungen hat der Senkboden und welche freie Durchgangsfläche ergibt sich daraus?
1. Alte Senkböden aus Phosphorbronze hatten (haben) Löcher, die freie Durchgangsfläche beträgt 2 %.
2. Neuere Senkböden aus Phosphorbronze haben Schlitze, die freie D. beträgt 6 %; bei geschlitzten Senkböden aus V_2A beträgt die freie D. 10 %.
3. Moderne Läutersysteme mit teils leicht konischen Böden und zentralem Abläuterrohr, haben einen Senkboden aus V_2A, der über Spaltsiebe verfügt, die freie D. beträgt 25–30 %.

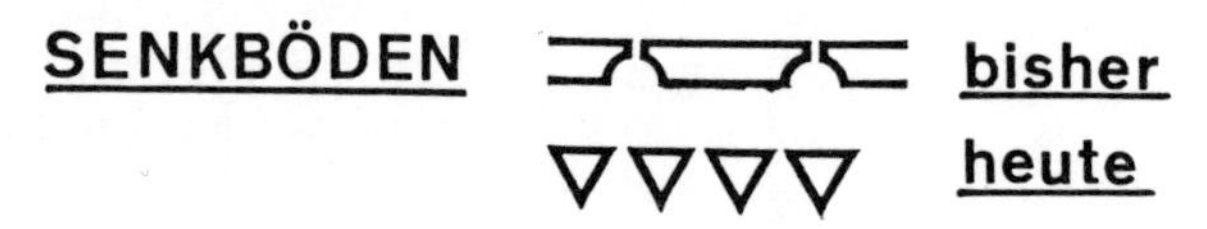

675. Was versteht man unter Quellgebieten der Läuterrohre?

Jedes Läuterrohr entnimmt durch den Bottichanstich die aus seiner nächsten Umgebung zulaufende Flüssigkeit. Die Umgebung des einzelnen Bottichanstichs ist sein Quellgebiet. Je weiter ein Läuterhahn geöffnet ist und je durchlässiger die über der Umgebung des zugehörigen Bottichanstichs liegende Treberschicht ist, um so größer ist das Quellgebiet dieses Läuterhahns.

Teilweise wurden die Quellgebiete durch Zwischenwände unter dem Senkboden abgeschlossen, wodurch sich aber eine ungleichmäßige Auslaugung der Treber nicht verhindern läßt.

676. Welche Forderungen werden an den Läuterhahn gestellt?

Der Läuterhahn muß sowohl die feine Regulierung des Würzeabflusses als auch das kräftige »Vorschießen« beim Abläutern gestatten. Keinesfalls darf Luft durch den Hahn in die Läuterbottiche eindringen.

677. Was versteht man unter spezifischer Schüttung (Senkbodenbelastung)?

Man versteht darunter die Malzmenge / m^2 Läuterbottichfläche, z. B.: 1 m^3 Naßtreber entsprechen 500 kg Schüttung, bei einer Treberhöhe von 30 cm beträgt die spez. Schüttung = 150 kg (analog bei 40 cm / 200 kg und bei 60 cm / 300 kg).

678. Welches Fassungsvermögen haben Läuterbottiche?

Das Fassungsvermögen ist durch die Schüttung oder durch die Menge der Gesamtmaische festgelegt und beträgt 8 hl / dt Schüttung.

679. Was versteht man unter offener, was unter geschlossener Abläuterung?

Fließt die Würze aus den Läuterhahnen frei in den Läutergrand, so spricht man von offenem Abläutern, es muß hier jeder einzelne Hahn reguliert werden.

Tritt die Würze aber nicht aus den Rohrleitungen heraus, sondern wird sie von den Läuterrohren über einen Läuterhahn in ein Sammelrohr geleitet, so spricht man von geschlossenem Abläutern. Der Abfluß der Würze wird nur durch einen einzigen Hahn reguliert. Die Druckverhältnisse im Bottich werden durch ein Läutermanometer angezeigt. Das Sammelrohr hebt die Saugwirkung der abfließenden Würze auf und vermeidet ein Zusammenziehen der Treber.

680. Welche Treberhöhen ergebn sich in Abhängigkeit von Läutersystem und dem verwendeten Malzschrot?

Die Treberhöhen betragen bei:

1. Konventioneller Läuterbottich	30–35 cm
2. Hochschichtläuterbottich	50–65 cm
3. Trockenschrot	ca. 35 cm
4. Konditioniertes Schrot	ca. 45 cm
5. Naßschrot	rund 60 cm

681. Welche Bedeutung haben die Treberhöhen für das Abläutern?

Sie haben keine Bedeutung, weil die Schrotanlagen den anderen technischen Sudhauseinrichtungen angepaßt sind.

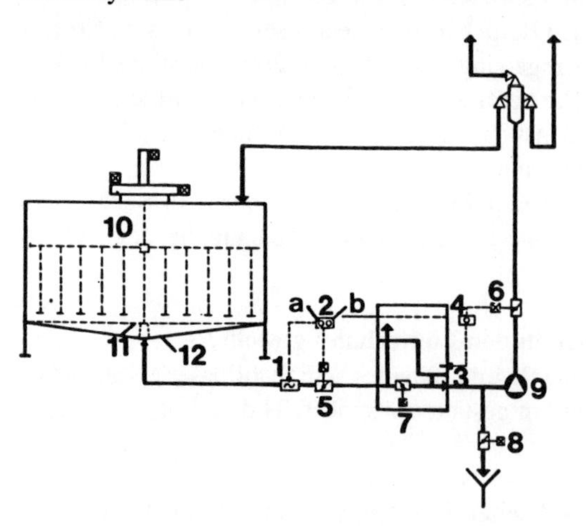

Läutersystem *Steinecker*
1. Durchflußmesser
2. Regler mit 2 Sollwerten
   a) Sollwert 1 für Vorderwürze
   b) Sollwert 2 für Nachgüsse
3. Meßdose 0 – 500 mm WS
4. Festwertregler
5. Durchflußregelventil
6. Füllstandsregelventil
7. Restentleerungsventil
8. Entleerung
9. Läuterpume
10. Aufhackmaschine: spezielle geformte Messer – unterhalb Spezialscheite
11. Senkboden bis 28 % FD
12. Läuterbottichboden 1,5 ° Gefälle ergibt benötigten Zwischenraum für spezielle »Schikanen«

Weitere Bauteile: Läuterturm

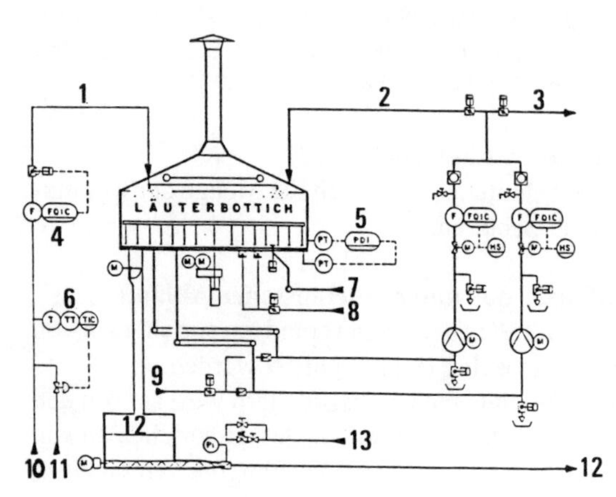

Läutersystem *Ziemann*
1 Anschwänzen
2 Trübwürze
3 Würze
4 Mengenregelung
5 Differenzdruckmessung
6 Temperaturregelung
7 Maische
8 Senkbodenspülen
9 Systembefüllen
10 Warmwasser
11 Kaltwasser
12 Treber
13 Druckluft

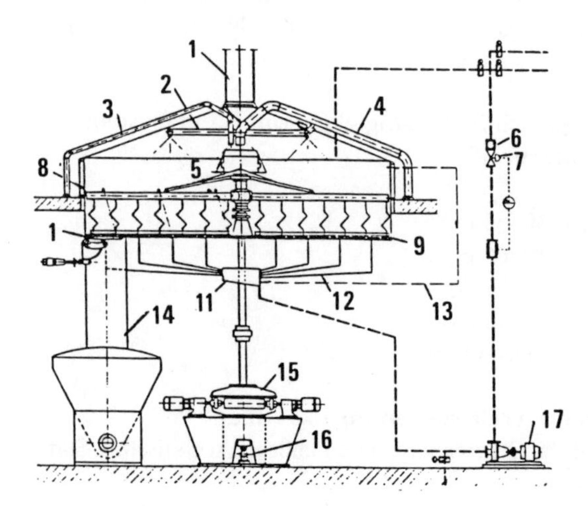

Läutersystem *Huppmann*
1 Dunstrohr
2 Überschwänzung
3 Trübwürze- u. Trubeinlauf
4 Maischeeinlauf
5 Maischeverteiler
6 Schauglas
7 Abläuterregelventil
8 Hackwerk
9 Senkboden
10 Treberklappe
11 Sammelgefäß
12 Anstiche
13 Entlüftung
14 Treberschacht
15 Schneckengetriebe
16 Hubwerk
17 Läuterpumpe

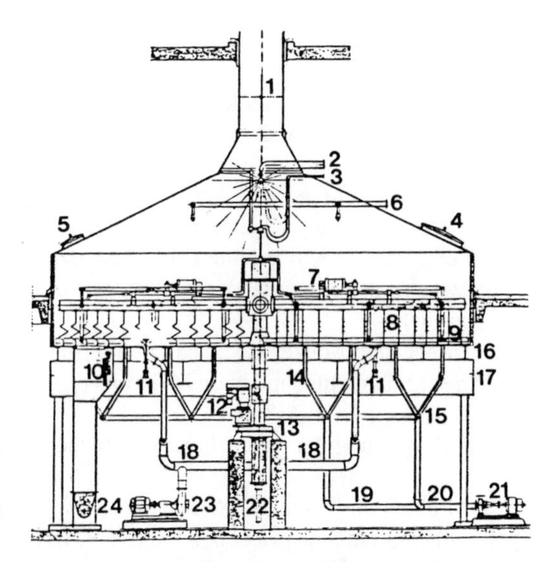

Läuterbottich mit konzentrisch angeordneten Würzesammelrohren und Maischeeinleitung von unten

1. Dunstrohr-Drosselklappe
2. CIP-Reinigungsanschluß
3. Hydraulikanschluß
4. Einbringöffnung
5. Mannlochverschluß
6. Anschwänzwasseranschluß
7. Hydraulikzylinder
8. Messerbalken
9. Treberscheite
10. Treberklappe
11. Maische-Einlaßventil
12. Elektromotoren
13. Getriebe
14. Läuterrohre
15. Ringrohre
16. Trägerrost
17. Trägerunterbau
18. Maischezuführung
19./20. Läutersysteme 1/2
21. Trüb- / Klarwürze-Pumpe
22. Hydraul. Hub- u. Senkvoricht.
23. Maischepumpe
24. Treberförderer

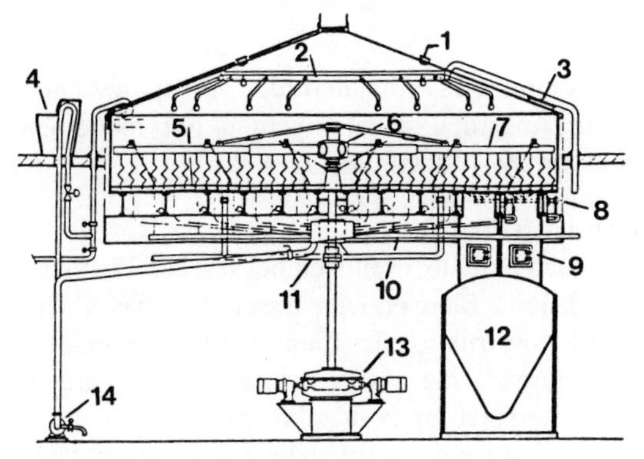

Läuterbottich mit Pumpenabläuterung und Maischeeintritt von unten

1. Beleuchtung
2. Anschwänzung
3. Domeinstieg
4. Abläuterpult
5. Austreberscheit
6. Bottichständer
7. Aufhackmaschine
8. Treberklappen
9. Treberabfallkasten
10. Senkbodenausspritzung
11. Maischeeinlagerung
12. Treberpufferbehälter
13. Läuterbottichantrieb
14. Abläuterpumpe

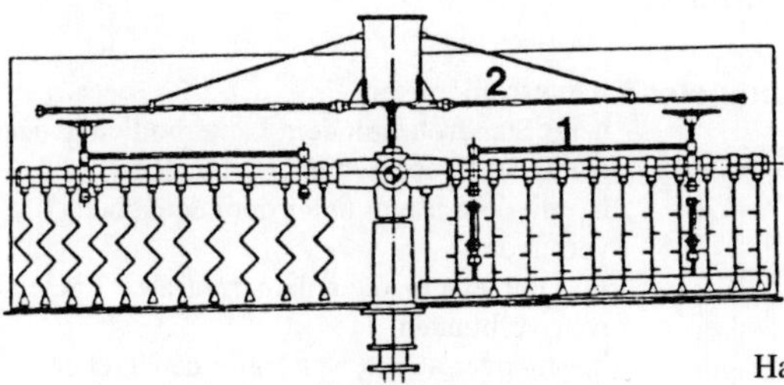

Hackwerk (1) mit Anschwänzapparat (2)

682. Welche Arbeitsschritte gehen dem Abläutern im Läuterbottich voraus?

1. Sorgfältiges Einlegen des Senkbodens.
2. Decken des Senkbodens, d.h. der Raum zwischen Senkboden und Läuterbottichboden wird mit heißem Wasser von 78 °C befüllt.

3. Einpumpen der Maische (bei kombinierten Maisch- und Läuterbottichen Aufmaischen der letzten Kochmaische).
4. Die Maische wird, um eine Sauerstoffaufnahme zu vermeiden, nicht mehr von oben – Maischeverteiler – (frühere Arbeitsweise), sondern von unten in den Läuterbottich eingebracht.
5. Bildung der Filterschicht; sie erfolgt bereits während des Abmaischens. Das Absetzen erfolgt nach spezifischer Schwere: Spelzen – Oberteig – Vorderwürze. In manchen Brauereien wird keine Läuterruhe mehr gehalten. Die Viskosität beeinflußt die Geschwindigkeit des Absetzens des Teiges (Extraktgehalt) und die Festigkeit des Treberkuchens (Temperatur).
6. Beurteilung des Würzespiegels: bei gut gelösten Malzen und richtig geführtem Maischprozeß ist er dunkel, Fehler in der Malzqualität und beim Maischen ergeben einen fuchsigen Würzespiegel.
7. Vorschießenlassen oder Anzapfen zur Entfernung der Trübwürze und Zurückpumpen in den Läuterbottich.

Die Vorderwürze läutert nach ca. 20 Minuten mit einer Geschwindigkeit von 0,35 – 0,40 hl/min/t Malz ab, die spez. Leistung/m^2 entspricht 0,1 – 0,13 l/s. Die Geschwindigkeit hängt von den Eigenschaften der Würze, dem Treberwiderstand und der Läutertechnik (auf den Treberwiderstand abgestimmt) ab.

683. Wie lange dauert das Abläutern?

Bei Verwendung eines Läuterbottichs nimmt das Abläutern der Vorderwürze und Nachgüsse etwa $2^1/_2$–3 Stunden in Anspruch. Heute werden mit modernen Läuterbottichen Gesamtläuterzeiten von 80–100 Minuten erreicht.

684. Warum ist rasches Abläutern vorteilhaft?

Sowohl wegen der Zeitersparnis als auch deshalb, weil sich bei rascher Trennung der Würze von den Trebern geschmacksreine Biere erzielen lassen. Rasches Abläutern darf jedoch nur durch vorteilhafte Konstruktion des Läuterbottichs, besondere Beschleunigungsvorrichtungen und durchdachte Arbeitsweise erzielt werden. Falsch wäre es, zwecks raschen Abläuterns zu grob zu schroten oder wesentlich mehr Nachgußwasser aufzuschichten, als benötigt wird, oder mit Hilfsapparaten trübe Würze von oben abzuziehen, weil alle diese Maßnahmen Ausbeuteverluste oder Schädigung der Bierqualität bedingen.

685. Wie arbeitet ein Läutermanometer?

Läutermanometer (Jakob)

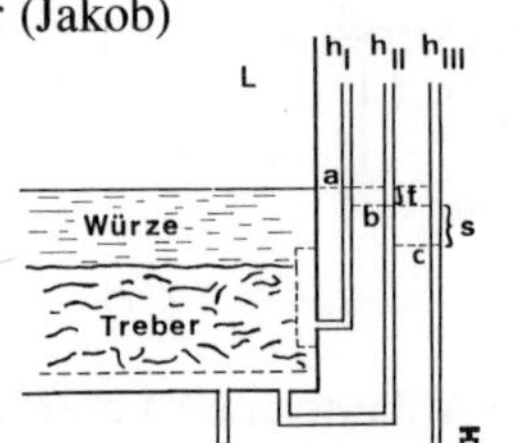

Läutermanometer
h_I als Standrohr mit dem Läuterbottich in der Mitte der Treberschicht verbunden.
h_{II} mit dem Raum unter dem Senkboden verbunden.
H_{III} mit einem oder dem zentralen Läuterrohr verbunden.
$h_I - h_{II}$ oder a – b = t ergibt den Treberwiderstand.
$H_{II} - h_{III}$ oder b – c = s ergibt den Saugzug der ablaufenden Würze.

Anwendung: Eine geringe Differenz zwischen h_I und h_{II} zeigt geringen Treberwiderstand und erlaubt eine Erhöhung der Ausflußgeschwindigkeit – und umgekehrt.

686. Wie arbeitet ein Läuterdruckregler?

Läuterdruckregler (Jakob)

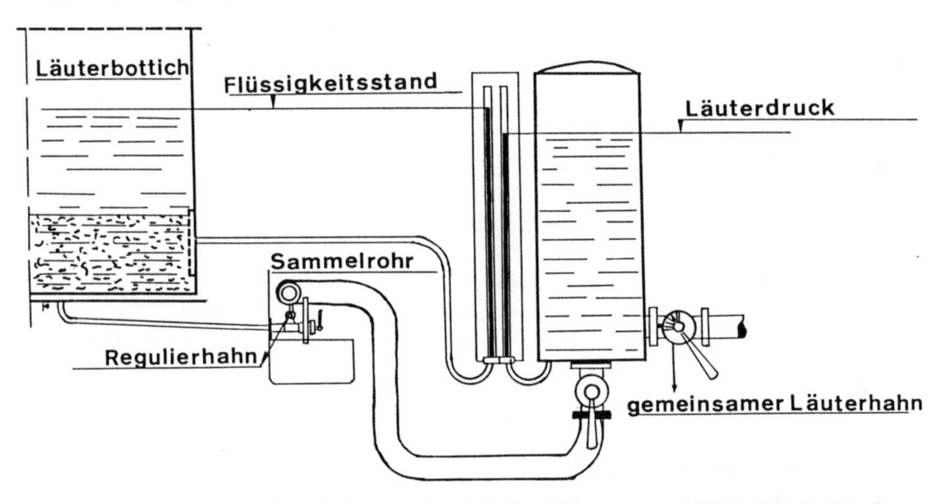

Begriff: ›Läuterdruck‹ ist der Gesamtdruck beim Abläutern, aus Flüssigkeitsdruck, Treberwiderstand mit Senkbodenverlegung, Saugzug und sämtliche Widerstände durch Richtungsänderungen und Reibung.
Der Druckregler zeigt die Druckverhältnisse an und regelt sie, d.h. der Würzeabfluß entspricht dem Würzedurchfluß durch die Treber.
Der Läuterdruckregler befindet sich neben dem Läuterbottich als kommunizierendes Gefäß mit weitem Querschnitt; es entspricht Rohr III des Läutermanometers.

687. Welche Bedeutung hat das Abläutern der Nachgüsse?
Das zur Auslaugung erforderliche Wasser wird durch Anschwänzapparate oder durch ein Düsensystem auf die Treber gebracht. Das Anschwänzen soll (besonders für helle Biere) mit möglichst geringen Wassermengen erfolgen, da sonst die durch übermäßiges Auslaugen gelösten unangenehmen Spelzenbestandteile (Farb-, Herb- und Gerbstoffe) die Bierqualität negativ beeinflußen. Die Nachgußmengen betragen 4–5 hl/dt Schüttung. Das Glattwasser enthält noch 0,5–1,0 % Extrakt. Es wird verworfen oder zum Einmaischen des nachfolgenden Sudes verwendet. Bei rascher Sudfolge liegen die Extraktwerte des Glattwassers weit höher.

688. Wie geht das Abläutern der Nachgüsse vor sich?
Der erste Nachguß wird bei geschlossenem Läuterhahn und unter Aufhacken in tiefster Stellung übergeschwänzt. Auch hier wird der Abbau des Treberwiderstandes abgewartet, die Maschine anschließend gehoben und das Abläutern fortgesetzt. Bei ca. 8 cm Treberwiderstand wird die oben geschilderte Aufhacktechnik wiederholt. Beim zweiten Nachguß kann es ratsam sein, nochmals in Stellung 0 aufzuhacken, dann aber reicht das Aufschneiden in verschiedenen Höhen während des Abläuterns aus, um den Treberwiderstand gering zu halten und einen guten Kontakt des Anschwänzwassers mit den Trebern zu bewirken. Die Läutergeschwindigkeit steigt bis auf 0,5 l/s und m^2 an. Dennoch bleibt die Aussüßung infolge der großen

Treberhöhe ergiebig. Die Gesamtläuterzeit für die Nachgüsse beträgt ca. 75–90 min. Derartige Werte können jedoch auch mit klassischen Läuterbottichen erreicht werden. Neben den Gegebenheiten des Malzes und des Maischverfahrens kommt vor allem der Qualität der Aufhackmaschine eine große Bedeutung zu.

689. Wie wird die Treber aus dem Läuterbottich entfernt?
Das Austrebern erfolgt mittels der Hackmaschine, welche mit einem Austreberscheit versehen ist oder aber durch Schrägstellung der Aufhackmesser. Die Treber gelangen entweder über eine Schnecke auf den Treberwagen oder aber werden mittels Druckluft in das Trebersilo gedrückt.

690. Wie ist ein Trebersilo beschaffen?
In Großbetrieben sind hochgestellte, rund oder eckig gebaute Trebersilos in Verwendung, die die Naßtreber einer größeren Sudfolge aufnehmen können. Mit Hilfe einer am Auslauf eingebauten Meßtrommel kann beim Verkauf der Treber eine mengenmäßig genaue Belastung der Abholfahrzeuge erfolgen.

691. Welche Trebermengen fallen an?
Aus 100 kg Malz erhält man 118–130 kg Naßtreber mit einem Wassergehalt von ca. 30% und 20% Trockensubstanz. 100 kg Naßtreber ergeben ca. 22 kg Trockentreber (10% H_2O).

692. Welche Bauteile besitzt ein Maischefilter?
1. Das Traggestell mit Unterbau.
2. Die Rahmen oder Kammern. Sie sind von quadratischer Form, ihre Größe beträgt 1000 × 1000 mm und größer. Die Kammertiefe von 65 – 70 mm ergibt den freien Raum und damit das Fassungsvermögen für den Treberkuchen. Die Summe des Freiraumes aller Kammern entspricht dem Gesamtfassungsvermögen des Maischefilters. Die Anzahl der Kammern entspricht der Anzahl der senkrecht stehenden Treberkuchen.
3. Die Filtertücher aus synthetischem Gewebe, begrenzen die Rahmen nach beiden Seiten und halten alle festen und trübenden Bestandteile zurück. Wenn die Durchlässigkeit nachläßt und sich dadurch die Läuterzeit verlängert, müssen sie ausgestauscht werden.
4. Die Platten oder Roste sind mit Rippen oder Falten versehen. Auf ihnen sammelt sich die durch die Tücher filtrierte Würze, die dann jeweils durch einen Läuterhahn abgeleitet wird.
   Bei neueren Anlagen sind die einzelnen Läuterhähne mit einem Kanal zur geschlossenen Abläuterung verbunden. Die Bedienung erfolgt über einen Zentralhahn. Jede Platte verfügt über entsprechende Wassereintrittsköpfe.
5. An beiden Enden befinden sich 2 Kopfstücke (Verschlußstücke), die nach innen als Platten ausgebildet sind. Das Kopfstück an der Maischeeintrittsstelle ist starr, das andere beweglich. Die Abdichtung des Filters erfolgt hydraulisch.
6. Weitere Einrichtungsteile sind das Einlaufrohr, Druckmesser, sowie eine Treberrinne mit einer Fördereinrichtung.
7. Eine Waschmaschine für die Reinigung der Filtertücher.

693. Wie geht das Abläutern mit dem Maischefilter vor sich?
Nach dem Abmaischen wird die Maische von dem zweckmäßig mit konischem Boden versehenen Abmaischgefäß aus in etwa 30 Minuten in das Filter übergepumpt.
Gleichzeitig mit der Filterbefüllung beginnt auch das Abläutern der Vorderwürze. Nach Schluß des Maischeüberpumpens ist auch das Abläutern der Vorderwürze beendet. Die kurze Läuterzeit ist ein großer Vorteil des Maischefilters gegenüber dem Läuterbottich.
Die Maischepumpe fördert die Maische vom Abmaischgefäß in den Maischekanal des Filters. In diesem verteilt sie sich und fällt durch die Maischeeinfallschlitze der Filterrahmen in die Kammern, die beiderseits von den über die Platten gespannten Tüchern begrenzt sind.
Gleichzeitig filtert die Würze durch das Tuch und läuft an den geriffelten Platten ab, dem Läuterhahn zu und durch diesen in die Würzemulde. Wenn eine Lüftung der Würze möglichst vermieden werden soll, werden die Läuterhähne geschlossen. Die Würze läuft dann längs der Plattenriffelung in den sogenannten hinteren, unteren Kanal und von diesem durch den Universalhahn in die Würzemulde. Das wichtigste bei der Filterbefüllung ist, daß die einzelnen Kammern bis oben mit gleichmäßig zusammengesetzter Maische befüllt werden, da nur dann später, beim Anschwänzprozeß, der den Trebern anhaftende Extrakt vollkommen gewonnen werden kann. Bei Beginn des Anschwänzens wird jeder zweite Läuterhahn und der Universalhahn geschlossen. Das Anschwänzwasser läuft nach Öffnung des Ventils in den hinteren unteren Wasserkanal, verteilt sich darin und tritt durch die Schlitze, die jede zweite Platte mit dem hinteren Kanal verbinden. in den Raum zwischen Tuch und Platte ein.
Das Wasser verteilt sich nun in dem Raum zwischen dem Tuch und der ganzen Plattenfläche, was durch die Plattenriffelung erleichtert wird, durchdringt das Tuch, dann den Treberkuchen und läuft nach Passieren des *hinter dem Treberkuchen* befindlichen zweiten Tuches als Nachguß an den Rillen der nächsten Platte herab und durch den Läuterhahn in die Würzemulde.

694. Wodurch werden die Vorteile des Maischefilters erzielt?
Durch die dünne Treberschicht und durch die feine Schrotung. Während beim Läuterbottich die Treber ca. 30 cm hoch liegen und von der Würze durchsickert werden

Das Abläutern mit dem Maischefilter

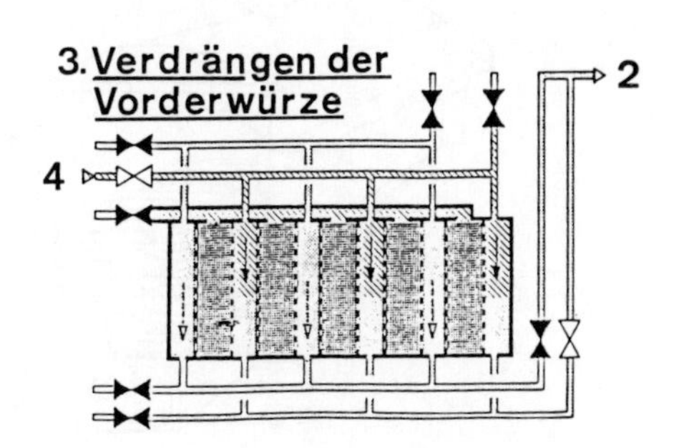

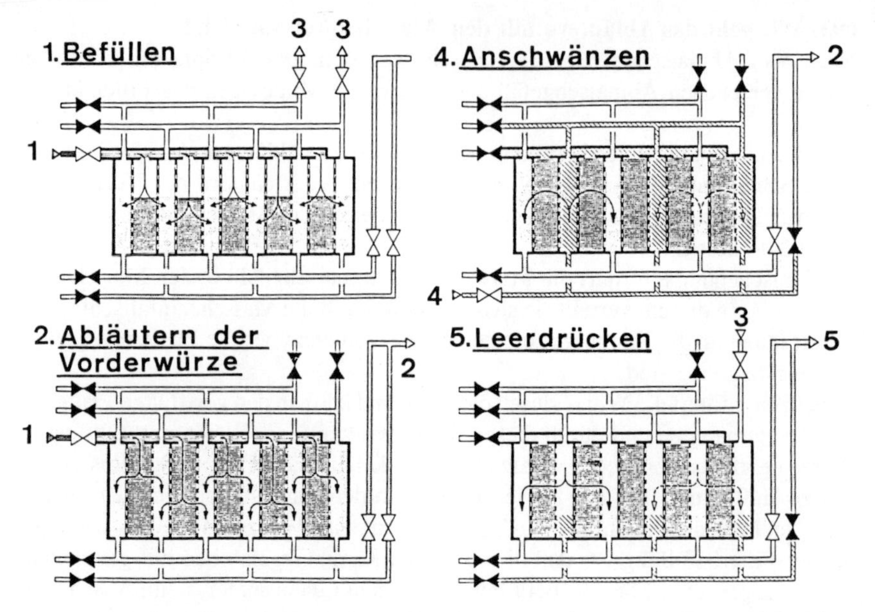

müssen, ist beim Filter die Treberschicht in jeder Kammer nur 6 – 7 cm stark. Diese schmalen Treberkuchen können in viel kürzerer Zeit ausgesüßt werden als der dicke Treberkuchen im Läuterbottich. Deshalb beträgt die Gesamtläuterzeit beim Filter von Beginn des Maischeüberpumpens an bis zum Schluß des Abläuterns nur 2 – 2½ Stunden. Das Ein- und Auslegen der Filtertücher nimmt aber viel Zeit in Anspruch.

Die Blankfiltration erfolgt beim Filter nicht durch die Malzhülsen, sondern durch die Baumwollfiltertücher; deshalb kann das Malz viel feiner geschrotet werden, was sich auf die Ausbeute günstig auswirkt.

695. Was ist ein Strainmaster?

Ein Läutersystem für die konventionelle Abläuterung. Das 3 – 5 m hohe Gerät aus Edelstahl besitzt eine quadratische oder rechteckige Grundfläche. Die untere Hälfte ist konisch und mit einem Schieber verschlossen. Die Filtration erfolgt durch Siebe mit Schlitzweiten von 1,3/1 mm. Die freie Durchgangsfläche beträgt 10 %.

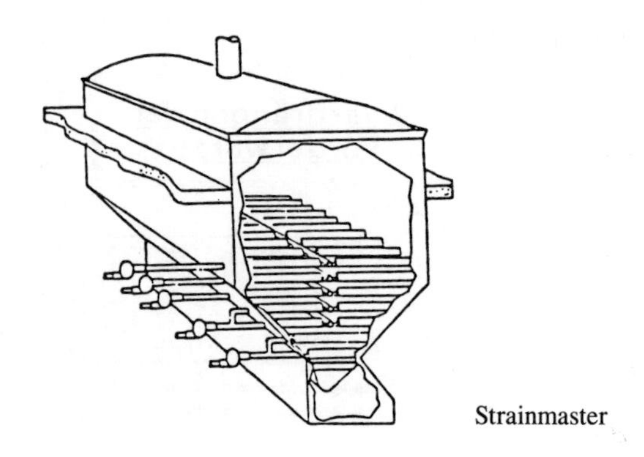

Strainmaster

Die in 5 – 6 Reihen übereinander angeordneten Siebelemente besitzen für jede Ebene ein Sammelrohr mit Läuterhahn. Zur Erhöhung der Abläutergeschwindigkeit ist jedes Quellgebiet an eine Pumpe angeschlossen. Nach Ablauf der Vorderwürze und dem Anschwänzen wird durch Betätigung des Schiebers die Treber entfernt. Das anschließende Spülen (Ausspritzen) muß sorgfältig vorgenommen werden, um eine Verlegung der Siebe zu vermeiden.

Das Kochen und Hopfen der Würze

696. Welchen Zweck hat das Würzekochen?
Die durch den Läuterprozeß gewonnene Pfannenvollwürze wird gekocht und ihr dabei Hopfen zugegeben. Der Zweck dieser Maßnahme ist:
1. Konzentrierung der Würze auf einen gewünschten Extraktgehalt durch Verdampfen des überschüssigen Wassers.
2. Zerstörung der Enzyme.
3. Sterilisation der Würze.
4. Eine möglichst vollkommene Ausscheidung gerinnbarer Eiweißstoffe in Form des Bruches.
5. Lösung der Hopfenwertbestandteile und Überführung in die Würze, vor allem der Bitterstoffe.

Als Nebenwirkungen verdampfen flüchtige Stoffe, bilden sich reduzierende Substanzen, nimmt die Farbe zu, nimmt der pH-Wert geringfügig ab.

697. Warum muß das überschüssige Wasser eingedampft werden?
Durch das Auslaugen der Treber ist eine zu starke Verdünnung der ursprünglichen Vorderwürze eingetreten (Pfannenvollwürze = Vorderwürze + Nachgüsse). Durch das Verdampfen erreicht man die gewünschte Ausschlagkonzentration.

698. In welcher Zeit soll das Verdampfen erfolgen?
Eine hohe Verdampfung in der Pfanne ist erwünscht. Während man früher 8–10% der Pfannenvollwürze pro Stunde als Verdampfungsziffer angab, bezieht man heute 8–10%/h auf die Ausschlagwürze. Die Würzekochzeiten bewegen sich zwischen 70 und 120 min., je nach Kochsystem (offene Kochung – direkte / indirekte Beheizung – Innen- Außenkocher, drucklos, Druckkochung).

699. Weshalb ist die Zerstörung der Enzyme erwünscht?
Weil die Ausschlagwürze eine Extraktlösung von bestimmter, durch das Maischen gewollte Zusammensetzung darstellt, deren weitere Veränderung durch die Wirkung der Enzyme unerwünscht ist.

700. Warum muß die Würze sterilisiert werden?
Weil alle aus dem Wasser, dem Malz und dem Hopfen stammenden Fremd- und Mikroorganismen eine Gefahr für die Würze darstellen.

701. Was versteht man unter Bruch?
Das Ausscheiden der durch das Kochen der Würze zum Gerinnen (Koagulieren) gebrachten Eiweißkörper in flockiger Form, nennt man Bruch. Man unterscheidet zwischen feinem, grießigen und grobflockigem Bruch = Koch- oder Grobtrub. Außer Eiweiß enthält der Grobtrub Kohlenhydrate und Schwermetallverbindungen.

702. Welche Bedeutung hat die Koagulation?
Eine ungenügende Koagulation beeinflußt direkt den Geschmack, die Vollmundig-

keit und Haltbarkeit des Biere. Daneben führt nicht ausreichend ausgeschiedenes Eiweiß zu einem Verschmieren der Hefezellen und somit zu ungenügender Vergärung.

703. Welche Parameter beeinflussen die Koagulation?

1. Längere Kochzeiten.
2. Hohe Kochintensität.
3. Optimaler pH-Wert von 5,2.
4. Kochen unter Druck.
5. Hoher Anteil an Hopfengerbstoffen.
6. Extraktgehalt der Würze; je niedriger der Extraktgehalt, desto besser ist die Koagulation.

704. Warum wird der kochenden Würze Hopfen zugegeben?

Die Hopfenwertbestandteile (siehe Frage Nr. 181) verleihen der Würze einen bitteren Geschmack und ein bestimmtes Aroma. Sie wirken eiweißfällend, konservierend und zufärbend.

705. Wie verhalten sich die Hopfenwertbestandteile beim Würzekochen?

1. Löslich sind die Gerbstoffe, Eiweißstoffe und Mineralstoffe.
2. Unlöslich in Wasser und Würze sind die Bitterstoffe. Sie werden erst allmählich löslich, zum Teil bleiben sie unlöslich. Für die Löslichkeit ist der pH-Wert entscheidend.

706. Welche Veränderungen erfahren die Bitterstoffe während des Würzekochens?

1. Die α-Säuren Humulon, Co- und Adhumulon werden durch Isomerisation zu Iso-α-Säuren = Isohumulonen. Die usprüngliche Struktur des Sechserringes wird fünfringig.

   Die Isomerisation der α-Säuren beim Würzekochen

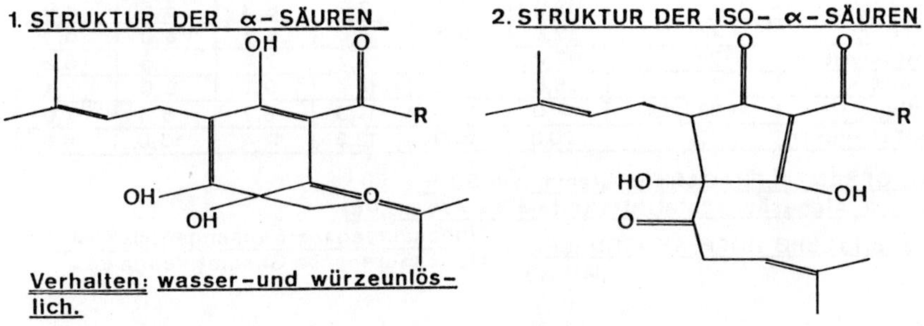

1. STRUKTUR DER α-SÄUREN

OH, O, R, OH, OH, O

Verhalten: wasser-und würzeunlöslich.

2. STRUKTUR DER ISO-α-SÄUREN

O, O, R, HO, OH, O

Die Isomerisation ist unvollständig, d.h. 40–60% werden isomerisierte α-Säuren, 5–15% bleiben unisomerisiert, den Rest bilden fünfringige Oxidationsprodukte, mit schwacher Bitterkraft. Die nicht isomerisierten α-Säuren wrden durch den pH-Abfall, bei Beginn der Gärung, ausgeschieden. Für die Bittere im Bier sind fast ausschließlich die isomerisierten α-Säuren verantwortlich.

2. Die β-Säuren = Lupulon, zeigen geringe Löslichkeit. Sie werden durch die Hopfentreber, den Trub, spätestens bei der Gärung adsorbiert.
3. Die Weich- und Hartharze werden beim Würzekochen ebenfalls zu bierlöslichen Bitterstoffen.

707. Wonach richtet sich die Höhe der Hopfengabe?

Sie richtet sich nach dem Biertyp, dem Geschmack des Verbrauchers, oder dem Bitterwert des Hopfens bzw. der Hopfenprodukte. Früher war es üblich, die Hopfengabe wie folgt anzugeben:

1. Gramm Hopfen / hl Ausschlagwürze
2. Gramm Hopfen / hl Anstellwürze
3. Gramm Hopfen / hl Verkaufsbier
4. Gramm Hopfen / dt Schüttung

Alle Angaben lassen die Bitterkraft der einzelnen Hopfensorten und Hopfenprodukte unberücksichtigt. Vorteilhafter für eine gleichbleibende Bittere ist deshalb die Angabe in Gramm Bitterwert.

Formel nach Wöllmer: $\text{Bitterwert} = \alpha\text{-Säure} + \frac{\beta\text{-Fraktion}}{9}$

Vereinfacht nach Krauß: $\text{Bitterwert} = \alpha\text{-Säure} + 0{,}85$

Formeln zur Hopfung kann man der nachfolgenden Übersicht (nach Fa. Joh. Barth & Sohn) entnehmen.

FORMELN ZUR HOPFUNG IM BIER

DIE SUDHAUS-BITTERSTOFF AUSBEUTE* $= \frac{\text{BITTEREINHEITEN (EBC) im BIER}}{\text{GRAMM ALPHASÄURE / hl} \times 10}$

z.B. $\frac{18 \text{ (WEIZENBIER)}}{9 \text{ g / hl} \times 10} = 20\%$

DER ALPHASÄUREEINSATZ in g/hl bei verschiedenen BIERSORTEN

BIERSORTE	gewünschte EBC-Einheiten	BITTERSTOFFAUSBEUTE*					
		20%	25%	30%	35%	40%	45%
Weizen	18	9,0	7,2	6,0	5,1	4,5	4,0
Vollbier	20	10,0	8,0	6,7	5,7	5,0	4,4
Märzen	22	11,0	8,8	7,3	6,3	5,5	4,9
Export	24	12,0	9,6	8,0	6,7	6,0	5,3
Alt bayrisch	26	13,0	10,4	8,7	7,4	6,5	5,8
Bock	32	16,0	12,8	10,7	9,1	8,0	7,1
Pils	34	17,0	13,6	11,3	9,7	8,5	7,6
Alt rheinisch	40	20,0	16,0	13,3	11,4	10,0	8,8

DIE GESAMTALPHAGABE in Gramm pro SUD:
Gramm Alphasäure total / hl: (kalte AW = $AW_h \times 0{,}96$)

DIE MITTLERE HOPFENKOCHDAUER (MHKD) $= \frac{\text{Alphasäurengabe Teilmengen (g)} \times \text{Kochmin.}}{\text{Alphasäurengabe Gesamtmenge (g)}}$

708. In wieviel Teilgaben wird der Hopfen gegeben?

Die Aufteilung und der Zeitpunkt der Hopfengaben sind brauereispezifisch und durch den Biertyp festgelegt. Folgende Möglichkeiten sind gängig:

1. Zwei Gaben, davon 70–80% bei oder nach Kochbeginn, 30–20% werden 10–30 Minuten vor Ende des Würzekochens gegeben.

2. Drei Teilgaben zu je 1/3 bei Kochbeginn, 50–60 und 10–20 Minuten vor Ende des Würzekochens. Bei den Teilgaben gilt:
   a) Extrakt vor Pulver und Doldenhopfen.
   b) Pulver vor Doldenhopfen.
   c) Bitterstoffhopfen vor Aromahopfen.

709. Welche Rolle spielen die Hopfengerbstoffe (Polyphenole)?
Sie beeinflussen den Geschmack des Bieres. Die Polyphenole bestehen aus einer Reihe von Verbindungen. Niedermolekulare P. besitzen eine stark eiweißfällende Wirkung. Die höheren P. sind weniger aktiv, sie verbleiben in der Würze (Zufärbung, unangenehme Bittere) und beeinflussen die Haltbarkeit des Bieres, da ein Teil erst nach der Filtration unlöslich wird und ausfällt.

710. Welche Bedeutung hat die mittlere Hopfenkochdauer?
Sie ist ein Maßstab für die maximale Ausnutzung der Bitterstoffe durch Isomerisation.

711. Was versteht man unter reduzierenden Substanzen?
Reduzierende Substanzen = Reduktone wie Anthocyanogene (Abbauprodukte der Polyphenole) und Melanoidine (deren Bildung beim Würzekochen fortschreitet) sind Beschwerungsstoffe in der Würze.

712. Welche Bedeutung haben diese Reduktone?
1. Sie binden O_2, bevor er sich mit höhermolekularen Substanzen verbindet.
2. Sie bilden somit einen Schutz gegen Oxidation, die zu unerwünschten Veränderungen im abgefüllten Bier führen würde.

713. Welche Würzepfannen unterscheidet man?
Die heutigen Sudhauseinrichtungen zeigen eine derartige Vielfalt, daß hier nur auf wesentliche Merkmale bzw. Unterschiede eingegangen werden kann.
1. Ein 2-Gerätesudwerk verfügt über eine kombinierte Maisch- und Würzepfanne, als auch über einen kombinierten Maisch- und Läuterbottich.
2. Ein 4-Gerätesudwerk nimmt eine Aufteilung der kombinierten Gefäße vor.
3. Die Würzepfannen werden direkt mit Öl oder Gas (auch die guten alten Feuerpfannen sind noch im Betrieb) oder indirekt mit Dampf oder Heißwasser beheizt.
4. Die runden Würzepfannen wurden zur Erhöhung des Kocheffektes, mit Innenkochern (Kaskaden- oder Röhrenkochern) ausgestattet, oder die Form des Pfannenbodens verändert (kegelförmig hochgezogen).
5. Das Steinecker System zeigt Pfannen mit rechteckigem Grundriß.
6. Die externe Kochung erfolgt über Außenkocher, die als Bündelrohr- oder Plattenheizsysteme gebaut sind. Zur Beschleunigung des Würzeumlaufes dient eine Pumpe zwischen Pfannenauslauf und Außenkocher. Der Pfanneninhalt wird dadurch 8–12 mal pro Stunde umgewälzt. Die Außenkocher sind gegen Wärmeverluste isoliert.
7. Das Würzekochen kann mit atmosphärischem Druck oder mit Gegendruck von 0,1–1,0 bar erfolgen (Niederdruckkochung).

8. Außenkocher in Form von Reaktionsstrecken (Hochtemperatur–Durchlaufkochung).
9. Durch die Einbeziehung der Schroterei und der Würzekühlung in die Sudhausarbeit, sowie die Steigerung der Sudzahl pro Tag, was zwangsläufig das Nebeneinander einzelner Vorgänge mit sich bringt, mußte man durch Einbau entsprechender Geräte und Anlagen die Abläufe immer mehr automatisieren und zentralisieren. Von Lichtsignalen, Verriegelungen und Fernsteuerung über die Automatisierung von Teilvorgängen, einer Überkochsicherung durch Niveautester, bis zur Vollautomatik (festverdrahtete Steuerung, freiprogrammierbare Steuerung oder Prozeßrechner) stellt sich die heutige Sudhaustechnik dar.
Weitere Informationen zur modernen Sudhaustechnik finden sich in den nachfolgenden Übersichten. Diese stellen aber auch nur eine Auswahl dar und erheben keinen Anspruch auf Vollständigkeit.

714. Wie groß ist der Energiebedarf beim Würzekochen?
Um während des Würzekochens 10 % der Ausschlagwürze zu verdampfen, werden 22570 kJ/hl (5400 kcal/hl) benötigt. Berücksichtigt man die Wirkungsgrade des Dampfkessels und der Pfannenheizfläche ergibt sich ein Bruttobedarf von 27880 kJ/hl (rund 6670 kcal/hl). Das Aufheizen der Würze zum Kochen erfordert zusätzlich 13940 kJ/hl (rund 3335 kcal/hl).

715. Welche Aufgabe hat ein Pfannendunstkondensator?
Der Pfannendunstkondensator hat die Aufgabe, den Wärmeinhalt der Dampfschwaden, die beim Kochprozeß in der Pfanne entstehen, zum Erwärmen von Wasser wirtschaftlich auszunutzen. Die Schwaden werden durch das Dunstrohr in den Pfannendunstkondensator geleitet. Dort streichen sie an einem Rohrsystem vorüber, erwärmen das darin zirkulierende Wasser und treten durch den oberen Teil des Dunstrohres ins Freie.
Mit Hilfe von Pfannendunstkondensatoren oder Brüdenverdichtern können – 80% des Wärmeaufwandes zurückgewonnen werden.

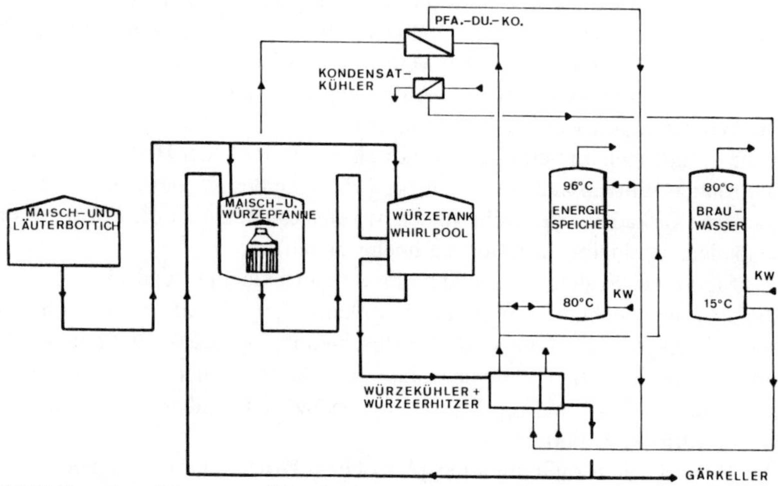

NDK-Energiespeichersystem Huppmann

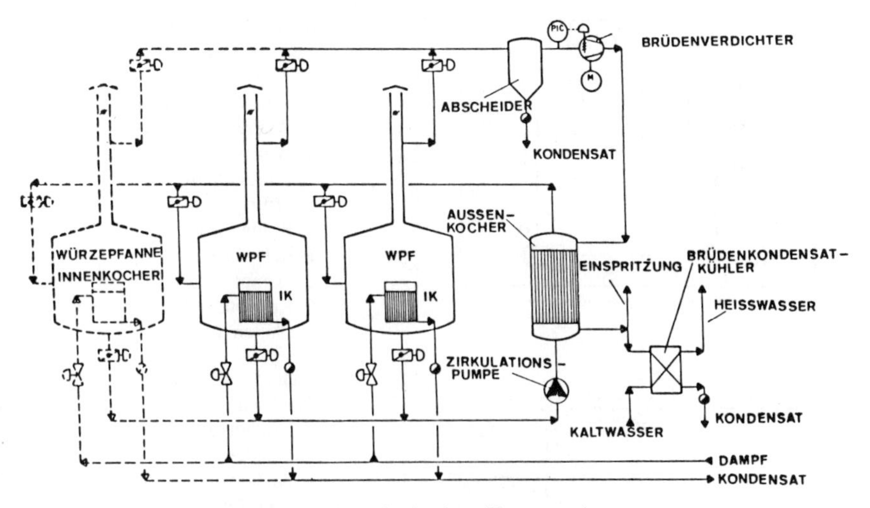

Brüdenverdichtungsanlage mit Außenkocher (Huppmann)

Moderne Sudhaustechnik

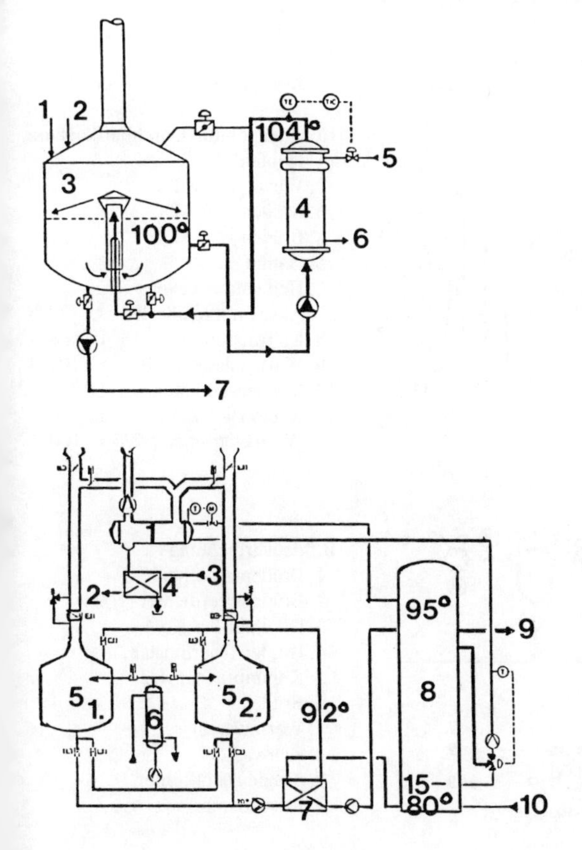

Externe Kochung

1. Läuterwürze
2. Hopfengabe
3. Würzepfanne
4. Außenkocher
5. Dampf
6. Kondensat
7. Whirlpool

Druck- Kombipfannen
mit PFADUKA-Energiespeicher
und Würzevorwärmung

1. PFADUKO
2. Warmwasser
3. Kaltwasser
4. Kodensatkühler
5. Kombipfannen 1/2
6. Thermostar
7. Wärmetauscher
8. Wasserspeicher
9. Betriebswasser
10. Kaltwasser

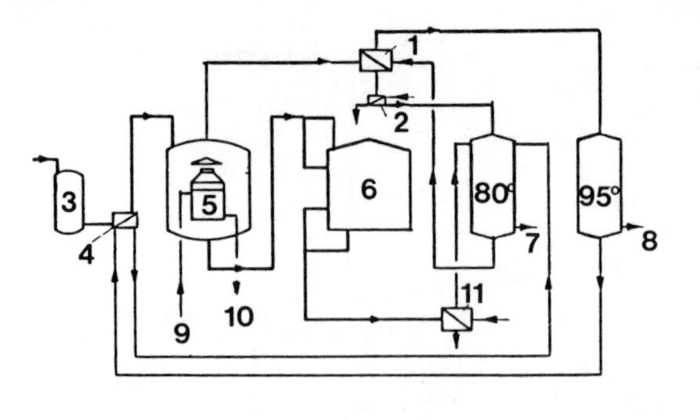

Niederdruckkochung
Energiespeichersystem
1. PFADUKO
2. Kondensatorkühler
3. Würzetank
4. Wärmetauscher
5. Würzepfanne
6. Whirlpool
7. Brauwasser
8. Betriebswasser
9. Dampf
10. Kondensat
11. Plattenkühler

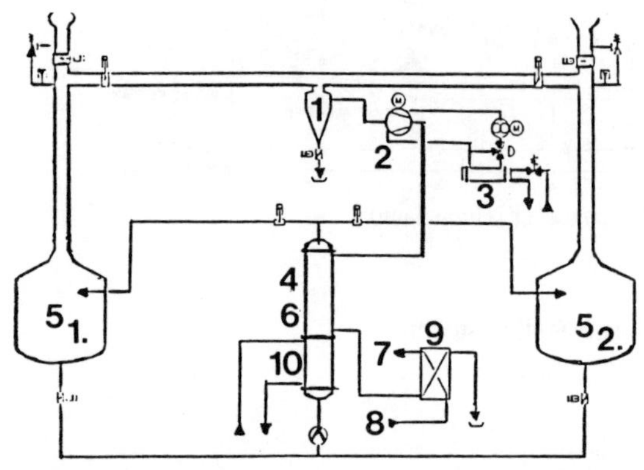

Brüdenverdichtung
1. Abscheider
2. Brüdenverdichter
3. Kondensat
4. Außenkocher
5. Entlüftung
6. Würzepfanne
7. Frischdampf
8. Dampfkondensat
9. Zirkulationspumpe
10. Kaltwasser
11. Brüdenkondensatkühler
12. Heißwasser
13. Kondensat

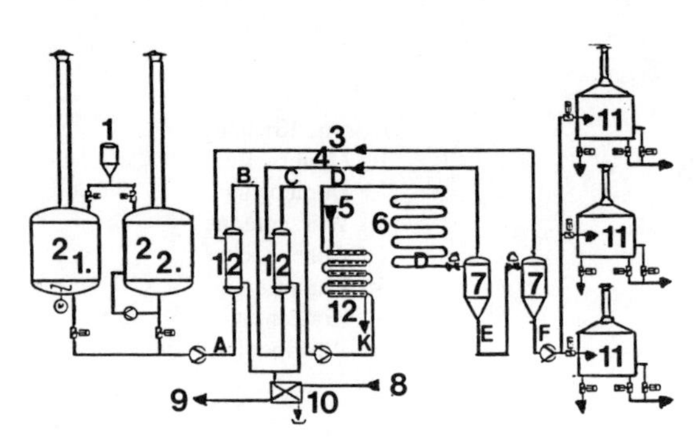

Hochtemperatur-Durchlaufkochung
1. Hopfen
2. Würzegefäße 1/2
3. Brüden von ADG 2
4. Brüden von ADG 1
5. Dampf
6. Heißhaltestrecke
7. Ausdampfgefäße 1/2 A 70 °C
8. Kaltwasser B 88 °C
9. Warmwasser C 100 °C
10. Kondensatkühler D 140 °C
11. Rotapool 1/2/3 E 120 °C
12. Wärmetauscher 1/2/3 F 100 °C

Huppmann-Systeme

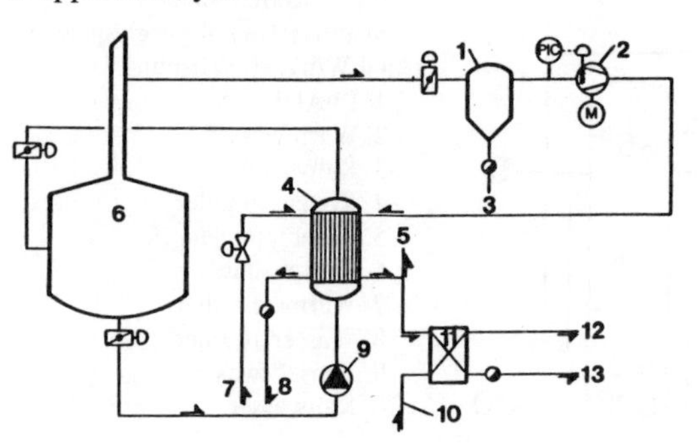

Brüdenverdichtung
1. Brüden-Abscheider
2. Brüden-Verdichter
3. Ölkühler
4. Brüden-Thermostar
5. Kombipfannen 1/2
6. Brüden
7. Warmwasser
8. Kaltwasser
9. Kondensatorkühler
10. Frischdampf

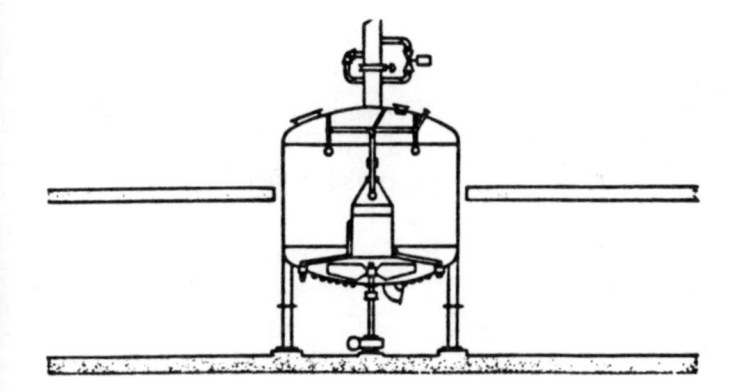

ND-Maische- und Würzepfanne
mit Innenkocher

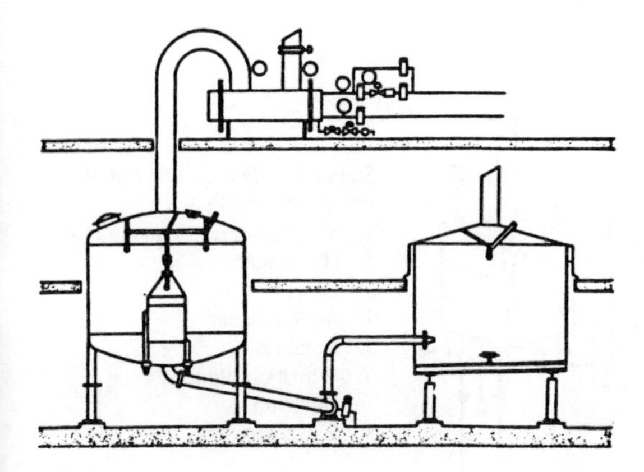

ND-Würzepfanne mit Innenkocher
und Whirlpool

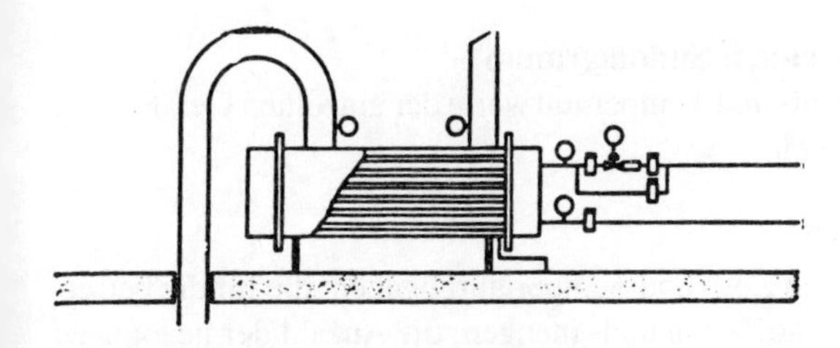

Pfannendunstkondensator

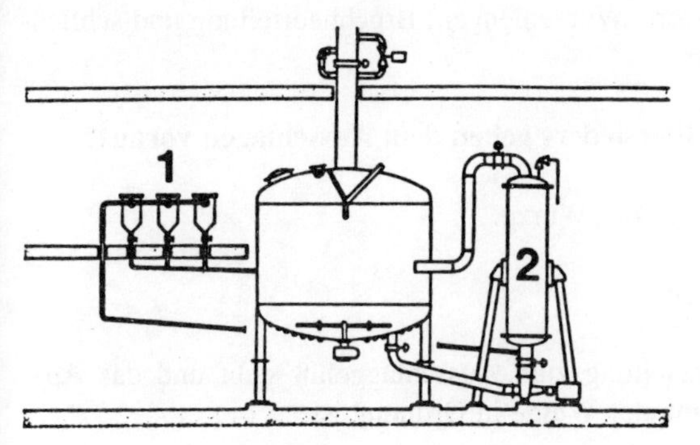

ND-Maische-Würze-Whirlpool-Pfanne
1. Hopfenautomatik
2. Außenkocher

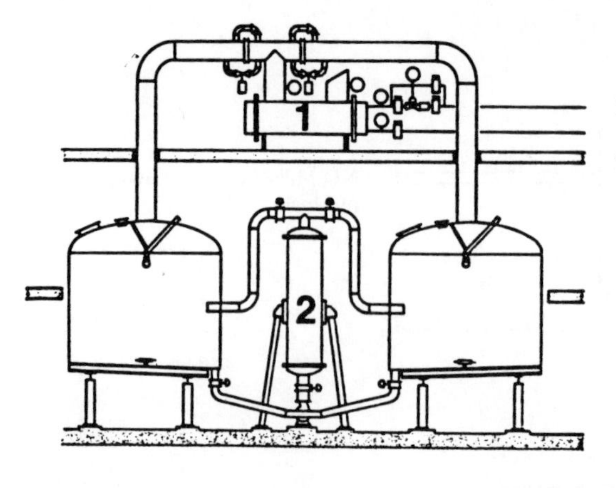

ND-Würzepfannen-Whirlpool-System
1. PFADUKO
2. Außenkocher

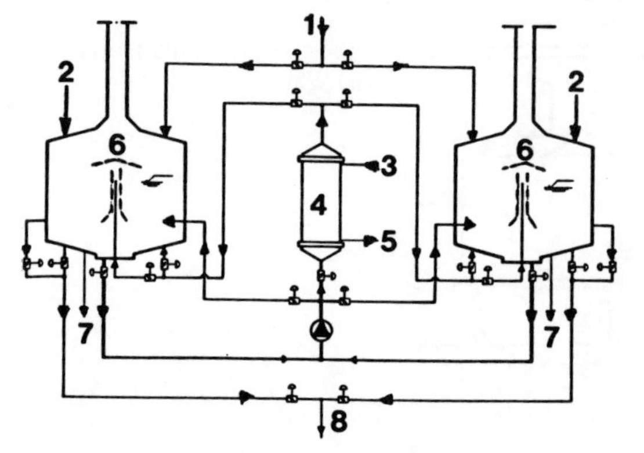

Steinecker-System Whirlpool-Pfanne mit Außenkocher
1. Vorderwürze – Nachgüsse
2. Hopfengabe
3. Dampf
4. Außenkocher
5. Kondensat
6. Whirlpoolpfannen
7. Heißtrub
8. Würzekühlung

716. Was versteht man unter einem Suddiagramm?

Ein Suddiagramm enthält alle Zeit- und Temperaturwerte der einzelnen Gefäße vom Einmaischen bis zum Ausschlagen.

717. Was ist ein Sudprotokoll?

Ein Sudprotokoll enthält außer den Zeit- und Temperaturangaben, die für die betreffende Sud-Nr. verwendeten Rohstoffarten und -mengen, die Anzahl der gezogenen Teilmaischen, Verzuckerungspausen, Jodproben, Abläuterdauer, Spindelwerte, Nachgußmengen, Glattwasserwert, Würzemengen, Bruchbeurteilung und schließlich den Namen des Biersieders.

718. Welche Tätigkeiten des Biersieders gehen dem Ausschlagen voraus?

1. Stoppen der Energiezufuhr.
2. Ermittlung des Extraktgehaltes der Würze.
3. Jodprobe.
4. Feststellung der Würzemenge.
5. Beurteilung des Bruches.
6. Überprüfung, ob die Würzeleitung zum Ausschlaggefäß steht und das Ausschlaggefäß für die Aufnahme der Würze in Ordnung ist.

719. Wie ermittelt man den Extraktgehalt der Würze?
Den Extraktgehalt einer Würze bestimmen wir mit dem Saccharometer. Die heiße Würze wird mit dem Schauglas dem Kesseln entnommen, in ein metallenes Senkgefäß über einen Seiher gefüllt, mit der zugehörigen Klappe verschlossen und abgekühlt. Das Kühlwasser darf aber nicht bis zur Klappe reichen, sonst saugt die abkühlende Würze Wasser an, und die Gradierung fällt dann falsch aus. Um die Abkühlung zu beschleunigen, nimmt man das Senkgefäß öfters aus dem Kühlwasser und stürzt es zum Ausgleich der Temperatur. Indessen wischt man das Saccharometer mit einem reinen Tuche sorgfältig ab. Das Senkgefäß entnimmt man dem Kühlwasser, stürzt es wiederholt, stellt es genau senkrecht auf, und, indem man das Saccharometer oben am äußersten Ende der Spindel anfaßt, senkt man es ganz langsam in die Flüssigkeit, und zwar so, daß die Spindel erst dann ausgelassen wird, wenn ungefähr der Punkt erreicht ist, bis zu dem das Instrument eintaucht. Auf keinen Fall darf die Spindel, so weit sie aus der Würze reicht, benetzt werden, weil sonst das Instrument zu wenig anzeigen würde. Sobald das auf- und abschwankende Instrument in Ruhe kommt, liest man die Anzeige am höchsten Punkt der Benetzungsstelle der Spindel ab; darauf liest man das im Schwimmkörper des Saccharometers eingeschmolzene Thermometer ab. Das Instrument ist bei 20 °C eingestellt; war die Temperatur höher, so wird die Korrektur am Thermometer der Spindelanzeige zugezählt, im anderen Falle abgezogen.
Das Saccharometer taucht man hernach in reines Wasser oder spült es gut ab und wischt es mit einem Tuch trocken, worauf man es vorsichtig in die Hülse steckt, diese verschließt und das versorgte Instrument verwahrt.

720. Wie geschieht das Messen (das Abstechen) der heißen Würzemenge?
Das Messen der heißen Würzemenge geschieht mit einem geeichten Meßstab. Wird dieser Stab in die Flüssigkeit bei ruhiger Oberfläche eingesenkt, so kann man an der Benetzungsstelle die Hektoliteranzahl ablesen. Die Einteilung des Stabes wird während der Eichung der Pfanne vorgenommen. Hierbei wird in die Pfanne hektoliterweise kaltes Wasser eingegossen oder aus der ganz angefüllten Pfanne das Wasser hektoliterweise herausgewogen und dabei jedes Mal die Benetzungsstelle am Maßstabe gekennzeichnet.

721. Was versteht man unter dem Ausschlagen des Sudes?
Wenn der Hopfensud beendet ist, wird die Pfannenheizung abgeschaltet. Sodann stellt man den Extraktgehalt und die Menge der Würze in der oben beschriebenen Weise fest. Sind die Ergebnisse der beiden Erhebungen zufriedenstellend, so wird ausgeschlagen, d. h. das Pfannenventil geöffnet, die Würzepumpe eingeschaltet und die Würze je nach den vorhandenen Geräten z. B. auf das Kühlschiff, in den Whirlpool oder in den Ausschlag-Setzbottich gepumpt. Wird Doldenhopfen verwendet, ist zwischen Pfanne und Würzepumpe ein Hopfenseiher installiert.

Die Sudhausausbeute

722. Was versteht man unter Sudhausausbeute?
Unter Sudhausausbeute versteht man die Menge der beim Sudprozeß löslich gemachten Malzbestandteile. Unter Ausbeuteberechnung versteht man die Berechnung jener Menge Malzextrakt, welche aus einer bekannten Gewichtsmenge Malzes gewonnen wurde. Wenn wir eine Würze eindampfen, so bleibt schließlich ein dicker Sirup zurück, der Malzextrakt. Ein Malz ist um so ausgiebiger, je mehr Malzextrakt aus ihm gewonnen werden kann.

723. Wie drückt man die Extraktergiebigkeit des Malzes zahlenmäßig aus?
Wenn z.B. aus 100 Gewichtsteilen Malz 76 Gewichtsteile Extrakt (lufttrocken) gewonnen wurden, dann beträgt die Sudhausausbeute 76 %, während die übrigen 24 Gewichtsteile Treber sind.

724. Welche Angaben braucht man zur Berechnung der Sudhausausbeute?
1. Das Gewicht der Schüttung in kg oder dt.
2. Die Menge der daraus gewonnenen Ausschlagwürze in Liter oder hl.
3. Den Extraktgehalt der Ausschlagwürze.
4. Den Kontraktionsfaktor der Würzepfanne

Der allgemein verwendete Faktor (0,96) ist bei den modernen Pfannensystemen (Werkstoff Edelstahl – statt Eisen oder Kupfer) mit Außen-Innenkocher bei jeder Würzepfanne zu bestimmen und betriebsintern in die Ausbeuteberechnung einzusetzen.

725. Was versteht man unter einem Saccharometer?
Das Saccharometer ist ein Gewichtsprozent-Aräometer, das angibt, wie viele Gewichtsteile Extrakt in 100 Gewichtsteilen Würze oder Bier enthalten sind.
Es ist von der Normaleichungskommission auf die Platotabelle bezogen und auf die Normaltemperatur 20 °C eingestellt. Wird bei einer anderen als der auf dem Saccharometer vermerkten Normaltemperatur gespindelt, so ergeben sich unrichtige Werte, die an Hand der Korrekturtabelle berichtigt werden müssen. Es ist daher im Schwimmkörper des Instrumentes ein Thermometer eingebaut, das die Temperatur der zu spindelnden Flüssigkeit anzeigt. Ist diese niedriger als die Normaltemperatur, so muß der aus der Korrekturtabelle sich ergebende Betrag von der Saccharometeranzeige abgezogen werden, ist sie höher, so wird die Korrektur zur Saccharometeranzeige zugezählt.
Das Saccharometer wird am oberen Meniskus, d.h. an der höchsten Benetzungsstelle, abgelesen. Es beruht auf der physikalischen Erscheinung, daß ein Körper um so tiefer in eine Flüssigkeit eintaucht, je niedriger deren spezifisches Gewicht ist, wobei das Gewicht des Saccharometers gleich dem Gewicht der verdrängten Flüssigkeitsmenge ist. In Wasser taucht das Saccharometer am tiefsten ein, und zwar bis zur Nullmarke der Skale, die sich am oberen Ende der Spindel befindet. In Würze und in Bier ragt die Spindel des Saccharometers um so weiter heraus, je höher der Extraktgehalt und damit das spezifische Gewicht ansteigt.

726. Welches Saccharometer war vor dem amtlichen Normal-Saccharometer allgemein im Gebrauch?

Früher war das Ballingsche Saccharometer allgemein üblich; jetzt ist es fast überall außer Verkehr gesetzt.

727. Aus welchen Teilen besteht ein Saccharometer?

Das Saccharometer besteht aus dem Schwimmkörper mit eingeschmolzenem Thermometer; die Quecksilberkugel dient auch nebenbei dazu, daß das Instrument in der Flüssigkeit aufrecht schwimmt. Nach aufwärts verdünnt sich das Instrument in die Spindel, welche auf einem eingeschobenen Papierstreifen die Skala mit der Prozenteinteilung trägt. Damit diese Spindel nicht zu lang wird, werden die Instrumente mit verschiedenem Meßbereich hergestellt.

728. Welche Verwendung findet das Saccharometer im Brauereibetrieb?

Im *Sudhaus* findet das Saccharometer Verwendung zum Spindeln der Vorderwürze, der Nachgüsse, des Glattwassers, der Ausschlagwürze, im *Gärkeller* zum Beobachten der fortschreitenden Vergärung, im *Lagerkeller* zur Kontrolle der Nachgärung. Damit man nicht das wertvolle und leicht zerbrechliche amtliche Saccharometer benützen muß, hat man kräftigere und dem speziellen Zweck angepaßte, wie z. B. zum Spindeln der Gärungen ohne Thermometer, im täglichen Gebrauch. Sie sind aber immer nach dem amtlichen Instrument eingestellt. Das Ablesen des entsprechenden Prozentwertes an der Spindel erfolgt am Flüssigkeitswulst, d. h. am oberen Meniskus.

729. Was sagt uns die Saccharometeranzeige?

Die Saccharometeranzeige gibt an, wieviel Gewichtsprozente – wieviel Gramm oder Kilo Extrakt – in 100 Gewichtsteilen Würze enthalten sind. Wenn das Saccharometer z. B. 12,45 % angibt, so heißt das, daß in 100 kg dieser Würze 12,45 kg Malzextrakt und 87,55 kg Wasser enthalten sind. Die Würze wird aber nicht nach Gewicht, sondern nach *Hektolitern* bestimmt; wir müssen daher ermitteln, welche Extraktmenge im hl enthalten ist, also die *Volumenprozente*.

730. Wie findet man die Volumenprozente?

Indem man die Saccharometeranzeige mit dem zugehörigen spezifischen Gewicht multipliziert. Die Volumenprozente sind in der dritten Spalte der Platotabelle zu finden.

731. Was versteht man unter spezifischem Gewicht?

Das Gewicht von 1 cm^3 (Kubikzentimeter) in Gramm. Das spezifische Gewicht fester oder flüssiger Körper bezieht man auf das Gewicht von 1 cm^3 Wasser bei 4 °C = 1 g. (Aluminium hat ein spezifisches Gewicht von 2,6, d. h., 1 cm^3 Aluminium wiegt 2,6 g.) Alkohol hat ein spezifisches Gewicht von 0,793, d. h. 1 l absoluter Alkohol wiegt 793 g. Ein Liter Würze, deren spezifisches Gewicht 1,04 ist, wiegt 1040 g.

Zucker-(Extrakt-)Tabelle nach Plato

Sacch. Anzeige = Gewichts-proz.	Spezifisches Gewicht $\frac{17{,}5^{\circ}}{17{,}5^{\circ}}$	Volumenprozente = kg Extrakt in 1 hl Würze	Ausbeutefaktor
1	2	3	4
0,00	1,0000	0,00	0,00
0,1	1,0004	0,10	0,10
0,2	08	0,20	0,19
0,3	12	0,30	0,29
0,4	15	0,40	0,38
0,5	19	0,50	0,48
0,6	23	0,60	0,58
0,7	27	0,70	0,67
0,8	31	0,80	0,77
0,9	35	0,90	0,86
1,0	1,0039	1,00	0,96
1,1	43	1,10	1,06
1,2	47	1,21	1,16
1,3	50	1,31	1,25
1,4	54	1,41	1,35
1,5	58	1,51	1,45
1,6	62	1,61	1,54
1,7	66	1,71	1,64
1,8	70	1,81	1,74
1,9	74	1,91	1,84
2,0	1,0078	2,01	1,93
2,1	82	2,12	2,03
2,2	86	2,22	2,13
2,3	90	2,32	2,23
2,4	94	2,42	2,32
2,5	98	2,52	2,42
2,6	1,0101	2,63	2,52
2,7	05	2,73	2,62
2,8	09	2,83	2,72
2,9	13	2,93	2,81
3,0	1,0117	3,03	2,91
3,1	21	3,14	3,01
3,2	25	3,24	3,11
3,3	29	3,34	3,21
3,4	33	3,45	3,31
3,5	37	3,55	3,41
3,6	41	3,65	3,50
3,7	45	3,75	3,60
3,8	49	3,86	3,71
3,9	53	3,96	3,80
4,0	57	4,06	3,90
4,1	61	4,17	4,00
4,2	65	4,27	4,10
4,3	69	4,37	4,20
4,4	73	4,48	4,30
4,5	77	4,58	4,40
4,6	81	4,68	4,49
4,7	85	4,79	4,60
4,8	89	4,89	4,69
4,9	93	4,99	4,79
5,0	97	5,10	4,90
5,1	1,0201	5,20	4,99
5,2	05	5,31	5,10
5,3	09	5,41	5,19
5,4	13	5,51	5,29
5,5	17	5,62	5,40
5,6	21	5,72	5,49
5,7	25	5,83	5,60
5,8	29	5,93	5,69
5,9	33	6,04	5,80
6,0	1,0237	6,14	5,90
6,1	41	6,25	6,00
6,2	45	6,35	6,10
6,3	49	6,46	6,20
6,4	53	6,56	6,30
6,5	57	6,67	6,40
6,6	61	6,77	6,50
6,7	65	6,88	6,60
6,8	69	6,98	6,70
6,9	73	7,09	6,81
7,0	78	7,19	6,91
7,1	82	7,30	7,01
7,2	86	7,41	7,11
7,3	1,0290	7,51	7,21
7,4	94	7,62	7,31
7,5	98	7,72	7,41
7,6	1,0302	7,83	7,52
7,7	06	7,94	7,62
7,8	10	8,04	7,72
7,9	14	8,15	7,82
8,0	18	8,25	7,92
8,1	22	8,36	8,03
8,2	26	8,46	8,13
8,3	30	8,57	8,23
8,4	35	8,68	8,33
8,5	39	8,79	8,44
8,6	43	8,89	8,54
8,7	47	9,00	8,64
8,8	51	9,11	8,74
8,9	55	9,22	8,85
9,0	59	9,32	8,95
9,1	63	9,43	9,05
9,2	67	9,54	9,16
9,3	72	9,65	9,26
9,4	76	9,75	9,36
9,5	81	9,86	9,47
9,6	84	9,97	9,57
9,7	88	10,08	9,67
9,8	92	10,18	9,78
9,9	96	10,29	9,88

Zucker-(Extrakt-)Tabelle nach Plato

Sacch. Anzeige = Gewichts-proz.	Spezifisches Gewicht $\frac{17,5^{0}}{17,5^{0}}$	Volumenprozente = kg Extrakt in 1 hl Würze	Ausbeutefaktor
1	2	3	4
10,0	1,0400	10,40	9,98
10,1	05	10,51	10,09
10,2	09	10,63	10,20
10,3	13	10,73	10,30
10,4	17	10,83	10,40
10,5	21	10,94	10,50
10,6	25	11,05	10,61
10,7	30	11,16	10,71
10,8	34	11,27	10,82
10,9	38	11,38	10,92
11,0	42	11,49	11,03
11,1	46	11,59	11,13
11,2	51	11,71	11,24
11,3	55	11,81	11,34
11,4	59	11,92	11,44
11,5	64	12,03	11,55
11,6	67	12,14	11,65
11,7	72	12,25	11,76
11,8	76	12,36	11,87
11,9	80	12,47	11,97
12,0	84	12,58	12,08
12,1	88	12,69	12,18
12,2	93	12,80	12,29
12,3	97	12,91	12,39
12,4	1,0501	13,02	12,50
12,5	05	13,13	12,60
12,6	09	13,24	12,71
12,7	14	13,35	12,82
12,8	18	13,46	12,92
12,9	22	13,57	13,03
13,0	26	13,68	13,13
13,1	31	13,80	13,25
13,2	35	13,91	13,35
13,3	39	14,02	13,46
13,4	43	14,13	13,56
13,5	48	14,24	13,67
13,6	52	14,35	13,78
13,7	56	14,46	13,88
13,8	60	14,57	13,99
13,9	65	14,69	14,10
14,0	69	14,80	14,21
14,1	73	14,91	14,31
14,2	77	15,02	14,42
14,3	82	15,13	14,52
14,4	86	15,24	14,63
14,5	90	15,35	14,74
14,6	95	15,47	14,85
14,7	99	15,58	14,96
14,8	1,0603	15,69	15,06
14,9	07	15,80	15,17
15,0	12	15,92	15,28
15,1	16	16,03	15,39
15,2	20	16,14	15,49
15,3	25	16,26	15,61
15,4	29	16,37	15,72
15,5	33	16,48	15,82
15,6	38	16,60	15,94
15,7	42	16,71	16,04
15,8	46	16,82	16,15
15,9	51	16,94	16,26
16,0	55	17,05	16,37
16,1	59	17,16	16,47
16,2	64	17,28	16,59
16,3	68	17,39	16,69
16,4	72	17,50	16,80
16,5	77	17,62	16,92
16,6	81	17,73	17,02
16,7	85	17,84	17,13
16,8	90	17,96	17,24
16,9	94	18,07	17,35
17,0	98	18,19	17,46
17,1	1,0703	18,30	17,57
17,2	07	18,42	17,68
17,3	11	18,53	17,79
17,4	16	18,65	17,90
17,5	20	18,76	18,01
17,6	25	18,88	18,12
17,7	29	18,99	18,23
17,8	33	19,10	18,34
17,9	38	19,22	18,45
18,0	42	19,33	18,56
18,1	46	19,45	18,67
18,2	51	19,57	18,79
18,3	55	19,68	18,89
18,4	60	19,80	19,01
18,5	64	19,91	19,11
18,6	69	20,03	19,23
18,7	73	20,15	19,34
18,8	77	20,26	19,45
18,9	82	20,38	19,57
19,0	86	20,49	19,67
19,1	91	20,61	19,79
19,2	95	20,73	19,90
19,3	99	20,84	20,01
19,4	1,0804	20,96	20,12
19,5	08	21,07	20,23
19,6	13	21,19	20,34
19,7	17	21,31	20,46
19,8	22	21,43	20,57
19,9	26	21,54	20,68
20,0	31	21,66	20,79

732. Warum ist die Menge der heißen Ausschlagwürze zu berichtigen?
1. Weil die Menge der Ausschlagwürze bei fast 100 °C festgestellt wird, bei der Abkühlung auf Normaltemperatur aber einen geringeren Raum einnehmen würde (Kontraktion der Würze), 2. die Ausdehnung der heißen Pfanne, die beim seinerzeitigen Eichen kalt war, zu berücksichtigen ist, 3. der in der Ausschlagwürze befindliche Hopfen für jedes kg dem Raum von 0,8 l Würze einnimmt, wodurch die Ausschlagmenge vergrößert wird (Würzeverdrängung).

733. Wie geschieht die Berichtigung der Ausschlagmenge?
Durch einen Abzug von 4% von der festgestellten Menge der heißen Ausschlagwürze, oder indem man diese mit 0,96 bzw. mit dem betriebsintern festgestellten Faktor multipliziert.

734. Wie berechnet man die Sudhausausbeute?
Nach der Formel:

$$\text{Sudhausausbeute} = \frac{\text{Liter Ausschlagwürze} \cdot \text{Volumenprozente} \cdot 0{,}96 \text{ (bzw. neuer Faktor)}}{\text{Malzschüttung in kg}}$$

735. Was versteht man unter Ausbeutefaktor?
Eine zur Erleichterung der Ausbeuteberechnung in den amtlichen Sudhausausbeutetabellen für jede einzelne Saccharometeranzeige gesondert angegebene Zahl. Die Ausbeutefaktoren sind aus den Volumenprozenten durch Multiplikation mit 0,96 berechnet.

736. Welche Bedeutung hat die Sudhausausbeute?
Die Sudhausausbeute ist von großer wirtschaftlicher Bedeutung. Der Brauer ist bestrebt, eine möglichst hohe Ausbeute zu erzielen und Extraktverluste, die entstehen können (Maisch- und Läuterarbeit) zu vermeiden, oder möglichst gering zu halten. Als Vergleichsmaßstab dient die lftr. Laboratoriumsausbeute des Malzes. Entsprechende Treberanalysen geben Aufschluß über optimale Maisch- und Läuterarbeit.
Zufriedenstellende Ausbeuten lassen sich erzielen, wenn das Malz – die Schrotanlagen – das Maischverfahren – und die technische Einrichtung »harmonisch« übereinstimmen.

Die Behandlung der Würze nach dem Ausschlagen

737. Welche Gefäße dienen zur Aufnahme der Ausschlagwürze?

1. Das Kühlschiff
2. Der Kühl- oder Setzbottich
3. Der Whirlpool
4. Das Ausschlaggefäß als Zwischengefäß

738. Welche Maßnahmen in der Würzebehandlung sind nach dem Ausschlagen erforderlich?

1. Vollständige Ausscheidung des Kochtrubes und gezielte Entfernung des Kühltrubes.
2. Abkühlung der Würze auf Anstelltemperatur.
3. Ausreichende Aufnahme von Sauerstoff durch die Würze.

739. Was versteht man uner Koch- oder Grobtrub?

Man versteht darunter die grobflockigen Ausscheidungen in der kochenden Würze, sie bestehen aus koaguliertem Eiweiß und oxidiertem Gerbstoff (= Phlobaphene). Der Bruch ist im Schauglas beim Ausschlagen sichtbar. Die Menge des Kochtrubes beträgt in der Tr. S. 40–80 g/hl / 12 %ige Würze. Er setzt sich in der Trockensubstanz aus:

50–60 % Eiweiß
20 % Gerbstoffe
15–20 % Bitterstoffe und
5 % Asche zusammen.

740. Was versteht man unter Kühl- oder Feintrub?

Er erscheint bei der Abkühlung der vorher klaren heißen Würze unterhalb von 60 °C. Seine Menge beträgt 10–15 g Tr. S./hl Würze. Er setzt sich in der Tr. S. aus 60–70 % Eiweißabbauprodukten und 20 % Gerbstoffen zusammen.

741. Warum muß der Trub aus der Würze entfernt werden?

1. Der Gärverlauf würde gehemmt.
2. Die Hefezellen würden verschmieren, anormale Gärbilder würden sich einstellen, die Möglichkeit zur Degeneration der Hefe wäre gegeben.
3. Die Haltbarkeit der Biere wäre gering. Während der Kochtrub volständig entfernt wird, gehen die Meinungen über den Effekt der Kühltrubausscheidung unter Fachleuten auseinander. Die Befürworter der Kühltrubausscheidung geben an, sie führe zu einem schnelleren Gärverlauf und dem Erhalt reinerer Hefen. Die Gegner sind der Meinung, sie führe zu Gärschwierigkeiten infolge zu schnellen Absetzens der Hefe und leer schmeckenden Bieren. Die goldene Mitte ist wohl auch hier der richtige Weg.

742. Welche Methoden der Trubentfernung gibt es?

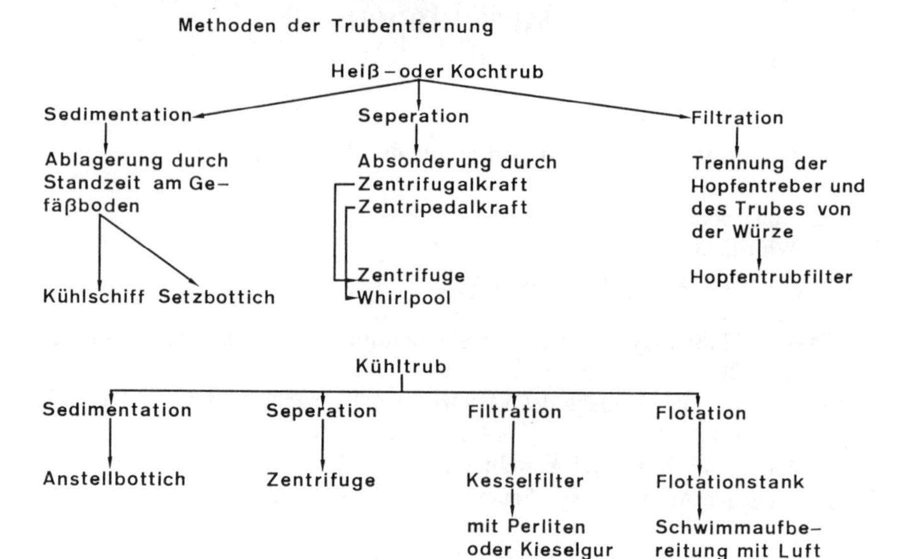

743. Warum muß die Würze abgekühlt werden?
Die Würze wird gekühlt, weil wir der Hefe jene Lebensbedingungen bieten müssen, die sie zu ihrer Tätigkeit als Gärungserreger braucht. Dazu gehört eine Würzetemperatur von 4–5 °C beim Anstellen. Bei dieser Anstelltemperatur setzt die Gärung langsam ein und der weitere Gärungsverlauf mit seinen chemischen Umwandlungen verläuft so wie wir es wünschen. In der heißen Würze vermag kein Organismus zu leben – auch die Hefe nicht. Die eben gekochte Würze ist daher im Augenblick des Ausschlagens keimfrei, und der Brauer muß bemüht sein, diesen Zustand möglichst zu erhalten.

744. Welche Kälteträger werden bei der Würzekühlung eingesetzt?
1. Luft zur Vorkühlung.
2. Brunnenwasser oder Leitungswasser (8–12°C). Die Würze kühlt auf 20°C ab. Das Wasser erwärmt sich auf 80–85°C und dient als Brauch- u. Brauwasser.
3. Süßwasser (künstlich gekühltes Brunnenwasser, mit Akohol oder Frostschutzmittel versetzt) mit 0–3 °C zur Nachkühlung der Würze auf Anstelltemperatur. Das Süßwasser wird im Kreislauf wieder abgekühlt.
4. Sole (–5 bis –8 °C), die zur Herabsetzung des Gefrierpunktes mit Mineralien versetzt ist. Man unterscheidet choridfreie Karbonatsolen oder Chloridsolen aus $MgCl_2$ + $CaCl_2$ und Puffersubstanzen.

745. Welche Methoden der Würzekühlung unterscheidet man?
1. Die offene Kühlung mit dem Berieselungskühler.
2. Die geschlossene Kühlung mit dem Plattenkühler.

Beiden gemeinsam ist die Abkühlung der Würze in 2 Stufen. Sie arbeiten im Gegenstromprinzip (Liebig'sche Kühlung).
In den vergangenen Jahren kommen vermehrt einstufige Plattenapparate zur Anwendung. Damit ist eine Verbesserung der Energiebilanz verbunden, denn das gesamte Kühlwasser kann mit Nachtstrom gekühlt werden.

746. Warum muß der Würze Sauerstoff zugeführt werden?
Zu den optimalen Lebensbedingungen der Hefe gehört neben der richtigen Würzetemperatur eine möglichst hohe Anreicherung mit Sauerstoff. Nur wenn die Würze mit Sauerstoff gesättigt ist, erhalten wir eine befriedigende Hefevermehrung und den gewünschten Vergärungsgrad; ein Sauerstoffmangel hätte erhebliche Störungen im Gärungsverlauf zur Folge.
Beim »offenen Würzeweg« unter Verwendung eines Kühlschiffs und eines Berieselungskühlers erreicht man auf natürliche Weise eine noch befriedigende Sauerstoffaufnahme, die durch das Aufziehen der Bottichwürze mit steriler Preßluft noch erheblich verbessert wird.
Der »geschlossene Würzeweg«, z.B. mit Whirlpool, Plattenkühler und Kieselgurfilter, schließt eine natürliche Belüftung aus und verlangt eine äußerst intensive, künstliche Sauerstoffzufuhr mit Hilfe besonderer Spezialeinrichtungen (Venturiventil). Im Durchschnitt werden ca. 30–40 l/hl Luft benötigt.

747. Warum ist man früher mit dem Kühlschiff ausgekommen?
Die konventionelle Einrichtung zum Ausscheiden des Heiß- und Kühltrubes und zum Abkühlen der Würze bestand in den vergangenen Jahrzehnten aus dem Kühlschiff in Verbindung mit Trubpresse, Trubtank, Berieselungskühler und Anstellbottich. Bei den damals noch möglichen langen Liegezeiten der Würze auf dem Kühlschiff hat sich der Heißtrub vollständig, der Kühltrub je nach der Außentemperatur in einem genügenden Umfang ausgeschieden und am Boden des Kühlschiffs als Kühlgeläger sedimentiert. Bei den heute notwendig gewordenen raschen Sudfolgen und den damit verbundenen sehr kurzen Liegezeiten ist die Heiß- und Kühltrubausscheidung so ungenügend geworden, daß man zweckmäßigere Verfahren entwickelt hat, die nicht nur den Trub sicherer ausscheiden, sondern auch weit weniger arbeitsaufwendig sind als das Kühlschiff. Auch die beengten Platzverhältnisse mancher Brauereien und die mit den schlechten Luftverhältnissen verbundene Infektionsgefahr für die Kühlschiffwürze in den Städten hat dazu beigetragen, daß bessere Methoden entstanden sind.

748. Wie geht die Arbeit mit dem Kühlschiff vor sich?
Um die frühere Arbeitsweise nicht ganz aus den Augen zu verlieren, an dieser Stelle eine kurze Zusammenfassung:
Nach dem Ausschlagen bleibt die Würze zwischen 4 und 12 Stunden auf dem Kühlschiff (Heiß- und teilweise der Kühltrub haben sich abgesetzt) und wird dann über den Kühler abgelassen. Der zurückgebliebene Trub wird zusammengekrückt und entweder in einen Trubsack oder Trubkessel abgelassen. Vom Trubkessel aus gelangt der Trub mittels Luftdruck zur Trubpresse. Die geklärte Trubwürze läuft weiter zum Anstellbottich.

749. Wie sieht das Kühlschiff aus?
Das Kühlschiff ist ein rechteckiges, flaches Gefäß aus Kupfer oder Eisen (zeitweise auch aus Aluminium) mit 20 bis 30 cm hohem Rand. Es ist auf Stahlträgern aufgestellt und kann von mindestens zwei Seiten mit Frischluft beaufschlagt werden.

750. Wie heißt der Raum, in dem das Kühlschiff aufgestellt ist?
Der dafür notwendige Raum ist das sog. Kühlhaus, zu dem allerdings noch der Platz für den Berieselungskühler und die Trubbehandlung gehören. Der Kühlschiffraum ist mit Jalousien versehen, welche den Durchzug und Abzug der Schwaden ermöglichen.

751. Wodurch ist die keimfreie Belüftung eines Kühlschiffs gekennzeichnet?
Bei diesem System ist das Kühlschiff von der Außenluft abgetrennt, die Decke besteht aus einem Gewölbe (Kondenswasser kann nicht in die Würze tropfen, die Belüftung erfolgt mit Sterilluft, welche über die Würzeoberfläche geblasen wird. (Abzug am Scheitel des Gewölbes).

752. Was muß man über die Trubpresse und ihre Arbeitsweise wissen?
Die Trubpresse, als Kammer oder Rahmenpresse gearbeitet, verlangt ein steriles Arbeiten, um eine mögliche Infektion zu vermeiden. Die Presse ist also vor der Verwendung (nach dem Einlegen der Trücher) zu dämpfen.

753. Welche besonderen Eigenarten hat die Trubwürze?
Die Trubwürze ist häufig biologisch nicht einwandfrei, weil auf dem Weg vom Kühlschiff über die Trubpresse zum Gärkeller viele Infektionsmöglichkeiten gegeben sind. Werden für einen Sud mehrere Gärgefäße benötigt, so gibt man die Trubwürze nur in einen Bottich und vermeidet möglichst die Wiederverwendung der Hefe dieses Bottichs zum Anstellen.

754. Was versteht man unter einem Kühl- und Setzbottich (Kühlschiff-Ersatz)?
Der Kühl- und Ausschlagbottich ist ein geschlossenes rundes Gefäß mit schwach konischem Boden und Dunstabzugsrohr. In dem Bottich ist ein leicht zu reinigendes, aus ovalen kupfernen Rohren bestehendes Kühlsystem eingebaut. Bei Setzbottichen neuerer Bauart sind Boden und Seitenwand mit einem Doppel-Kühlmantel versehen.
Die siedendheiße, enthopfte Würze wird vom Sudhaus in den Bottich gepumpt und auf die gewünschte Temperatur abgekühlt. Nach einer entsprechenden Pause zum Trubabsetzen beginnt das Bierlaufen. Die blanke, trubfreie Würze wird mit einem Schwimmerschwenkrohr abgezogen. Der Trub ist aus dem unten konischen Gefäß leicht zu entfernen und weiterzuverwerten.
Durch die kleinere, mit Würze benetzte Fläche wird beim Ausschlagbottich ein gegenüber dem Kühlschiff geringerer Extraktschwand erreicht. Andererseits dauert die Trubausscheidung bei der großen Würzestandshöhe länger, und sie ist auch meist geringer als bei einer Kühlschiffwürze; ferner muß der geringeren Verdunstung wegen die Würze im Sudhause auf eine stärkere Konzentration eingekocht, also mehr Energie als bei einem Kühlschiff eingesetzt werden.

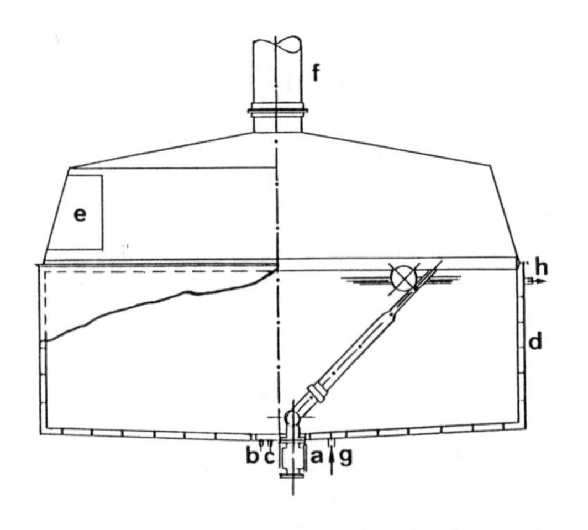

Kühl- und Setzbottich mit Mantelkühlung (Steinecker)
a Klarwürzeabziehvorrichtung,
b Trubentleerung,
c Schmutzwasserentleerung,
d Kühlmantel,
e Einsteigtür,
f Dunstrohr,
g Kühlwasserzulauf,
h Kühlwasserablauf.

755. Wie ist ein Whirlpool beschaffen?

Der Whirlpool ist ein zylindrischer, geschlossener Behälter aus Aluminium oder Edelstahl mit einem zum Auslauf hin leicht geneigten, ebenen Boden. Der Totalinhalt muß um ca. 20% größer sein als der Nutzinhalt. Jener richtet sich nach der größten vorkommenden Ausschlagmenge. Es sind zwei Auslaufventile für die Würze vorhanden, eines in Bodenhöhe und eines 30–40 cm darüber. Etwa in einem Abstand von einem Drittel der Gefäßhöhe von unten ist die Ausschlagleitung mit der Düse tangential in die zylindrische Seitenwand eingeführt.
Die Leistung der Ausschlagpumpe und der Durchmesser der Ausschlagleitung und der Düse müssen genau aufeinander abgestimmt sein, damit die Würze die richtige Eintrittsgeschwindigkeit erhält. Weiter sind noch vorhanden: ein Auslaufventil für den Trub, ein Mannloch, eine Reinigungsspritzdüse in der Haube, eine Innenleuchte, ein Würzestandsanzeiger, Probezwickel, ein Entlüftungsstutzen für den Schwadenabzug, ein Thermometer, ein Rückschlag- oder Schnüffelventil, das ein Rücksaugen der Würze in der Ausschlagleitung verhindert. Der Boden des Whirlpool muß so konstruiert sein, daß ein Schlagen oder Werfen beim Einpumpen der heißen Würze unterbleibt. Der Whirlpool findet eine immer größer werdende Verbreitung, da er einfach zu bedienen ist und keine Verschleißteile aufweist.
Das optimale Verhältnis von Würzehöhe zu Durchmesser des Gefässes liegt bei 1 : 2,7 bis 1 : 3,0.

756. Wie erklärt sich die Wirkungsweise des Whirlpool?

Der Whirlpool – auch Rotationsausschlagbottich genannt – bewirkt die Trennung von Heißtrub und Ausschlagwürze nach dem bekannten Teetasseneffekt. Rühren wir mit einem Löffel in einer mit Tee gefüllten Tasse, in der mehrere Teeblätter schwimmen, kräftig um, so gerät die Flüssigkeit mitsamt den Blättern in eine drehende Bewegung. Kommt diese zum Stillstand, so setzen sich die Teeblätter auf der Mitte des Teetassenbodens als geschlossene Häufchen ab.
Auch im Whirlpool kommt die Flüssigkeit, und zwar die heiße Ausschlagwürze mit dem ausgeflockten Heißtrub, durch tangentiales Einpumpen bei hoher Geschwindigkeit in eine rotierende Bewegung. Wie die Blätter in der Tasse, so setzt sich der

gesamte Heißtrub auf dem ebenen Boden des Whirlpool als flacher, kegelförmiger Trubkuchen ab, sobald die Drehbewegung zum Stillstand gekommen ist. Bei richtig dimensionierten Gefäßen und bei richtiger Arbeitsweise wird der Trubkuchen so kompakt, daß beim anschließenden Umpumpen der Würze über den Plattenkühler kein Heißtrub mitgerissen wird. Auf diese einfache Weise erreicht man eine sehr gute Trennung von Heißtrub und Würze.
Die Verwendung von pulverisierten Hopfen begünstigt ganz erheblich das feste Absetzen des Heißtrubs, während in der Würze schwimmende Hopfenblätter das Absetzen nachteilig beeinflussen.

757. Wie geht die Heißtrubausscheidung mit dem Whirlpool in der Praxis vor sich?

Sobald der Würzesud beendet ist, wird mit Hilfe der Ausschlagpumpe in den vorher gereinigten Whirlpool ausgeschlagen, in dem alle Auslaufventile geschlossen sind; das dauert ca. 15 min. Damit sich die Würze nicht zurücksaugen kann, wird an der höchsten Stelle der Ausschlagleitung ein Schnüffelventil geöffnet, wodurch der Druckausgleich in der Würzeleitung hergestellt wird. In den nächsten 20–30 Min. kommt die immer schwächer rotierende Würze zum Stillstand, und der Heißtrub hat sich in dieser Zeit auf dem Boden abgesetzt. Nun wird das obere Würzeauslaufventil geöffnet und die immer noch sehr heiße Würze über den Plattenkühler gepumpt. Ist der Würzespiegel bis an das obere Auslaufventil abgesunken, so wird das untere Würzeauslaufventil vorsichtig geöffnet, aber nur so weit, daß kein Heißtrub vom Boden des Whirlpool mitgerissen werden kann. Durch das später geöffnete Mannloch läßt sich der Ablauf der restlichen Würze und der kompakte Zustand des Trubkegels kontrollieren. Man wird dann, falls erforderlich, die im Trub noch evtl. zurückgehaltene Würze einige Zeit abtropfen lassen und anschließend den Trub entfernen. Bei richtiger Funktion und Arbeitsweise ist aber die im Trub zurückgehaltene Extraktmenge nur ca. 0,5 %. Das Entfernen des Trubs kann z. B. durch das Mannloch mit einer Schaufel geschehen. Üblicherweise wird der Trubkegel aber mittels eines Hydrojets aufgelöst und in verdünnter Form auf die Treber – vor dem Austrebern – in den Läuterbottich gepumpt.

758. Welche Vorteile hat der Whirlpool gegenüber dem Kühlschiff?

Der Whirlpool kann in einem relativ kleinen Raum neben dem Sudhaus aufgestellt werden, während für das Kühlschiff ein eigenes Kühlhaus im Dachgeschoß mit vielen Treppen, mit Jalousien und Lüftungsanlagen notwendig ist. Beim Whirlpool entfallen die Trubpresse, der Trubtank und die Filtertücherwaschmaschine. Daraus ergibt sich eine erhebliche Einsparung an manueller Arbeit und an Investitionskosten. In den Anschaffungskosten ist der Whirlpool wesentlich billiger als das Kühlschiff. Ferner lassen sich alle Funktionen des Whirlpool in ein vollautomatisches System einbauen, wodurch die manuelle Bedienungsarbeit völlig entfällt. Ein weiterer Vorteil des Whirlpool ist die erhebliche Schwandersparnis gegenüber dem Betrieb mit dem Kühlschiff.
Nicht zuletzt sei die hohe biologische Sicherheit erwähnt, die die »geschlossene Würzebehandlung« im Whirlpool gewährleistet. Bei so vielen Vorteilen ist es verständlich, warum sich der Whirlpool durchgesetzt hat.

759. Wie geht das Heißzentrifugieren vor sich?
Die Zentrifuge, auch Separator genannt, besteht aus einer geschlossenen Trommel, in der sich eine große Zahl von übereinander angeordneten Laufkörpern dreht. Die heiße Würze fließt von unten in die Trommel ein und fließt oben geklärt wieder ab. Durch die Zentrifugalkraft wird dabei der Heißtrub wegen seines höheren spezifischen Gewichtes über die Laufkörper hinweg an den Rand der Trommel geschleudert und im Schlammraum gesammelt.
Ein selbsttätig arbeitender Kolbenschieber stößt den Trub bei laufender Trommel aus, wodurch sich eine kontinuierliche Arbeitsweise, aber auch ein Würzeverlust ergibt. Die Zentrifuge, die leicht zu reinigen und sterilisieren ist, braucht nur alle 4 Wochen geöffnet zu werden. Sie bewirkt eine hundertprozentige Ausscheidung des Heißtrubs; auch der Kühltrub läßt sich zu etwa 50 % ausscheiden. Häufig wird der Separator auch zum Zentrifugieren der Kühlschifftrubwürze verwendet, wobei man sich die Trubpresse spart.

760. Wie geht die Kaltseparierung der Würze vor sich?
Die Zentrifuge oder der Separator wurde in Frage 759 eingehend erörtert. Wird mit der Zentrifuge kalte Würze separiert, so sinkt die stündliche Leistung auf 1/3 gegenüber heißer Würze herab, was bei der Anschaffung eines Separators zu berücksichtigen ist. Die Praxis hat ergeben, daß etwa 50% des ursprünglichen Kühltrubs durch Separieren entfernt werden. Unter Einbeziehung der sog. Schälscheibe läßt sich die Kaltwürze bereits zu diesem Zeitpunkt intensiv belüften.

761. Was versteht man unter Kaltsedimentation, und wie geht sie vor sich?
Läßt man die auf Anstelltemperatur herabgekühlte Würze in niedrigen Gefäßen mit großem Durchmesser bei einer Schichthöhe von nur 80 – 100 cm ca. 12 Stunden lang stehen, so sedimentiert der Kühltrub. Er setzt sich infolge seines höheren spezifischen Gewichtes am Boden der Gefäße ab und bleibt dort zurück, wenn man die Würze in Gärbottiche abläßt bzw. umpumpt. Die Hefe soll während des Sedimentierens nicht gegeben werden. Ein Zusatz von Kieselgur (5 – 10 g/hl), über die Würzeoberfläche gestreut, erhöht das Absetzen des Kühltrubes sehr wesentlich, so daß man ca. 50 – 70 % des ursprünglichen Kühltrubs mit dieser Arbeitsweise ausscheiden kann.

762. Wie läßt sich der Kühltrub mit dem Flotationsverfahren entfernen?
Dieses Verfahren wird bei vielen Industrien nach dem Prinzip der Schwimmaufbereitung zur Trennung verschiedener Bestandteile von unterschiedlichem Benetzungsgrad angewendet. In der Brauerei benutzt man es zur Trennung von Kühltrub und Würze. Durch eine besonders intensive Belüftung der Würze (z.B. mit dem Zentrifugalmischer) unmittelbar nach dem Plattenkühler entsteht im Gärbottich bzw. in dem Flotationsgefäß eine starke Schaumentwicklung. Die unzähligen aufsteigenden Luftbläschen nehmen die feinen Partikeln des Kühltrubs mit an die Würzeoberfläche, wo sie in der sich bildenden kräftigen Schaumdecke zurückgehalten werden. Beim Flotationsgefäß pumpt man die Würze nach 3–4 Std. in den Gärbottich um, wobei die Schaumdecke und mit ihr der Trub auf dem Boden des Gefäßes liegenbleiben und herausgespritzt werden, was aber mit ei-

nem nicht geringen Würzeschwand verbunden ist. Will man diesen Verhindern, muß man ca. 12 Stunden mit dem Umpumpen warten, bis die Schaumdecke zusammengesunken ist. Bei der Anschaffung von Flotationsgefäßen ist ein Steigraum von mindestens 30% der Ausschlagmenge zu berücksichtigen. Mit der intensiven Belüftung gleichzeitig die Hefe zu geben, wirkt sich positiv aus.
Das Flotationsverfahren sondert 50–70% des Kühltrubs ab, und man erzielt im Gärkeller selbst bei niedrigen Gärtemperaturen eine schnelle und intensive Vergärung.

763. Läßt sich mit dem Kieselgurfilter die kalte Würze filtrieren?
Die kalte Würze läßt sich wesentlich besser als die heiße Würze filtrieren, und zwar wird der gesamte Kühltrub, der beim Abkühlen der Würze ausgefallen ist, zurückgehalten. Als Filterhilfsmittel eignen sich besonders Perlite (ca. 60–75 g/hl Würze). Da die völlige Entfernung des Kühltrubes nicht erwünscht ist, filtriert man nur eine begrenzte Würzemenge: 25 % Filtration, 50 % ohne Filtration, die restlichen 25 % Filtration. Dadurch wird einerseits eine Beschleunigung der Haupt- und Nachgärung erreicht, andererseits bleiben die Biere ausreichend vollmundig.
Mit einem Kerzenfilter, der aus V2A-Stahl gefertigt ist und Metallkerzen als Filterelemente besitzt, läßt sich die kalte Würze mit dem Gesamttrub oder nur mit dem Kühltrub filtrieren. Der Trub wird in fester, pastenartiger Form ausgeschieden. Zur Reinigung brauch der Filter nicht geöffnet zu werden.

764. Wie erfolgt das Abkühlen der Würze auf Anstelltemperatur?
Im Whirlpool kühlt sich die heiße Ausschlagwürze kaum ab, auf dem Kühlschiff oder im Setzbottich nur auf etwa 60 – 40 °C. Um auf die Anstelltemperatur von 4 – 5 °C zu kommen, ist daher eine intensive Abkühlung der Würze mit offenen oder geschlossenen Kühlapparaten erforderlich. Offene Kühlapparate sind die Würzeberieselungskühler, geschlossene Kühlapparate sind die Röhren- oder Plattenkühler.

765. Wie ist ein Würzeberieselungskühler beschaffen?
Er besteht aus einer Anzahl eng übereinander liegender, waagrechter Kupferrohre von rundem oder ovalem Querschnitt, die eine geschlossene Fläche von 2 – 3 m Höhe und 2 – 5 m Länge bilden. Die Rohre der oberen Hälfte sind von Brunnenwasser durchflossen, das am untersten Rohr der oberen Hälfte eintritt und am obersten Rohr wieder austritt. In der unteren Hälfte des Apparates läuft in gleicher Weise, von unten nach oben, künstlich auf 0,6 – 1 °C gekühltes Brunnenwasser (Süßwasser). Die vom Kühlschiff fließende Würze gelangt zuerst durch ein gelochtes Kupferrohr, eine Art Seiher, der Hopfenblätter usw. zurückhält, in die auf dem obersten Rohr sitzende Verteilungsrinne und fließt dann gleichmäßig verteilt außen über die ganze Fläche des Kühlapparates. Die wärmste Würze kommt demnach mit dem wärmsten Kühlwasser in Berührung und trifft, je weiter sie über den Apparat herabfließt, um so kältere Kühlflächen an. Am unteren Ende, wo die Würze mit Anstelltemperatur den Apparat verläßt, strömt ihr das kälteste Süßwasser entgegen. Diese Anordnung der Kühlung nennt man Gegenstromkühlung. Die gekühlte Würze fließt in eine Mulde, welche unter dem Apparat angebracht ist, und durch eine Kupferleitung in den Gärbottich.

766. Wie sind geschlossene Kühlapparate beschaffen?
Man unterscheidet Röhrenkühler und Plattenkühler. Bei den Röhrenkühlern, z.B. beim »Eski«, liegt ein Bündel enger Kupferrohre in einem weiten Eisenrohr. Die abzukühlende Würze fließt im Innern der Kupferrohre, die außen von einem Kühlmittel (Salzsole oder gekühltes Süßwasser) umspült werden.
Die rechteckigen Plattenkühler werden aus V2A-Stahl gefertigt. Die Durchflußkanäle für die zu kühlende Flüssigkeit haben einen nur geringen Querschnitt, so daß die Abkühlung der Würze sehr rasch vor sich geht. Die Durchflußkanäle entstehen dadurch, daß abwechselnd glatte und gerippte Platten aneinanderliegen.
Plattenapparate sind vielseitig verwendbar. Sie dienen nicht nur zur Würzekühlung, sondern auch zum Sterilisieren von Trubwürze, Restbier, Wasser und besonders auch zum Pasteurisieren von Bier.

767. Wie wird der Würze der notwendige Sauerstoff zugeführt?
Bei den klassischen Verfahren der Würzebehandlung wurde die Würze schon auf dem Kühlschiff und durch den offenen Berieselungskühler mit Sauerstoff angereichert, so daß es genügte, die im Gärbottich angestellte Würze auf einfache Weise mit Preßluft aufzuziehen. Der heute allgemein übliche, geschlossene Würzeweg vom Sudhaus zum Gärkeller erfordert aber eine viel intensivere Belüftung, und zwar mit Hilfe besonderer Vorrichtungen, z.B. Venturibelüfter, Mischzentrifuge, Mischpumpen, die die Preßluft in Form von Millionen feinster Luftbläschen in die Würze pressen. Die verwendete Preßluft muß selbstverständlich steril und ölfrei sein. Nur eine optimal mit Sauerstoff angereicherte Würze ergibt eine zufriedenstellende Gärung und Hefevermehrung.

768. Was versteht man unter Automation des Würzeweges?
Das Ausscheiden des Heißtrubs, die Kühlung und Lüftung der Würze und teilweise auch die Ausscheidung des Kühltrubs mit anschließender Reinigung und Keimfreimachung der Apparate und Leitungen können mit Hilfe von elektronisch gesteuerten Schalteinrichtungen und von mit Motoren oder Preßluft angetriebenen Ventilen so automatisiert werden, daß die einzelnen Arbeitsvorgänge im Kühlhaus selbsttätig ablaufen. Der Brauer hat hier nur noch eine überwachende Funktion auszuüben.

769. Welche Arten der Sauerstoff- bzw. Luftaufnahme unterscheidet man?
1. Die chemische Aufnahme erfolgt bei Temperaturen über 40 °C durch Oxidation und bringt viele Nachteile für Würze und Bier.
2. Die physikalisch-mechanische Aufnahme erfolgt bei Temperaturen unter 40 °C, sie ist erwünscht und für die Gärung notwendig. Je niedriger die Temperatur, um so stärker ist die Bindung.

770. Welchen Sauerstoffgehalt hat die Anstellwürze?
Der Sättigungswert einer 12 %igen Anstellwürze und 5 °C ist bei 10,4 mg O_2 pro Liter erreicht.
Eine Gegenüberstellung des technologischen Ablaufes und der verfahrenstechnischen Grundoperationen von R. Michel (Weihenstephan) soll das Kapitel der Sudhaustechnologie abschließen.

Gegenüberstellung des technologischen Ablaufes und der verfahrenstechnischen Grundoperationen

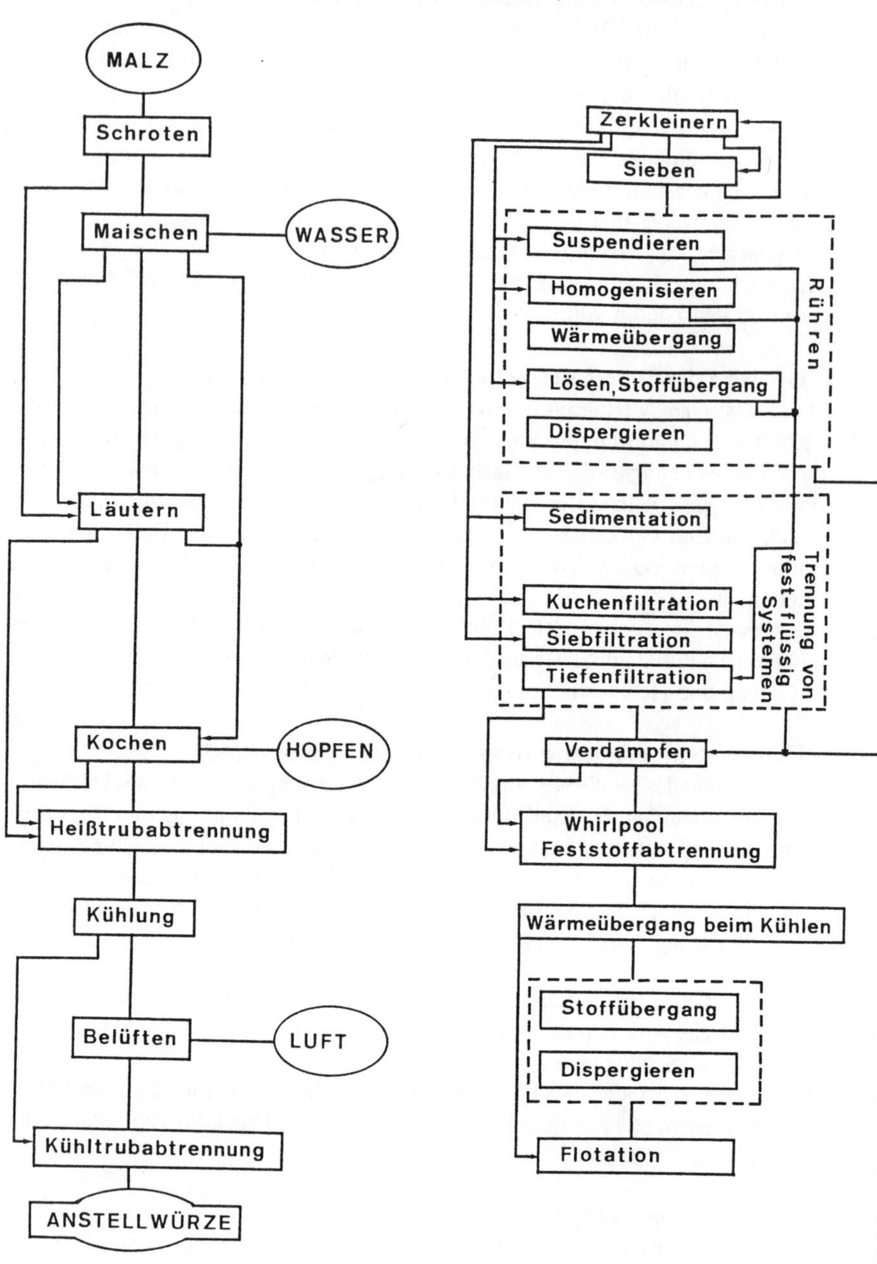

Nach R. Michel

Die Hauptgärung

771. Was ist Gärung?
Gärung ist eine durch Hefe verursachte Umwandlung von gelösten Zuckern in Alkohol und Kohlendioxid. Diese Gärung nennt man »alkoholische Gärung«. Man unterscheidet außerdem noch die Milchsäure-, Buttersäure-, Essigsäuregärung u. a. m., welche durch Bakterien hervorgerufen werden.

772. Welches sind die Bedingungen der alkoholischen Gärung?
Das Vorhandensein von:
1. Einer zuckerhaltigen Würze
2. Eines Gärungserregers (Hefe)
3. Sauerstoff
4. Geeigneten Gärtemperaturen

773. Aus welchen Bestandteilen setzt sich die Würze zusammen?
1. Wasser
2. Kohlenhydraten
3. Stickstoffhaltigen Substanzen (Eiweißkörpern)
4. Hopfenbestandteile (Harze, Bitterstoffe, Gerbstoffe, Alkaloide)
5. Mineralstoffe (vorwiegend Phosphate)

774. Welche verwertbaren Kohlenhydrate erhält die Würze?
An verwertbaren Kohlenhydraten enthält die Würze die Hexosen Glucose und Fructose, die Disaccharide Maltose und Saccharose und das Trisaccharid Maltotriose.

775. Welche nicht verwertbaren Kohlenhydrate enthält die Würze?
Niedrige und höhere Dextrine werden von der Hefe nicht aufgenommen.

776. Sind alle verwertbaren Kohlenhydrate gleich vergärbar?
Die Vergärbarkeit der Kohlenhydrate ist verschieden. Man unterscheidet:
1. Direkt vergärbare, hierzu gehören die Hexosen.
2. Indirekt vergärbare, wie die Disaccharide und das Trisaccharid müssen erst durch Hefeenzyme in direkt vergärbare Zucker umgewandelt werden.

777. Wie verläuft der Kohlenhydratstoffwechsel?
1. Die Hexosen Glucose und Fructose diffundieren durch die Zellwand und werden von der Zymase zu Alkohol und Kohlenstoffdioxid vergoren.
2. Das Disaccharid Saccharose bestehend aus 1 Molekül Glucose und 1 Molekül Fructose, wird vor der Diffusion und Vergärung an der Hefezellwand durch das Enzym Invertase zerlegt.
3. Das Disaccharid Maltose (aus 2 Teilen Glucose) und das Trisaccharid Maltotriose (aus 3 Teilen Glucose) werden durch die »Schlepperenzyme« Maltosepermease und Maltotriosepermease in die Zellwand gebracht, von der Maltase zerlegt und von der Zymase vergoren.

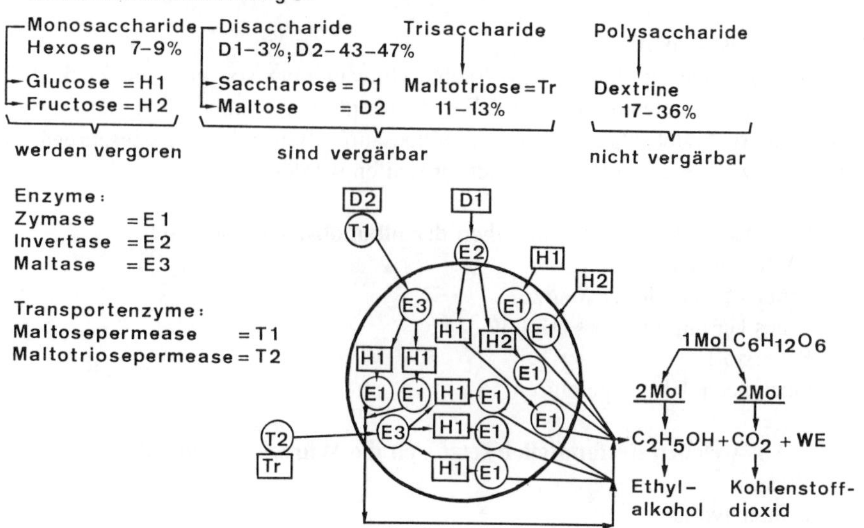

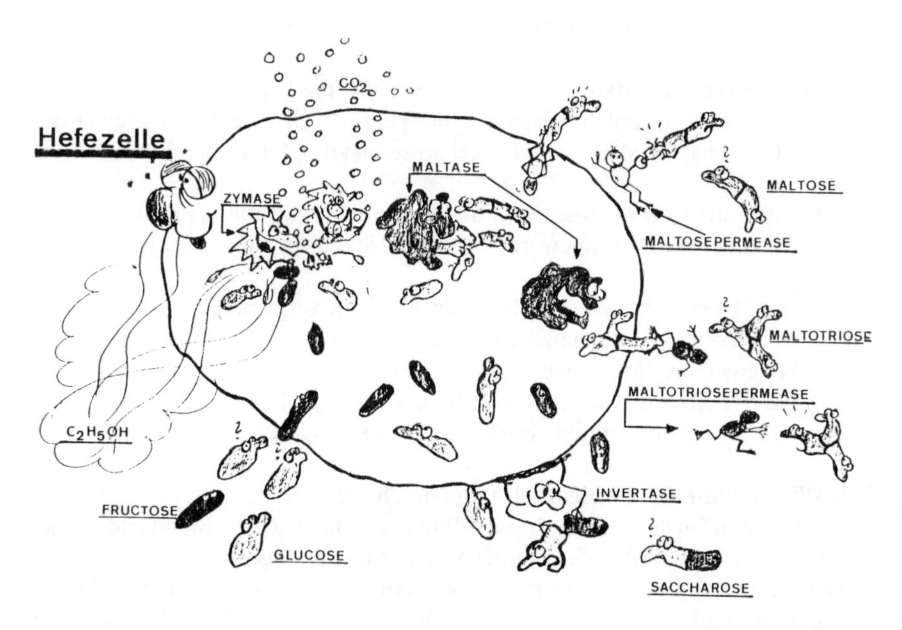

nach M. Hegenberger GBR 12
1984/85

778. Welches sind die Gärprodukte?
Die Gärprodukte sind Alkohol und CO_2. Daneben entstehen noch andere Stoffwechselprodukte wie höhere Alkohole, organische Säuren, Diacetyl, Ester, Aldehyde und schwefelhaltige Verbindungen, die für die Beschaffenheit des Bieres von Bedeutung sind.

779. Geht die Vergärung der Würze auf einmal vor sich?
Bei untergärigen Bieren unterscheidet man die Hauptgärung im Gärkeller und die Nachgärung im Lagerkeller.

780. Welche Anforderungen werden an einen Gärkeller gestellt?
Während man früher die Lage des Gärkellers möglichst zwischen Kühlhaus und Lagerkeller aus technologischen und arbeitstechnischen Gründen als wünschenswert sah, stehen heute rein biologische Gründe im Vordergrund. Seine Lage ist heute brauereispezifisch unterschiedlich.
Grundbedingung für alle Gärkeller ist eine gute Isolierung, um Raumtemperaturen von 5 – 7 °C zu gewährleisten. Die Anforderungen an die Gestaltung des Gärkellers hängt von der Art der Gärgefäße ab.

781. Welche Anforderungen werden an einen Gärkeller mit offenen Gärbottichen gestellt?
An Gärkeller mit offenen Bottichen werden sehr hohe Anforderungen gestellt. Die Decken und Wände müssen glatt und fugenlos, die Wände möglichst gefließt sein. Ausreichende Kalt- und Warmwasseranschlüsse müssen vorhanden sein. Ein glatter Boden mit 1 – 2 % Gefälle für schnelle Abflußmöglichkeiten und geruchsdichte Gullys gewährleisten eine sachgerechte Reinigung. Die größte Bedeutung kommt der Kühlung und Lüftung zu. Nur stets kalte, reine und trockene Luft schützt die gärende Würze, das Jungbier vor biologischen und unerwünschten Geruchs- und Geschmacksstoffen.

782. Welche Möglichkeiten der Raumkühlung gibt es?
1. Die stille Kühlung
2. Die Luftumlaufkühlung

783. Welche Merkmale kennzeichnen die stille Kühlung?
Durch Rohrsysteme an der Decke oder an den Wänden wird tiefgekühlte Sole oder ein direkt verdampfendes Kältemittel geleitet. Der Luftumlauf ist vertikal. Weitere Einzelheiten einer stillen Kühlung, über Bestandteile und ihre Arbeitsweise finden sich bei der Kühlung des Lagerkellers, da sie dort ausschließlich eingesetzt wird.

784. Welche Merkmale kennzeichnen die Luftumlaufkühlung?
Da die Gärkellerluft u.a. durch ihren CO_2-Gehalt auch einer Erneuerung bedarf, muß sie in einen Zwangsumlauf gebracht werden.
Die Trocknung und Kühlung erfolgt durch einen Lamellenkühler. Der Ventilator des Kühlers saugt die Luft an und drückt sie in den Gärkeller. Da sich die zirku-

lierende Luft mit CO_2 anreichert, ist es notwendig, kontinuierlich einen Teil der Gärkellerluft mit Hilfe eines Stickluftventilators durch Frischluft zu ersetzen. Dieser Ventilator muß vor dem Betreten des Gärkellers und vor der Umlaufkühlung eingeschaltet werden. Die Luftumlaufkühlung kommt auch in Gärkellern mit geschlossenen Gefäßen zum Einsatz.

785. Was ist bei der Anlage der Ventilation zu beachten?
Es ist zu beachten, daß ein größerer Gärkeller ohne einen oder mehrere Ventilatoren kaum genügend gelüftet werden kann; ferner daß die Absaugung der Gärkellerluft sowohl vom Boden weg als auch unterhalb der Decke möglich sein soll. Im unteren Teile des Gärraumes befindet sich die Hauptmenge der Gärungskohlensäure, während nach der Decke hin Wasserdunst aus dem gärenden Bier entweicht. Wird nicht genügend ventiliert, so schlägt sich dieser Wasserdunst in großen Tropfen an der Decke nieder, er »kondensiert«; beim Zurücktropfen in die Bottiche kann dieses Kondensat, das stets unerwünschte Organismen enthält, zu Infektionen Anlaß geben.

786. Welche CO_2-Konzentration ist erlaubt?
Nach der Arbeitsstättenverordnung ist eine maximale Arbeitsplatzkonzentration von 0,5 % CO_2 zulässig. Diese Vorschrift sollte besonders vor dem Besteigen eines Bottichs bzw. Lagertanks beachtet werden.

787. Welche Möglichkeiten der Luftführung gibt es?
1. Von unten nach oben.
2. Von oben nach unten.
3. Querlüftung.

788. Welche Leistungen erfordert die Luftumlaufkühlung?
Die Luft wird 6 – 10 mal / h umgewälzt. Die Geschwindigkeit beträgt 0,1 – 0,2 m / s. Der Kältebedarf bei offenen Bottichen beträgt bei einer Belegdichte von 9 – 12 hl / m^2 4180 – 5016 kJ / m^2 Grundfläche und Tag.

789. Welche Arten von Gärgefäßen gibt es?
1. Bottiche, offen oder geschlossen.
2. Gärtanks in liegender Form (Combitanks).
3. Stehende Gärtanks in zylindrokonischer Form (isoliert oder nicht).
4. Stehende Gärtanks mit flachkonischem Boden.
5. Stehende zylindrische Tanks mit flachem Boden.

790. Aus welchem Material werden Gärgefäße hergestellt?
Aus Aluminium, emailliertem oder mit Anstrich versehenem Eisen und Eisenbeton mit einer Spezialauskleidung. Seit ca. 20 Jahren kommt aber im allgemeinen nur noch Edelstahl als Werkstoff für die Herstellung der verschiedenen Gefäßformen zur Anwendung.

791. Welche Arten der Bottichkühlung unterscheidet man?
1. Rohrschlangenkühlung
2. Taschen- oder Mantelkühlung

792. Was ist bei der Bottichkühlung zu beachten?
Bei der Innenkühlung finden Bottichkühler aus Kupfer oder Chromstahl Verwendung. Wenn ihre Oberfläche groß genug ist, dann läßt sich mit ihnen eine rasche und intensive Kühlwirkung erzielen.
Bei der Außenkühlung von Gärgefäßen aus Metall unterscheidet man Kühlverfahren, bei denen ein Doppelmantel an der Außenseite der Bottiche angebracht ist, und solche, bei denen Kühlrohre in mehreren Windungen um den Bottich herumgeführt werden. Die Kühlfläche muß unter Berücksichtigung einer zeitlichen Verzögerung in jedem Fall so groß sein, daß bei ständig laufender Kühlwasserpumpe innerhalb von 24 Stunden die Würze um 1,5 – 2,5 °C abgekühlt wird. Zwischen den einzelnen Bottichen soll eine Korkisolierung eingebaut sein, um eine gegenseitige Beeinflussung der Kühlwirkung zu vermeiden. Werden zur Kühlung Eisenrohre verwendet, so müssen diese unter Vermeidung jeglicher Hohlräume satt in Beton eingebettet sein, da sonst die Rohre in wenigen Jahren verrosten.

793. Wie erfolgt die Kühlung der Gärtanks?
Die Kühlung ist je nach der Aufstellung in voneinander unabhängige Kühlzonen unterteilt.
1. Liegende Tanks verfügen über eine obere und eine untere Kühlzone.
2. ZKG's verfügen im zylindrischen Teil über eine obere und eine mittlere Kühlzone und eine Konuskühlung.
3. Flachkonische Gärgefäße verfügen ebenfalls über 1 bis 3 Kühlzonen im zylindrischen Teil sowie eine Bodenkühlung.

794. Welche Verfahren der Gärung unterscheidet man in der untergärigen Brauerei?
1. Die konventionelle Gärung
2. Die kontinuierliche Gärung

795. Was versteht man unter konventioneller Gärung?
1. Die offene Gärung (Gärbottiche)
2. Die geschlossene Gärung (Bottiche, liegende und stehende Gärtanks).

796. Was versteht man unter kontinuierlicher Gärung?
Es sind geschlossene Gärverfahren, die wie folgt unterschieden werden:
1. Zuflußsysteme
2. Durchflußsysteme
Wesentliche Merkmale und Vergleichsmöglichkeiten kann man den Übersichten entnehmen. Die weitere nachfolgende Betrachtung wird sich auf die konventionelle Gärung beschränken.

797. Welche Verfahren der beschleunigten Gärung und Reifung gibt es?

Verfahren der beschleunigten Gärung und Reifung

Übersicht über die Technologie der Gärung in der untergärigen Brauerei:

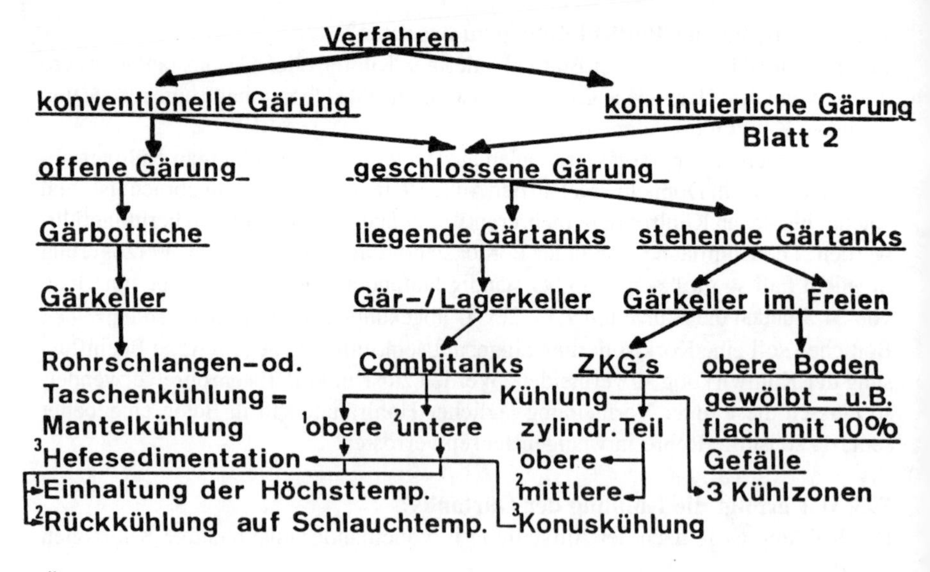

Übersicht über die Technologie der Gärung. Kontinuierliche Gärung mit kühltrübfreiem Würzen:

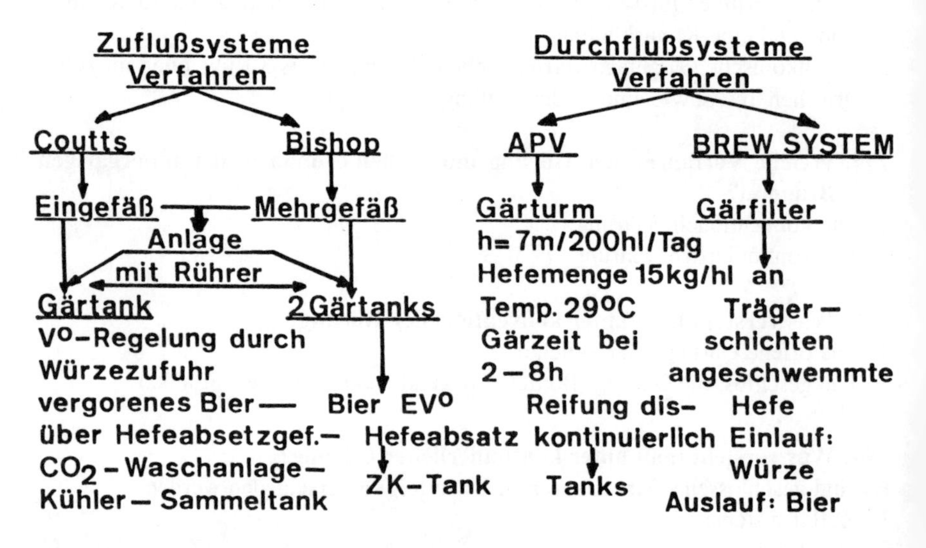

798. Was versteht man unter Anstellen?

Mit der Zugabe der ausgewählten Hefe (Anstellhefe), »Zeug« oder »Satz« zur Anstellwürze wird die Gärung eingeleitet. Diesen Vorgang nennt man »Anstellen« oder »Zeuggeben«.

799. Wie geschieht das Zeuggeben?

Das in der Zeugwanne über der Hefe stehende Wasser wird abgeschüttet, die obere Schicht vom Zeug abgestreift und der Zeug dann gut durchgemischt. Nun mißt man die zum Anstellen notwendige Hefemenge mit dem Zeuglöffel in den Hefeaufzie-

happarat, in dem sich bereits die benötigte Würzemenge befindet. Mit steriler Druckluft werden Hefe und Würze innig vermischt und dann in die Würzeleitung bzw. in den Gärbottich gedrückt. In kleineren Betrieben, die über keinen Hefeaufziehapparat verfügen, zieht man Würze und Hefe in Zeugschaffeln kräftig auf und gibt das Gemisch in den Gärbottich. Nach dem Zeuggeben wird die Würze im Gärbottich gut durchgemischt bzw. aufgezogen.
Bei modernen Würzekühlanlagen arbeitet man mit der automatischen Dosierung der Hefe in die Würzeleitung während der gesamten Kühlzeit eines Sudes.

800. In welchem Zustand leitet die Hefe am kräftigsten die Gärung ein?
Das Angärungsvermögen ist am besten, wenn »direkt vom Bottich« gegeben wird. Jede Behandlung der Hefe durch Waschen, Aufbewahrung unter Wasser oder in gepreßtem Zustand bedeutet eine Schwächung der Hefe.

801. Warum sind trubfreie Würzen für die Hefe wichtig?
Die Bestandteile des Trubes hindern die Hefe in ihrer Gärtätigkeit, verursachen vorzeitige Flockung der Hefe, zu niedrigen Vergärungsgrad und schmierigen Zeug.

802. Durch welche Maßnahmen erzielt man trubfreie Würzen?
Der Heißtrub kann unschwer mit Kühlschiff und Trubpresse, mit dem Whirlpool, dem Setzbottich oder durch Heißfiltration und Heißseparation aus der Würze ausgeschieden werden. Schwieriger ist das teilweise Ausscheiden des Kühltrubs, wobei die auf Anstelltemperatur abgekühlte Würze nach dem Sedimentationsverfahren oder nach dem Flotationsverfahren behandelt werden kann. Auch die Separation und die Filtration der kalten Würze bringen den gewünschten Erfolg. Trubfreie Würze haben eine reine Vergärung, einen höheren Vergärungsgrad und ergeben mildere Biere.

803. Wie lange benützt man ein und dieselbe Hefe?
Solange das Gärungsbild, Vergärung, Bruch, Geruch, Geschmack und Klärung befriedigen. Betriebshefe, die aus einer anderen Brauerei eingeführt wurde, muß bei jeder einzelnen Führung sorgfältig überwacht werden. Dabei ist zu beachten, daß ein fremder Zeug sehr häufig nach drei- bis viermaliger Verwendung bessere Eigenschaften zeigt als bei der ersten Führung. Gewöhnlich befriedigt ein solcher Zeug noch bis etwa zur 7 – 10. Führung. Es ist aber sehr wohl möglich, ein und dieselbe Hefe wesentlich öfter zu geben. Voraussetzung hierzu ist eine richtig zusammengesetzte, trubfreie Würze, mäßig hartes Betriebswasser und hoher biologischer Reinheitsgrad der Hefe.

804. Welche Vorteile hat ein öfterer Hefewechsel?
Wer bereits nach fünf bis sechs Führungen seine Betriebshefe durch einen frischen, biologisch reinen Stamm ersetzt, hat den Vorteil größerer Betriebssicherheit, ausgedrückt in einer möglichen längeren biologischen Stabilität der Biere. Außerdem schmecken die mit jungen Hefen vergorenen Biere milder, weil junge Hefen ein besseres Entharzungsvermögen haben.

805. Wie ist das Entharzungsvermögen der Hefe zu erklären?
Mit der Oberflächenanziehung (Adsorption) der Hefen. Diese ist bei jungen Hefen größer, weil sie reiner und weil ihre Zellverbände kleiner sind. Das Entharzungsvermögen ist stärker bei kleinzelligen, hochvergärenden als bei großzelligen, niedervergärenden Hefen. Es ist bei kalter Gärführung geringer als bei warmer Gärführung. Daher schmecken auch Biere aus dem Reinzuchtapparat besonders mild. Der Werdegang des Bieres vom Whirlpool bis zum Filter ist ein dauernder Entharzungsvorgang, dessen Störung eine Schädigung der Bierqualität bedeuten würde.

806. Welche Vorteile bieten Anstellbottiche?
Die Anstellbottiche, die keine Kühleinrichtung besitzen, sollen in der Nähe des Hefekellers liegen, wodurch die Arbeit des Zeuggebens vereinfacht wird. Ist die Würze angekommen, so pumpt man sie in die Gärtanks um. Im Anstellbottich bleibt ein brauner Bodensatz aus toten Hefezellen und Kühlgeläger zurück. Die Gärung im Gärtank wird reiner, weil die Würze praktisch trubfrei ist, die Biere werden feiner und milder.
Während des Umpumpens von Anstell- in den Gärtank ist es zweckmäßig, durch intensive Belüftung die Anstellwürze mit Sauerstoff zu versorgen.

807. Was geschieht, wenn die Würze in die Bottiche gelassen wird?
Ist die auf eine Anstelltemperatur von 5 – 6 °C herabgekühlte Würze in den Gärkeller abgelassen, so wird noch während des Bierlaufens, sobald einige Hektoliter Würze in den Bottichen sind, die Hefe – der Bierzeug – zugegeben, oder, wie der Brauer sich ausdrückt, er »stellt die Würze an« bzw. er »gibt den Zeug«.

808. Wie geschieht das Aufziehen der Anstellwürze im Gärbottich?
Mit Hilfe eines an die Druckluftleitung angeschlossenen, beweglichen Rohres aus nichtrostendem Stahl, dessen Ende bis auf den Boden des Gärbottichs eingeführt wird, läßt man sterile Luft in die Würze strömen. Die Würze kommt in starke Bewegung, mischt sich innig mit der Hefe und entnimmt unter starker Schaumbildung gleichzeitig Sauerstoff auf. Das früher übliche Aufziehen mit einem Schöpfer wird heute kaum mehr angewendet.

809. Wie geschieht das Anstellen mit gepreßter Hefe?
Gepreßter Bierzeug wird trocken in eine Hefewanne mit etwas Würze gegeben. Nach etwa zweistündiger Einwirkungsdauer zerfällt der Zeug, auch wenn er sehr trocken gepreßt war. Nun wird die Hefe mittels kleiner Holzkrücken so lange verrührt, bis Klumpen nicht mehr vorhanden sind. Diese mit Würze dick angerührte Hefe wird dann mit einer größeren Menge Würze aufgezogen und auf die Bottiche verteilt.
Es ist ebenso unnötig wie fehlerhaft, gepreßte Hefe mit den Händen zu zerkleinern.

810. Was nennt man »trocken geben«?
Die Verwendung frisch gewonnener Kernhefe direkt von Bottich zu Bottich, ohne Wasserbehandlung. Das Trockengeben ist die älteste Art des Zeuggebens und bei biologisch einwandfreier Hefe auch die beste.

811. Welche Arbeitsweise ist Brauereien ohne eigene Reinzuchtanlage zu empfehlen?

Da mitunter der von anderen Betrieben bezogene Bierzeug in biologischer Hinsicht strengen Anforderungen nicht entspricht, ist es zweckmäßig, eine kleine Menge gepreßter Reinzuchthefe aus einer anerkannten brautechnischen Versuchsanstalt zu beziehen. Dort werden verschiedene hoch- und niedrigvergärende Hefestämme in Reinzuchtanlagen geführt und in kleinen Mengen bis zu 1 kg gepreßt und steril verpackt an Brauereien versandt. Ein Kilogramm dieser Reinzuchthefe wird dann in einem 10–15 hl fassenden Bottich angestellt und die geerntete Hefe in immer größeren Gefäßen so oft vermehrt, bis die Hefeernte ausreicht, um einen Gärbottich normaler Größe anzustellen. Bei peinlich sauberer Arbeitsweise wird so eine größtmögliche biologische Reinheit der Anstellhefe gewährleistet.

812. Was versteht man unter »Drauflassen«?

Es beruht auf dem gleichen Prinzip wie das Herführen (siehe Frage 235.). Die abgekühlte Würze wird auf mehrere Gefäße verteilt und mit der normalen Hefegabe angestellt. Die folgenden Sude werden ohne Hefe in gleicher Weise verteilt, bis die Bottiche voll sind.
Dabei ist zu beachten, daß das Drauflassen mit der gleichen Temperatur erfolgen muß, wie sie die gärende Würze hat (Hefeschock!). Dieses Verfahren liefert höhere Vergärungsgrade.

813. Was versteht man unter »Anstellen mit Kräusen«?

Im Anstellgefäß werden 33 % Kräusen (V° 25–35 %) vorgelegt und ein vollbelüfteter Sud draufgelassen. Der Vorgang kann mehrmals wiederholt werden. Dieses Verfahren eignet sich besonders nach Sudpausen und für eine rasche Verjüngung der Hefe.

814. Welche Menge Hefe gibt man?

Die normale Hefegabe beträgt 0,5–0,8 l/hl Würze, es werden aber auch 1–1,5 l/hl Würze gegeben. 60 kg gepreßter Hefe entsprechen 100 l dickbreiiger Hefe.

815. Welchen Einfluß hat die Menge der Hefegabe?

Große Hefegabe beschleunigt den Gärungsverlauf und gibt etwas stärkere Vergärung im Bottich. Auf die Endvergärung hat die Hefegabe jedoch keinen Einfluß. Bei reichlicher Hefegabe kommt die Würze schnell an, die Gärung bleibt dadurch reiner, weil Fremdorganismen rascher überwuchert werden als bei geringerer Zeuggabe.
Die Vergärung im Bottich steht im geraden Verhältnis zur Hefenernte: schwache Vergärung – wenig Hefe; starke, hohe Vergärung gibt viel Hefe. Eine Erhöhung der Hefegabe auf 1–1,5 l gibt erfahrungsgemäß feineren Biergeschmack.

816. Wovon ist die Hefenernte abhängig?

Die Hefenernte, welche das Zwei- bis Vierfache der Hefegabe beträgt, ist abhängig von der Heferasse, der Zusammensetzung der Würze und der Gärführung.

817. Wie wird eine große Hefenernte erzielt?
Bei Hefen mit starker Vermehrungsfähigkeit; bei normaler Hefegabe; in Würze von mittlerer Konzentration, wenn sie gut verzuckert und reich an Hefenährstoffen ist; bei warmer und langer Gärführung; bei starker Lüftung und Bewegung der Anstellwürze.

818. Wie wird eine geringe Hefenernte erzielt?
Bei Hefen mit geringer Vermehrungsfähigkeit; bei geringer Hefegabe; in Würzen von sehr niedriger (Dünnbier) oder sehr hoher Konzentration (Starkbier); in schlecht verzuckerten Würzen; in Würzen, die arm an mineralischen Hefenährstoffen sind; bei kalter und kurzer Gärführung; bei geringer Lüftung und Bewegung der Würze.

819. Was versteht man unter Anstelltemperatur?
Als Anstelltemperatur wird diejenige Temperatur bezeichnet, auf welche die Würzetemperatur beim Abkühlen am Plattenkühler eingestellt ist (normal 5–7°C).

820. Wann werden niedrige Anstelltemperaturen genommen?
Im allgemeinen bei hellem Bier; ferner bei warmen Gärkellern; bei reichlicher Zeuggabe; wenn man durch kalte Gärführung auf niedrigen Vergärungsgrad im Bottich hinarbeiten will; wenn die Gärdauer aus betriebstechnischen Gründen verlängert werden muß.

821. Wann werden hohe Anstelltemperaturen gewählt?
Bei dunklem Bier; bei Dünnbier; bei Starkbier; bei besonders kleinen Bottichen in kalten Kellern; bie geringer Zeuggabe; wenn rascher Gärungsverlauf gewünscht wird; wenn die Gärung ohne Schwimmerkühlung in sehr kalten Kellern durchgeführt wird.

822. Was versteht man unter Gärführung?
Die Gärtätigkeit der Hefe wird durch die Gärtemperatur beeinflußt. Ausgangspunkte der Gärung sind die Konzentration der Würze, die Hefegabe, der Sauerstoffgehalt, der pH-Wert und die Anstelltemperatur. Da es sich bei der Gärung um Stoffwechselvorgänge handelt, bei der Enzyme tätig werden und dabei Wärme freigesetzt wird, steigt die Temperatur der gärenden Würze. Es ist deshalb Hauptaufgabe der Gärführung, die Gärintensität durch die Regelung der Temperaturen zu steuern und durch Kühlung in den gewünschten Bereichen zu halten.
Der Gärverlauf wird zahlenmäßig durch »Spindeln«, »Gradieren« und pH-Wertmessung festgetellt und in einem Gärdiagramm festgehalten.

823. Was versteht man unter kalter Gärführung?
Bei einer Anstelltemperatur von 5°C beträgt die Höchsttemp. 7–9°C. Die Umsetzungen, der pH-Abfall und die Ausscheidungsvorgänge verlaufen langsamer und weniger weitgehend. Das Bier besitzt eine ausgeprägte Vollmundigkeit, eine gute Schaumhaltigkeit und einen edlen Geschmack. Voraussetzung ist aber eine intensiv belüftete Würze.

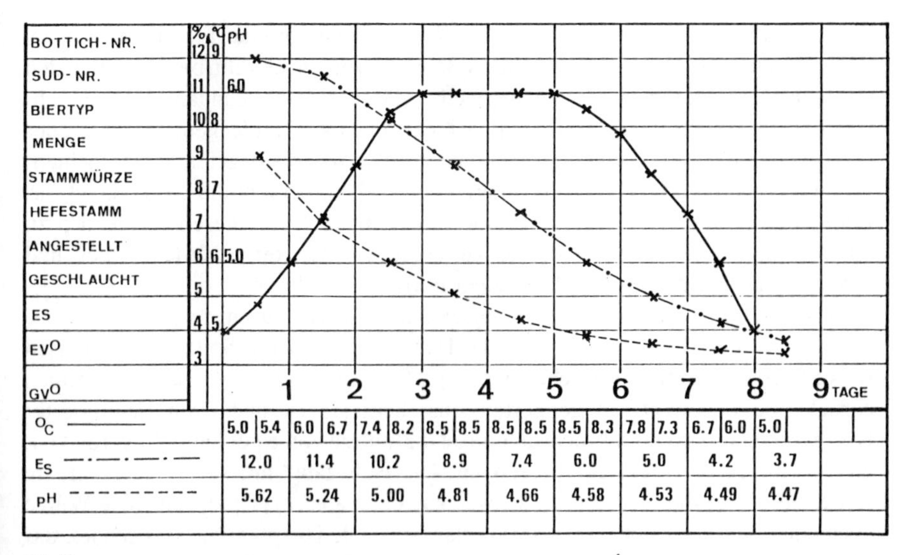

	1	2	3	4	5	6	7	8	9
°C ———	5.0 / 5.4	6.0 / 6.7	7.4 / 8.2	8.5 / 8.5	8.5 / 8.5	8.5 / 8.3	7.8 / 7.3	6.7 / 6.0	5.0
Es —·—·—	12.0	11.4	10.2	8.9	7.4	6.0	5.0	4.2	3.7
pH - - - - -	5.62	5.24	5.00	4.81	4.66	4.58	4.53	4.49	4.47

Gärdiagramm

824. Was versteht man unter warmer Gärführung?

Bei einer Anstelltemperatur von 7–8°C beträgt die Höchsttemp. 10–12°C. Die Umsetzungen laufen schneller ab. Die stärkere CO_2-Entwicklung ergibt höhere Kräusen, das pH fällt rascher und die Ausscheidungen (Eiweiß, Bitterstoffe) sind stärker. Die Biere sind oft weniger vollmundig und zeigen schlechteren Schaum.

825. Welchen Einfluß hat die Temperatur auf die Gärung?

Je höher die Temperatur, desto lebhafter die Gärung, je niedriger die Temperatur, desto träger die Gärung. Bei kälterer Gärführung ist die Deckenbildung schöner und kompakter, bei warmer Führung ist die Hauptgärung rascher beendigt als bei kalter.

826. Wie regelt man die Temperatur der gärenden Würze?

Die Temperatur der gärenden Würze wird durch künstliche Kühlung geregelt, wobei gekühltes Süßwasser oder eine Spezialsole entweder durch die in die Gärbottiche eingehängten Bottichkühler oder durch Kühlsysteme an den Außenseiten von Metallbottichen (Doppelmantel oder Kühlrohre) gepumpt wird. Der Vorteil der Außenkühlung liegt in der größeren biologischen Sicherheit, da die Reinigung der Bottichkühler entfällt, und in der damit verbundenen Zeit- und Arbeitsersparnis. Der Süßwasserzufluß läßt sich an jedem Bottich mit einem Ventil, das mit einer Gradeinteilung versehen ist, von Hand genau regeln. Die Temperatur der gärenden Würze soll mit Hilfe der Kühlung innerhalb von 24 Stunden um 2–2,5 °C heruntergekühlt werden können.

827. Welches sind die Stadien der Hauptgärung?

Nach dem Aussehen der Decke auf der gärenden Würze unterscheidet man folgende Stadien: 1. Ankommen, 2. weiße Kräusen, 3. Hochkräusen, Braunkräusen, 4. Deckenbildung, 5. Schlauchreife (fässig).

Das Ankommen: Der unmittelbar nach dem Anstellen braune Flüssigkeitsspiegel wird tief schwarz, weil sich Trubteile zu Boden setzen. Nach zehn bis zwölf Stunden erscheinen auf der Oberfläche kleine, weiße Bläschen und bilden längs der Bottichwand einen weißen Rand. Nach und nach entstehen weiße Flecken, Inseln auf der Oberfläche, die an Ausdehnung zunehmen, bis der Würzespiegel mit einer dichten, weißen, etwa fingerdicken Decke überzogen ist. Nun beginnt die Decke längs des Bottichrandes und, falls ein Schwimmer im Bottich ist, um diesen herum sich zu erheben und lockenartige Gebilde zu erzeugen. Letztere werden höher und bedecken nach und nach in gekräuselten Formen die Würze.
Man nennt dieses Stadium weiße Kräusen oder Niederkräusen.
Im Stadium der Hochkräusen wird die Decke lockerer, die Spitzen der Kräusen werden braun durch ausgeschiedenes Hopfenharz. Die Decke fällt allmählich zurück und bekommt ein getigertes Aussehen; sie ist noch von rahmigfester Beschaffenheit. Im Durchbruchstadium ist die Würze von einer kaum fingerdicken, gleichmäßigen Schaumdecke überzogen. Die Hefe fängt an, sich abzusetzen. Im Reifestadium ist die Decke noch schwächer, ohne aber blasig zu sein. Die Würze erscheint unter der Decke tief schwarzglänzend. Die Hauptgärung ist beendet, das Bier ist fässig, schlauchreif, und kann nach dem Abheben der Decke geschlaucht werden.

828. Welche inneren Veränderungen erfährt die Würze?

1. Bildung von Alkohol und Kohlendioxid.
2. pH-Abnahme von 5,2–5,7 auf 4,35–4,65.
3. Abnahme des Gesamtstickstoffes (für die Neubildung von Zellmaterial durch Assimilation) und Ausscheidung von hochmolekularem Eiweiß durch den pH-Abfall.
4. Das Redoxpotential nimmt ab.
5. Ausfällung von Bitter- und Gerbstoffen.
6. Bildung von Gärungsnebenprodukten wie Ester, höhere Alkohole, Aldehyde und Diacetyl.
7. Farbaufhellung.
8. Hefeflockung.

829. Welchen Vorteil bietet das Abheben der Decke während der Gärung?

Mit den Kräusen werden oft noch Trubteile und Hopfenharze aus dem gärenden Bier gehoben, die nach dem Zurückfallen der Decke am Ende der Hauptgärung nicht mehr in das Jungbier gelangen sollten. Wenn man die Hochkräusen »köpft«, d. h. mit dem Abhebelöffel nur die braunen Spitzen wegnimmt, so entfernt man unedle Geschmacksstoffe. Einen Tag vor dem Fassen des Bieres soll die Decke abgehoben werden.

830. Wie erkennt man die Schlauchreife des Bieres?

Daran, daß die Decke eingesunken ist, und daß sie die Oberfläche in gleichmäßiger, ungefähr 1 cm dicker Schaumschicht bedeckt, in welcher die Hopfenharzteile flockig eingesprengt erscheinen. Bläst man die Decke auseinander, so soll der Würzespiegel schwarz glänzen, die Decke darf sich weder sofort schließen, noch soll

der Würzespiegel wieder weiß werden. Die Abnahme der Saccharometeranzeige in den letzten zwölf Stunden soll nicht mehr als einige Zehntel betragen, der angestrebte Vergärungsgrad soll erreicht sein. Im Schauglas gegen ein Licht gehalten, soll sich ein grobgrießiger Bruch zeigen, dazwischen soll das Jungbier feurigen Glanz haben, mindestens soll ein am Schauglas außen anhängender Jungbiertropfen eine deutliche Bruchbildung aufweisen.
Der Geschmack soll rein und mild sein. Herbbitterer Geschmack kommt von zu oftmaliger Verwendung einer und derselben Betriebshefe. Bei der Geschmacksprobe können Hopfenharzteilchen der Decke, wenn sie in das zu kostende Jungbier geraten sind, zu falschen Schlußfolgerungen Anlaß geben. Bei allen Geschmacksproben ist zu beachten, daß vorher der Geruch des Bieres geprüft werden soll; daß das gleiche Bier, wenn Verdacht auf Geschmacksfehler besteht, sowohl kalt wie leicht erwärmt zu probieren ist.

831. Wie soll das schlauchreife Bier im Schaugläschen sein?
Das im Gläschen stehende Bier soll, vor ein Licht gehalten, ziemlich blank erscheinen und grießigen Bruch haben. Kurz nach dem Einfassen sollen die trübenden Bestandteile nach abwärts sinken und eine blanke, feurig glänzende Bierschicht über der scharf abgegrenzten trüben Bierschicht zeigen. Nach zwölf Stunden soll über einem festen Bodensatz blitzblankes Bier im Gläschen stehen, ohne daß noch Hefeteilchen an dessen Wandung hängen. Bei Verwendung von Staubhefen geht die Klärung etwas langsamer vor sich.
Gute Klärung im Schaugläschen ist ein Zeichen, daß der Brauprozeß soweit gelungen ist und daß auch die Klärung im Lagergefäß ohne Schwierigkeit vor sich gehen kann.
Bleibt aber das Bier im Schaugläschen hartnäckig lehmig dick und erscheint es nach dem Absinken der Hefe mattschillernd mit opaligem Schimmer, deutet das auf begangene Fehler hin und läßt eine schlechte Klärung im Lagerkeller befürchten. Sowohl das verwendete Malz wie besonders auch die Sudhausarbeit sind genau zu untersuchen. Die Hefe eines derartigen Sudes darf nicht mehr zum Anstellen verwendet werden, sondern ist durch frischen, gesunden Zeug zu ersetzen.
Übermäßig geschlämmte bzw. gewässerte Hefen geben oft opalisierende Jungbiere. Vorzeitig mit zu niedrigem Vergärungsgrad gefaßte Biere klären im Lagergefäß schlecht.

832. Wie zeigen sich unerwünschte Gärungserscheinungen?
a) Beim Ankommen: Überzieht die Decke nicht an allen Stellen die Oberfläche, so ist die Würze kräftig aufzuziehen. Bei der neu entstehenden Decke treten dann kahle, unbedeckte Stellen nicht mehr auf. Ist an der mangelhaften Decke große Kälte des Gärkellers schuld, so hilft auch noch so kräftiges Aufziehen allein nicht mehr. In einem solchen Falle erhöht man die Temperatur der Würze im Bottich, was durch Drauflassen wärmerer Würze geschehen kann.
b) Im Stadium der weißen Kräusen oder der Hochkräusen bleibt die Kräusenbildung manchmal an einzelnen Stellen zurück, eine Erscheinung, die besonders gern in übermäßig ventilierten oder zugigen Gärkellern auftritt.

c) Die Decke *fällt* manchmal im Reifestadium stellenweise durch, wenn man die Biere allzu lauter werden ließ.

d) Unter *Nachschieben* versteht man die gegen Ende der Gärung neu entstehende Verdickung der Decke längs des Bottichrandes und um den Schwimmer herum, entstanden durch nachträgliches Neueinsetzen der Gärung.

e) *Kochende Gärung*, durch heftiges Wallen der Gärung an einzelnen Stellen gekennzeichnet, tritt meist erst im Stadium der Hochkräusen auf. Die noch nicht völlig erforschte, für die Bierqualität belanglose Erscheinung verliert sich beim Rückgange der Gärung. Kurzgewachsene Malze, besonders solche aus notreifen Gersten und zu junge Malze verursachen leicht kochende Gärung. Auch bei der Verwendung von Zeug aus Starkbier wurde diese Erscheinung beobachtet.

f) Schlechte *Deckenbildung* tritt ein, wenn die Hefe zu degenerieren beginnt. Die Decke ist dann weniger kompakt, das Stadium der weißen Kräusen kaum unterscheidbar, die Braunkräusen sind niedrig und lose schaumig. Gegen Schluß der Gärung tritt eine seifenschaumähnliche, blasige, dünne Decke ein, welche die Hopfenharzflocken nicht mehr zu tragen vermag.

g) *Blasengärung* zeigt sich im Durchbruchstadium. Auf der Decke erscheinen Blasen von Walnuß- bis Kindskopfgröße. Die Hopfenharzausscheidungen sind sehr gering. Im Stadium der Fässigkeit sind die Blasen, die man der Verwendung schlechten Hopfens zuschreibt, manchmal wieder verschwunden.

h) *Schlechter Geruch* der gärenden Würze rührt her von eingetretener Infektion der Hefe oder Würze. Sehr häufig ist mit der Verwendung verunreinigter oder durch zu lange Aufbewahrung in ihrer Gärkraft geschädigter Hefe auch die Erscheinung einer *trägen Gärung* verbunden. Hier hilft nichts als sofortiger Wechsel der Anstellhefe.

833. Was versteht man unter »grün«, was unter »lauter« fassen?
Als »grün« wird ein Jungbier bezeichnet, das noch so viel Hefe enthält, daß es trübe aussieht, »lauter« nennt man ein Bier, das beim Fassen schon ziemlich klar ist.

834. Welchen Einfluß hat das Grün- bzw. Lauterfassen?
Grün gefaßte Biere gären lebhaft nach, sind früher konsumreif und zeigen dann bei sonst richtiger Kellerbehandlung kräftigen Trieb und gute Schaumhaltigkeit. Bei allzu hefehaltigem Jungbier besteht aber die Gefahr einer Geschmacksverschlechterung durch Hefeautolyse, besonders in warmen Lagerkellern.
Zu lauter gefaßte Biere haben matte Nachgärung und oft trotz langer Spundungsdauer schwachen Trieb. In solchen Fällen kann man sich durch rechtzeitiges Aufkräusen der zu lauter geschlauchten Biere helfen.

835. Wie wird die Hefe abgenommen?
Ist der Bottich nach beendeter Hauptgärung vom Jungbier geleert, so liegt am Boden die Hefe. Die oberste Schicht, welche *Vorzeug* heißt, wird sorgfältig mit der Zeug-

krücke abgestreift. Der Vorzeug enthält meist noch viel Bier und eine Menge Trub und Hopfenharz.
Unter dem Vorzeug liegt die *Kernhefe*, welche entweder sogleich wieder zum Anstellen verwendet oder aber zuerst geschlämmt oder abgewässert wird.
Die unter der Kernhefe befindliche Schicht, aus toten Hefezellen und Trubteilen zusammengesetzt, heißt *Bodenhefe*. Sie ist im Brauereibetrieb nicht verwendbar.

836. Wie soll die Hefe im Bottich beschaffen sein?
Die Hefe soll im Bottich nicht dünnflüssig (suppig) sein, sondern fest liegen. In diesem Falle läßt sich der Vorzeug leicht von der Kernhefe abstreifen. Gute Hefe verbreitet beim Abnehmen vom Bottich einen angenehmen Geruch; sie ist mit Kohlensäure durchsetzt, welche beim Abnehmen entweicht und leichtes Rauschen verursacht; sie ist nicht schmierig und pappig; ihre Farbe ist lichtbraun; unter Wasser gebracht, setzt sich gute Hefe rasch ab.

837. Woher kommen Unterschiede in der Farbe der Kernhefe?
Von der Biersorte und der Heferasse. Die Kernhefe aus hellen Bieren ist heller als die aus dunklen Bieren. Vergärt man zwei Bottiche des gleichen Bieres mit verschiedenen Hefen, so hat die niedervergärende Kernhefe eine hellere Farbe als die hochvergärende, weil letztere länger in Schwebe geblieben ist und dabei mehr Farbstoff aus dem Bier herausnehmen konnte.

838. Wie wird die Kernhefe nach dem Abnehmen behandelt?
Nachdem die Kernhefe in eine unter das Zapfenloch gestellte Zeugwanne gestreift ist, kann sie sogleich wieder zum Anstellen verwendet werden. Dies ist besonders dann der Fall, wenn man z. B. wegen plötzlicher Vermehrung des Sudbetriebes über nur geringe Mengen von Anstellhefe verfügt. Das Zeuggeben »direkt vom Bottich« kann mit derselben Hefe mehrmals hintereinander vorgenommen werden, wenn sie biologisch einwandfrei ist.
Im regelmäßigen Betrieb wird die Kernhefe mit kaltem Wasser klumpenfrei verrührt und hierauf durch ein Zeugsieb in eine Hefewanne gesiebt. Nach Verlauf von einigen Stunden wird das über der Hefe stehende schmutzigbraune Wasser abgegossen und frisches über die Hefe gelassen. Ist die Hefe stark verunreinigt, so stößt man sie noch einmal mit diesem zweiten Wasser ab und überläßt sie dann der Ruhe. War die Hefe aber gut, so unterbleibt das Abstoßen zum zweiten Male. Es ist vorteilhaft, für die Behandlung der Hefe ein Wasser zu verwenden, das mittels eines »Eski« auf etwa 4 °C gekühlt wurde. Nimmt man ungekühltes Wasser, so wird die Hefe Temperaturschwankungen von 6–7 °C ausgesetzt, wodurch das Ankommen der Würze verzögert wird.

839. Worauf ist beim »Abwässern« der Hefe zu achten?
Das »Abwässern«, d.h. Wechseln des Wassers über der Hefe, geschieht nach Bedarf. Da sehr wertvolle Bestandteile der Hefe im Wasser löslich sind, soll man die Hefe durch zu reichliche Wassergabe nicht unnötig auslaugen und schwächen. Beim Abgießen des über der Hefe stehenden Wassers ist die Wanne auf der einen Seite vorsichtig zu heben bzw. zu kippen, damit das Schmutzwasser vollkommen

abfließt, ohne daß Hefe mitgerissen wird. Etwa auf der Oberfläche der Hefe liegende Verunreinigungen entfernt man mit einem Zeuglöffel. Hierauf läßt man das frische Wasser langsam und derart auf den Zeug fließen, daß er nicht aufgerührt wird. Das Wasser soll sehr kalt sein und nur handoch über dem Zeug stehen. Die weitere Kühlhaltung der Hefe erfolgt mit gekühltem Süßwasser, das durch Kühlschlangen oder durch den Doppelmantel der Hefewannen geleitet wird.

840. Welchen Zweck hat das Hefeschlämmen?
Das Schlämmen hat den Zweck, Verunreinigungen aus der Hefe auszusondern. Es sind dies hauptsächlich Eiweißkörper, zu denen auch die Glutinkörper zählen, Hopfenharze, tote Hefezellen und fremde Organismen, wie Bakterien, wilde Hefen, Schimmelsporen.

841. Wie geschieht das Hefeschlämmen?
Die klumpenfrei mit kaltem Wasser verrührte Kernhefe wird durch ein Flachsieb oder durch eine Hefesiebmaschine in einen Schlämmbottich gesiebt. Man läßt nun von unten in die Hefe kräftig kaltes Wasser einströmen, bis das Hefe-Wassergemisch den Bottichrand nahezu erreicht hat. Gleichzeitig hält man die Hefe durch Umrühren mittels einer Zeugkrücke in Bewegung. Bevor der Schlämmbottich überläuft, vermindert man den Wasserlauf derart, daß ständig etwas Schmutzwasser abläuft, ohne daß Hefe mitgerissen wird. Die gute Hefe setzt sich schon während dieses Mischvorganges zu Boden, während der größte Teil der Verunreinigung nach und nach abgeschwemmt wird.
Ist nach 20–30 Minuten das Hefeschlämmen beendet, so läßt man die Hefe noch einige Zeit absitzen und verbringt sie dann in Hefewannen, wo sie bis zur Verwendung als Anstellhefe unter gekühltem Wasser aufbewahrt wird.
Neuerdings verwendet man in Großbetrieben besondere Einrichtungen, welche das Hefeschlämmen sehr vereinfachen.

842. Wie wird in einem neuzeitlichen Hefekeller gearbeitet?
Die in den Gärbottichen oder in den Gärtanks geerntete Hefe verrührt man gut mit kaltem Wasser und pumpt das Gemisch mit einer Spezialhilfepumpe auf ein Vibrationssieb. Durch die intensiven Schwingungen dieses Siebes fällt die reine Hefe durch das Gewebe in den darunterliegenden Sammelbottich, während Hopfenharze, Brandhefen und sonstige Verunreinigungen zurückgehalten und über eine Mulde abgeleitet werden. Im Sammelbottich wird die Hefe bei Bedarf mit kaltem Wasser geschlämmt und anschließend mit Hilfe einer Hefepumpe auf die Hefewannen oder Hefelagerbottiche, die meist mit einer Mantelkühlung ausgestattet sind, verteilt. Hier kann täglich das Wasser gewechselt und die Hefe bis zur Wiederverwendung kühl gelagert werden. Beim Zeuggeben mischt man Hefe und Würze in einem eigenen Mischbottich oder zieht die Hefe in einem Aufziehapparat mit Würze auf, um sie sodann zu der übrigen Würze in den Anstellbottich zu drücken.
Als besonders vorteilhaft hat sich für die Gärung das Beidrücken des aufgezogenen Würze-Hefe-Gemisches während des Bierlaufens unmittelbar in die Würzeleitung erwiesen.

843. Wie ist das Hefevibrationssieb von A. Ziemann beschaffen?
Das Hefevibrationssieb ist in seinen wesentlichen Teilen aus nichtrostendem Stahl hergestellt und so konstruiert, daß es leicht zu reinigen ist. An einem Rohrrahmen ist an vier Federn der tunnelförmig ausgebildete Schwingkörper aufgehängt, an dessen Unterseite das Hefesieb und dessen Oberseite der Unwuchtmotor starr befestigt sind. Der Unwuchtmotor erzeugt genau berechnete Schwingungen, ähnlich, wie sie bei einem Rüttler entstehen. Diese Schwingungen sind in ihrer Intensität auf die speziellen Eigenschaften der Hefe abgestimmt und bewirken eine sehr gute Abscheidung aller Verunreinigungen, die in einer Mulde aufgefangen werden. Ein Verteiler sorgt dafür, daß sich das Hefewassergemisch gleichmäßig über das vibrierende Sieb verteilt. Das Hefevibrationssieb kann stationär entweder an der Wand oder an der Decke befestigt werden. Eine transportable Ausführung auf Rollen läßt sich bequem über jede beliebige Hefewanne schieben, auch eine Laufschienenkonstruktion über einer Reihe nebeneinanderliegender Hefewannen ist oft zweckmäßig.

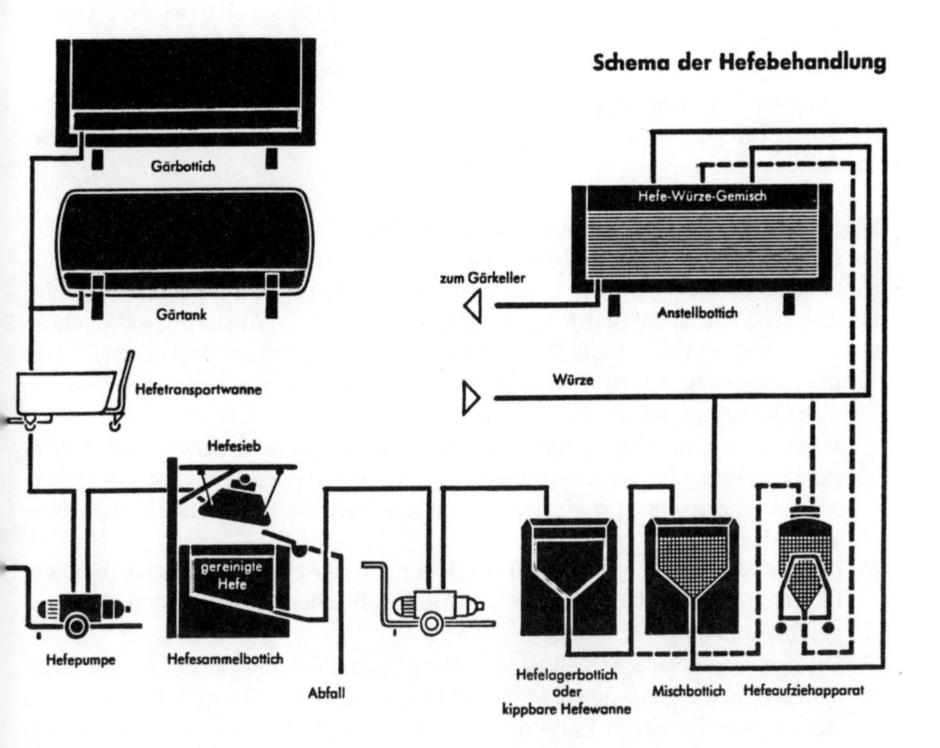

844. Wie bewahrt man Hefe für längere Zeit auf?
Unter stark gekühltem, reinem Wasser kann Anstellhefe bei täglichem Wechseln des Wassers vier bis sechs Tage aufbewahrt weren, ohne an ihrer Gärtüchtigkeit Schaden zu nehmen. Von solchem Zeug ist jedoch die oberste Schicht, welche dauernd in Berührung mit Wasser war, einige Zentimeter tief sorgfältig abzunehmen, ehe angestellt wird.

Soll Bierzeug länger als eine Woche aufbewahrt werden, so ist der gesiebte und gewaschene Zeug mittels einer Hefepresse zu pressen und in möglichst trocken gepreßtem Zustande in eine Blechbüchse unter Vermeidung von Lufträumen einzufüllen. Die luftdicht verschlossene Blechbüchse vergräbt man in Eis. So aufbewahrt, hält sich gute Anstellhefe zwei bis drei Wochen. Auch unter Jungbier läßt sich Hefe mehrere Wochen aufbewahren.

845. Wie wird Bierzeug verschickt?

Der gepreßte Zeug wird in eine Blechbüchse eingestampft, welche luftdicht verschlossen wird. Die Blechbüchse verpackt man in eine genügend große Kiste in Sägemehl und Eis. Das Eis hält die Hefe kühl, das Sägemehl verhindert vorzeitiges Schmelzen des Eises und saugt das Schmelzwasser auf.

Das Beipacken von Hopfen zu gepreßter Hefe ist als biologisch nicht einwandfrei zu verwerfen.

Auf sehr weite Entfernungen, wo die Beipackung von Eis zwecklos wäre, versendet man Hefe in Form von *Trockenhefe* in Blechbüchsen. In diesem Fall wird ein Trocknungsverfahren angewendet, das die Hefezellen nicht tötet. Im Gegensatz hierzu steht die fabrikmäßige Herstellung von Nährhefe, Futterhefe oder Hefe zu medizinischen Zwecken. Hierbei werden dampfbeheizte Hefetrockner verwendet, welche bei hohen Temperaturen Trockenhefe erzeugen, wobei die Gärfähigkeit der Hefe vernichtet wird.

846. Wie wird die Gärung in ZKG's gehandhabt?

Da man die Gärbilder der einzelnen Stadien nicht verfolgen kann, dienen die Saccharometeranzeige und die Temperatur als einzige Kontrollpunkte. Für die Betriebskontrolle ist die Bestimmung der Hefezellzahl beim Anstellen, während der einzelnen Stadien und im schlauchreifen Jungbier ein wichtiger Anhaltspunkt. Die Bestimmung erfolgt mit Hilfe einer Zählkammer oder eines elektronischen Gerätes.
Die Gärführung stellt sich wie folgt dar:

1. Man paßt die Anstelltemperatur der jeweiligen Temperatur der im Tank bereits gärenden Würze an, so daß schließlich bei Tank-voll die gewünschte Gärhöchsttemperatur erreicht wird. Es treten somit innerhalb des Tanks keine Temperaturunterschiede auf.
2. Die Hefegabe ist möglichst über die gesamte Befüllzeit des Tanks zu verteilen. Es sollten somit ständig etwa 15–20 Mio. Hefezellen/ml der Anstellwürze zugeführt werden.
3. Die neu zufließende Anstellwürze sollte gleichmäßig und ständig belüftet werden, so daß die Hefe sich jeweils von neuem vermehren kann. Bei sehr langen Befüllzeiten ist gegen Ende nicht mehr zu belüften. Außerdem hätte dieses Belüften auch ein starkes Schäumen des Tanks zur Folge.
4. Die Kühlung des Tanks sollte so eingestellt sein, daß zunächst die obere Kühlzone zugeschaltet wird, so daß die oberen Schichten des Tanks gekühlt werden, wodurch eine verstärkte Rotation des Bieres eingeleitet wird.
5. Die Kühlzone wird erst dann zugeschaltet, wenn der untere Tankbereich sich der mittleren maximalen Gärtemperatur nähert.
6. Die Konuskühlung wird dann zugeschaltet, wenn die Hefe sedimentieren soll.

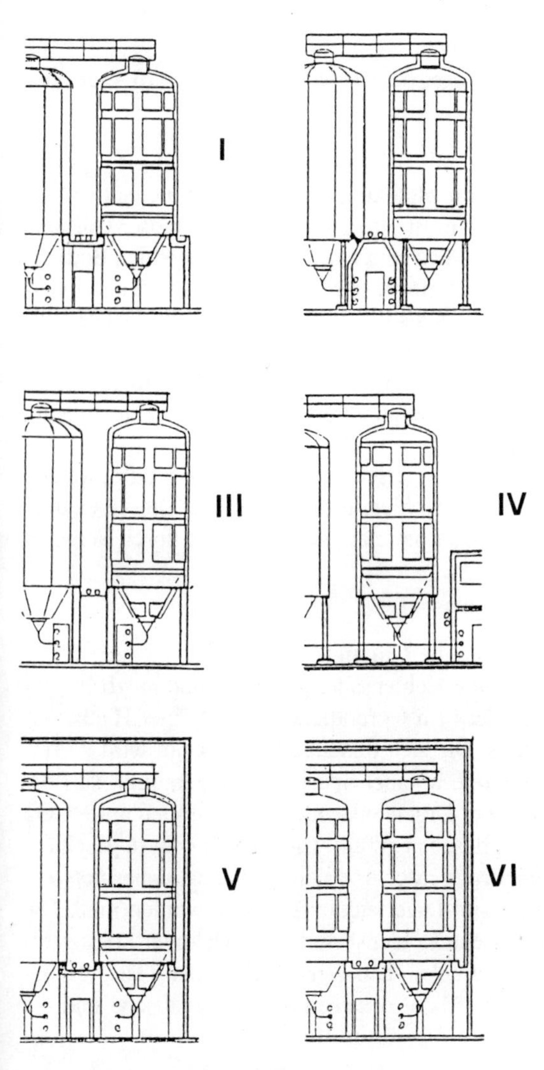

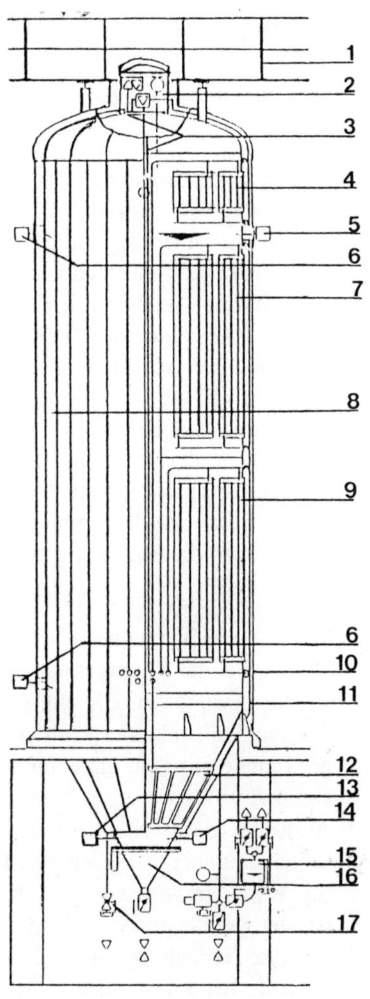

1 Bedienungs-Laufpodest
2 Armaturendom mit CO_2 - und CIP-Anschluß-Umschaltventil-Vakuumventil-Sicherheitsventil und Max.-Sonde für Lagervolumen
3 Entwässerungs- und Kabelrohre - in Isolierung verlegt
4 Zargenkühlzone III für die Reifungsphase
5 Max.-Sonde für Gärvolumen
6 Thermometeranschluß
7 Zargenkühlzone II
8 Isolierung
9 Zargenkühlzone I
10 NH_3 - Anschlüsse
11 CO_2 - Luft- und Reinigungsrohr - in Isolierung verlegt
12 Konuskühlzone
13 Anschluß für Inhaltsmessung
14 Mini-Sonde
15 CO_2-Armatur mit Spundapparat
16 Mannlochverschluß mit Befüll- und Entleerungsarmatur
17 Probierhahn

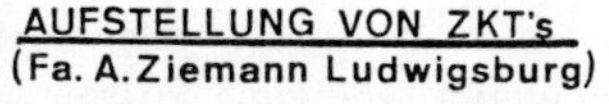

AUFSTELLUNG VON ZKT's
(Fa. A. Ziemann Ludwigsburg)

I: outdoor mit geschlossenem Bedienungsraum.

II: outdoor mit separatem Bedienungsgang.

III: outdoor mit Ringfundament.

IV: outdoor mit Bedienung vom Nebengebäude.

V: im unisolierten Gebäude.

VI: im isolierten Gebäude.

847. Wie lange dauert die Hauptgärung?

Bei leichten (unter 11 %) Bieren 6–7 Tage, bei 11–14 %-Bieren 7–10 Tage, bei Starkbieren 8–11 Tage.

848. Was geschieht mit der bei der Hauptgärung gebildeten Kohlensäure?

Ein Teil der Gärungskohlensäure bleibt im Bier (0,2 kg/hl bei druckloser Gärung, 0,35 kg/hl bei Druckgärung), der größte Teil entweicht, indem er über den Bottichrand fließt. Da Kohlensäure schwerer als Luft ist, so reichert sich die Luft am Boden des Gärkellers stärker mit Kohlensäure an als die Luft an der Decke. Daher muß auch das Absaugen der Stickluft mittels eines Ventilators vom Boden aus geschehen. Das Betreten ungelüfteter Gärkeller, in welchen sich Bier in Hochkräusen befindet, soll mit Vorsicht geschehen. Es muß unterlassen werden, wenn ein Kerzenlicht nur träge brennt oder gar erlischt.

Ebenso verhält es sich mit dem Einsteigen in frisch gefaßte Großgärgefäße, welche unmittelbar nach der Entleerung z. T. mit Kohlensäure gefüllt sind. Dieselben dürfen zum Zwecke der Reinigung erst dann betreten werden, wenn durch längeres Ausspritzen die Stickluft entfernt wurde.

849. Welche Vorteile hat die geschlossene Gärung?

Um die bei der Hauptgärung entstehende Kohlensäure gewinnen und nutzbringend wiederverwerten zu können, verwendet man Görbottiche, die mit einer Haube abgeschlossen sind, oder auch Gärtanks. Die sich bildende Kohlensäure wird mit einer Pumpe aus dem Gärgefäß abgesaugt, in einer Spezialanlage gereinigt, verflüssigt und im Betrieb zum Vorspannen der Drucktanks oder zum Abfüllen unter CO2 Atmosphäre verwendet oder auf Stahlflaschen gefüllt. Die Gärung geht in geschlossenen Bottichen bei 0,5 bar(ü) Überdruck rasch vor sich, und es ist daher notwendig, etwas grüner zu fassen, da sonst im Lagertank aufgekräußt werden muß. Die bei der geschlossenen Gärung gewonnene Kohlensäure ist ein wichtiger Zusatzstoff für die Herstellung alkoholfreier Getränke. Die Verwendung der Gärungskohlensäure bei Filtration und Abfüllung erhöht die chemisch-physikalische und die geschmackliche Stabilität.

850. Was versteht man unter Vergärungsgrad?

Unter Vergärungsgrad versteht man eine Zahl, welche angibt, wie viele Prozente vom Extraktgehalt der Würze vergoren sind. Man unterscheidet zwischen scheinbarer (s. V.) und wirklicher Vergärung.

851. Wie wird der Vergärungsgrad berechnet?

Nach der Formel:

$$\text{Vergärungsgrad} = \frac{(E_A - E_S) \times 100}{E_A}$$

Es bedeuten:
E_A = Extraktgehalt der Anstellwürze
E_S = Extraktgehalt zum Zeitpunkt des Spindelns
Das Ergebnis wird in % angegeben

852. Welcher Unterschied ist zwischen scheinbarer und wirklicher Vergärung?
Bei der Bestimmung der scheinbaren Vergärung wird der Extraktgehalt des Jungbieres, so wie es dem Bottich entnommen ist, mittels eines Saccharometers festgestellt.
Bei der Bestimmung der wirklichen Vergärung, deren Kenntnis für den Praktiker ohne besondere Bedeutung ist, wird das Jungbier zuvor entgeistet und entkohlensäuert (d. i. von Alkohol und Kohlensäure befreit), hierauf mit destilliertem Wasser wieder auf das ursprüngliche Gewicht gebracht, erst dann wird der Extraktgehalt des schlauchreifen Bieres ermittelt.
Da Alkohol und Kohlensäure das Bier dünner erscheinen lassen, als es in Wirklichkeit ist, so zeigt das Saccharometer einen geringeren Extraktgehalt des Jungbieres an (scheinbarer Extraktgehalt!). Es berechnet sich daher eine höhere Vergärung (scheinbarer Vergärungsgrad) beim alkoholhaltigen Jungbier als beim entgeisteten Jungbier.

853. Was versteht man unter Ausstoßvergärungsgrad?
Man versteht darunter den Vergärungsgrad des konsumreifen Bieres.

854. Was versteht man unter Endvergärungsgrad?
Man versteht darunter denjenigen höchsten Vergärungsgrad, der mit Betriebshefe überhaupt erreichbar ist. Der Endvergärungsgrad ist ausschließlich von der Zusammensetzung der Würze abhängig, er ist um so höher, je mehr vergärbaren Zucker dieselbe enthält. Die Kenntnis des Endvergärungsgrades ist für die Betriebsüberwachung besonders wichtig. Der Endvergärungsgrad einer Würze wird im Labor mittels einer Schnellgärmethode bestimmt.

855. Wie soll sich beim Fassen die Bottichvergärung zur Endvergärung verhalten?
Der scheinbare Vergärungsgrad des fässigen Bieres soll um etwa 12 % niedriger sein als der scheinbare Endvergärungsgrad. Es ist dann noch so viel vergärbarer Extrakt vorhanden, als für den ungestörten Fortgang der Nachgärung erforderlich ist.

856. Wie soll sich der Ausstoßvergärungsgrad zum Endvergärungsgrad verhalten?
Beide sollen im Interesse einer besonderen Haltbarkeit des Bieres möglichst nahe beieinanderliegen.

857. Hat die warme oder kalte Gärführung Einfluß auf den Vergärungsgrad?
Nein. Man kann bei warmer Gärführung ebenso leicht schwache Vergärungen erzielen wie hohe bei kalter Gärführung. Ausschlaggebend ist die Dauer der Gärung.

Die Veränderung der Würze vom Anstellen bis zur Endvergärung

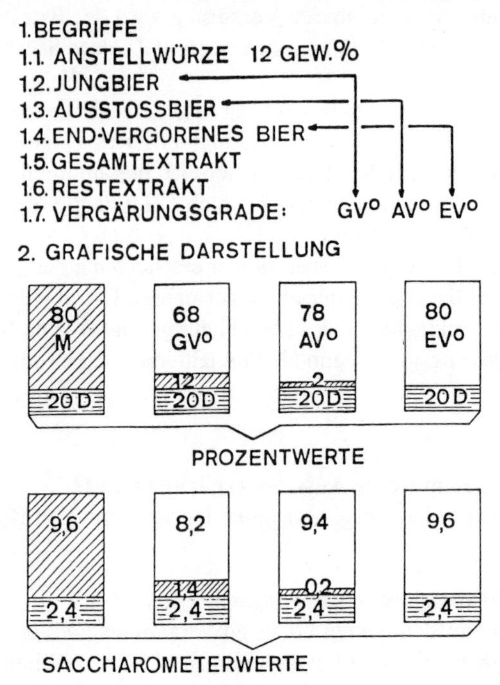

858. Welche Faktoren beeinflussen die Gärung und damit die Bierqualität?

Einflußfaktoren auf Gärung und Bierqualität (nach Dr. P. Kremer)

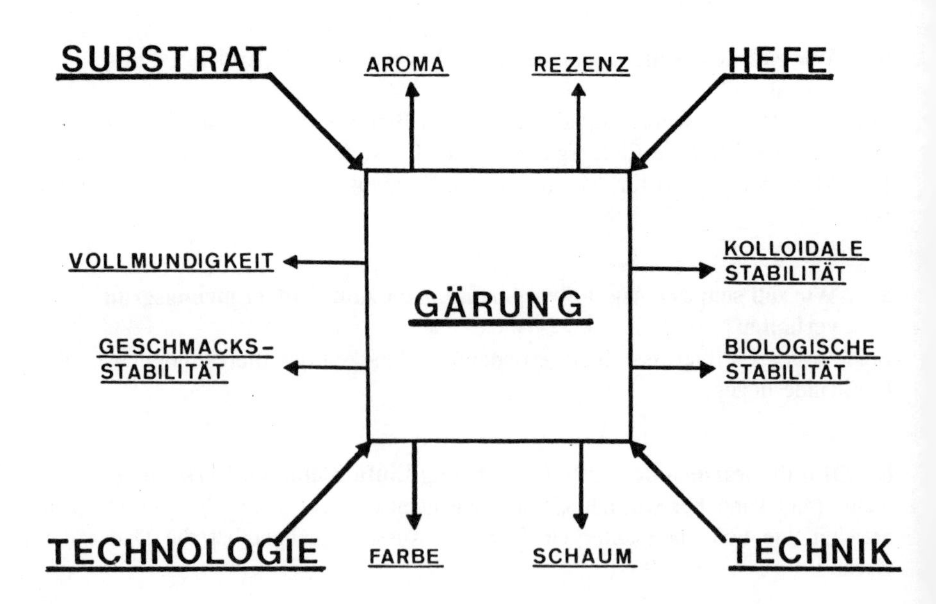

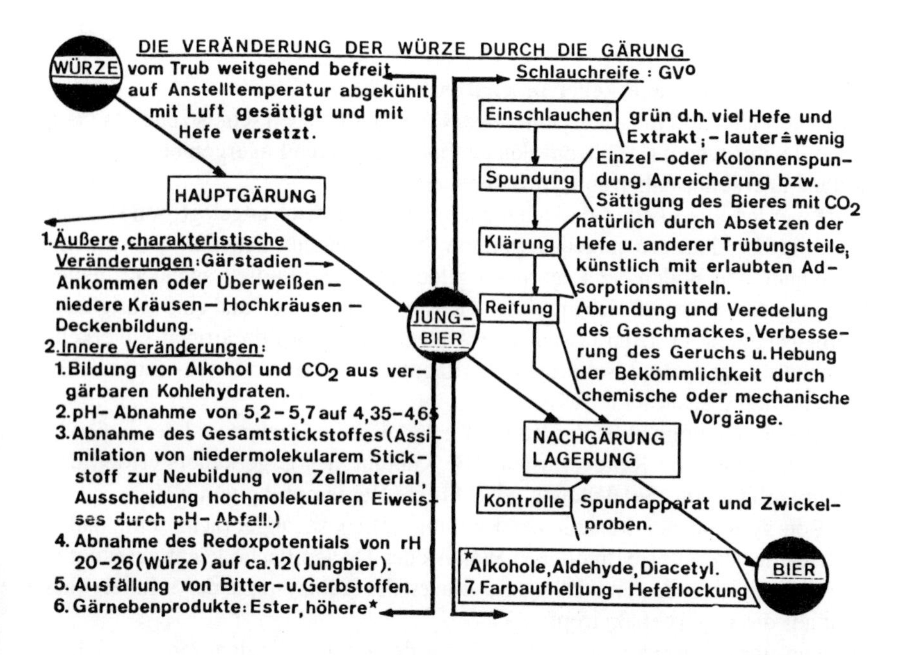
DIE VERÄNDERUNG DER WÜRZE DURCH DIE GÄRUNG
WÜRZE
vom Trub weitgehend befreit, auf Anstelltemperatur abgekühlt, mit Luft gesättigt und mit Hefe versetzt.
HAUPTGÄRUNG
1. Äußere, charakteristische Veränderungen: Gärstadien → Ankommen oder Überweißen – niedere Kräusen – Hochkräusen – Deckenbildung.
2. Innere Veränderungen:
1. Bildung von Alkohol und CO2 aus vergärbaren Kohlehydraten.
2. pH-Abnahme von 5,2–5,7 auf 4,35–4,65
3. Abnahme des Gesamtstickstoffes (Assimilation von niedermolekularem Stickstoff zur Neubildung von Zellmaterial, Ausscheidung hochmolekularen Eiweisses durch pH-Abfall.)
4. Abnahme des Redoxpotentials von rH 20–26 (Würze) auf ca. 12 (Jungbier).
5. Ausfällung von Bitter- u. Gerbstoffen.
6. Gärnebenprodukte: Ester, höhere*
JUNG-BIER
Schlauchreife : GV°
Einschlauchen
grün d.h. viel Hefe und Extrakt; – lauter ≙ wenig
Spundung
Einzel- oder Kolonnenspundung. Anreicherung bzw. Sättigung des Bieres mit CO2
Klärung
natürlich durch Absetzen der Hefe u. anderer Trübungsteile; künstlich mit erlaubten Adsorptionsmitteln.
Reifung
Abrundung und Veredelung des Geschmackes, Verbesserung des Geruchs u. Hebung der Bekömmlichkeit durch chemische oder mechanische Vorgänge.
NACHGÄRUNG
LAGERUNG
Kontrolle
Spundapparat und Zwickelproben.
*Alkohole, Aldehyde, Diacetyl.
7. Farbaufhellung – Hefeflockung
BIER

Die Nachgärung und Lagerung des Bieres

859. Wie soll der Lagerkeller beschaffen sein?
Der Lagerkeller soll möglichst unter dem Gärkeller gelegen sein, so daß das fässige Bier mit natürlichem Gefälle aus den Gärbottichen in die Lagergefäße fließt. Meist ist der Lagerkeller daher unterirdisch angelegt.
Heute werden Lagerkeller vielfach nicht mehr unterirdisch angelegt, sondern oberirdisch in Hochhäusern eingebaut und mit Stahlbetontanks zellenartig ausgestattet. Die Wände und Böden der Lagertanks bilden gleichzeitig die tragenden Elemente des Gebäudes, wodurch sich erhebliche Kosteneinsparungen und eine sehr günstige Raumausnutzung erzielen lassen. Die Außenwände eines derartigen Lagerkeller-Hochhauses müssen gut isoliert und die Lagertanks mit einer Innen- oder mit einer Mantelkühlung ausgestattet sein.
Von großer Wichtigkeit ist die Isolierung der Wände, Decken und des Fußbodens zur Vermeidung von Kälteverlusten. Die Kühlung des Lagerkellers erfolgt durch Luftumlaufkühlung, Solekühlung oder direkte Verdampfung von NH_3.
Die Rohrsysteme der künstlichen Kühlung sollen so angebracht sein, daß der Anstrich der darunter befindlichen Wand- oder Deckenfläche leicht gereinigt und erneuert werden kann, und daß beim Abtauen der Kühlsysteme das Schmelzwasser nicht auf die Lagergefäße tropft.
Lüftungseinrichtungen müssen den Abzug der Gärungskohlensäure ermöglichen und Decken und Wände trocken und frei von Schimmel halten. Diese Forderungen werden besonders von der Luftumlaufkühlung erfüllt. Reinigungs- und Schmutzwasser soll nicht in offenen Rinnen durch den ganzen Lagerkeller fließen, sondern durch die Kanalisation auf dem kürzesten Wege abgeführt werden.

860. Worin lagert das Bier?
Das früher allgemein verwendete Lagerfaß aus Eichenholz wurde zum größten Teil von Lagergefäßen aus Metall oder Stahlbeton verdrängt, weil bei diesen das umständliche und zeitraubende Auskellern und Pichen und die oft schwierigen Reparaturarbeiten entfallen. Metallene Lagergefäße können aus Eisen, Aluminium oder Edelstahl (Chromnickelstahl) hergestellt sein. Während Lagertanks aus Aluminium und Edelstahl innen blank bleiben, müssen Gefäße aus Eisen einen Emailleüberzeug haben oder mit einem neutralen, pechartigen Anstrich oder mit einem Kunststoffüberzug (Akorosit) versehen sein.
Für Lagertanks aus Stahlbeton gibt es verschiedene Auskleidungsmöglichkeiten. Zum Beispiel Ebon, Aluminium und neuerdings Kunststoffe in Form von aufklebbaren Folien oder Anstrichen. Die Spezialauskleidungen müssen indifferent gegen Bier und säure- und laugenbeständig sein.

861. Welche Forderungen werden an ein Lagergefäß gestellt?
Von einem Lagergefäß fordern wir vor allem, daß seine Innenfläche glatt, porenfrei und gegen Stoß und Druck unempfindlich ist. Sie muß gegen Bier absolut indifferent

sein, d. h., sie darf keinerlei Geschmacksstoffe an das Bier abgeben. Ferner muß ein Lagergefäß vollkommen dicht sein und mindestens den Druck aushalten, der beim Abfüllen zur Anwendung kommt.

Die Tankaußenflächen sind mit einem Härtelack gestrichen. Jedes Lagergefäß hat an seiner höchsten Stelle ein Spundloch und an der Vorderseite eine Öffnung das »Mannloch«, durch das zum Zweck der Reinigung »geschlupft« wird. Unterhalb des Mannloches befindet sich der Anzapfwechsel. Armaturen für den Spundapparat und den Zwickel vervollständigen die Ausrüstung. Die Lagergefäße müssen eine so hohe Eigenstabilität haben, daß sie in 2–3 Etagen gesattelt werden können.

862. Welche Möglichkeiten der Tanksattelung unterscheidet man?

1. Ringsattelung bei Alu- und V_2A-Tanks kleinerer Größe.
2. Trägergerüste bei Alu- und V_2A-Tanks größerer Inhalte.
3. Direkte Sattelung bei Stahltanks.

Beim Satteln von Alu-Tanks müssen die Tanksättel gegen Korrosionen einwandfrei isoliert werden.

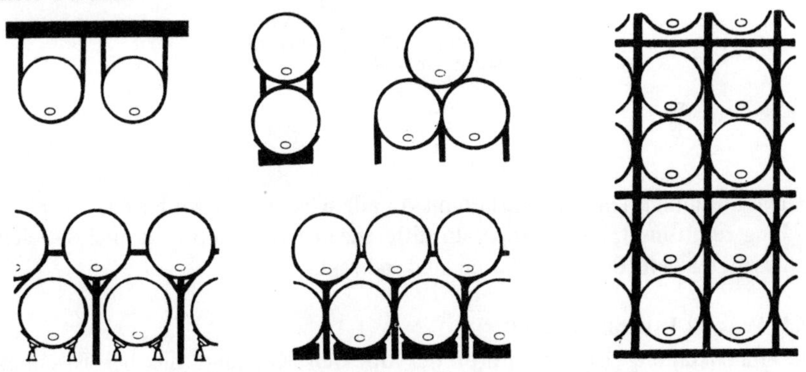

Verschiedene Arten der Tanklagerung (Ziemann)

Neben der Tanksattelung für liegende Tanks kommt heute vermehrt die stehende Tankform mit flachkonischem Boden bzw. in größeren Betrieben mit konischem Unterbau (ZKL – zylindrokonische Lagertanks) zum Einsatz. Dabei werden die Tanks entweder eingehaust oder aber sie stehen im Freien mit Isoliermantel (Outdoortanks).

863. Welche Möglichkeiten zur Kühlung der Lagerräume gibt es?

1. Die stille Kühlung: durch Rippenrohrsysteme, die entweder an der Decke des Kellers über den Gängen oder an den Seitenwänden angebracht sind, fließt gekühlte Sole oder direkt verdampfendes Kältemittel (NH_3 oder Frigen). Die warme Luft steigt nach oben und liefert dem Kältemittel die notwendige Verdampfungswärme. Die abgekühlte Luft fällt nach unten, der natürliche Luftkreislauf schließt sich. Die Raumfeuchtigkeit schlägt sich größtenteils als Reif an den Kühlrohren nieder, wodurch die Raumluft getrocknet wird. Der Reif muß aber zur Aufrechterhaltung der Kälteleistung von Zeit zu Zeit durch Abtauen wieder entfernt werden. Weitere Bestandteile und die Arbeitsweise einer Kältenalage sind dem nachfolgenden Schema zu entnehmen.

Schema einer Kälteanlage

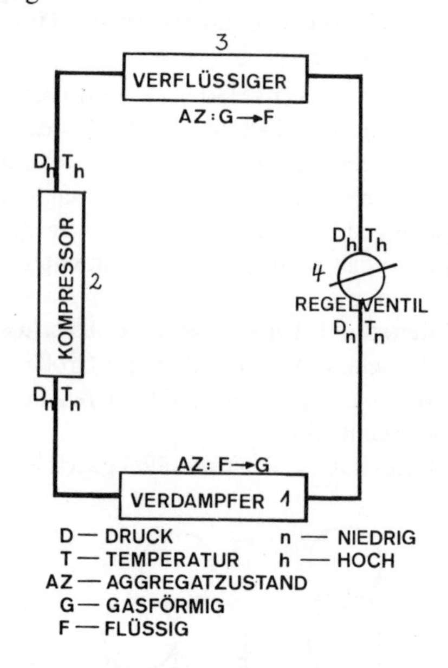

2. Die Luftumlaufkühlung: sie kommt vor allem bei großen Kellern und Tanksattelung zum Einsatz, um Temperaturdifferenzen zwischen Boden- und Satteltanks auszugleichen. Beide Kühlarten sind indirekt.

864. Was ist Innenkühlung?

Die Innenkühlung ist eine Form der direkten Kühlung, die bei Eisenbeton-Lagertanks Verwendung findet. Da Beton ein sehr schlechter Wärmeleiter ist, mußte man die indirekte Kühlung verlassen und zur direkten übergehen. Hierbei ist im Innern des Tanks in der oberen Hälfte eine Kühlschlange angebracht. Sie besteht aus einem glatten Kupferrohr von entsprechenden Durchmesser; der Ein- und Austritt des Kupferrohrs durchbricht die Wandungen des Tanks und steht mit der Kühlleitung in Verbindung. Vor der Ingebrauchnahme werden die Kühlschlangen auf 8 bar(ü) geprüft. Die Kühler sind so dimensioniert, daß das fässige Bier im Tank innerhalb von acht bis zehn Tagen bei einem Normaldruck der Salzwasserpumpe von etwa 1,5–2 bar(ü) von + 5°C auf 0,6°C herabgekühlt wird. Als Kühlflüssigkeit wird lebensmittelechtes Glykol, das auf einem Gegenstromkühler gekühlt wird, verwendet. Thermometer an jedem Tank zeigen die Temperaturen der lagernden Biere an.

865. Welche Vorteile hat das Abmauern der Lagergefäße?

Falls die räumlichen Voraussetzungen gegeben sind, geht man heute gern dazu über, Lagergefäße aus Metall mit einer frontalen Wand abzumauern, so daß die einzelnen Lagertanks nicht mehr sichtbar sind. Die Tankarmaturen werden durch die Abmauerung hindurch geführt und sind vom Kellergang aus zu bedienen. Durch den verschließbaren Schlupfkasten aus Metall kan das Mannloch geöffnet und der Lagertank zur Reinigung geschlupft werden. Mit Hilfe der Luftkühlung läßt sich ein derartiger Lagerkeller leicht kühlen, er ist hinter der Abmauerung immer sauber und trocken und bedarf nur geringer Wartung. Der meist geflieste Bedienungsgang ist einfach zu reinigen und gestattet ein leichteres Arbeiten, da er nicht gekühlt sein muß. Man kann die Tanks auch derart abmauern, daß die Vorderseite noch sichtbar ist.

866. Was versteht man unter einem kombinierten Gär- und Lagertank?

Im Kombitank wird sowohl die Hauptgärung als auch die Nachgärung durchgeführt, wodurch sich erhebliche Raumeinsparungen und in der Spitzenzeit eine Entlastung des Gärkellers ergeben. Der kombinierte Tank mit seiner geschlossenen Hauptgärung bietet außerdem die Möglichkeit, auf einfache und billige Weise die Gärungskohlensäure zu gewinnen, man muß aber gleichzeitig mit Anstellbottichen und mit einem der Verfahren zur Kühltrubentfernung arbeiten, um selbst bei Verwendung reichlicher Aktivkohle einen derben Bittergeschmack im Bier zu vermeiden.

867. Aus welchen Faktoren setzt sich der Kältebedarf zusammen und wie groß ist er?

1. Abkühlung des Bieres von der Schlauchtemperatur (z. B. 4 °C) auf eine Lagertemperatur von −1 °C – rund 2090 kJ/hl.
2. Aufrechterhaltung der Lagerkellertemperatur von −2 °C – 3355−4180 kJ/m^2/Tag.
3. Die bei der Nachgärung freiwerdende Wärmemenge beträgt 627−753 kJ/hl 12%iges Bier bei 1 % noch zu vergärenden Extrakt.

Das Schlauchen oder Fassen des Jungbieres

868. Was versteht man unter Schlauchen?
Man versteht darunter das Befüllen der Lagergefäße mit Jungbier nach beendeter Hauptgärung.

869. Welche Voraussetzungen müssen im Lagerkeller gegeben sein?
Gut gereinigte, desinfizierte Lagergefäße und Leitungen.

870. Welche Anforderungen werden an das Schlauchen gestellt?
Das Schlauchen muß ruhig, gleichmäßig und stoßfrei erfolgen, um übermäßiges Schäumen und damit CO_2-Verluste zu vermeiden.

871. Welche Möglichkeiten des Schlauchens gibt es?
1. Schlauchen unter Ausnützung des natürlichen Gefälles.
2. Schlauchen mit Pumpe, aber unbedingt unter Gegendruck.

872. Welche Arten des Schlauchens unterscheidet man?
1. »Grün«-Schlauchen d. h. mit viel Hefe, niedrigem Gärkellervergärungsgrad und damit höherem Extraktgehalt, die Hefeernte ist geringer, die Nachgärung stärker.
2. »Lauter«-Schlauchen d. h. mit wenig Hefe, höherem Gärkellervergärungsgrad und damit niedrigerem Extraktgehalt, die Hefeernte ist größer, die Nachgärung schwächer.

873. Welche Möglichkeiten der Verteilung beim Schlauchen gibt es im Lagerkeller?
1. Einzelne Lagergefäße vollschlauchen: d. h. durchgehend wurde 1 Sud ausgeschlagen, angestellt, vergoren und das Jungbier eines Bottichs auf einen Tank geschlaucht.
   Die Vorteile liegen darin, daß die Nachgärung rasch einsetzt und das Jungbier kaum mit Luft in Berührung kommt.
   Nachteile sind: ungleiche Würzen (Stammwürzegehalt, Verhältnis Zucker : Nichtzucker, Farbe, Geschmack) ergibt ungleiche Jungbiere (Hefestamm, Vergärungsgrad, grün oder lauter) und damit ungleiche Biere, falls auch beim Ziehen kein Verschneiden erfolgt.
2. Mehrere Lagergefäße anschlauchen, draufschlauchen und vollschlauchen durch Verschneiden (bereits beim Anstellen).
   Die Vorteile sind: gleiche Würzen durch Verschneiden beim Anstellen ergeben gleiche Jungbiere (siehe 1. Klammerhinweise!) und damit gleiche Biere (durch verschiedene Hefen: Alter, Bruch- und Staubhefen) die beim Ziehen zusätzlich über den Verschneidbock laufen.

874. Können Biere, die mit verschiedenen Hefestämmen vergoren sind, miteinander verschnitten werden?

Biere, die mit verschiedenen Hefestämmen vergoren sind und in der Höhe der Vergärung und in der Art der Bruchbildung verschieden waren, werden im Lagerkeller entsprechend verschnitten. Hier gleichen sich die verschiedenen Eigenschaften und Besonderheiten der Hefe aus; ein Bier bringt mehr, das andere weniger vergärbaren Extrakt, das nächste eine gute Nachgärungshefe mit sich. Wenn Bottiche mehr durchgefallen, andere noch grün sind, muß darauf gesehen werden, daß in jedes Lagergefäß die entsprechende Menge von beiden Bieren, also annähernd mit der gleichen Hefemenge, gelangt.

875. Welchen Zweck hat das Füllen der Lagergefäße in mehreren Partien?

Man tut dies, damit das Bier hinsichtlich Vergärung und Farbe möglichst gleichartig in den Ausstoß gelangt, und damit es rasch herunterkühlt. Beim Draufschlauchen wird die Hefe aufgewirbelt und zur neuen Tätigkeit angeregt. Dadurch wird eine gleichmäßige Nachgärung und eine gleichbleibende Bierqualität erzielt.

876. In welchen Fällen werden die Lagergefäße schon beim ersten Schlauchen vollgemacht?

Bei Bieren, die bald ausgestoßen werden sollen; wenn die Lagergefäße an sich geringen Inhalt haben; bei plötzlichem Nachlassen des Geschäftsganges; bei Spezialbieren, die nur in längeren Zeitabständen gebraut werden.

877. Was ist bei sehr kalten Lagerkellern zu beachten?

In sehr kalten Lagerkellern muß man »grün« schlauchen, also viel Hefe mit in das Lagergefäß bringen, andernfalls erreicht man den gewünschten Ausstoßvergärungsgrad während der vorgesehenen Lagerzeit nicht.

Wer nicht besonders hoch vergärende Hefen führt, arbeitet am besten so, daß er den Lagerkeller während der auf das Anschlauchen folgenden Wochen auf 2 bis 3 °C hält und erst dann seine Temperatur von Woche zu Woche weiter herabdrückt.

878. Was ist bei sehr warmen Lagerkellern zu beachten?

In sehr warmen Lagerkellern muß man »lauter« schlauchen, also wenig Hefe mit in das Lagergefäß bringen, andernfalls erreicht man den Ausstoßvergärungsgrad, ja sogar den Endvergärungsgrad in zu kurzer Zeit.

879. Was versteht man unter Spunden?

Man versteht darunter das Verschließen der Lagergefäße mit einem Spundapparat und Aufbau eines Spundungsdruckes.

880. Was ist ein Spundapparat?

Ein Spundapparat ist ein Sicherheitsventil, das mit dem Spundloch des Lagergefäßes verbunden ist und überschüssige Kohlensäure abströmen läßt, dabei aber den eingestellten Spundungsdruck hält.

881. Welchem Zweck dient das Spunden?

Das Bier wird gespundet, um nicht nur ein Entweichen der sich bildenden Kohlensäure zu verhindern, sondern um die Kohlensäure im Bier festzuhalten und immer mehr anzureichern. Nach dem Spunden entsteht im Lagergefäß durch die sich ständig entwickelnde Kohlensäure ein Überdruck, der sogenannte Spundungsdruck.

882. Welche Anforderungen werden an einen Spundapparat gestellt?

1. Der Kohlensäuredurchfluß soll wahrnehmbar und damit der Verlauf der Nachgärung leicht kontrollierbar sein.
2. Der Apparat muß schon bei geringem Überdruck ein gleichmäßiges, stoßfreies Abblasen der Kohlensäure gewährleisten.
3. Die Höhe des eingestellten und des tatsächlichen Spundungsdruckes muß ablesbar sein.
4. Bei Druckstößen darf die Gegendruckflüssigkeit, z. B. das Quecksilber, nicht aus dem Apparat geschleudert werden.
5. Einfache Einstellung des Spundungsdruckes.
6. Leichtes Zerlegen, Reinigen und Füllen.
7. Handliche Form und Größe.

883. Welche Arten von Spundapparaten unterscheidet man?

Nach der Art, wie der Gegendruck im Spundapparat hergestellt ist, unterscheidet man Quecksilber- und Wasserspundapparate. Neuzeitliche Spundapparate arbeiten mit Federdruck nach Art eines Sicherheitsventils. Der Druck aufnehmende Teil ist dabei eine Gummimembrane.

884. Welche Möglichkeiten des Spundens gibt es?

Früher hat man die Gefäße (Fässer) voll geschlaucht, stoßen lassen (Käppeln) und anschließend voll gespundet.
Heute wird »hohl« gespundet, d. h. man läßt einen Hohlraum von 1–2 %, das entspricht einem Leerraum von 10 cm. Das Spunden erfolgt unmittelbar nach dem Vollschlauchen des Lagergefäßes.

885. Wie arbeiten Wasserspundapparate?

Ähnlich dem in der schematischen Zeichnung dargestellten Apparat. Er besteht aus einem 10 cm weiten Rohr A, welches mit einem engeren über das Rohr A hinausragenden Rohr B verbunden ist. Dieses ist mit einem empfindlichen Manometer c und einem Hahn p versehen, an dem die Fässer mittels Schlauch anschließen. Das Rohr A ist oben offen. Es wird mit Wasser gefüllt. Mißt die Wassersäule z. B. 250 cm, so vermag sie 0,25 bar(ü) Gasdruck auszugleichen. Steigt der Druck über 0,25 bar(ü), so drückt die Kohlensäure das in B befindliche Wasser nach A, und das Gas entweicht so lange, bis der Druck unter 0,25 bar(ü) sinkt, worauf das Wasser nach B zurücktritt und dem Gas den Weg ins Freie absperrt.

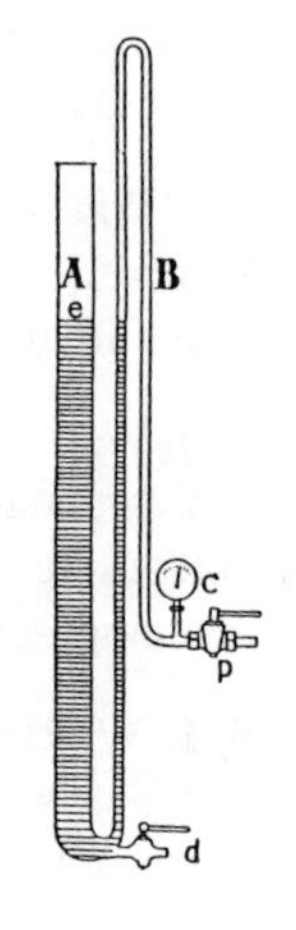

Schema eines Wasserspundapparates

Da der Druck von 0,25 bar(ü) in den meisten Fällen nicht ausreicht, wurden ursprünglich 4 – 5 m hohe Wasserspundapparate hergestellt, die 0,4 – 0.5 bar(ü) aufnehmen konnten. Sie waren aber so unhandlich, daß man zu einer mehrteiligen, aber niedrigen Bauweise übergegangen ist (siehe Abbildung).

886. Wie wird bei einem ZKL der Spundungsdruck gesteuert?
Im allgemeinen wird bei größeren ZKL's eine automatische Druckregelung mit einem Regelventil eingerichtet. Damit ist eine bessere CO_2-Rückgewinnung und einfachere Reinigung möglich.

887. Wie sind neuzeitliche Spundapparate beschaffen?
Neuzeitliche Spundapparate regeln den Druck mit Hilfe einer geeichten V_2A-Feder und einer Membrane. Der gewünschte Druck ist durch Drehen des Kopfstückes leicht einstellbar, der tatsächliche Druck kann an dem angebrachten Manometer überprüft werden. Das abströmende CO_2-Gas tritt durch ein Wassergefäß aus, so daß die Kontrolle der Nachgärung jederzeit möglich ist. Ein solcher Spundapparat ist für Einzel- und für Kolonnenspundung gleich gut geeignet und erfüllt alle Anforderungen, die an einen Spundungsregler getellt werden müssen.

888. Welche Arbeitsweise ermöglicht der Spundapparat mit Feder?
Um die Sättigung des Bieres mit Kohlensäure zu beschleunigen, spundet man mit diesem Apparat in den ersten Wochen der Lagerung mit einem höheren Druck, z.B. mit 0,6–0,8 bar(ü), und geht dann allmählich auf den normalen Spundungsdruck von 0,5–0,6 bar(ü) zurück.

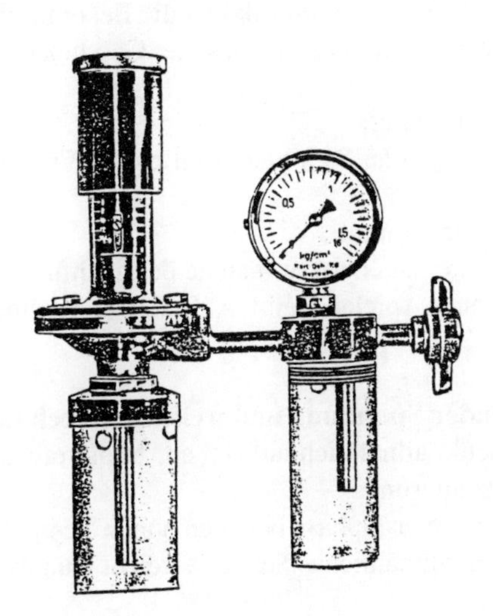

Spundungsapparat
mit Vorreinigungsteil
(Karl Och KG)

889. Welche Spundungsarten unterscheidet man?
1. Einzelspundung: jedes Lagergefäß ist mit einem Spundapparat verbunden.
2. Kolonnenspundung: mehrere Gefäße hängen an einem Spundapparat.

890. Von welchen Faktoren hängt der Spundungsdruck ab?

1. Der Spundungsdruck ist zeitabhängig (Spundungsdauer = Lagerzeit).
2. Der Spundungsdruck ist temperaturabhängig (je wärmer desto höher).
3. Der Spundungsdruck ist gebindeabhängig (Faßbier – Flaschenbier).

Als Zahlenbeispiel sollen die Zusammenhänge verdeutlicht werden:

	Temperatur	Spundungsdruck	CO_2-Gehalt
Faßbier	−1 °C	0,25 bar	0,39−0,42 %
Flaschenbier	−1 °C	0,5 bar	0,48−0,52 %

Nach Prof. Dr. L. Narziß bestehen über den CO_2-Gehalt in Gramm zwischen dem Druck (bar) und der Temperatur (°C) folgende Zusammenhänge:

Druck (bar)	0,1	0,2	0,3	0,4	0,5	0,6
−1 °C	3,6	3,9	4,2	4,55	4,9	5,2
+1 °C	3,2	3,5	3,8	4,1	4,4	4,7
+3 °C	2,95	3,2	3,45	3,7	4,0	4,25

Die CO_2-Menge in Gramm/kg Bier errechnet sich aus dem CO_2-Gehalt in % x 10.

Der Spundungsdruck muß nach 2−3 Tagen erreicht sein. Er ist entscheidend für die Löslichkeit von CO_2 im Bier (= CO_2-Bindung). CO_2-Bindung und Schaumhaltigkeit beeinflussen sich gegenseitig. Je besser die Schaumhaltigkeit, desto langsamer entbindet sich die Kohlensäure.

891. Welche Bedeutung hat das CO_2 für das Bier?

1. Es ist von großer Bedeutung für den Wohlgeschmack und die Bekömmlichkeit. CO_2-arme Biere schmecken »schal« und lassen sonstige Geschmacksfehler leicht erkennen.
2. CO_2 ist die Grundlage der Schaumbildung.
3. CO_2 ist die Grundlage für die biologische Stabilität, weil es die Entwicklung von Fremdorganismen hemmt.
4. CO_2 ist ein natürliches Konservierungsmittel.
5. Ein hoher CO_2-Gehalt verhindert die Sauerstoffaufnahme beim Abfüllen.
6. CO_2-Bindung und die Gesamtmenge spielen beim Abfüllen und beim Ausschank eine Rolle.

892. Was versteht man unter fallender Spundung und welchen Zweck hat sie?

Man beginnt z.B. mit 0,8 bar und senkt allmählich auf 0,5 ab. Man braucht dazu Membranspundapparate mit Federregulierung.

Man verfolgt damit den Zweck, in der Intensivphase bei noch hohen Temperaturen das entstehende CO_2 zu binden. Durch allmähliches Senken erreicht man dann den gewünschten Ausstoßdruck.

893. Was ist Überspundung und welche Folgen hat sie?

Der Spundungsdruck ist zu hoch und damit zuviel CO_2 im Bier. Beim Abfüllen auf Fässer und Flaschen und beim Faßausschank ergeben sich Schwierigkeiten. Das gezapfte Bier wird rasch schal und schaumlos.

894. Was versteht man unter der Nachgärung, und welchen Zweck hat sie?
Unter der Nachgärung versteht man das letzte Stadium der Bierbereitung, das bei niedrigen Temperaturen in geschlossenen Gefäßen im Lagerkeller vor sich geht. Dabei wird der größte Teil des im Bier noch vorhandenen restlichen Extrakts vergoren und das Bier mit Kohlensäure gesättigt. Hefe und andere trübende Bestandteile sinken zu Boden, das Bier klärt sich und wird blank. Zugleich macht es einen Reifungsprozeß durch, der Geschmack und Geruch des Bieres verfeinert und der im Zusammenwirken mit der Kohlensäure dem Bier eine gute Bekömmlichkeit, Schaumhaltigkeit und Haltbarkeit verleiht.

895. Wie geht die Nachgärung vor sich?
Im Lagergefäß, das mit fässigem Jungbier von ca. 3–4°C vollgeschlaucht ist, setzt die Nachgärung nach etwa drei Tagen lebhaft ein. Unter der Einwirkung der tiefen Kellertemperatur kühlt das Bier innerhalb von acht bis zehn Tagen nach und nach auf ca. 1°C herunter. Diese Temperatur bewirkt, daß die Nachgärung von jetzt ab einen ruhigen und stetigen Verlauf nimmt.
Früher war es allgemein üblich, die Biere in den ersten Tagen stoßen zu lassen und dann die vollen Fässer zu spunden. Diese Arbeitsweise, die mit einem beträchtlichen Bierverlust verbunden ist, wird kaum mehr angewendet. Die Lagergefäße werden heute beim Schlauchen nicht mehr ganz voll gemacht und, ohne sie stoßen zu lassen, sofort unter Verwendung eines Spundapparates »hohl« gespundet. Der Spundapparat, der auf einen bestimmten Spundungsdruck eingestellt werden kann, bewirkt eine Anreicherung des Bieres mit Kohlensäure und das Abblasen derjenigen Kohlensäure, die über diesen Spundungsdruck hinaus entsteht. Eine gewisse Ständigkeit und Fortdauer der Nachgärung ist notwendig, damit allmählich eine Sättigung des Bieres mit Kohlensäure eintritt, die die Klärung und Reifung günstig beeinflußt.

896. Von welchen Faktoren hängt der Verlauf der Nachgärung ab?
1. Von der Menge des noch vorhandenen vergärbaren Extraktes, denn für die CO_2-Bindung besteht ein gewisser Extraktbedarf. Legt man die folgende graphische Darstellung (siehe Kapitel Gärung) noch einmal zugrunde, gilt:

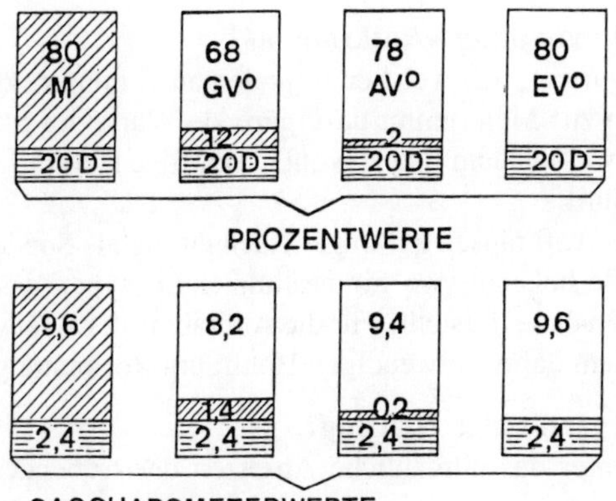

Das Jungbier wird mit 68 % Gärkellervergärungsgrad und einer Saccharometeranzeige von 3,8 Gew. %, davon 1,4 % vergärbarer Extrakt, geschlaucht. Bei einem Ausstoßungsvergärungsgrad von 78 % befinden sich noch 0,2 % vergärbarer Extrakt im Ausstoßbier. Legt man für die CO_2-Bindung 0,5 % Extrakt zugrunde, stehen 0,7 % Extrakt für das stetige Abblasen während der Gesamtlagerzeit zur Verfügung.
Geht man von einem Prozentgehalt CO_2 im Ausstoßbier von 0,5 % aus, wobei bereits während der Hauptgärung 0,25 % CO_2 gebunden werden, entsprechen die noch aufzunehmenden 0,25 % einem Extraktbedarf von 0,5 %.
Geringe Extraktmengen haben eine träge Nachgärung zur Folge. Zu hohe Extraktmengen werden während der langsamen Phase nicht mehr vergoren, d. h. der Ausstoßvergärungsgrad wird nicht erreicht; die große Differenz zum EV° vermindert die Haltbarkeit. Die Praxis zeigt, daß eine im Gärkeller versäumte Extraktabnahme im Lagerkeller nicht mehr ausgeglichen werden kann.

2. Die Extraktnahme beträgt während der Intensivphase 0,5 – 0,6 %. Ein zu langes Halten der Intensivphase beschleunigt zwar die Nachgärung und läßt den EV° erreichen; die Folge ist dann aber ein Gärstillstand, das Bier liegt ohne weitere Veränderung im Tank. Die Extraktabnahme soll aber bis zum Ende der Lagerzeit erfolgen. Nur dadurch kommt es zur ausreichenden CO_2-Bindung und damit zu rezenten und schaumhaltigen Bieren.

897. Soll der Brauer die Endvergärung seiner Biere anstreben?
Im allgemeinen nicht, weil endvergorene Biere oft leeren Geschmack haben.

898. Welche ausstoßreifen Biere dürfen nahezu endvergoren sein?
Exportbiere; Biere, welche pasteurisiert werden sollen; ferner alle jene Biere, von welchen eine besondere Haltbarkeit verlangt wird, wie Ausfuhr- bzw. Überseebiere.

899. Wie groß soll die Differenz zwischen Ausstoßvergärungsgrad und Endvergärungsgrad sein?
Um so geringer, je höhere Haltbarkeit verlangt wird; ferner nähern sich helle Biere mehr, dunkle weniger der Endvergärung. Man kann als normal eine Differenz von 1–3% bei hellen und 2–4% bei dunklen Bieren ansehen.

900. Was versteht man unter »Aufkräusen«?
Verläuft die Nachgärung, aus welchen Gründen auch immer, zu träge, setzt man etwa 10 % Kräusen zu. Man nimmt dazu gärende Würze im Stadium der weißen Kräusen. Dadurch werden dem Bier sowohl gärkräftige Hefezellen als auch vergärbare Zucker zugeführt.
Bezeichnet man das Aufkräusen bei träger Nachgärung als Sondermaßnahme, sind aus der Praxis Fälle bekannt, wo für bestimmte Biertypen das Aufkräusen eine grundsätzliche Maßnahme darstellt. Für die Aufnahme der Kräusen muß dann aber beim Schlauchen dem dafür notwendigen Hohlraum Rechnung getragen werden.

901. Was versteht man unter Klärung?
Man versteht darunter das allmähliche Absetzen der trübenden Bestandteile als Geläger.

902. Wie vollzieht sich die Klärung des lagernden Bieres?
Während der Nachgärung schwebt die Nachgärungshefe noch eine Zeitlang im Bier. Mit fortschreitender Nachgärung ballen sich die Hefezellen zusammen, sinken zu Boden und reißen die trübenden Bestandteile, Eiweißstoffe und Hopfenharze mit sich, desgleichen Stoffe, die sich erst bei den tiefen Temperaturen während der Lagerung ausscheiden. Diesen Vorgang nennt man auch die natürliche Klärung des Bieres.

903. Welchem Zweck dient die Klärung?
Sie dient der geschmacklichen Abrundung, der Verbesserung der Schaumhaltigkeit, der leichteren Filtrierbarkeit des Bieres und der Verbesserung der chemisch-physikalischen Haltbarkeit.

904. Von welchen Faktoren hängt die Klärung ab?
1. Menge und Beschaffenheit der trübenden Bestandteile: je schwerer und größer die trübenden Bestandteile, umso rascher vollzieht sich die Klärung.
2. Heferasse: Bruchhefen setzen sich rascher ab als Staubhefen. Das Absetzen kolloider Eiweiß-Gerbstoffverbindungen nach der Bildung von größeren Komplexen. Erfolgt diese erst nach der Hefesedimentation, verzögert sich die Klärung.
3. Temperatur des Bieres: je niedriger die Temp., umso langsamer ist die Klärung. Bei Temp. von + 2 bis + 3 °C erfolgt zwar eine rasche und weitgehende Klärung; durch Aktivierung der proteolytischen Enzyme der Hefe erfolgen aber vermehrt Hefeeiweißausscheidungen, die einen nachteiligen Geschmack bewirken. Eine nachträgliche Temperaturabsenkung führt zu einer erneuten Trübung, die schwer filtrierbar ist.
4. Intensität der Nachgärung: sie beeinflußt die Bewegung des Bieres und das Aufsteigen der CO_2-Bläschen. Diese und die Kontaktoberfläche der Hefezellen bewirken ein Zusammenballen der Trübungsteile und ihren Transport nach oben bzw. unten und damit eine schnellere Klärung.
5. Größe und Höhe der Tanks: sie beeinflussen die Klärfläche und die Höhe der Bierschicht.
6. Viskosität des Bieres: knapp gelöste Malze, kurze Maischverfahren, höhere Stammwürzegehalte und dextrinreichere Würze verlangsamen die Klärung.
7. Lagerzeit: eine lange Lagerzeit bringt eine fortschreitende Klärung, allerdings sind Temp. um den Gefrierpunkt Voraussetzung.

905. Welche Möglichkeiten gibt es, die natürliche Klärung zu beschleunigen?
Durch Einsatz von Klärmitteln, läßt sich die natürliche Klärung beschleunigen. Man spricht dann von künstlicher Klärung.

906. Welche Arten von künstlicher Klärung unterscheidet man?
1. Mechanische Klärung
2. Chemische Klärung

907. Was versteht man unter mechanischer Klärung?
Den Einsatz von Adsorptionsmitteln, die nach dem Biersteuergesetz erlaubt sind. Es sind technische Hilfsstoffe (Späne, Biospäne usw.) die geschmacksneutral und unlöslich sein müssen und nach ihrem Einsatz wieder vollständig ausgeschieden werden.

908. Was versteht man unter chemischer Klärung?
Isländisches Moos, Agar-Agar und Hausenblase (auf Gelatinbasis) dienen als Zusatz für die chem. Klärung. Die chem. Klärung ist in der Bundesrepublik verboten!

909. Wie werden Späne angewendet?
Die frischen, ungebrauchten Späne werden zuerst ausgekocht, dann in eine Hefewanne unter klares, reines Wasser gegeben; das Wasser wird so oft gewechselt, bis die Späne das Wasser nicht mehr färben und keine Geschmacksstoffe an dasselbe abgeben. Nun wird das Wasser abgegossen, die Späne werden in den Lagerkeller gebracht und durch das Mannloch im Tank aufgeschichtet, der Tank verschlossen und das Jungbier eingeschlaucht. Ist der Tank gezogen, werden die Späne ausgepackt, Stück für Stück gründlich abgebürstet und mit kaltem Wasser nachgespült. Dann kocht man sie aus und behandelt die Späne, wie eingangs beschrieben. Die Spänereinigung wird bei Verwendung einer sog. Späne-Waschtrommel sehr erleichtert, doch ist die Verwendung von Holzspänen stets mit einer Infektionsgefahr verbunden.

910. Was sind »Mammut-Biospäne«?
Ein sehr zweckmäßiger Ersatz für die immerhin verhalteten Holzspäne, welche auch bei sorgfältiger Arbeitsweise eine Infektionsgefahr bedeuten und viel Arbeit und Bierschwand verursachen. Als »Mammut-Biospäne« bezeichnet man kleingekörntes, mit Mammutpech durchsetztes Haselholz, also eine Art von grobem Holzmehl. Diese Späne kommen in Cellophanbeuteln steril verpackt in den Handel. Die Biospäne werden nur einmal verwendet. Sie setzen sich mit fortschreitender Klärung im Geläger ab.

911. Wie erklärt man die Wirkung der Späne?
Die Späne bieten den trübenden Teilchen eine große Oberfläche und ziehen sie dadurch an sich. Der einzelne Span ist mit einer braunen Gelägerschicht ganz überzogen. die Späne regen die Nachgärung stark an und bewirken so eine höhere Vergärung.

912. Woran liegt es, wenn sich ein Bier nicht klärt?
Für den Brauer ein schlimmes Zeichen. Diese Erscheinung ist auf eine der zahlreichen Biertrübungen zurückzuführen (siehe Kontrolle der Nachgärung).

913. Was versteht man unter Reifung des Bieres?
Der Geschmack des Bieres rundet sich ab, er wird edler. Mit dem Geschmack verbessert sich auch der Geruch. Die Bekömmlichkeit wird ebenfalls verbessert.

914. Welche Vorgänge unterscheidet man bei der Reifung?

1. Mechanische Vorgänge
2. Chemische Vorgänge

915. Welche mechanischen Vorgänge laufen ab?

1. Durch das Absetzen der Hefe verschwindet der Jungbiergeschmack zum Teil.
2. Die Eiweiß-Gerbstoffkoloide vergrößern sich, so daß die sog. breite Eiweißbittere verschwindet.
3. Der Bitterstoffgehalt nimmt ab.
4. Durch die CO_2-Wäsche verflüchtigen sich Jungbukettstoffe.

916. Welche chemischen Umsetzungen laufen ab?

1. Es kommt zur Bildung von aromatischen Verbindungen (= Estern) aus organischen Säuren mit Alkohol.
2. Das während der Wachstumsphase der Hefe aus Acetolaktat entstandene Diacetyl wird abgebaut (der Schwellenwert liegt unter 0,12 mg/l).

Der Diacetylabbau ist temperaturabhängig (je kälter, umso langsamer). Der Diacetylabbau ist deshalb ein Maßstab für den »Reifegrad« des Bieres.

917. Welche Bedeutung hat die Lagerzeit?

Sie ist entscheidend für die Nachgärung, Klärung und Reifung des Bieres und damit für die Eigenschaften eines Qualitätsbieres.

918. Von welchen Faktoren hängt die Dauer der Lagerzeit ab?

1. Vom Stammwürzegehalt
2. Vom Biertyp
3. Von der Hopfengabe
4. Vom Vergärungsgrad
5. Von der Temperatur des lagernden Bieres

919. Welche allgemeinen Richtwerte legt man für die Dauer der Lagerzeit zugrunde?

1. Je höher der Stammwürzegehalt, um so länger die Lagerzeit.
2. Helle Biere erfordern eine längere Lagerzeit als gleichstarke dunkle Biere.
3. Je höher die Hopfengabe, um so länger die Lagerzeit.
4. Je niedriger der GV°, um so länger die Lagerzeit.
5. Je niedriger die Temperatur, um so länger die Lagerzeit.

920. Welche allgemeinen Zeitwerte legt man zugrunde?

1. Lagerbiere und Pilsener Biere (11–14% Stammwürze): 4–6 Wochen.
2. Exportbiere (12,5–14% Stammwürze): 5–6 Wochen.
3. Helle Starkbiere (schwach gehopft): 8–10 Wochen.
4. Helle Starkbiere (stark gehopft): 10–12 Wochen.
5. Festbiere (13–14% Stammwürze): 6–8 Wochen.
6. Dunkle Biere sind bereits nach kürzerer Lagerzeit als die jeweils hellen ausstoßreif.

7. Märzenbiere werden zwischen den hellen und den dunklen Bieren eingeordnet. Entscheidend für die Zeitwerte sind letztendlich betriebsspezifische Gründe, allerdings sollte die Lagerkellerkapazität dem größeren Ausstoß des Sommerhalbjahres angepaßt sein.

921. In welchem Zusammenhang steht die Bierqualität mit der Lagerzeit?
Jede Biersorte hat die ihr unter den vorhandenen Kellerverhältnissen eigentümliche günstigste Lagerzeit. Die in Laienkreisen vielfach zu hörende Überschätzung alter Biere ist vollkommen falsch. Wenn der Zweck der Nachgärung erreicht ist, Kohlensäure zu binden, das Bier zu klären und einen im richtigen Abstand vom Endvergärungsgrad liegenden Ausstoßvergärungsgrad zu erzielen, so ist auch gleichzeitig die überhaupt erreichbare Höchstqualität des Bieres erreicht. Besonders wichtig ist die weise Beschränkung der Lagerzeit bei hochprozentigen Bieren, welche leicht zu alkoholisch und sogar unbekömmlich werden. Sie verlieren ihre typischen Geschmacks- und Geruchsmerkmale und nehmen einen weinartigen Charakter an. Helle Biere verlieren bei übermäßig langer Lagerung ihre Bittere, vor allem, wenn sie ausschließlich mit feinstem Hopfen hergestellt werden.

922. Was ist das Geläger?
Das Geläger ist der im Lagergefäß zurückbleibende Bodensatz; er besteht aus den aus dem lagernden Bier ausgeschiedenen Stoffen. In erster Linie sind es Hefezellen, dann Eiweißkörper und Hopfenbestandteile. Es sind dies nicht nur die während der Gärung, sondern auch bei der Nachgärung und Lagerung unlöslich gewordenen Bestandteile. Das Geläger soll kompakt absitzen, damit das Bier leicht gezogen werden kann.

923. Wie kontrolliert man den Verlauf der Nachgärung?
Die Kontrolle des lagernden Bieres umfaßt folgende Punkte:
1. Äußere Kontrolle
2. Innere Kontrolle

924. Was versteht man unter äußerer Kontrolle?
Man versteht darunter die Beobachtung des Spundapparates: Das CO_2 soll stets gleichmäßig und stoßfrei abblasen; der Spundungsdruck soll immer eingehalten werden.

925. Wie erfolgt die innere Kontrolle und welche Gebiete umfaßt sie?
1. Grad der Vergärung
2. Anreicherung mit Kohlensäure
3. Klärung
4. Geschmackliche Ausreifung
5. Biologischer Zustand

926. Wie prüft man den Grad der Vergärung?
Die Überprüfung des Verlaufs und der Intensität der Nachgärung erfolgt durch Bestimmung der Extraktabnahme des Bieres und Berechnung des Vergärungsgra-

des. Die Differenz zum EV° ergibt einen Maßstab für noch notwendige Lagerung bzw. Ausstoßreife des Bieres.

927. Wie prüft man die CO_2-Bindung?
Sie prüft man gegen Ende der Lagerzeit. Dazu läßt man das Bier durch den Zwickelhahn langsam an der Glaswand in das schräg gehaltene, auf Kellertemp. abgekühlte Probegefäß einfließen. Art und Menge des Schaumes geben einen gewissen Aufschluß über den Umfang der CO_2-Anreicherung. Ein feinblasiger, rahmartiger Schaum und eine langsame Entbindung der Kohlensäure lassen auf eine gute CO_2-Bindung schließen. Bei grobblasigem Schaum kann ein Überspunden vorliegen.
Eine analytische Bestimmung des CO_2-Gehaltes im Labor oder mit entsprechenden Geräten, die sich unter Gegendruck schaumfrei füllen lassen, an Ort und Stelle ist bei der Bedeutung der Kohlensäure für die Qualität des Bieres unbedingt notwendig.

928. Wie prüft man die Klärung?
Entsprechende Zwickelproben läßt man bei Zimmertemperatur einige Zeit unter Beobachtung stehen. Allmählich tritt eine Klärung ein. Tritt bei Zimmertemp. keine Klärung ein, so ist die Ursache zu ermitteln.

929. Welche Trübungsverursacher gibt es und wie lassen sie sich nachweisen?
1. Eine Eiweißtrübung läßt sich daran erkennen, daß sie beim Erwärmen bzw. Behandeln mit Natronlauge verschwindet.
2. Eine Kleistertrübung läßt sich mit Jod nachweisen.
3. Eine biologische Trübung und die Art der dafür verantwortlichen Mikroorganismen, läßt sich mit einer mikroskopischen Untersuchung nachweisen.

930. Warum ist die Überprüfung des Geschmackes wichtig?
Mit Hilfe von Zwickelproben, die auf 10 – 12 °C erwärmt werden, prüft man den Geschmack des Bieres. Liegen geringe Geschmacksfehler vor, besteht die Möglichkeit, diese durch Behandlung mit Aktivkohle zu beseitigen oder in geringen Mengen mit einem geschmacklich einwandfreiem Bier zu verschneiden. Biere mit gröberen Geschmacksfehlern, die meistens von Infektionen herrühren, sind kranke Biere und damit unverkäuflich (siehe nächste Frage).

931. Welche Bedeutung hat die Überprüfung des biologischen Zustandes?
Die Proben, die der Überprüfung der biologischen Reinheit dienen, um eventuell vorhandene Infektionen durch bierverderbende Bakterien festzustellen, sind die wichtigsten.
Infektionen, die so stark sind, daß das Bier bereits im Lagerkeller verdirbt, sind schon im Mikroskop erkennbar. Normalerweise sind aber Infektionen mit bierverderbenden Bakterien, falls sie einmal auftreten, so gering, daß sie sich während der Lagerung nicht bis zur Trübung anreichern. Deshalb sind solche Infektionen geringerer Intensität eine große Gefahr für das abgefüllte Bier, weil sie, bedingt durch wärmere Aufbewahrung beim Kunden, das Bier trüben und schließlich verderben.

Zur Vermeidung solcher Schäden ist eine laufende biologische Kontrolle notwendig. Die unter sterilen Bedingungen in Probeflaschen entnommenen Zwickelproben werden bei 29 °C im Brutschrank zur Beobachtung aufbewahrt. Für einen sicheren mikroskopischen Nachweis erfolgt eine Anreicherung durch Zugabe von NBB-Nährlösung.

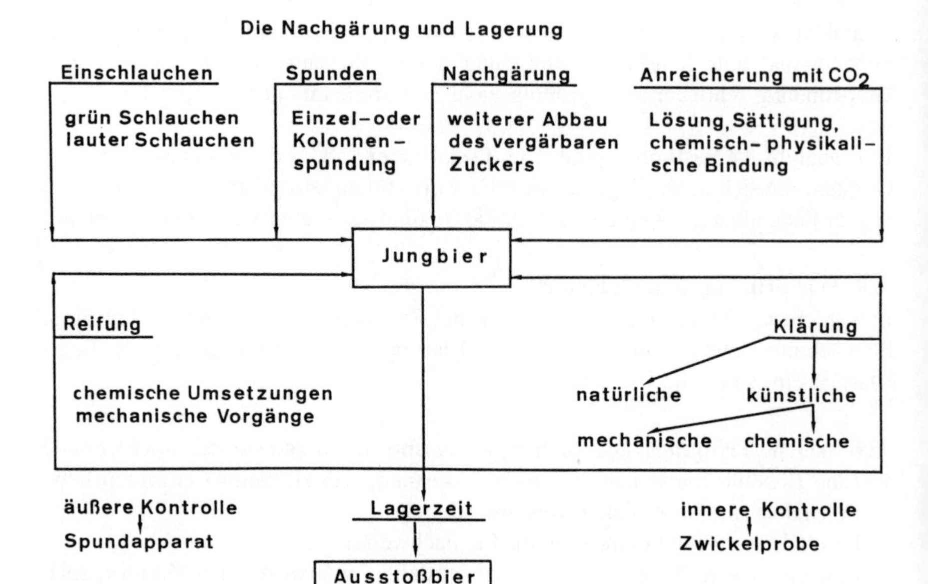

Die künstliche Klärung des Bieres

932. Was versteht man unter künstlicher Klärung?
Künstliche Klärung ist das Entfernen von trübenden Bestandteilen mit entsprechenden Geräten.

933. Welche Trübungsbildner unterscheidet man?
1. Eiweiß-Gerbstoffverbindungen
2. Hopfenharze
3. Hefen
4. Evtl. vorhandene Bakterien (auch bierverderbende).

934. Welchen Zweck hat die künstliche Klärung?
1. Um das Bier glanzfein und kristallklar zu machen, was durch Selbstklärung im Tank nicht zu erreichen ist.
   Gläserne Gebinde und Trinkgefäße und die sich daraus ergebenden Trinkgewohnheiten des Konsumenten haben die Glanzfeinheit und Klarheit zu Qualitätsmerkmalen gemacht.
2. Um kolloid gelöstes Eiweiß herauszuholen, das in den Transportgebinden bei veränderten (ungünstigen) Temperaturen Trübungen und Bodensätze ergeben könnte. Damit wird die chemisch-physikalische Haltbarkeit erhöht (siehe entspr. Kapitel fertiges Bier).
3. Um Hefen und evtl. andere Mikroorganismen, welche Trübungen und geschmackliche und geruchliche Veränderungen verursachen zu entfernen und damit die biologische Haltbarkeit zu erhöhen.

935. Welchen Vorteil hat die künstliche Klärung?
Das Bier erhält nicht nur seinen Glanz und seine Kristallklarheit. Durch die Entfernung von nichtbiologischen und biologischen Trübungsbildnern wird die Haltbarkeit erhöht und der Geschmack verbessert.

936. Wie werden die trübenden Bestandteile nach ihrer Größe eingeteilt?
1. Grobe Teilchen (über $0{,}1\mu$): koagulierbares Eiwiß, Hefen, evtl. Bakterien. Mit dem bloßen Auge sichtbar – mit dem Mikroskop zu identifizieren.
2. Feinste Teilchen (zwischen $0{,}001\,\mu$ und $0{,}1\,\mu$): Eiweiß- und Eiweißgerbstoffverbindungen. Sie sind nur mit dem Elektronenmikroskop sichtbar.
3. Allerfeinste Teilchen (unter $0{,}001\mu$): als Moleküle oder Molekülverbände echt gelöst. Sie sind nicht sichtbar zu machen – aber gaschromatographisch nachweisbar.

937. Welche in Frage 936 eingeteilten trübenden Bestandteile werden entfernt?
Normalerweise werden nur die unter 1. genannten Teilchen entfernt. In vielen Fällen ist es jedoch nicht nur zweckmäßig, sondern auch notwendig, einen Teil der

unter 2. genannten feinsten Teilchen zu entfernen. Die heute teilweise hohen Anforderungen an die Haltbarkeit und die dadurch gegebenen Haltbarkeitsgarantien erfordern dies.
Daß aber für diese Haltbarkeit wertvolle Kolloide verlorengehen, welche die Schaumhaltigkeit und Vollmundigkeit bedingen, sei nicht unerwähnt. Dem Techniker wird dadurch die Entscheidung nicht gerade erleichtert.

938. Welche Methoden der künstlichen Klärung gibt es?

1. Sedimentation: Ablagerung mit Hilfe der Zentrifugalkraft und des unterschiedlichen spez. Gewichtes in entsprechenden Zentrifugen (Seperatoren).
2. Siebwirkung: durch Anschwemmen von Dichtungsstoffen (Filterhilfsmitteln) auf Unterlags-, Stütz- oder Trägerschichten (diese haben fast keine Filterwirkung).
3. Adsorption: Anlagerung an vorgefertigte Widerstände, wie Klär- und EK-Schichten, wobei das Bier nicht nur geklärt, sondern mehr oder weniger in seiner Zusammensetzung verändert wird.

Die ursprünglichen Methoden lassen erkennen, daß es aufgrund der hohen Ansprüche an die Haltbarkeit des Bieres zweckmäßig ist, die künstliche Klärung in eine Vorklärung und eine Feinfiltration aufzuteilen.
Die Praxis zeigt sowohl die einzelne als auch die kombinierte Anwendung der Methoden. Auch technisch ergibt der nachträgliche Einbau eines zusätzlichen Systems keinerlei Probleme.

939. Welche Filterhilfsmittel werden bei der künstlichen Klärung eingesetzt?

1. Baumwollfasern, Baumwollhaare (Linters)
2. Kieselgur und Perlite
3. Zellulosefasern

940. Welche Systeme werden bei der künstlichen Klärung eingesetzt?

1. Massefilter
2. Anschwemmfilter
3. Schichtenfilter
4. Zentrifugen (Seperatoren)

(die Reihenfolge ist analog zu den Filterhilfmitteln).

941. Welcher Filter hatte früher die weiteste Verbreitung?

Der Massefilter war jahrzehntelang der wichtigste Filter in der Brauerei. Er hat zwar heute an Bedeutung verloren, dennoch soll er in den nachfolgenden Fragen (vielleicht zum letzten Mal in einem Fachbuch) noch einmal besprochen werden, damit er nicht völlig in Vergessenheit gerät.

942. Welches sind die Merkmale des Massefilters?

Der Massefilter, fast ausschließlich als Schalenfilter gebaut, hat eine stündliche Leistung von 1,0–1,3 hl Bier je Schale. Wenn er in seiner Leistung nicht überfordert wird, liefert er bei gut vorgeklärten Bieren ein glanzklares Filtrat mit ausreichender Haltbarkeit. Der Massefilter hält alle groben Trübungsteile und zum großen Teil auch die Kulturhefe zurück, nicht aber die kleinzelligen wilden Hefen und Bakterien. Während im unfiltrierten Bier die kräftigen Hefezellen die Entwicklung wilder Hefen und Bakterien unterdrücken, fehlt dem filtrierten Bier dieser Schutz. Deshalb ist filtriertes Bier oft weniger haltbar als unfiltriertes. Bei zu scharfer Filtration kann unter Umständen die Schaumhaltigkeit leiden, da gewisse Kolloide, die sogenannten Schaumbildner, von der Filtermasse zurückgehalten werden können.

943. Wie wird der Massefilter zum Filtrieren vorbereitet?
In die gereinigten Filterschalen werden die Massekuchen eingelegt, wobei auf die richtige Reihenfolge der Schalen ein besonderes Augenmerk zu richten ist. Nach dem Zusammenpressen der Schalen mittels der Spindel drückt man den Filter mit Wasser so lange durch, bis die Filtermasse genügend kalt und die Luft aus dem Filter vollkommen entfernt ist. Ein noch warmer Filter hätte starkes Schäumen bei gleichzeitigem Kohlensäureverlust zur Folge. Durch ruckweises Öffnen und Schließen des Auslaufwechsels lassen sich die losen Fasern der Filtermasse fortspülen. Bis zum Abziehen läßt man den Filter nun unter Druck stehen. Die Verwendung eines Massesterilisierungsapparates ist in der Frage 956 beschrieben.
Ist beim Abfüllen das Bier im Lagerkeller angelaufen und hat der Druckregler das Bier zum Filter gefördert, so werden zuerst die Einlauflaterne und die vordere Entlüftungslaterne schaumfrei mit Bier gefüllt; dann läßt man an der hinteren Entlüftungslaterne so lange das Wasser vorschießen, bis auch diese Laterne mit unvermischtem Bier schaumfrei gefüllt ist. Erst jetzt öffnet man den Auslaufwechsel, so daß das filtrierte Bier zur Abfüllung oder in einen Drucktank läuft.

944. Welche Apparate werden für eine Massefilteranlage benötigt?
1. Der Filter mit den Filtermassekuchen. 2. Die Filtermassepresse. 3. Die Filtermasse-Waschmaschine. 4. Der Massesterilisierapparat.

945. Wie ist ein Massefilter beschaffen?
Die Hauptteile des Filters sind das Filtergestell mit der Grundplatte und dem Spindelbock, die seitlich durch zwei Tragstangen starr verbunden sind. In diesen Tragstangen hängen beweglich die Filterschalen und die Deckelplatte. Mittels der Spindel werden die Filterschalen, in die die Massekuchen eingelegt sind, zwischen Grund- und Deckelplatte dicht zusammengepreßt. An die Grundplatte kommt ein Massekuchen zu liegen und dann die erste Filterschale.
Die Filterschalen sind aus Bronze oder Aluminium hergestellt und bestehen aus einem Stück. Auflagerippen und Durchgänge sind herausgefräst. Die Schalen sind zur gegenseitigen Abdichtung mit Gummidichtungen versehen. Zur Abdichtung der Filtermassekuchen an ihrem Rand sind an den Schalen Preßringe angebracht, die eine sichere Randabdichtung bewirken.

946. Wie geht der Filtriervorgang vor sich?
Das unfiltrierte Bier tritt durch die Einlauflaterne in den Filter ein und wird durch eine Bohrung in der Grundplatte in den oberen und unteren Bierzuführungskanal

geleitet. Von hier fließt es bei allen Schalen Nr. 2 durch die Schlitze und verteilt sich an beiden Seiten zwischen den Rippen der Schalenböden. Nun durchdringt es die Massekuchen, wobei es filtriert wird, und fließt bei den Schalen Nr. 1 durch die Schlitze in den oberen und unteren Bierableitungskanal. In der Deckelplatte wird das filtrierte Bier aus den beiden Ableitungskanälen wieder zusammengeführt und verläßt beim Auslaufwechsel den Filter.

947. Welche Arbeitsmöglichkeiten bietet die Verwendung eines Zwischenstückes?

Bei größeren Filtern wird oft ein Zwischenstück verwendet, und man kann dann mit dem Filter vier Arbeitsmöglichkeiten ausführen:

1. Man kann den Apparat mit einfacher Filtration unter Parallelschaltung der beiden Filterhälften verwenden.
2. Es wird nur mit der einen Filterhälfte gearbeitet, während evtl. die andere frisch eingelegt wird.
3. Der Apparat wird für doppelte Filtration unter Hintereinanderschaltung der beiden Filterhälften verwendet; das Bier geht also zuerst durch die eine und dann durch die zweite Filterhälfte.
4. Der Apparat wird als Filter für einfache Filtration benützt, indem jede Filterhälfte für sich arbeitet; es können hierbei zwei verschiedene Biersorten abgezogen werden.

948. Was ist Filtermasse?

Filtermasse ist aus Baumwollabfällen oder Leinenfasern hergestellt; diese werden entstaubt, Fäden, Nähte und Fremdstoffe ausgeschieden. Der Rohstoff wird dann zerkleinert und in einem Kugelkocher mit Kalkmilch gekocht und sterilisiert. Jetzt gelangt die Masse in eine Waschvorrichtung und wird hier vom Schmutz und Kalk befreit. Die Masse wird hierauf weiter zerkleinert, durch Zusatz von Säure gebleicht und schließlich ausgewaschen. Sie wird auf einen Sandfang gebracht, wo sich schwere Teilchen abscheiden, und ein Knotenfänger befreit sie von Knoten, worauf sie in Platten gepreßt und getrocknet wird. In Papier eingeschlagen, kommt sie in den Handel.

949. Wie wird die neue Filtermasse behandelt?

Die neue Masse wird in Stücke zerbrochen, in heißem Wasser aufgeweicht und zwei Stunden mit heißem Wasser durchgerührt, dann mit kaltem Wasser abgefrischt und gepreßt.

950. Wie lange bleibt die Filtermasse brauchbar?

Solange nicht ihre Filterleistung merklich nachläßt, was mit der fortschreitenden Verknotung und Zusammenballung der Masse zusammenhängt. Manche Masse verknotet rasch, manche bleibt länger gebrauchsfähig. Außer von der Güte der Masse hängt ihre Brauchbarkeit in hohem Maße von der Behandlung ab. Wer die gleiche Masse lange verwendbar erhalten will, muß über einen modernen Waschapparat verfügen. Er hat darauf zu achten, daß die Masse mit reichlichem Wasserüberschuß und bei Temperaturen gewaschen wird, die das Verknoten nicht begünstigen, sondern die Masse eben noch sterilisieren. Keinesfalls darf Filtermasse gekocht werden.

951. Wozu dient die Filtermasse-Presse?

Die Filtermasse-Presse dient zum Abpressen des Wassers aus der nassen Filtermasse und zur Formung der Massekuchen, die in den Filter eingelegt werden. Die gewaschene Filtermasse wird aus dem Masse-Waschapparat in die Kuchenpresse abgelassen. Die Presse hat einen Ablaufkorb, der die Masse in die bestimmte Form bringt. Durch einen mit hydraulischem oder Luftdruck betätigten Druckstempel wird die Masse zu einem Kuchen von bestimmter Festigkeit zusammengepreßt. Zum Betrieb dieser Pressen ist ein Druck von 3–3,5 bar nötig. Die Filtermasse-Einlage per Schale beträgt etwa 2,5 kg Trockensubstanz. Der Wassergehalt des gepreßten Kuchens macht etwa 70–80 % und die Kuchendicke im gepreßten Zustand 53 mm aus. Bei den meisten derzeit gebräuchlichen Filtern preßt man die Kuchen in Vorrat, dadurch geht das Umpacken der Filter rasch vonstatten. Der Filterkuchen muß feucht eingelegt werden. Die Kuchen müssen eine ganz bestimmte Stärke haben, weil durch sie die Randabdichtung erfolgt. Die Kuchen dürfen nicht zu locker gepreßt sein, weil der Filter dann unvollkommen arbeitet, und nicht zu dick und fest sein, weil sie dann dem Bier einen unverhältnismäßig großen Widerstand entgegensetzen.

Frisch gepreßte Massekuchen sollen zur Vermeidung einer Infektion bald in den Filter eingelegt werden. Ist dies nicht möglich, so werden sie, mit einer Blechhaube abgedeckt, in einem kalten Raum aufbewahrt.

952. Wie wird der Filter nach Beendigung des Filtrierens behandelt?

Wenn das Filtrieren bzw. das Abfüllen beendet ist, drückt man die Bierleitung und den Filter vom Verschneidbock aus mit Wasser durch und fängt das dabei gewonnene Bier an der Auslauflaterne des Filters auf. Sodann wird der Filter in umgekehrter Richtung mit Wasser durchgespült, wodurch die gröbsten Verunreinigungen beseitigt werden. Nach einem kurzen Nachdrücken mit Wasser in der normalen Richtung kann man den Filter unter Wasser und unter Druck bis zum nächsten Tag stehenlassen. Dieser Arbeitsweise bedient man sich jedoch nur, wenn die Filteranlage nur wenig ausgenützt wurde, und wenn man daher den Filter noch ein zweites Mal benutzen will, ohne ihn frisch einzulegen.

953. Was geschieht, wenn der Filter nicht mehr befriedigend filtriert und die Masse schon stark verschmutzt ist?

Wenn der Filter in seiner Leistung nachläßt und das Bier nicht blank genug den Filter verläßt, muß er umgepackt werden. Dies ist auch am Ansteigen des Filterwiderstandes erkenntlich. Der Druck am Filtereinlauf, der beim frisch eingelegten Filter etwa 1 bar beträgt, steigt infolge der ständig zunehmenden Verschmutzung und Verlegung bis zu 1,5–2 bar. Zum Umpacken wird der Filter mit Wasser leer gedrückt, dann geöffnet und die Masse herausgenommen. Die Masse wird gewaschen und der Filter gründlich gereinigt.

954. Wie wird die schmutzige Filtermasse wieder gebrauchsfähig gemacht?

Die aus dem Filter herausgenommene Masse ist von Eiweiß, Hefe, Hopfenharz usw. durchsetzt und muß von diesen Verunreinigungen durch Waschen befreit werden. Das Waschen geschieht in besonderen Filtermasse-Waschmaschinen. Man behandelt die Masse erst mit kaltem und hierauf mit heißem Wasser. Als Ersatz für den Verlust feiner Fasern beim Waschen setzt man etwas neue Filtermasse zu. Wer auf besonders glanzfreies Filtrat achtete, gab während des Abkühlens der Masse eine geringe Menge sog. Bierasbestes bei.

955. Wie geht der Waschprozeß vor sich?
Man wäscht zuerst kalt, bis die von der Masse zurückgehaltenen Trübungsstoffe entfernt sind, dann mit warmem und schließlich mit heißem Wasser. Durch indirekten Dampf wird die Temperatur der Masse auf 85 – 90 °C gesteigert und eine Stunde gehalten. dann wird mit kaltem Wasser wieder abgekühlt. Die gewaschene Masse wird in die Presse abgelassen und in Kuchen gepreßt.
Die Verwendung von direktem Dampf begünstigt die Knotenbildung in der Masse und ist daher nicht ratsam, auch besteht die Gefahr, daß mit dem Dampf Öl in die Masse gelangt.

956. Wie arbeitet man mit einer Sterilisiervorrichtung für Filter?
Diese Vorrichtung bezweckt, die Filtermassereinigung in zwei Arbeitsvorgänge zu zerlegen, in das Vorwaschen der Masse im Massewascher und in das Keimfreimachen der Filterkuchen im Filter. Die Arbeitsweise gestaltet sich wei folgt: *Der bisherige Filtermassewaschprozeß wird nach der mechanischen Reinigung* der Filtermasse, die zweckmäßig mit warmem Wasser von etwa 40 – 50 °C erfolgt, *abgebrochen*. Unmittelbar darauf werden die Kuchen in bekannter Weise ohne Abkühlung hergestellt und in den Filter eingelegt.
Die Sterilisierung des fertig eingelegten Filters erfolgt in der Weise, daß Filter-Ein- und -Auslauf mit den entsrechenden Anschlüssen der Sterilsier-Vorrichtung verbunden werden, Filter und Sterilisier-Vorrichtung werden mit Wasser aufgefüllt – wobei auch etwa vorhandenes Warmwasser benutzt werden kann –, und die Umwälzpumpe wird in Betrieb gesetzt. Über das Rohrsystem des Wärmeaustauschers wird nunmehr die Umwälzflüssigkeit durch Dampf oder Heißwasser von hoher Temperatur *indirekt* erhitzt und die gewünschte Sterilisier-Temperatur, die bei etwa 80 °C liegt, 15 – 20 Minuten gehalten. Nach Schließen der Dampf- oder Heißwasserventile wird wieder in indirekter Weise die Umwälzflüssigkeit durch Kaltwasser rückgekühlt. Anschließend kann die Tiefkühlung durch Zuleitung von Sole fortgesetzt und die Temperatur bis auf + 1 °C gebracht werden, wodurch die Rückkühlzeit des Filters erheblich abgekürzt wird.
Nunmehr ist der Filter betriebsfertig, wobei es gleichgültig bleibt, ob er sofort oder auch erst nach Tagen in Benutzung genommen wird.

957. Welche Umstände beeinflussen die Leistung eines Massefilters?
Die stündliche Normalleistung eines Massefilters beträgt ca. 1,0–1,3 hl je Filterschale bzw. ungefähr 3–3,5 hl me m^2 Filterfläche. Sie ist abhängig von der Beschaffenheit des Bieres und von der Durchlässigkeit der Filterkuchen. Alte oder durch Späne vorgeklärte Biere filtieren sich leichter als junge, mit Trübungsstoffen beladene Biere. Neue Filtermasse gibt bei mäßiger Pressung durchlässigere Filterkuchen als alte, mit Asbest versetzte, stark gepreßte Filtermasse.

958. Nach welchem allgemeinen Prinzip arbeiten Anschwemmfilter?

Die Anschwemmfilter enthalten horizontal oder vertikal aneinandergereihte Trägerelemente mit bestimmter Porendurchlässigkeit. Zu Beginn der Filtration erfolgt eine Vor-, Grund- oder Primäranschwemmung und eine während der Filtration laufenden Dosage als Dauer- oder Sekundäranschwemmung von Kieselgur und deren Aufnahme in den Kammern.

959. Was ist Kieselgur?

Kieselgur (Diatomeenerde) ist ein sehr feinkörniges, leichtes Pulver, aus den kieselsäurereichen Panzern abgestorbener Süßwasser- bzw. Meeresalgen. Sie findet sich in großen oberirdischen Lagern in den USA, in Kanada, Italien und Frankreich.

Die Rohgur wird durch Schlämmen und Glühen gereinigt; gemahlen und gesichtet kommt sie steril verpackt in den Handel (siehe nachfolgendes Schema).

960. Welche Bedeutung hat die Struktur der Kieselgur auf die Filtrationsleistung

1. Feine Gur: nadelförmig, filtriert langsam und scharf.
2. Mittelfeine Gur: kammförmig, ergibt eine mittlere Auslese.
3. Grobe Gur: viereckig, rund; filtriert schnell, aber weniger fein.

961. Welche Typen von Anschwemmfiltern unterscheidet man?

1. Rahmenfilter (Stützschichtenfilter): Filterplatte mit Stützschicht und Anschwemmkammer wechseln sich ab. Die Leistung beträgt 3,0–3,5 hl/m^2/h.
2. Kesselfilter (Hochleistungsfilter):
   1. Drahtgewebefilter (vertikale Bauart): die Filterelemente bestehen aus feinen Drahtgeweben: Zwei davon werden jeweils durch ein grobes Gewebe auseinandergehalten und sind in einen Rohrrahmen gespannt, der in einen Sammelkanal mündet. Die Leistung beträgt 4,5 – 6 hl / m^2 / h.
   2. Drahtgewebefilter (horizontale Bauart): die runden Filterelemente sind waagrecht auf einer senkrecht stehenden Hohlwelle angeordnet. Sie bestehen aus einem Chromnickelstahlboden, einem groben Ablaufgitter und einem engmaschigen V_4A-Stahlgewebe, welches die Kieselgur trägt. Das Filtrat verläßt den Kessel über die zentrale Hohlwelle. Die trockene Kieselguraustragung erfolgt durch Drehung der Filtersiebe. Die Leistung beträgt 4,5 – 5 hl / m^2 / h.
   3. Spaltfilter: die Filterelemente bestehen aus Dreikantstäben (120 cm), auf die Edelstahl-Spaltplättchen (eine Seite glatt – eine Seite Nocken) aufgeschoben sind. Außen Kieselgur und Unfiltrat – innen Filtrat. Das Filtrat kommt über die Zwischenplatte (diese trägt die Stäbe und trennt das Unfiltrat vom Filtrat) zum Auslauf (oben).
      Die Leistung beträgt 4,5 – 5 hl / m^2 / h.
   4. Kerzenfilter: die Filterelemente bestehen aus Rohren (140 cm) aus Lochblech, die mit einem rostfreien Stahldraht umwickelt sind. Die Leistung beträgt 5 – 7 hl / m^2 / h.

Alle Kesselfilter benötigen eine Druckerhöhungspumpe für die Gewährleistung eines gleichmäßigen Druckniveaus während der Filtration. Außerdem benötigen sie für die Primär- und Sekundäranschwemmung ein Dosiergerät.

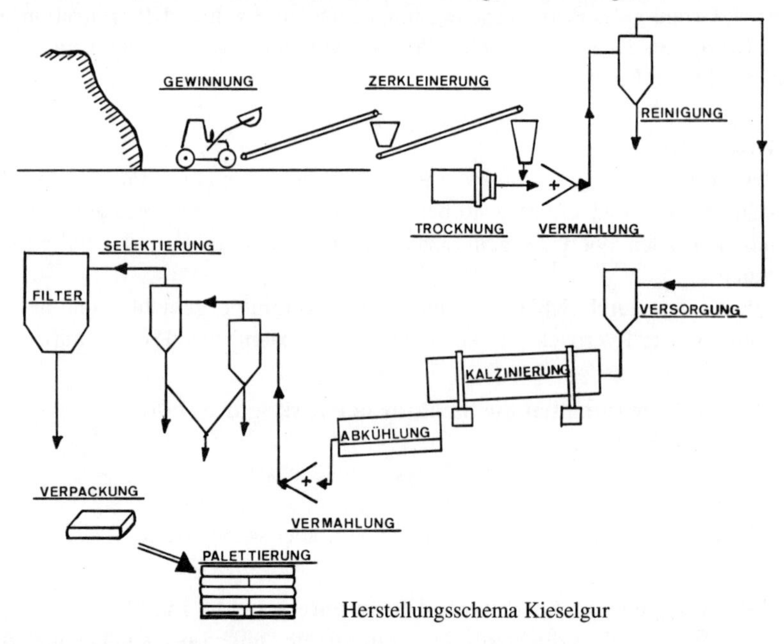

Herstellungsschema Kieselgur

962. Welche Vorteile haben Kesselfilter?

Kesselfilter haben den Vorteil, daß kein Vor- und Nachlauf anfällt, also keinen Filtrationsschwund hervorrufen. Der Wasserverbrauch wird ebenfalls minimiert. Auch ist eine Reduzierung der Rüstzeit möglich – während der Heißwassersterilisation kann bereits die Voranschwemmung aufgetragen werden. Langfristig wird also die Tendenz vom Rahmen- zum Kesselfilter aufgrund dieser Vorteile verlaufen.

963. Welche Vorteile haben Anschwemmfilter gegenüber den alten Massefiltern?

Sowohl die Filtration, als auch die Regeneration, d. h. Reinigung und Sterilisation lassen sich automatisieren.

964. Woraus bestehen die Trägerschichten?

Die Trägerschichten, die keine filtrierende Wirkung besitzen, sind kartonähnliche Einlagen, die im wesentlichen aus Baumwolle, Zellstoff und Zellulosefasern zusammengesetzt und durch ein Bindemittel gehärtet sind.

965. Welche Aufgabe hat das Dosiergerät?

Im Dosiergerät wird das Kieselgur-Wassergemisch sowohl für die Grundanschwemmung als auch für die laufende Dosage vorbereitet. Das Dosiergerät kann auch zur genauen Dosage anderer Zusätze, wie Aktivkohle oder Stabilisierungsmittel usw. verwendet werden.

966. Welche Dosiergeräte gibt es?

1. Injektions-Dosiergeräte: für Leistungen bis zu 20 hl/h. Ein Teilstrom des zum Filter fließenden Bieres geht durch das Dosiergerät.
2. Automatische Dosiergeräte: mit Rührwerk und Pumpe zur Dosierung in die Bierleitung. Das Nachfüllen erfolgt während der Filtration.

Bei Dosiergeräten mit Rührwerk ist auf die Umdrehungsgeschwindigkeit des Propellers zu achten, um ein zu intensives Einrühren von Luft zu vermeiden. Bei der Konstruktion mit Stator und Statorrohr ist ein Einziehen von Luft nicht möglich, aber auch die Homogenität der Kieselgurmischung bleibt besser erhalten.

967. Welche Kieselgurmengen bzw. Kieselgurarten werden eingesetzt?

1. Voranschwemmung: 700 – 1000 g/m² Filterfläche, wobei es zweckmäßig ist, zunächst mit 300 g Grobgur/m² zu beginnen. Bei Kesselfiltern muß die Voranschwemmung ausschließlich mit grober Gur erfolgen!
2. Für die laufende Dosage: 70–100 g/hl, beim Weizenbier bis 200 g/hl. Die anteiligen Mengen an Fein-, mittelfeiner- oder Grobgur hängt z.B. von der Vorklärung im Tank (usw.) ab und ist betriebsspezifisch verschieden.

968. Genügt die Filtration mit Anschwemmfilter allein, um ein glanzfeines Bier zu erhalten?

Bei den modernen Anschwemmfiltern ist eine Nachfiltration mit Massefilter nicht mehr notwendig, was bei den Anschwemmfiltern älterer Bauart noch der Fall war; die Biere werden allein durch den Anschwemmfilter vollkommen glanzfein, allerdings in biologischer Hinsicht nicht garantiert keimfrei. Deshalb ist die Nachschaltung eines Schichtenfilters, im Rahmen der Haltbarkeitsgarantien bei abgefülltem Bier, unumgänglich.

969. Welche allgemeinen Grundsätze für die künstliche Klärung sind von besonderer Bedeutung?

1. Die Mengenleistung eines Filters pro Zeiteinheit ist von der Filterfläche abhängig.
2. Die Gesamtleistung hängt von der Vorklärung im Tank und der Art des Filtermaterials ab.
3. Die Filtrierschärfe ändert sich mit der Wirksamkeit des Filtermaterials, wobei die Siebwirkung im Laufe der Filtration zunimmt, während die Adsorptionskraft allmählich nachläßt.
4. Die Filtrierschärfe ist außerdem von der Druckdifferenz zwischen Trub- und Blankseite des Filters abhängig.
5. Die Voranschwemmung erfolgt im Kreislauf zwischen Filter und Dosiergerät, bis das Wasser klar läuft.
6. Als Filtrationsfolge gilt: hell vor dunkel, lauter vor grün.
7. Medienfolge: Wasser – Vorlauf (Wasser-Biergemisch) – Bier – Zwischenlauf (Bier-Bier) – Nachlauf (Bier-Wassergemisch).
8. Beim Umstellen von Wasser auf Bier müssen die Druckverhältnisse aufrechterhalten bleiben, weil sonst die angeschwemmte Gur abrutscht.

970. Was bedeutet Entlüftung des Filters?

Um eine gleichmäßige Voranschwemmung zu erzielen, ist die einwandfreie Entlüftung des Filters von größter Bedeutung. Befinden sich Luftsäcke vor den Trägerschichten, ziehen diese eine ungleichmäßige Verteilung der Kieselgur nach sich und damit einen ungleichmäßigen Durchfluß (unterschiedliche Schichtstärke). Aber auch die Beaufschlagung des zu filtrierenden Bieres mit Sauerstoff während der Filtrationszeit ist als großer Nachteil zu werten. Aufgrund dieser Gesichtspunkte ist also die vollständige Entlüftung des Rahmenfilters unabdingbae Voraussetzung für eine allen Ansprüchen gerechtwerdende Filtration.

971. Welche Kontrollen sind während der Filtration durchzuführen?

1. Glanzfeinheit: Probegläser und starke Lichtquelle. Die Lichtstrahlen sollen sich dabei haarscharf markieren. Mit Nephelometern (Wolkenmesser) wird in einem Teilstrom des Filtrates ständig die Stärke des abgebeugten und durchgelassenen Lichtes gemessen. Die Meßwerte werden diagrammregistriert; sie ergeben Hinweise für die Gleichmäßigkeit und den Erfolg der Filtration.
2. Druckverhältnisse: Manometer am Ein- und Auslauf geben Aufschluß über den Gesamtdruck und den Filterwiderstand = Druckdifferenz zwischen Ein- und Auslauf. Während der Auslaufdruck annähernd konstant ist, ist der Einlaufdruck zu Beginn um ca. 0,3 bar höher; während der Filtration steigt er bis zu 3 bar an.
3. Strömungsgeschwindigkeit: induktive Durchflußmesser, Schwimmerklappen, Schwimmerkörper messen die Durchflußgeschwindigkeit als Hinweis für exakt eingehaltene Durchflußmenge.
4. Biologische Beschaffenheit: Entnahme von Proben (steril) – Membranfilter – Brutschrank – mikroskopische Untersuchung.

972. Wann ist ein Filter erschöpft?

1. Wenn die Mengenleistung stark nachläßt.
2. Wenn sich die Klarheit des Filtrats verändert.
3. Wenn die Druckdifferenz zwischen Ein- und Auslauf um mehr als maximal 0,3 bar/h (bei Kesselfiltern mehr als 0,5 bar/h) ansteigt, oder aber größer als 2,5 bis 3,0 bar gegen Ende der Filtration ist.

973. Welche Zusatzgeräte sind für die künstliche Klärung notwendig?

1. Leitungen
2. Ventile und Wechsel
3. Druckregler
4. Tiefkühler
5. Verschneidbock
6. Drucktanks

974. Was sind Perlite?

Perlite sind ebenfalls Filterhilfsmittel. Es handelt sich um vulkanisches Gestein, das durch Mahlen und Glühen aufbereitet wurde. Durch »Aufblähen« erfahren sie eine bis zu 30fache Vergrößerung, was eine Kieselgurersparnis von 20 % bringt. Perlite wird vorwiegend bei der Feintrubausscheidung eingesetzt.

975. Was ist Asbest?

1. Holzfaseriges Serpentin – Asbest = Chrysotil.
2. Mineralogisch unterschiedliche Silikate.

Auf den Einsatz von Asbestfasern bei der Filterschichtherstellung wird aber nach den heutigen Erkenntnissen aus gesundheitlichen Gründen verzichtet.

976. Was ist Aktivkohle?

Aktivkohle wird aus Steinnußschalen, Knochen und verschiedenen Hölzern hergestellt. Als Adsorptionsmittel hat es poröse Eigenschaften. Es dient zur Aufhellung des Bieres und zur Geschmacksverbesserung bei evtl. Fehlern.

977. Was geschieht, wenn der Filter erschöpft oder die Filtration beendet ist?

Der Filter wird mit Wasser leergedrückt und je nach Filtertyp, wie folgt behandelt:

1. Beim Rahmenfilter werden nach dem Öffnen die Kieselgur + Trübungsstoffe mit dem Schlauch abgespritzt. Um Abwasser zu sparen, kann das Entfernen auch mit Luftdüsen oder durch Schaber (bei größeren Filtern automatisiert) erfolgen und durch eine Schnecke, ein Förderband oder durch Karren abtransportiert werden. Der Filter wird anschließend wieder geschlossen.
2. Bei Kesselfiltern erfolgt die Austragung der Kieselgur und der Trübungsstoffe immer in entgegengesetzter Richtung zur Filtration entweder durch Spülen mit Wasser, durch Druckluft oder durch Drehung der Filtersiebe (in pastöser Form).

978. Wie werden die Anschwemmfilter keimfrei gemacht?

1. Spülen mit kaltem Wasser.
2. Spülen mit warmen Wasser.
3. Sterilisation mit Dampf oder besser mit Heißwasser von 90 °C. Dabei ist es wichtig, die Temperatur von 85 °C am Filterauslauf mindestens 20 Minuten zu halten (siehe nächste Frage).
4. Abkühlen des Filters.

979. Wann ist eine Filteranlage ausreichend regeneriert?

1. Am Schichtenfilter sollte das Wasser am Ende der Spülung schaumfrei ablaufen.
2. Die Sterilisationstemperatur muß unbedingt im Kältepunkt der Anlage gemessen werden. Das Messen der Sterilisationstemperatur im Filterauslauf kann einen ungenügenden Sterilisationseffekt bewirken.
3. Eine Temperatur von 85 °C im Kältepunkt über eine Dauer von 20 Minuten ist für die Sterilisation ausreichend.
4. Nach Ende der Sterilisation sollte die Anlage sofort abgekühlt werden und unter keinen Umständen mit Heißwasser gefüllt stehenbleiben. In der verlängerten Abkühlphase werden Temperaturbereiche durchlaufen, in denen für evtl. vorhandene Mikroorganismen Vermehrungsbedingungen entstehen.

980. Was versteht man unter doppelter Kieselgurfiltration in einem Rahmenfilter?

Im 1. Teil des Filters, dem sog. Vorfilter wird mit Grobgur, oder Perliten gearbeitet. Im 2. Teil des Filters, dem sog. Nachfilter wird nur Feingur dosiert. Entscheidend ist, daß beide Teile mit Kieselgur so dosiert wird, daß sie sowohl die vorgesehene Leistung bringen, als auch zur gleichen Zeit erschöpft sind. Der Doppelfilter wird bei schwer filtrierbaren Bieren aus Großtanks oder aus Intensivgär- und reifungsverfahren eingesetzt.

981. Wozu verwendet man Schichtenfilter?
Schichtenfilter verwendet man zur Nachfiltration.

982. Welche Arten der Nachfiltration unterscheidet man?
1. Feinfiltration
2. Entkeimungsfiltration

983. Welche Filterschichten kommen zum Einsatz?
Die Spezialschichten bestehen aus Cellulose, Baumwolle, Zellstoff und Kieselgur. Je nach Durchlässigkeitsgrad unterscheidet man:
1. Hefesichere Hochleistungsklärschichten (Polierfiltration)
2. Keimundurchlässige EK-Schichten für bierverderbende Bakterien.

984. Welches sind die Merkmale eines Schichtenfilters?
Der Schichtenfilter ermöglicht zwei verschiedene Arten der Filtration.
1. Mit Klärschichten eingelegt, dient er zur Nachfiltration und zum Polieren des Bieres auf Hochglanz. Große Hefezellen und grobe Trübungsteile werden zurückgehalten, meist auch wilde Hefen und Bakterien. Die Leistung beträgt 1,3–1,5 hl/m2 Filterfläche.
2. Mit Entkeimungsschichten eingelegt, liefert er ein praktisch entkeimtes und steriles Filtrat, allerdings ist in diesem Fall eine scharfe Vorfiltration durch höhere Dosierung des Kieselgurfilters mit 80–100 g/hl feiner Gur oder eine doppelte Massefiltration Voraussetzung. Die Leistung beträgt dann 1,0–1,1 hl/m2 Filterfläche. In beiden Fällen wird der Filter nach beendeter Filtration zurückgespült und mit heißem Wasser oder Dampf sterilisiert. Ist die Filterleistung nicht mehr befriedigend und sind die Schichten verbraucht, so werden sie durch neue ersetzt. Der Schichtenfilter wird fahrbar oder stationär gebaut, er kann mit Ein- oder Zweispindel-Anpressung und auch mit einer halbautomatischen hydraulischen Anpressung geliefert werden. Schichtenfilter haben nur Roste, die aus korrosionsfestem Edelstahl hergestellt sind, aber keine Kammern. Der Ein- und Auslauf des Bieres liegt auf entgegengesetzten Seiten. Schichtenfilter lassen sich auch auf Kieselgurfiltration umbauen.

985. Welche Daten bezogen auf Kieselguren, Perlite und Filterschichten gelten in der Praxis als Richtwerte (nach SEN)?

1. SEITZ-Kieselguren und Perlite auf einen Blick

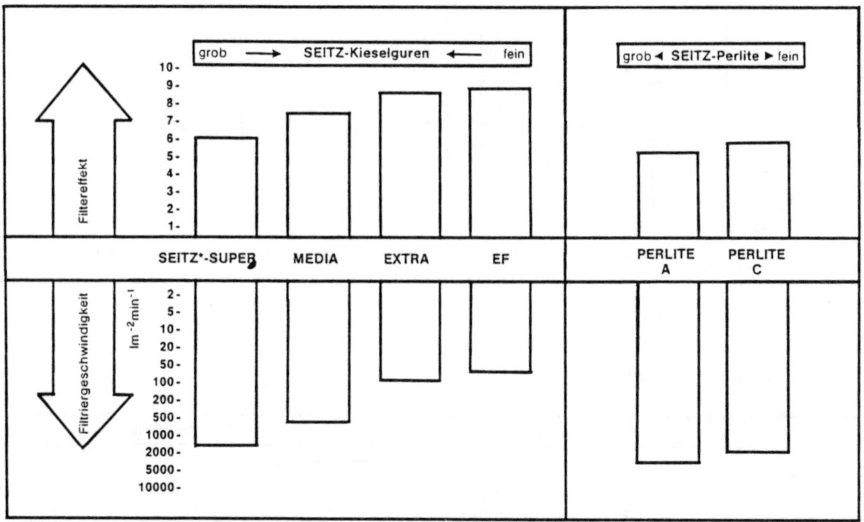

Der Filtereffekt ist in relativen Werten angegeben, die spezifische Filtriergeschwindigkeit in $l\,m^{-2}\,min^{-1}$ für Wasser 20° C bei Δ p 0,2 bar
*SEITZ ist ein eingetragenes Warenzeichen der SEITZ-FILTER-WERKE Theo & Geo Seitz GmbH und Co.

2. SEITZ-Filterschichten für die Endfiltration des Bieres

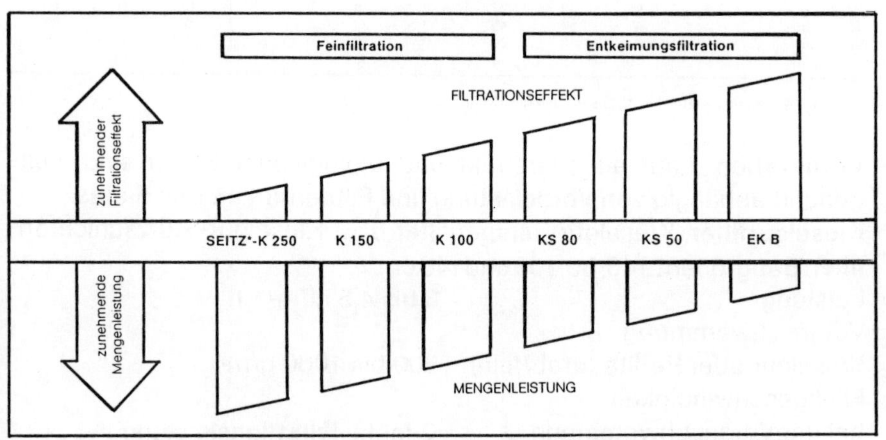

Hinweis: Für die Kieselgurfiltration mit Rahmenfilter empfehlen sich unsere Kieselgur-Stützschichten SEITZ-0/400 Fa* oder SEITZ PERMADUR*
*SEITZ-K, -KS, -EK sind eingetragene Warenzeichen der SEITZ-FILTER-WERKE Theo & Geo Seitz GmbH und Co.

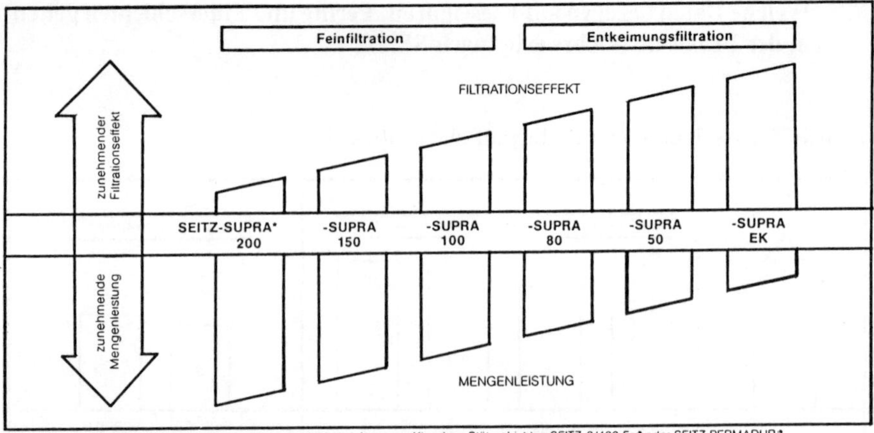

Hinweis: Für die Kieselgurfiltration mit Rahmenfilter empfehlen sich unsere Kieselgur-Stützschichten SEITZ-0/400 Fa* oder SEITZ PERMADUR*
*SEITZ-SUPRA ist ein eingetragenes Warenzeichen der SEITZ-FILTER-WERKE Theo & Geo Seitz GmbH und Co.

3. Technische Angaben

	SEITZ-Kieselguren						SEITZ-Perlite		
	grob ←					→ fein			
Sorte:	SEITZ ULTRA	SEITZ SPEZIAL	SEITZ SUPER	SEITZ MEDIA	SEITZ EXTRA	SEITZ EF	Perlite B	Perlite A	Perlite C
Schüttgewicht (g/l) nach DIN 55194 (lose)	250	240	230	190	150	150	70	65	65
(gerüttelt: 1225 Hübe)	390	380	370	290	240	220	115	110	100
Filterkuchendicke mm/m² je kg Filtermittel	3,8	3,5	3,5	2,7	4,0	3,1	10,0	7,1	8,3
Korngröße (%)									
> 40 µm	59	30	21	9	4	3	70	60	50
15–40 µm	32	50	45	32	28	30	22	28	33
5–15 µm	6	15	20	30	22	20	5	8	10
< 5 µm	3	5	14	29	46	47	3	4	7

Bei den angegebenen Werten handelt es sich um Richtwerte

Vorfiltration. Laufzeit, Kläreffekt und biologischer Effekt sind weitgehend abhängig von Vorbelastung und Filtrierbarkeit des Bieres.
Kieselgurfilter. Kieselgur-Rahmenfilter bzw. Kieselgur-Stützschichtenfilter. Baugrößen □ 40, 60, 100 und 140 cm.

Leistung	3 bis 4,5 hl/m² · h
Voranschwemmung	
Kieselgur oder Perlite (grob/fein)	800 bis 1000 g/m²
Fließgeschwindigkeit	
bei der Voranschwemmung	2-fache Filtrationsleistung
Dosage	70 bis 150 g/hl
Kapazität	
(ohne Voranschwemmung)	5 bis 6 kg/m² Kieselgur
oder	30 bis 60 hl/m²

Laufzeit	8 bis 10 h
Filterinhalt	0,23 hl/m² konstanter Wert, unabhängig von der Filtergröße
Freier Flächendurchgang	ca. 50%
Strömungsgeschwindigkeit	ca. 0,2 mm/s je nach m²-Flächenbelastung
Druck max.	5 bis 6 bar

Automation möglich: Automatische Steuerung – Spülen bzw. Regenerieren, Heißbehandlung (Sterilisation), Entlüften, Anschwemmen und Filtration. Verschiebe-, Reinigungs- und Abspritzvorrichtung, Trockenaustragung mit Abtransport des Kieselgurkuchens.
Weitere technische und technologische Möglichkeiten: Vor- und Nachlaufsteuerung durch kontinuierliche Sauerstoff- und Leitfähigkeitsmessung
Vor- und nachlauffreie Filtration
Kreislaufanschwemmung mit sauerstoffarmem Wasser
a) Sterilisationswasser mit Abkühlung über Plattenkühler
b) Entgasungstank
Kieselgur-Siebfilter. Vertikale Kieselgur-Siebfilter
Horizontale Kieselgur-Siebfilter

Leistung	max. 5,0 hl/m² · h
Voranschwemmung mit losen Anschwemmaterialien (auch SEITZ-Fima 0, 3 und 5 asbestfrei) + Kieselgur oder Perlite (grob/fein)	1000 bis 1200 g/m²
Fließgeschwindigkeit bei der Voranschwemmung	2-fache Filtrationsleistung = 10 hl/m² · h
Dosage	80 bis 160 g/hl
Kapazität (ohne Voranschwemmung)	5 bis 6 kg/m²
oder	30 bis 60 hl/m²
Laufzeit	8 h
Filterinhalt	0,5 bis 0,9 hl/m² je nach Anzahl der Filterelemente im Kessel
Porenweite der Siebe	60 bis 80 μm
Freier Flächendurchgang	ca. 30%
Strömungsgeschwindigkeit	ca. 0,5 mm/s
Druck max.	8 bar

Automation möglich

Spaltfilter. Plättchen und Drahtelemente

Leistung	5 bis 6 hl/m² · h
Voranschwemmung	
Kieselgur oder Perlite (grob/fein)	1000 bis 1200 g/m²
Fließgeschwindigkeit	
bei der Voranschwemmung	doppelte Filtrationsleistung
Dosage	80 bis 160 g/hl
Kapazität	
(ohne Voranschwemmung)	ca. 6 kg/m² Kieselgur
oder	30 bis 60 hl/m²
Laufzeit	8 h
Filterinhalt	0,5 bis 0,7 hl/m² je nach Anzahl der Siebe
Spaltweite	60 bis 120 µm
Freier Flächendurchgang	
Plättchen	2%
Draht	12%
Strömungsgeschwindigkeit	
Plättchen	5 mm/s
Draht	0,8 mm/s
Druck max.	
Plättchen	6 bar
Draht	8 bar

Doppelfiltration (Vor- und Nachfiltration)
Technische Daten siehe Sieb- bzw. Spaltfilter
Zentrifugen (hermetische Separatoren) nur zur Vorklärung

Leistung	bis 500 hl/h
Drehzahl	5000 bis 6000 U/min.
Schlammraum	bis 25 l
Entleerung	periodisch oder in Abhängigkeit vom Füllgrad des Schlammraumes

Endfiltration mit Schichtenfilter

Filterschichten sind Tiefenfilter, d. h. ein labyrinthartiges Raumsieb mit zahllos verästelten Kanälen. Das zu filtrierende Bier durchströmt diese Wege so langsam, daß alle Trubstoffe und schädlichen Mikroorganismen zurückgehalten werden. Bei der Filtration wirkt neben der mechanischen Abtrennung die Adsorptionskraft der in den Filterschichten verarbeitenden Rohstoffe.
Die Laufzeit der Schichten (Gesamtleistung) ist wesentlich von der Beschaffenheit des Vorfiltrates bestimmt.
Schichtengrößen □ 40, 60, 100, 140 cm

Kombinationsmöglichkeiten der einzelnen Filtersysteme

1. Klass. Kieselgurfilter
   Schichtenfilter
2. Siebfilter – Schichtenfilter
3. Spaltfilter – Schichtenfilter
4. Kieselgurfilter – Kieselgurfilter (Tandem)
5. Zentrifuge – Kieselgurfilter – Schichtenfilter
6. Zentrifuge – Kieselgurfilter

986. Wozu verwendet man Zentrifugen (Seperatoren)?
Sie werden zur Vorklärung eingesetzt.

987. Worauf gründet sich die Wirkungsweise der Zentrifugen?
Der während der Lagerung langsam vorsichgehende Sedimentationsvorgang wird mit der Zentrifuge beschleunigt. Die trübenden Bestandteile im Bier, welche sich normalerweise durch die Schwerkraft allmählich zu Boden setzen, werden durch die Zentrifugalbeschleunigung mit der 8000–10000facher Kraft ausgeschieden

988. Welche Seperatoren unterscheidet man nach ihrer Bauart?
1. Kammerzentrifugen für die Würzeklärung.
2. Tellerzentrifugen für die Bierklärung.

989. Welche Merkmale haben Tellerzentrifugen?
1. Die Zentrifuge ist durch eine Manschette an der Trommelachse hermetisch abgeschlossen.
2. Der Innenraum ist mit übereinanderliegenden, tellerartigen Einsätzen ausgestattet (Abstand weniger als 1 mm). Dadurch wird die Trommel in dünne Klärschichten aufgeteilt, so daß der Weg zur Ausscheidung der zu entfernenden trübenden Teilchen kurz ist.
3. Das Bier wird durch die rotierende Achse der Trommel zugeführt. Da es dadurch bis zum Eintritt in die Trommel deren Drehung annimmt, wird eine stärkere Wirbelbildung vermieden.
4. Im Mittelkanal der Trommel verteilt sich dann das Bier auf die einzelnen Tellersätze. Die ausgeschiedenen Trübungsstoffe wandern an der Oberfläche entlang nach unten, das geklärte Bier nach oben.
5. Wenn die Tellerkammern voll sind, muß die Separation zur Entleerung der Kammern unterbrochen werden.

990. Wie erklärt es sich, daß trotz starker Durchwirbelung des Bieres in der Zentrifuge keine CO_2-Entbindung auftritt?
Betrachtet man die Druckverhältnisse, denen das Bier ausgesetzt ist, ergibt sich folgendes Bild:

1. Beim Eintritt in die Mitte steht das Bier unter einem geringen Eintrittsdruck.
2. Mit der Entfernung von der Druckmitte nehmen die Zentrifugalkräfte zu und erhöhen den Druck.
3. Das Maximum wird an der Innenwand des Trommelmantels erreicht und beträgt je nach der Tourenzahl und des Trommeldurchmessers 60–110 bar, d.h. im Bereich der stärksten Wirbelbildung herrscht also ein Druck, der einem Vielfachen des CO_2-Sättigungsdruckes entspricht. Durch das Fehlen jeglicher Adsorptionswirkung, erfahren auch die übrigen Stoffgruppen des Bieres (Schaum, Farbe, Geschmack usw.) keine Änderung.

991. Welche Vorteile haben Zentrifugen?
1. Leichte Bedienung
2. Schnelles Umstellen von einer Biersorte zu anderen
3. Keine Vor- und Nachlaufmengen
4. Leichte Sterilisation
5. Variabler Kläreffekt durch Änderung der Tourenzahl
6. Zeit- und Energieersparnis

992. Woran liegt es, wenn sich bei der Filtration des Bieres Schwierigkeiten ergeben?
Die Schwierigkeiten bei der Filtrierbarkeit der Biere kommen zu 70 % von den Rohstoffen und deren Zusammensetzung im weitesten Sinne und zu 20 % durch die Arbeitsweise im Sudhaus sowie bei der Haupt- und Nachgärung und nur zu 10 % bei der Filtration selbst.

993. Welche Daten werden zur Vorhersage der Filtrierbarkeit herangezogen?
Zur Vorausbestimmung der Filtrierbarkeit können folgende Daten herangezogen werden:
1. Vom Malz: Friabilimeterwert, Mehl-Schrot-Differenz, Viskosität, Eiweißlösungsgrad, VZ 45 °C.
2. Von der Würze: β-Glucan-Werte, photometrische Jodprobe, Viskosität, pH-Wert.
3. Vom Bier: β-Glucangehalt, pH-Wert, Differenz zwischen Ausstoß- und Endvergärungsgrad, Hefezellzahl im ausstoßreifen Bier, Stärke des Bieres in Prozent des Stammwürzegehaltes, Viskosität.

994. Welche Folgerungen ergeben sich daraus für den Praktiker?

1. Malzeigenschaften
Gerade in Bezug auf die Filtrierbarkeit des Bieres sollte man Wert auf die Verarbeitung einer guten Sommer-Braugerste legen. Wintergerste kann – sie muß nicht – die Filtrierbarkeit negativ beeinflussen.
Folgende Werte sind wünschenswert: Friabilimeterwert über 78% Mürbigkeit und unter 2,5% glasige Körner, Extraktdifferenz nicht über 1,6% EBC, Eiweißlösungsgrad zwischen 38 und 41%, VZ 45°C über 37%, Viskosität unter 1,58mPas. Das Malz soll homogen sein, eine gute Verarbeitung im Sudhaus ermöglichen und eine flotte Haupt- und Nachgärung sicherstellen.

2. Schroten

Die Schrotung des Malzes sollte zwar gut, aber nicht zu fein sein. Die Normalwerte für Trockenschrot nach dem Pfungstädter Plansichter sollten wie folgt sein: Spelzen 20–30 %, Grobgrieß 5–10 %, Feingrieß I 28–42 %, Feingrieß II 12–18 %, Grießmehl 4–8 %, Pudermehl 8–15 %.

Ein zu feines Schrot kann das Abläutern erschweren, bringt mehr Feintrub, der sich bis in den Lagerkeller hinzieht und damit sich auch auf die Filtration auswirken kann, und ein zu grobes Schrot bringt Verzuckerungsprobleme, nicht jodnormale Biere, die ebenfalls die Filtration erschweren. Auch die Naßschrotung der ersten Stunde war für die Filtration vielfach nicht optimal.

3. Maischverfahren

Das Maischverfahren wird man auf die Malzlösung und den Gerstenjahrgang abstimmen. So lange gut gelöste, homogene Malze vorliegen, ist man mit dem Maischverfahren weniger gebunden, man kann mit verkürzten Maischverfahren und höheren Einmaischtemperaturen durchaus Spitzenbiere herstellen. Liegen aber rohstoffbedingte Filtrationsschwierigkeiten vor, muß man versuchen, mit niederen Einmaischtemperaturen und einem Zweimaischverfahren zu arbeiten, wobei letzteres gegenüber einem Infusionsverfahren hinsichtlich der Filtrierbarkeit der Biere klar Vorteile hat.

Über eines muß man sich allerdings im klaren sein, was die Gerste nicht bringt und was man beim Mälzen versäumt hat, kann später im Sudhaus oder bei der Gärung nicht nachgeholt werden. So kann man mit einer Einmaischtemperatur von 44 °C 10 min Rast halten, dann Erwärmen der Gesamtmaische auf 50–52 °C, 15 min Rast und Erwärmen der Gesamtmaische auf 55 °C und hier Durchführung der Maischetrennung, weiterarbeiten mit zwei Maischen, noch einen gewissen Erfolg erzielen. Durch eine Erniedrigung des Maische-pH's von 5,7 auf 5,45 kann dabei durch biologische Säuerung eine stärkere Wirkung der Beta-Glukanasen und damit ein besserer Abbau und letztlich eine bessere Filtrierbarkeit der Biere erreicht werden. Auch der Wert des noch koag. Stickstoffs in der Ausschlagwürze sollte im Normalbereich 1,8 – 2,0 mg/100 ml liegen.

4. Gärung

Eine flott verlaufende Haupt- und eine über die ganze Lagerzeit anhaltende Nachgärung mit entsprechender Extraktabnahme ist für die Filtrierbarkeit ebenso von entscheidender Bedeutung, wie für den Geschmack, die Stabilität und den Schaum. Um aber eine flotte Haupt- und anhaltende Nachgärung zu erreichen, müssen die Wasserzusammensetzung (Nitratgehalt), die Würzezusammensetzung (Alpha-Amino-Stickstoff, koagulierbarer Stickstoff, Endvergärungsgrad, Viskosität, Beta-Glukangehalt, pH, Jodwert), die Belüftung der Anstellwürze sowie die Heiß- und Kühltrubausscheidung optimal sein.

Die Heferasse kommt erst in zweiter Linie hinzu, wobei das Absetzvermögen (Hefebruch) der Hefe eine Rolle spielt. Staubhefen zeigen oft ein schlechteres Absetzen als Bruchhefen, doch auch jahrgangsbedingte Einflüsse können bei Bruchhefen ein schlechtes Absetzen und schlechte Hefeernte bewirken.

Hohe Hefegaben können sich durch den raschen pH-Abfall und die dadurch ausgelöste Ausscheidung von Kolloiden günstig auf die Filtrierbarkeit auswirken. Ein

weiteres Problem stellen die Gärtanks dar. Grundsätzlich gilt für alle Gärtanks, die Hefe gut abzutrennen, daher werden in der Regel die Gärtankbiere endvergoren. Man wartet vielfach noch einen Tag nach der Endvergärung zum besseren Absetzen der Hefe und für den notwendigen Diazethylabbau (<0,12 mg/l).
Das hefearme Jungbier wird mit 15 % Kräusen (30 % Vergärungsgrad) versetzt. Anzustreben ist unbedingt eine gute Klärung im Lagerkeller und ein gutes Absetzen der Hefe einerseits, aber keine zu große Gelägermenge andererseits, damit nicht zu viel Hefe beim Anlaufenlassen in den Kieselgurfilter zieht und eine »Sperrschicht« ausbildet. Dazu helfen Klärspäne, automatische Verschneidböcke, richtig bemessene Hefestecker und evtl. das Vorschalten einer Bierzentrifuge, was besonders bei obergärigen Bieren angebracht erscheint. Auch beim Arbeiten mit Unitanks empfiehlt es sich, eine Zentrifuge zum Vorklären einzusetzen. Diese vermeidet, daß zu viel Hefe in den Filter kommt und durch Aufbau einer Hefesperrschicht ein frühzeitiger Druckanstieg entsteht.

5. Kieselgurmischung
Bei Filtrierbarkeitsstörungen kann man evtl. auch durch Variation der Kieselgurmischung, z. B. durch Erhöhung des Grobguranteils und Steigerung der Gesamtmenge, die Durchlässigkeit erhöhen. Erfahrungsgemäß wird aber eine einmal bewährte Mischung und Mengendosage selten geändert. Hier erscheint eine größere Flexibilität angebracht, ohne einer übermäßigen Experimentierfreudigkeit das Wort zu reden. Puffertanks vor dem Filter können sich zum Auffangen von Hefestößen sehr vorteilhaft auswirken. Auf ein sachgemäßes Spülen der Filter zum Herauslösen der Trübungsbestandteile und vor allem der Gummistoffe sei hier nochmals hingewiesen.
Im Ausland kann durch die Zugabe von Enzympräparaten die Filtrierbarkeit wesentlich verbessert werden, in Deutschland sind derartige Zusätze nicht statthaft. Allerdings bringt bei Schwierigkeiten ein Zusatz von Enyzmen erst kurz vor der Filtration auch in hohen Dosen keinen Erfolg. Die Zugabe müßte schon beim Schlauchen oder Anstellen erfolgen, kann sich aber auch nachteilig auf den Schaum auswirken.

995. Welche Möglichkeiten sind gegeben, die kolloidale Stabilität des zu filtrierenden Bieres zu verbessern ?

Kolloide sind Moleküle mit Eigenschaften von Partikeln mit eigenen Grenzflächen. Sie bewirken eine Streuung des Lichtes. Elektrisch neutrale Kolloide, wie Eiweißstoffe und Glucane, ballen sich am isoelektrischen Punkt zuammen und ergeben eine allmähliche Vergröberung des Dispersitätsgrades. Sie sind für das menschliche Auge sichtbar geworden. Im Rahmen der Haltbarkeitsgarantie ist es unumgänglich, die kolloidale Stabilität des Bieres zu erhöhen, d.h. durch Eingriffe in die Zusammensetzung des Bieres eine frühzeitige Bodensatzbildung oder Trübung zu verhindern.
In Deutschland sind dafür adsorptiv wirkende Präparate erlaubt. Diese Mittel sind in Silikatform als Kieselsäurepräparate oder als hochpolymeres synthetisches Harzprodukt in Verwendung.
Aluminiumsilikat – besser bekannt als Bentonit – wirkt nur bei längerer Einwirkungszeit (beim Schlauchen oder ca. eine Woche vor dem Filtrieren um-

drücken) ist sehr arbeitsaufwendig und verursacht höheren Bierschwand. Die Wirkung der Bentonite ist in der Reduzierung von Anthocyanogenen und Polyphenolen zu suchen.
Die Kieselsäurepräparate – entweder über Säurehydrolyse aus natürlichen Silikaten oder aus Wasserglas durch Reaktion mit Mineralsäuren hergestellt – sind in der Handhabung wesentlich einfacher. Diese Stabilisierungsmittel werden über das Kieselgurdosiergerät dem Bier zugesetzt (teilweise bereits bei der Voranschwemmung, normal bei der laufenden Dosierung). Die Wirkungsweise ist ähnlich wie bei den Bentoniten, nämlich Reduzierung von Anthoycyanogenen und Polyphenolen, aber auch eine geringe Menge an gesamtlichem Stickstoff wird abgebaut.
Die hochpolymeren, synthetischen Harzprodukte – Polyamide, unter dem Namen PVPP (Polyvinylpolypyrrolidon) im Handel –, sind verhältnismäßig teuer, so daß sie nicht im verlorenen System, wie die Kieselgur, Verwendung finden können. In der Praxis kommen sog. Stabilisierfilter zum Einsatz, die eine Wiederaufbereitung des Stabilisiermittels ermöglichen und somit die Kosten erheblich reduzieren. Die Wirkung dieser hochpolymeren Produkte liegen in der Adsorption von polyphenolischen Substanzen im Bier begründet. (Abnahme der Polyphenole um 40 bis 45%, der Anthocyanegene um 40 bis 43%).

996. Wohin gelangt das Bier, wenn es die Filteranlage bzw. den Separator verläßt?

Nach Verlassen der Filterstraße gelangt das Bier entweder in Drucktanks oder aber es läuft unter Zwischenschaltung eines Puffertanks direkt zur Flaschen- oder Faßabfüllung.

Das Abfüllen des Bieres

997. Was ist die Voraussetzung für die Aufbewahrung des filtrierten Bieres?
Zur Aufbewahrung des filtrierten Bieres sind keimfrei gemachte Drucktanks unbedingte Voraussetzung. Diese, in stehender Form ausgeführten Tanks, sind normalerweise für einen Gegendruck bis 2,5 bar ausgerüstet.

998. Welchen Vorteil haben Drucktanks?
1. Schwankungen in der Abfülleistung werden aufgefangen, denn ohne Drucktanks müßte die Filterleistung gleich der Abfülleistung sein.
2. Dadurch können Stöße im Filter vermieden werden.
3. Das Bier kann vor dem Abfüllen noch einmal auf seine Qualitätsmerkmale untersucht werden.
4. Die Personalknappheit in manchen Brauereien erfordert Drucktanks, weil Filtrieren und Abfüllen nicht gleichzeitig erfolgen können.

999. Welche Größe sollen die Drucktanks haben?
Das Fassungsvermögen soll die tägliche Abfüllmenge nicht überschreiten, damit das Bier nicht über Nacht mit Sauerstoff in Berührung kommt.

1000. Welche Möglichkeiten gibt es, schädliche Lufteinflüsse im Drucktank zu verhindern?
1. Befüllen der Drucktanks mit Wasser und Leerdrücken mit CO_2.
2. Einbau von sog. »Prallplatten« über dem Drucktankeinlauf.

1001. Was ist beim Abfüllen des Bieres in die Transportgefäße von besonderer Wichtigkeit?
Die Gleichgewichtsverhältnisse im Bier müssen aufrechterhalten werden, sonst kommt es zum Schäumen des Bieres und das bedeutet CO_2-Verluste. Das Bier darf auf dem Weg in die Transportgefäße niemals unter seinen CO_2-Sättigungsdruck kommen. Das Abfüllen muß deshalb unter Gegendruck erfolgen, damit in den Gebinden während des Einfließens des Bieres jeweils der gleiche Druck herrscht wie in dem abgebenden Gefäß. Eine derartige Abfüllanlage nennt man *isobarometrisch*.
Sämtliche Leitungen, Wechsel oder Ventile auf dem Abfüllweg müssen stets die gleiche lichte Weite haben, damit Druckveränderungen, Stöße und CO_2-Verluste vermieden werden. Evtl. auftretende Temperaturerhöhungen erfordern Drucksteigerungen, damit der zugehörige Sättigungsdruck nicht unterschritten wird.

1002. Wie muß die zum Abfüllen verwendete Preßluft beschaffen sein?
Sie muß 1. trocken, 2. ölfrei, 3. keimfrei und 4. kalt sein.
Die vom Luftkompressor angesaugte Luft hat besonders in der warmen Jahreszeit um so mehr Feuchtigkeit, je wärmer sie ist. Ferner besteht je nach der Lage der

Ansaugstelle die Möglichkeit einer Verunreinigung durch Staub, Rußteile und Infektionsträger. Der Kompressor, der ölfreie Luft liefern soll, ist meist als Trockenlaufkompressor gebaut oder er wird mit Wasser geschmiert.

1003. Wie geschieht die Reinigung der Preßluft?

Durch besondere Preßluftfilter, bei denen ein Wasser- und Ölabscheider sowie ein steriler Wattefilter eingebaut sind.

Bewährt für größere Leistungen haben sich Preßluftfilter, bei welchen die Luft durch eine Lösung von übermangansaurem Kalium getrieben wird (Entfernung der Pilzkeime), hierauf durch Koksstücke (Trocknung) und schließlich durch sterile Watte.

Die notwendige Trocknung der Druckluft erfolgt heute meist durch Kältetrockner (Abkühlung mit nachfolgender Temperierung) oder auch durch Adsorptionstrockner.

Zur Sterilisation der Druckluft werden Filterkerzen aus Keramik oder Mikroglasfasern aus Borsilikat eingesetzt. Es hat sich bewährt, direkt vor die Verbrauchsstellen zusätzliche Sterilfilter zu schalten.

1004. Welche Vorteile bietet die Verwendung von Kohlensäure statt Preßluft beim Abfüllen?

Sie ist mit Sicherheit wasserfrei, geruchfrei, steril und kalt. Außerdem wird ein besonderer Nachteil der Preßluft vermieden, nämlich die Einwirkung des Luftsauerstoffes. Wer mit Kohlensäure abfüllt, erhöht die Schaumhaltigkeit und die Geschmacksstabilität des Bieres. Wenn die Kohlensäure im eigenen Betriebe gewonnen wird, sind die Kosten gering.

1005. Aus welchem Material werden Transportfässer hergestellt?

Aus Eichenholz, Leichtmetall oder Edelstahl (V_2A).

1006. Welche Faßformen finden in der Brauerei Verwendung?

1. Bauchige Fässer, d.h. Fässer mit erhöhtem Bauchdurchmesser.
2. Zylindrische Fässer.

1007. Welche Faßarten unterscheidet man?

(analog zu Frage 1006)

1. Holzfässer mit Pechauskleidung – Holzfässer mit Kunststoffauskleidung – Metallfässer aus einer AlMgMnSi-Legierung – Edelstahlfässer von gleicher Form wie die Holzfässer (vor allem in den USA).
2. Edelstahlfässer von zylindrischer Form = Kegs.

1008. Welche Faßgrößen kennt die Praxis?

Die Faßgrößen liegen zwischen 10 und 200 Liter.

1009. Warum werden die Holzfässer in der Brauerei gepicht?

1. um die Poren und Fugen des Holzes zu schließen und ein Entweichen der Kohlensäure zu verhindern, 2. um eine Berührung des Bieres mit dem Holz und damit eine geschmackliche Beeinträchtigung zu unterbinden, 3. um im Faßinnern eine glatte Fläche zu bilden, die leicht zu reinigen ist.

Das Pech soll das Holz mit einer ganz dünnen Schicht überziehen, sonst bilden sich leicht Blasen, in die das Bier eindringt, verdirbt und einen gefährlichen Infektionsherd bildet. Der schlechte Geschmack und Geruch sowie die mangelhafte Haltbarkeit mancher Biere stammen oft vom blasigen Pechüberzug des Faßgeschirrs her.

1010. Was ist Brauerpech?

Brauerpech ist eine Zusammenschmelzung von Kolophonium und reinem Harzöl. Neben Harzöl kömmen auch fette Öle, wie Leinöl, Baumwollöl, Rüböl u. a., ferner Paraffin, Zeresin oder überhitztes Kolophonium zur Verwendung. Auch finden mitunter Mineralöle Anwendung. Die Pechfabriken geben durch Mischung der verschiedenen Harzsorten und durch besondere Reinigungsmethoden den Pechen die gewünschten Eigenschaften. Sie bearbeiten die Harze in Retorten, erwärmen sie mehr oder minder und beseitigen die Verunreinigungen. Die *überhitzten Peche* hielt man lange für besonders geeignet für Einspritzapparate; jetzt hat man neue, bessere Methoden als die Überhitzung. Die Peche sind je nach der Sorte des verwendeten Kolophoniums und Harzöls heller oder dunkler gefärbt, klar und durchsichtig, weshalb sie auch »Transparentpeche« genannt werden. Der Schmelzpunkt schwankt zwischen 40 – 45 °C; Peche, deren Schmelzpunkte unter 40 °C liegt, sintern leicht zusammen und sind zu weich. Ob ein Pech frei von Geruchs- und Geschmacksstoffen ist, erkennt man, wenn man ein Stückchen des Pechs kaut. Die überhitzten Peche sind ebenfalls transparent, jedoch von dunklerer Farbe als die gewöhnlichen Peche und zeichnen sich meist durch einen bläulich-grünen Schleier aus. Die obengenannten Zusätze zum Pech haben den Zweck, die Eigenschaften der Harze nach Bedarf zu verändern, sie dünnflüssig zu machen und die Haftfähigkeit zu erhöhen. Mineralöl wird man mit Mißtrauen begegnen, denn solche Peche unterliegen leichter Zersetzungen als andere Peche. Die Zusätze dürfen beim Erhitzen im Pechkessel keine Ausscheidungen bilden. Als Regel gilt, das Pech nicht längere Zeit über 200 °C zu erhitzen. Die Verwendungsdauer der Peche ist bei den verschiedenen Pechsorten nicht gleich. Zusätze von Paraffin und Zeresin machen das Pech auf der Bruchfläche matt, sie gestatten einen sparsamen Verbrauch, weshalb sie sich einer gewissen Beliebtheit erfreuen.

1011. Wodurch ist das Durolit-Faß gekennzeichnet?

Das Durolit-Faß ist ein Holzfaß, das innen mit einer Kunststoffschicht Durolit ausgekleidet ist, die gegenüber Bier völlig indifferent ist. Diese Schicht verbindet sich sehr innig mit der Innenfläche des Holzes, sie ist völlig glatt und viele Jahre haltbar. Durolit-Fässer brauchen nicht mehr gepicht zu werden, wodurch sich Pichanlagen erübrigen. Am einfachsten ist die Durolitauskleidung bei neuen Gebinden aufzutragen. Es können aber auch gebrauchte Fasser nach entsprechender Vorbehandlung einwandfrei mit Durolit ausgekleidet werden. Bei Reparaturen einzelner Faßdauben kann der Böttcher die Durolitschicht selbst auftragen. Durolit hält Wassertemperaturen von 70 – 80 °C aus.

1012. Welche Vorteile bieten Transportfässer aus Metall?

Das Metallfaß wird heute in fast allen größeren Betrieben verwendet, während das Holzfaß nur noch in kleineren Betrieben zu finden ist. Die Vorteile des Metallfasses sind folgende: Wegfall des Ent- und Bepichens, Wegfall der Instandsetzungskosten, geringstmögliche Infektionsgefahr infolge der glatten Innenfläche, leichte Reinigungsmöglichkeit, kein Undichtwerden. Wesentlich geringeres Gewicht gegenüber dem Holzfaß, daher bessere Laderaumausnutzung und Transportkostenersparnis. Bier kann in Stahlfässern pasteurisiert werden, da sie dem hohen Druck standhalten. Nachteile sind, daß sich das Bier rasch erwärmt, ferner daß manche Metallfässer zu wenig widerstandsfähig sind und daher bald verbeult, beschädigt und unansehnlich werden.

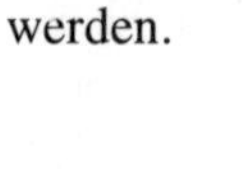

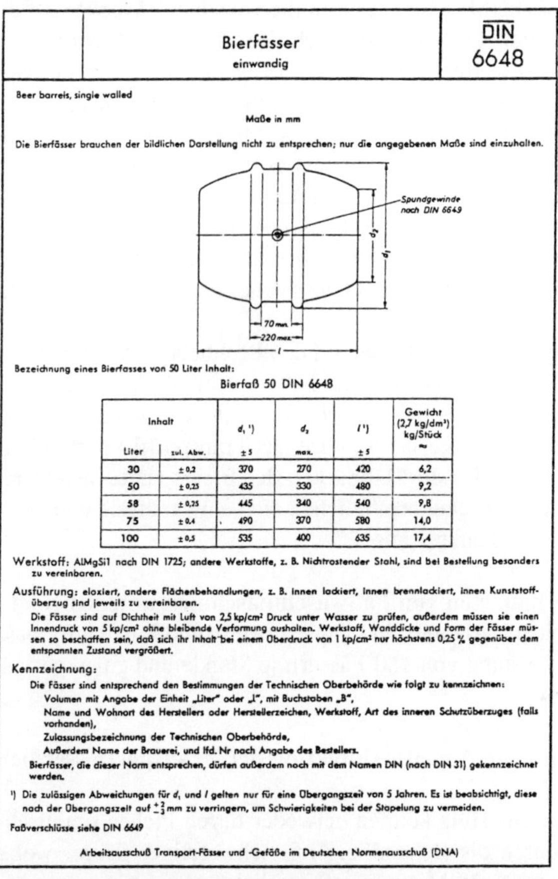

Bierfässer
einwandig

DIN 6648

Beer barrels, single walled

Maße in mm

Die Bierfässer brauchen der bildlichen Darstellung nicht zu entsprechen; nur die angegebenen Maße sind einzuhalten.

Bezeichnung eines Bierfasses von 50 Liter Inhalt:

Bierfaß 50 DIN 6648

Inhalt		d_1 [1]	d_2	l [1]	Gewicht (2,7 kg/dm³) kg/Stück
Liter	zul. Abw.	± 5	max.	± 5	≈
30	± 0,2	370	270	420	6,2
50	± 0,25	435	330	480	9,2
58	± 0,25	445	340	540	9,8
75	± 0,4	490	370	580	14,0
100	± 0,5	535	400	635	17,4

Werkstoff: AlMgSi1 nach DIN 1725; andere Werkstoffe, z. B. Nichtrostender Stahl, sind bei Bestellung besonders zu vereinbaren.

Ausführung: eloxiert, andere Flächenbehandlungen, z. B. innen lackiert, innen brennlackiert, innen Kunststoffüberzug sind jeweils zu vereinbaren.

Die Fässer sind auf Dichtheit mit Luft von 2,5 kp/cm² Druck unter Wasser zu prüfen, außerdem müssen sie einen Innendruck von 5 kp/cm² ohne bleibende Verformung aushalten. Werkstoff, Wanddicke und Form der Fässer müssen so beschaffen sein, daß sich ihr Inhalt bei einem Überdruck von 1 kp/cm² nur höchstens 0,25 % gegenüber dem entspannten Zustand vergrößert.

Kennzeichnung:

Die Fässer sind entsprechend den Bestimmungen der Technischen Oberbehörde wie folgt zu kennzeichnen:

Volumen mit Angabe der Einheit „Liter" oder „l", mit Buchstaben „B",

Name und Wohnort des Herstellers oder Herstellerzeichen, Werkstoff, Art des inneren Schutzüberzuges (falls vorhanden),

Zulassungsbezeichnung der Technischen Oberbehörde,

Außerdem Name der Brauerei, und lfd. Nr nach Angabe des Bestellers.

Bierfässer, die dieser Norm entsprechen, dürfen außerdem noch mit dem Namen DIN (nach DIN 31) gekennzeichnet werden.

[1] Die zulässigen Abweichungen für d_1 und l gelten nur für eine Übergangszeit von 5 Jahren. Es ist beabsichtigt, diese nach der Übergangszeit auf $^{+2}_{-3}$ mm zu verringern, um Schwierigkeiten bei der Stapelung zu vermeiden.

Faßverschlüsse siehe DIN 6649

Arbeitsausschuß Transport-Fässer und -Gefäße im Deutschen Normenausschuß (DNA)

1013. Wie verhält sich Aluminium als Material für Transportfässer?

Transportfässer aus reinem Aluminium bedürfen keiner Innenauskleidung, sind leicht zu reinigen und zeichnen sich durch geringes Gewicht aus. Sie sind aber besonders empfindlich gegen Druck und Stoß und sind nicht pasteurisierfähig.

1014. Wie wird das Faßgeschirr nach dem Abladen behandelt?

Das von den Kunden zurückgebrachte leere Faßgeschirr wird gewöhnlich in der Schwankhalle (Faßwichse) abgeladen. Hierbei sind unnötiges Werfen und mögliche Beschädigungen der Transportgebinde zu vermeiden. Der früher gebräuchliche Holzboden wurde durch asphaltierten Beton oder durch moderne Kunststoffböden ersetzt. Fässer, die Beschädigungen erkennen lassen, werden ausgeschieden.

1015. Wie werden Gebinde für das Faßwaschen vorbereitet?
Sie werden entspundet, wobei auf vollständige Beseitigung etwaiger Reste des Spundläppchens aus dem Gewinde der Spundlochbüchse zu achten ist. Zweckmäßig reibt man das Gewinde mittels einer Stahldrahtbürste aus.

1016. Wie arbeitet eine automatische Faßwaschmaschine?
Eine automatische Faßreinigungsanlage besorgt sowohl die Außenreinigung wie die Innenreinigung. Die Maschine ergreift die von einem Arbeiter auf die Zuführungsschanze gebrachten entspundeten Gebinde. Jedes Faß wird nun nacheinander benetzt, mit etwas warmem Wasser gefüllt, gebürstet, durch den Spundlochsucher spundrecht gelegt, vom Schmutzwasser entleert, bis zu 7mal mit warmem und kaltem Wasser ausgespritzt. Hierauf läßt die Maschine das Faß auf eine Schanze rollen. Ein zuverlässiger Arbeiter leuchtet dort die gewaschenen Gebinde aus.
Das Abheben von einer Düse zur anderen besorgt die Transportschwinge. Die stündliche Leistung beträgt bis 300 Fässer in der Größe von 25 l bis zu 2,5 hl. Das Warmwasser soll etwa 50 bis 60 °C haben; die oberste Grenze der Heißwassertemperatur ist durch den Schmelzpunkt des Peches gegeben, da dieses nicht flüssig werden darf.
Die Notwendigkeit, mit Rücksicht auf den Pechbelag die Temperatur des Ausspritzwassers verhältnismäßig niedrig zu halten, schließt die Gefahr einer Infektion in sich. Solange es nicht gelingt, Peche herzustellen, welche das Ausspritzen mit kochendheißem Wasser gestatten, wird das Transportfaß aus Holz immer noch als besonders gefährlich für die Haltbarkeit des Bieres angesehen werden müssen.
Transportfässer aus Metall ermöglichen eine einwandfreie und sichere Innenreinigung mit Hilfe von heißer Lauge.

1017. Welche Bauarten von Faßwaschmaschinen unterscheidet man?
Man unterscheidet Maschinen in Längsbauweise und Rundläufermaschinen. Letztere haben eine Leistung von 180 Fässern je Stunde und einen geringen Platzbedarf von nur 3 x 3 m.

1018. Wie kann eine Innendesinfektion der Transportfässer bewerkstelligt werden?
Transportfässer aus Holz können entweder durch Pichen praktisch steril gemacht werden oder durch die Behandlung mit schwefeliger Säure, wobei eine Einwirkungsdauer von 20–30 Minuten erforderlich ist.
Metallfässer werden durch Einspritzen einer Lauge von 80 °C und durch Dämpfen sterilisiert.

1019. Aus welchen Teilen besteht ein isobarometrischer Faßfüller?
Ein Faßfüller besteht aus den getrennt liegenden Bier- und Luftausgleichskesseln und aus den Füllorganen. Der Bierausgleichskessel ist ein kupferner, innen verzinnter Zylinder, der stehend angeordnet ist, damit die Lufberührung möglichst gering wird. Er ist mit kurzen Schläuchen mit den Füllorganen verbunden, hat Schwimmervorrichtung, Bierstandglas, Reinigungstür und Sicherheitsventil und ist an die Luftleitung angeschlossen. Je nachdem das Füllorgan selbsttätig durch Preßluft

oder mit der Hand an das Transportgefäß gepreßt wird, spricht man von einem vollautomatischen oder halbautomatischen Faßfüller. Beim Befüllen wird der Füllkopf mit seinem Gummikonus dicht auf das Transportgefäß gepreßt, das Füllrohr senkt sich in das Innere des Fasses, das unter den gleichen Druck gesetzt wird, und das Bier fließt aus dem Bierkessel durch das Füllrohr ins Faß, während die verdrängte Luft ins Freie geleitet wird. Wenn der Druck im Bierkessel eine Norm (0,5 – 0,8 bar(atü) überschreitet, bläst die überschüssige Luft durch ein Sicherheitsventil ab. Ist das Faß gefüllt, was an der Schaulaterne ersichtlich ist, so werden das Bierventil und die Lüftungskanäle geschlossen. Das Füllrohr und der Füllkopf heben sich vom Faß ab und erreichen wieder die Anfangsstellung. Das Faß wird nun rasch gespundet und durch Treten auf den Fußtritt von der Schanze abgerollt.

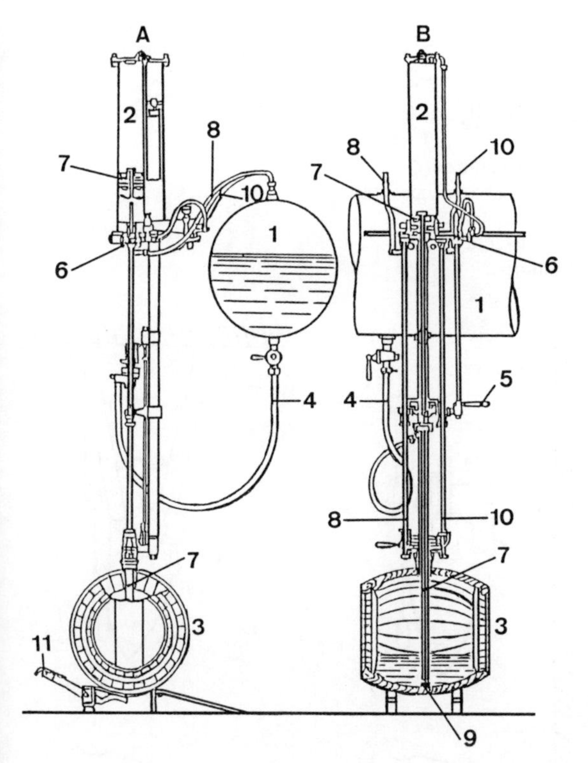

Quer- und Längsschnitt durch einen Faßfüller mit Biersammelkessel

1 Biersammelkessel
2 Preßluftzylinder
3 Transportfaß
4 Bierleitung zum Füllorgan
5 Bedienungsgriff des automatischen Hahns
6 automatischer Hahn
7 Preßluftkolben
8 Preßluftleitung
9 Bierventil
10 Rückluftleitung
11 Fußhebel zum Faßabrollen

Moderne Faßfüller sind so ausgestattet, daß Vor- und Rückluft getrennt sind, eine Berührung des Bieres mit der Rückluft kann also nicht mehr eintreten. Getrennt liegende Luft- und Bierausgleichskessel ermöglichen das Abfüllen direkt vom Filter weg. Die Füllorgane arbeiten praktisch ohne Rückspritzbier, so daß eine Infektionsgefahr bzw. erhöhter Bierschwand ausgeschaltet sind.
Die Leistung je Füllorgan ist 20 hl/Stunde. Die Faßfüller werden heute kessellos gebaut, und zwar aus nichtrostendem Stahl.

1020. Welche Anforderungen werden an einen Faßfüller gestellt?

Der Faßfüller muß die Transportfässer rasch und ohne Bier- oder Kohlensäureverluste schaumfrei bis an den Spundring füllen. Druckschwankungen sollen vermieden werden. Seine Stundenleistung je Füllorgan beträgt 15–20hl, sie ist besonders von den Faßgrößen abhängig.

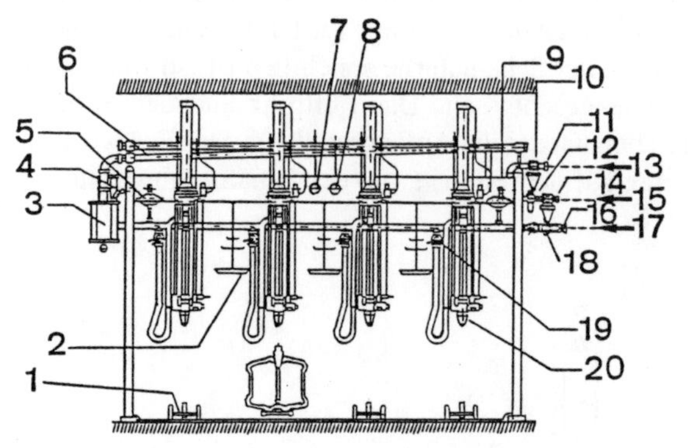

Faßfüller (Esau & Hueber)
1 Faßlager
2 Spundschraubenteller
3 Schaumsammellaterne
4 Entlüftungslaterne
5 Rückluftmembranventil
6 Rückluftschaumsammelrohr
7 Manometer Vorluft
8 Manometer Rückluft
9 Vorluftmembranventil
10 Druckminderventil mit Manometer
11 NW V1
12 Nebelöler
13 Vorspannluft gefiltert
14 NW A1
15 Arbeitsluft
16 NW Bier
17 Biereinlauf
18 Einlaufarmatur mit Durchgangs-Scheibenventil und Schaulaterne
19 Scheibenventil
20 Faßfüllorgan

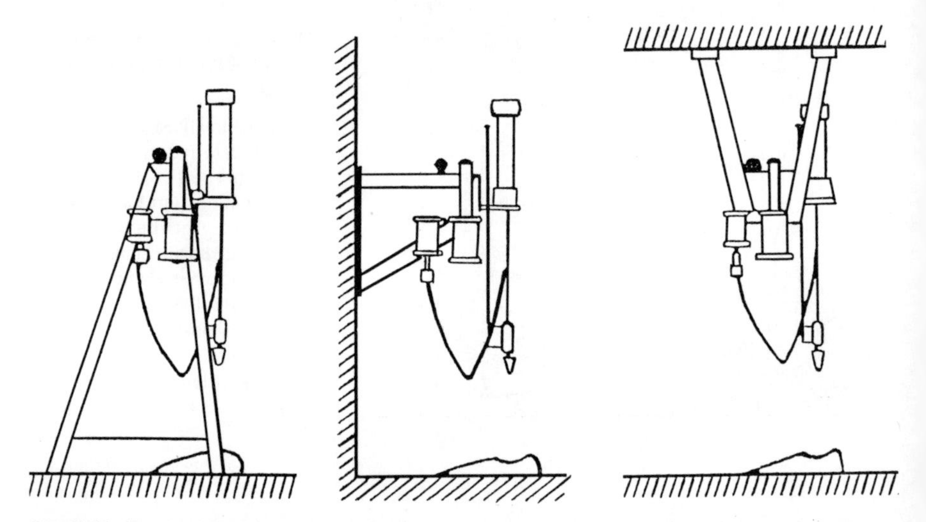

Möglichkeiten der Installation von Fußfüllern. Links: Ständerkonstruktion, Mitte: Wandbefestigung, rechts: Deckenaufhängung.

1021. Wonach richtet sich der Abfülldruck?

Der Druck in einer Abfüllanlage richtet sich nach der Höhe des CO_2-Gehaltes, den man durch die Spundung in das Bier gebracht hat. Und dieser ist wiederum abhängig von der Temperatur und vom gewünschten CO_2-Gehalt im abgefüllten Bier.

1022. Welche Drücke kommen bei der Faßabfüllung zum Einsatz?

1. Abfülldruck 0,8–1,1 bar
2. Luftdruck zur Betätigung der Füllorgane 1,5–2,5 bar

1023. Wie werden Faßfüller keimfrei gemacht?

Die sicherste Methode ist das Dämpfen, weil auch evtl. versteckte Infektionsquellen erfaßt werden. Das schließt nicht aus, daß die Anlage von Zeit zu Zeit mit Chemikalien desinfiziert wird oder durch Zerlegung mechanisch gereinigt wird.

1024. Welche Aufschriften muß ein Transportfaß tragen (meist auf dem Vorderboden)?

1. Name und Sitz des Eigentümers (Brauerei)
2. Faßnummer
3. Inhalt = Literzahl (bis 30 l 0,5, sonst ganze l)
4. Jahreszahl der letzten Eichung
5. Etikett für die Biersorte

1025. Wie bezeichnet man die Einzelteile eines Transportfasses?

1. Holzfässer werden aus einzelnen Teilen zusammengesetzt. Man unterscheidet die Stäbe oder Dauben, deren Enden man Köpfe oder Frösche nennt. Die Kimme oder Kargel in den Stabköpfen dient zur Aufnahme der Faßböden. Die Dauben werden durch Reifen zusammengehalten. Man unterscheidet Kopf-, Stirn-, Hals- und Bauchreifen; deren Nahtstellen nennt man Reifenschlösser. Der Vorderboden enthält eine Buchse für das Luftventil (Zapfen ohne CO_2), der Faßbauch die Spundlochbuchse und unterhalb eine Zapflochbuchse, alle aus Metall.
2. Metallfässer bestehen aus dem Faßkörper bzw. zwei verschweißten Faßhälften. Man unterscheidet den Faßkörper, die Lauf- bzw. Stabilisierungsringe, Spund- und Zapflochbuchsen sowie die »Kimme«.

1026. Welche Faßverschlüsse gibt es?

Die bisher besprochenen Fässer werden mit Faßschrauben oder »Spundschrauben« verschlossen.

1027. Welche Arten von Spundschrauben unterscheidet man?

1. Vollschrauben
2. Syphonschrauben

1028. Aus welchem Werkstoff bestehen die Spundschrauben?

1. Eisen mit getalgten Spundlappen
2. Metall (nicht rostend) mit getalgten Spundlappen
3. Kunststoff durch eine elastische, weiche Gewindezone selbstdichtend
4. Metall, kunststoffüberzogen mit Magnetverschluß (siehe Frage 1029)

1029. Welche Verschlüsse gibt es für die Syphonschrauben und andere Faßbuchsen?

1. Korken 2. Kunststoffkörper

1030. Was ist das Stoppi-System?
Bei dem Stoppi-System wird der Umstand ausgenutzt, daß das herkömmliche Bierfaß beim Zapfloch mit einem Korken verschlossen wird. Anstelle des von außen anzubringenden Kork- bzw. Plastikpfropfens wird ein pilzförmiger Gummistopfen von innen in das Zapfloch eingebracht. Am Stechdegen wird ein neues Stochersieb angebracht, das ein kleines Korkspießchen festhalten kann. Beim Anstechen des Fasses wird der Korkspieß in den vorbereiteten Hohlraum des Pilzkorkens gesteckt und anschließend auf die übliche Weise angesteckt. Der Pilzkorken bleibt am Ende des Stechdegens hängen und hindert das Zapfen nicht, da der Korkspieß mit dem Pilzkorken zusammen beweglich ist und sich am Boden auf die Seite legt. Beim Herausnehmen des Stechdegens wird der Pilzkorken in das Zapfloch zurückgezogen, und das Faß ist wieder gasdicht verschlossen. Das Faß kann nicht mehr austrocknen und auch nicht nachträglich infiziert werden. Allerdings ist beim Öffnen der Fässer zu beachten, daß sie unter Kohlensäuredruck stehen. Durch Pilzkorken unterschiedlicher Färbung kann ein regelmäßiger Wechsel der Korken vereinfacht werden.

1031. Was ist das BAM-System?
Das BAM-System erfordert bei normalem Zapfen über das Zapfloch den zusätzlichen Einbau eines Magnetverschlusses. Dieser Verschluß besteht aus einer Röhre, die in das Zapfloch eingesetzt wird. Am Ende der Röhr befindet sich ein fest angebrachter, in Kunststoff eingebetteter ringförmiger Magnet. Beweglich mit diesem Magneten ist ein zweiter eingegossener Magnet verbunden, der die Röhre abschließen kann. Da die Magnete umgekehrt zueinander gepolt sind, ziehen sie sich gegenseitig an und schließen damit das Faß. Beim Anstechen wird der Klappmagnet geöffnet und schließt sich beim Herausziehen des Stechdegens wieder.

1032. Welche weiteren Maßnahmen dienen der Rationalisierung der Faßfüllerei?
1. Schlagbohrer oder automatischer Entspunder bzw. Verschließer
2. Vorrichtung zur Etikettierung
3. Vorrichtung zur Datierung

1033. Was versteht man unter einem Kegfaß?
Das Kegfaß ist ein zylindrisches Faß aus Edelstahl, das vollautomatisch mit heißer Lauge und Wasser gereinigt, mit Dampf sterilisiert und mit Bier gefüllt werden kann. Mit dem Kegfaß läßt sich die Arbeit in der Faßwichse und in der Faßfüllerei weitgehendst rationalisieren. Das Faß ist in England entwickelt worden.

1034. Welches sind die Merkmale des Kegfasses?
Im Spundloch des Kegfasses sitzt eingeschraubt der Verschlußfitting, der auch während der Reinigung und Füllung ständig im Faß bleibt. Der durch Federdruck angepreßte Verschluß läßt keine Verunreinigungen in das Faßinnere eindringen. Das

Anzapfen des Kegfasses geht ohne Schwierigkeit vor sich; es wird lediglich ein Zapfkopf mit Hilfe eines Bajonettverschlusses auf das Faß gesetzt und die Schläuche für Kohlensäure und Bier angeschlossen. Durch einen Hebeldruck öffnet sich der Verschluß und das Zapfen kann beginnen. Die Fässer lassen sich auch in beliebiger Zahl hintereinanderschalten, so daß bei größeren Betrieben nicht laufend angezapft zu werden braucht. Die Kegfässer sind nach Inhalt genormt, haben aber ein höheres Gewicht als Aluminiumfässer. Holz- und Aluminiumfässer dürfen mit Kegfässern nicht zusammen gestapelt werden, um eine Beschädigung der Fittinge zu vermeiden.
Nachfolgenden Übersichten und Zusammenfassungen sollen einen Einblick in zukunftsorientierte System der Faßkellereitechnik geben.

DAS KEG – SYSTEM

1. BESTANDTEILE
1.1 Zylindrisches Faß 1.2 Ventil und Kupplung 1.3 Wasch – und Füllautomaten

2. MERKMALE
2.1 Eingebaute Armatur aus Ventil = Fitting und Steigrohr bleibt stets im Keg – beim Reinigen, Füllen, Zapfen und Rücktransport zur Brauerei.
Die Kupplung = Zapfkopf bleibt beim Kunden.
Das Faß bleibt somit immer verschlossen.
Der Luftsauerstoff hat nie Zutritt zum Faßinneren; daher keine eingetrockneten Bierreste oder anderen Verunreinigungen im leeren Faß, deshalb leichtere und bessere Reinigung.
2.2 Das Keg erlaubt eine vollständige AUTOMATISIERUNG des FASSKELLERS durch einen WASCH – und FÜLLAUTOMATEN.

3. ARTEN von FITTINGEN
3.1 Korbfitting
3.2. Flachfitting 3 – und 12 – Kant – Flansch.
} für alle Fittinge die gängigen Zapfköpfe

4. STEIGROHRE
4.1 Einschraubstück für 3.1 aus Messing, gepreßt, verzinnt, Steigrohr 24 mm ø,
4.2 Gehäuse für 3.2 | | | | | 18 mm ø,
beide Steigrohre aus Chromnickelstahl.
Alternativ werden Einschraubstück und Steigrohr aus Chromnickelstahl, bzw. Gehäuse und Steigrohre aus eloxiertem Aluminium angeboten.

SCHMIDDING KEG – FÄSSER

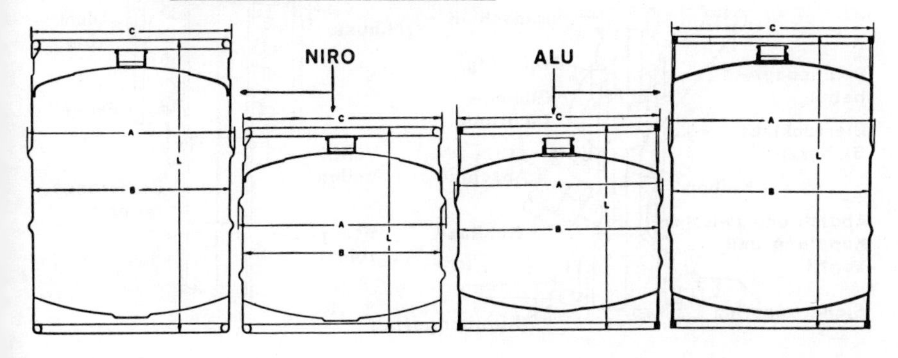

MASSTABELLEN

NIRO – KEG					STANDARD	ALU – KEG					SPLENDAL	ALUPLAST
Inhalt	A	B	C	L	Gewicht	Inhalt	A	B	C	L	Gewicht	Gewicht
l	mm	mm	mm	mm	kg	l	mm	mm	mm	mm	kg	kg
30	408	390	393,2	365	11	30	408	390	396	365	7,10	6,70
50	408	390	393,2	532	13,60	50	408	390	396	532	8,70	8,00

KEG – ARMATURENPROGRAMM (THELEN & RODENKIRCHEN)

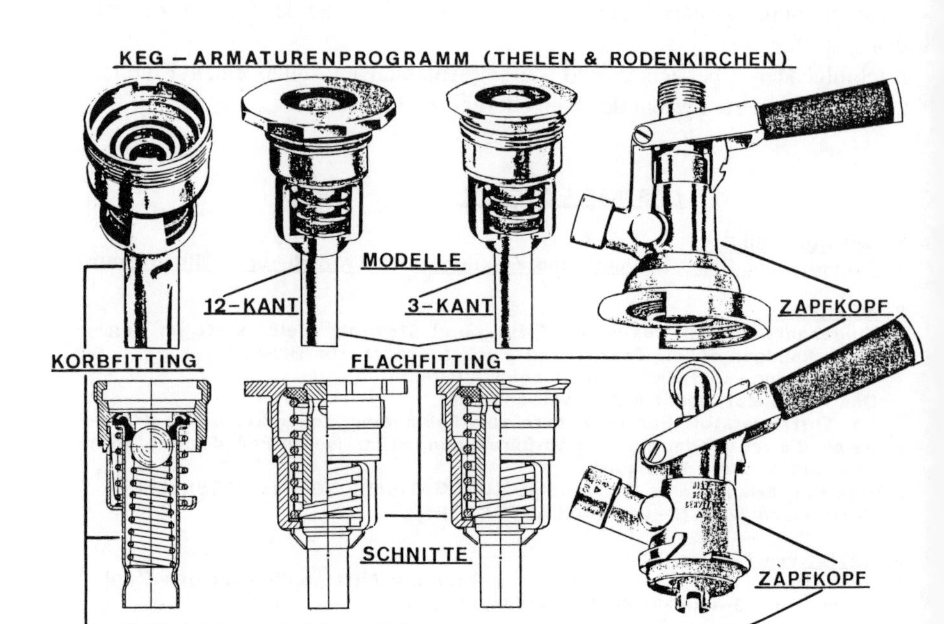

KEG – KUPPLUNG

KEG – VENTIL

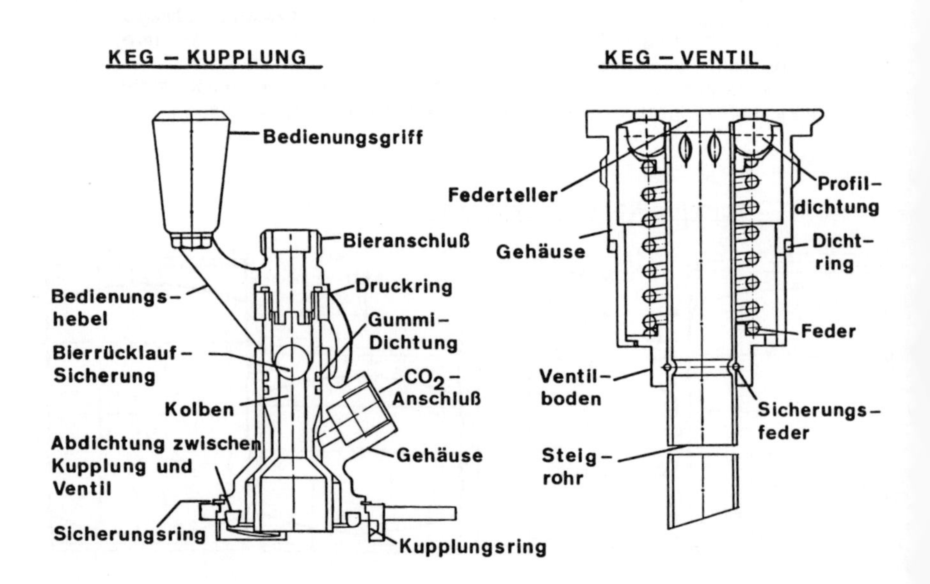

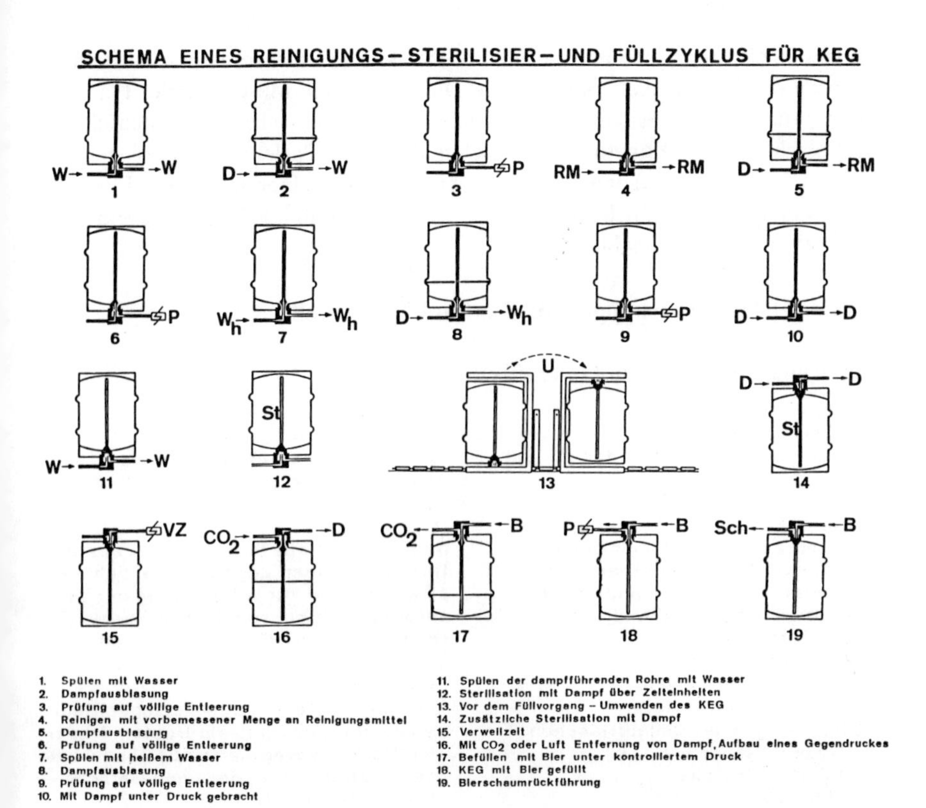

1035. Welche Bedeutung haben der Flaschenkeller und seine maschinelle Einrichtung?

Mit der nicht voraussehbaren Steigerung des Flaschenbierabsatzes nach 1945 ist der Flaschenkeller in den meisten Brauereien zu einer der wichtigsten Abteilungen innerhalb des Betriebes geworden. Um konkurrenzfähig zu bleiben, mußten die Flaschenkeller mit den modernsten und leistungsfähigsten Maschinen ausgestattet und die Arbeitsweise weitgehendst automatisiert und rationalisiert werden.

Die Anlage eines Flaschenkellers ist in erster Linie ein Bauproblem, vorausgesetzt, daß die Platzfrage geklärt ist. So ist maßgebend, ob ein Flaschenkeller ebenerdig gebaut wird. oder ob er sich über mehrere Stockwerke erstrecken soll. Liegt die Verladeweise fest, so muß im Zusammenhang mit der technischen Einrichtung der Flaschenreinigung und Flaschenfüllung das Transportproblem innerhalb des Flaschenkellers gelöst werden. Das Verladen des Flaschenbieres ist mit Rollbahnen, Stapelkarren und mit Gabelstaplern und Paletten üblich; entsprechend müssen auch die horizontalen Transporte auf der Verladeebene eingerichtet sein. Der Vollständigkeit halber sei hier auch auf das sehr wirtschaftliche Verladen mit Hilfe von Wechselaufbauten hingewiesen. Dazu kommen die vielfältigen Förderanlagen, mit denen das Leer- und Vollgut in vertikaler oder schräger Richtung durch die verschiedenen Stockwerke des Flaschenkellers transportiert werden muß. Zu den Transporteinrichtungen gehören in weiterem Sinne auch die Aus- und Einpackmaschinen, die Kastenstapler und die Palettisiermaschinen, die wesentlich zur Rationalisierung des Flaschenkellers beitragen. Die wichtigsten Maschinen des Flaschenkellers, die Reinigungs- und Füllmaschinen, die Flascheninspektionsmaschinen, die Verschließ- und Etikettierungsmaschinen und die Pasteurisationsanlagen vervollständigen den umfangreichen Maschinenbestand einer modernen Flaschenkellereianlage. Von ihm hängt in erster Linie die reibungslose Versorgung der Kundschaft mit Flaschenbier ab.

1036. Welche Verpackungen für Bier im Flaschenkeller gibt es?

Verpackungen für Bier im Flaschenkeller

Primärverpackungen	Sekundärverpackungen
1. Begriff: sie umschließen das Füllgut.	1. Begriff: sie erleichtern den Transport und die Verteilung, sie schützen die Primärverpackung.
2. Arten:	2. Arten:
2.1. Dosen: zweiteilige Weißblechdose mit porenfreier Kunstharzinnenlackierung – Dosenrumpf mit Tafeldruck oder Rundumdruck – lackiert.	2.1. Wabenkasten: aus Polyäthylen – aus optischen Gründen, gegen Sonnenlichteinstrahlung und zur Verzögerung der Versprödung mit anorganischen Farben (Titanoxid, Eisenoxid, Kobaltoxid, Cadmium) eingefärbt.
2.2. Einwegflaschen: 1/3 Standard II und III 1/3 und 1/2 Dosenform	2.2. Schachteln: 1. Vorgefertigte Klappdeckelschachteln aus Vollpappe (einlagig, Duplex, Triplex, Multiplex, imprägnierte oder beschichtete Pappen) mit oder ohne Gefache – bis zu 20 Umläufe.
2.3. Mehrweg- oder Umlaufflaschen: 1/3 und 1/2 Steinie 1/3 und 1/2 Vichy 1/2 Euro 1/2 NRW 1/3 und 1/2 Ale- oder Schulterhals 1/3 und 1/2 Lochmund- oder Bügelverschlußflasche – Sonstige	2. Faltschachteln aus Wellpappe – Fertigung mit oder ohne Gefache vor Einbringung des Packgutes. Verschluß durch Beleimung, Klebestreifen oder Klammern.
	2.3. Multipacks: Sammelpackungen aus mehrfach bedruckter Vollpappe, Flaschen vollständig ummantelt.
	2.4. Trays: tablettförmig mit Rand.

1037. Wie geht das Reinigen und Füllen der Flaschen vor sich?

Die von der Kundschaft zurückkommenden Bierflaschen werden nach eigenen und fremden Flaschen sortiert im Stapelraum für gebrauchtes Leergebinde aufgestapelt und von dort zur Flaschenreinigungsanlage befördert. Zur Vermeidung von hohem Flaschenbruch soll der Stapelraum heizbar sein, so daß die Leerflaschen im Winter die warme Raumtemperatur annehmen können. Das Auspacken aus den Flaschenkästen geschieht in der Regel maschinell. Die vollautomatischen und kettenlosen Reinigungsmaschinen sind meist als Einend-Anlagen gebaut, wobei sich die Flaschenaufgabe und die Flaschenabgabe an demselben Ende der Maschine befinden. Nach der Reinigung müssen die Flaschen vor einer Durchleuchtvorrichtung auf evtl. noch vorhandene Verunreinigungen oder Fremdkörper durchgesehen werden. Diese ermüdende Arbeit wird teilweise von einer Maschine übernommen oder, bei größeren Anlagen, durch volleketronisch gesteuerte Flascheninspektionsmaschinen.

Der Bedienungsmann am Flaschenfüller achtet auf die richtige Befüllung und auf den einwandfreien Verschluß der Flaschen. Kronenkorkflaschen werden durchwegs maschinell verschlossen, ebenso Bügelverschlußflaschen, soweit sie noch oder wieder in Benützung sind. Anschließend kommen die Flaschen zur Etikettierung und u.U. zur Stanniolierung. Das Einsetzen in die inzwischen gereinigten Flaschenkästen geschieht durch halb- oder vollautomatische Einpackmaschinen. Die Stapelräume für Flaschenbier sind heute meist nicht mehr gekühlt, da sie gleichzeitig als Verladehalle dienen.

1038. Über welche Stationen verfügt ein moderner Flaschenkeller?

Übersicht Flaschenkellertechnik

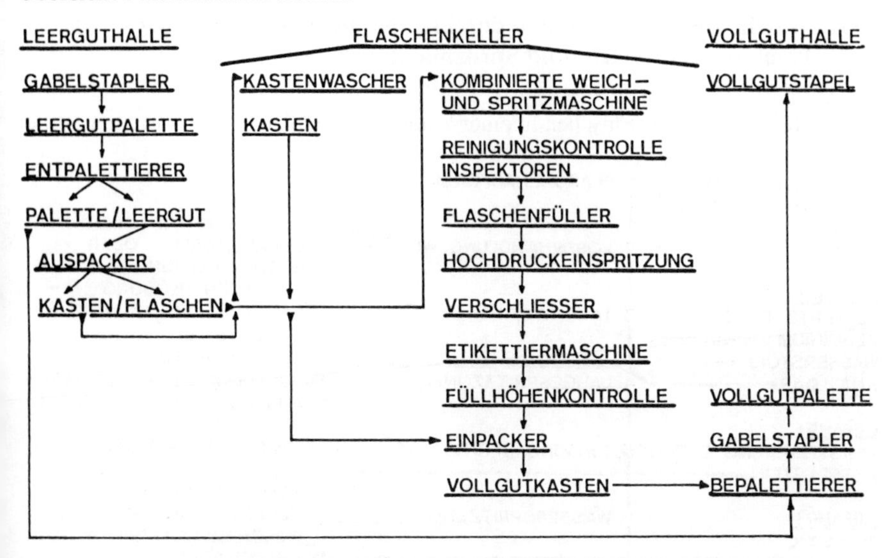

1039. Welche Arten von Flaschenreinigungsanlagen unterscheiden wir?

1. Die kombinierte Weich- und Spritzmaschine mit Leistungen bis zu 60000 Flaschen pro Stunde.
2. Die Spritzmaschinen mit Leistungen bis zu 8000 Flaschen pro Stunde. Diese beiden Maschinen arbeiten bürstenlos.
3. Die Bürstmaschine. Diese ist noch in Flaschenkellerei-Anlagen mit sehr geringen Leistungen anzutreffen. Meist wird sie zur Reinigung von Maurerflaschen benutzt, die mit Kalk oder Zement verunreinigt sind.

1040. Wie arbeiten die Spritzmaschinen?

Bei diesen Maschinen, die ausschließlich mit Spritzstrahlen arbeiten, entfällt der Weichvorgang. Die zu reinigenden Flaschen werden mit der Öffnung nach unten von Hand auf einen kreisförmigen, drehbaren Flaschenrost gesetzt und ruckweise über die Spritzdüsen hinweggeführt. Dabei sind sie innen und außen den kräftigen Strahlen von Warmwasser (25°C), heißer Lauge (45°–75°–45°C), Warmwasser (25°C) und Kaltwasser (10°C) ausgesetzt. Je häufiger die Zahl der Spritzungen ist,

um so intensiver ist die Reinigungswirkung. Lauge und Warmwasser, die mit Dampfschlangen angewärmt sind, werden im Kreislauf unter Zwischenschaltung eines Reinigers wiederverwendet. Die Flaschenhalter sollen so konstruiert sein, daß sie das Einstellen von Flaschen verschiedener Größe und Form ohne eine Umstellung ermöglichen, und daß die genaue Zentrierung über den Düsen sichergestellt ist.
Ein evtl. unbefriedigender biologischer Zustand der gereinigten Flaschen kann durch Beitropfenlassen eines Desinfektionsmittels in den Warmwasserbehälter verbessert werden, am besten durch Chlorierung.

1041. Welche Behandlungsstufen durchlaufen die Flaschen in einer kombinierten Weich- und Spritzmaschine?

Behandlungsstufen der Flaschen in einer kombinierten Weich- und Spritzmaschine

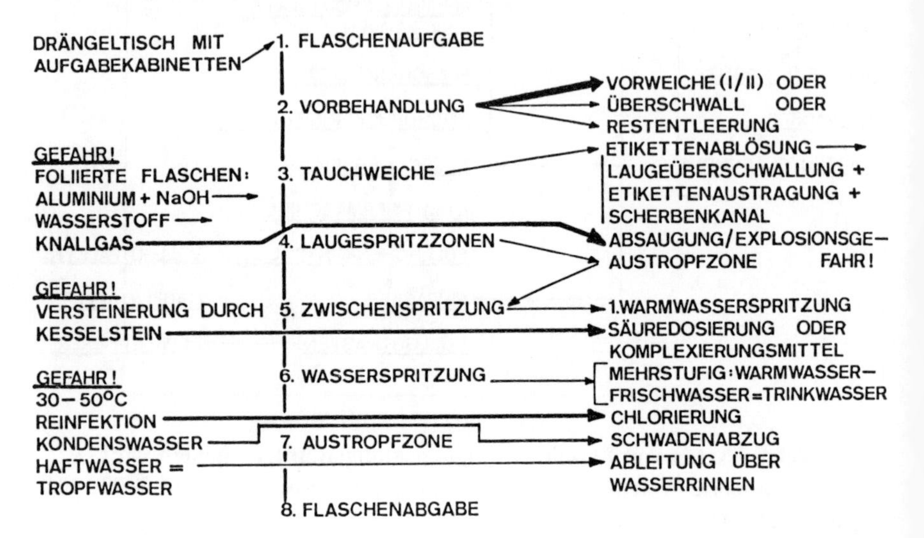

Bei der Einspritzung von Wasser bzw. Reinigungelauge wird zwischen der kontinuierlichen und pulsierenden Spritzung unterschieden. Bei erstgenannter trifft der Wasserstrahl in Form einer Staupunktströmung auf den Flaschenboden auf und fließt als Rieselfilm an der Flaschenwand wieder aus der Flasche (Düsendurchmesser ca. 2 mm). Bei der pulsierenden Spritzung gelangt die gleiche Flüssigkeitsmenge in bedeutend kürzerer Zeit in die Flasche, dabei ist der Strahl wesentlich stärker und erzeugt damit eine turbulente Filmströmung (Düsendurchmesser ca. 4 mm). Durch die größere Düse ist die Pumpenbelastung geringer und die Düsen verstopfen weniger.
Um den Wasserverbrauch zu reduzieren, wird die intermittierende Spritzung eingesetzt, d.h. die Spritzung erfolgt nur, wenn die Flaschenzelle über dem Spritzrohr zentriert ist.

1042. Wie sieht das Temperatur-Zeit-Diagramm einer Flaschenreinigungsmaschine aus?

Temperatur-Zeit-Diagramm einer Flaschenreinigungsmaschine

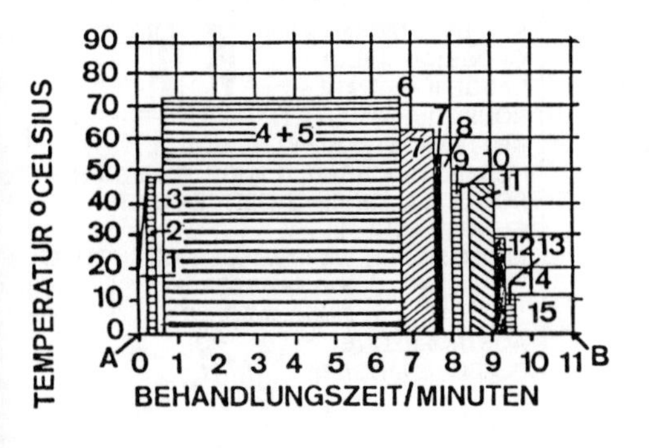

1043. Welche weiteren Unterscheidungsmerkmale zeigen die verschiedenen Systeme?

Ergänzende Hinweise und Erläuterungen zur Flaschenreinigung

1. DRÄNGELTISCH: RICHTUNGSÄNDERUNG 90° OHNE UMSTÜRZEN – KEINE STAU – BRÜCKENBILDUNG: EIN EXZENTERANTRIEB BEWEGT DIE LEITBLECHE ZU DEN KABINETTEN HIN UND HER ⟶ GLEICHMÄSSIGE BESCHICKUNG.

2. FL.-AUFGABE:

SEITZ

DURCH UMLAUFENDE MITNEHMERSTÄBE (ODER FINGER) ÜBER PROFILBLECHRINNEN IN DIE FLASCHENZELLEN.

H & K

ROTATIONSSEGMENTE

3. VORWEICHE:

ZWECK: VERHINDERUNG DER VERSCHMUTZUNG UND NEUTRALISATION DER TAUCHWEICHE DURCH SAURE GETRÄNKERESTE – ERWÄRMUNG DER FLASCHEN AUF 40–50°C – SCHWACH ALKALISCH – ZWEISTUFIG

SEITZ: 1. BODENSTÄNDIG – GEFÜLLT – 2. KOPFLASTIG – LEER

H & K: ZWEISTUFIG IM GEGENSTROMPRINZIP – BODENSTÄNDIG

4. TAUCHWEICHE: LAUGE I 80–90°C – NaOH 0,5–1,5%, FOLIIERUNG 2–2,5%
CHEMISCHE REINIGUNGSWIRKUNG: LÖSEN VON VERSCHMUTZUNGEN ABLÖSEN VON ETIKETTEN UND FOLIEN. DIE ABLÖSUNGSZEIT HÄNGT AB VOM:

1. ETIKETTENMATERIAL: GRUNDBEDINGUNG: LAUGEDURCHLÄSSIG – ABER LAUGEFEST – BEI ALUMINIUMKASCHIERTEN E. WACHS ALS BINDEMITTEL ZWISCHEN PAPIER UND FOLIE.
2. ETIKETTENLEIM: DEXTRIN – UND KASEINLEIME LÖSEN SICH SCHNELLER ALS PFLANZENLEIME.
3. BELEIMUNGSART: WABEN – ODER STREIFENBELEIMUNG WIRD SCHNELLER GELÖST ALS VOLLFLÄCHIGE BELEIMUNG.

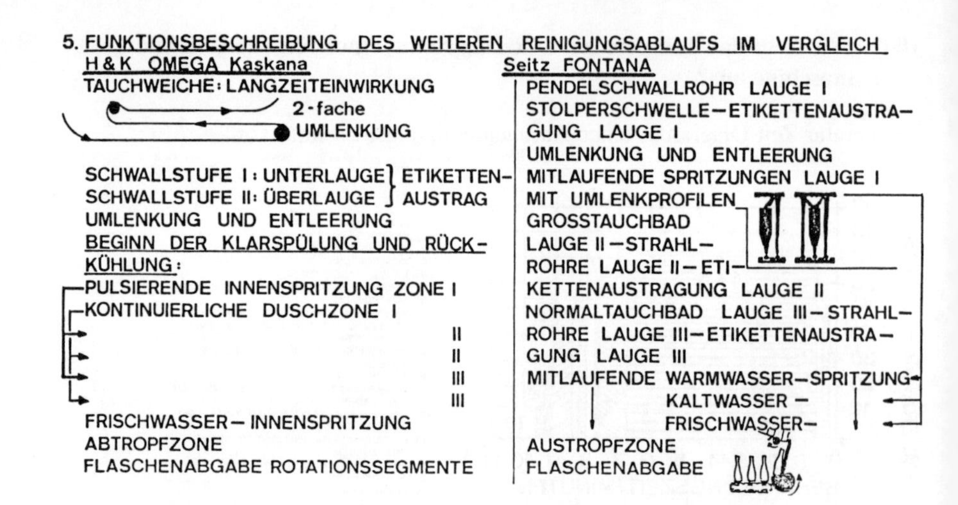

1044. Welche Möglichkeiten gibt es, den Reinheitsgrad der Flaschen zu prüfen?

Auf dem Weg zum Füller werden die Flaschen auf ihren Reinheitsgrad durch Ausleuchten überprüft. Es erfolgt:

1. Bei kleinen Anlagen durch Mitarbeiter. Die Flaschen laufen auf dem Transportband an einer beleuchteten Milchglasscheibe vorbei und werden von einem dort sitzenden Mitarbeiter ausgeleuchtet und die sog. Schmutzflaschen dem Band entnommen. Für die Gewähr eines hohen Wirkungsgrades ist es notwendig, den »Ausleuchter« stündlich abzulösen.
2. Bei größeren Anlagen durch automatische Flascheninspektoren, wobei der Flaschenboden durchleuchtet wird. Das Lichtbündel trifft auf eine Fotozelle, die im Falle eines Schattens einen Impuls zum Ausscheiden der Flasche auslöst.
3. Neuere Flascheninspektionsmaschinen sind modular aufgebaut. Die zentrale Steuerung der Maschine mit Schieberegister, Zählern, Klartextfehleranzeige und Testflaschenüberwachung ist mit einem Mikroprozessor aufgebaut (H&K). Die Firma Krones liefert neuerdings neben ihren bisher schon bewährten Flascheninspektionsmaschinen auch Anlagen mit japanischer Kirin-Kamera-Elektronik. Folgende Inspektionseinheiten bzw. -varianten können eingesetzt werden:
   a) Bodenkontrolle
   b) Dichtflächenkontrolle
   c) Hochfrequenzlaugenkontrolle
   d) Seitenwandkontrolle
   e) Restverschlußkontrolle
   f) Durchmesserkontrolle
4. In den letzten Jahren kam auch vermehrt die sog. Blockaufstellung zum Tragen, d.h. Füller, Verschließer, Etikettiermaschine, sind direkt hintereinandergeschaltet (die Flasche wird unmittelbar nach dem Verschließer über Sternbewegung in die Etikettiermaschine geführt). Als letzte Innovation hat Krones den Super-bloc entwickelt. Dabei ist die Inspektionsmaschine vor den Füller gerückt, so daß aus diesen 4 Abschnitten (Kontrolle – Befüllung – Verschließen – Etikettieren) nun eine einzige Maschineneinheit diesen Bereich ersetzt.

1045. Wie ist ein vollautomatischer Rundfüller beschaffen, und wie geht die Füllung der Flaschen vor sich?

Im Gestell des Füllers steht, mit dem Antrieb durch eine Reibungskupplung verbunden, eine drehbare Säule. Diese trägt in Tischhöhe die Anpreßorgane und oben den Bierkessel mit den Füllhähnen und dem Biereinlauf. Ein mit dem Antrieb gekuppeltes Metallförderband bringt die gereinigte Flasche an den Füller heran, und ein Drehkreuz schiebt sie auf den Teller eines Anpreßorganes. Dieses hebt die Flasche durch Druckluft hoch, wobei das Füllrohr in das Flascheninnere eingeführt, die Flasche gegen eine Verschlußtulpe gepreßt und zugleich zentriert wird. Die Füllhähne sind an der Unterseite des Kessels angeordnet und werden mittels eines Sternes vollautomatisch gesteuert, so daß die Befüllung zwangsläufig vor sich geht. Die Flasche wird dabei zuerst unter Gegendruck gesetzt, dann der Bierzulauf geöffnet, zugleich die verdrängte Luft in den Kessel geleitet, schließlich der Füllhahn geschlossen und das im Hahn stehengebliebene Bier in einen besonderen Behälter abgespritzt. Neuerdings wurden Füllhähne entwickelt, die gänzlich ohne Abspritzbier arbeiten. Beim Bruch einer Flasche verschließt sich das betreffende Füllorgan durch einen Rückschlagkorken selbsttätig, während die Füllung der übrigen Flaschen nicht unterbrochen wird. Nach Beendigung des Füllvorganges, der während einer Umdrehung des Flaschenfüllers vor sich geht, senkt sich das Anpreßorgan wieder auf Tischhöhe, die gefüllte Flasche wird von einem Drehkreuz gefaßt und auf das Förderband geschoben. Mit dem Verschließen der Flasche ist die Abfüllung beendet. Heute werden nur noch kessellose Flaschenfüller gebaut, bei denen eine Berührung des Bieres mit Luft vermieden wird.

1046. Was bezweckt die Vorfüllung der Flaschen mit Kohlensäure?

Sie bezweckt die Verdrängung der Luft aus der Flasche und ihren Ersatz durch Kohlensäure. Luftsauerstoff schädigt die Schaumhaltigkeit und die Haltbarkeit des Bieres, während Kohlensäure diese Eigenschaften fördert. Die Vorfüllung der Flaschen mit Kohlensäure wird unmittelbar vor der Füllung mit Bier vorgenommen. An Stelle der Druckluft wird Kohlensäure am Bierkessel angeschlossen.

Mit diesem Verfahren ist es aber nicht gelungen, die Luft aus der Bierflasche restlos zu entfernen. Von der Firma Holstein & Kappert wurde ein Verfahren entwickelt, das die Luft vor dem Vorspannen mit Kohlensäure aus der Flasche evakuiert, wodurch eine weitestgehende Ausschaltung der Luft im Flaschenfüller und in der Flasche erreicht wird.

Die Luft im Flaschenhals kann auf einfache Weise auch durch natürliches oder künstlich herbeigeführtes Überschäumen verdrängt werden. Flaschenbier, das etwa 5,0–5,5 g CO_2/l enthält, schäumt im allgemeinen nach der Druckentlastung von selbst so stark, daß die geringe Luftmenge im Flaschenhals durch den Schaum verdrängt wird. Ist dies nicht oder nur unregelmäßig der Fall, so muß das Überschäumen auf künstlichem Wege durch Einspritzen eines feinen Wasserstrahles (8–12 bar) herbeigeführt werden (HDE-Gerät).

1047. Welche Anforderungen werden an die Bierflaschen gestellt?

Die Farbe des Flaschenglases soll nicht zu dunkel, aber auch nicht zu hell sein; wasserhelle Flaschen sind ganz ungeeignet für Bier, weil weißes Glas das Licht nicht abhält und Bier in diesen Flaschen durch Tages- oder gar Sonnenlicht geschmacklich verdorben wird; es nimmt durch grelles Licht einen öligen, schlechten Geruch und Geschmack (»Sonnenstich«) an und wird unter Umständen ungenießbar. Am besten ist braunes Glas. Die Flasche soll ferner eine Form haben, die leicht in allen Teilen reinzuhalten ist; deshalb soll auch der Boden der Flasche eben oder nur schwach gewölbt sein. Das Glas soll nicht zu dünn und nicht zu spröde und gleichmäßig dick sein, damit es möglichst widerstandsfähig ist.

1048. Mit welchen Angaben müssen Flaschen gekennzeichnet werden?

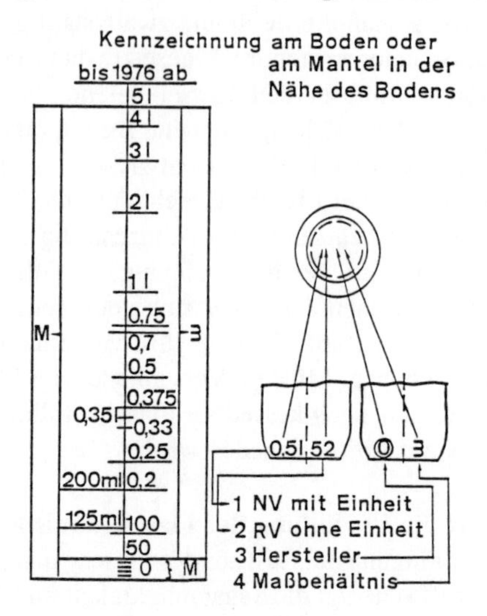

1049. Welche Begriffe muß man bei Flaschen als Maßbehältnisse unterscheiden?

1. *Begriffsbestimmung*
   Die Flasche ist als Maßbehältnis kein echtes *Maßgerät,* Eichstrich oder Nennvolumenabgrenzung fehlen, ersetzt aber ein solches in Verbindung mit entsprechenden Abfüllanlagen.
   Nennvolumen ist das auf der Flasche angegebene Füllvolumen.
   Randvollvolumen ist das Flüssigkeitsvolumen, wenn die Flasche bis zur oberen Randebene gefüllt ist.
   Freiraumvolumen ist das Randvolumen abzüglich des Nennvolumens.
   Freiraumhöhe ist die Entfernung zwischen Fülllinie und oberer Randebene.
2. *Bedingungen*
   1. Formbeständiges Material.
   2. Form einer Flasche – Mundstück ist enger als der Flaschenkörper.
   3. Nennvolumen 0–5 l (§ 2, Abs. 2, FPV)
   4. Genauigkeitsanforderungen (§ 3)
5. Angaben auf Behältnissen (§ 13, Abs. 1, FPV) (siehe Frage 1048)

1050. Welche Maße gelten bei der NRW-Flasche?

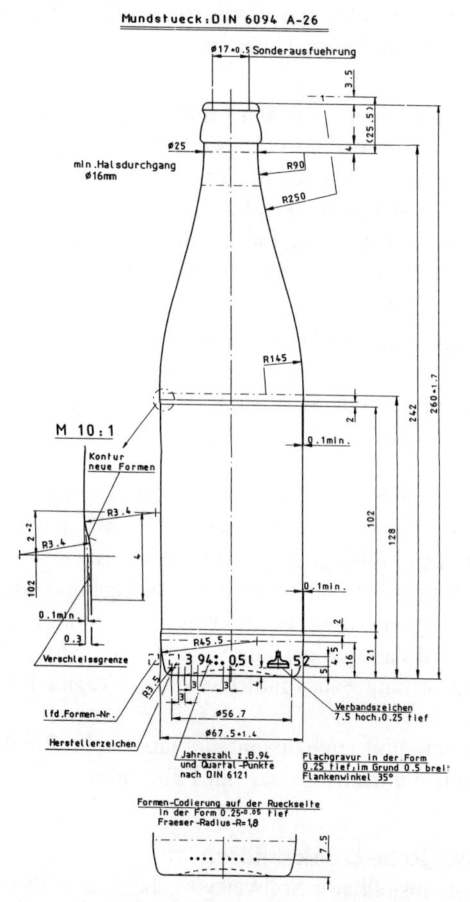

1051. Welche Teilbezeichnungen unterscheidet man bei einer Einwegflasche?

Teilebezeichnung der Flasche

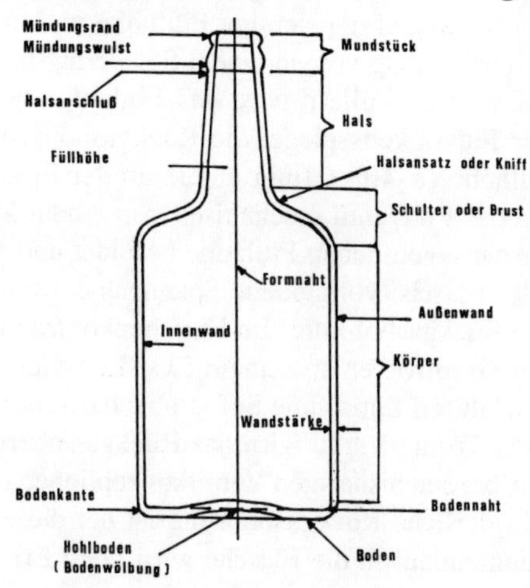

1052. Welche Anforderungen werden an die Flaschenfüllung gestellt?

1. Sauerstoffarmes, maßgerechtes und verlustfreies Füllen der Flaschen.
2. Wirtschaftliche, technisch einwandfreie und biologisch sichere Arbeitsweise.

1053. Nach welchen Merkmalen werden Füllersysteme unterschieden?

1. Unterscheidung nach dem Abfülldruck: Niederdruckfüller – Hochdruckfüller.
2. Unterscheidung nach der Form des Bierkessels: Einkammerfüller (Haubenfüller, Ringkesselfüller), Mehrkammerfüller (Ringkanalfüller).
3. Unterscheidung nach dem Bau der Füllorgane: Kükenfüller – Scheiben- oder Schieberfüller – Höhen- oder Verdrängungsfüller – Ventilfüller

1054. Welche Füllorgane unterscheidet man?

1. *Kükenfüller:* Kükenhahn – Ältere Konstruktion Haubenfüller. Der Hahn besitzt 3 Durchbohrungen, für Vorluft, Bier und Rückluft. Das Küken wird durch einen seitlich angebrachten Stern gedreht und die jeweils erforderlichen Kanäle geöffnet.
2. *Scheiben- oder Schieberfüller:* Zweiteiliger Hahnkörper mit entsprechenden Kanalbohrungen. Sie sind durch eine gelochte Metall- bzw. Kunststoffscheibe getrennt. Der Stern des Füllorganes dreht die Metallscheibe als Verbindung zu den Kanälen. Die Kunststoffscheibe dient als Auflage und Abdichtung.
3. *Höhen- oder Verdrängungsfüller:* Füllrohr mit Fußventil gewährleistet ruhigen Einlauf des Bieres und dadurch geringe Sauerstoffaufnahme. Randvolle Befüllung – keine Vorentlastung – das Füllrohrvolumen ergibt den Leerraum in der Flasche.
4. *Ventilfüller:* Das Ventil und seine Spannfeder tauchen im Ringkessel oder Ringkanal in das Bier ein. Füllrohrlos oder mit Füllrohren.

1055. Wie arbeitet der Rola-Tronic-Füller?

Es sind Füllventile mit einstellbarer Sollwertvorgabe. Die Sollwerte der einzelnen Füllphasen werden an der zentralen Steuertafel vorgegeben. Das bedeutet, daß jedes Ventil, sobald die richtige Füllhöhe in den Flaschen erreicht ist, selbsttätig schließt, unabhängig von an einem Steuerring befestigten Steuerorganen.

Bei allen anderen Füllern wird das Einlaufen des Bieres in die Flasche beendet, wenn der Flüssigkeitsspiegel die Rückgasbohrung erreicht. Dieser Punkt liegt je nach Füllhöhe ca. 40–60 mm unterhalb der Flaschenmündung. Unabhängig hiervon wird das Füllventil mechanisch von einem Steuerorgan geschlossen, das sich am Ende der eigentlichen Füllzone befindet und an einem Steuerring befestigt ist. Das in der Flasche vorhandene Spanngas entweicht beim Einlaufen des Füllgutes durch die Rückgasbohrung. Im Flaschenkopfraum bleibt zunächst ein unter Druck stehender Gaspfropfen aus einem CO_2-Luft-Gemisch, der erst nach Schließen des Füllventils durch Entlastung auf atmosphärischen Druck abgebaut wird.

Beim Rola-Tronic-Ventil wird das Rückgas oberhalb der Flaschenmündung abgeführt. Die bei den bisherigen Ventilkonzeptionen für die exakte Festlegung der Füllhöhe erforderliche Rückgasbohrung ist bei diesem Ventil nicht mehr vorhanden. Der Füllguteinlauf in die Flasche wird beim Erreichen der gewünschten Füllhöhe durch Schließen des Flüssigkeitsventils beendet. Die Entlastung auf atmosphärischen Druck fängt sich übergangslos dem Schließen des Flüssigkeitsventils an.

Das Rola-Tronic-System wurde später noch dahingehend geändert, daß der Füllvorgang elektronisch gesteuert wird. Dabei ist der Bierfluß in 3 Etappen aufgeteilt, zuerst läuft das Bier langsam in die Flasche um Turbulenz zu vermeiden, dann wird auf schnelle Befüllung umgeschaltet, sodann kommt die Restbefüllung, welche wiederum in einen langsameren Biereinlauf endet.

Übersicht von Füllersystemen im Vergleich:

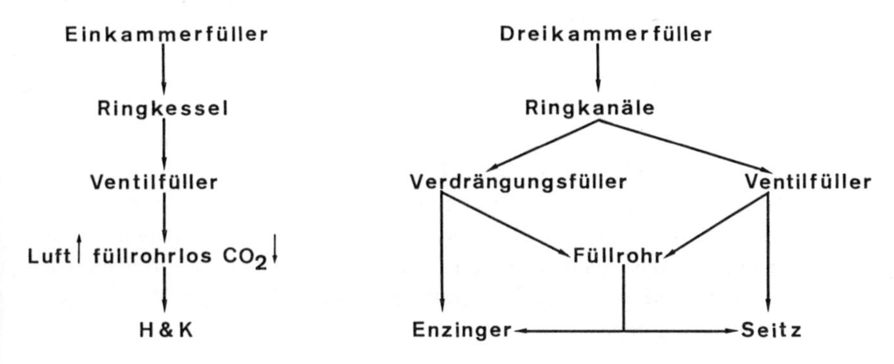

1056. Welche Arten von Flaschenverschlüssen sind für Bier gebräuchlich?
Das Verschließen der befüllten Flaschen mit Kronkorken ist die heute allgemein übliche Verschlußart. Im Zuge der Nostalgiewelle haben einige Brauereien dafür gesorgt, daß der Bügelverschluß nicht gänzlich vergessen wurde.
Der Kronenkork besteht aus einer Blechkrone mit 6,75 mm Höhe; er wird aus verzinntem Weißblech mit 0,25–0,28 mm Dicke oder aus verchromtem Stahlblech gefertigt. Die Abdichtung gegenüber dem kohlensäurehaltigen Bier geschieht durch eine Einlage, die entweder aus Preßkork mit Aluminiumfolie oder aus einer Kunststoff-Einspritzmasse besteht. Der Kronenkork muß beim Pasteurisieren bis zu einem Innendruck von 10 (bar)ü gasdicht verschließen.
Eine weitere Entwicklung ist der Shall-o-Shell-Kronenkork mit nur 6 mm Kronenhöhe, der im Preis billiger als der 6,75 mm hohe Kronenkork ist. Eine weitere Kronenkorktype ist der Fliß-Top-Verschluß mit Öffnerlappen, der ohne Hilfsmittel mit der Hand geöffnet, aber nicht mehr gasdicht verschlossen werden kann. Durch einfache Drehbewegung mit der Hand zu öffnen und wieder zu verschließen ist der Schraubenkronenkork, der aber ein entsprechendes Schraubprofil an der Bierflasche voraussetzt. Dieser Verschluß kommt aus den USA. Den Bemühungen der Industrie, einen Verschluß zu entwickeln, der ohne Hilfsmittel geöffnet und von Hand gasdicht wieder verschlossen werden kann, entsprechen am ehesten Verschlußkappen aus Kunststoff. Bei einer Ausführung kann nach dem Abreißen eines Plastik-Sicherheitsstreifens die eigentliche Verschlußkappe unschwer mit der Hand entfernt und wieder aufgesetzt werden.

Welche Type aus der Vielzahl von Verschlüssen sich letzten Endes behaupten wird, muß der Zukunft überlassen bleiben.
Der in Österreich sehr beliebte Alka-Verschluß, der aus einer Aluminiumkapsel besteht und der ohne Hilfsmittel mit der Hand unschwer zu öffnen ist, hat sich in Deutschland nicht eingeführt, er ist zum Pasteurisieren ungeeignet..

1057. Welche Aufgabe hat das Flaschenetikett?

1. Information des Kunden über Art und Menge des Inhalts und über den Hersteller des Getränks.
2. Werbeträger für die Verkaufsförderung.
3. Inhaltssicherung bei Hebel- oder Bügelverschlußflaschen.

1058. Welche Anforderungen werden an das Etikettenpapier gestellt?

Holzfrei – Flächengewicht 60–90 g/m² – leimundurchlässig – ausreichende Reißfestigkeit im trockenen und nassen Zustand – geringe Biegesteifigkeit (schmiegsam) – Faserrichtung quer zur Flaschenachse – Oberfläche außen glatt für gute Druckwiedergabe, innen rauh zum Aufsaugen von Haftwasser und Leimlösungsmittel, damit der Leim schnell abbindet. Die rauhe Rückseite verhindert durch Luftzwischenräume das Aneinanderhaften einzelner Etiketten und erleichtert die Entnahme aus dem Magazinstapel – gratfreie Stanzränder gegen Verfilzung – hohe Abriebfestigkeit gegen Scheuern an den Gefacheleisten der Kunststoffwabenkästen.

1059. Welche Etikettiertechnik unterscheidet man?

1. Systeme: Rundlauf- oder Karusell- und Durchlaufmaschinen.
2. Arbeitsgeschwindigkeit: Stufenlose Einstellung über Gleichstrommotore, Keilriemengetriebe oder Hydraulikantriebe.
3. Etikettenplazierung: Halsring-, Brust- und Rumpf- (Bauch und Rücken)-Etikett.

1060. Wie verläuft die Etikettierung bei einer Rundlaufmaschine?

Etikettierablauf bei einer Rundlaufmaschine

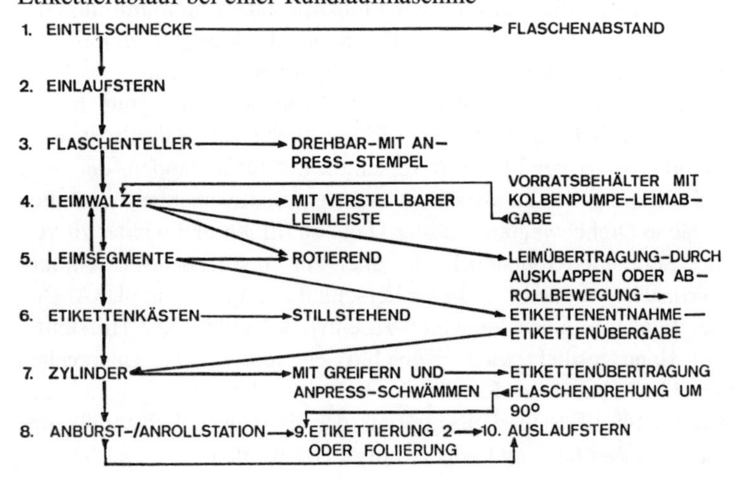

1061. Was ist über die Füllhöhenkontrolle wissenswert?

Die Füllhöhenkontrolle

1. *Geräteanordnung:* Im Bereich der Etikettiermaschine.
2. *Begründung:* Das Bier im Gebinde hat sich soweit beruhigt, daß eine klare Trennungslinie zwischen Flüssigkeit und Schaum erkennbar ist → einwandfreie Leistung. Zudem ermöglicht es die Aussonderung von Fehletikettierungen.
3. *Bestandteile:*
   3.1 Prüfstrahlsystem.
   3.2 Mechanische oder pneumatische Gebindeaussortiervorrichtung.
4. *Prüfstrahlsysteme:*
   4.1 Sichtbares Licht: Gebündelter Lichtstrahl einer Glühbirne. Ein Linsensystem erlaubt eine Einstellgenauigkeit des Prüfstrahls von ± 1 mm. Eine Druckluftdüse hält die Optik von Spritz- und Kondenswasser frei.
   4.2 *Röntgenstrahlen:* Diese Geräte erfordern eine Zulassung durch die physikalisch-technische Bundesanstalt (Strahlenschutz!). Einstellgenauigkeit ± 0,5 mm.
   4.3 *Gammastrahlung:*Inbetriebnahme der radioaktiven Strahlungsquelle erfolgt durch Öffnen des Austrittsfensters. Die Strahlungsquelle ist wartungsfrei und dauerhaft. Einstellgenauigkeit ± 1 mm. Radioisotop: Americum 241.
5. *Aussortiervorrichtungen:*
   5.1 Drehsterne mit mechanischen Greifern oder Vakuumsaugköpfen.
   5.2 Pneumatische Stössel oder langsamer wirkende Schieber.

1062. Wie erfolgt das Reinigen und Sterilisieren der Füller?

1. Spülen mit kaltem Wasser, um Bier- und Schaumreste zu entfernen.
2. Sterilisieren mit Heißwasser (85 – 90 °C) oder Dampf.
3. Abkühlen mit Sterilluft.
4. Eine Desinfektion mit oberflächenaktiven Desinfektionsmitteln, bei aufgesetzten Flaschen in Vorspann- und in Füllstellung der Füllorgane, um alle Kanäle zu erfassen.
5. Nachspülen mit biologisch einwandfreiem Wasser vor der Inbetriebnahme.

1062a. Welche Möglichkeiten gibt es, die biologische Stabilität des abgefüllten Flaschenbieres zu verbessern?

Entsprechend den hohen Anforderungen, welche durch die garantierte Mindesthaltbarkeit vorgegeben werden muß, haben ein Teil der Brauereien Maßnahmen ergriffen, die neben der Kaltentkeimung (EK-Filter) einer Hitzeeinwirkung den Vorzug geben.

1. Kurzzeiterhitzung = Durchflußpasteurisation
   Dabei wird das Bier im Plattenapparat in Etappen von ca. 1°C auf 55°C, dann auf 68° bis 70°C erwärmt, ca. 30 sek. bei dieser Temperatur gehalten und im Gegenstrom wieder auf 1°C abgekühlt. Die Durchlaufzeit beträgt ca. 3 min., der Energieaufwand ist verhältnismäßig gering, da wie gesagt, über ein Gegenstromsystem (heißes, pateurisiertes Bier erwärmt im Gegenstrom kaltes Bier und kühlt sich dabei wieder ab), immer wieder eingesetzte Energie zurückgewonnen wird.

2. Heißabfüllung

   Bei sehr hohem Druck wird das heiße Bier (Pasteurisationstemperatur) in die heiße Flasche (letzte Kaltwasserspritzung wird durch Heißwasser ersetzt) abgefüllt. Der Abfülldruck beträgt dabei ca. 8 bis 10 bar. Das Bier kühlt sich allmählich ab (keine Energierückgewinnung), dabei kann es zu Qualitätseinbußen im abgefüllten Produkt kommen.

3. Vollpasteurisation

   Dabei laufen die abgefüllten Flaschenbiere über Wanderroste durch einen Tunnelpasteur, in dem die Flaschen mit Wasser verschiedener Temperaturbereiche berieselt werden. Die Temperatur in der Flasche erhöht sich in den verschiedenen Anwärmzonen auf ca. 68°C, wird eine gewisse Zeit eingehalten, um dann wieder im Rückkühlbereich auf ca. 18 bis 20°C abgesenkt zu werden. Die Durchlaufzeit beträgt 60 min. Auch hier wird, ähnlich wie beim Kurzzeiterhitzer, mit Energierückgewinnung gearbeitet.

1063. Wie erfolgt das Auspacken der Flaschen?

Das Auspacken der Flaschen aus dem Flaschenkasten erfolgt heute fast ausschließlich mit voll- oder halbautomatischen Auspackmaschinen. Früher packte man von Hand aus oder verwendete mechanische Greiferköpfe, die mit der Hand bedient wurden. Moderne vollautomatische Auspackmaschinen sind in ihrer Leistung der Gesamtkapazität des Flaschenkellers angepaßt und packen bis zu 80000 Flaschen pro Stunde aus. Sie sind entweder nach dem Rotationsprinzip oder in Längsbauweise gebaut.

1064. Wie erfolgt das Einpacken der Flaschen?

Das Einpacken der Flaschen erfolgt genauso wie das Auspacken:

a) von Hand
b) mit handbetätigten Einpackvorrichtungen;
c) mit halbautomatischen Maschinen;
d) mit vollautomatischen Maschinen.

Letztere sind ebenfalls nach dem Rotationsprinzip oder in Längsbauweise gebaut. Sie können nach dem Fallsystem oder nach dem Greifersystem arbeiten.

Der Bierschwund

1065. Was versteht man unter Bierschwund?

Als Schwund (früher auch Schwand bezeichnet) gilt nach § 84 der 2. Verordnung zur Änderung der Durchführungsbestimmungen zum Biersteuergesetz vom 5.12.69 die Verminderung der Raummenge an Würze und Bier vom Ausschlagen – im Falle des § 61 Absatz 3 vom Anstellen im Gärkeller – bis zum Verladen des Bieres, also einschließlich dem Verlust bei Flaschengärung und Pasteurisation. So lautete der Gesetzestext bis 1994, heute verlangt das Zollamt keine Schwundermittlungen mehr, sondern der Betrieb ist verpflichtet, die abgefüllten Biermengen für die Steuerpflicht anzumelden.

Diese neue Bestimmung darf den Betrieb aber nicht aus der Pflicht nehmen, weiterhin die Teilschwundsätze betriebsintern festzustellen, denn nach wie vor ist diese Überprüfung notwendig, um eventuelle Fehler in der Produktion auszuschließen.

1066. Welche Bedeutung hat der Bierschwund?

1. Der Bierschwund ist ein wichtiger Bestandteil der Betriebsausbeute. Sie besagt wieviel Bier aus einer Gewichtseinheit Malz erzeugt wurde.
2. Der Bierschwund war früher die Grundlage für die Berechnung der überwachungspflichtigen Biermenge nach dem Biersteuergesetz.

1067. Aus welchen Faktoren setzt sich die Betriebsausbeute zusammen?

Während die Sudhausausbeute den Gewinn an Extrakt (in %) darstellt, zeigt der Bierschwund die Verluste an Würze und Bier (in %) an, wobei nur die Volumenverluste auf dem Weg von der Ausschlagwürze bis zum abgefüllten Bier angezeigt werden, ohne daß der in diesen Mengen enthaltene Extrakt berücksichtigt wird.

1068. In welchen Bereichen liegt der Bierschwund?

Die Höhe des Bierschwundes liegt zwischen 6 und 14 %, d.h. aus 100 l Ausschlagwürze erhält man 86–94 Verkaufsbier.

1069. Wovon hängt die Höhe des Bierschwundes ab?

1. Vom Würzeweg, d.h. ob »offener« oder »geschlossener« Würzeweg.
2. Möglichkeiten der Rückgewinnung von Restbier usw.

1070. Wie errechnet sich der Bierschwund?

$$\text{Bierschwund in \%} = \frac{\text{Ausschlagwürze} - \text{Verkaufsbier}}{\text{Ausschlagwürze}} \times 100$$

1071. In welche Teilbereiche unterteilt sich der Bierschwund?

1. Würzeschwund: Verluste vom Ausschlagen bis zum Gärkeller (Kontraktion, Whirlpool)
2. Den eigentlichen Bierschwund: Verluste von der Anstellwürze bis zum Verkaufsbier.

1072. Aus welchen Faktoren setzt sich der Würzeschwund zusammen?
1. Würzekontraktion, 2. Hopfenverdrängung, 3. Verdunstung, 4. Hopfen, 5. Trub, 6. Benetzungsverluste.

1073. Aus welchen Faktoren setzt sich der eigentliche Bierschwund zusammen?
1. Gärkellerschwund (Gärdecke, Hefe)
2. Benetzungsverluste (Größe der Gärgefäße)
3. Lagerkellerschwund (Geläger)
4. Verluste bei der Filtration (Vor- und Nachlauf)
5. Verluste bei der Abfüllung (Überschäumen, Bruch)
6. Verluste bei der Pasteurisation oder Heißabfüllung (Bruch usw.)

Von wirtschaftlichen und technologischen Gesichtspunkten geleitet, kann der Gesamtschwund in Betrieben mit geschlossener Würzekühlung und Berechnung des Bierschwundes ab Sudhaus bei ca. 7 bis 8 % eingehalten werden, wie folgende Teilschwundfeststellungen beweisen:

Schwundfaktor 1		(Kontraktion)	ca. 2,5–3,0%
Schwundfaktor 2		(Verdunstung)	
Schwundfaktor 3		(Betriebsablauf)	
	3.1	Gärkeller	ca. 1,5–2,0%
	3.2	Lagerkeller	ca. 0,8–1,0%
	3.3	Filtration	ca. 0,8–1,0%
	3.4	Abfüllung	ca. 0,8–1,0%
Gesamtverlust			ca. 6,4–8,0%

Zu erreichen ist dieser Schwundsatz durch:
1. Einschaltung eines negativen Schwundfaktors bei Schwundfaktor 2 entsprechend den technologischen und technischen Verhältnissen angepaßten höheren Wassernachdrückmenge, welche von der Pfanne zum Whirlpool notwendig ist, um beim Ausschlagen ein Einziehen von Luft in die Ausschlagleitung zu vermeiden.
2. Durch geschlossene Gärgefäße und sorgfältige Behandlung der Hefe
3. Aufstellung einer Gelägerzentrifuge
4. Verringerung der Bierverluste bei der Filtration durch Einbau eines Stammwürzemeßgerätes am Filter-Auslauf
5. Volle Ausnützung der Füllkolonnenleistung, exakte Befüllung der Flaschen (Füllmengenkontrolle, keine Überfüllung).

1074. Was versteht man unter Gärkellerausbeute (= kalte Sudhausausbeute)?
Sie ist ein Vergleich zur Sudhausausbeute und erlaubt die Ermittlung des Volumen- und Extraktverlustes vom Sudhaus bis zum Gärkeller, d. h. von der Ausschlagwürze zur Anstellwürze.

1075. Wie errechnet sich die Gärkellerausbeute?

$$\text{Gärkellerausbeute} = \frac{\text{Anstellwürze} \times \text{Vol. \%}}{\text{Schüttung}}$$

Sie liegt 0,3–0,5% unter der Sudhausbeute.

1076. Wie erfolgt die Ermittlung des Bierschwundes?

Die Ermittlung erfolgt meistens am Monatsende. Während sich die Menge der Ausschlagwürze aus dem Sudbuch ergibt, ist bei der Ermittlung der Verkaufsbiermenge folgendes zu beachten: man braucht

1. Die Menge des buchmäßig verkauften Bieres.
2. Die abgefüllten Bestände.
3. Die gärenden und lagernden Bestände, abzüglich des jeweiligen Teilschwundes.
4. Bei den Ziffern 1–3 sind die Bestände am Ende und zu Beginn des Monats erforderlich. Der Haustrunk, das Gratisbier und evtl. vernichtetes Bier sind der Verkaufsbiermenge zuzurechnen, während wiederverwendetes Rückbier von der Verkaufsbiermenge abzuziehen ist. Nachfolgendes Beispiel zeigt die Berechnung des Bierschwundes.

1. Bierbestände am Ende des Monats:			
Gärkellerbestand	676 hl		
– 4% Schwund	27 hl	649 hl	
Lagerkellerbestand	3132 hl	3069 hl	
		103 hl	3821 hl
2. Verkauftes Bier:			
Buchmäßig verkauftes Bier		229 hl	
Haustrunk		37 hl	
Gratisbier		2 hl	
Vernichtetes Rückbier		1 hl	2269 hl
Summe I			6090 hl
3. Bierbestände zu Beginn des Monats			
Gärkellerbestand	575 hl		
– 4% Schwund	23 hl	552 hl	
Lagerkellerbestand	2931 hl		
– 2% Schwund	59 hl	2872 hl	
Abgefülltes Bier		90 hl	
Summe II			3514 hl
4. Erzeugte Würzemenge:			2808 hl
Verkaufsbiermenge (Summe I – Summe II)		2576 hl	
– verwendetes Rückbier		2 hl	2574 hl
Differenz			234 hl

$$\text{Schwund} = \frac{234 \times 100}{2808} = 8{,}3\,\%$$

Das fertige Bier

1077. Welche Zusammensetzung hat ein normales Vollbier?

Zusammensetzung eines normalen Vollbieres

1.1 EXTRAKT
3,5 – 5,0 %

1.2 FLÜCHTIGE BESTANDTEILE
1. ALKOHOL 3,4 – 4,5 %
2. KOHLENSÄURE 0,35 – 0,55 %
(% × 10 = g/l)
3. WASSER 90 – 92 %

1. KOHLENHYDRATE 80 – 85 %:
DEXTRINE 60 – 70 %
MONO – DI – und TRISACCHARIDE 20 – 30 %
analog als GLUCOSE – SACCHAROSE, beide in Spuren, MALTOSE 60 % – und MALTOTRIOSE 40 %
PENTOSANE 6 – 8 % als ARABINOSE, XYLOSE und RIBOSE.
2. EIWEISS 6 – 9 %: von den 700 mg/l an STICKSTOFFSUBSTANZEN sind ca.
140 mg/l hoch
120 mg/l mittel → molekular
440 mg/l nieder
3. GLYCERIN 3 – 5 % als GÄRNEBENPRODUKT mit 1200 – 1600 mg/l.
4. MINERALSTOFFE 3 – 4 % ≙ 1,4 – 1,8 g/l
etwa 1/3 PHOSPHATE, Rest: CHLORIDE u. SILIKATE. KATIONEN: mehr K^+ + Na^+ weniger Ca^{2+} u. Mg^{2+}
5. BITTER – GERB – u. FARBSTOFFE
BITTERSTOFFGEHALT in EBC-EINHEITEN zwischen 15 u. 50 mg/l aus ISO – α-SÄUREN, unisomerisierten α-SÄUREN u. HULUPONEN.
150 mg/l GERBSTOFFE: 2/3 aus dem MALZ, 1/3 aus dem HOPFEN.
50 – 70 mg/l ANTHOCYANOGENE
10 – 12 CATECHINE
10 – 40 TANNOIDE
6. ORGANISCHE SÄUREN 0,7 – 1,0 % ≙ 300 – 400 mg/l aus
50 – 70 PYRUVAT
170 – 220 CITRAT
30 – 110 MALAT
je 30 – 100 d- u. l-LAKTAT
7. VITAMINE in geringen Mengen: B_1, B_2, B_6, BIOTIN, NIKOTINAMID, PANTHOTHENSÄURE.

1078. Wie werden die Biere eingeteilt?

1. *Biergattungen* nach dem Stammwürzegehalt im BStG
   1.1 Einfachbiere 2,0 – 5,5 % St.
   1.2 Schankbiere 7,0 – 10,99 % St.
   1.3 Vollbiere 11 – 14 % St.
   1.4 Starkbiere über 16 % St.
2. *Bierarten* nach der Art der Gärungserreger
   2.1 Untergärige Biere
   2.2 Obergärige Biere
3. *Biertypen* durch ihre Farbe und ihren Geschmack festgelegt. Ihre Entstehung beruht auf der spezifischen Zusammensetzung des Brauwassers, des verwendeten Malzes, Art und Menge des Hopfens, dem Maischverfahren, der Haupt- und Nachgärung.
   3.1 Helle Biere: Pilsener, Dortmunder, helles Münchner
   3.2 Mittelfarbige Biere: Wiener
   3.3 Dunkle Biere: Münchner (Kulmbacher)
   oder
   3.1 Pilsner Typ: sehr hell, stark gehopft, kräftig-bitter
   3.2 Dortmunder Typ: hell, stärker gehopft, höherer Alkoholgehalt

3.3 Wiener Typ: goldgelb, nicht so vollmundig, leicht süßlich-malzig
3.4 Münchner Typ: sattbraun, schwach gehopft, süß-vollmundiger, malziger Geschmack

4. *Biersorten* es sind Bezeichnungen, unter denen sie in den Handel kommen.

4.1 Lagerbier/Vollbier	4.10 Kölsch
4.2 Exportbier	4.11 Berliner Weisse
4.3 Märzenbier	4.12 Grätzer Bier
4.4 Bockbier	4.13 Weizenbier
4.5 Rauchbier	4.14 Malzbier
4.6 Alkoholreduzierte Biere	4.15 Deutsches Porter
4.7 Diätbiere/Leichtbiere	4.16 Lütge Lage
4.8 Pilsner Bier	4.17 Altbier
4.9 Ungespundetes Bier	

1079. Welche allgemeinen Eigenschaften der Biere unterscheidet man?

1. Spezifisches Gewicht: zwischen 1,01 und 1,02.
2. Viskosität: durch die Menge an Dextrinen, hochmolekularen Eiweißkörpern und Gummistoffen bestimmt.
3. Oberflächenspannung: vom Alkoholgehalt und der Menge der Hopfenbitterstoffe.
4. Bier-pH: bei Normalbieren zwischen 4,35 und 4,6; ein niedriges pH ist für den Geschmack und die Haltbarkeit von Vorteil.
5. Redoxpotential (rH): durch seinen Gehalt an Beschwerungsstoffen und Sauerstoff bestimmt. Ein niedriger rH ist ausschlaggebend für die geschmackliche, chemisch-physikalische und biologische Stabilität. Beschwerungsstoffe wie Reduktone, Melanoidine, Polyphenole, Stickstoffsubstanzen und Hopfenbitterstoffe haben reduzierende Eigenschaften und schützen vor Oxidation.
6. Farbe des Bieres: Sie bestimmt den Biertyp und ist durch die Qualität, Lösung und Ausdarrung des Malzes festgelegt.
   Farben: Pilsner Biere 5,5–8,5 EBC, mittelfarbige Biere 9,0–12,0 EBC, dunkle Biere 45–90 EBC.
   Farbveränderungen vom Malz zum Bier (EBC-Einheiten):

Kongreßwürze (Malzanalyse)	3,0
Vorderwürze	6,6
Pfannenvollwürze	8,8
Ausschlagwürze	11
Anstellwürze	12
Bier	8

Höher Luft- bzw. Sauerstoffgehalt kann eine Zufärbung bewirken. Alkalische Weiche, Schwefeln beim Darren, weiches Brauwasser, Malzkonditionierung, Spelzentrennung, kurze Maischverfahren, großer Hauptguß und dadurch dünne Vorderwürze hemmen die Farbebildung.

1080. Wovon ist im allgemeinen der Geschmack eines Bieres abhängig?

Den Geschmack des Bieres beeinflussen die Rohstoffe Malz, Hopfen, Wasser und die Hefe und die gesamten Vorgänge der Malz- und Bierbereitung.

1081. Wie soll der Geschmack des Bieres sein?
Der Geschmack soll dem jeweiligen Biertyp entsprechen (siehe Frage 1078) und auch im abgefüllten Bier lange gegeben sein.

1082. Wie kommt es zur Geschmacksbildung?
Beim Trinken (Verkosten) treten bei den Geschmacksorganen (Geschmacksknospen) in kurzer Folge Empfindungen auf, die ineinander übergehen und wieder abklingen. An der Geschmacksbildung ist der Geruchssinn mit eingeschlossen.

1083. Von welchen Faktoren wird die Geschmacksempfindung beeinflußt?
1. Von der Biertemperatur
2. Vom CO_2-Gehalt
3. Von der Einstellung des Verkosters

1084. Welche Geschmacksmerkmale ergeben den Gesamteindruck?
1. *Antrunk:* vermittelt die Vollmundigkeit, gegeben durch Restzucker, Dextrine und Alkohol, verstärkt durch die Mengen und Teilchengröße der Bierkolloide. Je nach dem gegenseitigen Verhältnis von Eiweiß, Dextrinen, Gummikörpern, Gerb- und Bitterstoffen im Bierextrakt ergeben: vollmundig-weich-vollmundig-breit-leer.
   Aroma: Hopfenaroma – höhere Alkohole, Ester, flüchtige Säuren – malztypisch.
2. *Rezens:* »Prickeln« beim Trinken, in der Mitte der Geschmacksempfindungen, pH-Wert-abhängig, durch Puffersubstanzen und Phosphate (Malzqualität, Brauwasserzusammensetzung) bedingt, direkte Auswirkung des CO_2-Gehaltes.
3. *Nachtrunk:* durch die Bittere bestimmt, die von den Hopfenbitter-Stoffen kommt. Eine Bittere aus Gerb- und Herbstoffen, Eiweiß und Hefeausscheidungsproduktion überdeckt häufig die Hopfenbittere.

Der *Gesamteindruck* ist abgerundet, wenn alle miteinander harmonieren und ineinander übergehen.
Die *Harmonie* geht durch O_2, Erschütterungen beim Transport und schwankende Temperaturen verloren.

1085. Welche Faktoren beeinflussen die Geschmacksstabilität?
Einflüsse auf die Geschmacksstabilität

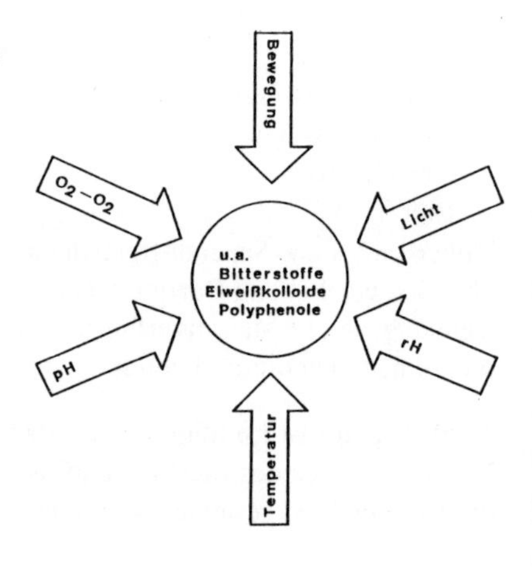

Sauerstoff und Bierqualität
Oxidationsvorgänge beeinflussen folgende Eigenschaften: chemisch-physikalische Stabilität, Kälteempfindlichkeit, Farbe, Bittere, Geschmacksstabilität, Alterung.
Schädigungsgrenzen von O_2
Gesamt-O_2 mg/l
< 0,3 für sehr empfindliche Biere (Diät)
0,5 Beginn der Schädigung bei höheren Temperaturen
> 1,0 deutliche Schädigung in kurzer Zeit

1086. Welche Bedeutung hat der Schaum?
1. Eine gute Schaumbildung und Schaumhaltigkeit sind Qualitätsmerkmale eines Bieres.
2. Sie verbinden sich mit anderen Qualitätsmerkmalen wie Rezens und Vollmundigkeit.

1087. Wie kommt es zur Schaumbildung?
Schaumbildung beim Einschänken – CO_2-Entwicklung. Die Bläschen reichern sich beim Aufsteigen an ihren Grenzflächen mit oberflächenaktiven Stoffen an. Je niedriger die Oberflächenspannung, umso kleiner die Bläschen, umso größer die Oberflächen für oberflächenaktive Stoffe. Der CO_2-Gehalt ist entscheidend.

1088. Wie kommt es zur Schaumhaltigkeit?
Oberflächenaktive Stoffe bilden elastische Häutchen, diese vermindern die Oberflächenspannung, reagieren und oxidieren miteinander.

1089. Wie kommt es zum Schaumzerfall?
Schaumzerfall beginnt mit dem Zurückfließen des Bieres aus geplatzten Bläschen. Viscosität und Schaumblasendurchmesser beeinflussen den Vorgang.

1090. Was sind schaumpositive Substanzen?
Alle oberflächenaktiven Stoffe als hochmolekulare Eiweißabbauprodukte (schaumbedingende Eigenschaften und damit oberflächenaktiv, aber ohne Häutchenbildung) besitzen Hopfenbitterstoffe, Gerbstoffe und Melanoidine. Sie verstärken durch Komplexbildung mit den Eiweißstoffen die Häutchen.

1091. Was sind schaumnegative Substanzen?
Schaumnegative Stoffe verdrängen die Häutchenbildner aus der Oberfläche und zerstören die Schaumlamellen, z. B. Polyphenole und Gärungsnebenprodukte wie Ester, höhere Alkohole, wenn sie Schwellenwerte überschreiten.

Die Haltbarkeit des Bieres

1092. Was versteht man unter Haltbarkeit?

Die Haltbarkeit ist eine Eigenschaft eines Qualitätsbieres und Bestandteil der Qualitätsgarantie oder Produkthaftung.

1093. Welche Bedeutung hat die Haltbarkeit?

Veränderte Vertriebssysteme haben die Haltbarkeit in den Vordergrund gedrängt.

1094. Welche Haltbarkeiten unterscheidet man?

1. Die chemisch-physikalische Haltbarkeit oder kolloidale Stabilität
2. Die biologische Haltbarkeit

1095. Welche Aufgaben kommen auf den Brauer hinsichtlich der Haltbarkeit zu?

Im Rahmen der Produkthaftung und der Angabe des MHD muß er die Haltbarkeit durch entsprechende Maßnahmen sichern.

1096. Welche Möglichkeiten der Sicherung gibt es?

1. Zur Sicherung der chemisch-physikalischen Haltbarkeit dient ein Katalog von technologischen Maßnahmen:

1. Vermälzen von eiweißarmen Braugersten – unter 10% – weitgehende Auflösung ergibt reichlich POLYPHENOLE für eine kräftige EIWEISSAUSSCHEIDUNG beim Maischen und Würzekochen.
2. Hochabgedarrte Malze wirken ähnlich.
3. Absenkung des Maische – pH von 5,8 auf 5,5 begünstigt den EIWEISSABBAU.
4. Kräftiges Würzekochen – extern – bei 5,0 pH und gerbstoffreiche Hopfenprodukte bringen eine gute KOAGULATION.
5. Quantitative HEISSTRUBAUSSCHEIDUNG.
6. KÜHLTRUBENTFERNUNG durch KALTWÜRZEFILTRATION.
7. Kräftige Hauptgärung fällt trübungsaktive Substanzen (POLYPEPTIDE, POLYPHENOLE, GLUCANE) aus.
8. Zügige Nachgärung bei Temperaturen von –1°C bis –2°C.
9. Scharfe Filtration in vorgekühlten Filtern.
10. Bei weniger kalten Bieren Tiefkühlung vor der Filtration.
11. Verhinderung der SAUERSTOFFAUFNAHME auf dem ABFÜLLWEG.
12. Schutz des Bieres vor blanken Metallflächen – Kupfer, Eisen, Zinn.

Die Maßnahmen dienen der Verbesserung der Instabilität des Bieres durch PROTEINE und POLYPHENOLE bedingt.
Eine Trübungsbeteiligung von α – GLUCANEN – Vermeidung durch sorgfältige Sudhausarbeit. Störende β – GLUCANE nur begrenzt korrigierbar.
Gut gelöste, homogene Malze wirken begünstigend.

2. Zur Sicherung der biologischen Haltbarkeit muß infektionsfreies Arbeiten bis zur Abfüllung gegeben sein. Als Maßnahmen dienen Reinigung, Sterilisation und Desinfektion (siehe eigenes Kapitel).

1097. Genügt die Sicherung der Haltbarkeit für alle Brauereien?
Nein. Lange Haltbarkeitsgarantien erfordern Maßnahmen, die Haltbarkeit zu steigern.

1098. Welche Möglichkeiten der Steigerung gibt es?
1. Zur Steigerung der chemisch-physikalischen Haltbarkeit dient der Einsatz von Stabilisierungsmitteln in Form von Adsorptionsmitteln, die das Biersteuergesetz erlaubt (siehe nachfolgende Fragen).
2. Zur Steigerung der biologischen Haltbarkeit dienen folgende Maßnahmen:
   a) Pasteurisieren
   b) Kurzzeiterhitzen
   c) Heißabfüllung
   d) Kaltsterilisation = EK-Filtration

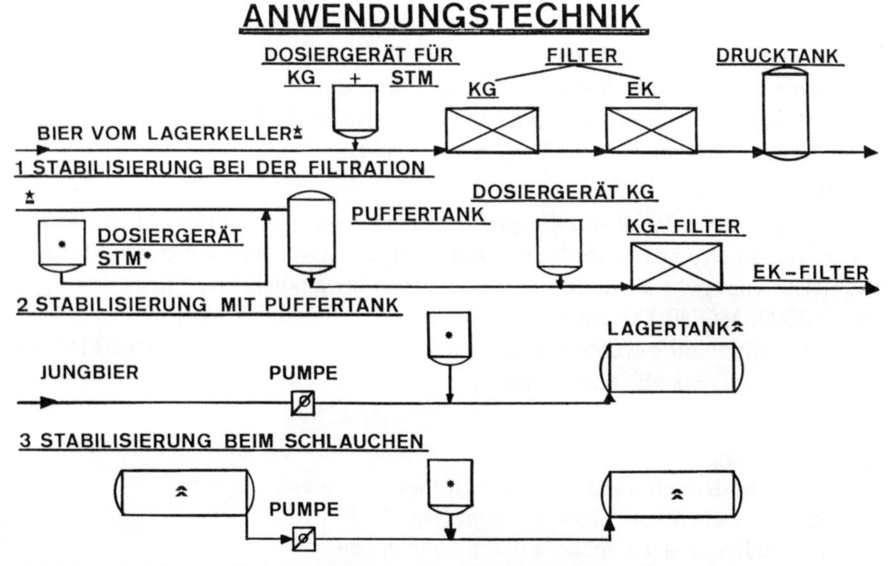

1099. Welche Maßnahmen dienen zur Steigerung der chemisch-physikalischen Haltbarkeit?
1. Bei einer notwendigen Haltbarkeit von 3–4 Monaten ist eine mäßige Stabilisierung erforderlich.
2. Für Exportbiere, Überseebiere, welche Haltbarkeiten von 6–12 Monaten erfordern, bedarf es einer starken Stabilisierung.
3. Pasteurisierte Biere müssen dabei stärker stabilisiert werden als kaltsterilisierte Biere.
4. Die in der Bundesrepublik Deutschland verwendeten Stabilisierungsmittel dürfen nicht gegen das Reinheitsgebot verstoßen, d. h. sie müssen unlöslich und geschmacksneutral sein und restlos wieder ausgeschieden werden (siehe auch §17, Abs. 2 der Biersteuerdurchführungsbestimmungen BStDB).

1100. Welche Adsorptionsmittel werden eingesetzt, wie werden sie eingesetzt und welche Wirkung erzielen sie?

Kieselsäuren und Kieselgele

Herstellung
Beim Mischen von Wasserglas mit einer verdünnten Säure entsteht durch Fällung bei bestimmtem pH-Wert wasserhaltiges, gallertartiges Siliciumdioxid = Kieselsäure.

$H_2SO_4 + (Na_2O \cdot 3{,}3\ SiO_2) \rightarrow Na_2SO_4 + 3{,}4\ SiO_2\downarrow$

Die Kieselgelgallerte wird ausgewaschen und unter chemischer Wasserabspaltung ohne Teilchenvergrößerung getrocknet. Durch Vermahlen wird das Produkt auf den entsprechenden Feinheitsgrad eingestellt.

Eigenschaften
Kieselsäuren und Kieselgele enthalten an der Oberfläche zahlreiche winzige Poren, die mikroskopisch nicht feststellbar sind. Durch die Ausbildung der Oberfläche werden spezifisch die hochmolekularen Eiweißstoffe im Bier adsorbiert, die im Eiweißgerbstoffkomplex als Trübungsbildner gelten.

Wirkung
Die wirksame Oberfläche von Kieselsäuren und Kieselgelen liegt zwischen 300 und 700 g / m^2. Die Produkte adsorbieren in Bier Proteinsubstanzen mit einem Molekulargewicht von mehr als 4600, im wesentlichen hochmolekulare Stickstoffkörper (MG 12000, MG 30000 und MG 60000).
Farbe und Bitterstoffe werden nicht, die Schaumwerte nur bei sehr hohen Dosierungen in geringem Maße reduziert.

Einsatz
Absetzverfahren
Kieselgele und Kieselsäuren werden dem Bier zudosiert:
a) beim Schlauchen vom Gärkeller zum Lagerkeller,
b) vor Beendigung der Lagerzeit durch Umpumpen.

Durchlaufkontaktverfahren
a) Zugabe des Stabilisierungsmittels mit einem Dosiergerät, das am Anfang der Filterleitung steht.
b) Zugabe des Stabilisierungsmittels mit einem separaten Dosiergerät, das vor einem Stabilisierungstank steht, von dem aus der Filter beschickt wird.
c) Zugabe des Stabilisierungsmittels mit der Kieselgur bei der Filtration
Bei dieser Arbeitsweise ist eine Voranschwemmung des Stabilisierungsmittels von 200 g / m^2 Filterfläche empfehlenswert.

Dosage und Haltbarkeit
Dosage und Haltbarkeit sind vom jeweiligen Bier, den technologischen Möglichkeiten in den Betrieben und vom eingesetzten Produkt abhängig. Richtwerte sind:

40 bis 60 g / hl = Kältestabilität ca. 4 bis 8 Wochen
60 bis 80 g / hl = Kältestabilität ca. 2 bis 4 Monate

80 bis 140 g/hl = Kältestabilität ca. 4 bis 8 Monate
mehr als 140 g/hl = Kältestabilität ca. ein Jahr

Bentonite

Herstellung
Bentonite sind stark quellende Aluminiumsilikate, die durch Glühen in ihrer Oberfläche vergrößert werden. Bentonite haben einen geringen Anteil an Alkali- oder Erdalkali-Ionen. Hauptbestandteil der Bentonite ist Montmorillonit.

Eigenschaften
Bentonite enthalten austauschfähige Kationen. Die beweglichen Ionen können durch andere Atomgruppen ausgetauscht werden. Das Austauschvermögen beträgt in den meisten Fällen bis 100 mval/100 g Bentonit. Zu den eintauschbaren Stoffen zählen Eiweiße und Eiweißabbauprodukte.

Wirkung
Die Wirkung der Bentonite ist abhängig von ihrer Quellbarkeit: Je größer die Quellbarkeit, desto besser die Adsorptionskraft. Bentonite reagieren in der Hauptsache mit folgenden Eiweißabbauprodukten im Bier. Lundinfraktion A, B; hitzekoagulierbarer Stickstoff und Peptone.
Hohe Dosagen beeinträchtigen Schaumhaltbarkeit und Bierfarbe.

Einsatz
Bentonite werden Bier fast ausschließlich im Lagerkeller zugesetzt. Zur optimalen Wirkung werden Bentonite zunächst in Bier aufgeschlämmt. Nach einer Quellzeit von einigen Stunden wird die Aufschlämmung dem zu behandelnden Bier zudosiert. Die Einwirkungszeit ist abhängig von der Absetzgeschwindigkeit der Bentonite. Normal sind 3 bis 7 Tage bei −1 bis −2 °C. Durch Bentonite wird der Bierschwand erhöht.

Dosierung
Im Absetzverfahren rechnet man mit folgenden Werten:
30 g/hl = Kältestabilität ca. 1 Monat
50 g/hl = Kältestabilität ca. 2 Monate
70 bis 80 g/hl = Kältestabilität ca. 3 Monate
130 bis 200 g/hl = Kältestabilität ca. 12 bis 24 Monate

Polyvinylpolypyrrolidon

Herstellung
PVP stellt einen hochmolekularen Körper dar. Sein Monomeres wird aus Acetylen, Formaldehyd und Ammoniak über verschiedene Stufen wie Athylinierung, Hydrierung, Dehydrierung und Vinylierung aufgebaut. Durch Polymerisation wird PVP in PVPP umgewandelt.

Eigenschaften
Durch eine peptidartige Verknüpfung in den Molekülen werden im Bier enthaltene Anthocyanogene an PVPP adsorbiert. Über Wasserstoffbrücken erfolgt eine feste Anlagerung von Polyphenolen an PVPP.

Wirkung
PVPP wirkt adsorptiv auf Polyphenole (vor allem Anthocyanogene).

Einsatz
PVPP wird als 10 %ige wäßrige Aufschlämmung dem Bier zudosiert. Es ist empfehlenswert, die Aufschlämmung über Nacht stehen zu lassen. PVPP quillt stark und erreicht dadurch seine maximale Adsorptionsfähigkeit. Die Wirkung ist optimal bei gut vorgeklärten oder vorfiltrierten Bieren. Die günstigste Kontaktzeit beträgt 24 h.

Dosage
Dosage und erzielte Haltbarkeit sind von Brauerei zu Brauerei verschieden.

15 g PVPP/hl = Abnahme der Anthocyanogene 30 %
= ca. 3 Monate Haltbarkeit
40 g PVPP/hl = Abnahme der Anthocyanogene 50 %
= ca. 6 Monate Haltbarkeit
50 bis 70 g PVPP/hl = Abnahme der Anthocyanogene 70 %
= ca. 12 Monate Haltbarkeit

Die Dosage von 50 g/hl sollte nicht überschritten werden.

PVPP wird heute nur noch selten im »verlorenen« Einsatz verwendet; es werden dafür spezielle Filtertypen zwischen Kieselgur- und EK-Filtration geschaltet, welche im Recyclingsystem eine Wiederverwendung von PVPP gestatten.

Eine weitere Möglichkeit bietet ein Stabilisierungsfilter mit Stabil-S-Schichten mit eingelagertem PVPP.

1101. Welche Stabilisierungsmittel sind in der Bundesrepublik verboten?

1. Adsorption von Gerbstoffen: Perlon, Nylon, Casein, Gelatin.
2. Eiweißfällungsmittel: Tannin.
3. Polyphenolfällungsmittel: Formaldehyd, Wasserstoffsuperoxid.
4. Enzympräparate: Pepsin, Proteasen, Anthocyanase, u. a.
5. Ascorbinsäure, Glucose-Oxydase und Sulfite verringern bzw. entfernen den für die Bierqualität schädlichen Sauerstoff und erhöhen dadurch die kolloidale Stabilität und die Geschmacksstabilität.

Merke: eine zu starke Stabilisierung zur Erhöhung der chemisch-physikalischen Haltbarkeit geht auf Kosten anderer Qualitätsmerkmale.

1102. Was bedeutet 1 Pasteurisiereinheit?

1 PE entspricht einer Temperatur von 60 °C bei einer Einwirkungsdauer von 1 Minute. Zur Erzielung einer ausreichenden biologischen Sicherheit genügen 14 PE.

1103. Was versteht man unter Pasteurisation des Bieres?

Unter Pasteurisation versteht man das Erwärmen des Bieres auf solche Temperaturen, bei denen die Organismen getötet oder zu mindestens so geschädigt werden, daß sie sich nur mehr sehr langsam entwickeln und vermehren können, das Bier selbst aber noch keine Schädigung erleidet. Man will damit dem Bier eine möglichst unbegrenzte Haltbarkeit verleihen.

Das Pasteurisieren des Bieres erfolgt entweder im abgefüllten Zustand in den Versandgefäßen (Flaschen oder Metallfässern) oder bereits vor dem Abfüllen mit Hilfe eines Plattenpasteurisierapparates (Durchflußverfahren). Das Bier muß während des Erhitzens unter Druck stehen, um ein Entweichen der Kohlensäure zu vermeiden. Die Temperatur des Bieres muß in allen Teilen gleich sein; bleibt ein Flüssigkeitskern im Bier, der eine tiefere Temperatur aufweist, so ist die Pasteurisation nicht gelungen, weil die Organismen in diesem Kern am Leben bleiben. Diese Gefahr, die besonders beim Pasteurisieren in Versandgefäßen besteht, ist beim Durchflußverfahren nicht zu befürchten, da in den engen Kanälen dieses Apparates nur eine sehr dünne Bierschicht fließt, die sich sehr rasch und vollständig erwärmen läßt.

1104. Welche Faktoren sind beim Pasteurisieren wichtig?

Die *Maximaltemperatur* oder die sogenannte Pasteurisationstemperatur und die *Einwirkungsdauer* derselben sind sehr wichtig. Je niedriger die Pasteurisationstemperatur ist, um so länger muß die Einwirkungsdauer sein. Wenn hohe Anforderungen an die Haltbarkeit des Bieres gestellt werden, wird man eine höhere Temperatur und eine entsprechende Einwirkungsdauer wählen müssen. Manche Brauereien wenden 60°C an, andere steigern bis 70°C, pasteurisieren dafür aber kürzere Zeit. Bei 70°C gefährdet man schon das Flaschenmaterial und die Verschlußsicherheit. Man erprobe, mit welcher Maximaltemperatur man auskommen kann. Bier mit einem hohen Kohlensäuregehalt entwickelt in der Flasche einen außerordentlichen Druck bei der Pasteurisation. Deshalb muß man darauf sehen, daß der Raum zwischen dem unteren Rande des Verschlusses und der Oberfläche des Bieres genügend groß ist; er soll mindestens 3–4 % des Flascheninhaltes betragen.

1105. Worauf hat man beim Pasteurisieren des Flaschenbieres zu achten?

1. Auf richtiges Füllen der Flaschen bzw. Belassen eines leeren Raumes im Flaschenhals.
2. auf vollkommen gleichmäßige Temperatursteigerung,
3. auf langsame Erwärmung,
4. auf das Ablesen der Temperaturen in der Flasche (Schreibgerät).
5. auf genaues Einhalten der Maximaltemperatur,
6. auf langsames Abkühlen,
7. auf Vermeidung von Temperatursprüngen, die den Flaschenbruch erhöhen,
8. auf die Nachkontrolle der Verschlüsse. Austreiber werden aussortiert.
9. auf die Verwendung von Flaschen, die stärker im Glas sind und deren Glas sehr langsam abgekühlt wurde. Solche Flaschen sind verhältnismäßig widerstandsfähig; trotzdem muß man mit einem hohen Flaschenbruch beim Pasteurisieren rechnen.

1106. Wie soll man pasteurisieren?

Für den *Inlandverkehr:* in 20 Minuten auf 60°C erwärmen, 20 Minuten bei dieser Temperatur aushalten, dann in 15 Minuten abkühlen. Für *Übersee:* in 20 Minuten auf 62°C erwärmen, 15 Minuten bei dieser Temperatur aushalten, dann in 25 Minuten auf 20 bis 24°C abkühlen.

1107. Wie äußert sich die nachteilige Wirkung des Pasteurisierens?
Bei hellen Bieren hat man meist mit einem Nachdunkeln zu rechnen. Bei Temperaturen über 62 °C und Einwirkungszeiten von über 15 – 20 Minuten äußert sich die Wirkung des Pasteurisierens in einer unerwünschten *Veränderung des Geschmacks* (Pasteurisier- oder Brotgeschmack) und des Geruchs des Bieres, was bei einer längeren Aufbewahrungsdauer besonders deutlich bemerkbar wird. Eine typische Erscheinung ist die Pasteurisiertrübung, die ihre Ursache im *Ausfällen von Eiweißstoffen* hat. Später auftretende Trübungen können auch von einer erneuten Lebenstätigkeit der Organismen herrühren, die bei der angewandten Pasteurisationstemperatur nicht abgetötet wurden. Nicht selten erleidet auch der Kohlensäuregehalt der Biere eine Beeinträchtigung. Die neueren Pasteurisierapparate versuchen mit Erfolg durch raschere Erwärmung und durch Verkürzen der Pasteurisationszeit die nachteilige Wirkung auf helle Biere zu vermeiden. Bei dunklen, untergärigen Bieren treten die Nachteile des Pasteurisierens weniger hervor, während dunkle, obergärige Biere (Karamelbiere) durch das Pasteurisieren geradezu eine erwünschte Abrundung des Geschmacks erfahren.

1108. Welches Bier eignet sich zur Pasteurisierung?
Es eignet sich durchaus nicht ein jedes Bier zum Pasteurisieren; das Bier soll aus gut gelöstem Malz von eiweißarmen Gersten hergestellt sein, im Sudhaus soll der übermäßige Eiweißabbau vermieden werden. Es soll hoch vergoren sein, der Ausstoßvergärungsgrad nahe beim Endvergärungsgrad liegen und das Bier arm an Eiweißstoffen sein, was mit Eiweißstabilisierungsmitteln zu erreichen ist. Bei Ausfuhrbieren wird deshalb gerne Rohfrucht verbraut und zur Sauerstoffreduzierung Ascorbinsäure zugesetzt. Lange Lagerung des Bieres bei kalten Temperaturen (um 0°C) ist Voraussetzung.

1109. Welche Apparate sind zum Pasteurisieren in den Versandgefäßen gebräuchlich?
Je nach Art der Wärmeübertragung unterscheidet man:
1. Apparate zum Pasteurieren im Wasserbad,
2. Apparate zum Berieseln mit temperiertem Wasser,
3. Einrichtungen zum Pasteurisieren im Dampf. Bei der ersten Art der Pasteurisierung stellt man die Bierflaschen in ein mit kaltem Wasser gefülltes Behältnis, das allmählich erwärmt wird.

Um die Pasteurisiertemperatur richtig ermitteln zu können, stellt man eine mit Wasser gefüllte Flasche unter die Bierflaschen. In diese ist ein Thermometer eingesteckt, das bis zur Flaschenmitte reicht und das die tatsächliche Biertemperatur angibt.

Die allmähliche Erwärmung und Abkühlung der Flaschen erfolgt durch Umpumpen des Wassers oder dadurch, daß sie durch Wasserbäder von verschiedenen Temperaturen geführt werden. Ein Apparat dieser Gattung ist der Pasteurisierapparat »Anker«. Die zweite Art von Pasteurisiervorrichtungen arbeitet mit Wasserberieselung. Hier wird das Bier in Kästen oder Regalen übereinander gestellt und von oben her mit Wasser berieselt, dessen Temperatur durch Zuströmen von Dampf oder kaltem Wasser geregelt wird. Das Wasser sammelt sich unten und wird von einer Pumpe im Kreislauf wieder hochgehoben und wieder verwendet. Am einfachsten ist die dritte Art der Pasteurisiereinrichtungen, bei der die Erwärmung der Flaschen durch Wasserdampf erfolgt. Ein erprobter Apparat für diese Aufgabe ist »Schäfflers Wrasenbad-Pasteurisator«. Unter der Kammer, die die Flasche enthält, befindet sich ein Wasserbad, das zum Kochen gebracht wird. Hierbei entwickelt sich wasserübersättigter Dampf – Wrasen –; derselbe füllt die Kammer, setzt sich an die Flasche, kondensiert und fällt als ununterbrochener Regen in das Wasserbad zurück. Es ist also nicht eine trockene, sondern eine *nasse,* langsame Erwärmung der Flaschen. Bei der Erreichung der Höchsttemperatur wird durch Temperaturregler die Dampfzufuhr geschlossen.

1110. Wie arbeitet ein vollautomatischer Pasteurisierapparat?

Der Pasteurisierapparat arbeitet nach dem Durchlaufsystem, wobei die Flaschen auf einem endlosen Transportband aus Metall durch die verschiedenen Temperaturzonen der Maschine wandern. Die Wärmeübertragung geschieht durch Heißwasser, das von oben her kegelförmig über die Flaschen gesprüht wird und das in jeder Zone die entsprechende Temperatur hat. Die Temperaturstufen bei Bier sind folgende: 35, 50, 74, 64, 50, 35 und 15°C, sie lassen sich je nach den Erfordernissen des zu pasteurisierenden Getränks verändern. Die Temperaturen werden automatisch eingestellt, durch Fernthermometer kontrolliert und durch Temperaturbandschreiber registriert. Die gesamte Durchlaufzeit einer Flasche beträgt ca. 60 Minuten. Der Apparat kann ein- oder zweistöckig und in Einband- oder Zweibandausführung gebaut werden. Je nach der Bauart wird die Leistung von 4 000 bis 40 000 Flaschen pro Stunde eingehalten.

1111. Ist auch die Pasteurisation in Metallfässern üblich?

Mit der Einführung von Metallfässern aus Aluminium oder Edelstahl ist die Pasteurisation in Fässern gelungen. Hierzu wird gewöhnlich ein offenes Behältnis verwendet. Die Fässer stehen auf einem Lattenrost und werden mit lauwarmem Wasser bis zu 40 °C bedeckt. Die weitere Erhitzung geschieht mit Dampf, und zwar so, daß alle fünf Minuten eine um 5 °C höhere Temperatur erreicht wird. Sobald das Wasserbad 65 °C erreicht hat, wird der Dampf abgesperrt, und man hält diese Temperatur 45 Minuten; die Biertemperatur ist dann auf 60 bis 62 °C gestiegen. Die Abkühlung erfolgt durch kaltes Wasser, das man nach und nach zulaufen läßt. In 20 bis 30 Minuten ist das Bier auf 20 bis 30 °C abgekühlt, und der Druck ist auf 1 bis 2 bar(ü) zurückgegangen. Die weitere Abkühlung erfolgt im Keller. Zu bemerken ist, daß die Fässer einen Leerraum von 1 Liter haben müssen. Bier kann auch in *Aluminiumfässern* pasteurisiert werden, wobei jedoch Temperatursteigerung und Abkühlung besonders sorgfältig vorgenommen werden müssen, da sonst Verluste durch Aufreißen der Aluminiumbleche unvermeidlich sind.

1112. Welche Mängel haben die älteren Flaschen-Pasteurisierapparate?

Den oben beschriebenen Apparaten, die nur periodisch und daher mit geringer Leistung arbeiten, sind folgende Mängel gemeinsam: Anwärmen, Halten auf Maximaltemperatur und Abkühlen beanspruchen eine lange Zeitdauer (100 bis 150 Minu-

ten), damit sich die Temperatur in allen Teilen der verhältnismäßig dicken Bierschicht ausgleichen kann, und damit der Flaschenbruch möglichst niedrig gehalten wird. Dieser Umstand verursacht zwangsläufig eine starke geschmackliche Beeinträchtigung des Bieres. Das Beschicken und Entleeren erfolgt von Hand, was einen hohen Arbeitsaufwand notwendig macht.
Neuerdings wurden Maschinen entwickelt, die innerhalb des Fließganges einer Füllkolonne vollautomatisch arbeiten, und die eine beträchtliche Verkürzung der Pasteurisationsdauer erzielen.
Bei der »Durchlaufpasteurisiermaschine« werden die Flaschen, die auf der Transportkette vom Füller kommen, automatisch auf eine breite Plattenkette geschoben. Diese bewegt sich, einem Wanderrost ähnlich, langsam durch das tunnelartig gebaute Gehäuse der Maschine. Dabei werden die auf der Kette stehenden Flaschen mit Wasser berieselt, dessen Temperatur ansteigt und wieder abfällt. Am Ausgang der Maschine erfolgt der automatische Ausschub der Flaschen, die in 60 Minuten durch die Maschine laufen. Die ebenfalls vollautomatisch arbeitende «Novissima-Pasteurisiermaschine« beschreitet ganz neue Wege, indem sie die Flasche während des Erhitzens mehrmals vollständig umdreht. Diese zwangsläufige Durchmischung des Bieres hat eine Beschleunigung des Temperaturausgleichs und damit eine Verringerung der geschmacklichen Einbußen zur Folge. Die Maschine, die mit mehreren drehbaren Trommeln ausgestattet ist, hat eine Durchlaufzeit von nur 26 Minuten.

1113. Wie arbeitet ein Plattenpasteurisierapparat oder Kurzzeiterhitzer?
Der Plattenapparat pasteurisiert das Bier nicht nach dem Abfüllen, sondern bereits vorher. Das vom Filter kommende Bier durchfließt kontinuierlich und in dünner Schicht die engen Kanäle zwischen den Platten und wird dabei in wenigen Sekunden auf 70 bis 72 °C Maximaltemperatur erwärmt. Diese wird nur kurze Zeit, je nach dem Biercharakter, etwa 10 bis 15 Sekunden eingehalten. Anschließend erfolgt die sofortige stufenweise Abkühlung des Bieres. Das Bier steht während des Durchflusses ständig unter einem solchen Druck (6–8 bar(ü)), daß eine Entbindung der Kohlensäure nicht möglich ist. Die Durchlaufzeit beträgt etwa zwei Minuten. Die Erhitzung der Platten geschieht durch Heißwasser oder Dampf, die Kühlung durch Wasser und Sole. Hierbei geht ein sinnvoller Wärmeaustausch vor sich, weshalb man diesen Apparat auch Austauscher nennt. Er verursacht von allen Pasteurisierapparaten die geringste Beeinträchtigung von Farbe, Geschmack und Geruch des Bieres, er arbeitet einfach und sicher und mit wenig Betriebskosten. Voraussetzung ist, daß das sterile Bier auch steril abgefüllt werden muß, denn steriles Bier ist gegen eine nachträgliche Infektion sehr empfindlich. Neuzeitliche Plattenapparate sind vielfach mit Vorrichtungen ausgestattet, die bei einem Absinken der eingestellten Pasteurisationstemperatur mit Hilfe eines Dreiwegeventils den Zufluß des Bieres zum Abfüllapparat automatisch abschalten und das Bier solange im Kreislauf fließen lassen, bis die Solltemperatur wieder erreicht ist. Automatische Temperaturbandschreiber vervollständigen die Anlage.

1114. Wodurch ist die Heißabfüllung gekennzeichnet?
Das Bier wird im Plattenapparat unter 9–10 bar(ü) mit ca. 68 °C pasteurisiert. Die

Flaschen kommen heiß aus der Waschmaschine zum Flaschenfüller, werden mit dem heißen Bier gefüllt, verschlossen, etikettiert und in den gekühlten Lagerraum gebracht, wo sich das Bier möglichst rasch abkühlen soll. Vorteile: rationelle Arbeitsweise, kein höherer Flaschenbruch, Bier nach Geschmack, Farbe und Haltbarkeit zumindest gleichwertig. Voraussetzung für die Heißabfüllung von Bier ist ein Flaschenfüller, der auf sehr hohe Abfülldrücke eingerichtet ist. Er muß unter einem Gegendruck abgefüllt werden, der über dem CO_2-Sättigungsdruck der jeweiligen Pasteurisier- bzw. Abfülltemperatur liegt. Der CO_2-Sättigungsdruck eines Bieres mit einem CO_2-Gehalt von 5 g/l und einer Pasteurisiertemperatur von 68 °C beträgt 8,5 bar(ü), es muß also mindestens mit 9 bar(ü) abgefüllt werden.

1115. Welches sind die Merkmale der Entkeimungsfiltration?

Diese Art der Filtration des Bieres erfolgt bei niedrigen Temperaturen und unter vollkommen sterilen Bedingungen mit Hilfe eines Schichtenfilters, in den als Filtermaterial sogenannte Entkeimungsschichten eingelegt sind. Die Zusammensetzung dieser Schichten bewirkt, daß alle Mikroorganismen zurückgehalten werden, die eine spätere Trübung und ein Verderben des Bieres verursachen könnten, und daß ein vollkommen steriles und haltbares Filtrat entsteht. Der typische Brotgeschmack und die Trübungen, die beim Pasteurisieren häufig auftreten, werden bei der Entkeimungsfiltration vermieden, der Flaschenbruch erfährt keine Erhöhung. Diese Art der Filtration hat jedoch das Abfüllen des entkeimten Bieres mit steril arbeitenden Füllmaschinen für Flaschen und Fässer zur Voraussetzung.

1116. Welche Apparate werden zur Entkeimungsfiltration und zur sterilen Abfüllung benötigt?

1. der Schichtenfilter,
2. der Flaschensterilisator,
3. der steril arbeitende Flaschenfüller,
4. die steril arbeitende Verschlußmaschine für Kronenkorkflaschen.

Beim Abfüllen auf Transportfässer wird außer dem Schichtenfilter der steril arbeitende Faßfüller notwendig.

1117. Wie geht die Filtration im Entkeimungsfilter vor sich?

Der mit den Entkeimungsschichten eingelegte Filter wird vor Inbetriebsnahme mit Dampf sterilisiert und dann mit Wasser abgekühlt. Vor- und Nachlauf sind im Vergleich zum Massefilter gering, da in den Filterschichten nur wenig Flüssigkeit aufgesaugt ist. Sind die Schichten erschöpft, so werden sie verworfen, und der Filter wird mit neuen Schichten belegt, was nur wenige Minuten in Anspruch nimmt. Es entfallen also die Massewäscherei, das Kuchenpressen und die mit der Filtermasse verbundene Infektionsgefahr. Der Filter hat am Plattenrand keine Gummidichtungen, nur die Filterkanäle sind durch Spezialgummiringe abgedichtet. Die Bierhähne sind des Dämpfens wegen mit Stopfbüchsen ausgestattet. Der Filter wird für einfache und doppelte Filtration gebaut. Im letzteren Falle teilt ein festes Mittelstück den Filter in zwei Hälften, deren eine zur Vorfiltration, die andere zur Entkeimungsfiltration verwendet werden kann.

Nach der Filtration wird $1-1^{1}/_{2}$ Stunden mit kaltem Wasser rückgespült, dann gedämpft und wieder abgekühlt.

1118. Welche Aufgabe hat der Flaschensterilisator?

Die in der Flaschenreinigungsmaschine mit heißer Lauge behandelten Flaschen sind zwar steril, aber durch das anschließende Ausspritzen mit warmem und kaltem Wasser sowie durch die organismenhaltige Luft der Flaschenkellerei gelangen häufig neue Keime in die Flasche. Der Flaschensterilisator hat die Aufgabe, eine solche Nachinfektion aufzuheben und die Flasche steril dem Füller zuzuführen. Dieses Ziel wird dadurch erreicht, daß in die Flasche gasförmige schweflige Säure eingeblasen wird, die man dann anschließend durch Einleiten von entkeimter Preßluft wieder vollständig entfernt. Der Apparat arbeitet vollautomatisch, er steht unmittelbar vor dem Flaschenfüller und ist diesem ähnlich konstruiert.

1119. Wodurch wird das sterile Abfüllen gewährleistet?

Der Flaschenfüller muß täglich vor dem Abfüllen gedämpft werden und ist zu diesem Zweck mit einer Reihe besonderer Vorrichtungen ausgestattet. Er ist so eingerichtet, daß der sterile Zustand während des Abfüllens erhalten bleibt. Verkleidungen und Schutzmantel sollen eine Nachinfektion durch die Luft verhindern. Auch die anschließenden Bierleitungen werden mit Dampf sterilisiert, desgleichen die Kronenkorkmaschine. Die Kronenkorkmaschine sterilisiert man vorher mit gasförmiger schwefliger Säure, oder man dämpft sie.

Isobarometer, die zum Abfüllen von entkeimtem Bier auf Transportfässer Verwendung finden, sind ebenfalls zum Dämpfen eingerichtet und arbeiten steril. Die Transportfässer werden im angepreßten Zustand mit gasförmiger, schwefliger Säure sterilisiert.

1120. Welches sind die Vorteile der Entkeimungsfiltration und der sterilen Abfüllung?

Bei sorgfältiger Arbeitsweise ergibt sich erfahrungsgemäß ein unbegrenzt haltbares Bier, das hinsichtlich Farbe, Geruch, Geschmack, Schaumhaltigkeit und Kohlensäuregehalt keine spürbare Einbuße erleidet. Dieser Vorteil wirkt sich insbesondere bei Flaschenbier aus, das oft erst nach Monaten vom Konsumenten getrunken wird (Berggasthäuser, Ausflugslokale, Überseeschiffe, Export). Die Filtrationskosten sind gering, das Waschen und Pressen der Filtermasse fällt fort.

Da sich entkeimtes Bier gegen eine nachträgliche Infektion sehr anfällig zeigt und dann schnell verdirbt, sind eingearbeitetes Personal und peinliche Sauberkeit die Voraussetzung bei dieser Arbeitsweise.

1121. Welche Feststellungen zeigen das Ende der Haltbarkeit an?

Das Ende der Haltbarkeit ist durch geschmackliche, geruchliche und optische Veränderungen angezeigt. Die auffälligste Erscheinung ist die Trübung.

1122. Welche Trübungsarten unterscheidet man?

1. Chemische Trübung
2. Kolloidale Trübung
3. Biologische Trübung

1123. Welche Ursachen liegen den Trübungsarten zugrunde?

1. Kleister-, Desinfektionsmittel-, Oxalattrübung.
2. Kälte- bzw. Dauertrübung (Eiweiß-Gerbstoffe).
3. Infektion durch Kulturhefe – wilde Hefe – Pediococcen – Biermilchsäurestäbchen.

1124. Was ist eine Kältetrübung?

Die Kältetrübung als kolloidale Trübung ist umkehrbar, sie entsteht bei Temperaturen von 0°C; sie löst sich bei Erwärmung auf 20°C wieder auf.

1125. Was ist eine Dauertrübung?

Die Dauertrübung ist nicht mehr umkehrbar (irreversibel). Durch häufige Folge von Erwärmung und Abkühlung nimmt die Kältetrübung zu, bis zum Übergang in die Dauertrübung.

1126. Welche Vorgänge spielen sich bei der Trübungsbildung ab?

1. Aufgrund der Brown'schen Molekularbewegung nähern sich die Eiweißmoleküle, es kommt zur Bildung von Wasserstoffbrücken. Dadurch wird die Löslichkeit von hochmolekularen Eiweißkomplexen herabgesetzt und es entstehen unlösliche Verbindungen = Trübungen.
2. Einfache Polyphenole besitzen kaum Gerbkraft und deshalb beeinflussen sie die Haltbarkeit des Bieres nicht. Durch Polymerisation entstehen gerbkräftige Polyphenole, die mit Eiweiß zu Eiweiß-Gerbstoffkomplexen reagieren und damit die Kältetrübung verursachen. Die Kältetrübung ist also eine lose Bindung von höhermolekularen Eiweißabbauprodukten und hochkondensierten Polyphenolen.

1127. Welche Faktoren fördern die Trübungsbildung?

1. Temperaturen
2. Sauerstoff
3. Schwermetallspuren (Ionen)
4. Licht
5. Bewegung
6. Zeit

1128. Wie sieht die Langzeitwirkung im Schema aus?

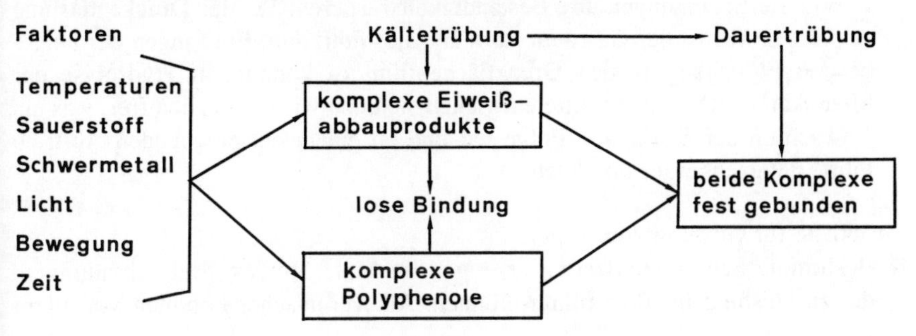

1129. Wann kann es zu einer Oxalattrübung kommen?
Die Kohlensäure des Bieres kann z. B. aus karbonathaltigem Spülwasser den Kalk lösen, der sich dann mit der Oxalsäure zu Calciumoxalat umsetzt.

1130. Wie kommt es zur Desinfektionsmitteltrübung?
Desinfektionsmittel, die nach ihrem Einsatz unvollkommen ausgespült wurden, verursachen diese Trübung.

1131. Was versteht man unter Wildwerden, »Gushing« des Bieres?
Plötzliches Überschäumen des Bieres beim Öffnen der Flaschen nennt man Gushing. Diese Erscheinung liegt nicht an einem zu hohen CO_2-Gehalt des Bieres, sondern ist auf den Rohstoff Gerste zurückzuführen (Befall durch Schimmelpilz Fusarium).

1132. Welche Inhaltsstoffe bilden Konsensationspunkte, die eine Entbindung von CO_2 hervorrufen?
1. Schwermetallionen
2. Oxalatkristalle
3. Kieselgurrückstände
4. Alterung der Kolloide usw.

Die neuesten Erkenntnisse über ›Gushing‹, seinen Mechanismus und eine Checkliste sind nachfolgend abgedruckt.
Mechanismus des Gushing:
1. Entstehung von ›Nuclei‹ = Kondensationspunkte, welche durch oberflächenaktive Inhaltsstoffe gebildet werden, an denen beim Öffnen der Flasche Kohlensäureblasen entstehen (Krause).
2. ›Mikroblasen‹: eingewirbelte Gasblasen sind unvollständig aufgelöst. Durch den Druck der umgebenden Flüssigkeit, fortschreitende Verkleinerung der Gasblasen. Die an der Oberfläche angereicherten Substanzen verlieren ihre Löslichkeit. Die mechanische Festigkeit und Unlöslichkeit dieser ausgebildeten Blasenhaut stabilisiert den Gasrest. Durch eine Druckentlastung werden die Mikroblasen größer und steigen aufgrund des Auftriebes hoch oder sie bleiben als potentielle Entbindungskeime in Schwebe, weil sich der Auftrieb des eingeschlossenen Gasraumes und das Gewicht des unlöslichen Grenzflächenfilmes die Waage halten. In diesem Grenzflächenfilm befinden sich Metall Karbonate, die durch veränderte Bedingungen ihre Beständigkeit verlieren. Bei der Druckentlastung des Bieres wächst der Gasraum stark an, dies führt zum Eindringen der umgebenden Flüssigkeit in den Grenzflächenfilm, es kommt zur Hydrolyse der Metallkarbonate, Kohlensäure entwickelt sich und wird zusätzlich frei, was ein Anwachsen der Kerne zur Folge hat und zu einem entsprechenden Auftrieb führt. (Guggenberger und Kleber)

Checkliste für Gushing von Bieren
- Bestimmte Schimmelpilzarten erzeugen im Malz Stoffwechselverbindungen, die zu Gushing im Bier führen können. Als Verursacher kommen vor allem

Vertreter der Gattung Fusarium infrage. Bei mykologischen Untersuchungen zeigte sich auf solchen Malzen, die nach der Verarbeitung zu einem Bier führten, welches zum Wildwerden neigte, daß immer einen Besatz der Körner mit Fusarium graminearum oder Fusarium culmorum festzustellen war. Gefahr besteht bei Weichwasser-Recycling und bei Verwendung von Formalin als Weichwasserzusatz. Vorübergehend sollten andere Malzchargen verwendet werden.

- Würzezusammensetzung: Jodnormalität überprüfen und vorrübergehend Zusatz von Heißtrub zur Würze aussetzen.
- Überhöhter Kohlensäuregehalt im Bier: Ermittlung des Kohlensäuregehaltes sowie Reduzierung des Spundungsdruckes und Absenkung der Lagerkellertemperatur (bessere Kolloidbindung).
- Schwermetalle z. B. Eisen kann über blanke Metalloberflächen ins Bier gelangen oder über den Heißtrub bzw. die Kieselgur. Gefäß- und Leitungskontrolle auf blanke Metalloberflächen aus Eisen usw. prüfen.
- Kieselgurbestandteile: beim Spülen mit kalkhaltigem Wasser erfolgen bei der Heißwasserspülung gelegentlich kristalline Ausfällungen, z. B. Oxalate, die das Bierfiltrat zum Aufschäumen bringen können. Zur Überbrückung mit weichem, entkarbonisiertem Wasser spülen, evtl. stark verdünnter Säure mit anschließend guter Trennung des Vorlaufs. Nach Kaltwasserspülung keine Heißwasserspülung, sondern sofort Dämpfen. Vorübergehend andere Gur verwenden. Vorbeugend 5 – 15 g/hl Würze Calziumchlorid dem Guß oder dem Hauptguß zusetzen. Auch Braugips ist möglich.
- Temperatureinfluß durch Kurzzeiterhitzung hilft kurzfristig den Gushingeffekt zu beseitigen, ebenso höhere Temperaturen im Vollgutstapelraum sowie der Einsatz von Stabilisierungsmitteln auf Kieselgelbasis bzw. die Erhöhung der Zugaben auf ca. 100 g pro hl Bier können Abhilfe schaffen.
- Reibungspunkte in Bierflaschen durch rauhe Innenkanten, Glasvergütungsmittel, mineralische Ablagerungen oder schlechte Verarbeitung sowie Verunreinigungen. Überprüfen von Einzelflaschen bzw. der Flaschenreinigungsmaschine.
- Kronenkorken aus zu hartem Stahlblech führen beim Öffnen zu einem überschnellen Druckausgleich mit einem Stoßeffekt. Kontrollabfüllung mit einer anderen Charge, evtl. anderes Fabrikat zwischendurch verwenden.

1133. Welche Geschmacksfehler bzw. -abweichungen unterscheidet man?

Abweichungen vom normalen guten Biergeschmack bzw. Geschmacksfehler gehören zu den folgenschwersten Störungen in der Brauerei. Es ist nicht immer leicht einen festgestellten Fehler richtig einzuordnen bzw. seinen Ursprung zu klären. Die möglichen Abweichungen lassen sich folgenden drei Gruppen zuordnen:

1. Technologisch bedingte Geschmacksfehler: ein rauher kratziger, meist auch nachhängender Bittergeschmack ist auf die Verwendung von stark carbonathaltigem Brauwasser oder von zu altem Hopfen zurückzuführen. Das Durchfallen der Decke am Ende der Hauptgärung, Beidrücken von größeren Mengen von Gelägerbier, Verwendung von zuviel Farbmalz und schließlich unvollständige Entfernung eingesetzter fluorhaltiger Desinfektionsmittel sind weitere Parameter für diesen Geschmacksfehler.

Eine zu hohe Pasteurisiertemperatur und eine zu lange Einwirkungsdauer führen zu einem Pasteurisationsgeschmack (Brotgeschmack). Von maßgebender Bedeutung ist dabei auch der jeweilige Sauerstoffgehalt des Bieres. So kann ein Oxidationsgeschmack nach einer entsprechend langen Zeit auch in einem nicht pasteurisierten Bier auftreten. Die Eiweißverhältnisse im Bier spielen ebenfalls eine Rolle, d. h. nicht alle Biere sind pasteurisierfähig. Der Jungbiergeschmack entsteht bei einer zu trägen oder zu kurzen Nachgärung, wodurch bestimmte Aldehyde, flüchtige Schwefelverbindungen durch die Kohlensäure nicht ausreichend ausgewaschen wurden. Eine schleppende Nachgärung führt auch zu einer anormalen d. h. erhöhten Esterbildung. Der sog. Lichtgeschmack tritt in Erscheinung, wenn das Bier längere Zeit dem Sonnenlicht ausgesetzt wurde.

2. Geschmacksfehler, die durch Berührung mit Fremdstoffen entstehen: Verbindungen der Gerbstoffe des Bieres mit Eisen führen zum sog. Tinten- oder Metallgeschmack. Ursache können feine Haarrisse in der Emailleauskleidung von Eisentanks sein. Auch stark eisenhaltiges Wasser zum Brauen kann Ursache sein. Der früher sehr häufig auftretende Pechgeschmack, durch die Zusammensetzung des Peches oder Fehler beim Pichen verursacht, ist heute nur noch selten anzutreffen.

3. Biologisch bedingte Geschmacksfehler: Verursacher sind Fremdorganismen, die sich in der Würze oder im Bier entwickeln, das Bier trüben und geschmacklich verderben. Sellerieartiger Geschmack: Termobakterien – Hefegeschmack: nachträgliche Hefetrübungen oder Autolyseprodukte toter Hefezellen. Galligbitterer Geschmack: Wilde Hefen der Gattung Saccharomyces pastorianus – Estergeschmack durch Kahmhefen – Essigstich durch Essigsäurebakterien. Besonders gefürchtet sind die Geschmacksveränderungen, die durch Infektionen von bierverderbenden Bakterien verursacht werden. Der sog. Sarcinageschmack ist die Kombination von saurem Geschmack mit dem butterähnlichen Aroma des Diacetyls. Den Sauergeschmack verursachen Biermilchsäurestäbchen. Der früher sehr häufig auftretende Kellergeschmack durch Schimmelbelag an Decken und Wänden (muffiger Geruch der Kellerluft) ist heutzutage durch moderne Kühl- und Isoliertechnik und z. T. oberirdische Kellerhochhäuser kaum noch anzutreffen.

1134. Welche Anforderungen müssen an ein Bier gestellt werden?

Das Bier soll vollkommen klar und blank sein; ein trübes Bier ist zum Trunk wenig einladend (Ausnahme: Hefeweizen- und Kellerbiere). Die Anforderungen der Biertrinker an die Klarheit des Bieres sind recht hoch, namentlich helle Biere müssen kristallklar sein. Der *Schaum* des Bieres darf nicht großblasig, sondern muß kompakt, sahneartig sein und soll nach jedem Trunk einen Schaumrand im Glase hinterlassen. Er darf nicht gleich einsinken und verschwinden, sondern soll anhalten. Die *Temperatur* des gezapften Bieres beträgt im Sommer etwa 8 °C, im Winter bis 10 °C. Starkbiere müssen besonders kalt getrunken werden, sonst widerstehen sie leicht. Die *Ausschankweise* und die Form der *Trinkgefäße* beeinflussen das Aussehen des Bieres sehr. Bezüglich der Temperatur ist noch zu bemerken, daß die Kälte imstande ist, fehlerhaften Geschmack und Geruch des Bieres zu verdecken; die Fehler sind aber leicht zu entdecken, wenn man das zu prüfende Bier etwas wärmer trinkt, als sonst üblich ist. Die vor dem Trunk genossenen *Speisen* haben Einfluß darauf, ob das Bier schmeckt oder nicht. Fett zerstört sofort die Schaumhaltigkeit. Das *Vorurteil* spielt schließlich eine nicht geringe Rolle im Urteil des Trinkers.

Ein gutes Bier soll bekömmlich sein, keinen unangenehmen Nachgeschmack im Munde zurücklassen, die Verdauungsorgane schnell passieren und selbst nach übermäßigem Genuß kein Unbehagen, keine Leib- und Kopfschmerzen und keine Appetitlosigkeit verursachen. Man unterscheidet zwischen *schweren* und *leichten* Bieren, erstere von hochprozentigen, letztere von dünnen Würzen stammend. Endlich gibt es *vollmundige* und mehr *weinige* Biere; als vollmundig wird ein Bier mit stark hervortretendem, vollem, rundem Geschmack bezeichnet, während hochvergorene Biere mit wenig Körper, wenn sie auch aus extraktreichen Würzen stammen, als weinig angesprochen werden.

Manchen Bieren ist ein *Rauchgeschmack* eigen; dieser rührt von Rauchmalz her, einem auf einer Rauchdarre gedarrten Malz. Diese Darre wird mit Holz beheizt, und der Rauch zieht durch das Malz, dem er einen Rauchgeschmack gibt.

Reinigung und Desinfektion

1135. Warum ist Reinlichkeit das erste Gebot des Brauers?

Bier ist als »flüssiges Brot« eines der vornehmsten Nahrungs- und Genußmittel. In manchen Ländern ist es das hauptsächlichste Volksgetränk, das für breite Schichten der Bevölkerung einen wesentlichen Bestandteil der täglichen Nahrung darstellt. Dieser hohen Bedeutung des Bieres gegenüber erscheint größte Reinlichkeit bei seiner Bereitung als sittliche Forderung und selbstverständliche erste Berufspflicht des Brauers.

Mit Recht stellt der Biertrinker hohe Anforderungen an unser Erzeugnis. Um diesen gerecht zu werden, genügt es nicht allein, gute Rohstoffe fachgerecht zu verarbeiten – es muß auch größte Reinlichkeit im Brauereibetrieb herrschen. Nur diese gestattet dem Brauer, ein gesundes, bekömmliches und haltbares Bier zu erzeugen.

In der kleinsten Unreinlichkeit ist schon eine Gefahr für das Bier zu erblicken. Winzige Kleinlebewesen – Bakterien, Schimmel, wilde Hefen – erfüllen die Luft, das Wasser, bereit, sich jeden Augenblick auf günstigen Nährböden anzusiedeln und mit fabelhafter Schnelligkeit zu vermehren.

So verschieden die Arten der bierschädlichen Organismen sind, so verschieden ist ihre Wirkung. Manche, z.B. die Schimmel, geben dem Biere, in welches sie gelangten, einen muffigen, grabligen Geruch. Andere bewirken dessen Säuerung (die Essigsäure- und Milchsäurebakterien) oder Trübung und Geschmacksverschlechterung (Pediococcen u.a.m.) – kurz, sie leiten unerwünschte Erscheinungen ein, die man *Bierkrankheiten* nennt. Der Brauer beugt diesen Bierkrankheiten am besten durch höchste Reinlichkeit vor.

1136. Welche Mittel benutzt der Brauer zur Vernichtung der kleinen Lebewesen?

Mechanische und chemische Reinigungsmittel, Hitze, Desinfektionsmittel.

1137. Was versteht man unter Infektion?

Befall und Ausbreitung von unerwünschten Mikroorganismen – unabhängig, ob schädlich oder nicht – in Rohstoffen, Würze, Bier, Gebinden, Betriebseinrichtungen und Räumen.

1138. Was versteht man unter Reinigung?

Beseitigung von Rückständen und Ablagerungen organischer oder anorganischer Natur mit mechanischen und chemischen Mitteln. Ziel: Erreichen der technischen Reinheit.

1139. Was versteht man unter Desinfektion?

1. Im weiten Sinn: alle Maßnahmen zur Bekämpfung einer Infektion.
2. Im engeren Sinn: Schwächung und Abtötung von Mikroorganismen mit Hilfe von Chemikalien.

Ziel: Erreichen der biologischen Reinheit.

1140. Was versteht man unter Sterilisation?
Abtötung aller lebenden Organismen – nicht nur auf Mikroorganismen beschränkt. Keimfrei!

1141. Was versteht man unter Pasteurisation?
Weitgehende Abtötung vorhandener Mikroorganismen durch produktschonendes Erhitzen – zur Erhöhung der biologischen Haltbarkeit des Bieres.

1142. Was versteht man unter Kaltsterilisation?
Kaltsterilisation = EK-Filtration

1143. Was bedeutet mikrobizid?
Mikrobizid: Abtötung aller Mikroorganismen.

1144. Was bedeutet fungizid?
Fungizid: Abtötung aller Pilze.

1145. Was bedeutet bakteriozid?
Bakteriozid: Abtötung aller Bakterien.

1146. Welches ist das wichtigste Reinigungsmittel?
Das wichtigste Reinigungsmittel ist das Wasser.

1147. Wie wird die Reinigungswirkung des Wassers erhöht?
1. Durch Verwendung von Schrubbern, Bürsten, Schabern und Gummibällen,
2. durch Zusatz von Schleifmitteln: Sand, Bimssteinpulver und Kieselgur,
3. durch Erhöhung der Temperatur und des Druckes wird die Wirkung verstärkt.

1148. Welche weiteren Reinigungsmittel unterscheidet man?
1. Alkalische RM: Überwiegend aus den Grundsubstanzen Ätznatron oder Soda.
2. Saure RM: Aus anorganischen Säuren: Schwefelsäure (H_2SO_4), Phosphorsäure (H_3PO_4), Salpetersäure (HNO_3), Salzsäure (HCL).
   Beiden werden vielfach oberflächenaktive Substanzen zugesetzt: Tenside mit mindestens einer fettlöslichen und einer wasseraufsaugenden Gruppe.

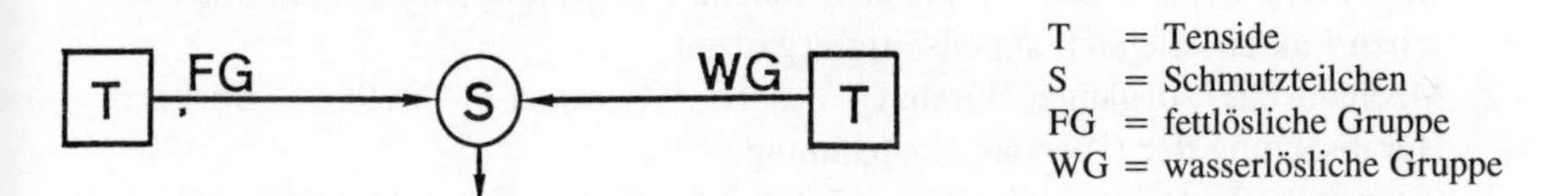

Verringerung der Oberflächenspannung → Erhöhung des Reinigungseffektes.

1149. Welche Anforderungen werden an ein Reinigungsmittel gestellt?
1. wasserlöslich
2. wiederholt verwendbar
3. möglichst wenig korrosiv

4. gutes Eindringungsvermögen
5. gute Ablösung org. und anorg. Substanzen
6. gutes Schmutzhaltevermögen (Dispergierfähigkeit)
7. leicht abspülbar
8. mikrobizid
9. Wasserstein verhindernd (Sequestiervermögen)
10. möglichst ungiftig und geruchsfrei

1150. Wie sieht die Wirkung eines Reinigungsmittels schematisch dargestellt aus?

Schema der Wirkung eines Reinigungsmittels (nach de Clerck)

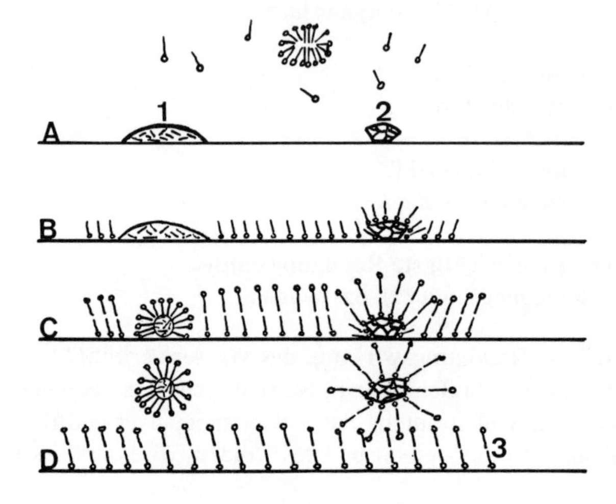

1 = ungeformter Fleck organischer Natur mit Affinität für Hydrophobe (wasserabstoßende Gruppen).
2 = Schmutz in kristalliner Form mit Affinität für Hydrophile (wasseraufsaugende Gruppen).
3 = Reine Oberfläche mit Doppelschicht orientierter Moleküle.

1151. Welche Reinigungsvorgänge unterscheidet man?

1. Allgemein: Sie sind die Summe aller mechanischen (physikalischen) und chemischen Fakten, die sich gegenseitig ergänzen.
2. Mechanische Vorgänge: Bürsten – Lösen – Pumpen – Quellen – Spritzen – Herabsetzung der Oberflächenspannung.
3. Chemische Vorgänge: Abbau von Eiweiß-Stoffen – Emulgierung oder Verseifung von Fetten und die Entfernung von Bierstein (Calciumoxalat = anorganische Verbindung).

1152. Was sind Sequestrationsmittel?

Der Inaktivierung von Reinigungs- und Desinfektionsmitteln durch im Wasser enthaltene Metallionen begegnet man durch Zusatz von Sequestrationsmitteln (Beschlagnahme, welche die Metallionen als lösliche Komplexe binden).

1153. Welche Faktoren beeinflussen die Auswahl der Reinigungs- und Desinfektionsmittel sowie die Festlegung des Reinigungsprogrammes?

1. Menge und chemische Zusammensetzung der Verschmutzung (Fette, Eiweiß, Zucker, mineralische Stoffe, durch Hitze denaturierte Stoffe, Harze u. ä.)
2. Art der Kontruktionsmaterialien im Reinigungskreislauf (Edelstahl, Aluminium, Kupfer, Kunststoffauskleidungen, Dichtungsmaterialien)
3. Zahl der Stapelbehälter und verfügbare Zeit
4. Ohne Risiko mögliche und erreichbare Reinigungstemperatur (Schaumverhalten, Reinigungswirkung, Desinfektionswirkung, Über- und Unterdruckbildung, Temperaturspannungen)
5. Qualität des zur Reinigung benutzten Wassers (Wasserhärte, Chloridgehalt, pH)
6. Mikrobiologische Qualität des Nachspülwassers
7. Zusätzliche Faktoren (z. B. Restkohlensäure in Brauereitanks)

1154. Welche Faktoren beeinflussen die Wirtschaftlichkeit der Reinigung und Desinfektion?

1. Anlagenkosten (Stapelbehälter, automatische Steuerungen)
2. Chemikalienkosten
   a) Kosten für Neuansätze (Konzentration, Häufigkeit, Produktpreis)
   b) Kosten für Nachschärfung (Konzentration, Produktpreis, Verluste durch Verdünnung, Verluste durch chemische Reaktionen)

   Die Chemikalienkosten sind nicht nur durch die Wahl des richtigen R.- u. D.-Mittels, sondern auch durch Optimierung des gesamten Reinigungsprogramms beeinflußbar (z. B. ausreichende Vor- und Zwischenspülungen, ausreichende Absaugung von Restflüssigkeit, optimale Medientrennung)
3. Wasser-, Energie- und Personalkosten
4. Kosten für Korrosionsschäden und Rückware

1155. Welche Desinfektionsmittel unterscheidet man?

1. Chlor-, Jod- und Fluorhaltige D.
2. Formaldehyd und SO_2
3. Alkalische D.
4. Saure D.
5. Neutrale D.
6. Quaternäre Ammoniumverbindungen
7. Feuchte Hitze
8. Alkohol

1156. Was sind quaternäre Ammoniumverbindungen?

Bei diesen Desinfektionsmitteln, die man auch als »Quats« bezeichnet, handelt es sich um Salze oder Basen, in deren Ammoniumgruppe alle vier H-Atome durch organische Reste ersetzt sind. Die »Quats« sind geruchlos, in den Gebrauchslö-

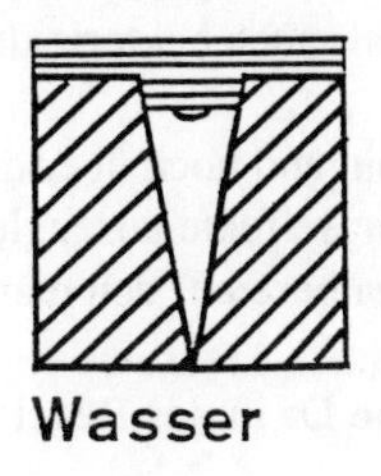

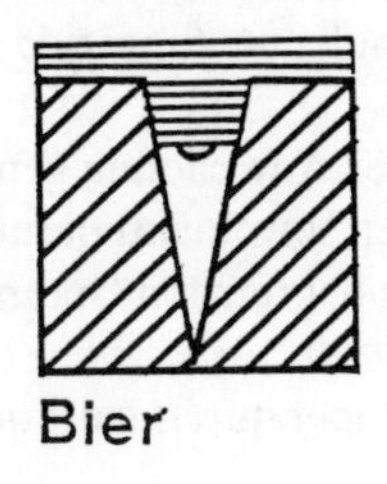

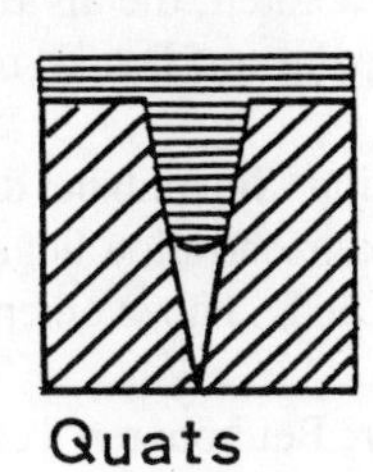

sungen ungiftig, neutral reagierend, weder die Haut, Kunststoffe oder Metalle angreifend. Sie sind oberflächenaktiv, haben sehr gutes Netzvermögen und wirken auch in geringer Konzentration stark keimtötend. Lange Einwirkungsdauer bringt eine »durchdringende Sterilisation«. Intensives Nachspülen ist erforderlich, sonst ergeben sich Biertrübungen und Schaumzerstörung.

1157. Was ist bei der Anwendung von Desinfektionsmitteln zu beachten?
Es ist zu beachten, daß
1. die jedem einzelnen Desinfektionsmittel zukommende Konzentration und Einwirkungsdauer anzuwenden ist;
2. nach jeder Desinfektion eine restlose Entfernung des Mittels durch reichliches Wassernachspülen nötig ist;
3. Desinfektionsmittel zu verwerfen sind, welche im gewöhnlichen Betrieb, wenn also keine außerordentliche Reinigung beabsichtigt ist, den Bierstein angreifen;
4. bei der Desinfektion von Bierleitungen, Apparaten etc. die Wirkung eines Mittels sehr erhöht wird, wenn man seine Lösungen mit hoher Geschwindigkeit im Kreislauf umpumpt oder im Kreislauf unter Druck einspritzt.

1158. Wann können Desinfektionsmittel schaden?
Wenn sie falsch angewendet werden, also entweder am falschen Ort oder in zu hoher Konzentration, oder wenn sie nach dem Desinfizieren nicht vollkommen entfernt werden. So dürfen z. B. eiserne Kühlschiffe nicht mit sauren Desinfektionsmitteln behandelt werden, Aluminiumbottiche nicht mit laugenhaften. Chlorhaltige Desinfektionsmittel rufen, wenn Spuren davon mit Bier in Berührung kommen, Geschmacksverschlechterungen hervor, während beim Zurückbleiben von Formalin in den Leitungen usw. Biertrübungen auftreten können.
Bei Anwendung stark laugenhafter Desinfektionsmittel (z. B. Antiformin, Radaform, frisch gelöschter Kalk) muß man sich darüber klar sein, ob im einzelnen Falle die Biersteinschicht auf der zu desinfizierenden Fläche angegriffen werden darf oder nicht. Eine teilweise auflösende Einwirkung auf den Bierstein ist schädlicher als eine gänzliche Unterlassung der Desinfektion. Die ursprünglich glatte Oberfläche der Biersteinschicht kann durch Laugen so rauh werden, daß sie Hefen und anderen Organismen Unterschlupf bietet. Die gründliche Biersteinentfernung ist daher Voraussetzung für eine wirksame Desinfektion.

1159. Wie wird die Wirksamkeit eines Desinfektionsmittels beurteilt?
1. Zeit: Das auszuwählende D. muß die zu erwartende Ausgangskeimzahl in der Zeit sicher abtöten, die als Einwirkungszeit im Betrieb gegeben ist.
2. Wirkungsspektrum: Das D. muß gute fungizide als auch bakterizide Eigenschaften haben.
3. Konzentration: Sie muß bei der Anwendung genügend hoch über der mikrobiziden Grenzkonzentration liegen, um Inaktivierungseffekte auszugleichen.
4. pH-Wert: Die D. haben einen begrenzten Optimalbereich, den man stets einhalten sollte.
5. Temperatur: Bei höheren Temperaturen läuft die D. in der Regel schneller ab.

6. Schutzstoffe: Die abzutötenden Mikroorg. befinden sich nicht frei in einer Suspension, sondern sie sitzen z. B. hinter einer Schmutzschicht. Deshalb ist gründliche Reinigung wichtig.
7. Oberflächenspannung: Das D. gewährleistet nur dann eine gute Abtötung der in Poren und Rissen verborgenen Keime, wenn seine Ofsp. deutlich unterhalb derjenigen des Mediums liegt, welches das Wachstum der Keime ermöglicht.
8. Korrosionswirkung: Chemische Reaktionen (und dadurch schädigende Wirkungen) mit den zu desinfizierenden Oberflächen sollten möglichst gering sein.

1160. Welche weiteren Regeln sind zu beachten?

1. Das Reinigungsmittel muß nach der zu beseitigenden Verunreinigung ausgewählt werden.
2. Jeder Desinfektion muß eine Reinigung vorausgehen.
3. Die notwendige Kontaktzeit muß gewährleistet sein.
4. Standdesinfektion in Wannen.
5. Sprühdesinfektion als feiner gleichmäßiger Film.

1161. Was heißt »technisch rein«?

Unter »technischer Reinheit« versteht man die im normalen Betriebe mit Betriebsmitteln erzielbare Reinheit. Technisch rein ist nicht immer soviel wie biologisch rein.

1162. Was heißt »biologisch rein«?

Biologisch rein heißt soviel wie bakterienfrei. Hefe im Reinzuchtapparat ist biologisch rein. Eine Bierleitung kann unmittelbar nach dem Dämpfen biologisch rein sein. Sobald aber Reinzuchthefe in den Betrieb eingeführt ist, oder sobald eine frisch sterilisierte Bierleitung von Kellerluft durchzogen wird, sind beide nur mehr technisch rein. Pasteurisiertes Bier ist biologisch rein.
Biologische Reinheit ist nur bei völligem Abschluß der Außenluft möglich. Im Betriebe ist sie daher bei Reinigungs- und Desinfektionsarbeiten als idealer Ausnahmezustand anzusehen, der sofort nach beendeter Desinfektion dem Zustand der technischen Reinheit Platz macht.

1163. Wie wird die »technische Reinheit« geprüft?

Durch alle Sinne, mit Ausnahme des Gehörs. Besonders wichtig ist daher die Ausbildung und Übung der Sinnestätigkeit. Bei der Kontrolle von Reinigungsarbeiten spielt die Hauptrolle der Tastsinn, dann folgen Geruch, Gesicht, Geschmack.
Gefäße, Leitungen, Geräte, die mit Bier in Berührung kommen, *fühlen* sich, wenn sie nicht mechanisch gereinigt werden, nach kurzer Zeit schlüpfrig und schließlich schleimig an; Räume, die schlecht ventiliert sind, Bottiche mit morschen Stellen usw. *riechen* schimmlig, grablig; Transportfässer mit pechlosen Stellen, an welchen Bierreste säuern, *riechen* säuerlich; Hefe, die sich im Zustande der Selbstverdauung befindet, *riecht* faulig; beim Nachleuchten mangelhaft gereinigter Bottiche sind oft kleinere oder größere Rest der Brandhefe zu *sehen;* beim Ausleuchten gereinigter Transportfässer *sieht* man, ob die Beschichtung unverletzt und spiegelglatt ist; endlich *schmeckt* der Brauer bei den verschiedenen Geschmacksproben, die er

während des Werdeganges seines Bieres anstellt, an welcher Stelle erstmalig ein anormaler Geschmack auftritt, er erkennt rechtzeitig etwaige Mängel in der technischen Reinheit und vermag zweckdienliche Maßnahmen zu treffen.

1164. Wird die biologische Reinheit nachgeprüft?
Sie kann nur im Laboratorium durch eine mikroskopische Untersuchung und durch Anlegen von Kulturen auf sterilen Nährböden nachgeprüft werden.

1165. Welche Anforderungen werden an die R.- u. D.-Programme verschiedener Produktionsabteilungen gestellt?

ANFORDERUNGEN AN DIE R+D-PROGRAMME VERSCHIEDENER PRODUKTIONSABTEILUNGEN

ABTEILUNG	RÜCKSTÄNDE	WERKSTOFFE	ZIEL	PROGRAMM R	PROGRAMM D
1. SUDHAUS	MAISCHE TREBER WÜRZE	VA-STÄHLE KUPFER	freie HEIZ-FLÄCHEN, gute WÄRME-ÜBERTRAGUNG	alkalisch heiß, bei Cu mit OF-SCHUTZ	
2. WÜRZEWEG	HOPFEN-HARZE MELANOIDINE MIKROORGANISMEN	VA-STÄHLE	freie KÜHL-FLÄCHEN blanke, keimfreie LEITUNGEN	alkalisch mit/ohne OXIDANS	
3. GÄRKELLER 3.1 ANSTELL-TANKS	HOPFEN-HARZE WÜRZE HEFE	VA-STÄHLE ALUMINIUM	blanke, keimfreie OBERFLÄCHEN	alkalisch mit/ohne OXIDANS sauer	sauer/neutral CIP SPRÜH-D.
3.2 HEFETANKS	HEFEN FREMDORGANISMEN	VA-STÄHLE	keimfreie OBERFLÄCHEN	alkalisch sauer	sauer/neutral
3.3 GÄR-KELLER	JUNGBIER BRANDHEFE EIWEISS FREMDORGANISMEN (BIERSTEIN)	VA-STÄHLE ALUMINIUM AUSKLEIDUNGEN	keimfreie OBERFLÄCHEN	alkalisch sauer	sauer/neutral
4. LAGER-KELLER	UNFILTRAT GELÄGER EIWEISS HOPFENHARZE BIERSTEIN MIKROORGANISMEN	VA-STÄHLE ALUMINIUM AUSKLEIDUNGEN	keimfreie OBERFLÄCHEN	alkalisch sauer	sauer/neutral
5. DRUCK-TANKS	FILTRAT, BIER FREMDORGANISMEN HEFEN	VA-STÄHLE AUSKLEIDUNGEN ALUMINIUM	keimfreie OBERFLÄCHEN	sauer sporatisch: alkalisch	sauer neutral
6. LEITUNGS-SYSTEME	UNFILTRAT FILTRAT	VA-STÄHLE	blanke, keimfreie OBERFLÄCHEN	alkalisch heiß sauer	sauer/neutral STAND-D.

1166. In welcher Weise wird Hitze angewendet?

Hitze wird entweder in Form von Heißwasser, das man mit 85°C umpumpt, oder in Form von Dampf zum Sterilisieren von Bierleitungen, Filtrations- und Abfüllanlagen, Drucktanks usw. angewendet. Im Durchlauferhitzer wird mit Dampf Trubwürze sterilisiert und Bier pasteurisiert. Gummischläuche gibt es auch in dämpfbarer Qualität.

1167. Was bedeutet absolute Sterilisation?

0,5 min bei 130°C

5 min	119–121°C	15 min	110–118°C
10 min	115–119°C	20 min	105–107°C

Das sterilisieren muß in 3 Stufen erfolgen:

1. Spülen (Würze- und Bierreste → Nährboden für Infektionen).
2. Reinigen (technische Reinheit).
3. Sterilisieren (physikalisch mit Hitze – chemisch mit Desinfektionsmitteln).

1168. Was bedeutet CIP?

Automatische Reinigung mit CIP-Anlagen, CIP = **C**leaning **i**n **p**lace.

1169. Welche Vorteile haben CIP-Anlagen?

1. Verringerung des Zeitaufwandes.
2. Verringerung der Personalkosten.
3. Erhöhung der Betriebssicherheit.

1170. Welche Grundbedingung gilt für eine CIP-Anlage?

Trotz automatischer Steuerung Bedarf es der regelmäßigen und sorgfältigen Überwachung hinsichtlich der:
Eignung der angewandten Mittel,
Anwendungsdauer,
Anwendungstemperatur,
Anwendungskonzentration und Anwendungsdruck.
Nur damit erreicht man den sicheren Reinigungseffekt.

1171. Wie sieht eine CIP-Anlage auf? Welche Voraussetzungen gelten für eine einwandfreie, betriebssichere Funktion?

a) Vorlaufleitung
b) Rücklaufleitung
c) Konzentrat Säure
d) Konzentrat Lauge
e) Konzentrat Desinfektionsmittel
f) Kanal
g) Stapelwasser
h) Säure
i) Lauge
k) Desinfektionsmittel
l) Wasser

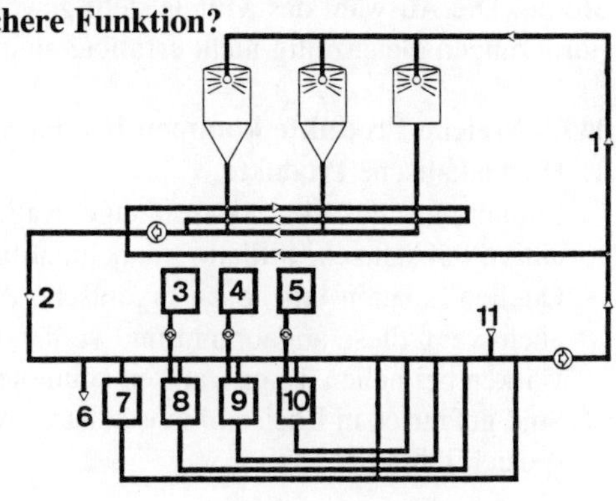

1. Bestandteile (a-l ≙ 1-11)
2. Voraussetzungen für einwandfreie betriebssichere Funktion

- Logische und lückenlose Folge der Programmschritte
- Exakte Medientrennung
  über die Zeit
  über den Leitwert
  über andere Meßeinrichtungen
- Richtige Dimensionierung der Gefäße und Pumpen
- Sorgfältige Überwachung der Sprühköpfe und Konzentrationen
- Stetige Wartung der Ventile, Sonden und Meßeinrichtungen
- Reinigungsfreundliche Bauweise aller produktführenden Teile
- Regelmäßige Reinigung der Anlage – besonders der Stapelbehälter zur Verhinderung der Gefahr von Reinfektionen durch umwälzen verkeimter Lösungen

1172. Welche allgemeine Forderungen werden an Reinigungs- und Desinfektionsmittel für CIP-Einsatz gestellt (nach Benckiser)?

1. Flüssigprodukt (automatische Dosierbarkeit)
2. Hohe Leitfähigkeit (automatische Überwachung) von Konzentrationen und Reinigungsablauf)
3. Kein oder geringes Schaumvermögen, auch bei Schmutzeintrag (keine Verluste an Reinigungsmittel, keine Verschleppung).
4. Hohe Schmutzbelastbarkeit ohne Wirksamkeitsverlust (Mehrfachverwendung, Stapelung)
5. Keine Korrosivität in Anlagen und Stapelbehältern (metallische Werkstoffe und Dichtungen)
6. Gute Ausspülbarkeit (geringer Wasserverbrauch)
7. Keine negative Beeinflussung der Eigenschaften des erzeugten bzw. bearbeiteten Lebensmittels
8. Möglichst geringe Toxizität
9. Gute Umweltverträglichkeit (leichte Entsorgung)
10. Hohe Wirtschaftlichkeit

Zusatzforderung bei Desinfektionsmitteln
Wirkungsspektrum soll alle für das betreffende Lebensmittel bedeutungsvollen Keime abtöten.
Merke: Die Auswahl des Mittels stellt gewöhnlich einen Kompromiß dar, da alle Forderungen gleichzeitig nicht erfüllbar sind.

1173. Welche Produkte kommen bei der CIP-Reinigung zum Einsatz?

1. Hochalkalische Produkte
   Enthalten Ätzalkalien (Natronlauge, Kalilauge), Komplexbildner, oberflächenaktive Substanzen, Silikate (manchmal bei Spezialprodukten für Aluminium).
   Quellen, spalten und lösen organische Ablagerungen (Eiweiß, Fett, Zucker), auch wenn diese angebrannt und verharzt sind.
   Wirken bei hohen Temperaturen keimtötend.
   Sind gefahrlos in Edelstahl einsetzbar, greifen aber Aluminium an, wenn nicht speziell inhibiert.

Werden durch Kohlensäure neutralisiert und dadurch unwirksam (hoher Reinigungsmittelverbrauch, Störungen bei der Leitwertsteuerung, Einziehen von Tanks, Ablagerungen von Silikat bei Einsatz bestimmter Produkte).
Sind im Normalfall stapelfähig.
Wirken stark ätzend auf Haut und Schleimhaut (Augenschutz).

2. Saure Produkte
Enthalten Mineralsäuren (Phosphorsäure, Schwefelsäure, Salpetersäure), Inhibitoren, Tenside (nicht bei Salpetersäure).
Lösen vorwiegend anorganische Ablagerungen (außer Silikaten) die häufig hohe Anteile an Calcium und Magnesiumsalz enthalten.
Haben mit Ausnahme von Phosphorsäure praktisch keine Reinigungswirkung bei vorwiegend organischer Verschmutzung.
Sind mit Ausnahme der Schwefelsäure auch bei hohen Temperaturen in Edelstahlanlagen einsetzbar (Empfehlung der Lieferanten beachten).
Sind normalerweise gut stapelfähig.
Können im Zusammenhang mit chlorhaltigen Wässern Lochkorrosion verursachen.
Sind im Konzentrat stark ätzend (Phosphorsäure am wenigsten).

3. Desinfektionsmittel und kombinierte Produkte
   a) Aktivchlor
      Preiswert.
      Schnell wirksam auch in der Kälte.
      Breites Wirkungsspektrum.
      Ausgezeichnete, oxidative Reinigungswirkung in kombinierten Produkten.
      Nach DIN 11483/1 zulässige Einwirkung bei Edelstahl: pH $>$ 9, 300 mg/l Aktivchlor, 20 °C bis 2 h 60 °C bis 30 min, pH $>$ 11, bis 70 °C bis 1 h.
      Korrosionsrisiken bestehen immer bei pH-Absenkung (Kohlensäure, saure Getränke) und langen Einwirkzeiten.
      Abbau durch eingetragene organische Verschmutzung.
      Schädigung von Getränken ist möglich; bei Milchprodukten relativ geringe Beeinflussung.
      Kombinierte, alkalische Produkte werden in allen Bereichen der Lebensmittelindustrie verwendet.
      Nicht stapelfähig.
      Beim Zusammenbringen mit Säuren wird Chlorgas freigesetzt.
   b) Wasserstoffperoxid
      In der Kälte nur langsam wirksam (Standesinfektion).
      Wirkungssteigerung bei Temperaturen 60 °C
      Relativ hohe Konzentrationen erforderlich.
      In Säuren relativ stabil.
      Mit Alkalien erfolgt schnelle Zersetzung.
      Geringe Rückständsproblematik.
      Schädigung von Getränken ist möglich.
      Langsamer Abbau durch organische Verschmutzung (begrenzt stapelfähig).
      Verunreinigung von Konzentraten kann zu heftiger Zersetzung führen.

c) Persäuren
   In Kälte auch bei niedrigen Konzentrationen schnell wirksam.
   Breites Wirkungsspektrum.
   Gut mit Säuren kombinierbar; mit Alkali schnelle Zersetzung.
   Korrosivität gegen Edelstahl wird vom Chloridgehalt des Ansatzwassers bestimmt (Lochfraß).
   In verdünnter Lösung langsamer Zerfall, durch organische Verschmutzung beschleunigt.
   Geringe Rückstandsproblematik.
   Unangenehmer Geruch der Konzentrate.
   Verunreinigung von Konzentraten kann zu heftiger Zersetzung führen.
d) Halogencarbonsäuren
   Praktisch nur als Kombinationsprodukte mit Schwefel- und Phosphorsäure.
   In der Kälte gut wirksam.
   Nicht warm einsetzbar.
   Stapelfähig.
   Toxizität relativ hoch.
e) QAV
   Weitverbreitetes Desinfektionsmittel, aber wegen Schaumverhalten selten in CIP-Produkten.
   Breites Wirkungsspektrum.
   Auch kalt einsetzbar.
   Stapelbar.
   Rückstände beeinflussen Bierschaum.
   Geringe Toxizität.
f) Sonstige
   Jodophore, Ampholyte, Bigamide sind wenig verbreitet.

1174. Wie sieht (an einem Beispiel) das Programm (mit Zeitangabe) für die Gefäßreinigung aus?

Reinigungsprogramme (Beispiele) Gefäßreinigung:

Vorspülen mit Frischwasser	5 min
Laugespülung	4 min
Zwischenspülung	6 min
Säurespülung	4 min
Nachspülung	6 min
	25 min

Die Säure kann als saures Desinfektionsmittel gefahren werden.

ZKG-Reinigung:	Vorspülen	5 min
	Pause	1,5 min
	Laugespülung	20 min
	Zwischenspülung	5 min
	Saure Desinfektion	20 min

Die Pause nach dem Vorspülen (nur die Rücklaufpumpe läuft) stellt das vollkommen Entfernen des verschmutzten Vorspülwassers aus der Leitung sicher. Auf ein Nachspülen nach der SD kann in besonderen Fällen verzichtet werden.

1175. Welche Vorschriften (UVV) gelten für den Umgang mit Chemikalien?

1. Konzentrierte ätzende und giftige Stoffe dürfen nur in geeigneten Behältern unter Verschluß und Aufsicht aufgewahrt werden.
2. Art und Menge der zu verwendenden Materialien bestimmt der Vorgesetzte.
3. Chemikalien dürfen nur gebrauchsfertig und in solchen Mengen am Arbeitsplatz vorhanden sein, wie für den Fortgang der Arbeit nötig sind.
4. Die Aufbewahrung in Gefäßen, die eine Verwechslung mit Trinkgefäßen nicht ausschließen, ist in jedem Fall verboten!
5. Zum Umfüllen aus Ballons oder Fässern sind Kipp- oder pneumatische Hebevorrichtungen erforderlich!
6. Schutzkleidung, Handschuhe und Schutzbrille müssen zur Verfügung stehen und benutzt werden.
7. Bei Verdünnungen ist immer das Konzentrat in das Verdünnungsmittel zu gießen!

Nachfolgende Übersichten bringen noch einmal eine Zusammenfassung des Themas sowie weitere Möglichkeiten der Reinigung und Desinfektion.

Reinigung in der Brauerei

1. Sudhaus und Würzeweg
   Reinigung erfolgt heiß, meist ohne Desinfektion
   Verschmutzungen sind angebrannte Eiweiße (Sudpfanne), eiweißhaltiger Trub und harzartige Ablagerungen (Würzekühler, Whirlpool)
   Reinigung mit hochalkalischen Produkten (manchmal unter Zusatz von Reinigungsverstärkern) nachfolgend Säure
   Grundreinigung möglich mit kombinierten Chlorprodukten
   In Kupfersudpfannen sollten inhibierte Produkte eingesetzt werden; Salpetersäure ist zu vermeiden (nitrose Gase)
2. Gär-, Lager und Drucktanks
   Reinigung kalt, Desinfektion erforderlich
   Verschmutzungen Brandhefe, Bierstein, Hopfenharze
   In Drucktanks nur leichte Verschmutzung (Bierstein)
   Alle Tanks enthalten CO_2
   Reinigung in meist mehrstufigen Programmen

Beispiele für häufige Reinigungsprogramme

I. Programm für leichte Verschmutzung (z.B. Tanks und Mixer in der AFG-Industrie, Drucktanks in der Brauerei):
   1. Vorspülen
   2. Kombinierte Reinigung und Desinfektion (alkalisch oder sauer)
   3. Nachspülung

II. Programm für schwere Verschmutzung (z.B. Sudpfannen):
   1. Vorspülen
   2. Alkalische Reinigung
   3. Zwischenspülung
   4. Saure Reinigung
   5. Nachspülung

   Gewöhnlich ohne Desinfektion da hohe Temperaturen

III. Programm für schwere Verschmutzung (z.B. Gärtanks):
1. Vorspülen
2. Alkalische Reinigung
3. Zwischenspülung
4. Saure Reinigung
5. Zwischenspülung
6. Desinfektion
7. Nachspülung
Desinfektion erforderlich, da niedrige Temperatur

Verfahren zur Reinigung und Desinfektion von Drucktanks

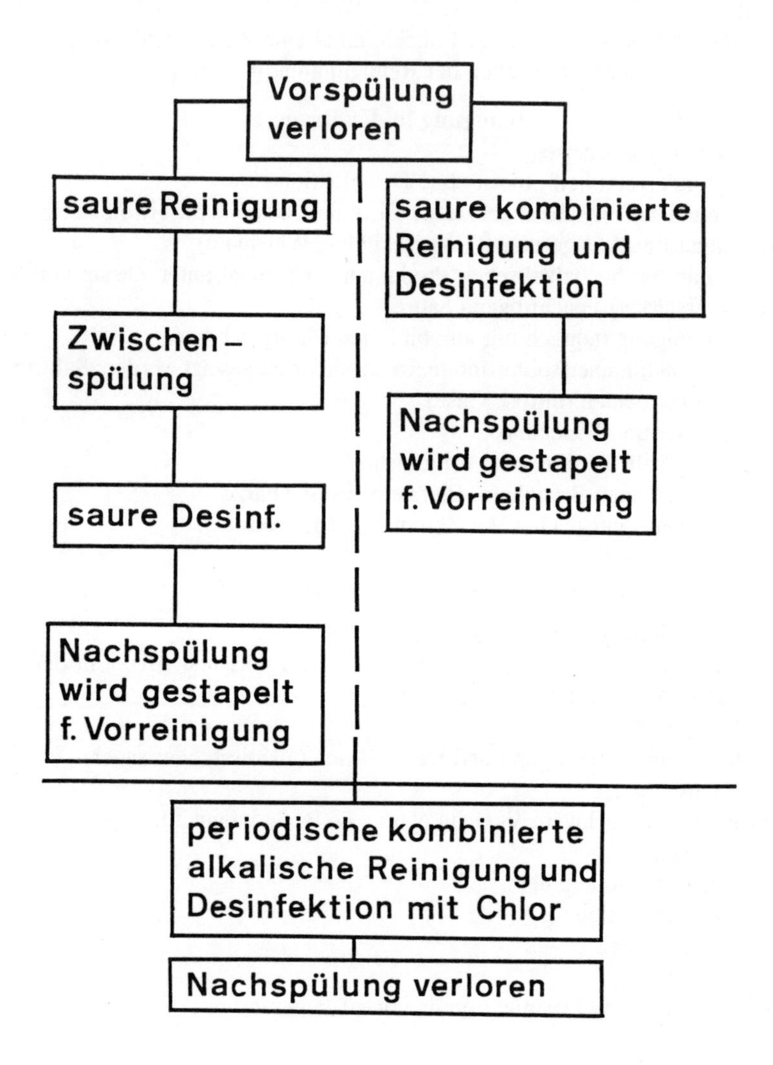

Verfahren zur Reinigung und Desinfektion von Gär- und Lagertanks

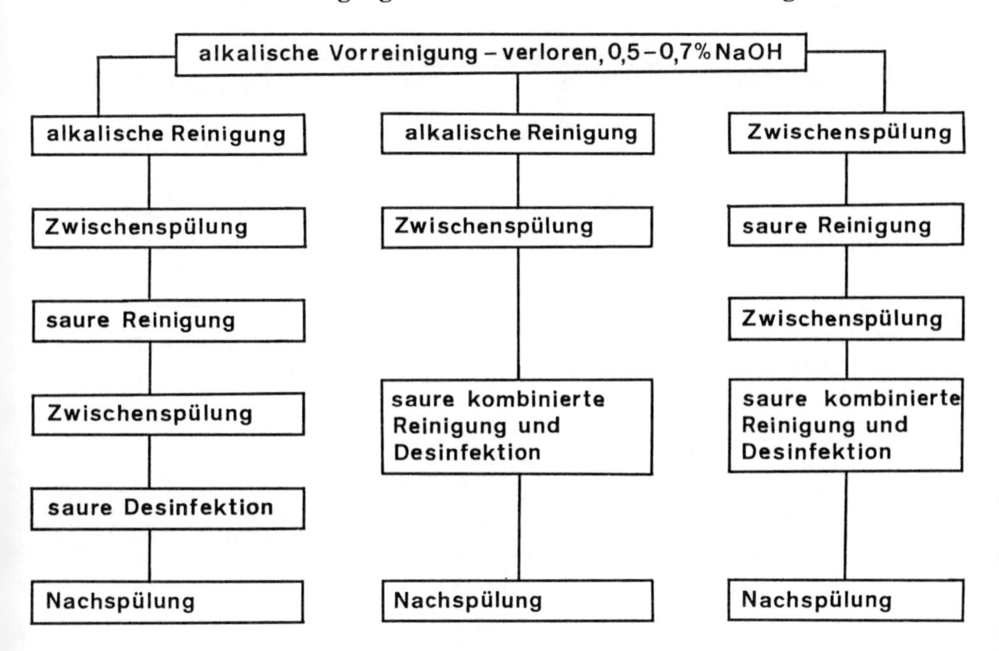

Reinigung von Tanks in der Brauerei (Allgemeines)

	Alkali	Alkali+ Chlor	Alkali+ Komplexbildner	Salpetersäure Schwefelsäure	Phosphorsäure	Phosphorsäure + Tensid
Brandhefe organisch eiweißhaltig	+	++	+	–	–+	+
Bierstein Calziumsalz der Oxalsäure	–	++	+	+	+	+
Hopfenharz organisch hochpolymer	–	++	–	–	–	–+
Nachteile	Inaktivierung durch CO_2; keine Lösung von Bierstein	u.org. Material Geruch Korrosion	hoher Preis	keine Auflösung der Brandhefe	Brandhefe unvollständig gelöst	relativ hoher Preis

1176. Wie sieht die Wasserversorgung in der Brauerei aus?

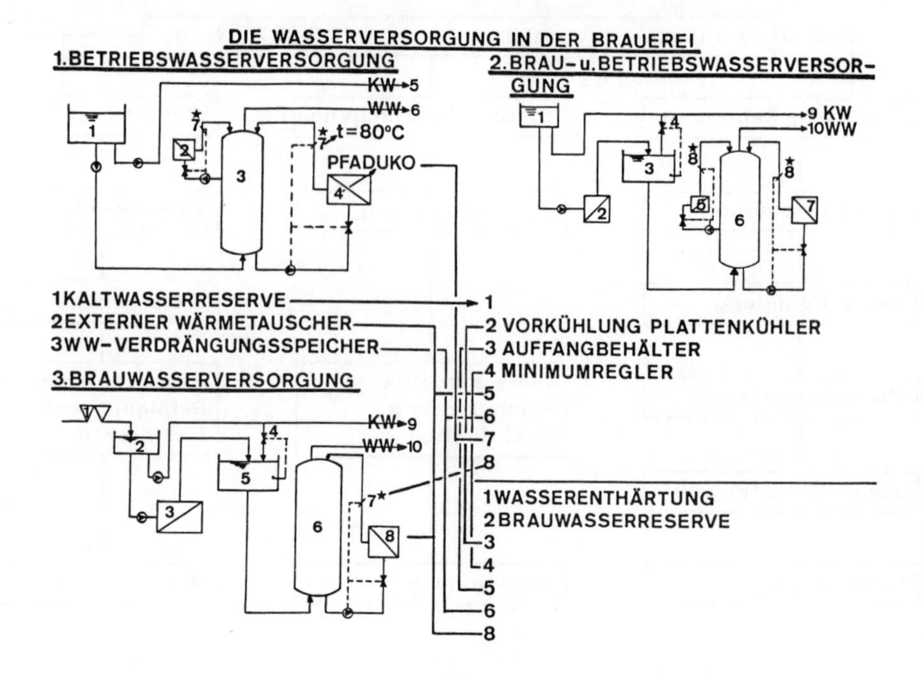

Spezialbiere

1177. Was sind Spezialbiere?
1. Hefeweizenbiere
2. Alkoholfreie bzw. alkoholarme Biere
3. Diätbiere

1178. Was versteht man unter Obergärung?
Unter Obergärung versteht man diejenige Gärung, bei welcher der Auftrieb der Hefe nach oben an die Oberfläche des Jungbieres erfolgt.

1179. Eignet sich eine jede Bierhefe zur Einleitung einer Obergärung?
Zur Durchführung einer Obergärung sind besondere, Hefeauftrieb erzeugende, obergärige Hefen notwendig; diese Hefe muß sachgemäß behandelt und die Gärung so geführt werden, daß das typische obergärige Gärungsbild stets erhalten bleibt. Auch hier ist die Fernhaltung jeder Infektion ebenso notwendig wie bei der Untergärung.

1180. Wodurch sind obergärige Hefen gekennzeichnet?
Durch ihre Eigenschaft, bei höhreren Gärtemperaturen (bis zu 25°C) zu arbeiten. Obergärige Hefe bedarf einer Behandlung mit Wasser nicht. Sie kann so, wie sie von der Oberfläche abgehoben wurde, in einem zugedeckten Gefäß bis zur nächsten Verwendung möglichst kalt aufbewahrt werden. In Wasser gebracht, verteilt sie sich staubig, trübt das Wasser milchig und setzt sich schwer ab.

1181. Wie lange hält sich die obergärige Hefe?
Man kann sie in einem Raum von 2 bis 3°C bis zwei Wochen aufbewahren, ohne daß ihre Gärkraft besonders nachläßt.

1182. Wie oft kann obergärige Hefe geführt werden?
Manche Betriebe führen die gleiche obergärige Hefe jahrelang. Ihre Weiterverwendung ist davon abhängig zu machen, ob
1. Vergärungsgrad, Hefenernte, Geschmack und Klärung des Bieres befriedigen; ob
2. die mikroskopische Untersuchung bei der betreffenden Hefe ein einwandfreies Ergebnis liefert.

1183. Was ist wichtig, wenn sowohl untergärige wie obergärige Biere im gleichen Betrieb erzeugt werden sollen?
Wenn eine untergärige Brauerei auch Obergärung betreiben will, so muß der untergärige Betrieb streng vom obergärigen getrennt und abgeschlossen werden, damit

die eine mit der anderen Hefesorte nicht infiziert werden kann, ebenso darf man die mit der einen Hefeart in Berührung gekommenen Geräte und Gefäße unter keinen Umständen bei der anderen Hefesorte verwenden. Auch eigenes Personal gehört zu den Voraussetzungen, wenn man Mißerfolgen vorbeugen will.

1184. Was gilt allgemein für die Temperatur bei der Gärführung?
Je mehr Säure gewünscht wird, um so wärmer muß die Gärung geführt werden. Es wird daher z. B. bei Berliner Weißbier, bayerischem Weizenbier, englischen Bieren eine warme, bei Karamel- und Süßbieren eine kalte Gärführung angewendet.
Bei allen obergärigen Biersorten ist scharfes Herabkühlen von der Höchstgärtemperatur schädlich. Sehr häufig wird ohne Kühlung gearbeitet.

1185. Welche Arten obergäriger Biere lassen sich unterscheiden?
1. *Malzigsüße Biere:* Süßer Geschmack, teilweise durch Zuckerzusatz erhöht, sehr schwach gehopft, niedrig vergoren. Als Karamelbier, Braunbier, Malzbier, Einfachbier hauptsächlich in Mittel- und Norddeutschland hergestellt.
2. *Schwachsäuerliche Biere:* Bayerisches Weizenbier. Konzentration 11–14 %, Geschmack malzig mit leichtem Milchsäuregeschmack. Hopfen nicht hervortretend. Kohlensäurereich.
3. *Säuerliche Biere:* Berliner Weißbier, Konzentration ca. 8 %. Geschmack stark milchsauer, feinsäuerliche Duftstoffe, Hopfen nicht hervortretend. Kohlensäurereich.
4. *Rauchbiere:* a) schwachgehopfte: Lichtenhainer, 7–8 %, schwach rauchig und säuerlich, wenig Kohlensäure; b) Grätzer, 7–8 %, starker Rauchgeschmack, wenig Kohlensäure.
5. *Hopfenbiere:* Kölsch, Düsseldorfer u. a. m., 11–12 %, hell, stark, bitter, manche ungespundet.

1186. Wo werden außerhalb Deutschlands obergärige Biere hergestellt?
In *England* werden hochprozentige Würzen obergärig behandelt und geben dann Porter, ein sehr dunkles Bier, und Stout, ein aus heller Würze hergestelltes, besonders starkes Bier. Helle obergärige Biere sind noch das Ale, von dem es wieder einige Sorten gibt. In *Dänemark* nimmt das obergärige pasteurisierte Bier einen lebhaften Aufschwung. Eine besondere Rolle spielen die obergärigen Biere auch in *Belgien.*

1187. Wodurch charakterisieren sich die obergärigen Biere?
Dadurch, daß man mit der Obergärung ohne Mühe schwachalkoholische Getränke (bis 1,5 Volumenprozente Alkohol) herstellen kann. Von dem untergärigen Bier unterscheiden sich die obergärigen durch ihren milden Geschmack. Die Gärung und Lagerung gehen rascher vor sich als beim untergärigen Bier. Daher ist der Kältebedarf der Obergärung gering.

1188. Wodurch ist das bayerische Weizenbier gekennzeichnet?
Das bayerische Weizenbier ist eine obergärige Biersorte, welche hauptsächlich aus Weizenmalz mit einer wechselnden Beigabe von hellem oder dunklem Gerstenmalz

hergestellt wird. Die Würzekonzentration schwankt zwischen 11 und 14 %. Es wird aber auch Weizenbockbier hergestellt.

1189. Was ist beim Schroten zu beachten?
Die beiden Malzsorten dürfen vor dem Schroten nicht vermischt werden. Das Weizenmalz ist fein zu schroten, das Gerstenmalz wird meist etwas gröber geschrotet.

1190. Welches Sudverfahren wird gewöhnlich angewendet?
Gewöhnlich wird ein Zweimaischverfahren angewendet, wie es für helles Bier schon früher beschrieben ist. Will man nur mit einer Maische arbeiten, so kann dies in folgender Weise geschehen: Man maischt mit 35°C sehr dick ein, zieht eine Maische, und zwar so viel, daß etwa $^1/_5$ des Gusses als Rest im Maischbottich zurückbleibt, und erhitzt die Maische sehr langsam, wobei man bei 50°C und 63°C je 10 Minuten Pause macht. Noch ehe die Maische zum Kochen kommt, brüht man den Maischrest im Bottich mit Maische auf 53°C auf. Die in der Pfanne verbliebene Maische kocht man nun 15 Minuten, vermeidet aber das Flaumsieden, und maischt dann mit 75°C ab.
Nach einer Ruhezeit von 20 Minuten beginnt das Abläutern der Vorderwürze. Dieselbe muß wenigstens 17% spindeln.
Bei Entnahme der Speise muß die Vorderwürze völlig blank laufen.
Mit zollamtlicher Genehmigung darf auch Vorderwürze eines untergärigen Sudes als Speise verwendet werden.

1191. Was versteht man unter Speise?
Um die gewünschte Kohlensäureanreicherung von 0,6–0,8% zu erhalten, wird dem hefehaltigen Jungbier für die Nachgärung Extrakt in Form von Zucker (außerhalb Bayerns), unvergorene Würze (Vorder- oder Anstellwürze) oder Kräusen (meist mit untergäriger Hefe) zugegeben. Der Gärkellervergärungsgrad liegt dabei dicht am Endvergärungsgrad. Dieser Extrakt, Speise genannt, wird entweder vorgelegt oder während des Umpumpens des Jungbieres in den Warmtank beigedrückt. Früher wurde die Speise allgemein aus ca. 20%iger Vorderwürze genommen und ca. 11% benötigt, während heute vorwiegend ca. 15% Anstellwürze eingesetzt werden. Modernen Mischgefäßen wird über 3 getrennte Leitungen Würze, Jungbier und Hefe zugeführt. Von dort wird das Gemisch für Flaschengärung auf Flaschen abgefüllt oder in die Warmtanks gedrückt.

1192. Welche Herstellungsverfahren für Hefeweizenbier gibt es?
1. *Die gebräuchlichsten Verfahrensweisen*
   Dies ist zum einen die fast als klassisch zu bezeichnende Art der Hefeweizenbierherstellung, nämlich die Flaschengärung, zum anderen jenes Verfahren, das sich aus der Herstellung von Kristallweizenbier abgeleitet hat, nämlich die fertige Konfektionierung des Weizenbieres in der Druckgärung, unterteilt in Warm- und Kaltphase mit anschließender Filtration und Zudosierung der Hefe, oder aber mit einem unfiltrierten Abfüllen des Bieres.
   Zum anderen trifft man heute vielfach auf eine Herstellung des Hefeweizenbieres im zylindrokonischen Tank, entweder im Eintankverfahren oder im Umlage-

rungsverfahren auf einen liegenden Lagertank. Bei diesem Verfahren wird in der Regel die Einstellung des gewünschten Kohlensäuregehaltes durch Zusatz von Gärungskohlensäure vor der Abfüllung durchgeführt.

2. *Vergleich der einzelnen Herstellungsverfahren*
Um nun Vergleiche zwischen den einzelnen Herstellungsverfahren ziehen zu können, wurden Weizenbiere aus Betrieben mit einer annähernd gleichen Arbeitsweise im Sudhaus herangezogen, d.h. die Weizenbiere wurden mit einem 50–66 %igen Schüttungsanteil an Weizenmalz hergestellt, die Maischarbeit wurde überwiegend im Einmaischverfahren und nur teilweise im Zweimaischverfahren durchgeführt, die Hopfung war so eingestellt, daß Isohumulonwerte von 13–16 Bittereinheiten in den fertigen Bieren resultierten. Zur Hauptgärung wurde in allen hier aufgeführten Verfahren der Hefestamm 68 von der Hefebank in Weihenstephan eingesetzt.
Neben gaschromatographischen Untersuchungen wurden Verkostungen durch ein DLG-Verkoster-Team durchgeführt. Die gaschromatographischen Untersuchungen der Hefeweizenbiere wurden teilweise dann auch nochmals nach einer Aufbewahrung von rund sechs Wochen bei Zimmertemperatur wiederholt.
Während sich bei der klassischen Verfahrensweise, nämlich der Flaschengärung unter vorgeschalteter Hauptgärung in offenen Gefäßen mit niedrigen Würzeständen, stets eine gute Aromabildung im Weizenbier zeigte und auch bei der Tankgärung unter Druck mit vorgeschalteter Hauptgärung im offenen Gefäß sich ein einwandfreies Aromabildungsverhalten der Hefe ergab, brachte die Vergärung im ZKG eine erheblich reduzierte Esterbildung mit sich.

1193. Welche Verfahren gibt es für die Herstellung von alkoholfreien bzw. alkoholarmen Bieren?

1. Verminderte Produktion von Alkohol: Einfachbier/Schankbier; spezielle Maischverfahren; Gärverfahren mit speziellen Hefen *(Sacch. ludwigii)*.
2. Unterbrechung der Gärung (Kälteschock, Kurzzeiterhitzung).
3. Nachträgliche Entfernung des Alkohols: konv. drucklose Kochung, Bierkonzentrat mit Rückverdünnung, Vakuumverdampfung, Umkehrosmose.
4. Dialyse.
5. Verfahren zur Verbesserung des Geschmacks alkoholverminderter Biere.

In der BR Deutschland können aber zur Herstellung alkoholverminderter bzw. -freier Biere nur die ersten vier Verfahren zum Einsatz kommen.

1194. Was ist bei der Herstellung von Diätbier zu beachten?

Die Hauptaufgabe bei seiner Herstellung war die Erzielung einer hohen Vergärung, um den geforderten Grenzwert von 0,75g belastender Kohlenhydrate zu unterschreiten. Hierzu fanden ausgedehnte Maischverfahren – Infusion oder Dekoktion – Anwendung, bei denen die Temperaturbereiche der Zuckerbildung besonders betont wurden. Dennoch gelang es in der Regel nur, einen scheinbaren Vergärungsgrad von 90–92 % zu erreichen, während sich zur Darstellung der obengenannten Forderung ein solcher von 100–103 % erforderlich erwies. Die Erhöhung des Vergärungsgrades um rund 10 % erfolgte bei der Hauptgärung durch ein- oder mehrmaligen Zusatz von Malzauszügen (2 × 3 %, z. T. 1 × 6 %) oder von Malzmehl. Gera-

de bei Malzauszügen war es in der Vergangenheit nicht immer der Fall, daß die gewünschten Vergärungsgrade während der Haupt- und Nachgärung mit Sicherheit erreicht wurden. Darüber hinaus brachten die bei 35 bis 50°C aus den Maischen eines »normalen« Sudes entnommenen Malzauszüge den Nachteil mit sich, daß die chemisch-physikalische Stabilität der Biere litt. Gerade bei den genannten Temperaturen werden hochmolekulare Eiweißkörper, z.T. sogar genuine Proteine, gelöst aber nicht mehr ausgefällt, so daß diese in Lösung bleiben und so die Filtrierbarkeit, aber vor allem die Haltbarkeit beeinträchtigen. Dies war besonders dann der Fall, wenn die Biere pasteurisiert wurden.
So ist es verständlich, daß die aufwendige Arbeit mit Malzauszügen durch die einfachere Zugabe von Malzmehl Ablösung fand, obgleich sich manche Brauereien nur schwer mit diesem Gedanken befreunden konnten.

Würzebereitung
Es werden enzymstarke, gut gelöste Malze mit mehrstufigen Maischverfahren verarbeitet. Ziel ist es, einen scheinbaren Endgärungsgrad von über 90 % zu erreichen.

Gärung
In den letzten Jahren hat sich eingeführt, bereits bei der Hauptgärung die Vergärung auf den Endwert von 100–103 % zu treiben. Hierzu finden meist etwas höhere Gärtemperaturen (z.B. 10–11°C statt 8–9°C) Anwendung. Beim Umpumpen vom Anstell- in den Gärbehälter wird nun die erste Malzauszugmenge von ca. 3 % dosiert. Diese stammt normalerweise aus einem Folgesud, der dann allerdings bei 35–50°C eingemaischt werden muß, um nach einer Extraktionsrast von 30–60 Minuten nicht nur reichlich β-Amylase, sondern vor allem die empfindliche Grenzdextrinase zu erhalten, die bei höheren Temperaturen (ab 55°C) inaktiviert wird. Die zweite Malzauszuggabe erfolgt dann während der Hauptgärung, wenn noch ein Restextrakt von ca. 1 % vorliegt. Hier ist es naturgemäß einfacher, mit (enzymstarken) Malzmehlen zu arbeiten, wobei in der Regel eine einmalige Gabe von 300 g/hl ausreicht, um einen Vergärungsgrad von 100–103 % zu erzielen. Diese Änderung ist so wirksam, daß das sehr intensive Maischverfahren durch das betriebsübliche »Pils«-Maischverfahren ersetzt werden kann. Auch wird die Verwendung einer Staubhefe entbehrlich.
Ist der gewünschte Vergärungsgrad von über 100 % erreicht, dann wird zurückgekühlt und geschlaucht. Hierbei ist es zweckmäßig, einen Kohlensäuregehalt durch Karbonisieren auf 4–5 g/hl einzustellen; eine »Überkarbonisierung« erbringt sogar einen Wascheffekt beim Einlauf in den Kaltlagertank, um z.B. eine Sauerstoffaufnahme zu vermeiden. Eine Kaltlagerung von 2–3 Wochen bei 0°C schließt den Prozeß ab.
Verschiedentlich wird beim Schlauchen ein Eiweißstabilisierungsmittel zugegeben, um die spätere Stabilisierung am Filter zu entlasten oder weitgehend zu gestalten.

Entalkoholisierung
Sie interessiert im Rahmen dieser Abhandlung nicht. Es sei kurz erwähnt, daß entweder schon das gärende oder seltener das abgegorene Bier ganz oder teilweise einer thermischen Behandlung unterworfen wird. Neben dem einfachen Aufkochen

des Bieres in der Pfanne finden Vakuumverdampfung, aber auch, als Methoden im »Kaltbereich«, Dialyse und Umkehrosmose Anwendung.

Stabilisierung und Abfüllung
Wie schon erwähnt, sind Diätbiere, die mit Malzauszügen hergestellt wurden, besonders instabil. Sie bedürfen einer sorgfältigen, manchmal mehrstufigen Behandlung mit Stabilisierungsmitteln, um vor allem der Beanspruchung durch Pasteurisation gewachsen zu sein. Hierfür finden Kieselgel-Betonitgemische beim Schlauchen sowie Kieselgele bei der Filtration Anwendung. Die Wirkung derselben wird da und dort durch PVPP ergänzt.

1195. Was ist Steinbier?
Bei der Herstellung von Spezialbieren sind durch die Rohstoffe und die Technologie gewisse Grenzen gesetzt. Ein Weg zur Schaffung einer echten Bierspezialität ist das Steinbier. Hier galt es zunächst, die auch früher verwendeten Spezialsteine zu finden, die in der Esse die Erhitzung aushalten ohne zu zerspringen. Im Feuer aus abgelagertem Buchenholz »blühen« diese Steine auf, erhalten somit eine vergrößerte, besonders strukturierte Oberfläche und daran karamelisiert der Malzzucker. Schon der Würze wird damit ein besonderer Geschmack verliehen. Nach dem Abkühlen werden die Steine im Lagertank vorgelegt und durch die Ablösungsvorgänge während der Nachgärung erfährt das Steinbier seine einzigartige Geschmacksrichtung. Selbstverständlich muß die Technologie auf diese Art der Bierbereitung abgestimmt werden. (Nach M. Unkel, Nürnberg)

Die Behandlung des Bieres beim Wirt

1196. Wie soll der Wirt das Bier behandeln?

In Deutschland bekommt der Wirt abgelagertes, blankes Bier von der Brauerei geliefert, so daß er nur dafür zu sorgen hat, daß das Bier im Ausschank die richtige Trinktemperatur hat und nicht etwa zu kalt oder zu warm ausgeschenkt wird. Das Bier mundet am besten, wenn es auf dem kürzesten Wege aus dem Faß ins Trinkglas gelangt. Bei lebhaftem Biergeschäft ist für den Ausschank ein einfacher Zapfhahn am besten. Dazu wird das Transportfaß auf den hinteren Boden gestellt, der Zapfhahn an das mit dem Spund verschlossene Zapfloch angesetzt und durch leichte Schläge mit dem Holzschlegel festgeschlagen. Durch den Ventilspund wird das Luftventil eingetrieben. Heute hat sich die Verwendung der Kohlensäure (Pression) beim Ausschenken mit Ausnahme von Spezialausschankstätten überall eingeführt. Hierbei wird mit einem Siphonhahn mit Steigrohr, das bis auf den Boden des Fasses reicht, angesteckt, und zwar entweder durch das Spundloch oder durch das Ventilloch. Im Spundloch ist eine Spundschraube eingedreht, deren Bohrung mit einem Siphonkorken verschlossen ist, auch das Ventilloch ist mit einem Siphonkorken verschlossen. Nachdem der Anstichkörper mittels des Gummiunterteils in der Spundschraube bzw. in der Ventillochbüchse befestigt ist, wird der Siphonkork mittels des Stechrohres eingestoßen. Am Stechrohr befindet sich ein Anschluß mit Hahn für die Kohlensäureleitung. Das Gas drückt das Bier im Stechrohr hoch und in den Hahn, von dem aus es in die Gläser eingeschenkt wird. Die Fässer können auch im Keller liegen, die Kohlensäure drückt dann das Bier durch eine mitunter ziemlich lange Leitung zur Schankstelle. Die käufliche, flüssige Kohlensäure wird durch ein Druckminderungsventil auf den benötigten Druck reduziert und dabei in den gasförmigen Zustand umgewandelt. Das Bierfaß würde zerspringen, wenn man den vollen Druck aus der Kohlensäureflasche daraufsetzen wollte. Statt mit Kohlensäure wurde früher der Ausschank mit Preßluft betrieben, was aber heute verboten ist.

Der Gastwirt soll das benötigte Bier in die Brauerei so zeitig abrufen, daß es noch ein bis zwei Tage im Keller lagern und sich von den nachteiligen Wirkungen des Transports erholen kann. Der Bierkeller muß sauber, geruchfrei, luftig und trocken sein und eine gleichmäßig niedrige Temperatur von 5 bis 6°C besitzen. Wände, Decken, Fußböden und Türen müssen isoliert sein, und eine Lüftungseinrichtung soll eine zeitweilige gründliche Durchlüftung ermöglichen. Die Kühlung erfolgt mit Natureis oder mit einer außerhalb des Kellers stehenden Kühlmaschine. Für Bier, Fleisch und Lebensmittel sind getrennte Räume anzulegen, keinesfalls darf Bier und Fleisch zusammen in einem Raum lagern. Beim Anzapfen ist darauf zu achten, daß immer nur das jeweils älteste Faß angesteckt wird. Dadurch vermeidet man überlagerte und trübe Biere. Der Brauer hat die Aufgabe, ein tadelloses Bier herzustellen, aber er stellt auch eine Gegenforderung: er verlangt gute und tüchtige Gastwirte, die ihr Handwerk verstehen, denn eine unsachgemäße Behandlung verdirbt auch das beste Bier.

1197. Darf abends nach Geschäftsschluß der Gaststätte die Kohlensäure abgestellt werden?

Wird mit künstlicher Kohlensäure ausgeschenkt, so bezweckt man damit die Erhaltung des natürlichen Kohlensäuregehaltes im Bier. Dazu ist aber ein Kohlensäuredruck notwendig, der mindestens so groß ist wie der Spundungsdruck des Bieres im Lagerkeller (0,5–0,7 bar(ü)), und so viel mehr an Druck, als erforderlich ist, um das Bier im Ausschank vom Faß bis zur Höhe des Zapfhahnes hinaufzudrücken. Wenn direkt vom Faß gezapft wird, genügt ein Druck von 0,8–1,0 bar(ü), um einem Unterdruck des Bieres während des Verzapfens vorzubeugen. Steht dagegen das angezapfte Faß im Keller, z.B. 3 m unter der Zapfstelle, dann muß der Zapfdruck für jeden Meter Steigung um 0,1 bar(ü) erhöht werden – also in unserem Beispiel 0,8 + 0,3 = 1,1 bar(ü). Ist der Druck geringer, dann ist Unterdruck in der Bierleitung, und das Bier verliert viel Kohlensäure. Der solchermaßen berechnete Druck muß aber *dauernd* auf dem Bier erhalten bleiben, und das Kohlensäure-Reduzierventil ist für die berechnete Höhe in seiner erforderlichen Einstellung zu halten, es soll nichts daran geändert werden. Falsch ist es, wenn das Ventil an der Kohlensäureflasche zeitweilig ganz geschlossen und dann wieder geöffnet wird. Wirte, die ihre Reduzierventil nicht dem Bedarf entsprechend eingestellt haben, die die Kohlensäure absperren und nur periodisch zuströmen lassen, wie ihnen das für schaumloses Zapfen notwendig erscheint, sind kurzsichtig und haben keine Ahnung von dem Schaden, den sie damit dem Biere zufügen.

Auch bei Geschäftsschluß darf die Kohlensäure auf keinen Fall abgestellt werden. Wenn alle Leitungen und Verschraubungen gut abgedichtet sind, so tritt auch bei geöffnetem Ventil kein Verlust an Kohlensäure ein. Diese Befürchtung veranlaßt manche Gastwirte zum Abstellen der Kohlensäure, wodurch aber immer die Qualität des Bieres leidet. Oft ist das Bier im Winter zu kalt und im Sommer zu warm; besonders letzteres ist sehr schädlich, weil die Kohlensäure aus warmem Bier schnell entweicht, der Schaum hält schlecht und sinkt gleich wieder ein, und das Bier wird schnell matt und schal. Wird warmes Bier angezapft, so hat es wenig Zweck, Eis auf das Faß oder in die Kühlschlangen der Schanksäule zu legen. Es nützt auch nichts, nachzukühlen, wenn das Bier bis dahin im Faß zu warm gelagert wurde. Es ist vielmehr unbedingt notwendig, daß der Kühlraum groß und kalt genug ist, damit ein ausreichender Vorrat an Faß- und Flaschenbier ständig kühl gehalten werden kann. Die Kühlschlange in der Schanksäule ist nicht ideal; bei langsamem, schleppendem Geschäftsgang bleibt das Bier zu lange darin stehen und wird dann zu kalt. Geht der Ausschank lebhaft, so fließt das Bier viel zu schnell durch die Kühlschlange und kann sich nicht abkühlen; außerdem wird die Bierleitung durch die Schlange unnötig verlängert. Überdies wird die einmal gelockerte Kohlensäure in der Kühlschlange nicht mehr gebunden. Also das Faß muß kühl gehalten werden, und die Bierleitung soll möglichst kurz sein. Zu kaltes Bier ist ebenfalls nachteilig, da es kältetrüb wird. Auch darf das Bier im Glas nicht hin und her geschwenkt werden zum Zwecke der Erzeugung neuen Schaumes. Das Bier verliert ohnedies schnell genug im Glas seinen Kohlensäurereichtum auch ohne Schwenken. Die »Blume« schmeckt besser als der Rest, weil die Blume kohlensäurereicher und kühler als jener ist. Flaschenbier soll man vor dem Öffnen der Flasche nicht aufstoßen, um plötzlich starkes Aufschäumen zu erzwingen. Der Brauer soll nicht versäumen, die Kohlensäure reichlich fest gebunden ins Bier zu bringen – der Wirt aber sollte alles vermeiden, was geeignet ist, sie hinauszutreiben.

1198. Was ist über die Pflege einer Schankanlage mit Kohlensäure zu sagen?

Die gesamt Anlage einschließlich Zapfhahn, Bierleitung, Stechrohr und Zubehör muß laufend peinlichst saubergehalten werden, da sich schon nach kurzem Gebrauch im Inneren dieser Geräte Bierschleim absetzt. Nach jedem Abstecken eines Fasses wird die Anlage mit Wasser durchgedrückt. In größeren Zeitabständen, mindestens einmal in vierzehn Tagen, muß die Bierleitung gründlich, aber unter Schonung des Biersteinansatzes, gereinigt werden. Der Bierstein verhütet nämlich Trübungen, die bei blanken Zinnleitungen auftreten können. Zur gründlichen Reinigung verwendet man eine warme, 1–2 %ige Sodalösung, auch Dampf, Sand, unter gleichzeitiger Anwendung von Bürsten. Bewährt haben sich kugelige Gummischwämme, die man mit Wasserdruck mehrmals durch die Leitungen drückt. Leitungen aus Aluminium dürfen keinesfalls mit alkalischen Mitteln, z.B. Soda, gereinigt werden, da diese das Aluminium angreifen.

1199. Welche gesetzlichen Bestimmungen hat der Wirt bei Aufstellung einer Bierpression zu beachten?

Zur Verwendung von *flüssiger Kohlensäure* als Druckmittel bedarf es einer besonderen Erlaubnis von der Gewerbebehörde.

Diese wird nur dann erteilt, wenn die Schankanlage den Vorschriften entspricht und wenn die Gewähr gegeben ist, daß sie ständig sauber gehalten werden kann. Die Bierleitungsrohre müssen vollständig rein gehalten werden. Die Rohre werden mittels Durchleiten von Wasserdampf heißem Wasser oder einer heißen 2 %igen Sodalösung und Nachspülen von Wasser, bis dieses klar abläuft, gereinigt. Die Apparate müssen derart beschaffen sein, daß das Bier nirgends mit gesundheitsschädlichen Metallen in Berührung kommt und das Bier auch sonst einer anderen nachteiligen Beeinflussung nicht ausgesetzt wird. Rohre aus Blei, Zink und Messing sind für Bierrohre unzulässig. Meistens werden Bierleitungen aus durchsichtigen Kunststoff verwendet, auch Rohre aus Jenaer Glas sind zugelassen.

Die Getränkeschankanlage muß mit bestimmten Sicherheitsvorrichtungen versehen sein: Druckminderventil, Sicherheitsventil und Druckmesser. Das Sicherheitsventil hat zu verhindern, daß der Druck in der Anlage über 2 bar(ü) ansteigt. Um ein Rückfließen von Bier aus dem Faß in die Kohlensäureleitung zu verhindern, ist ein Rückschlagventil und außerdem noch ein Getränkefänger eingebaut. Eine Prüfvorrichtung muß bei längeren Bierleitungen eine Überprüfung des Zustandes im Inneren gestatten. An der untersten Stelle der Bierleitung befindet sich ein Ablaßhahn; Gummischläuche dürfen zu Bierleitungen nicht verwendet werden. Die von den Behörden zugelassenen Armaturen für Schankanlagen müssen den Stempel SK tragen. Andere Teile zu verwenden, ist nicht statthaft. Die Ortspolizeibehörden prüfen und überwachen den Betrieb der Anlagen hinsichtlich der hygienischen Forderungen, der Sicherheitsbestimmungen, der Reinhaltung und die ordnungsgemäße Führung des Kontrollbuches für Getränkeschankanlagen.

Getränkeschankanlagen sollen in der Gaststätte so aufgestellt sein, daß die Gäste das Einschenken beobachten können.

1200. Was ist an der Schankanlagenverordnung von besonderer Bedeutung?
Diese Verordnung muß jedem Gastwirt bekannt und geläufig sein. Sie beschreibt in 18 Paragraphen: Sachlicher Geltungsbereich; Begriffsbestimmung; Technische Vorschriften und Regeln der Technik; Getränkeförderung; Erlaubnis; Anzeigepflicht für Getränkeschankanlagen zum vorübergehenden Betrieb; Anzeigepflicht für Getränkeautomaten; Zulassung; Reinigung; Abnahme und Überwachung; Betriebsbuch; Zuständige Behörden auf Seeschiffen; Technischer Ausschuß; Übergangsbestimmungen; Straftaten; Ermächtigung zum Erlaß technischer Vorschriften; Geltung in Berlin; Inkrafttreten.

Getränkeschankanlagen

Die Verordnung über die Getränkeschankanlagen vom 14. August 1962 (kurz SchVO) befaßt sich mit den gesetzlichen Anforderungen zum Schutze gegen Unfälle und Schäden durch Anlagen, Einrichtungen, Vorrichtungen und Geräte, die dem Ausschank, das heißt dem Darbieten von Getränken dienen. Es ist eben eine Voraussetzung für die Volksgesundheit und das Gemeinwohl, daß Nahrung und Getränk in unverändertem Anlieferungszustand, ohne direkte und indirekte Gefahr für Gäste, Beschäftigte oder Dritte sauber (das heißt steril und appetitlich) in einem Lebensmittelunternehmen dargeboten werden.

Getränkeschankanlagenverordnung:

§ 1 *Sachlicher Geltungsbereich*

(1) Diese Verordnung gilt für Getränkeschankanlagen, die gewerblichen Zwecken dienen. Sie gilt auch für Anlagen, die nicht gewerblichen Zwecken dienen, sofern die Anlagen im Rahmen wirtschaftlicher Unternehmungen Verwendung finden oder soweit es der Arbeitsschutz erfordert.

(2) Diese Verordnung gilt nicht für Anlagen zum Ausschank von Heilwässern, Milch, Magermilch und Buttermilch. Sie gilt ferner nicht für Anlagen zum Ausschank von heißen Getränken, mit Ausnahme der Getränkeautomaten.

§ 2 *Begriffsbestimmung*

Es wird erläutert, was unter dem Begriff Getränkeschankanlagen im Sinne der Verordnung zu verstehen ist.

§ 3 *Technische Vorschriften und Regeln der Technik*

Gibt Hinweis, auf welche Vorschriften man sich stützt. Unter anderem: „§ 24 der GewO-Anlagen"; „VO über technische Anforderungen an Getränkeschankanlagen".

§ 4 *Getränkeförderung*

Der Förderdruck darf nur durch Kohlensäure oder Flüssigkeitspumpen erzeugt werden. Ausnahmen sind allerdings über die Zulassungsbehörde möglich.

§ 5 *Erlaubnis*

(1) Der Betrieb einer Getränkeschankanlage sowie jede wesentliche Änderung einer in Betrieb genommenen Getränkeschankanlage bedürfen der Erlaubnis der nach Landesrecht zuständigen Behörde. (Erlaubnisbehörde).

Bisher wurde die Erlaubnis erteilt, wenn die Anlage der Verordnung entsprach und Gefahren für den Beschäftigten nicht zu befürchten waren.

Heute ist vor der Erteilung einer Erlaubnis für Getränkeschankanlagen eine mündliche UNTERRICHTUNG NOTWENDIG! Merkblätter sind nicht ausreichend! Die Unterrichtung darf höchstens sechs Stunden dauern und ist durch die zuständige Stelle vorzunehmen. Für Berlin ist die Polizei- und Ordnungsbehörde der Stadt Frankfurt/M. zuständig. ABl. 23, Nr. 1 vom 5. Januar 1973, S. 7.

§ 6 *Anzeigepflicht für Getränkeschankanlagen für vorübergehenden Betrieb*

§ 7 *Anzeigepflicht für Getränkeautomaten*

§ 8 *Zulassung*

Er befaßt sich mit dem Anlageteil für Getränkeschankanlagen. Grundsätzlich muß alles was zu dem Betrieb einer Getränkeschankanlage gehört durch die Zulassungsbehörde zugelassen sein. Zugelassene Anlageteile, bzw. Reinigungsmittel erhalten von der Zulassungsbehörde (es gibt zwei Zulassungsbehörden in Berlin und in Frankfurt/M.) ein Zeichen und eine Nummer.

Das Zulassungszeichen steht auf einem 8 mm bzw. 12,5 mm ⌀ abgeschnittenen Kreis.

Ausnahmen: Reinigungsmittel, die in den technischen Vorschriften ausdrücklich zugelassen sind, bedürfen keiner Zulassung.

Zu 2. Werkstoffe (TA-Schank)

2.01 Für Getränkeleitungen und andere mit Getränken in Berührung kommende Anlageteile dürfen nur Werkstoffe verwendet werden, deren technische und hygienische Eignung durch die Prüfstelle nach § 8 der Getränkeschankanlagenverordnung geprüft worden ist.

2.02 Folgende Werkstoffe dürfen für Getränkeleitungen, abweichend von Nr. 2.01, ohne Prüfung verwendet werden.

1. handelsüblicher, austenitischer 18/9 Chrom-Nickel-Stahl mit höchstens 0,07 Prozent Kohlenstoffgehalt oder beständigere Stähle.
2. Zinn mit einem Reingehalt von mindestens 99 Prozent.
3. Glas der ersten hydrolytischen Klasse mit einem Ausdehnungskoeffizienten von weniger als 55.10^{-7} (Der Ausdehnungskoeffizient gibt an, um wieviel sich ein Stab von 1 cm Länge bei Erwärmung um 1 °C verlängert. Je geringer die Ausdehnung, desto höhere Hitzebeständigkeit).

§ 9 *Reinigung*

1. Sauber halten.
2. Anlageteile, die abwechselnd mit Getränken und Luft in Berührung kommen, täglich reinigen.
3. Zubehörteile und Leitungen nach Außerbetriebnahme, bei Getränkewechsel, unverzüglich reinigen.
4. Bierleitungen sind alle 14 Tage zu reinigen.

§ 10 *Abnahme und Überwachung*

Die Überwachungsbehörde nimmt mindestens einmal jährlich (kein fester Termin) eine Prüfung vor; ferner bleiben Sonderprüfungen vorbehalten.

§ 11 *Betriebsbuch*

Die Führung eines solchen ist Pflicht. Es ist für die Eintragung der Reinigungstermine vorgesehen (Art und Weise/Datum).
Außerdem ist eine Zulassungsurkunde sowie Bedienungs- und Reinigungsanleitung aufzubewahren.

§ 12 *Zuständige Behörden für Anlagen auf Seeschiffen*

§ 13 *Technischer Ausschuß (Getränkeschankanlagenausschuß)*

Er besteht aus 25 Vertretern, die vom Bundeswirtschaftsminister berufen werden. Er setzt sich aus Regierungsvertretern sowie Fachleuten aus der Branche zusammen.

§ 15 *Straftaten*

Straftat	Anwendung von	Strafe
Wer Auflage nicht erfüllt	= § 148 GewO	bis 150,— DM Geldstrafe bzw. 4 Wochen Haft
Gefährdung des Lebens anderer	= § 147 GewO	3000,— bis 10 000,— DM Geldstrafe bzw. Haft (bei Unvermögen).

Anhang zur Verordnung über technische Anforderungen an Getränkeschankanlagen

Zusätzlich zur SchVO gilt die TA-Schank (Verordnung über technische Anforderungen an Getränkeschankanlagen). Sie besteht aus sieben Teilen:

1. Getränkeräume,
2. Werkstoffe,
3. Getränkeleitungen,
4. Förderdruck,
5. Armaturen für Druckgasteil,
6. Armaturen für den Getränketeil,
7. Schanktisch, Zapfstelle und Spülanlage.

1201. Wie soll der Wirt Flaschenbier behandeln?

Die von der Brauerei frisch gelieferten Flaschen stellt der Wirt rückwärts in die Kühlanlage und die Flasche der früheren Lieferung vorne hin, damit das ältere Bier zuerst verkauft wird. Flaschenbier ist vor direktem Sonnen- und grellem Tageslicht zu schützen. Die vollen Flaschen, welche in der Kühlung nicht Platz haben, werden an einem kühlen, vor Tageslicht geschützten Ort stehend aufbewahrt.

1202. Wie wird Flaschenbier in Trinkgefäße eingeschenkt?

In der Weise, daß man zuerst etwas Schaum erzeugt, dann aber die Hauptmenge des Bieres ruhig, und ohne daß Luft in die Flasche eingurgelt, dazufließen läßt. So bleibt der Kohlensäuregehalt des Bieres am besten erhalten.

Bierzapftechnik

Bier ist zwar nicht das einzige kohlensäurehaltige Getränk, aber das einzige Getränk, das mit einer Schaumkrone serviert wird. Ein haltbarer, feinporiger, ca. 1–2 cm über dem Glasrand herausstehender »Feldwebel« ist ein unabdingbares Kriterium für ein gut eingeschenktes Glas Bier. Das läßt sich nur garantieren, wenn folgende Punkte beachtet werden:

1. Der einmal vom Brauereifachmann eingestellte Kohlensäuredruck am Druckminderventil darf nicht verstellt werden.
2. Niemals ohne Rücksprache mit der Brauerei den Kohlensäureüberdruck im Bierfaß verändern.
3. Niemals ohne Kohlensäuredruck zapfen. Das Kohlensäureventil muß immer offen sein.
4. Die Thekenkühlanlage soll immer eingeschaltet sein, am besten auf Automatik stellen.
5. Der Bierkeller bzw. die Kühlbox sollten nie wärmer als 10 °C sein. Die höchstzulässige Bierlagertemperatur beträgt 18 °C. Bei dieser Temperatur sollte Bier jedoch nur kurzfristig aufbewahrt werden.
   Der CO_2-Zapfdruck errechnet sich empirisch nach folgender Regel:
   Für jedes angezapfte Faß 0,1–0,2 bar, für Leitungsreibungsverluste 0,1 bar für 5 m Leitungslänge, für jeden m Steighöhe 0,1 bar.

Dazu muß noch, um CO_2-Verluste beim Ausschenken zu vermeiden, der nötige Partialdruck, der vom CO_2-Gehalt des Bieres und der Temperatur bestimmt wird, dazugezählt werden. Bei diesen Drücken ist ein Ausschenken allerdings nur mit Kompensatorhähnen möglich, da bei den herkömmlichen Bierhähnen das Bier so stark in das Glas strömt, daß ein Ausschenken unmöglich ist.

6. Zu starkes Schäumen des Bieres kann verhindert werden, indem man den Auslaufkrümmer in das Glas hineinführt, den Hahn ganz öffnet, das Bier an der Glaswand einlaufen läßt und ruckartig schließt.
   Ca. 1–2 Minuten stehen lassen, damit sich der Schaum setzen kann, nochmals nach obiger Weise nachfüllen. Nun sollte das Glas fast bis zum Eichstrich voll sein, daß man nach weiteren 1–2 Minuten die Krone aufsetzen und das Bier servieren kann.

CO_2-Verbrauch beim Zapfen

Bei vielen Wirten kann man einen erhöhten Kohlensäureverbrauch beim Bierzapfen feststellen, der meistens auf die folgenden Fehler zurückgeführt werden kann:

1. Undichte Kohlensäureleitungen;
2. leise abblasende Sicherheitsventile, weil sie defekt sind, oder weil der Druck mit über 2 bar zu hoch eingestellt ist;
3. unsachgemäßes Anzapfen oder Abschlagen des Fasses.

Die zum Bierausschank nötige Kohlensäuremenge errechnet sich wie folgt:

Molgewicht der Kohlensäure 44
Molvolumen 22,241

Bei einem Normalzustand von 1 bar und einer Temperatur von 0 °C ergibt eine 10-kg-Flasche Kohlensäure

$$\frac{10000 \cdot 22{,}24}{44} \; 50501 = \text{rd. } 50\,\text{hl Volumen}$$

Folgende Tabelle von K. H. Dinter gibt Aufschluß über die Biermenge, die man mit 10 kg Kohlensäure bei verschiedenen Drücken zapfen kann. Dabei wurde eine Kohlensäure-Temperatur von 10 °C zugrundegelegt.

Überdruck (bar)	10 kg CO_2 reichen für hl	Kosten CO_2/hl/DM
0,5	35	0,71
0,6	33	0,76
0,7	31	0,81
0,8	29	0,86
0,9	27	0,90
1,0	26	0,95
1,1	25	1,00
1,2	23	1,05
1,3	22	1,10
1,4	22	1,15
1,5	21	1,20
1,6	20	1,25
1,7	19	1,30

Der Preis für Flaschenkohlensäure wurde mit DM 3,–/kg angesetzt. Bei einem Überdruck von 1,7 bar ergeben sich für ein 1/2-l-Glas Bier Kohlensäurekosten von 0,65 Pfg. Das bedeutet, daß Einsparungen an Kohlensäure Qualitätseinbußen nach sich ziehen, die wirtschaftlich nicht begründet werden können.
Abhängigkeit des Kohlensäuredruckes von der Temperatur: Ein Bier mit dem CO_2-Gehalt von 4,7 g/l benötigt bei 8 °C einen Überdruck von 1 bar, bei einer Temperatur von 12 °C bereits 1,3 bar, um keine Kohlensäure zu verlieren.
Zapft man aus dem Faß ohne Kohlensäure, damit nach dem Anstechen das Schäumen aufhört, also mit dem Eigendruck der im Bier gelösten Kohlensäure, kommt es nach K. H. Dinter zu folgendem Zustand:
Bei einer Höhendifferenz zwischen angestochenem Faß und Zapfhahn von 4 m und einer 5 m langen Bierleitung benötigt man, damit das Bier aus dem Hahn fließt, einen Druck von 0,6 bar(ü). Der nötige Überdruck liegt für ein Bier mit 5 g CO_2/l bei 8 °C bei 1,5 bar. Das Bier fließt dann so lange ohne Flaschenkohlensäure aus der Leitung, bis der Kohlensäuredruck im Faß auf 0,6 bar abgesunken ist. Bei 0,6 bar und 8 °C sind aber im Bier nur noch 3 g CO_2/l gelöst. Das Bier wird schal und unansehnlich.

Erfrischungsgetränke

1203. Was sind Erfrischungsgetränke?

(1) Erfrischungsgetränke im Sinne dieser Richtlinien sind alkoholfreie Getränke, die aus Wasser i. S. der Verordnung über Trinkwasser und über Brauchwasser für Lebensmittelbetriebe vom 31. Januar 1975 (BGBl. I, S. 453) oder Wasser i. S. der Verordnung über natürliches Mineralwasser, Quellwasser und Tafelwasser vom 1. August 1984 (BGBl. I, S. 1036) und geschmackgebenden Zutaten mit oder ohne Zusatz von Kohlensäure sowie mit oder ohne Zusatz von Zuckerarten oder anderen Süßungsmitteln hergestellt werden. Sie können nach Maßgabe der nachfolgenden Bestimmungen weitere Stoffe enthalten.

(2) Als Sorten werden unterschieden:
Fruchtsaftgetränke
Limonaden
Brausen

(3) Erfrischungsgetränke können bis zu 0,3 Gewichtshundertteile Alkohol, und zwar bei Fruchtsaftgetränken und Limonaden ausschließlich Äthylalkohol, enthalten, der aus den Fruchtbestandteilen oder den Aromen (Essenzen) stammt.
Eine Trübung von Erfrischungsgetränken darf nur aus dem verwendeten Anteil eines Fruchtsaftes stammen, dessen Trübstoffe ausschließlich aus den bei der Herstellung des Saftes verwendeten saftliefernden Früchten in den Saft gelangt sind, sowie bei Erfrischungsgetränken auf Zitrusfruchtbasis aus Zubereitungen aus der nicht konservierten Flavedoschicht von Zitrusfrüchten. Bei chininhaltigen Erfrischungsgetränken auf Zitrusfruchtbasis werden auch Zubereitungen aus der gesamten Schale verwendet.
(4) Unberührt bleiben die Vorschriften über diätetische und vitaminisierte Lebensmittel sowie die Vorschriften des Weingesetzes bezüglich der Verwendung von Traubensaft.

1204. Was ist bei der Herstellung von Fruchtsaftgetränken zu beachten?

(1) Fruchtsaftgetränke enthalten entweder Fruchtsaft oder Fruchtsaftkonzentrat, Fruchtmark oder Fruchtmarkkonzentrat i. S. d. Fruchtsaftverordnung bzw. Fruchtnektarverordnung i. V. m. § 3 Zusatzstoff-Zulassungsverordnung oder eine Mischung dieser Erzeugnisse.

(2) Der Fruchtsaftanteil der in Absatz 1 genannten Fruchtbestandteile beträgt im Fruchtsaftgetränk aus

Kernobstsaft oder Traubensaft mindestens 30
Zitrussaft mindestens 6
und aus anderen Fruchtsäften mindestens 10

Gewichtshundertteile. Der Fruchtsaftanteil des Fertigerzeugnisses besteht überwiegend aus der angegebenen Frucht. Das Fruchtsaftgetränk weist den Geschmack derselben auf. Zur Geschmacksabrundung können Anteile anderer Früchte zugesetzt werden. Sie werden auf den zu erreichenden Fruchtsaftanteil angerechnet.

(3)Mischungen aus verschiedenen Fruchtsäften sind zulässig. Die vorgeschriebenen Mindestgehalte müssen den verwendeten Mengen proportional entsprechen. Ein bestimmtes Mischungsverhältnis ist nicht vorgeschrieben.

(4) Wahlfrei können Aromen (Essenzen) mit natürlichen Aromastoffen verwendet werden.

(5) Das genußfertige Fruchtsaftgetränk weist nach Austreiben (Entfernung) der Kohlensäure ein Gewichtsverhältnis (20°/20°) von mindestens 1,035 auf.
Zur Süßung werden die Zuckerarten der Zuckerartenverordnung oder auch Fruktose verwendet; Glukosesirup enthält mindestens 60 DE Dextroseäquivalente und ist frei von Stärke und höhermolekularen Dextrinen.

(6) Verwendet werden können auch ausgenommen bei Zitrusfruchtsaftgetränken die Genußsäuren Zitronensäure, Weinsäure, Milchsäure und Apfelsäure, auch deren Salze. Bei Kernobstsaftgetränken können Genußsäuren jedoch nur verwendet werden, sofern das Fertiggetränk ein Gewichtsverhältnis (20°/20°) von mindestens 1,038 aufweist.

(7) L-Ascorbinsäure und ihre Salze können als Antioxydationsmittel zugesetzt werden.

1205. Was ist bei der Herstellung von Limonaden zu beachten?

(1) Limonaden enthalten Aromen (Essenzen) mit natürlichen Aromastoffen und in der Regel Genußsäuren (Zitronensäure, Weinsäure, Milchsäure – auch deren Salze). Sie enthalten ferner mindestens sieben Gewichtshundertteile einer oder mehrerer Zuckerarten der Zuckerartenverordnung oder auch Fruktose; Glukosesirup enthält mindestens 60 DE Dextroseäquivalente und ist frei von Stärke und höhermolekularen Dextrinen.

(2) Ferner können bei Limonaden folgende Zutaten verwendet werden:

a) Fruchtsaft oder Fruchtsaftkonzentrat, Fruchtmark oder Fruchtmarkkonzentrat i. S. d. Fruchtsaftverordnung bzw. Fruchtnektarverordnung i. V. m. § 3 Zusatzstoff-Zulassungsverordnung oder eine Mischung dieser Erzeugnisse;
b) Zuckerkulör bei koffeinhaltigen Limonaden (auch bei den koffeinfreien Versionen dieser Geschmacksrichtung), klaren Kräuterlimonaden und Apfellimonaden;
c) Orthophosphorsäure bei koffeinhaltigen Limonaden; jedoch nicht mehr als 0,7 g je Liter des genußfertigen Getränks;
d) Koffein bei koffeinhaltigen Limonaden, mindestens 0,065 g und höchstens 0,25 g je Liter des genußfertigen Getränks;
e) Chinin bei bitteren Limonaden, höchstens 0,085 g je Liter des genußfertigen Getränks;
f) Molke, auch eingedickt oder als Pulver, bei klaren Limonaden;
g) Milchserum;
h) Beta-Carotin sowie Riboflavin und färbende Lebensmittel, außer bei klaren Limonaden mit Zitrusaromen(-essenzen);

i) L-Ascorbinsäure und ihre Salze als Antioxydationsmittel;
j) Johannisbrotkernmehl als Stabilisator bis höchstens 0,1 g je Liter des genußfertigen Getränks sowie bei koffeinhaltigen Limonaden (auch bei den koffeinfreien Versionen dieser Geschmacksrichtung) Gummi arabicum.

(3) Bei Mischungen von koffeinhaltigen mit zitrussafthaltigen Limonaden müssen im Endprodukt die jeweiligen Mindestanforderungen an koffeinhaltige und zitrussafthaltige Limonaden noch erfüllt sein.
(4) Limonaden, die unter Mitverwendung der in Absatz 2a genannten Zutaten hergestellt werden, enthalten mindestens die Hälfte der für die entsprechenden Fruchtsaftgetränke festgelegten Fruchtsaftanteile.

1206. Was ist bei der Herstellung von Brausen zu beachten?
Brausen sind Erfrischungsgetränke, bei denen Zucker ganz oder teilweise durch künstliche Süßstoffe oder die natürlichen Aromastoffe ganz oder teilweise durch naturidentische oder künstliche Aromastoffe ersetzt sind. Sie können die nach § 6 i. V. m. Anlage 6 Liste A, Nr. 3 und 4 Zusatzstoff-Zulassungsverordnung vom 22. Dezember 1981 (BGBl. I, S. 1633) zugelassenen Farbstoffe sowie alle bei der Herstellung von Fruchtsaftgetränken und Limonaden verwendeten Zutaten enthalten.

1207. Was ist bei der Kennzeichnung von Erfrischungsgetränken zu beachten?
(1) Für Erfrischungsgetränke im Sinne dieser Richtlinie sind die nachfolgenden Bezeichnungen Verkehrsbezeichnung im Sinne der Lebensmittel-Kennzeichnungsverordnung vom 22. Dezember 1981 (BGBl. I, S. 1625).
a) Fruchtsaftgetränk
b) Limonade
c) Brause.
Weder Erfrischungsgetränke am Quellort unter ausschließlicher Verwendung von natürlichem Mineralwasser oder von Quellwasser hergestellt, kann in der Verkehrsbezeichnung hierauf hingewiesen werden.

(2) Wird bei Erfrischungsgetränken auf die Mitverwendung von Fruchtsaft und/oder Fruchtmark hingewiesen, so ist der Mindestgehalt an Fruchtsaft und/oder Fruchtbestandteilen gem. § 4, Abs. 8 Fruchtsaftverordnung bzw. § 4, Abs. 8 Fruchtnektarverordnung anzugeben. Als Hinweis auf die Mitverwendung von Fruchtsaft gelten nicht Bezeichnungen wie »Orangenlimonade«, »Zitronenlimonade« und »Apfellimonade«.

(3) Die Verkehrsbezeichnung »Fruchtsaftgetränk« kann durch die Nennung der geschmackgebenden Frucht bzw. Früchte ergänzt werden.

(4) Bei Fruchtsaftgetränken ist ein Hinweis auf die Art des verwendeten Saftes durch die Angabe »X-saftgetränk« gestattet, wenn
a) der Saftgehalt doppelt so hoch wie in § 2 Absatz 2 gefordert oder wenn mindestens 30 Gewichtshundertteile Orangensaft oder Grapefruitsaft enthalten sind,
b) der Saftanteil – abgesehen von geringen anderen Fruchtsaftzusätzen zur Geschmacksabrundung – ausschließlich aus der namengebenden Frucht stammt,

c) kein chemisch konservierter oder mit Schwefeldioxid vorbehandelter Saft verwendet
und
d) das Getränk nicht zusätzlich aromatisiert oder mit Genußsäuren versetzt ist.

(5) An die Stelle der Verkehrsbezeichnung »Fruchtsaftgetränk« kann eine Bezeichnung treten, die den Namen der saftliefernden Frucht mit der Endsilbe »-ade« trägt, soweit der Saftanteil überwiegend aus der genannten Frucht stamm.

(6) Die Verkehrsbezeichnung »Limonade« kann bei Nennung der geschmackgebenden Frucht bzw. Früchte wie folgt ersetzt werden: »X-limonade«.
Als Geschmackshinweis sind auch Bezeichnungen wie »Limonade mit X-geschmack«, »Limonade mit X-aroma«, »Limonade mit X-essenz« und »Limonade mit X-auszug« zu verstehen.

(7) Bei Brausen kann der Geschmackshinweis durch die zusätzliche Angabe mit »X-aroma«, »mit X-essenz« oder »mit X-geschmack« erfolgen.

(8) Ein Zusatz von Koffein und Chinin ist entsprechend der Verordnung über koffeinhaltige Erfrischungsgetränke bzw. der Aromenverordnung kenntlich zu machen.

(9) Phantasie- oder Markennamen dürfen nicht den Namen einer saftliefernden Frucht wiedergeben, wenn dadurch Eigenschaften vorgetäuscht werden, welche die Getränke nicht aufweisen.

(10) Auf den Geschmack darf durch nicht übertriebene Abbildungen von Früchten oder Pflanzenteilen hingewiesen werden. Bei Brausen sind Abbildungen von Früchten oder Pflanzenteilen nicht statthaft.

(11) Der Zusatz von Farbstoffen und färbenden Lebensmitteln, der einen nicht vorhandenen oder einen höheren Fruchtsaftgehalt als den tatsächlich vorhandenen oder einen höheren Fruchtsaftgehalt als den tatsächlich vorhandenen vorzutäuschen geeignet ist, wird in Verbindung mit der Verkehrsbezeichnung kenntlich gemacht.

(12) Erfährt eine Limonade keinen Kohlensäurezusatz, so wird dies kenntlich gemacht. Brausen tragen in diesem Fall die Verkehrsbezeichnung »Künstliches Heißgetränk« oder »künstliches Kaltgetränk«.

(13) Im Verzeichnis der Zutaten kann für zusammengesetzte Zutaten i. S. v. § 6, Abs. 2, Ziff. 6 Lebensmittel-Kennzeichnungsverordnung der Begriff »Getränkegrundstoff« verwendet werden. Üblich ist auch die Verwendung des Begriffs »Grundstoff«, ergänzt durch die Verkehrsbezeichnung des Fertiggetränks.

1208. Was sind Tafelwässer?

1. Mineralwässer
2. Mineralarme Wässer
3. Künstliche Mineralwasser

Näheres findet sich in der Verordnung über Tafelwässer. Ebenfalls sei auf das Buch »Alkoholfreie Erfrischungsgetränke« von Dr. Schumann hingewiesen.

ALKOHOLFREIE ERFRISCHUNGSGETRÄNKE AfG

DIE VERSCHIEDENEN SÜSSGETRÄNKESORTEN n.d. jeweil. ZUSAMMENSETZUNG

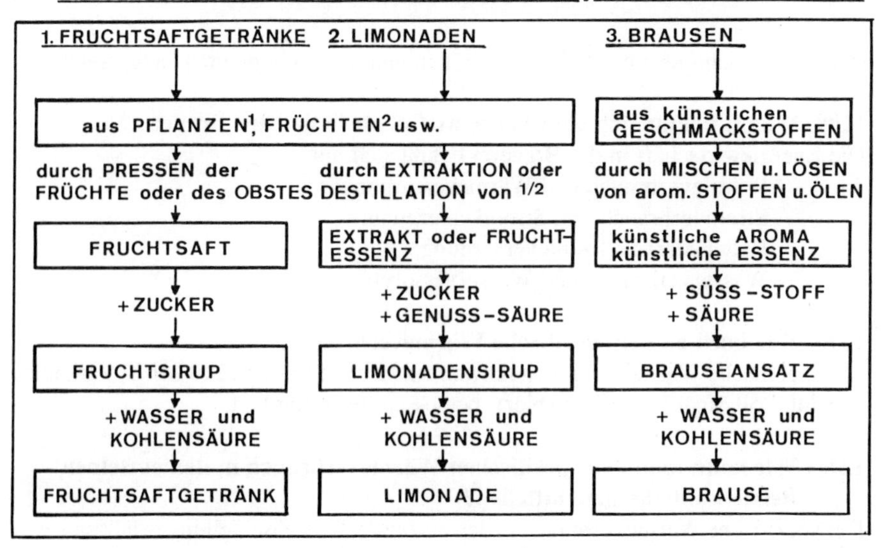

Energie

(Hinweise wichtiger physikalischer Größen und ihre SI-Einheiten siehe Anhang)

1209. Womit befaßt sich die Energiewirtschaft in der der Brauerei?
Die Energiewirtschaft in der Brauerei befaßt sich mit
Wärmeverbrauch und Wärmeversorgung;
Stromverbrauch und Stromversorgung;
Kältebedarf und Kälteversorgung;
Wasserverbrauch und Wasserversorgung.

1210. Wie hoch ist der spezifische Wärmeverbrauch?
Der spezifische Wärmeverbrauch schwankt zwischen 165 und 210 MJ/hl Verkaufsbier (40–50 Mcal/hl Verkaufsbier), bemessen im Brennstoff.

1211. Wie kann man den spezifischen Wärmeverbrauch in den einzelnen Betriebsabteilungen aufteilen?
Der spezifische Wärmeverbrauch in den einzelnen Betriebsabteilungen läßt sich wie folgt aufteilen:

Sudhaus

Maische aufheizen	9–25 MJ/hl VB (2,2–6,2 Mcal/hl VB)
Maische kochen je nach Verdampfung und Kochdauer	0–18 MJ/hl VB (0–4,2 Mcal/hl VB)
Aufheizen der Würze zum Kochen	20–21 MJ/hl VB (4,7–4,8 Mcal/hl VB)
Würzekochen je nach Eindampfung	27–60 MJ/hl VB (6,5–14,4 Mcal/hl VB)
Sudhaus insgesamt	56–125 MJ/hl VB (13,4–29,6 Mcal/hl VB)

Im Mittel kann im Sudhaus mit einem Gesamtwärmeverbrauch von 93–100 MJ/hl VB (22–24 Mcal/hl VB), im Brennstoff gemessen, gerechnet werden, was einen Anteil am Gesamtprimärenergieeinsatz für den Brauereibetrieb von 40–60 % entspricht.

Flaschenfüllerei

Flaschenreinigungsmaschine je nach Typ und Ausnutzungsgrad	22–40 MJ/hl VB (5,2–9,5 Mcal/hl VB)

Warmwasserbereitung

Wärmeverbrauch für warmes Brauwasser	41–57 MJ/hl VB (9,8–13,6 Mcal/hl VB)

Wärmeverbrauch für warmes Betriebswasser, wobei sich hier eine besonders große Schwankungsbreite ergibt — 8–59 MJ/hl VB (1,9–14,0 Mcal/hl VB)

1212. Welche Abteilung ist der größte Wärmeverbraucher in der Brauerei?
Das Sudhaus ist der größte Wärmeverbraucher in der Brauerei. Dabei spielen folgende Parameter eine Rolle:

Sudfolge;
Gerätezahl;
Material (Wärmeleitzahl);
Wärmeübergangszahl;
Wärmedurchgangszahl.

1213. Wie hoch sind die Wärmeleitzahlen für die im Sudhaus verwendeten Materialien?
Die Wärmeleitzahl λ beträgt für Kupfer 370–395 W/m, °K, für Eisen 50–55 W/m, °K, und für Chrom-Nickel-Stahl 14–16 W/m, °K.

1214. Wie hoch sind die Wärmeübergangszahlen für die beheizte Seite und für die Würzeseite?
Die Wärmeübergangszahlen für die beheizten Seiten betragen:

Dampf: 7000–10500 W/m^2, °K;
Heißwasser: 4000–7000 W/m^2, °K;
Feuergase: 35–60 W/m^2, °K (einschließlich Strahlungsanteil).

Auf der Würzeseite kann man mit einer Wärmeübergangszahl von 2900–3500 W/m^2, °K rechnen, die evtl. von Kocherpfannen und von Außenkochern überschritten wird.

1215. Welche Wärmedurchgangszahlen lassen sich erreichen?
Mit den oben genannten Wärmeleitzahlen und Wärmeübergangszahlen werden bei Hochleistungspfannen in Abhängigkeit von Material und Beheizungsart folgende Wärmedurchgangszahlen erreicht (Dimension W/m^2, °K):

Material Beheizungsart	Kupfer	Stahl	V_2A	Stahl + V_2A
direkt mit Feuergasen	40	60		
Dampf mind. Dampfdruck	2200 3 bar	1600 4 bar	930 8 bar	1340 5–6 bar
Heißwasser notwendiger Druck des Heißwassers	2000 5 bar	1500 6–7 bar	880 11 bar	1290 7 bar

Die obigen Zahlenwerte stellen erreichte Mittelwerte dar. Sie sind bei direkt beheizten Pfannen sehr stark abhängig von der Ausführung des Feuerraumes und bei indi-

rekt beheizten Pfannen von der Formgebung des Pfannenbodens. Außerdem ändern sich die angegebenen Werte sehr stark mit dem Pfannendurchmesser.
Ein technologischer Einfluß auf die Würze in Abhängigkeit der Beheizungsart bei Sudpfannen ist nicht gegeben, da die Temperatur auf der Innenseite des Pfannenbodens sowohl bei direkter als auch bei indirekter Beheizung in etwa gleich hoch liegt, wenn die gleiche Eindampfleistung erreicht wird.
Die genannten Wärmeübergangszahlen werden außerdem von Kocherpfannen und Außenkochern überschritten. Mit dampfbeaufschlagten Außenkochern werden im Mittel 2500 W/m^2, K erreicht.

1216. Wie funktioniert die Beheizung bei direkt befeuerten Sudpfannen?
Die Beheizung direkt befeuerter Sudpfannen erfolgt fast ausschließlich durch einen oder mehrere Zweistufenbrenner, die auch einzeln betrieben werden können und somit einen ausreichenden Regelbereich zur Verfügung stellen.
Zur Erreichung eines guten Wirkungsgrades ist eine beste Isolierung des Feuerraumes erforderlich. Bei Einsatz der direkten Beheizung im Sudhaus ist der maximal möglichen Ausschlagwürzemenge jedoch eine Grenze gesetzt. Die Ausschlagwürzemenge sollte dabei 250 hl nicht übersteigen. Die stündliche Eindampfleistung sollte 8 %, bezogen auf die hl-Ausschlagwürzemenge, betragen.

1217. Was ist bei der Dimensionierung des Brenners oder der Brenner zu beachten?
Für die Dimensionierung des Brenners oder der Brenner muß eine Wärmeleistung von rund 30000 kJ/hl Ausschlagwürze (7150 kcal/hl Ausschlagwürze), auf Brennstoffwärme bezogen, vorgesehen werden.

1218. Wie hoch ist der spezifische Verbrauch an extraleichtem Heizöl bei direkt beheizten Pfannen?
Der spezifische Verbrauch an extraleichtem Heizöl beträgt bei direkt beheizten Pfannen:

2,1 – 2,2 kg/hl Ausschlagwürze oder
2,5 – 2,6 kg/hl Ausschlagwürze.

1219. Was ist bei indirekt beheizten Würzepfannen zu berücksichtigen?
Bei indirekt beheizten Würzepfannen hängt die Höhe des Wärmedurchganges in erster Linie vom Wärmeübergang von der Heizfläche an die Würze ab. Durch nach innen eingezogene Pfannenböden und die dadurch erreichte Bewegung der Würze über die Heizfläche wurden die Wärmeübergangsverhältnisse auf der Innenseite so verbessert, daß die erforderlichen Eindampfleistungen erreicht wurden.
Die bei indirekter Beheizung notwendigen Dampfdrücke bzw. notwendigen Heißwasserdrücke sind in die Tabelle der Wärmeübergangszahlen in Abhängigkeit des Pfannenmaterials eingetragen. Diese Dampfdrücke bzw. Heißwasserdrücke sind jedoch nur bei Würzepfannen älterer Bauart notwendig, die keine größeren Heizflächen zuließen. Bei heute gebauten konventionellen Würzepfannen wird bei Verwendung von Stahl und Edelstahl die Heizfläche von vorneherein so groß ausgelegt oder durch in die Pfanne eingesetzte Heizflächensysteme derart vergrößert, daß

generell mit niedrigem Dampf- bzw. Heißwasserdrücken gearbeitet werden kann (s. a. Tabelle bei Frage 1215).
Der Wärmeverbrauch bei indirekter Beheizung bewegt sich etwa in gleicher Höhe wie bei der direkten Beheizung. Man kann nämlich im Jahresmittel mit einem Kesselwirkungsgrad von rund 80 % und einem Heizflächenwirkungsgrad von rund 90 % rechnen. Unter Berücksichtigung geringer Übertragungsverluste wird somit ebenfalls ein Gesamtwirkungsgrad von etwa 70 % erreicht.

1220. Wie hoch ist der spezifische Wärmeverbrauch bei einer indirekten Beheizung?

Der spezifische Dampf- bzw. Wärmebedarf in Heißwasser, gemessen in Abhängigkeit der Geräteausstattung, ist in der folgenden Tabelle für je 100 hl Ausschlagwürzemenge angegeben.

Dimensionierung der Kesselanlage für indirekte Beheizung der Sudgefäße bei zentraler Wärmeversorgung:

2-Gerätesudwerk	1,40 t/h bzw. 3,05 GJ/h	(728 Mcal/h)
4- bis 5- Gerätesudwerk	2,10 t/h bzw. 4,57 GJ/h	(1092 Mcal/h)
6- bis 7-Gerätesudwerk	3,50 t/h bzw. 7,62 GJ/h	(1820 Mcal/h)
9- bis 10-Gerätesudwerk	4,20 t/h bzw. 9,14 GJ/h	(2180 Mcal/h)

1221. Was versteht man unter einem Außenkocher?

Bei Außenkochern handelt es sich um Röhrenbündelwärmetauscher, aber auch um Plattenwärmetauscher, die in anderen Branchen der Lebensmittel- und chemischen Industrie schon sehr viel früher im Einsatz waren. Der große Vorteil der Außenkocher besteht darin, daß sie auf eine beliebig große Heizfläche ausgelegt werden können. Dabei ist der Bau dieser Kocher im Vergleich zu den Heizflächen an den Pfannenböden und -zargen mit keinen großen technischen Problemen verbunden und zudem noch kostengünstiger. Die Flächenauslegung der Außenkocher, die aus Edelstahl hergestellt sind, hängt von

der geforderten Eindampfleistung;
der Höhe des Dampfdruckes;
der Strömungsgeschwindigkeit im Kocher;
der stündlichen Umwälzmenge;
den Würzetemperaturen vor und nach dem Kocher ab.

1222. Welche Möglichkeiten sind gegeben, den Energieverbrauch bei der Würzekochung zu reduzieren?

35 bis 45% der im Sudhaus benötigten Energie wird für das Aufheizen der Würze bis zum Kochen benötigt. Hier kann man regenerativ gewonnene Energie einsetzen (Energiespeichersystem).
Der Energieverbrauch beim Würzekochen läßt sich durch folgende Parameter verringern:

1. a) Reduzierung der Gesamtkochzeit
   b) Verminderung der Gesamtverdampfung

2. a) Pfannendunstkondensator mit Energiespeicher
   b) Brudenverdichtungsanlage (mechanisch oder thermisch)
   c) Hochtemperaturwürzekochung
   d) Würzekochung mit Entspannungskühler

1223. Welche Faktoren beeinflussen den Wärmeverbrauch einer Flaschenreinigungsmaschine?

Der spezifische Wärme- bzw. Dampfverbrauch der heute vorwiegend eingesetzten Längsweich- und Spritzmaschinen schwankt in weiten Grenzen und ist abhängig von

der gewünschten Heißlaugentemperatur;
dem Frischwasserverbrauch;
der Konstruktion und Isolierung der Reinigungsmaschinen;
dem Einsatz eines isolierten Absetzbehälters.

Diese Einflußfaktoren bedingen, daß Wärmeverbrauchswerte zwischen 20 und 45 kg Dampf je 1000 Flaschen Effektivausbringung (entsprechend 45000 bis 100000 kJ/1000 durgesetzte Flaschen) bei Betrieb der Anlagen gemessen werden.

1224. Wie hoch ist der Wärmeverbrauch bei der Pasteurisation des Bieres?

Bei Kurzzeiterhitzungen mit Plattenapparaten wird mit einem Wärmerückgewinn von 80–90 % gearbeitet. Legt man einen Wärmerückgewinn von 80 %, der häufig anzutreffen ist, zugrunde, so errechnet sich daraus ein Wärmebedarf von rund 6300 kJ/hl durchgesetztem Bier, im Wärmeträger gemessen, was einem Dampfverbrauch von rund 3 kg/hl durchgesetztem Bier entspricht. Der Wärme- bzw. Wasserverbrauch von Tunnelpasteuren in Abhängigkeit der verschiedenen Flaschengröße ist in der folgenden Tabelle zusammengefaßt.

Wärmeverbrauch kg Dampf/1000 Flaschen Nennausbringung im WT gemessen		Wärmeverbrauch kJ/1000 Flaschen	Wasserverbrauch l/Flasche
0,33-l-Flasche	ca. 40	95000	0,25
0,5-l-Flasche	50–60	115–140000	0,36
0,7-l-Flasche	ca. 80	180000	0,5

WT = Wärmeträger

1225. Wie hoch ist der Energiebedarf von Klimaanlagen?

Die im folgenden angegeben jährliche Verbrauchszahl für den Wärmeverbrauch und die notwendige Heizleistung kann nur als Anhaltswert gelten. Man kann mit einem Wärmeverbrauch für die Flaschenfüllerei von 125–210 MJ/m^3 umbauten Raum und Jahr (30–50 Mcal/m^3 und Jahr) rechnen. Die benötigte Heizleistung liegt bei ca. 300 kJ/m^3 umbauten Raum und Stunde (72 kcal/m^3 und Stunde).

1226. Wie hoch sind die Wärmeverbrauchswerte im Faßkeller?

Für die Faßreinigung ergeben sich folgende Verbrauchswerte:

Wärmebedarf im Brennstoff pro Faß

	bauchige und zylindrische Metallfässer	Kegfässer
Warmwasser	3,7 – 6,2 MJ	6,2 MJ
Laugenheizung	2,2 – 3,7 MJ	2,8 MJ
Dampfsterilisation	3,5 – 6,3 MJ	2,5 MJ
Gesamt	9,4 – 16,2 MJ	11,5 MJ

1227. Wie hoch sind die Wärmeverbrauchswerte für die Raumheizung?

Die Wärmeverbrauchswerte für die Raumheizung im Brauereibetrieb können ebenfalls nur als Anhaltswerte angegeben werden. In der folgenden Tabelle sind der jährliche Wärmeverbrauch und die erforderliche Heizleistung für Büro- und Aufenthaltsräume, Stapelhalle und Ladestraße zusammengefaßt:

Büro- und Aufenthaltsräume	1100 – 1700 MJ/m², a (260 – 400 Mcal/m², a)	300 kJ/m², h (70 kcal/m², h)
Stapelhalle	35 – 65 MJ/m³, a (8 – 15 Mcal/m³, a)	55 kJ/m³, h (13 kcal/m³, h)
Ladestraße	40 – 85 MJ/m³, a (10 – 20 Mcal/m³, a)	65 kJ/m³, h (16 kcal/m³, h)

1228. Welche sonstige Wärmeverbraucher gibt es in der Brauerei und welchen Wärmebedarf haben diese?

Als sonstige Wärmeverbraucher kommen in der Brauerei vor allem Trocknungsanlagen wie z. B. Treber- und Hefetrockner vor. Die Auslegung der Trebertrocknungsanlage richtet sich nach der Sudfolge des Betriebes. Beim Trocknen darf eine Temperatur von 70 °C nicht überschritten werden, um den Nährwert zu erhalten. Der Anfangswassergehalt der Naßtreber liegt nach dem Abläutern bei 80 – 83 %, der Endwassergehalt der Trockentreber soll rund 8 – 12 % betragen. Zum Entzug von 1 kg Wasser aus den Trebern werden ca. 1,1 kg Dampf benötigt.

Bei der Trocknung der Hefe im Hefetrockner darf die Temperatur nur rund 40 °C betragen. Der Wassergehalt der frischen Hefe liegt bei ca. 88 %. Durch Auspressen kann dieser auf 70 – 75 % verringert werden. Der Endwassergehalt der Trockenhefe macht etwa 8 – 12 % aus. Zum Entzug von 1 kg Wasser aus der Hefe werden, wie beim Trebertrockner, rund 1,1 kg Dampf gebraucht.

1229. Welche Anlagen werden in der Braueri zur Wärmeerzeugung eingesetzt?

Zur Wärmeerzeugung sind im Brauereibetrieb Dampf- und Heißwassererzeuger eingesetzt. Für diese Kesselanlagen verschiedener Bauart und mit unterschiedlichen Feuerungsanlagen kommen entsprechend verschiedene Brennstoffe in Betracht.

1230. Welche Brennstoffe werden für die Wärmeerzeugung in der Brauerei eingesetzt?

Folgende Primärenergieträger werden in Brauereibetrieben verfeuert:

Kohle
Schweres Heizöl
Extraleichtes Heizöl
Erdgas
Flüssiggas

1231. Was ist beim Einsatz der einzelnen Brennstoffe zu beachten?

Zur Kohle wäre zu erwähnen, daß ein wirtschaftlicher Einsatz in Brauereikesselanlagen kaum möglich ist. Aus Gründen der Versorgungssicherheit und durch Neubau von Feuerungsanlagen, die einen Betrieb ohne ständige Beaufsichtigung zulassen, ist es jedoch vorstellbar, daß in Zukunft der Brennstoff Kohle wieder stärker zum Tragen kommt.

Bei den genannten Heizölen, der schweren und extraleichten Qualität, bestehen außer dem Preis noch folgende Unterschiede: Das extraleichte Heizöl hat einen maximalen Schwefelgehalt von 0,5 %, beim schweren Heizöl ist der Schwefelgehalt nicht begrenzt. Es werden aber schwefelarme schwere Heizöle angeboten, die z. B. einen maximalen Schwefelgehalt von 1 % beinhalten. Im Gegensatz zum extraleichten Heizöl muß das schwere Heizöl bereits für die Lagerung und erst recht für die Verbrennung vorgewärmt werden. Je nach Art des Ölbrenners ist dabei eine Temperatur zwischen 80 und 125 °C erforderlich. Die Verbrennung von Erdgas oder Flüssiggas ist hinsichtlich der Brennstoffaufbereitung und hinsichtlich des Umweltschutzes am unproblematischsten.

1232. Was versteht man unter dem Heizwert eines Brennstoffes?

Die wichtigste feuerungstechnische Kenngröße eines Brennstoffes ist die aus ihm entbindbare Wärmemenge. Diese Verbrennungswärme eines Brennstoffes bezeichnet man als seinen Heizwert. Der Heizwert gibt an, welche Wärmemenge von einem kg oder einem m^3 Brennstoff bei vollkommener Verbrennung abgegeben wird. Die Dimension des Heizwertes kann angegeben sein in kcal/kg bzw. kJ/kg oder kcal/$m^3{}_n$ bzw. kJ/$m^3{}_n$. Man unterscheidet dabei zwischen dem oberen Heizwert H_o und dem unteren Heizwert H_u. Der obere Heizwert eines Brennstoffes ist definiert als die Wärmemenge, die bei vollständiger und vollkommener Verbrennung frei wird, wenn der bei der Verbrennung entstehende Wasserdampf auf die Ausgangstemperatur von 20 °C abgekühlt und der Wasserdampf restlos kondensiert wird. Der untere Heizwert stellt die Wärmemenge dar, die in den herkömmlichen Feuerungen freigesetzt werden kann, und zwar dann, wenn der bei der Verbrennung entstehende Wasserdampf auf die Ausgangstemperatur von 20 °C abgekühlt wird, diese aber im dampfförmigen Zustand bei 20 °C vorliegt.

1233. Was versteht man unter dem Wärmepreis?

Der Wärmepreis gibt an, wieviel 1 Mio kcal bzw. kJ, also Gcal bzw. GJ, im Brennstoff gemessen, kosten. Zur Berechnung des Wärmepreises setzt man den Preis des Brennstoffes in Bezug zum unteren Heizwert des Brennstoffes.

$$\text{Wärmepreis} = \frac{\text{Preis / Brennstoffeinheit}}{\text{unterer Heizwert } H_u \text{ / Brennstoffeinheit}}$$ (ausgedrückt in DM/Gcal bzw. DM/GJ).

Der Nutzwärmepreis oder Nettowärmepreis gibt die Kosten der Wärmemenge, im Wärmeträger gemessen, an. Zur Berechnung des Nettowärmepreises wird der oben ermittelte Bruttowärmepreis durch den Kesselwirkungsgrad dividiert.

1234. Wie kann man die in Brauereibetrieben eingesetzten Dampf- und Heißwasserkessel einteilen?

Die in den Brauereibetrieben eingesetzten Dampf- und Heißwasserkessel kann man hinsichtlich der Bauart in zwei Gruppen einteilen:

Sog. Großwasserraumkessel (Flammrohrrauchkessel, Dreizugkessel); Kleinwasserraumkessel, bei welchen die Verdampfung des Wassers in Wasserrohren erfolgt und die deshalb auch Wasserrohrkessel genannt werden.

1235. Welche Vorteile hat ein Dreizugkessel?

Ab einer Leistung von 800 kg Dampf pro Stunde, was bei Heißwasserkesseln einer Leistung von rund 1925 MJ/h (460000 kcal/h) entspricht, sollten nach Möglichkeit die sog. Dreizugkessel eingesetzt werden, da dieser Kesseltyp eine Reihe von Vorteilen bietet:

1. billiger als ein Wasserrohrkessel;
2. robust und elastisch wegen seines großen Wasserinhaltes;
3. trockenerer Dampf als der Wasserrohrkessel;
4. Wasserrohrkessel stellen höhere Anforderungen an die Speisewasseraufbereitung.

1236. Was versteht man unter Kondensationswirtschaft?

Bei dampfbeheizten Betrieben entstehen nicht selten große Kondensat- und Wärmeverluste im Kondensatkreislauf. Diese Verluste sind überall dort unvermeidlich, wo mit offener Kondensatrückführung gearbeitet wird. Bei der Entspannung des Kondensates vom Heizdampfdruck auf Atmosphärendruck nach dem Kondensatableiter entsteht zwangsläufig eine Nachverdampfung, die in ihrem Umfang umso größer ist, je höher der Dampfdruck in der Heizfläche vor dem Kondensatableiter gewählt wird. Diese Entstehung des Nachverdampfungsschwadens ist physikalisch bedingt und kann daher durch den Kondensatableiter nicht vermieden werden. Bei einem Dampfdruck von beispielsweise 4 bar absolut tritt das Kondensat bei offener Kondensatrückführung mit derjenigen Temperatur aus der Heizfläche aus, die dem Druck auf der Dampfseite des Ableiters entspricht. Der Wärmeinhalt dieses Kondensates beträgt 604 kJ/kg. Bei atmosphärischem Druck dagegen wird das Kondensat nur eine Wärmemenge von theoretisch max. 419 kJ/kg beinhalten. Diese freiwerdende Wärmemenge führt zur Nachverdampfung eines Teils des angefallenen Kondensates. Der hierbei entstehende Nachverdampfungsschwaden zieht durch eine Entlüftungseinrichtung ab und geht verloren. Bei einem Dampfdruck von 4 bar absolut in der Heizfläche entspricht dies bereits einem Kondensatmengenverlust von8,2 % und einem Wärmeverlust von ca. 9,2 %. In der Praxis liegen diese Verluste meistens noch weitaus höher, wenn Undichtigkeitsverluste, insbesondere an den Kondensatableitern, auftreten. Mit geschlossener Kondensatrückführung lassen sich diese Verluste völlig vermeiden. Dabei wird durch Druckerhöhung im Kondensatznetz eine Entspannung des Kondensates unterbunden.

1237. Welche Aufgabe hat der Kondensatableiter?

Kondensatableiter haben die Aufgabe, das Kondensat, das in Rohrleitungen und in den dampfverbrauchenden Apparaten anfällt, bei gleichzeitiger Überwindung des Druckunterschiedes vom Dampf zu trennen. Außerdem müssen sie, besonders nach Betriebspausen, Luft und Gase ableiten, da das Kondensat sonst nicht abfließen kann. Ein Kondensatableiter sollte folgenden Anforderungen genügen:

verzögerungsfrei ableiten;
automatisch entlüften;
selbstregelnd und dampfverlustfrei arbeiten.

1238. Wie groß kann die Wärmerückgewinnung in der Brauerei sein?
Durch die Abwärmequellen des Brauereibetriebes kann das gesamte notwendige Warmwasser erzeugt werden, so daß bei einem Gesamt-Warmwasserverbrauch von etwa 1,7 hl/hl VB unter Einbeziehung eines Kesselwirkungsgrades von ca. 80 % eine Wärmemenge von 60 – 65 000 kJ/hl VB im Brennstoff eingespart werden kann.

1239. Welche rekuperative Wärmetauscher gibt es?
Im einzelnen kann durch folgende rekuperative Wärmetauscher aus Abwärme Warmwasser bereitet werden:

Pfannendunstkondensatoranlage;
Vorkühlung des Plattenapparates zur Würzekühlung;
Ekonomiser bei direkter Beheizung der Würzepfanne;
Nachverdampfungswärme des Kondensates;
Ekonomiser eines Dampfkessels.

1240. Wie funktioniert ein Pfannendunstkondensator?
Im Pfannendunstkondensator werden die ausgedampften Schwaden beim Würzekochen ausgenützt, um Warmwasser zu erzeugen. Die garantierten Wirkungsgrade liegen zwischen 75 und 85 %, wenn man eine Aufwärmung des Wassers von 12 auf 80 °C zugrunde legt. Im Normalfall kann also mit einer Pfannendunstkondensatoranlage nur bis rund 75 % des 80 °igen Brauwassers gedeckt werden, dagegen kann aber fast immer der gesamte Betriebswarmwasserverbrauch vollständig erzeugt werden. Als Faustwert kann angegeben werden, daß je hl eingedampftes Wasser beim Würzekochen rund 5,5 bis 6,5 hl Wasser von 12 auf 80 °C mit einer Pfannendunstkondensatoranlage aufgeheizt werden können.

1241. Wie geht die Wärmerückgewinnung am Plattenkühler vor sich?
In der Vorkühlabteilung des Plattenkühlers zur Würzekühlung wird die heiße Ausschlagwürze mittels Wasser auf etwa 15 – 20 °C abgekühlt, wodurch sich das Kühlwasser auf 70 – 80 °C erwärmt. Da in den meisten Fällen das Kühlwasser als warmes Brauwasser verwendet werden soll, sollte das Flüssigkeitsverhältnis von Brauwasser zu Würze 1,1 : 1 nicht überschreiten. Ausschlaggebend für die Dimensionierung der Vorkühlabteilung ist außerdem die Differenz aus der Würzeübertrittstemperatur in die Nachkühlabteilung und der Kühlwassereintrittstemperatur, die einen Temperaturunterschied von 4 °K nicht überschreiten sollte. Durch einen so ausgelegten Plattenapparat zur Würzekühlung können rund 1,1 hl 80 °iges Warmwasser pro hl Ausschlagwürze erzeugt werden.

1242. Was ist ein Ekonomiser?
Durch den Ekonomiser einer Würzepfanne sollen die Rauchgase der direkt beheizten Pfannen, die bis zu 500 °C aufweisen, noch genützt werden. Generell kann jedoch der Einsatz eines solchen Ekonomisers nicht empfohlen werden, da bei Vorhandensein von Plattenapparat und Pfannendunstkondensator das zusätzlich gewonnene Warmwasser im Brauereibetrieb nicht mehr untergebracht werden kann.

1243. Was versteht man unter Anlagen zur Verbesserung des energetischen Nutzeffektes?

Anlagen zur Verbesserung des energetischen Nutzeffektes sind grundsätzlich günstiger zu beurteilen als Wärmerückgewinnungsanlagen, da hier eben ein Großteil der Energie gar nicht erst aufgewendet werden muß. Solche Anlagen erfordern allerdings auch größere Investitionen. In der Brauerei werden folgende Anlagen eingesetzt:

Kraftanlagen im Kraft-Wärme-Verbundbetrieb;
Wärmepumpenanlagen;
Hochtemperaturwürzekochung im Sudhaus;
Brüdenverdichtungsanlage.

1244. Was ist eine Wärmekraftkopplung?

Da im Brauereibetrieb eine wirtschaftliche Eigenstromerzeugung nur solange gegeben ist, wie der Abdampf für Beheizungszwecke verwendet werden kann, wird bei der Wärmekraftkopplung die Dampfkraftanlage abdampfgeregelt, d. h. die zu erzeugende Eigenstrommenge ist bei gegebenen Dampfverhältnissen vom Dampfbedarf der Wärmeverbraucher abhängig. Bei den üblichen Dampfdrücken von 20 bis 60 bar kann ein Brauereibetrieb nur etwa 40 bis 65 % seiner benötigten elektrischen Energie selbst erzeugen. Zur Eigenstromerzeugung setzen heute die Brauereien in erster Linie Blockkraftanlagen mit Verbrennungsmaschinenantrieb ein. Bei diesen Anlagen ist die Stromausbeute höher. Diese Blockkraftanlagen werden mit Diesel- oder Gasmotoren angetrieben. Unter Berücksichtigung des Teillastbetriebes kann davon ausgegangen werden, daß rund 28 % des eingesetzten Brennstoffes in elektrische Energie umgewandelt werden können und bis zu 60 % Abwärme (je nach Temperaturhöhe) genutzt werden können.

1245. Was ist eine Kältemittelwärmepumpe?

Die Kältemittelwärmepumpenanlage ist im allgemeinen als Heizkühlanlage, z. B. in der Kombination Hallenschwimmbad / Eisbahn wirtschaftlich einzusetzen. Als reine Heizanlage ist dagegen ein wirtschaftlicher Betrieb nur unter folgenden Bedingungen möglich:

niedrige Stromkosten oder niedrige Antriebskosten;
hohe Brennstoffkosten oder Brennstoffmangel;
hohe jährliche Betriebsstundenzahl;
keine Kosten für die Wärmequelle;
hohe Leistungsziffer, d. h. kleines Druckverhältnis p zu P_O.

Am ehesten ist eine Wärmepumpenanlage in der Brauerei noch zum Aufheizen der Reinigungslauge bei der Flaschenreinigungsmaschine zu benützen, wobei das ablaufende Schmutzwasser als Wärmequelle dient.

1246. Was versteht man unter einer Brüdenverdichtungsanlage?

Die Brüdenverdichtungsanlage stellt eine Wärmepumpenanlage mit offenem Kreislauf und dem Arbeitsmittel Wasser dar und ist deshalb ebenfalls zu den Anlagen mit verbessertem energetischen Nutzeffekt zu zählen. Voraussetzung für den Betrieb einer Brüdenverdichtungsanlage ist das Vorhandensein eines Außenkochers. Je

kleiner nämlich der Überdruck auf der Dampfseite des Außenkochers ist bzw. je kleiner die Temperaturdifferenz ist, die der Brüdenverdichter zu überwinden hat, desto höher wird seine Leistungsziffer, und desto wirtschaftlicher arbeitet diese Anlage. Bei einer solchen Anlage wird der ausgedampfte Brüden beim Würzekochen über einen Schrauben- oder Turboverdichter auf den notwendigen Dampfdruck für den Außenkocher verdichtet. Zum Antrieb der Brüdenverdichter können sowohl Elektromotoren als auch diesel- oder gasgetriebene Verbrennungsmotoren eingesetzt werden.
Neuerdings werden Brüdenverdichter auch als Innenkocher konstruiert, d.h. in der Pfanne befinden sich zwei Röhren im Kocher (ineinander gesteckt). Mit dem »inneren« Innenkocher wird die Würze mit Primärdampf aufgeheizt, bis genügend Brüden entstehen, welche es dem zweiten »äußeren« Innenkocher ermöglichen, die Würzekochung fortzusetzen. Der entstehende Brüden wird mit dem mechanischen Verdichter (Roots-Gebläse) aufgearbeitet und wieder zurückgeführt. Der Kochkreislauf ist geschlossen und der Einsatz von Primärenergie erheblich reduziert – allerdings unter Einsatz gewisser Investitionskosten.
Auch die thermische Brüdenverdichtung hat zwischenzeitlich im Brauereibetrieb Einzug gehalten und nach Angaben der Brauerei (Ankerbräu Nördlingen) mit sehr gutem Erfolg.

1247. Wie hoch ist der Stromverbrauch in der Brauerei?

Der Stromverbrauch in der Brauerei schwankt in weiten Grenzen. Der spezifische Verbrauch liegt im allgemeinen zwischen 7 und 11 kWh/hl Verkaufsbier, wobei diese Grenzwerte sowohl noch über- als auch unterschritten werden können.

1248. Welche Ursachen kann ein zu hoher Stromverbrauch haben?

Übersteigt der spezifische Stromverbrauch eines Brauereibetriebes die oben genannten Werte, so können oft Fehler bei der Auslegung und Dimensionierung von Rohrleitungen, Pumpen, Ventilatoren und Wärmetauschern der Grund dafür sein.

1249. Aus welchen Teilbereichen setzt sich der Durchschnittspreis für den Strom zusammen?

Der Durchschnittsstrompreis setzt sich aus folgenden Teilbeträgen zusammen:

Arbeitspreis;
Leistungspreis;
Leistungsfaktor.

1250. Was versteht man unter dem Arbeitspreis?

Unter dem Arbeitspreis versteht man den Preis, der für jede entnommene und verbrauchte kWh bezahlt werden muß. Da das Elektrizitätsversorgungsunternehmen aus verständlichen Gründen versucht, eine möglichst gleichmäßige Auslastung des bestehenden Versorgungsnetzes zu erreichen, folgt, daß während der Tagstunden ein höherer Arbeitspreis zu entrichten ist als in den Nachtstunden. In vielen Fällen gelten die Tagstunden, d. h. die sog. Hochtarifzeit, für die Zeit von morgens 6.00 Uhr bis abends 18.00 Uhr. Die Nachtstunden von 18.00 Uhr bis 6.00 Uhr sind die sog. Niedertarifzeit. Häufig findet man im Sommerhalbjahr auch eine kürzere Dauer der Hochtarifzeit als im Sommerhalbjahr.

1251. Was versteht man unter dem Leistungspreis?
Der Leistungspreis ist der Preis, der für die höchste in Anspruch genommene Leistungsspitze bezahlt werden muß. Er kann monatlich oder jährlich verrechnet werden. Seine Dimension ist deshalb DM/kW, Jahr bzw. DM/kW, Monat. Gewöhnlich wird die höchste Leistungsspitze verrechnet, die während einer viertelstündigen Messung festgestellt wurde. Die monatliche Berechnung ist für den Brauereibetrieb günstiger, weil erfahrungsgemäß in den Sommermonaten eine höhere elektrische Leistung infolge des höheren Kälteverbrauchs benötigt wird. Im allgemeinen wird der Leistungspreis für die höchste in Anspruch genommene Wirkleistung in kW verlangt. Verschiedentlich wird aber auch der Leistungspreis nach der Scheinleistung in kVA berechnet. Gerade in den letzten Jahren kann man nun feststellen, daß die Elektroversorgungsunternehmen die Stromlieferungsverträge immer mehr leistungspreisintensiver gestalten, so daß der Leistungspreis im durchschnittlichen kWh-Preis oft bis über die Hälfte beträgt.

1252. Was versteht man unter dem Leistungsfaktor?
Der Leistungsfaktor, der mit cos. ρ bezeichnet wird, ist ein Maß für den Blindstromanteil und gibt die Phasenverschiebung zwischen der Stromstärke und der Spannung an. Da alle Zuleitungsquerschnitte auf die Scheinleistung dimensioniert sein müssen, hat das Elektrizitätsversorgungsunternehmen selbstverständlich ein Interesse daran, den Blindstromanteil so niedrig wie möglich zu halten. Üblicherweise verlangen die Elektrizitätsversorgungsunternehmen einen cos. ρ von mindestens 0,9, was besagt, daß der Blindstrom ca. 48,5 % des Wirkstromes betragen darf.

1253. Wer sind die Hauptstromverbraucher in der Brauerei?
Bei der großen Vielzahl der Elektromotoren in einem Brauereibetrieb kann eigentlich gar nicht von Hauptstromverbrauchern gesprochen werden. Die Flaschenfüllerei sowie die Kälteanlage stellen innerhalb der Brauerei jedoch, als Abteilung gesehen, große Stromabnehmer dar.

1254. Welche Faktoren bestimmen den Stromverbrauch einer Kälteanlage?
Die spezifische Kälteleistung eines Verdichters und somit die elektrische Leistungsaufnahme bei gegebenem Kältebedarf hängt im wesentlichen von den Betriebstemperaturen der Kälteanlage ab. Die Verdampfungstemperatur t_o, die Verflüssigungstemperatur t und evtl. die Unterkühlungstemperatur t_u bestimmen also, wieviel kJ Kälte je verbrauchte kWh erzeugt werden. Je höher die Verdampfungstemperatur und je niedriger die Verflüssigungstemperatur und Unterkühlungstemperatur sind, desto größer wird die spezifische Kälteleistung der Anlage.

1255. Wie hoch ist der Stromverbrauch in der Flaschenfüllerei?
Insbesondere in der Flaschenfüllerei wird ein höherer spezifischer Stromverbrauch dann gerne in Kauf genommen, wenn Personalkosten eingespart werden können. Der Gesamtstromverbrauch liegt bei neu erstellten Flaschenfüllereien zwischen 2 und 2,5 kWh/hl Verkaufsbier bzw. zwischen 10 und 12,5 kWh/1000 Flaschen Jahresabfüllmenge. Für 1000 Flaschen Nennausbringung muß mit einer Anschlußleistung von 4 bis 6 kW gerechnet werden.

1256. Welche sonstige Stromverbraucher spielen in der Brauerei eine Rolle?

Der Stromverbrauch für die Kälteanlage und die Flaschenfüllerei eines Brauereibetriebes stellt normalerweise nur etwa die Hälfte des Gesamtstromverbrauches dar. Bei den sonstigen Stromverbrauchern spielt das Sudhaus noch eine wichtige Rolle, wobei aber wegen der möglichen stark unterschiedlichen Ausstattung der Stromverbrauch in den Grenzen zwischen 0,2 kWh/hl Ausschlagwürze und 3,6 kWh/hl Ausschlagwürze schwanken kann. Die daneben noch vorkommende große Vielzahl von Motoren und Stromverbrauchern ist so mannigfaltig, daß man spezifische Werte, die alle Einzelfälle abdecken, nicht angeben kann.

1257. Wie hoch ist der Kältebedarf einer Brauerei?

Der Kältebedarf in den Brauereien schwankt zwischen 21 000 und 38 000 kJ/hl Verkaufsbier (5000 bis 9000 kcal/hl Verkaufsbier). Die Höhe des Kältebedarfs ist vor allem von der Güte der Isolation der gekühlten Räume und Tanks abhängig. Bei guter Isolierung und energiewirtschaftlich sinnvoller Arbeitsweise bei der Würzekühlung, d. h. einer niedrigen Würzeübertrittstemperatur in die Nachkühlabteilung, können in den Brauereibetrieben durchaus Kältebedarfswerte nahe an 21 000 kJ/hl Verkaufsbier erreicht werden.

1258. Wie teilt sich der Kältebedarf einer Brauerei auf?

Die Hauptkälteverbraucher im Brauereibetrieb sind in der Reihenfolge des Produktweges die Nachkühlung der Würze im Plattenapparat, die Gärbottich- oder Gärtankkühlung und die gesamte Raumkühlung. Zur Raumkühlung zählen die Raumkühlung des Gärkellers, die Hefekellerkühlung, die Lagerkellerkühlung, die Kühlung von Filter- und Drucktankkeller, die Kühlung für Faßabfüll- und Stapelräume und die Hopfenkellerkühlung. Die einzelnen Hauptverbraucher weisen meistens einen Kältebedarf in folgenden Grenzen auf:

Nachkühlung der Würze auf Anstelltemperatur	6300– 8400 kJ/hl VB
Gärbottich- oder Gärtankkühlung	4600– 5400 kJ/hl VB
Gesamte Raumkühlung	16000–21000 kJ/hl VB
Gesamtkältebedarf	26900–34800 kJ/hl VB

In dieser Aufstellung sind eine evtl. Biertiefkühlung und eine Blockeiserzeugung nicht enthalten.

1259. Welche Kältemittel werden in der Brauerei eingesetzt?

In Brauereien und Mälzereien werden als Kältemittel in den dort installierten Kälteanlagen hauptsächlich Ammoniak (NH_3), Frigen 12 und Frigen 22 eingesetzt. Unter Kältemittel versteht man im allgemeinen einen Stoff, dessen Siedetemperatur bei Normaldruck unter der Umgebungstemperatur liegt und dessen andere Eigenschaften eine praktische Ausnützung des tiefen Siedepunktes zur industriellen Kälteerzeugung gestatten.

1260. Welche Anforderungen sollen die Kältemittel erfüllen?

Ein Kältemittel sollte unbedingt folgende Anforderungen erfüllen:

ungiftig sollte es sein und beim Ausströmen keine schädigende Wirkungen auf den menschlichen Organismus bzw. keine vergiftende Wirkung auf die zu kühlenden Produkte ausüben;

nicht explosiv und nicht brennbar sollte es sein;
aus wirtschaftlichen Erwägungen sollten Undichtigkeiten im Kältemittelkreislauf leicht festgestellt werden können;
der Verdampferdruck sollte über dem Atmosphärendruck liegen, damit keine Luft in die Anlage eindringen kann;
der Verflüssigungsdruck soll möglichst niedrig liegen, um nicht zu hohe Anforderungen an die Qualität der Werkstoffe und Apparate zu stellen;
eine große spezifische Kälteleistung des Kältemittels sollte gegeben sein. Bei den meisten Kältemitteln liegt dieser Wert annähernd gleich;
eine große volumetrische Kälteleistung ist erwünscht, da hierdurch kleine Abmessungen der Aggregate ermöglicht werden.
Aus der Vielzahl der Anforderungen und erwünschten Eigenschaften ist zu erkennen, daß ein ideales Kältemittel kaum vorstellbar ist.

1261. Welche Aufgabe hat ein Kälteträger?
Da die Verteilung der Kälte bei Großkälteanlagen und das Auffangen von Spitzenbelastungen große Anforderungen an die regeltechnische Ausführung von Kälteanlagen stellten und es außerdem unerwünscht war, daß beispielsweise das gesundheitsschädigende Kältemittel NH_3 unmittelbar durch Kühlschlangen oder im Verdampfer mit den zu kühlenden Räumen in Verbindung kam, lag es nahe, die Kälte mit Hilfe eines neutralen Stoffes an den Bedarfsort zu bringen, der dazu noch eine leichte Regelung gestattet. Es wurde also ein gasförmiger oder flüssiger Stoff, z. B. Luft, Wasser, Sole, der Kälteträger genannt wird, eingesetzt, um die im Verdampfer der Kälteanlage erzeugte Kälte dem Verbraucher zuzuführen. Bei Anwendung eines Kälteträgers zur Verteilung der Kälte spricht man von indirekter Kühlung.

1262. Welche Kälteträger werden in der Brauerei eingesetzt?
In der Brauerei werden folgende Kälteträger eingesetzt:

Kühlsolen;
Alkohol-Wasser-Gemische;
Eiswasser.

1263. Welche Kompressoren werden in der Brauerei eingesetzt?
Die Hubkolbenverdichter waren die ersten in der Kältetechnik eingesetzten Verdichter. Lange Zeit kamen hauptsächlich langsam laufende, liegende, doppelt wirkende Verdichter zum Einsatz, die unempfindlich gegen nasse Kältemitteldämpfe waren und eine lange Lebensdauer erreichten. Diese Verdichterbauarten sind auch heute noch manchmal in Brauereibetrieben anzutreffen. Der schnell laufende Hubkolbenkompressor ist wohl die heute am meisten verbreitete Kaltdampfkompressionsmaschine in einem Leistungsbereich von etwa 100000 bis 300000 kJ/h. Diese Hubkolbenkompressoren werden als Mehrzylinderkompressoren mit Drehzahlen bis zu 1450 U/min und Ansaugmengen bis zu 3000 m^3/h gebaut. Diese Maschinentype wird gegenwärtig von der Mehrzahl der Kompressorhersteller für den Betrieb mit Ammoniak, Frigen 12 und Frigen 22 hergestellt. Die verschiedenen Kompressoren, die in der Brauerei zum Einsatz kommen, und ihre Eigenschaften sind in der Tabelle zur Frage 1264 zusammengestellt.

1264. Welche wesentlichen Eigenschaften haben die verschiedenen Kompressoren?

Die Eigenschaften der verschiedenen Verdichter für Kälteanlagen gehen aus der folgenden Tabelle hervor.

Gegenüberstellung wesentlicher Eigenschaften von Verdichtern für Kälteanlagen

	Hubkolben-verdichter	Dreh- und Rollkolben-verdichter	Schrauben-verdichter	Turbo-verdichter
Arbeitsprinzip	Verdrängungs-prinzip	Verdrängungs-prinzip	Verdrängungs-prinzip	Strömungs-maschine
Volumenstrom bei Druck-änderung	fast konstant	fast konstant	fast konstant	stark schwankend
Kältemitteldampfförderung	pulsierend	fast stetig	stetig	stetig
Einsatzbereich Volumenstrom in m^3/h	bis 1000	350–5600	500–5000	800–45 000 und darüber
Druckverhältnis einstufig	8 bis 10	5 bis 6	25 bis 30	ca. 3,5 bis 4
Regelbarkeit	in Stufen	schwierig sehr begrenzt	stufenlos unbegrenzt	stufenlos durch Pumpgrenze begrenzt
Empfindlich gegen Flüssigkeit	ja	ja	nein	wenig
Freie Massenkräfte	ja	nein	nein	nein
Verschleiß des Kompressionselementes	ja	ja	nein	nein
Lärmpegel in 1 m Abstand	65–90 dbA	80–90 dbA	85–95 dbA	88–100 dbA

1265. Welche Verflüssiger werden in der Brauerei aufgestellt?

Verflüssiger in Kälteanlagen sind Wärmetauscher, durch welche die im Kälteprozeß aufgenommene Wärme an ein Kühlmittel, wie z. B. Luft oder Wasser, abgegeben wird. In der Praxis unterscheidet man je nach Art der Wärmeabgabe an das Kühlmittel in wassergekühlte Verflüssiger, luftgekühlte Verflüssiger und Verdunstungsverflüssiger.

1266. Wie arbeitet ein Durchlaufverflüssiger?

Die frischwassergekühlten Durchlaufverflüssiger sind meistens als Bündelrohrverflüssiger, Röhrenkesselverflüssiger oder Doppelrohrverflüssiger ausgeführt. Die Vorteile dieser Bauarten sind die einfache und billige Bauweise, der gute Wärmeübergang, leichte Reinigungsmöglichkeit sowie der geringe Platzbedarf. Dort, wo Wasser zu einem geringen Preis in reichlichem Maße zur Verfügung steht, ist der Einsatz von Durchlaufverflüssigern wirtschaftlich gerechtfertigt.

1267. Wie arbeitet ein Berieselungskühler?

Der Berieselungsverflüssiger nützt auch die Verdunstungswärme des Wassers aus, so daß sein Wasserverbrauch nur etwa 33–50 % des Wasserverbrauchs eines Durchlaufverflüssigers beträgt. Es ist jedoch notwendig, den Verflüssiger an einen luftigen Ort aufzustellen, um eine intensive Verdunstung zu erhalten. Weitere Nachteile des Berieselungsverflüssigers sind sein großer Raumbedarf, der hohe Materialbedarf und die Abhängigkeit der Verflüssigungsleistung von der Luftfeuchtigkeit und der Lufttemperatur. Berieselungskühler sind zwar heute noch in Brauereien vorhanden, werden aber wegen der genannten Nachteile heute nicht mehr neu installiert.

1268. Wie arbeitet ein Verdunstungsverflüssiger?

Die Verdunstungsverflüssiger gehören im Grunde genommen ebenso zu den wassergekühlten Verflüssigern. Wie beim Berieselungsverflüssiger fließt das Kältemittel in den Rohren und das Kühlwasser rieselt über die Verflüssigerrohre. Während der Wasserfilm die Wärme aufnimmt, gibt er sie gleichzeitig durch Verdunstung wieder ab. Die zur Verdunstung erforderliche Luft wird durch Ventilatoren über ein Rohrsystem gesaugt oder gedrückt. Bei den meisten Fabrikaten der Verdunstungsverflüssiger wird der überhitzte Kältemitteldampf, bevor er in die eigentlichen Verflüssigerrohre eintritt, in einen sogenannten Endhitzer abgekühlt. Diese Endhitzer, die aus Lamellen- oder Rippenrohren bestehen, werden nicht mit Wasser berieselt und sind oberhalb des eigentlichen Kondensationsrohrsystems angeordnet. Auf diese Weise können zu starke Ablagerungen vermieden werden, die gerade an den heißen Rohroberflächen am ehesten entstehen würden.

1269. Welche Faktoren beeinflußen die Wahl der Verflüssigerbauart?

Hinsichtlich der Wahl des richtigen Kondensators bzw. des wirtschaftlichsten Kondensationssystems ist eine Wirtschaftlichkeitsbetrachtung unter Berücksichtigung des Einsatzzweckes der Kälteanlage anzustellen. Die einmaligen Anlagekosten eines Verflüssigers bzw. deren Kapitalkosten beeinflussen die Entscheidung nur zum geringen Teil, entscheidend sind die Wasser- und Stromkosten, die am jeweiligen Ort zu zahlen sind. Als Grundlage für diese Berechnung sind die Betriebstemperaturen sowie die Strom- und Wasserverbrauchswerte für die verschiedenen Verflüssiger zu berücksichtigen. Legt man als Strompreis mittlere Mischpreise als Arbeits- und Leistungspreis von 12–21 Pfg./kWh zugrunde, so stellt bei Wasserpreisen unter 0,20 DM/m der Durchlaufverflüssiger die wirtschaftlichste Lösung dar. Bei Wasserpreisen zwischen 0,20 DM und 2,– bis 2,50 DM/m³ ist der Einsatz eines Verdunstungskondensators bzw. eines Durchlaufverflüssigers mit Rückkühlwerk wirtschaftlich gerechtfertigt. Erreichen die Wasserpreise Werte über 2,– bzw. 2,50 Dm/m³, so würde eine Wirtschaftlichkeitsbetrachtung den luftgekühlten Kondensator als wirtschaftlich günstigstes Verflüssigungssystem ausweisen.

1270. Welche Verdampferbauarten gibt es?

Ein Verdampfer ist allgemein ausgedrückt, ein Wärmetauscher, in dem flüssiges Kältemittel durch Wärmezufuhr verdampft wird. Die Bauarten der Verdampfer

sind in der Praxis ebenso vielgestaltig, wie die der Verflüssiger. In der Brauerei werden im allgemeinen folgende Bauarten eingesetzt:
Röhrenkesselverdampfer, Steilrohrverdampfer, Rohrschlangenverdampfer, Rippenrohrverdampfer, Lamellenverdampfer und Lamellenverdampfer mit sehr kleinen Lamellenabstand, welche Hochleistungsverdampfer genannt werden. Ein Vergleich verschiedener Verdampferbauer für ein- und denselben Einsatz durchzuführen, ist nich sinnvoll, da die verschiedenen Bauarten der Verdampfer oft nur für eine bestimmte Kühlungsart eingesetzt werden können. So werden beispielsweise die Röhrenkesselverflüssiger hauptsächlich zur Kühlung von Kälteträgersystemen verwendet. Im Steilrohrverdampfer findet man vor allen Dingen in Sole gekühlten Eisgeneratoren. Rohrschlangenverdampfer dienen teilweise auch heute noch für die sogenannte stille Kühlung in Lagerkellern. Lamellen- und Hochleistungsverdampfer werden in der Hauptsache zur Luftabkühlung bei der Raumkühlung in Gärlagerkellern installiert.

1271. Welche Regelventile braucht man in einer Kälteanlage?

In jeder Kälteanlage ist mindestens ein Drosselorgan zur Entspannung des Kältemittels vom Verflüssigungs- auf den Verdampfungsdruck vorhanden, welches außerdem die Aufgabe hat, die umlaufende Kältemittelmaße dem tatsächlichen Kältebedarf entsprechend zu regeln. Diese Regelung geschieht heute generell mit automatischen Regelventilen. Grundsätzlich ist dabei zwischen Drosselorganen für trockenen und überfluteten Verdampferbetrieb zu unterscheiden. Die in der Brauerei eingesetzten Entspannungsorgane für trockene Verdampfung sind das automatische Expansionsventil und das thermostatische Expansionsventil. Das automatische Expansionsventil ist ein druckgesteuertes Regelventil, bei dem sich ein bestimmter Verdampferdruck einstellen läßt, der dann konstant gehalten wird. Das Ventil öffnet bei fallendem und schließt bei steigendem Druck. Aus diesem Grunde können automatische Expansionsventile nur in Anlagen mit einem Verdampfer verwendet werden, da mehrere automatische Expansionsventile an einem Kreislauf sich gegenseitig beeinflussen würden.

1272. Wie regelt man die Leistung bei Kälteanlagen?

Die Anpassung der Kompressorleistung an den oft beträchtlich schwankenden Kältebedarf wird bei den heute installierten Kältekompressoren fast ausnahmslos durch selbsttätig gesteuerte Regelvorrichtungen durchgeführt. Dabei ist zu unterscheiden zwischen einer stufenlosen Leistungsregelung und einer solchen in Stufen. In Brauereien ist eine stufenlose Leistungsregelung im allgemeinen nicht notwendig. Es genügt ohne weiteres eine Anpassung der Kälteerzeugung an den tatsächlich geforderten Kältebedarf in etwa 3–4 Stufen. Bei Kälteanlagen zur Keimkastenkühlung in der Mälzerei ist dagegen wenigstens eine Leistungsregelung in etwa 6–8 Stufen erwünscht, wobei eine stufenlose Leistungsregelung zweifellos vorteilhaft wäre.

1273. Welche Vorteile hat eine Eiswasserkühlung?

Wegen der im Folgenden gennanten Vorteile wird der Kälteträger Eiswasser in vielen Brauereien eingesetzt. Es ist damit auf relativ kleinem Raum eine wirkungsvolle Kältespeicherung möglich, da ein Eiswasserkühler mit Eisansatz betrieben wird.

Darüber hinaus ist eine einfache Regelung möglich, zumal beim Betrieb mit Eisansatz die Vorlauftemperatur konstant bleibt. Schließlich ist auch die Korrosionsgefahr bei Eiswasser gering. Eine Eiswasserkühlung ist zweckmäßigerweise überall dort einzusetzen, wo in kurzer Zeit eine große Kälteleistung verlangt wird. Dies ist in vielen Brauereien bei der Würzekühlung der Fall, aber auch wie Bottich- bzw. Gärtankkühlung ist mit dem Kälteträger Eiswasser vorteilhaft zu betreiben, da auch für diese Verbraucher dann die Laufzeit des Verdichters in die Nachtstunden verlegt werden kann und somit nicht in die Fremdstromleistungsspitze fällt.

1274. Welche Faktoren beeinflussen die Dimensionierung eines Eiswasserkühlers?

Die Dimensionierung eines Eiswasserkühlers für die Würzekühlung, d.h. die einzuplanende Verdampferfläche richtet sich nicht nur nach der gewünschten Einspeicherung, sondern auch nach der Abtauleistung und nach der Verdampferleistung selbst. Man muß sich zunächst darüber im klaren sein, von welcher Temperatur die Würze auf Einstelltemperatur gekühlt werden soll. Daraus und mit der abzukühlenden Würzemenge kann die erforderliche Eisspeicherung errechnet werden. Außerdem muß berücksichtigt werden, daß genügend Eisoberfläche vorhanden ist, damit bei der Kühlung die erforderliche Abtauleistung des Eises gewährleistet ist. Im allgemeinen ist pro m^2 Verdampferoberfläche eine Abtauleistung von rd. 5000 kJ/h gegeben. Schließlich ist noch darauf zu achten, daß der Verdampfer selbst genügend groß dimensioniert ist, um in dem zur Verfügung stehenden Stunden das Eis anzusetzen.

Beim Einsatz von Eiswasser für die Abkühlung der Gärwärme kann ein täglicher Bedarf von 750 kJ/hl Gärkeller Nettovolumen zum Einsatz gebracht werden. Dieser Wert liegt allerdings nur deshalb so niedrig, weil sich die verschiedenen Bottiche bzw. Tanks in unterschiedlichen Gärstadien befinden. Max. werden pro Tag 1050 J / hl benötigt, was aber nur für die Dimensionierung der Kühlfläche ausschlaggebend ist. Die Dimensionierung des Eiswasserkühlers zur Bottich- bzw. Gärtankkühlung ist mit den genannten Werten leicht durchzuführen, wenn eine gewisse Zeit zur Kältespeicherung vorgegeben ist. Im allgemeinen geht man davon aus, daß für rd. 12 Stunden Kälte gespeichert werden soll.

1275. Wie sieht der Vergleich zwischen direkter und indirekter Kühlung aus?

In den Brauereien wird häufiger wieder von der direkten Verdampfung Gebrauch gemacht, weil dabei eine um rd. 5 °K höhere Verdampfungstemperatur eingehalten werden kann, als biem Einsatz eines Kälteträgers. Dies hat zur Folge, daß rd. 17 – 19 % des Stromverbrauches für den Verdichterantrieb eingespart werden können. Trotz dieses wirtschaftlichen Vorteils, welcher in seiner Höhe meist überschätzt wird, sollte man nicht immer grundsätzlich auf eine direkte Verdampfung übergehen.

Stellt man diese Überlegungen bei der Würzekühlung an, so wird man dabei nur dann mit direkter Verdampfung arbeiten, wenn z.B. eine Großbrauerei, die Würzekühlzeiten kontinuierlich nacheinander folgen. Eine Kältespeicherung würde in diesem Fall zu unwirtschaftlich hohen Anlagenkosten führen. Wenn jedoch nur wenige

Sude pro Tag durchgeführt werden, so ist die Eiswasserkühlung nach wie vor die vorteilhafteste Art zur Würzekühlung. Damit kann nämlich die zu installierende Verdichterleistung wesentlich geringer ausgeführt werden und die erforderliche Kälte für die Würzekühlung in Form von Eis mit Nachttarifstrom erzeugt werden, und außerdem wird durch den Betrieb der Verdichter in der Nacht die Fremdstromleistungsspitze der Brauerei nicht erhöht.
Etwas anders liegen die Überlegungen bei der Raumkühlung, bei der heute meist für die Gär- und Lagerkellerkühlung die indirekte Verdampfung aus wirtschaftlichen Gründen eingesetzt wird. Insbesondere doch bei Lagerkellern, Hochhäusern und weitverzweigten unterirdischen Kellern treten jedoch Probleme technischer Art auf. Diese sind in der Kältemittelverteilung, der Kälteleistungsregelung, der Einhaltung der gewünschten Verdampfungstemperatur usw. begründet, so daß die dazu notwendigen Investitionen auch hierbei die direkte Verdampfung unwirtschaftlicher erscheinen lassen, als das Arbeiten mit einem Kälteträger. Berücksichtigt man, daß die Einsparungen am Stromverbrauch für Verdichter und Solepumpen bei ca. 15 – 20 % liegen, so ist daraus zu ersehen, daß nicht unbedingt in allen Fällen der Einsatz der direkten Verdampfung einen wirtschaftlichen Vorteil bringt.

1276. Welchen Kältebedarf haben die einzelnen Kühlräume?

Die Raumkühlung in Brauereien wird heute fast ausschließlich durch Innenberohrung der Kühlräume oder durch Außenluftkühler vorgenommen. Wegen des erforderlichen Luftaustausches in Gärkellern mit offenen Gefäßen und der Feuchtigkeitsausscheidung aus der Luft an den Kühlflächen, wird insbesondere für Gärkeller der Einsatz von Außenluftkühlern bevorzugt. Die stündliche Ventilatorleistung dieser Kühler soll etwa für das 4- bis 6fache Luftvolumen des freien Gärkellerinhaltes ausgelegt werden.
Der Kältebedarf für die Raumkühlung läßt sich insbesondere bei alten Kellern nicht immer exakt berechnen, bei neuen isolierten Räumen geht man heute im allgemeinen zur Berechnung der Kühler von einem K-Wert der installierten Isolierung aus. Überschlagsmäßig kann man bei zentraler Kältevorsorgung für den Kältebedarf der einzelnen Kühlräume etwa folgende Verbrauchswerte zugrundelegen.

Lagerkeller:	4000 kJ / m^2, Tag (bei einfacher Sattelung)
Gärkeller:	4000 kJ / m^2, Tag
Anstellkeller:	1700 – 4000 kJ / m^2, Tag
Hefekühlraum:	5000 kJ / m^2, Tag
Hefeherführung:	4000 kJ / m^2, Tag
Filterraum:	6300 kJ / m^2, Tag
Drucktankraum:	6300 kJ / m^2, Tag
Faßstapelraum:	6300 kJ / m^2, Tag

Für die Dimensionierung der Luftkühler in den einzelnen Lagerkellerabteilungen bzw. Kühlräumen muß von einer wesentlich höheren Kälteübertragungsmenge ausgegangen werden. Der Kältebedarf im Lagerkeller hängt beispielsweise auch davon ab, in welcher Zeit das Bier von Schlauchtemperatur auf Kellertemperatur abgekühlt werden soll.

1277. Welche Kälteverbraucher gibt es noch in der Brauerei?

Verschiedentlich werden in Brauereien Biertiefkühler eingesetzt, deren Kältebedarf sich jedoch leicht ermitteln läßt. Mit Hilfe der Hektoliterleistung des Tiefkühlers und der Temperaturdifferenz um die das Bier abgekühlt werden soll, kann die erforderliche Kältemenge errechnet werden.

Gelegentlich wird in Brauereien in einem sogenannten Eisgenerator noch Blockeis hergestellt. Der Eisgenerator besteht aus einem mit Sole angefüllten Behälter, in welchem seitlich oder am Boden ein liegendes Verdampfersystem angebracht ist. In diese Sole werden Eiszellen eingehängt, die mit dem zu gefrierenden Wasser gefüllt sind. Als Sole wird hierbei eine Kochsalzlösung verwendet, weil der Verbrauch an Sole und die Verwässerung bei der Eisherstellung erheblich sind und somit die Benutzung einer teueren Sole zu höheren Kosten führen würde. Als Verdampfungstemperatur für den Eisgenerator genügen − 10 °C, da die niedrigere Verdampfungstemperatur nur die Brüchigkeit des Eises fördert.

Der theoretische Kältebedarf für die Eiserzeugung beträgt rd. 385−396 kJ/kg Eis. In der Praxis muß man wegen der vielen unvermeidlichen Verluste mit 460−470 kJ/kg Eis je nach Größe der Anlage und der klimatischen Verhältnisse rechnen. Sollte heute eine Brauerei noch einen Eisgenerator betreiben, so muß darauf geachtet werden, daß die Sole des Eisgenerators nicht zur Kälteversorgung des gesamten Betriebes verwendet wird, weil durch den offenen Soleweg der Luftsauerstoff Korrosionen im Leitungsnetz begünstigt.

1278. Warum wählt man heute meist die abgeschwächte der zentralen Kälteversorgung?

Die insgesamt erforderliche Kälteleistung wird auf mehrere Kompressoren verteilt, die in einem gemeinsamen Maschinenraum aufgestellt werden. Diese Art der Kälteversorgung bringt folgende Vorteile mit sich:

Automatisch ist eine Reservehaltung gegeben, wenn die Verdichter auf eine maximal tägliche Laufzeit von 2−16 Stunden ausgelegt sind da die Anlage aus mindestens drei Kompressoren gleicher Größe und Bauart bestehen soll;

eine umfangreiche Ersatzteilhaltung ist nicht notwendig, da gleiche Kompressortypen zum Einsatz kommen;

die Übewachung ist einfach, da alle Kompressoren in einem gemeinsamen Maschinenraum aufgestellt sind;

die Anpassung der Kompressorleistung an den Kältebedarf des Betriebes ist durch Zu- und Abschalten der einzelnen Aggregate in Abhängigkeit des Saugdruckes elegant zu lösen;

für eine gleichmäßige Abnutzung der Kompressoren kann durch Grundlastumschalter gesorgt werden;

die einfache Verminderung der elektrischen Fremdstromleistungsspitze ist möglich, da durch Einsatz eines Maximumwächters ein Teil der Kompressoren bei Erreichen der Fremdstromleistungsspitze abzuschalten ist;

jede beliebige Kondensatorbauart kann eingesetzt werden, wobei in fast allen Fällen ein wassersparender Verdunstungsverflüssiger oder Durchlaufverflüssiger mit Rückkühlwerk die wirtschaftlichste Lösung ist;

bei der Installation einer einzelnen Kondensatoranlage ist auch eine zentrale Lösung der Schalldämpfung dieses Aggregates möglich.

1279. Wie funktioniert eine Absorptionskälteanlage?

Bei Absorptionskältemaschinen werden als Arbeitsstoffe sog. Stoffpaare, bestehend aus dem eigentlichen Kältemittel und dem Absorptionsmittel, verwendet. Die Wirkungsweise eines Arbeitsstoffpaares beruht auf der Fähigkeit des Absorptionsmaterials, gasförmige Stoffe, also Kältemitteldampf, aufzusaugen. Die wichtigsten Stoffpaare für den Einsatz in Absorptionskälteanlagen stellen heute die binären Systeme Ammoniak/Wasser und Wasser/wässrige Lithiumbromid-Lösung dar, wobei die letzte Kombination vorwiegend zur Kälteerzeugung in Klimaanlagen eingesetzt wird.

Grundsätzlich ist zu erwähnen, daß auch bei der Absorptionskälteanlage die Kälteerzeugung durch Verdampfung eines Kältemittels erfolgt. Wie aus dem folgenden Schema, das eine einstufige Absorptionskältemaschine darstellt, zu erkennen ist, läßt sich die Anlage in zwei Teile auftrennen. Der eine Teil besteht aus Absorber S, Austreiber A, Lösungsmittelpumpe P, Drossel D und Gegenstromwärmetauscher W und wird oft als thermischer Verdichter bezeichnet. Hier findet der Lösungsmittelumlauf statt, d. h. das Kältemittel wird absorbiert und ausgetrieben. Im anderen Anlageteil wird das Kältemittel verflüssigt und unter Aufnahme von Wärme aus dem zu kühlenden System verdampft. Während Verflüsiger K und Austreiber A unter dem hohen Druck p arbeiten, stehen Verdampfer V und Absorber S unter niedrigem Druck p_0.

Verfolgt man anhand des Schemas schrittweise den Lösungs- und Kältemittelumlauf, so ergibt sich folgende Arbeitsweise für die Absorptionsmaschine:

1. das im Verdampfer V verdampfte und im Nachkühler N überhitzte Kältemittel gelangt in den Absorber S und wird von der armen Lösung absorbiert. Dabei wird Absorptionswärme frei, welche durch Kühlwasser abgeführt werden muß;
2. die durch die Aufnahme des Kältemittels nun reiche Lösung wird über den Gegenstromwärmetauscher W mit der Lösungsmittelpumpe P in den Austreiber A gefördert;
3. im Austreiber N wird der reichen Lösung Wärme zugeführt und NH_3-Dampf wird ausgetrieben;
4. im Verflüssiger K wird das Ammoniak kondensiert und gelangt über den Nachkühler N und ein Drosselventil D in den Verdampfer V. Die Einschaltung eines Nachkühlers ist bei der Absorptionskälteanlage gerechtfertigt, da auf höhere Überhitzungstemperaturen keine Rücksicht genommen werden muß;
5. die nun im Austreiber A vorliegende arme, heiße Lösung gibt im Wärmetauscher W ihre Wärme an die kalte, reiche Lösung ab und gelangt unter Druckabsenkung in den Absorber S zurück.

Das Wärmeverhältnis liegt bei der Absorptionskälteanlage bei ca. 0,5 kJ pro 1 kJ, d. h. um 2 kJ Kälte zu erzeugen, sind 1 kJ Wärme notwendig.

Die in Brauerein hauptsächlich eingesetzten Ammoniak-Absorptions-Kälteanlagen sind vorwiegend für Temperaturen zwischen 0 und −60 °C geeignet. Unter bestimmten Gesichtspunkten kann eine Absorptionskälteanlage in Verbindung mit einer Kompressionskälteanlage in solchen Brauereibetrieben wirtschaftlich sein,

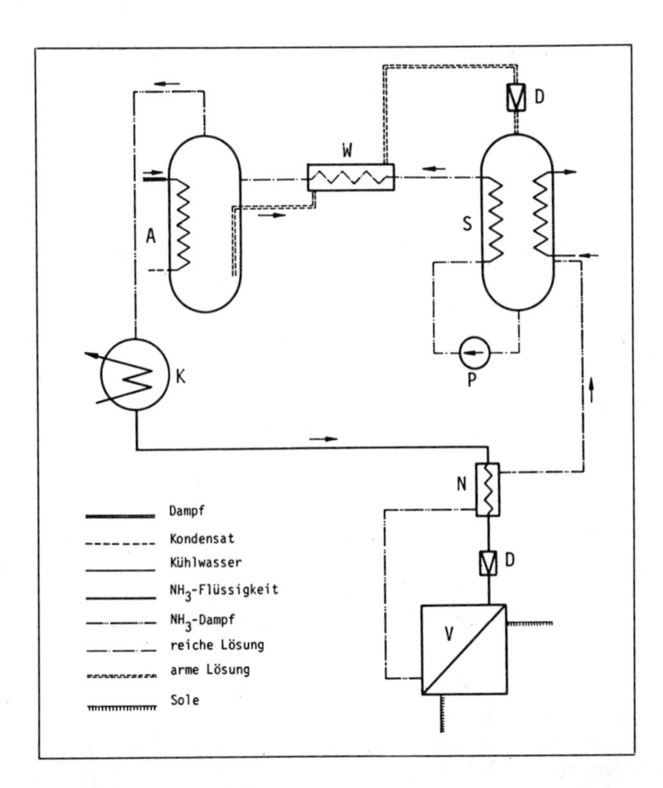

die eine Eigenkraftanlage betreiben. Gerade jedoch mit dem Anstieg der Primärenergiepreise in den letzten Jahren sind die Kosten für die einzusendende Energie und die Wasserkosten für das Betreiben einer Absorptionskälteanlage höher als die Kosten für den Betrieb einer Kompressionskälteanlage. Dazu sind in der obenstehenden Zusammenstellung die Energiekosten zwischen einer Absorptionskälteanlage und einer Kompressionskälteanlage im Vergleich dargestellt.

1280. Wie hoch ist der Wasserverbrauch in der Brauerei?

In jedem Brauereibetrieb ist man bestrebt, den Frischwasserverbrauch so niedrig wie möglich zu halten. Dies ist zweifach von Vorteil. Zum einen werden dadurch die Wasserbezugskosten verringert und zum anderen die Abwasserkosten ebenfalls, weil diese außer von der Abwasserschmutzfracht auch von der in die Kanalisation ablaufenden Wassermenge abhängen. Der spezifische Wasserverbrauch der Brauereibetriebe liegt in weiten Grenzen zwischen 4 und 12 hl pro hl VB. Die Größe dieses Wertes hängt naturgemäß von der Art und dem Umfang der maschinellen Einrichtung des Brauereibetriebes ab, die den Wasserverbrauch direkt beeinflussen. Als Beispiel sei die Kondensatoranlage der Brauereikälteanlage erwähnt, die im Mittel einen Wasserverbrauch je nach Kondensatorbauart von 0 – 13 hl pro hl VB erreichen kann.

1281. Wie verteilt sich der Wasserverbrauch?

In der folgenden Tabelle sind die Mittelwerte des Wasserverbrauchs der einzelnen

Betriebsabteilungen nach Pensel in hl/hl VB zusammengefaßt. Die Werte in Klammern geben jeweils die Schwankungsbreite des Wasserverbrauchs in der einzelnen Abteilung wieder.
Wie aus der Tabelle zu ersehen ist, hängt der Wasserverbrauch von vielen Faktoren ab, so daß es völlig unsinnig ist, einen exakten Normalwert für den Wasserverbrauch anzugeben. Zieht man jedoch den eventuellen Wasserverbrauch für die Kälteerzeugung außer Betracht, so sollte in einem gut geführten Betrieb der spezifische Wasserverbrauch etwa zwischen 5 und 8 hl pro hl VB liegen. Wie außerdem aus der Tabelle hervorgeht, entfällt der Hauptanteil des Wasserverbrauchs dabei auf das Sudhaus, die Flaschenfüllerei und das Reinigungswasser für die doch umfangreichen Reinigungsanlagen. Die in der Tabelle aufgezeigten Werte können selbstverständlich nur Anhaltswerte sein. Eine eindeutige Aufschlüsselung auf die einzelnen Betriebsabteilungen ist im jeweiligen Brauereibetrieb nur durch Messung mit Hilfe von Wasseruhren möglich.
Wie weiterhin aus der Tabelle zu erkennen ist, kann allein für die Kälteerzeugung der Wasserverbrauch zwischen 0 und rd. 13 hl pro hl VB schwanken. Dieser Verbrauch hängt in erster Linie davon ab, welche Kondensatorbauart an der Kälteanlage installiert ist. Wie nämlich bei der Kälteerzeugung schon erwähnt wurde, wird die Wahl der Bauart des eingesetzten Kondensators nicht allein durch die Wasser-

Verteilung des Wasserverbrauchs

Betriebsabteilungen	hl/hl VB
Sudhaus bis Whirlpool 1,8 hl/hl AW	2,00 (1,80–2,20)
Würzekühlung: 1,08–2,2 hl/hl AW	0,00 (0,00–2,40)
Gärkeller und Hefebehandlung	0,65 (0,50–0,80)
Filter- und Drucktankraum	0,30 (0,10–0,50)
Lagerkeller	0,50 (0,30–0,60)
Flaschenfüllerei (bei 70 % Fl.-Bier) 1,6 (1,3–3,0) hl/hl Flaschenbier	1,10 (0,90–2,10)
Faßfüllerei (bei 30 % Faßbier) 30 (25–80) l/Faß = 0,5–1,6 hl/hl Faßbier	0,10 (0,08–0,24)
Sonstige Reinigung einschl. Kantine, Schalander, Sozialeinr., Fuhrpark, Verwaltung, Gartenfläche	1,50 (1,00–3,00)
Dampfkessel	0,20 (0,10–0,30)
Luftkompressoren 4 (3–5) l/m³ Luft je hl VB	0,28 (0,12–0,50)
Insgesamt	6,63 (4,9–12,64)
Kälteanlage:	
Durchlaufkondensator	9,00 (6,43–13,00)
Berieselungskondensator	2,00 (1,43–3,00)
Verdunstungskondensator	0,30 (0,22–0,43)
Durchlaufkondensator mit Rückkühlwerk	0,40 (0,29–0,43)
Luftgekühlter Kondensator	0
Zylinderkopfkühlung	0,08 (0,6–0,12)
CO_2-Gewinnung	0,16 (0,05–0,36)

kosten, sondern insbesondere durch die Höhe der Stromkosten bestimmt. Von geringe Einfluß auf den Wasserverbrauch bei der Kälteanlage ist schließlich auch noch, ob es sich um wassergekühlte oder luftgekühlte Kältekompressoren handelt.

1282. Wie hoch ist der Warmwasserverbrauch?
Der spezifische Warmwasserverbrauch der Brauereien ist in den letzten Jahrzehnten stark zurückgegangen. Der Grund liegt einerseits darin, daß fast ausschließlich Flaschenreinigungsmaschinen eingesetzt sind, die nach dem Regenerationsprinzip arbeiten, d. h. also nur kaltes Wasser benötigen. Andererseits ist der Flaschenbieranteil in dieser Zeit zu Lasten des Faßbieranteils angestiegen.
Grundsätzlich muß man zwischen warmem Brauwasser, dem Warmwasser für das Sudhaus, und warmem Betriebswasser für den restlichen Betrieb, unterscheiden, da in sehr vielen Fällen das Brauwasser aufbereitet werden muß. Das bedeutet, daß für das warme Brauwasser aufbereitetes Wasser und für das warme Betriebswasser Rohwasser benützt wird.
Der Gesamtwarmwasserverbrauch liegt also in den Brauereibetrieben, bezogen auf das erzeugte Produkt, bei etwa 1,7 hl pro hl VB. Berücksichtigt man einen Kesseljahresbetriebswirkungsgrad von im Mittel 80 % und anteilige Abstrahlungsverluste, so wären für die Erzeugung des gesamten Warmwassers in der Brauerei rd. 60 – 65 MJ / hl VB, im Brennstoff gemessen, notwendig.

1283. Welchen Einfluß hat das Sudverfahren auf den Warmwasserverbrauch?
Der Bedarf an warmem Brauwasser läßt sich in Abhängigkeit des Sudverfahrens recht genau berechnen. Dieser liegt heute im allgemeine bei etwa 1,3 – 1,5 hl Wasser von Einmaischtemperatur pro hl Ausschlagwürze. Da man mit Hilfe der Wärmerückgewinnungsanlagen in der Brauerei ca. 80grädiges Wasser erzeugen kann, liegt in der Warmwasserreserve bzw. im Warmwasserspeicher Wasser von der genannten Temperatur vor. Für den obigen Warmwasserbedarf wird eine Menge von rd. 1,05 – 1,15 hl 80grädiges Wasser pro hl VB benötigt.

1284. Wie hoch ist der Bedarf an warmem Brauwasser?
Der Warmwasserbedarf für den restlichen Betrieb unterliegt von Brauerei zu Brauerei großen Schwankungen. Bekannt sind Werte von von 0,3 bis 1,5 hl warmem Betriebswasser pro hl VB. Der Verbrauch von warmem Betriebswasser hängt ab von dem Faßbieranteil, der Behandlungszeit bei der Faßreinigung, der Güte der Reinigungsmaschinen, dem speziellen Warmwasserverbrauch wie z. B. für die Sterilisierung, sowie der Anzahl und Ausnutzung der vorhandenen sanitären Einrichtungen. Als Mittelwert für den spezifischen Warmwasserverbrauch im übrigen Brauereibetrieb kann ein Wert von etwa 0,5 hl warmem Betriebswasser pro hl VB angegeben werden, wobei sich diese Verbrauchsmenge auch hier auf 80grädiges Wasser bezieht.

1285. Welche Möglichkeiten gibt es, Warmwasser zu erzeugen?
Die Warmwasserbereitung im Brauereibetrieb kann natürlich grundsätzlich mittels Dampf oder Heißwasser über Gegenstromwärmetauscher erfolgen. In den allermeisten Fällen jedoch wird man heute die möglichen Abwärmequellen des Brauereibe-

triebes dazu nutzen, um die erforderliche Wassermenge zu erzeugen. Das führt dazu, daß der obengenannte Wärmebedarf von rd. 60–65 MJ pro hl VB bei der Ermittlung des Gesamtwärmeverbrauchs des Betriebes nahezu vollkommen außer acht gelassen werden kann, da die Warmwassererzeugung mit Abwärme erfolgt. Auf die einzelnen Abwärmequellen des Brauereibetriebes ist in dem obigen Abschnitt »Wärmerückgewinnung in der Brauerei« schon näher eingegangen worden. Aus der dort gemachten Ausführungen geht hervor, daß man in Brauereien zweckmäßigerweise in der Vorkühlabteilung des Plattenapparates das warme Brauwasser bereitet, da bei richtig ausgelegter Vorkühlabteilung des Würzekühlers gerade die notwendigen 1,1 hl Brauwasser pro hl Ausschlagwürze auf eine Temperatur von ca. 80 °C aufgewärmt werden können. In der Mehrzahl der Brauereien hat sich weiterhin als günstig erwiesen, das Warmwasser aus der Pfannendunstkondensatoranlage als warmes Betriebswasser zu verwenden. Bei herkömmlicher Würzekochung kann mit Hilfe des Pfaduko warmes Betriebswasser im Überschuß zur Verfügung gestellt werden.
Weitere Möglichkeiten der Warmwassererzeugung durch Abwärmenutzung wären durch den Einsatz eines Ekonomisers bei direkter beheizter Würzepfanne und durch die Nutzung der Nachverdampfungswärme des Kondensats bei der Dampfversorgung mit offener Kondensatrückführung gegeben. Generell kann der Einsatz eines solchen Ekonomisers nicht empfohlen werden, da bei Vorhandensein von Plattenapparat und Pfannendunstkondensator das zusätzlich gewonnene Warmwasser nicht mehr im Brauereibetrieb untergebracht werden kann. In der Praxis ist es allerdings oft so, daß bei direkt beheizten Sudwerken täglich nur ein Sud durchgeführt wird und dann der Einbau eines Ekonomisers fast immer zu empfehlen ist, weil in diesem Fall der Einsatz eines Pfadukos wirtschaftlich noch nicht vertretbar ist. Die Nutzung der Nachverdampfungswärme des Kondensats spielt in der Brauerei eine untergeordnete Rolle und ist auch nur dann zu vertreten, wenn mit höheren Heizdrücken gearbeitet wird.
Der Ekonomiser eines Dampfkessels sowie das Kühlwasser aus einem Durchlaufkondensator der Brauereikälteanlage sind für die Bereitung von warmem Brau- und Betriebswasser nicht geeignet. Als Gründe dafür können angeführt werden, daß der Ekonomiser erst bei Kesselanlagen mit hohen Drücken wirtschaftlich eingesetzt werden kann und dann zwangsläufig zur Speisewasservorwärmung herangezogen wird. Bei den Durchlaufverflüssigern darf ebenfalls aus wirtschaftlichen Gründen das ablaufende Kühlwasser keine zu hohe Temperatur aufweisen, da sonst die Stromkosten für den Verdichterantrieb zu stark ansteigen.

1286. Welches Wasser gelangt nicht in die Kanalisation?

In vielen Fällen ist es für den Techniker im Brauereibetrieb interessant, welche Teilmengen von dem benötigten Frischwasserbedarf die Kanalisation nicht belasten. Deshalb sind in der folgenden Tabelle Mittelwerte des nicht in die Kanalisation gelangenden Wassers nach Pensel aufgezeichnet, welche je nach Brauereibetrieb natürlich nach oben bzw. unten schwanken können. Bei der Herstellung alkoholfreier Getränke kann man mit 1,15 hl Waser pro hl AfG rechnen, welches nicht als Abwasser in Erscheinung tritt.

	hl/hl VB
Im Verkaufsbier (VB) enthalten	1,000
Verdampfung beim Würzekochen	0,226
Verdampfung beim Maischekochen	0,079
In Trebern enthalten	0,178
Wasser im Heißtrub, der entfernt wird	0,008
Imhibilitionswasser bei Naturhopfen	0,013
Wasser in Gelägerhefe, die entfernt wird	0,025
Wasser in Kieselgur, die entfernt wird	0,003
Haftwasser bei der Flaschenreinigungsmaschine und Schwaden bei einem Verhältnis Flaschenbier zu Faßbier wie 70 : 30	0,006
Haftwasser an Flaschenkästen und Fässern	0,006
Bodenverdampfung im Gärkeller, Lagerkeller, Abfüllkeller und Flaschenkeller	0,010
Dampfverluste im Kondensatkreislauf	0,262
Verdunstungskondensator der Kälteanlage	0,408
Waschwasser für Pkw, Lkw und Hänger	0,037
Insgesamt	2,261

Insgesamt dürfte die Gesamtwassermenge, die die Kanalisation nicht belastet, bei Brauereibetrieben zwischen 2,1 und 2,5 hl pro hl VB liegen.

Das Mindesthaltbarkeitsdatum

1287. Was bedeutet die Abkürzung MHD?
Die Abkürzung bedeutet Mindesthaltbarkeitsdatum, wobei sich der Begriff »Haltbarkeit« auf die zeitlich befristete Einhaltung eines bestimmten Qualitätszustandes bezieht.
Der Zusatz »mindest« soll darüber hinaus zum Ausdruck bringen, daß für den angegebenen Zeitraum dieser bestimmte Qualitätszustand erhalten bleibt, der von dem bei der Abfüllung nicht wesentlich abweicht.

1288. Ab welchem Zeitpunkt ist diese Verordnung in Kraft?
Ab dem 1.1.1989 muß Bier mit der Angabe des MHD gekennzeichnet sein.

1289. Was besagt das MHD?
§ 7 Abs. 1 der Lebensmittelkennzeichnungsverordnung (LMKW) besagt:
Das MHD eines Lebensmittels ist das Datum, bis zu dem dieses Lebensmittel unter angemessenen Aufbewahrungsbedingungen seine spezifischen Eigenschaften behält. Unter angemessenen Aufbewahrungsbedingungen sind Transport und Lagerung bei üblichen Temperaturen zu verstehen.

1290. Was besagen die Absätze 2, 3 und 4 des § 7 der LMKV?
Abs. 2: Das MHD ist unverschlüsselt mit den Worten »mindestens haltbar bis…« unter Angabe von Tag, Monat und Jahr in dieser Reihenfolge anzugeben. Die Angabe von Tag, Monat und Jahr kann auch an anderer Stelle erfolgen, wenn in Verbindung mit der Angabe nach Satz 1 auf diese Stelle hingewiesen wird.

Abs. 3: Abweichend von Abs. 2 kann bei Lebensmitteln,
1. *deren Mindesthaltbarkeit nicht mehr als drei Monate beträgt, die Angabe des Jahres entfallen,*
2. *a) deren Mindesthaltbarkeit mehr als drei Monate beträgt, der Tag,*
   b) deren Mindesthaltbarkeit mehr als achtzehn Monate beträgt, der Tag und der Monat
   entfallen, wenn das MHD unverschlüsselt mit den Worten »mindestens haltbar bis Ende« angegeben wird.

Abs. 4: Abweichend von Abs. 2 kann bei Bier das Abfülldatum nach Tag, Monat und Jahr in Verbindung mit der Dauer der Mindesthaltbarkeit mit den Worten »abgefüllt am…« danach »mindestens haltbar…« angegeben werden.

1291. Welche Aufbewahrungskriterien sind von besonderer Bedeutung?
Bier sollte dunkel und kühl aufbewahrt werden. Es ist deshalb erforderlich, bei allen Handelsstufen und beim Verbraucher durch gezielte Information darauf hinzuweisen. Da das MHD dem Verbraucher dient, kann erwartet werden, daß dieser seinerseits alles tut, um das Bier sachgerecht aufzubewahren.

1292. Welche besondere Aufgabe kommt den Brauereien zu?

Alle Verantwortlichen sollten dem Abhnehmer bzw. Konsumenten deutlich machen, daß das MHD kein Verfalls- oder Aufbrauchdatum ist!

1293. Welche technischen Möglichkeiten der Anbringung des MHD gibt es?

1. Datierung vor der Etikettierung
   a) Datums-Randleiste und Einkerbung am Etikettenrand durch ein Datiergerät.
   b) Berücksichtigung des MHD beim Druck der Etiketten. Voraussetzung hierfür ist, daß das MHD langfristig festgesetzt wird und für den Druck aus wirtschaftlichen Gründen, große Einheiten zugrunde liegen.
2. Datierung während des Etikettiervorgangs
   a) Tintenstrahlmarkierung:
   In die Etikettiermaschine wird ein sog. Ink-Jet-Gerät installiert. Ein elektronisch gesteuerter Tintenstrahl registriert das MHD auf einem bestimmten Feld des Etiketts. Diese Geräte können in Etikettiermaschinen aller Ausbringungsbereiche eingebaut werden, sofern diese über eine mechanische Vorrichtung zum Drehen der Flasche verfügen.
   b) Lasermarkierung:
   Diese Geräte können ein- oder mehrzeilig beschriften. Die Einsatzbedingungen sind diesselben wie bei der Tintenstrahlmarkierung. Gaslaser mit einem Gemisch aus CO_2, CO, Stickstoff und Helium, leisten je nach Typ, bis zu 400 Markierungen/min.
   Impulsgas-Lasermarkierung mit der Bezeichnung »Heuft-Flash« leisten je nach Typ, bis zu 3000 Markierungen/min.
   c) Stempelung des Etiketts;
   Mit einer Stempelvorrichtung und einer schnelltrockenden Tinte wird das MHD auf das Etikett gebracht.

1294. Welche Vorschriften gelten für die Schriftgröße, das Schriftbild und die Schreibweise?

§ 3 LMKV besagt: *Die Angaben sind auf der Fertigpackung oder einem mit ihr verbundenen Etikett an einer in die Augen fallenden Stelle in deutscher Sprache leicht verständlich, deutlicht sichtbar, leicht lesbar und unverwischbar anzubringen. Sie dürfen nicht durch andere Angaben oder Bildzeichen verdeckt oder getrennt werden.*

Unter »deutlich sichtbar« empfiehlt der Verband mittelständischer Privatbrauerein in Bayern e. V. eine Schriftgröße von 3–4 mm, die ein normalsichtiger Mensch auf 1 m Entfernung lesen kann.

Diese Empfehlung ist aber kein Bestandteil der LMKV, sondern sie stützt sich auf die Schriftgröße für die Angabe der Nennfüllmengen in § 20 der Fertigpackungverordnung für eine Nennfüllmenge von mehr als 200–1000 ml.

Zipfel schreibt in seinem Kommentar zur LMKV u. a.: *Eine einheitliche Schriftgröße läßt sich wegen der Abhängigkeit von anderen Umständen nicht nennen.* Davon unberührt bleibt die generelle Empfehlung, alle Angaben in einer Schriftgröße anzubringen.

Die oben dargestellte Situation ist zwischenzeitlich durch eine Verordnung geregelt, welche vorschreibt, daß die Schriftgröße minimal 2 mm betragen muß, der Inhalt in cl bzw. ml und der Alkoholgehalt 4 mm Schriftgröße betragen muß.

1295. Welche Möglichkeiten für die Angabe des MHD gibt es?
(Quelle: Verband mittelständischer Privatbrauerein in Bayern e.V. – abgedruckt in der Fachzeitschrift Brauindustrie Nr. 4, April 1987, 72. Jahrgang, vom Verfasser mit aktualisierten Zahlen versehen.)

1. Bei einer Mindesthaltbarkeit von nicht mehr als drei Monaten:
   Mindestens haltbar bis 15. 6.
   Mindestens haltbar bis 15. Juni
   Wird auf die Angabe des MHD an anderer Stelle verwiesen, ist folgende Formulierung erforderlich: *Mindestens haltbar bis siehe Randleiste / linke/rechte Randleiste / Rückenetikett / Halsetikett / Kronenkork.*
2. Bei einer Mindesthaltbarkeit von mehr als drei Monaten:
   Mindestens haltbar bis Ende 8. 95
   Mindestens haltbar bis Ende August 95
   Wird auf die Angabe des MHD an anderer Stelle verwiesen, ist folgende Formulierung erforderlich: *Mindestens haltbar bis siehe Randleiste / linke/ rechte Randleiste/ Rückenetikett/ Halsetikett/ Kronenkork.*
3. Bei einer Mindesthaltbarkeit von mehr als achtzehn Monaten:
   Mindestens haltbar bis Ende 1995.

1296. Welches MHD gilt als angemessen?
Die Meinungen und die Daten gehen bei Fachleuten und bei Kommentatoren auseinander. Dem Verfasser steht es nicht zu, eigene Ratschläge zu geben. Nachfolgend soll vielmehr die Vielfalt der Meinungen wiedergegeben werden, wie sie sich in der Fachpresse darstellen. Daß sich der Verfasser eine technologische Abschlußbemerkung erlaubt, ist in der Tatsache begründet, daß er vielen Brauereitechnikern aus dem Herzen spricht.

1. Brauereien, deren Jahresausstoß 100 000 hl nicht überschreitet, sollten für ihre Biere ein MHD anstreben, das 3 Monate umfaßt.
2. Brauereien mit mehr als 100 000 hl Ausstoß peilen einen Zeitraum für eine Mindesthaltbarkeit von 4–5 Monaten an oder gewährleisten ihn bereits.
3. Das MHD sollte zwischen 3–6 Monate liegen, da der Lebensmitteleinzelhandel (LEH) zum Umschlagen nicht länger als 3 Monate braucht und der Getränkefachhandel (GFH) mit 6 Monaten einverstanden ist.
4. Je kürzer das MHD desto größer ist das Rückbierrisiko, je länger das MHD, desto größer ist das Risiko der Beanstandung durch Behörden und die Gefahr der »Verkonservierung«.
5. Für die mittelständischen Brauereien sind überzogene »Haltbarkeitsräume« kein Thema. Vielmehr nehmen »Produktnähe« und »Vertriebsnähe« einen dominierenden Stellenwert in der Werbung ein.
6. Alle verantwortlichen Brauereitechniker, welche die Reinheit des deutschen Bieres garantieren, sind auch Verfechter der »Frische« des Bieres. Denn Bier ist keine »Dauerware«, es ist zum alsbaldigen Verzehr bestimmt.

7. Mit der bisherigen Produkthaftung und der Garantie für die Qualitätsmerkmale des Bieres durch gezielte Sicherung bzw. Steigerung der chemisch-physikalischen und biologischen Haltbarkeit durch technologische Maßnahmen und zulässige Mittel (§ 9 BStG) dürften sich, was das MHD betrifft, keinerlei Schwierigkeiten ergeben.
8. Die Angabe eines längeren MHD aus Konkurrenzgründen kann sich nachteilig auswirken.
9. Eine übertriebene, wenn auch manchmal aus Absatzgründen notwendige Steigerung der Haltbarkeit, geht immer auf Kosten anderer Qualitätsmerkmale des Bieres. (siehe auch Kapitel Bier).

Das Reinheitsgebot

Das RHG, das älteste Lebensmittelrecht der Welt, aus dem Jahre 1516 von Herzog Wilhelm IV., verankert im Biersteuergesetz, garantiert die Reinheit des deutschen Bieres und begründet seinen weltweiten guten Ruf.
Durch die Gesetzgebung bei der Gründung der EWG in Rom sahen die anderen europäischen Staaten ein Handelshemmnis. Das RHG wurde zum Streibobjekt der EG. Am 12. März 1987 fand vor dem Europäischen Gerichtshof ein Verfahren statt.

1297. Welches Urteil fällte der Europäische Gerichtshof?
Am 12. März 1987 fällte der Europäische Gerichtshof das mit großer Spannung erwartete Urteil in Sachen Reinheitsgebot für Bier.

Der Gerichtshof hat für Recht anerkannt und entschieden:
1. *Die Bundesrepublik Deutschland hat dadurch gegen ihre Verpflichtungen aus Artikel 30 EWG-Vertrag verstoßen, daß sie das Inverkehrbringen von in einem Mitgliedstaat hergestelltem und in den Verkehr gebrachtem Bier untersagt hat, wenn dieses Bier nicht den §§ 9 und 10 BierStG entspricht.*
2. *Die Bundesrepublik Deutschland trägt die Kosten des Verfahrens.*

Unmittelbar im Anschluß an die Verkündigung erging durch den Pressedienst des Bundesministeriums für Jugend, Familie Frauen und Gesundheit eine Erklärung mit folgendem Inhalt:
Auch nach dem Urteil des Europäischen Gerichtshofes gilt für deutsches Bier weiterhin das Reinheitsgebot.
Bei Importbieren müssen alle dem Reinheitsgebot fremden Stoffe wie Bruchreis und Maisgrieß und chemische Zusatzstoffe deutlich erkennbar auf dem Etikett angegeben werden.
Zolldienststellen unterrichten ab sofort Länderbehörden über verdächtige Bierlieferungen.
Die Bundesregierung wird das umfangreiche Urteil gemeinsam mit den für den Vollzug des Lebensmittelrechts zuständigen Bundesländern sorgfältig analysieren und sodann die zu seiner Ausführung erforderlichen Mahnahmen treffen. Eine erste Prüfung des Urteils zeigt, daß die EG-Kommission ihr Klageziel nur zum Teil erreicht hat. Sie wollte durchsetzen, daß jedes aus einem anderen Mitgliedsstaat importierte Bier mit allen dort zugelassenen Lebensmittelzusatzstoffen (in manchen Mitgliedsstaaten über 20 zugelassene Stoffe) in der Bundesrepublik Deutschland frei verkauft werden kann. Dem ist der Gerichtshof in seinem Urteil nicht gefolgt. Er hat vielmehr die von der Bundesrepublik Deutschland verfolgte Politik, aus Gründen des vorbeugenden Gesundheitsschutzes Zusatzstoffe nur bei technologischer Notwendigkeit und dann nach Zahl und Menge eingeschränkt zuzulassen, ausdrücklich als gerechtfertigt anerkannt. Er ist jedoch der Auffassung, daß die Bundesregierung bei dem importierten Bier nicht pauschal alle in den anderen Mitgliedsstaaten zugesetzten Zusatzstoffe verbieten darf, sondern unter Beachtung des Verhältnismäßigkeits-

grundsatzes über die Zulassung des einzelnen Zusatzstoffes entscheiden und dabei auch die Bedürfnisse des freien Warenverkehrs berücksichtigen muß. Des weiteren muß die Bundesrepublik künftig Biere mit Anteilen von Malzersatzstoffen (»Rohfrüchte«!) wie z. B. Reis oder Mais zum Import zulassen.
Die Bundesrepublik Deutschland kann jedoch verlangen, daß die Zusatzstoffe und Rohfruchtanteile deutlich angegeben werden.
Eine solche Kennzeichnung ist in der Bundesrepbulik Deutschland nach dem Lebensmittel- und Bedarfsgegenständegesetz (§17, Abs. 1, Nr. 2b) vorgeschrieben.
Für die deutschen Verbraucher ergibt sich mithin folgende Lage:

1. *Für deutsches Bier gilt weiterhin das Reinheitsgebot, Zusatzstoffe und Rohfrüchte dürfen dafür nicht verwendet werden. Weil zukünftig auch Biere anderer Beschaffenheit auf dem deutschen Markt sein können, darf in der Etikettierung auf die Einhaltung des Reinheitsgebotes hingewiesen werden.*
2. *Aus anderen Mitgliedsstaaten importierte Biere dürfen Anteile von Malzersatz (Rohfrüchte) enthalten. Diese müssen aber mit ihrer genauen Bezeichnung (z. B. Bruchreis, Maisgrieß) und ihrem prozentualen Anteil in der Etikettierung deutlich kenntlich gemacht werden. Bis zu einer Regelung durch Rechtsvorschriften dürfen aus anderen Mitgliedsstaaten importierte Biere nur Zusatzstoffe enthalten, die nach deutschem Recht für Lebensmittel allgemein zugelassen sind und zwar nur im Rahmen der festgelegten Höchstmengen. Die Zusatzstoffe müssen jedoch ebenfalls mit ihrem Namen in der Etikettierung deutlich kenntlich gemacht werden.*
3. *Damit in der Übergangsphase eine ausreichende Überwachung sichergestellt wird, werden die Zolldienststellen ab sofort die zuständigen Überwachungsbehörden der Bundesländer über Biersendungen unterrichten, bei denen Verdacht besteht, daß sie entgegen den Vorschriften des deutschen Lebensmittelrechtes nicht zugelassene Zusatzstoffe enthalten oder daß bei ihnen Malzersatzstofe (Rohfrüchte) oder zulässige Zusatzstoffe nicht ausreichend kenntlich gemacht sind.*

1298. Wie reagiert die deutsche Brauwirtschaft auf das Urteil des EuGH?

Aufgrund dieser neuen Rechtslage empfiehlt der Verband mittelständischer Privatbrauerein in Bayern e.V. allen Mitgliedsbetrieben in ihrem eigenen Interesse dringend, sich künftig auf den Bieretiketten, auf allen Werbemitteln bis hin zur Lastwagenbeschriftung etc. des Verbandszeichens »Aus Tradition privat – gebraut nach dem Reinheitsgebot 1516« zu bedienen, das bekanntlich allen Brauereien, die der Organisation der mittelständischen privaten Brauwirtschaft angehören, kostenlos zur Verfügung steht.

1299. Welche Auswirkungen brachte das Urteil für die deutsche Bierlandschaft?

Die deutsche Bierlandschaft hat sich kaum verändert, eine sog. »Überschwemmung« durch ausländische Biere fand nicht statt. Daß dies so bleiben möge, »dazu gebe Gott Glück und Segen drein!«

Anhang

Farben nach EBC und n/10 Jod

EBC	Jod	EBC	Jod
1,0	0,06	7,0	0,43
1,3	0,07	7,2	0,44
1,4	0,08	7,4	0,45
1,6	0,09	7,6	0,47
1,8	0,10	7,8	0,48
2,0	0,11	8,0	0,49
2,2	0,13	8,2	0,50
2,4	0,14	8,4	0,52
2,6	0,15	8,6	0,53
2,8	0,16	8,8	0,55
3,0	0,17	9,0	0,56
3,2	0,18	9,2	0,58
3,4	0,20	9,4	0,59
3,6	0,21	9,6	0,60
3,8	0,22	9,8	0,62
4,0	0,23	10,0	0,63
4,2	0,24	10,3	0,65
4,4	0,26	10,6	0,67
4,6	0,27	11,4	0,73
4,8	0,28	11,7	0,73
5,0	0,30	11,7	0,76
5,2	0,31	12,0	0,78
5,4	0,32	12,4	0,81
5,6	0,34	12,8	0,84
5,8	0,35	13,2	0,87
6,0	0,36	13,7	0,91
6,2	0,38	14,0	0,95
6,4	0,39	14,3	0,96
6,6	0,40	14,6	0,98
6,8	0,41	14,8	1,00

Umrechnungsformel:

$$\text{Jodfarbe} = \frac{\text{EBC}}{18} + \left(\frac{\text{EBC}}{36}\right)^2$$

Tabelle
Dezimale Vielfache und dezimale Teile von Einheiten

Vielfache	Vorsatz	Vorsatzzeichen
10^1	Deka	da
10^2	Hekto	h
10^3	Kilo	k
10^6	Mega	M
10^9	Giga	G
10^{12}	Tera	T
10^{15}	Peta	P
Teile	**Vorsatz**	**Vorsatzzeichen**
10^{-1}	Dezi	d
10^{-2}	Zenti	c
10^{-3}	Milli	m
10^{-6}	Mikro	μ
10^{-9}	Nano	n
10^{-12}	Pico	p
10^{-15}	Femto	f
10^{-18}	Atto	a

Tabelle

Begriff	Definition	Beispiel	Beispiel
1 ppm	part per million ist ein Teil von einer Million Teilen	1 Milligramm, mg =0,001 g/kg	1 Milliliter, ml = cm^3 =0,001 Liter pro m^3
1 ppb	part per billion* ist ein Teil von einer Milliarde Teilen	1 Mikrogramm, μg =0,000001 g/kg	1 Mikroliter, μl =0,000001 Liter/m^3
1 ppt	part per trillion** ist ein Teil von einer Billion Teilen	1 Nanogramm, ng =0,000 000001 g/kg	1 Nanoliter, nl =0,000000001 Liter/m^3

*amerikan. = Milliarde
**amerikan. = Billion

Wichtige physikalische Größen und ihre SI-Einheiten

In dieser Tabelle sind zur besseren Übersicht Einheitenquotienten mit Bruchstrich geschrieben. Schreibweise und Benennung mit negativen Exponenten sind ebenso anwendbar.

Größe	SI-Einheit		Weitere Einheiten		Beziehung
	Name	Zeichen	Name	Zeichen	
Länge, Fläche, Volumen					
Länge	Meter	m			
Fläche	Meter hoch zwei, Meterquadrat	m^2	Ar**) Hektar**)	a ha	1 a $=10^2$ m^2 1 ha $=10^4$ m^2
Volumen	Meter hoch drei	m^3	Liter*)	l	1 l $=1$ $dm^3=10^{-3}$ m^3
reziproke Länge	reziprokes Meter	1/m	Dioptrie**)	dpt	1 dpt = 1/m
Dehnung	Meter durch Meter	m/m			
Masse					
Masse	Kilogramm	kg	Gramm*) Tonne*) atomare Masseneinheit**) metrisches Karat**)	g t u Kt	1 g $=10^{-3}$ kg 1 t $=10^3$ kg 1 u $=1{,}66053\cdot10^{-27}$ kg 1 Kt $=0{,}2\cdot10^{-3}$ kg
längenbezogene Masse	Kilogramm durch Meter	kg/m	Tex**)	tex	1 tex $=10^{-6}$ kg/m $=1$ g/km
Dichte	Kilogramm durch Meter hoch drei	kg/m^3			
spezifisches Volumen	Meter hoch drei durch Kilogramm	m^3/kg			
Zeit					
Zeit, Zeitspanne, Dauer	Sekunde	s	Minute*) Stunde*) Tag*) Jahr*)	min h d a	1 min = 60 s 1 h = 60 min 1 d = 24 h 1 a = 365 d = 8760 h (Gemeindejahr)
Frequenz (Periodenfrequenz)	Hertz	Hz			1 Hz = 1/s
Drehzahl (Umdrehungsfrequenz)	reziproke Sekunde	1/s	reziproke Minute*)	1/min	1/min = 1/(60 s)
Kreisfrequenz (Winkelfrequenz)	reziproke Sekunde	1/s			

*) Diese so gekennzeichneten Einheiten sind nicht kohärente gesetzliche Einheiten.

**) Hierbei handelt es sich um gesetzliche Einheiten mit eingeschränktem Anwendungsbereich. Sie sind mit den jeweiligen Anwendungsbereichen noch gesondert aufgeführt.

Größe	SI-Einheiten		Weitere Einheiten		Beziehung
	Name	Zeichen	Name	Zeichen	

Zeit und Raum

Größe	SI-Einheit		Weitere Einheiten		Beziehung
	Name	Zeichen	Name	Zeichen	
Geschwindigkeit	Meter durch Sekunde	m/s	Kilometer durch Stunde*)	km/h	1 km/h = $\frac{1}{3,6}$ m/s
Beschleunigung	Meter durch Sekunde hoch zwei	m/s²			
Winkel-geschwindigkeit	Radiant durch Sekunde	rad/s			
Winkel-beschleunigung	Radiant durch Sekunde hoch zwei	rad/s²			
Volumenstrom (Volumendurchfluß)	Meter hoch drei durch Sekunde	m³/s			
Massenstrom (Massendurchfluß)	Kilogramm durch Sekunde	kg/s			
Diffusionskoeffizient	Meterquadrat durch Sekunde	m²/s			

Kraft, Energie, Leistung

Größe	Name	Zeichen	Name	Zeichen	Beziehung
Kraft	Newton [njuːᵉn]	N			1 N = 1 kg m/s²
Impuls	Newtonsekunde	Ns			1 Ns = 1 kg m/s
Druck	Newton durch Meterquadrat, Pascal	N/m², Pa			1 Pa = 1 N/m²
			Bar*)	bar	1 bar = 10⁵ Pa
mechanische Spannung	Newton durch Meterquadrat, Pascal	N/m², Pa			1 Pa = 1 N/m²
Energie, Arbeit, Wärmemenge	Joule [dʒuːl]	J			1 J = 1 N m = 1 Ws = 1 kg m²/s²
			Kilowattstunde*)	kWh	1 kWh = 3,6 MJ
			Elektronvolt**)	eV	1 eV = $1{,}60219 \cdot 10^{-19}$ J
Moment einer Kraft, Drehmoment, Biegemoment	Newtonmeter, Joule	Nm, J			1 Nm = 1 J = 1 Ws
Drehimpuls	Newtonsekundemeter	Nsm			1 Nsm = 1 kg m²/s
Leistung, Energiestrom, Wärmestrom	Watt	W			1 W = 1 J/s = 1 Nm/s = 1 VA

*) Diese so gekennzeichneten Einheiten sind nicht kohärente gesetzliche Einheiten.
**) Hierbei handelt es sich um gesetzliche Einheiten mit eingeschränktem Anwendungsbereich. Sie sind mit den jeweiligen Anwendungsbereichen noch gesondert aufgeführt.

Größe	SI-Einheit		Weitere Einheiten		Beziehung
	Name	Zeichen	Name	Zeichen	

Radiologische Größen

Größe	SI-Einheit Name	Zeichen	Weitere Einheiten Name	Zeichen	Beziehung
Aktivität einer radioaktiven Substanz	Becquerel	Bq			1 Bq = 1/s
Energiedosis	Gray	Gy			1 Gy = 1 J/kg
Energiedosisrate, Energiedosisleistung	Gray durch Sekunde	Gy/s			
Äquivalentdosis	Joule durch Kilogramm	J/kg			
Äquivalentdosisrate, Äquivalentdosisleistung	Watt durch Kilogramm	W/kg			
Ionendosis	Coulomb durch Kilogramm	C/kg			
Ionendosisrate, Ionendosisleistung	Ampere durch Kilogramm	A/kg			

Stoffmengengrößen

Größe	SI-Einheit Name	Zeichen	Weitere Einheiten Name	Zeichen	Beziehung
Stoffmenge	Mol	mol			
stoffmengenbezogene Masse (molare Masse)	Kilogramm durch Mol	kg/mol			
Stoffmengenkonzentration	Mol durch Meter hoch drei	mol/m^3			

Viskosimetrische Größen

Größe	SI-Einheit Name	Zeichen	Weitere Einheiten Name	Zeichen	Beziehung
dynamische Viskosität	Pascalsekunde	Pa s			1 Pa s = 1 Ns/m^2 = 1 kg/(s m)
kinematische Viskosität	Meterquadrat durch Sekunde	m^2/s			

Thermodynamische Größen

Größe	SI-Einheit Name	Zeichen	Weitere Einheiten Name	Zeichen	Beziehung
Temperatur	Kelvin	K	Grad Celsius*)	°C	Grad Celsius ist der besondere Name für das Kelvin bei der Angabe von Celsius-Temperaturen
Temperaturleitfähigkeit	Meterquadrat durch Sekunde	m^2/s			
Entropie, Wärmekapazität	Joule durch Kelvin	J/K			
Wärmeleitfähigkeit	Watt durch Kelvinmeter	W/(Km)			
Wärmeübergangskoeffizient	Watt durch Kelvin-Meterquadrat	W/(Km^2)			

*) Diese so gekennzeichneten Einheiten sind nicht kohärente gesetzliche Einheiten.
**) Hierbei handelt es sich um gesetzliche Einheiten mit eingeschränktem Anwendungsbereich. Sie sind mit den jeweiligen Anwendungsbereichen noch gesondert aufgeführt.

Größe	SI-Einheit		Weitere Einheiten		Beziehung
	Name	Zeichen	Name	Zeichen	
Winkel					
ebener Winkel (Winkel)	Radiant	rad			1 rad = 1 m/m
			Vollwinkel*)		1 Vollwinkel = 2π rad
			Rechter Winkel*)	∟	1∟ = $\frac{\pi}{2}$ rad
			Grad*)	°	1° = $\frac{\pi}{180}$ rad
			Minute*)	′	1′ = 1°/60
			Sekunde*)	″	1″ = 1′/60
			Gon*)	gon	1 gon = $\frac{\pi}{200}$ rad
räumlicher Winkel (Raumwinkel)	Steradiant	sr			1 sr = 1 m^2/m^2
Elektrische und magnetische Größen					
elektrische Stromstärke, magnetische Spannung	Ampere	A			
elektrische Spannung, elektrische Potentialdifferenz	Volt	V			1 V = 1 W/A
elektrischer Leitwert	Siemens	S			1 S = 1 A/V
elektrischer Widerstand	Ohm	Ω			1 Ω = 1/S
Elektrizitätsmenge, elektrische Ladung	Coulomb	C			1 C = 1 As
			Amperestunde*)	Ah	1 Ah = 3600 As
elektrische Kapazität	Farad	F			1 F = 1 C/V
elektrische Flußdichte, Verschiebung	Coulomb durch Meterquadrat	C/m^2			
Größe	SI-Einheit		Weitere Einheiten		Beziehung
	Name	Zeichen	Name	Zeichen	
elektrische Feldstärke	Volt durch Meter	V/m			
magnetischer Fluß	Weber, Voltsekunde	Wb, V s			1 Wb = 1 V s
magnetische Flußdichte (Induktion)	Tesla	T			1 T = 1 Wb/m^2
Induktivität, magnetischer Leitwert	Henry	H			1 H = 1 Wb/A
magnetische Feldstärke	Ampere durch Meter	A/m			
Lichttechnische Größen					
Lichtstärke	Candela	cd			
Leuchtdichte	Candela durch Meterquadrat	cd/m^2			
Lichtstrom	Lumen	lm			1 lm = 1 cd sr
Beleuchtungsstärke	Lux	lx			1 lx = 1 lm/m^2

*) Diese so gekennzeichneten Einheiten sind nicht kohärente gesetzliche Einheiten.
**) Hierbei handelt es sich um gesetzliche Einheiten mit eingeschränktem Anwendungsbereich. Sie sind mit den jeweiligen Anwendungsbereichen noch gesondert aufgeführt.

Quellenangaben

1. Katechismus der Brauerei-Praxis, 14. Auflage
2. Brauwelt, wöchentliche Zeitschrift für das gesamte Brauwesen und die Getränkewirtschaft
3. Aktuelle Brautechnik
4. Der Brauer- und Mälzerlehrling, Monatsbeilage der Tageszeitung für Brauerei
5. Übersichten aus Unterrichtsvorbereitungen des Verfassers
6. Abriß der Bierbrauerei (Ludwig Narziß)
7. Technologie der Malzbereitung (Ludwig Narziß)
8. Technologie der Würzebereitung (Ludwig Narziß)
9. Brauwelt-Breviere
10. Das internationale Einheitensystem (Hoppe / Mönter)
11. Chemie für berufliche Schulen (König / Kern)
12. Prospektmaterial namhafter, führender Maschinenfabriken und der Zulieferindustrie
13. Meyers Neues Lexikon
14. Das fertige Bier (F. Weinfurtner)

Sachregister